U0568066

当代西方
社会心理学
名著译丛

方文 —— 主编

[美]E. 托里·希金斯（E. Tory Higgins ）著

方文 康昕 张钰 马梁英 译

超越苦乐原则
动机如何协同运作

Beyond Pleasure and Pain
How Motivation Works

中国人民大学出版社
·北京·

当代西方社会心理学名著译丛（第二辑）

编委会

学术顾问

陈欣银教授（宾夕法尼亚大学教育学院）
乐国安教授（南开大学社会心理学系）
周晓虹教授（南京大学社会学院）

编辑委员会

戴健林教授（华南师范大学政治与公共管理学院）
高明华教授（哈尔滨工程大学人文社会科学学院）
高申春教授（吉林大学心理学系）
管健教授（南开大学社会心理学系）
侯玉波副教授（北京大学心理与认知科学学院）
胡平教授（中国人民大学心理学系）
寇彧教授（北京师范大学心理学部）
李丹教授（上海师范大学心理学系）
李磊教授（天津商业大学心理学系）
李强教授（南开大学社会心理学系）
刘力教授（北京师范大学心理学部）
罗教讲教授（武汉大学社会学院）
马华维教授（天津师范大学心理学部）
潘宇编审（中国人民大学出版社）
彭泗清教授（北京大学光华管理学院）
汪新建教授（南开大学社会心理学系）
杨宜音研究员（中国社会科学院社会学研究所）
翟学伟教授（南京大学社会学院）
张建新研究员（中国科学院心理研究所）
张彦彦教授（吉林大学心理学系）
赵德雷副教授（哈尔滨工程大学人文社会科学学院）
赵蜜副教授（中央民族大学民族学与社会学学院）
钟年教授（武汉大学心理学系）
朱虹教授（南京大学商学院）
佐斌教授（华中师范大学心理学院）
方文教授（译丛主编，北京大学社会学系）

开启社会心理学的"文化自觉"
"当代西方社会心理学名著译丛"（第二辑）总序

　　只有一门社会心理学。它关注人之认知、情感和行为潜能的展现，如何受他人在场（presence of others）的影响。其使命是激励每个活生生的个体去超越约拿情结（Jonah Complex）的羁绊，以缔造其动态、特异而完整的丰腴生命。但他人在场，已脱离奥尔波特（Gordon. W. Allport）原初的实际在场（actual presence）、想象在场（imagined presence）和隐含在场（implied presence）的微观含义，叠合虚拟在场（virtual presence）这种新模态，从共时-历时和宏观-微观两个维度得到重构，以涵括长青的研究实践和不断拓展的学科符号边界（方文，2008a）。社会心理学绝不是哪个学科的附属学科，它只是以从容开放的胸怀，持续融会心理学、社会学、人类学、进化生物学和认知神经科学的智慧，逐渐建构和重构自主独立的学科认同和概念框架，俨然成为人文社会科学的一门基础学问。

　　在不断建构和重构的学科历史话语体系中，社会心理学有不同版本的诞生神话（myth of birth），如 1898 年特里普里特（Norman Triplett）有关社会促进/社会助长（social facilitation）的实验研究、1908 年两本偶然以社会心理学为题的教科书，或 1924 年奥尔波特（Floyd H. Allport）的权威教材。这些诞生神话，蕴含可被解构的意识形态偏好和书写策略。援引学科制度视角（方文，2001），这门新生的社会/行为科学的学科合法性和学科认同，在 20 世纪 30 年代中期于北美得以获得。而北美社会心理学，在第二次世界大战期间及战后年代声望日盛，成就其独断的符号霸权。当代社会心理学的学科图景和演进画卷，舒展在此脉络中。

一、1967 年：透视当代社会心理学的时间线索

黑格尔说，一切哲学也就是哲学史。哲人道破学科史研究的秘密：滋养学术品位。但在社会科学/行为科学的谱系中，学科史研究一直地位尴尬，远不及人文学科。研究学科史的学者，或者被污名化——自身没有原创力，只能去总结梳理他人的英雄故事；或者被认为所投身之事业只是学问大家研究之余的闲暇游戏，如对自身成长过程的记录。而在大学的课程设计中，学科史也只是附属课程，大多数被简化为具体课程中的枝节，在导论里一笔带过。

学科史研究对学术品位的滋养，从几方面展开。第一，它在无情的时间之流中确立学科演化路标、学科的英雄谱系和经典谱系。面对纷繁杂乱的"研究时尚"或招摇撞骗的"学界名流"，它是最简洁而高效的解毒剂。第二，它作为学科集体记忆档案，是学科认同建构的基本资源。当学子们领悟到自身正置身于那些非凡而勤奋的天才所献身的理智事业时，自豪和承诺油然而生。而学科脉络中后继的天才，就从中破茧而出。第三，它也是高效的学习捷径。尽管可向失败和愚昧学习，但成本过高；而向天才及其经典学习，是最佳的学习策略。第四，它还可能为抽象的天才形象注入温暖的感性内容。而这感性，正是后继者求知的信心和努力的动力。

已有四种常规线索、视角或策略，被用来观照当代社会心理学的演化：学科编年史，或者学科通史，是第一种也是最为常用的策略；学派的更替是第二种策略；不同年代研究主题的变换是第三种策略；而不同年代权威教科书的内容变迁，则是第四种策略。

还有一些新颖的策略正在被尝试。支撑学科理智大厦的核心概念或范畴在不同时期杰出学者视域中的意义演化，即概念史或范畴史，是一种新颖独特但极富难度的视角；而学科制度视角，则以学科发展的制度

建设为核心，也被构造出来（方文，2001）。这些视角或策略为洞悉学科的理智发展提供了丰厚洞识。

而历史学者黄仁宇先生则以核心事件和核心人物的活动为主线，贡献了其大历史的观念。黄先生通过聚焦"无关紧要的一年"（A Year of No Significance）——1587 年或万历十五年（黄仁宇，2007），条分缕析，洞悉暗示当时最强大的大明帝国若干年后崩溃的所有线索。这些线索，在这一年六位人物的活动事件中都可以找到踪迹。

剥离其悲哀意味，类似地，当代社会心理学的命运，也可标定"无关紧要的一年"：1967 年。它与两个基本事件和三个英雄人物关联在一起。

首先是两个基本事件。第一是 1967 年前后"社会心理学危机话语"的兴起，第二是 1967 年前后所开始的欧洲社会心理学的理智复兴。危机话语的兴起及其应对，终结了方法学的实验霸权，方法多元和方法宽容逐渐成为共识。而欧洲社会心理学的理智复兴，则终结了北美主流"非社会的"社会心理学（asocial social psychology），"社会关怀"成为标尺。而这两个事件之间亦相互纠缠，共同形塑了当代理论形貌和概念框架（Moscovici & Marková，2006）。

还有三个英雄人物。主流社会心理学的象征符码——"社会心理学的教皇"（pope of social psychology）费斯廷格（Leon Festinger，1919—1989），在 1967 年开始对社会心理学萌生厌倦之心，正准备离开斯坦福大学和社会心理学。一年后，费斯廷格终于成行，从斯坦福大学来到纽约的新社会研究学院（New School for Social Research），主持有关运动视觉的项目。费斯廷格对社会心理学的离弃，是北美独断的符号霸权终结的先兆。

而在同一年，主流社会心理学界还不熟悉的泰弗尔（Henri Tajfel，1919—1982），这位和费斯廷格同年出生的天才，从牛津大学来到布里斯托大学，身份从牛津大学的讲师变为布里斯托大学社会心理学讲席教授。

而在巴黎，和泰弗尔同样默默无闻的另一位天才莫斯科维奇（Serge

Moscovici，1925—2014）正在孕育少数人影响（minority influence）和社会表征（social representation）的思想和研究。

从1967年开始，泰弗尔团队和莫斯科维奇团队，作为欧洲社会心理学理智复兴的创新引擎，在"社会关怀"的旗帜下，开始了一系列独创性的研究。社会心理学的当代历史编纂家，会铭记这一历史时刻。当代社会心理学的世界图景从那时开始慢慢重构，北美社会心理学独断的符号霸权开始慢慢解体；而我们置身于其中的学科成就，在新的水准上也得以孕育和完善。

二、统一的学科概念框架的建构：解释水平

教科书的结构，是学科概念框架的原型表征。在研究基础上获得广泛共识的学科结构、方法体系和经典案例，作为学科内核，构成教科书的主体内容。教科书，作为学科发展成熟程度的重要指标，是学科知识传承、学术社会化和学科认同建构的基本资源和主要媒介。特定学科的学子和潜在研究者，首先通过教科书而获得有关学科的直观感受和基础知识。而不同年代权威教科书的内容变迁，实质上负载特定学科理智演化的基本线索。

在众多的教科书当中，有几条标准可帮助辨析和鉴别其优劣。第一，教科书的编/作者是不是第一流的研究者。随着学科的成熟，中国学界以往盛行的"教材学者"已经淡出；而使他们获得声望的所编教材，也逐渐丧失价值。第二，教科书的编/作者是否秉承理论关怀。没有深厚的理论关怀，即使是第一流的研究者，也只会专注于自己所感兴趣的狭隘领域，没有能力公正而完备地展现和评论学科发展的整体面貌。第三，教科书的编/作者是否有"文化自觉"的心态。如果负荷文化中心主义的傲慢，编/作者就无法均衡、公正地选择研究资料，而呈现出对自身文化共同体的"单纯暴露效应"（mere exposure effect），缺失文化多样性的感悟。

直至今日，打开绝大多数中英文社会心理学教科书的目录，只见不

同研究主题杂乱无章地并置，而无法明了其逻辑连贯的理智秩序。学生和教师大多无法领悟不同主题之间的逻辑关联，也无法把所学所教内容图式化，使之成为自身特异的知识体系中可随时启动的知识组块和创造资源。这种混乱，是对社会心理学学科身份的误识，也是对学科概念框架的漠视。

如何统合纷繁杂乱但生机活泼的研究实践、理论模式和多元的方法偏好，使之归于逻辑统一而连贯的学科概念框架？有深刻理论关怀的社会心理学大家，都曾致力于这些难题。荣誉最终归于比利时出生的瑞士学者杜瓦斯（Willem Doise）。

在杜瓦斯之前，美国社会心理学者、2007 年库利-米德奖（Cooley-Mead Award）得主豪斯也曾试图描绘社会心理学的整体形貌（House，1977）。豪斯所勾画的社会心理学是三头怪物：社会学的社会心理学（sociological social psychology，SSP）、实验社会心理学（experimental social psychology，ESP）、语境社会心理学（contextual social psychology，CSP）或社会结构和人格研究（social structure and personality）。曾经被误解为两头怪物的社会心理学，因为豪斯更加让人厌烦和畏惧。

但如果承认行动者的能动性，即使是在既定的社会历史语境中的能动性，那么，在行动中对社会过程和社会实在进行情景界定和社会建构的社会心理过程的首要性也会凸显出来。换言之，社会心理过程在主观建构的意义上对应于社会过程。

杜瓦斯在《社会心理学的解释水平》这部名著中，以解释水平为核心，成功重构了社会心理学统一的学科概念框架。杜瓦斯细致而合理地概括了社会心理学解释的四种理想型或水平，而每种解释水平分别对应于不同的社会心理过程，生发相应的研究主题（Doise，1986：10-17）。

水平 1——个体内水平（intra-personal or intra-individual level）。它是最为微观也最为心理学化的解释水平。个体内分析水平，主要关注个体在社会情境中组织其社会认知、社会情感和社会经验的机制，并不直接处理个体和社会环境之间的互动。

以个体内解释水平为核心的**个体内过程**，可涵括的基本研究主题有：具身性（embodiment）、自我、社会知觉和归因、社会认知和文化认知、社会情感、社会态度等。

在这一解释水平上，社会心理学者已经构造出一些典范的理论模型，如：费斯廷格的认知失调论；态度形成和改变的双过程模型，如精致化可能性模型（elaboration likelihood model，ELM）与启发式加工-系统加工模型（heuristic-systematic model，HSM）；希金斯（Higgins，1996）的知识启动和激活模型。

水平 2——人际和情景水平（interpersonal and situational level）。它主要关注在给定的情景中所发生的人际过程，而并不考虑在此特定的情景之外个体所占据的不同的社会位置（social positions）。

以人际水平为核心的**人际过程**，可涵括的基本研究主题有：亲社会行为、攻击行为、亲和与亲密关系、竞争与合作等。其典范理论模型是费斯廷格的社会比较论。

水平 3——社会位置水平（social positional level）或群体内水平。它关注社会行动者在社会位置中的跨情景差异（inter-situational differences），如社会互动中的参与者特定的群体资格或范畴资格（different group or categorical membership）。

以群体水平为核心的**群体过程**，可涵括的基本研究主题有：大众心理、群体形成、多数人的影响和少数人的影响、权威服从、群体绩效、领导-部属关系等。其典范理论模型是莫斯科维奇有关少数人影响的众从模型（conversion theory）、多数人和少数人影响的双过程模型和社会表征论（Moscovici，2000）。

水平 4——意识形态水平（ideological level）或群际水平。它是最为宏观也是最为社会学化的解释水平。它在实验或其他研究情景中，关注或考虑研究参与者所携带的信念、表征、评价和规范系统。

以群际水平为核心的**群际过程**，可涵括的基本研究主题有：群际认知，如刻板印象；群际情感，如偏见；群际行为，如歧视及其应对，还有污名。

在过去的 40 年中，群际水平的研究已有突破性的进展。主宰性的理论范式由泰弗尔的社会认同论所启动，并深化到文化认同的文化动态建构论（dynamic constructivism）（Chiu & Hong，2006；Hong et al.，2000；Wyer，et al. Ed.，2009）和"偏差"地图模型（BIAS map）（Cuddy et al.，2007；Fiske et al.，2002）之中。

社会理论大家布迪厄曾经讥讽某些社会学者的社会巫术或社会炼金术，认为他们把自身的理论图式等同于社会实在本身。英雄所见！杜瓦斯尤其强调的是，社会实在在任何时空场景下都是整体呈现的，而不依从于解释水平。社会心理学的四种解释水平只是逻辑工具，绝不是社会实在的四种不同水平；而每种解释水平，都有其存在的合理性，但都只涉及对整体社会实在的某种面向的研究；对于社会实在的整体把握和解释，有赖于四种不同的解释水平的联合（articulation；Doise，1986）。

这四种不同面向和不同层次的社会心理过程，从最为微观也最为心理学化的个体内过程，到最为宏观也最为社会学化的群际过程，是对整体的社会过程不同面向和不同层次的相应表征。

以基本社会心理过程为内核，就可以勾画社会心理学逻辑连贯的概念框架，它由五部分所组成：

（1）社会心理学的历史演化、世界图景和符号霸权分层。

（2）社会心理学的方法体系。

（3）不断凸现的新路径。它为生机勃勃的学科符号边界的拓展预留空间。

（4）基本社会心理过程。

（5）社会心理学在行动中：应用实践的拓展。

社会心理学的基础研究，从第二次世界大战开始，就从两个方面向应用领域拓展。第一，在学科内部，应用社会心理学作为现实问题定向的研究分支，正逐渐把基础研究的成果用来直面和应对更为宏大的社会问题，如健康、法律、政治、环境、宗教和组织行为。第二，社会心理学有关人性、心理和行为的研究，正对其他学科产生深刻影响。行为经济学家塞勒（Richard H. Thaler，又译为泰勒）因有关心理账户和禀赋效应的研究而获得 2017 年诺贝尔经济学奖。这是社会心理学家在近 50 年中第四次获此殊荣 [这里没有算上认知神经科学家奥基夫（John O'Keefe）和莫泽夫妇（Edvard I. Moser 和 May-Britt Moser）因有关大脑的空间定位系统的研究而获得的 2014 年诺贝尔生理学或医学奖]。在此之前，社会心理学家洛伦茨（Konrad Lorenz）、廷伯根（Nikolaas Tinbergen）和冯·弗里希（Karl von Frisch）因有关动物社会行为的开创性研究而于 1973 年分享诺贝尔生理学或医学奖。西蒙（Herbert A. Simon；中文名为司马贺，以向司马迁致敬）因有关有限理性（bounded rationality）和次优决策或满意决策（sub-optimum decision-making or satisficing）的研究而获得 1978 年诺贝尔经济学奖。而卡尼曼（Daniel Kahneman）则因有关行动者在不确定境况中的判断启发式及其偏差的研究，而与另一位学者分享 2002 年诺贝尔经济学奖。

在诺贝尔奖项中，并没有社会心理学奖。值得强调的是，这些荣膺大奖的社会心理学家，也许只是十年一遇的杰出学者，还不是百年一遇的天才。天才社会心理学家如费斯廷格、泰弗尔、莫斯科维奇和特里弗斯（Robert Trivers）等，他们的理论，在不断地触摸人类物种智慧、情感和欲望的限度。在这个意义上，也许任何大奖包括诺贝尔奖，都无法度量他们持久的贡献。但无论如何，不断获奖的事实，从一个侧面证明了社会心理学家群体的卓越成就，以及社会心理学的卓越研究对于其他人文社会科学研究的典范意义。

杜瓦斯的阐释，是对社会心理学统一概念框架的典范说明。纷繁杂乱的研究实践和理论模式，从此可以被纳入逻辑统一而连贯的体系之中。社会心理学直面社会现实的理论雄心由此得以释放，它不再是心理学、社会学或其他什么学科的亚学科，而是融会相关理智资源的自主学科。

三、当代社会心理学的主宰范式

已有社会心理学大家系统梳理了当代社会心理学的理智进展（如乐国安主编，2009；周晓虹，1993；Burke Ed.，2006；Kruglanski & Higgins Eds.，2007；Van Lange et al. Eds.，2012）。以杜瓦斯所勾画的社会心理学的概念框架为心智地图，也可尝试粗略概括当代社会心理学的主宰范式。这些主宰范式主要体现在方法创新和理论构造上，而不关涉具体的学科史研究、实证研究和应用研究。

（一）方法学领域：社会建构论和话语社会心理学的兴起

作为学科内外因素剧烈互动的结果，"社会心理学危机话语"在20世纪60年代末期开始登场，到20世纪80年代初尘埃落定（方文，1997）。在这段时间，社会心理学教科书、期刊和论坛中充斥着种种悲观的危机论，有的甚至非常激进——"解构社会心理学"（Parker & Shotter Eds.，1990）。"危机话语"实质上反映了社会心理学家群体自我批判意识的兴起。这种自我批判意识的核心主题，就是彻底审查社会心理学赖以发展的方法学基础即实验程序。

危机之后，社会心理学已经迈入方法多元和方法宽容的时代。实验的独断主宰地位已经消解，方法体系中的所有资源正日益受到均衡的重视。不同理智传统和方法偏好的社会心理学者，通过理智接触，正在消解相互的刻板印象、偏见甚至是歧视，逐渐趋于友善对话甚至是合作。同时，新的研究程序和文献评论技术被构造出来，并逐渐产生重要影响。

其中主宰性的理论视角就是社会建构论（如 Gergen，2001），主宰性的研究路径就是话语社会心理学（波特，韦斯雷尔，2006；Potter & Wetherell，1987；Van Dijk，1993）和修辞学（rhetoric；Billig，1996），而新的研究技术则是元分析（meta-analysis；Rosenthal & DiMatteo，2001）。近期，行动者中心的计算机模拟（agent-based simulation；Macy & Willer，2002）和以大数据处理为基础的计算社会科学（computer social science）（罗玮，罗教讲，2015；Macy & Willer，2002）也开始渗透进社会心理学的研究中。

（二）不断凸显的新路径：进化路径、文化路径和社会认知神经科学

社会心理学一直不断地自我超越，以开放自在的心态融合其他学科的资源，持续拓展学科符号边界。换言之，社会心理学家群体不断地实践新的研究路径（approaches or orientations）。进化路径、文化路径和社会认知神经科学是其中的典范路径。

进化路径和文化路径的导入，关联于受到持续困扰的基本理论论争：是否存在统一而普遍的规律和机制以支配人类物种的社会心理和社会行为？人类物种的社会心理和社会行为是否因其发生的社会文化语境的差异而呈现出特异性和多样性？这个基本理论论争，又可称为普遍论-特异论（universalism vs. particularism）之论争。

依据回答这个论争的不同立场和态度的差异，作为整体的社会心理学家群体可被纳入三个不同的类别或范畴之中。第一个类别是以实验研究为定向的主流社会心理学家群体。他们基本的立场和态度是漠视这个问题的存在价值，或视之为假问题。他们自我期许以发现普遍规律为己任，并把这一崇高天职视为社会心理学的学科合法性和学科认同的安身立命之所。因为他们持续不懈的努力，社会心理学的学子们在其学科社会化过程中，不断地遭遇和亲近跨时空的典范研究和英雄系谱。

第二个类别是以文化比较研究为定向的社会心理学家群体。不同文化语境中社会心理和社会行为的特异性和多样性，使他们刻骨铭心。他们坚定地主张特异论的一极，并决绝地质疑普遍论的诉求。因为他们同样持续不懈的努力，社会心理和社会行为的文化嵌入性（cultural embeddedness）的概念开始深入人心，并且不断激发文化比较研究和本土化研究的热潮。奇妙的是，文化社会心理学的特异性路径，从新世纪开始逐渐解体，而迈向文化动态建构论（Chiu & Hong，2006；Hong et al.，2000）和文化混搭研究（cultural mixing/polyculturalism）（赵志裕、吴

莹特约主编，2015；吴莹、赵志裕特约主编，2017；Morris et al.，2015）。

文化动态建构论路径，关涉每个个体的文化命运，如文化认知和知识激活、文化认同和文化融合等重大主题。我们每个个体宿命般地诞生在某种在地的文化脉络而不是某种文化实体中。经过生命历程的试错，在文化认知的基础上，我们开心眼，滋心灵，育德行。但文化认知的能力，是人类物种的禀赋，具有普世性。假借地方性的文化资源，我们成长为人，并不断地修补和提升认知力。我们首先成人，然后才是中国人或外国人、黄皮肤或黑白皮肤、宗教信徒或非信徒。

倚靠不断修补和提升的认知力，我们逐渐穿越地方性的文化场景，加工异文化的体系，建构生动而动态的"多元文化的心智"（multicultural mind；Hong et al.，2000）。异质的"文化病毒"，或多元的文化"神灵"，"栖居"在我们的心智中，而表现出领域-特异性。几乎没有"诸神之争"，她们在我们的心灵中各就其位。

这些异质的"文化病毒"，或多元的文化"神灵"不是暴君，也做不成暴君，绝对主宰不了我们的行为。因为先于她们，从出生时起，我们就被植入了自由意志的天赋。我们的文化修行，只是手头待命的符号资源或"工具箱"（Swidler，1986）。而且在行动中，我们练习"文化开关"的转换技能和策略，并累积性地创造新工具或新的"文化病毒"（Sperber，1996）。

第三个类别是在当代进化生物学的理智土壤中生长而壮大的群体，即进化社会心理学家群体。他们蔑视特异论者的"喧嚣"，而把建构统一理论的雄心拓展至包括人类物种的整个动物界，以求揭示支配整个动物界的社会心理和社会行为的秩序和机制。以进化历程中的利他难题和性选择难题为核心，以有机体遗传品质的适应性（fitness）为逻辑起点，从1964 年汉密尔顿（W. D. Hamilton）开始，不同的宏大理论（grand theories）［如亲属选择论（kin selection/ inclusive fitness）、直接互惠论（direct reciprocal altruism）和间接互惠论（indirect reciprocal altruism）在利他难题上，亲本投资论（theory of parental investment；Trivers，2002）在性选择难题上］被构造出来。而进化定向的社会心理学者把进化生物学遗传品质的适应性转化为行为和心智的适应性，进化社会心理学作为新路径和新领域得以成就（如巴斯，2011，2015；Buss，2016）。

认知神经科学和社会认知的融合，催生了社会认知神经科学。以神经科学的新技术如功能性磁共振成像技术（fMRI）和正电子发射断层扫描技术（PET）为利器，社会认知的不同阶段、不同任务以及认知缺陷背后的大脑对应活动，正是最热点前沿（如 Eisenberger，2015；Eisenberger et al.，2003；Greene et al.，2001；Ochsner，2007）。

(三) 个体内过程：社会认知范式

在个体内水平上，自 20 世纪 80 年代以来，以"暖认知"（warm cognition）或"具身认知"（embodied cognition）为核心的"社会认知革命"（李其维，2008；赵蜜，2010；Barsalou，1999；Barbey et al.，2005），有重要进展。其典范的启动程序（priming procedure）为洞悉人类心智的"黑箱"贡献了简洁武器，并且渗透在其他水平和其他主题的研究中，如文化认知、群体认知（Yzerbyt et al. Eds.，2004）和偏差地图（高明华，2010；佐斌等，2006；Fiske et al.，2002；Cuddy et al.，2007）。

卡尼曼有关行动者在不确定境况中的判断启发式及其偏差的研究（卡尼曼等编，2008；Kahneman et al. Eds，1982），以及塞勒有关禀赋效应和心理账户的研究（泰勒，2013，2016），使社会认知的路径贯注在经济判断和决策领域中。由此，行为经济学开始凸显。

(四) 群体过程：社会表征范式

人际过程的研究，充斥着杂多的中小型理论模型，并受个体内过程和群体过程研究的挤压。最有理论综合潜能的可能是以实验博弈论为工具的有关竞争和合作的研究。

当代群体过程研究的革新者是莫斯科维奇。从北美有关群体规范形成、从众以及权威服从的研究传统中，莫斯科维奇洞悉了群体秩序和群体创新的辩证法。莫斯科维奇的团队从 1969 年开始，在多数人的影响之外，专注少数人影响的机制。他以少数人行为风格的一致性为基础的众从模型（conversion theory），以及在此基础上所不断完善的多数人和少数人影响的双过程模型（如 De Deru et al. Eds. ，2001；Nemeth，2018），重构了群体过程研究的形貌。莫斯科维奇有关少数人影响的研究经历，佐证了其理论的可信性与有效性（Moscovici，1996）。

而社会表征论（social representation）则是莫斯科维奇对当代社会心理学的另一重大贡献（Moscovici，2000）。他试图超越北美不同版本内隐论（implicit theories）的还原主义和个体主义逻辑，解释和说明常识在社会沟通实践中的生产和再生产过程。社会表征论从 20 世纪 90 年代开始，激发了丰富的理论探索和实证研究（如管健，2009；赵蜜，2017；Doise et al. ，1993；Liu，2004；Marková，2003），并熔铸在当代社会理论中（梅勒，2009）。

（五）群际过程：社会认同范式及其替代模型

泰弗尔的社会认同论（social identity theory，SIT）革新了当代群际过程的研究。泰弗尔首先奠定了群际过程崭新的知识基础和典范程序：建构主义的群体观、对人际-群际行为差异的精妙辨析，以及"最简群体范式"（minimal group paradigm）的实验程序。从 1967 年开始，经过十多年持续不懈的艰苦努力，泰弗尔和他的团队构造了以社会范畴化、社会比较、认同建构和认同解构/重构为核心的社会认同论。社会认同论，超越了前泰弗尔时代北美盛行的还原主义和个体主义的微观-利益解释路径，基于行动者的多元群体资格来研究群体过程和群际关系（布朗，2007；Tajfel，1970，1981；Tajfel & Turner，1986）。

在泰弗尔于 1982 年辞世之后，社会认同论在其学生特纳的领导下，有不同版本的修正模型，如不确定性-认同论（uncertainty-identity theory；Hogg，2007）和最优特异性模型（optimal distinctiveness model）。其中最有影响的是特纳等人的"自我归类论"（self-categorization theory；Turner et al. ，1987）。在自我归类论中，特纳提出了一个精妙构念——

元对比原则（meta-contrast principle），它是行为连续体中范畴激活的基本原则（Turner et al.，1987）。所谓元对比原则，是指在群体中，如果群体成员之间在某特定维度上的相似性权重弱于另一维度的差异性权重，沿着这个有差异的维度就会分化出两个群体，群际关系因此从群体过程中凸显。特纳的元对比原则，有两方面的重要贡献：其一，它完善了其恩师的人际-群际行为差别的观念，使之转换为人际-群际行为连续体；其二，它卓有成效地解决了内群行为和群际行为的转化问题。

但社会认同论仍存在基本理论困扰：内群偏好（ingroup favoritism）和外群敌意（outgroup hostility）难题。不同的修正版本都没有妥善地解决这个基本问题。倒是当代社会认知的大家费斯克及其团队从群体认知出发，通过刻板印象内容模型（stereotype content model，STM；Fiske et al.，2002）巧妙解决了这个难题，并经由"偏差"地图（BIAS map；Cuddy et al.，2007）把刻板印象（群际认知）、偏见（群际情感）和歧视（群际行为）融为一体。

典范意味着符号霸权，但同时也是超越的目标和击打的靶心。在社会认同范式的笼罩下，以自尊假设和死亡显著性（mortality salience）为核心的恐惧管理论（terror management theory，TMT）（张阳阳，佐斌，2006；Greenberg et al.，1997）、社会支配论（social dominance theory；Sidanius & Pratto，1999）和体制合理化理论（system justification theory；Jost & Banaji，1994）被北美学者构造出来，尝试替代解释群际现象。它有两方面的意涵：其一，它意味着人格心理学对北美社会心理学的强大影响力；其二则意味着北美个体主义和还原主义的精神气质期望在当代宏观社会心理过程中借尸还魂，而这尸体就是腐败达半世纪的权威人格论及其变式。

四、铸就中国社会心理学的"社会之魂"

中国当代社会心理学自 1978 年恢复、重建以来，"本土行动、全球情怀"可道其风骨。立足于本土行动的研究实践历经二十余载，催生了

"文化自觉"的信心和勇气。中国社会心理学者的全球情怀,也从 21 世纪起开始凸显。

(一)"本土行动"的研究路径

所有国别中的社会心理学研究,首先都是本土性的研究实践。中国当代社会心理学的研究也不例外,其"本土行动"的研究实践,包括以下两类研究路径。

1. 中国文化特异性路径

以中国文化特异性为中心的研究实践,已经取得一定的成就。援引解释水平的线索,可从个体、人际、群体和群际层面进行概要评论。在个体层面,受杨国枢中国人自我研究的激发,金盛华和张建新尝试探究自我价值定向理论和中国人人格模型;彭凯平的分析思维—辩证思维概念、侯玉波的中国人思维方式探索以及杨中芳的"中庸"思维研究,都揭示了中国人独特的思维方式和认知特性;刘力有关中国人的健康表征研究、汪新建和李强团队的心理健康和心理咨询研究,深化了对中国人健康和疾病观念的理解。而周欣悦的思乡研究、金钱启动研究和控制感研究,也有一定的国际影响。在人际层面,黄光国基于儒家关系主义探究了"中国人的权力游戏",并激发了翟学伟和佐斌等有关中国人的人情、面子和里子研究;叶光辉的孝道研究,增进了对中国人家庭伦理和日常交往的理解。在群体层面,梁觉的社会通则概念,王垒、王辉、张志学、孙健敏和郑伯埙等有关中国组织行为和领导风格的研究,尝试探究中国人的群体过程和组织过程。而在群际层面,杨宜音的"自己人"和"关系化"的研究,展现了中国人独特的社会分类逻辑。沙莲香有关中国民族性的系列研究,也产生了重大影响。

上述研究增强了中国社会心理学共同体的学术自信。但这些研究也存在有待完善的共同特征。第一,这些研究都预设一种个体主义文化-集体主义文化的二元对立,而中国文化被假定和西方的个体主义文化不同,位于对应的另一极。第二，这些研究的意趣过分执着于中国文化共同体相对静止而凝固的面向，有的甚至隐含汉族中心主义和儒家中心主义倾向。第三，这些研究的方法程序大多依赖于访谈或问卷/量表。第四，这些研究相对忽视了当代中国社会的伟大变革对当代中国人心灵的塑造作用。

2. 稳态社会路径

稳态社会路径对理论论辩没有丝毫兴趣，但它是大量经验研究的主宰偏好。其问题意识，源于对西方主流学界尤其是北美社会心理学界的追踪、模仿和复制，并常常伴随中西文化比较的冲动。在积极意义上，这种问题意识不断刺激国内学子研读和领悟主流学界的进展；但其消极面是使中国社会心理学的精神品格，蜕变为北美研究时尚的落伍追随者，其典型例证如被各级地方政府所追捧的有关主观幸福感的研究。北美社会已经是高度稳态的程序社会，因而其学者问题意识的生长点只能是稳态社会的枝节问题。而偏好稳态社会路径的中国学者，所面对的是急剧的社会变革和转型。社会心理现象的表现形式、成因、后果和应对策略，在稳态社会与转型社会之间，存在质的差异。

稳态社会路径的方法论偏好，可归结为真空中的个体主义。活生生的行动者，在研究过程中被人为剔除了其在转型社会中的丰富特征，而被简化为高度同质的原子式的个体。强调社会关怀的社会心理学，蜕变为"非社会的"（asocial）社会心理学。而其资料收集程序，乃是真空中的实验或问卷调查。宏大的社会现实，被歪曲或简化为人为的实验室或田野中漠不相关的个体之间虚假的社会互动。社会心理学的"社会"之魂由此被彻底放逐。

（二）超越"怪异心理学"的全球情怀

中国社会"百年未有之变局"，给中国社会心理学者提供了千载难逢的社会实验室。一种以中国社会转型为中心的研究实践，从21世纪开始焕发生机。其理论抱负不是对中西文化进行比较，也不是为西方模型提供中国样本资料，而是要真切地面对中国伟大的变革现实，以系统描述、理解和解释置身于转型社会的中国人心理和行为的逻辑和机制。其直面的问题虽是本土-本真性的，但由此系统萌生的情怀却是国际性的，力图超越"怪异心理学"[western，educated，industrialized，rich，and democratic（WEIRD）psychology；Henrich et al.，2010]，后者因其研究样本局限于西方受过良好教育的工业化背景的富裕社会而饱受诟病。

乐国安团队有关网络集体行动的研究，周晓虹有关农民群体社会心理变迁、"城市体验"和"中国体验"的研究，杨宜音和王俊秀团队有关社会心态的研究，方文有关群体符号边界、转型心理学和社会分类权的研究（方文，2017），高明华有关教育不平等的研究（高明华，2013），赵德雷有关社会污名的研究（赵德雷，2015），赵蜜有关政策社会心理学和儿童贫困表征的研究（赵蜜，2019；赵蜜，方文，2013），彭泗清团队有关文化混搭（cultural mixing）的研究，都尝试从不同侧面捕捉中国社会转型对中国特定群体的塑造过程。这些研究的基本品质，在于研究者对社会转型的不同侧面的高度敏感性，并以之为基础来构造自己研究的问题意识。其中，赵志裕和康萤仪的文化动态建构论模型有重要的国际影响。

（三）群体地图与中国体验等紧迫的研究议题

面对空洞的宏大理论和抽象经验主义的符号霸权，米尔斯呼吁社会学者应以持久的人类困扰和紧迫的社会议题为枢纽，重建社会学的想象力。而要滋养和培育中国当代社会心理学的想象力和洞察力，铸就社会心理学的"社会之魂"，类似地，必须检讨不同样式的生理决定论和还原论，直面生命持久的心智困扰和紧迫的社会心理议题。

不同样式的生理决定论和还原论，总是附身于招摇的研究时尚，呈现不同的惑人面目，如认知神经科学的殖民倾向。社会心理学虽历经艰难而理智的探索，终于从生理/本能决定论中破茧而出，却持续受到认知神经科学的侵扰。尽管大脑是所有心智活动的物质基础，尽管所有的社会心理和行为都有相伴的神经相关物，尽管社会心理学者对所有的学科进展有持续的开放胸怀，但人类复杂的社会心理过程无法还原为个体大脑的结构或功能。而今天的研究时尚，存在神经研究替代甚至凌驾完整动态的生命活动研究的倾向。又如大数据机构的营销术。据称大数据时代已经来临，而所有生命活动的印迹，通过计算社会科学，都能被系统挖掘、集成、归类、整合和预测。类似于乔治·奥威尔所著《一九八四》中老大哥的眼神，这是令人恐怖的数字乌托邦迷思。完整动态的生命活动，不是数字，也无法还原为数字，无论基于每个生命从出生时起就被永久植入的自由意志，还是基于自动活动与控制活动的分野。

铸就中国当代社会心理学的"社会之魂"，必须直面转型中国社会紧迫的社会心理议题。

（1）数字时代人类社会认知能力的演化。方便获取的数字文本、便捷的文献检索和存储方式，彻底改变了生命学习和思考的语境。人类的社会认知过程的适应和演化是基本难题之一。"谷歌效应"（Google effect; Sparrow et al.，2011）已经初步揭示便捷的文献检索和存储方式正败坏长时记忆系统。

（2）"平庸之恶"风险中的众从。无论是米尔格拉姆的权威服从实验还是津巴多的"路西法效应"研究，无论是二战期间纳粹德国的屠犹还是日本法西斯在中国和东南亚的暴行，无论是当代非洲的种族灭绝还是不时发生的恐怖活动，如何滋养和培育超越所谓"平庸之恶"的众从行为和内心良知，值得探究。它还涉及如何汇集民智、民情和民意的"顶层设计"。

（3）中国社会的群体地图。要想描述、理解和解释中国人的所知、所感、所行，必须从结构层面深入人心层面，系统探究社会转型中不同群体的构成特征、认知方式、情感体验、惯例行为模式和生命期盼。

（4）中国体验与心态模式。如何系统描绘社会变革语境中中国民众人心秩序或"中国体验"与心态模式的变迁，培育慈爱之心和公民美德，对抗非人化（dehumanization）或低人化（infra-humanization）趋势，也是紧迫的研究议程之一。

五、文化自觉的阶梯

中国社会"千年未有之变局"，或社会转型，已经开始并正在形塑整体中国人的历史命运。如何从结构层面深入人心层面来系统描述、理解和解释中国人的所知、所感及所行？如何把社会转型的现实灌注到中国社会心理学的研究场景中，以缔造中国社会心理学的独特品格？如何培育中国社会心理学者对持久的人类困扰和紧迫的社会议题的深切关注和敏感？所有这些难题，都是中国社会心理学者不得不直面的挑战，但同时也是理智复兴的机遇。

中国社会转型，给中国社会心理学者提供了独特的社会实验室。为了描述、理解和解释社会转型中的中国人心理和行为逻辑，应该呼唤直面社会转型的社会心理学的研究，或转型心理学的研究。转型心理学的路径，期望能够把握和捕捉社会巨变的脉络和质地，以超越文化特异性路径和稳态社会路径，以求实现中国社会心理学的理智复兴（方文，2008b，2014；方文主编，2013；Fang，2009）。

中国社会心理学的理智复兴，需要在直面中国社会转型的境况下，挖掘本土资源和西方资源，进行脚踏实地的努力。追踪、学习、梳理及借鉴西方社会心理学的新进展，就成为无法绕开的基础性的理论工作，也是最有挑战性和艰巨性的理论工作之一。

从前辈学者开始，对西方社会心理学的翻译、介绍和评论，从来就没有停止过。这些无价的努力，已经熔铸在中国社会心理学研究者和年轻学子的心智中，有助于滋养学术品位，培育"文化自觉"的信心。但翻译工作还主要集中于西方尤其是北美的社会心理学教科书。

教科书作为学术社会化的基本资源，只能择要选择相对凝固的研究发现和理论模型。整体研究过程和理论建构过程中的鲜活逻辑，都被忽略或遗弃了。学生面对的不是原初的完整研究，而是由教科书的编/作者所筛选过的第二手资料。期望学生甚至是研究者直接亲近当代社会心理学的典范研究，就是出版"当代西方社会心理学名著译丛"的初衷。

本译丛第一辑名著的选择，期望能近乎覆盖当代西方社会心理学的主宰范式。其作者，或者是特定研究范式的奠基者和开拓者，或者是特定研究范式的当代旗手。从 2011 年开始出版和陆续重印的名著译丛，广受好评，也在一定意义上重铸了中文社会心理学界的知识基础。而今启动的第二辑在书目选择上也遵循了第一辑的编选原则——"双重最好"（double best），即当代西方社会心理学最好研究者的最好专著文本，尽量避免多人合著的作品或论文集。已经确定的名篇有《情境中的知识》（Jovchelovitch，2007）、《超越苦乐原则》（Higgins，2012）、《努力的意义》（Dweck，1999）、《归因动机论》（Weiner，2006）、《欲望的演化》（Buss，2016）、《偏见》（Brown，2010）、《情绪感染》（Hatfield et al.，1994）、《偏见与沟通》（Pettigrew & Tropp，2011）和《道德之锚》（Ellemers，2017）。

正如西蒙所言，没有最优决策，最多只存在满意决策。文本的筛选和版权协商，尽管尽心尽力、精益求精，但总是有不可抗力而导致痛失珍贵的典范文本，如《自然选择和社会理论》（Trivers，2002）以及《为异见者辩护》（Nemeth，2018）等。

期望本名著译丛的出版，能开启中国社会心理学的"文化自觉"。

鸣谢

从 2000 年开始，我的研究幸运地持续获得国家社会科学基金（2000，2003，2008，2014，2020）和教育部人文社会科学重点研究基地重大项目基金（2006，2011，2016，2022）的资助。最近获得资助的项目是 2020 年度国家社会科学基金一般项目"宗教和灵性心理学的跨学科研究"（项目批准号为 20BZJ004）和 2022 年度教育部人文社会科学重点研究基地重大项目"当代中国宗教群体研究"（项目批准号为 22JJD190013）。"当代西方社会心理学名著译丛"（第二辑），也是这些资助项目的主要成果之一。

而近 20 年前有幸结识潘宇博士，开始了和中国人民大学出版社的良好合作。潘宇博士，沙莲香先生的高徒，以对社会心理学学科制度建设的激情、承诺和敏锐洞察力，给我持续的信赖和激励。本名著译丛从最初的构想、书目选择到版权事宜，她都给予了持续的支持和推动。而中国人民大学出版社的张宏学和郦益在译丛出版过程中则持续地贡献了智慧和耐心。

最后衷心感谢本译丛学术顾问和编辑委员会所有师友的鼎力支持、批评和建议，也衷心感谢所有译校者的创造性工作。

方文

2020 年 7 月

参考文献

巴斯．(2011)．*欲望的演化：人类的择偶策略*（修订版；谭黎，王叶译）．北京：中国人民大学出版社．

巴斯．(2015)．*进化心理学：心理的新科学*（第 4 版；张勇，蒋柯译）．北京：商务印书馆．

波特，韦斯雷尔．(2006)．*话语和社会心理学：超越态度与行为*（肖文明等译）．北京：中国人民大学出版社．

布朗．(2007)．*群体过程*（第 2 版；胡鑫，庆小飞译）．北京：中国轻工业出版社．

方文．(1997)．社会心理学百年进程．*社会科学战线*(2)，248-257.

方文．(2001)．社会心理学的演化：一种学科制度视角．*中国社会科学*(6)，126-136+207.

方文．(2008a)．*学科制度和社会认同*．北京：中国人民大学出版社．

方文．(2008b)．转型心理学：以群体资格为中心．*中国社会科学*(4)，137-147.

方文．(2014)．*转型心理学*．北京：社会科学文献出版社．

方文．(2017)．社会分类权．*北京大学学报：哲学社会科学版*，54 (5)，80-90.

方文（主编）．(2013)．*中国社会转型：转型心理学的路径*．北京：中国人民大学出版社．

高明华．(2010)．刻板印象内容模型的修正与发展：源于大学生群体样本的调查结果．*社会*，30 (5)，200-223.

高明华．(2013)．教育不平等的身心机制及干预策略：以农民工子女为例．*中国社会*

科学(4)，60-80.

管健．(2009)．社会表征理论的起源与发展：对莫斯科维奇《社会表征：社会心理学探索》的解读．社会学研究(4)，232-246.

黄仁宇．(2007)．万历十五年(增订本)．北京：中华书局．

卡尼曼，斯洛维奇，特沃斯基(编)．(2008)．不确定状况下的判断：启发式和偏差(方文等译)．北京：中国人民大学出版社．

李其维．(2008)．"认知革命"与"第二代认知科学"刍议．心理学报，40(12)，1306-1327.

罗玮，罗教讲．(2015)．新计算社会学：大数据时代的社会学研究．社会学研究(3)，222-241.

梅勒．(2009)．理解社会(赵亮员等译)．北京：北京大学出版社．

泰勒．(2013)．赢者的诅咒：经济生活中的悖论与反常现象(陈宇峰等译)．北京：中国人民大学出版社．

泰勒．(2016)．"错误"的行为：行为经济学的形成(第2版，王晋译)．北京：中信出版集团．

吴莹，赵志裕(特约主编)．(2017)．中国社会心理学评论：文化混搭心理研究(Ⅱ)．北京：社会科学文献出版社．

乐国安(主编)．(2009)．社会心理学理论新编．天津：天津人民出版社．

张阳阳，佐斌．(2006)．自尊的恐惧管理理论研究述评．心理科学进展，14(2)，273-280.

赵德雷．(2015)．农民工社会地位认同研究：以建筑装饰业为视角．北京：知识产权出版社．

赵蜜．(2010)．以身行事：从西美尔风情心理学到身体话语．开放时代(1)，152-160.

赵蜜．(2017)．社会表征论：发展脉络及其启示．社会学研究(4)，222-245＋250.

赵蜜．(2019)．儿童贫困表征的年龄与城乡效应．社会学研究(5)，192-216.

赵蜜，方文．(2013)．社会政策中的互依三角：以村民自治制度为例．社会学研究(6)，169-192.

赵志裕，吴莹(特约主编)．(2015)．中国社会心理学评论：文化混搭心理研究(Ⅰ)．北京：社会科学文献出版社．

周晓虹．(1993)．现代社会心理学史．北京：中国人民大学出版社．

佐斌，张阳阳，赵菊，王娟．(2006)．刻板印象内容模型：理论假设及研究．心理科学进展，*14* (1)，138 - 145.

Barbey, A., Barsalou, L., Simmons, W. K., & Santos, A. (2005). Embodiment in religious knowledge. *Journal of Cognition & Culture*, *5* (1 - 2), 14 - 57.

Barsalou, L. W. (1999). Perceptual symbol systems. *Behavioral & Brain Sciences*, *22* (4), 577 - 660.

Billig, M. (1996). *Arguing and thinking: A rhetorical approach to social psychology* (New ed.). Cambridge University Press.

Brown, R. (2010). *Prejudice: It's social psychology* (2nd ed.). Wiley-Blackwell.

Burke, P. J. (Ed.). (2006). *Contemporary social psychological theories*. Stanford University Press.

Buss, D. M. (2016). *The evolution of desire: Strategies of human mating*. Basic Books.

Chiu, C.-y., & Hong, Y.-y. (2006). *Social psychology of culture*. Psychology Press.

Cuddy, A. J., Fiske, S. T., & Glick, P. (2007). The BIAS map: Behaviors from intergroup affect and stereotypes. *Journal of Personality & Social Psychology*, *92* (4), 631 - 648.

De Dreu, C. K. W., & De Vries, N. K. (Eds.). (2001). *Group consensus and minority influence: Implications for innovation*. Blackwell.

Doise, W. (1986). *Levels of explanation in social psychology* (E. Mapstone, Trans.). Cambridge University Press.

Doise, W., Clémence, A., & Lorenzi-Cioldi, F. (1993). *The quantitative analysis of social representations* (J. Kaneko, Trans.). Harvester Wheatsheaf.

Dweck, C. S. (1999). *Self-theories: Their role in motivation, personality and development*. Psychology Press.

Eisenberger, N. I. (2015). Social pain and the brain: Controversies, questions, and where to go from here. *Annual Review of Psychology*, *66*, 601 - 629.

Eisenberger, N. I., Lieberman, M. D., & Williams, K. D. (2003). Does rejection hurt? An fMRI study of social exclusion. *Science*, *302* (5643), 290 - 292.

Ellemers, N. (2017). *Morality and the regulation of social behavior: Group as moral anchors*. Routledge.

Fang, W. (2009). Transition psychology: The membership approach. *Social Sci-*

ences in China, *30* (2), 35 – 48.

Fiske, S. T. , Cuddy, A. J. , Glick, P. , & Xu, J. (2002). A model of (often mixed) stereotype content: Competence and warmth respectively follow from perceived status and competition. *Journal of Personality* & *Social Psychology*, *82* (6), 878 – 902.

Gergen, K. J. (2001). *Social construction in context*. Sage.

Greenberg, J. , Solomon, S. , & Pyszczynski, T. (1997). Terror management theory of self-esteem and cultural worldviews: Empirical assessments and conceptual refinements. In P. M. Zanna (Eds.), *Advances in experimental social psychology* (Vol. 29, pp. 61 – 139). Academic Press.

Greene, J. D. , Sommerville, R. B. , Nystrom, L. E. , Darley, J. M. , & Cohen, J. D. (2001). An fMRI investigation of emotional engagement in moral judgment. *Science*, *293* (5537), 2105 – 2108.

Hatfield, E. , Cacioppo, J. T. , & Rapson, R. L. (1994). *Emotional contagion*. Cambridge University Press.

Henrich, J. , Heine, S. J. , & Norenzayan, A. (2010). The weirdest people in the world?*Behavioral* & *Brain Sciences*, *33* (2 – 3), 61 – 83.

Higgins, E. T. (1996). Activation: Accessibility, and salience. In E. T. Higgins & A. Kruglanski (Eds.), *Social psychology: Handbook of basic principles* (pp. 133 – 168). Guilford.

Higgins, E. T. (2012). *Beyond pleasure and pain: How motivation works*. Oxford University Press.

Hogg, M. A. (2007). Uncertainty-identity theory. *Advances in Experimental Social Psychology*, *39*, 69 – 126.

Hong, Y. -y. , Morris, M. W. , Chiu, C. -y. , & Benet-Martínez, V. (2000). Multicultural minds: A dynamic constructivist approach to culture and cognition. *American Psychologist*, *55* (7), 709 – 720.

House, J. S. (1977). The three faces of social psychology. *Sociometry*, *40* (2), 161 – 177.

Jost, J. T. , & Banaji, M. R. (1994). The role of stereotyping in system-justification and the production of false consciousness. *British Journal of Social Psychology*, *33* (1), 1 –

27.

Jovchelovitch, S. (2007). *Knowledge in context: Representations, community and culture*. Routledge.

Kahneman, D., Slovic, P., & Tversky, A. (Eds.). (1982). *Judgment under uncertainty: Heuristics and biases*. Cambridge university press.

Kruglanski, A. W., & Higgins, E. T. (Eds.). (2007). *Social psychology: Handbook of basic principles*. Guilford.

Liu, L. (2004). Sensitising concept, themata and shareness: A dialogical perspective of social representations. *Journal for the Theory of Social Behaviour, 34* (3), 249 – 264.

Macy, M. W., & Willer, R. (2002). From factors to actors: Computational sociology and agent-based modeling. *Annual Review of Sociology, 28,* 143 – 166.

Marková, I. (2003). *Dialogicality and social representations: The dynamics of mind*. Cambridge University Press.

Morris, M. W., Chiu, C.-y., & Liu, Z. (2015). Polycultural psychology. *Annual Review of Psychology, 66,* 631 – 659.

Moscovici, S. (1996). Foreword: Just remembering. *British Journal of Social Psychology, 35,* 5 – 14.

Moscovici, S. (2000). *Social representations: Explorations in social psychology*. Polity.

Moscovici, S., & Marková, I. (2006). *The making of modern social psychology: The hidden story of how an international social science was created*. Polity.

Nemeth, C. (2018). *In defense of troublemakers: The power of dissent in life and business*. Basic Books.

Ochsner, K. N. (2007). Social cognitive neuroscience: Historical development, core principles, and future promise. In A. W. Kruglanski & E. T. Higgins (Eds.), *Social psychology: Handbook of basic principles* (pp. 39 – 66). Guilford.

Parker, I., & Shotter, J. (Eds.). (1990). *Deconstructing social psychology*. Routledge.

Pettigrew, T. F., & Tropp, L. R. (2011). *When groups meet: The dynamics of intergroup contact*. Psychology Press.

Potter, J., & Wetherell, M. (1987). *Discourse and social psychology: Beyond attitudes and behaviour*. Sage.

Rosenthal, R. , & DiMatteo, M. (2001). Meta-analysis: Recent developments in quantitative methods for literature review. *Annual Review of Psychology*, *52*, 59 – 82.

Sidanius, J. , & Pratto, F. (2001). *Social dominance: An intergroup theory of social hierarchy and oppression*. Cambridge University Press.

Sparrow, B. , Liu, J. , & Wegner, D. M. (2011). Google effects on memory: Cognitive consequences of having information at our fingertips. *Science*, *333* (6043), 776 – 778.

Sperber, D. (1996). *Explaining culture: A naturalistic approach*. Blackwell.

Swidler, A. (1986). Culture in action: Symbols and strategies. *American Sociological Review*, *51* (2), 273 – 286.

Tajfel, H. (1970). Experiments in intergroup discrimination. *Scientific American*, *223* (5), 96 – 103.

Tajfel, H. (1981). *Human groups and social categories: Studies in social psychology*. Cambridge University Press.

Tajfel, H. , & Turner, J. C. (1986). The social identity theory of inter-group behavior. In S. Worchel & L. W. Austin (Eds.), *Psychology of intergroup relations* (pp. 7 – 24). Nelson-Hall.

Trivers, R. (2002). *Natural selection and social theory: Selected papers of Robert Trivers*. Oxford University Press.

Turner, J. C. , Hogg, M. A. , Oakes, P. J. , Reicher, S. D. , & Wetherell, M. S. (1987). *Rediscovering the social group: A self-categorization theory*. Blackwell.

Van Dijk, T. A. (1993). *Elite discourse and racism*. Sage.

Van Lange, P. A. M. , Kruglanski, A. W. , & Higgins, E. T. (Eds.). (2012). *Handbook of theories of social psychology*. Sage.

Weiner, B. (2006). *Social motivation, justice, and the moral emotions: An attributional approach*. Erlbaum.

Wyer, R. S. , Chiu, C. -y. , & Hong, Y. -y. (Eds.). (2009). *Understanding culture: Theory, research, and application*. Psychology Press.

Yzerbyt, V. , Judd, C. M. , & Corneille, O. (Eds.). (2004). *The psychology of group perception: Perceived variability, entitativity, and essentialism*. Psychology Press.

自　序

　　我什么时候开始写这本书？在思考这个问题的时候，我意识到这个问题有不止一个答案。这本书是关于动机如何运作，尤其是动机如何**超越苦乐原则**的。在日常生活中，最大化快乐和最小化痛苦的动机观——或者世上万物统有的享乐品性，通常被转换为通过"胡萝卜加大棒"来掌控他人的动机。回顾过往，我第一次感悟到还有其他方法来掌控他人的动机。这是我妈妈阿洁·希金斯（Aggie Higgins）告诉我的故事。作为一名营养师，她试图激励贫穷孕妇在怀孕时多吃点，以弥补营养不良造成的不足。

　　为了激励这些贫穷孕妇，她使用了如奖励的快乐"萝卜"法，或是如罪恶或责备的痛苦"大棒"法吗？绝没有！她的方法对于当年 10 岁的我而言，只有多年之后才能欣赏领悟。她所做的是陪这些贫穷孕妇回家，并和她们的家人交谈。在蒙特利尔，她面对的孕妇通常是大家庭，除丈夫外通常有一个或更多的孩子。我母亲的办法是把丈夫和孩子同时吸纳进来。她要求他们在餐桌上为即将出生的宝宝也放个餐盘，母亲则代宝宝吃完盘子里的食物。如此，即将出生的宝宝，就已经在餐桌上有餐盘、要和大家一起进餐。

　　这个办法奥秘何在？它只是让整个家庭为即将出生的宝宝之所需（额外的食物），建立起新的实在或真相，并且家里每个人都能有效地参与进来；同时，它也让家人在婴儿出生前就对即将发生的事情有所掌控。这绝不是通过快乐和痛苦来达成的激励。它是通过真相和控制的协同作用，使得整个家庭，包括即将出生的婴儿，走在正确的方向上。在苦乐原则之外，这是我初遇动机的另类路径，以及激励他人的替代方式。这种路径强调激励而不是快乐和痛苦。更不必说，这只是在我成长过程中母亲教给我的诸多动机密钥之一。感恩母亲！

20 多年之后，我另一个生命关口期的体验也助力本书孕育。那时的我陷入抑郁。我一点也打不起精神来做事，也没法理解到底发生了什么。我百无聊赖。此前，我自以为对动机已满腹经纶。但那时我才自知对动机如何运作其实一无所知。我决定如果自己还想做名职业心理学者，那就一定要深究动机论题，并试图理解我正在经历的困扰缘由。感谢天才治疗师——布瑞安·肖（Brian Shaw）。我康复了，也开始了动机研究。

我的目标是要更好地辨析抑郁心理学和焦虑心理学之区别。它催生了 20 世纪 80 年代中期的自我偏离论（Self-Discrepancy Theory）（它探讨希望和抱负的落空如何产生抑郁，而履行职责和义务的失败如何产生焦虑）。自我偏离论又在 20 世纪 90 年代中期孕育出调节定向论（Regulatory Focus Theory）（它深究在目标追求、问题解决和决策时，促进关注对预防关注之别，前者关乎进步，后者关乎安全）。这两种理论的共同点在于强调人们获得快乐和避免痛苦的**不同方式**。例如，若要理解抑郁和焦虑之别，必得超越苦乐原则，因为抑郁和沮丧都是苦痛。苦痛不是关键。只是抑郁者和焦虑者无效的方式不同。抑郁者无法实现其抱负（理想我），它关乎追求成就的促进关注；而焦虑者无法履行其职责（应然我），它关乎渴望安全的预防关注。

自我偏离论若是祖辈，调节定向论就是亲辈，而调节匹配论（Regulatory Fit Theory）则是子辈（它系统探究人们追求目标的方式匹配定向类型如何能够提高投入强度和增强"正确感"）。如果没有调节匹配论就不会有本书，因为检验它的诸多研究已发现事情的价值不仅仅取决于其享乐特性。人们目标追求的投入强度也很重要。当人们追求目标的方式和目标定向匹配的时候，人们有更高的参与度，如渴望追求理想抱负（促进关注）或警惕追求应然责任（预防关注）。不是苦乐，匹配为王！

因为如果没有自我偏离论、调节定向论和调节匹配论，本书不复存在，所以帮助我发展和检验这些理论的同仁，也是本书孕育的另一个迫 xi 切答案。他们贡献至伟，我无法提及所有贡献者的大名。但我要格外感谢 Kris Appelt、Tamar Avnet、Amy Talor Bianco、Jenny Boldero、Miguel Brendl、Joel Brockner、Joe Cesario、Elloen Crowe、Baruch Eitam、Jens Forster、Becca Franks、Tony Freitas、Heidi Grant、Ruth Klein、Lorraine Idson、Angela Lee、John Levine、Nira Liberman、Marlene Moretti、Dan Molden、Jill Paine、James Shah、Steen Sehnert、Scott Spiegel、Tim Stauman、Orit Tykocinski、Elizabeth Van Hook、Shu Zhang 和 Canny Zou。

我也要感谢那些和我一同发展和检验调节模式论（Regulatory Mode Theory）的同仁。这个理论也是这本书的重要部分。它在两者之间进行精确区分：一是人们只是被激励在不同位置之间移动（"行动而已"）［行动（力）］，另一则是人们被激励去比较评价不同选项（"行动正确"）［评估（力）］。前者是控制动机，后者是真相动机。它们都无关苦乐。进一步，这些动机如何有效地协同作用，也为超越苦乐原则提供了关键例证。在对调节模式论有贡献的前面所提及的一些同事之外，我需要特别感谢阿瑞尔·克拉格兰斯基（Arie Kruglanski）（调节模式论的联合创造者）、露西娅·曼内蒂（Lucia Mannetti）和安东尼奥·皮耶罗（Antonio Pierro）。

我开始写作本书的另一个原因是沃尔特·米歇尔（Walter Mischel）的鼓励（我该说助推?）。沃尔特和我在哥伦比亚大学心理学系作为同事超过20年，做朋友的时间就更长了。大概10年前，我开始谋划在哥伦比亚大学创立动机科学中心。大体上，我开始设想动机科学的突现是作为科学中主要的智慧力量，超越人性科学，就像认知科学和神经科学已经达致的成就一样（这并不意味着动机科学独立于认知科学和神经学，但其重点不同）。沃尔特告诫我身心投入中心活动固然珍贵，但更重要的是写就我自己关于动机科学的专著。他要我必得回答动机如何运作。但我如此强烈信赖的这种动机科学，每个人应该知道吗？尽管耽误了一段时间来遵从沃尔特的睿智，但我最终还是开始这本动机专著的写作。感恩沃尔特！

当我开始动笔时，我马上意识到我并不知道要写点啥。可启发他人的讯息是什么？读者是谁？我以前在写作论文或书中章节时，如何拟定标题已有操作化风格，以契合文本要点和论说范围。紧跟这种风格，我开始创作本书和篇章的暂定标题。两年多的时间，我不断更改书名。我每次都怀抱巨大热情，分享给每一个新书名的耐心听众，也就是我的妻子骆冰（Robin）。她一如既往地给予支持，但从容淡定。考虑到我多次更改书名，她的从容淡定温暖我心扉。事实上，我有数月心智挣扎纠结：这本书要写点什么？何时完工？最终，灵感来袭，我豁然开朗，骆冰也坚信木快成舟了。始终如一，骆冰是智慧的倾听者、建议者和助长者。在这艰难的时段，她成就了我。感恩骆冰！

我也从我的家人那里获得额外支撑。"家人"不仅意味着我的核心家庭和亲人，还有我的职业大家庭。前述的理论发展和验证是"家庭事务"。本书的写作也是家庭事务。数年来，我的实验室成员是本书故事的主角。我已经鸣谢他们中的很多人，但是我还需要感谢那些受我指导个人研究和注册荣誉课程的本科生，以及研究生、博士生、博士后。尽管没有一一提及他们的名字，但他们是实验室超过 25 年历史中的重要部分。

我还要感谢以下这些同仁。他们在成书不同阶段阅读章节，给我修改完善的无价反馈。自序鸣谢的惯例，是得提及评论者和建议者对文本错误或谬误免责。这有点不合情理。他们当然是免责的，但他们对于文本改善负有责任吗？与其说他们不用受到责备，那么给予赞赏怎么样呢？满怀感激之心，我感谢 Joel Brockner、Ran Hassin、Ean Higgins、Harvey Hornstein、Eric Schoenberg、Ed Smith、Peter White 和 Mark Zanna。在本书不同阶段的不同章节，他们给予我深思熟虑的评论和建议，使之完善。我尤其要感谢 Bill Green、Jennifer Jonas、Arie Kruglanski、John Levine、Walter Mischel、Diane Ruble 和 Yaacov Trope。他们为全书贡献反馈意见，以改善观点和论述方式。我全身心感激最终成品受惠于他们的洞见和批判性反馈。

　　玛丽昂·奥斯蒙（Marion Osmun）也为全书提供反馈。受牛津大学出版社凯瑟琳·卡琳（Catherine Carlin）的推荐，她贡献了有关写作风格和本书的整体架构组织的专业建议。我从她的反馈中受益良多，倾听她的评论，并依此调整。我受惠并感谢她。我也很感激凯瑟琳，她不仅推荐玛丽昂来编辑本书，还是本书写作初期热情的依靠，并总能在我最需要的时候提供可靠的支持。感谢凯瑟琳和玛丽昂！我也很感谢兰·哈辛（Ran Hassin），他是牛津大学出版社"社会认知和社会神经科学"系列丛书主编，为本项目提供早期支持。最后的成书阶段离不开特雷西·奥哈拉（Tracy O'Hara）不知疲倦的帮助，离不开琼·博塞（Joan Bosser）的支持。感谢兰、特雷西和琼！

　　值得特殊感谢的是本书的两位"编辑"。她们也为本书的每个章节提供反馈意见。第一位就是我的女儿凯拉·希金斯（Kayla Higgins）。在本书初稿写作阶段，她是每个章节的第一位读者和评论者。她的反馈无价，因为我需要明了心理学知识背景空白的读者是否能够理解本书内容。她逐段、逐句地告诉我，内容能否和读者产生对话。久而久之，我能够在这方面做得更好。感谢凯拉！

　　第二位"编辑"是我的妻子骆冰。她是每个章节的最后一位读者和评论者。虽然骆冰在写作早期已经就每章给予反馈，但在书稿快付梓时，我仍然请求她通读本书全文。这样请求她，是因为我确知她想要本书好上加好，并且在我最后快力竭的时候再助推我一把。在这非常重要的收尾阶段，基于骆冰的评论，我又有许多修正。我坚信本书得以显著地改善。再次感恩骆冰！

　　写作本书，凯拉和骆冰是我的书挡靠山。她们同样是我成年生命篇章中的倚靠。我将这本书奉献给她们。

xiii

本著献给骆冰和凯拉：我生命的倚靠！

目 录

第三部分　动机协同运作

第四部分　动机协同运作之内涵

第一部分
引论和背景

第一章
超越苦乐的动机

本书开篇，我想讲述圣经中亚当和夏娃在伊甸园创世记的故事。我相信，亚当和夏娃的动机，对于我们理解今天人类的欲望有所帮助。故事如下：

> 主神使各样的树从地里长出来，这景象可以令人愉快，而且其上的果实好作食物。园子当中又有生命树和善恶知识树。……主神命令他说，园中属各样树的，你可以随意吃，只是属善恶知识树的，你不要吃，因为你吃的日子必定死。（《创世记》2：8 - 9，16 - 17【钦定版圣经】）

亚当和夏娃被上帝庇佑，居住在伊甸园——这不仅是一个乐园，还是最初的天堂。故事清楚地告诉我们，这是个只有快乐而没有痛苦的地方，长满树木"可以令人愉快，而且其上的果子好作食物"。此外，园子正中长着生命树。这一点很重要，因为亚当和夏娃从上帝的命令中明白，只能吃知识树以外的树上的果实。这意味着他们可以吃到生命树上的果实，永享只有快乐、没有痛苦的生活。他们所要做的就是待在伊甸园中，享受生命树上的果实以及其他丰富的园中乐趣。

但众所周知，这不是亚当和夏娃选择的生活。他们选择了吃知识树上的禁果。因为上帝的指令明确禁止吃知识树上的果实，所以亚当和夏娃是否自由地选择了吃知识树上的果实就没有歧义。这不是一场意外。冒着"必定死"或者至少被逐出天堂、失去快乐而没有痛苦的永生的风险，是什么动机驱使他们做出这样的选择呢？如果人们真正想要的是最大化快乐和最小化痛苦，那么亚当和夏娃永远不可能如此决断。

我相信这个故事告诉我们，人类的动机不只有最大化快乐和最小化痛苦。还有什么呢？这个答案藏在亚当和夏娃吃知识果的原因中。我相信这并非巧合。事实上，知识树就是真相树。我相信人类的一个核心动机是建立现实，分辨真相和虚假、现实和幻想。对于人类来说，追求真相的动机和生命一样重要。

但是，这不是《创世记》的故事教给我们的唯一道理。知识树所代表的不只是一般的知识，更是关于"善恶"的知识。这意味着吃禁果，还满足了人类另一个核心动机。人们有掌控事件和过程、掌控自己生命的动机。人们只有知道什么是善恶，才能在相互竞争的偏好之间决断，而这些决断关涉在不同选项之间进行甄别，而这些选项的享乐属性和道德属性千差万别。果真如此，人才能掌控自己的生命。

更重要的是，因为伊甸园提供了一切，所以亚当和夏娃几乎不需要真相或者是控制。他们享受的任何好处与快乐，都并非是其自身努力所取得的成效。因此，除非吃知识树的果实，否则亚当和夏娃不可能真正在追求真相和控制上取得成效。而且，重要的是，这棵树结合了追求真相和追求控制的动机。这个重要例证说明动机协同运作以指导人生决策。

上帝在其中扮演什么角色呢？我相信上帝在圣经中既全知（掌握所有真相）又全能（拥有一切力量或控制力）的形象不是一种巧合——其与"善恶知识树"上的果实所蕴含的真相和控制相一致。一些评论家想知道，如果上帝因全知而能够预见亚当和夏娃的决定（真相），又因全能而可以改变他们的命运（控制），那为什么还要为亚当和夏娃创造这样的情境呢？一些基督教神学家也发问，为什么上帝要创造出亚当和夏娃被驱逐出伊甸园的情境呢？回答之一是，上帝知道人之为人的真相。上帝明白，为了成为人类，亚当和夏娃必须违背他的指令、吃知识树上的果实。上帝知道人类为了切实有效，真正想要并且需要做出什么选择。于是，为了让亚当和夏娃能够开始体验真正的人类生活，上帝创造了他们离开伊甸园的必要条件。

《创世记》的故事抓住了本书的两大主题。首先，要理解人类的动机，就必须超越苦乐原则，并意识到想要有效地建立真实（真理）与掌控事件（控制）对于人类动机的重要性。其次，重要的是要认识到这些动机并非独立运作。动机会协同运作，而它们相互之间的关系则阐明了什么是动机以及动机是如何运作的。我相信动机间关系的重要性——动机如何协同运作——在学术文献中还未得到足够的重视。

❖ 有关动机的四个实验

作为本书内容的线索，四个实验可供你们思考。针对每项研究，我先描述设计和过程，即参与者面对的实验条件。在每项研究结束后，我都会请你预测一下，如果人们的动机是最大化快乐并最小化痛苦，那么研究结果会是或应该是什么样的？

"吃虫"研究[1]

在这项研究中，参与者被告知，他们将执行一项任务，并被测试生理反应。一种实验条件下，研究人员向参与者展示了三种任务：中性的、负面且恶心的、负面且可怕的。中性的任务，要求参与者区分不同的小物体的重量。负面且恶心的任务，要求参与者用叉子吃一条死虫。负面且可怕的任务，则包含电击成分。收到被分配吃虫任务的通知后，参与者坐在任务区前面阅读了一份声明。声明提醒，他们拥有随时退出研究的自由，并且不会受到惩罚。只有小部分参与者会选择离开。

任务开始前，参与者填了份人格个性调查问卷。问卷中包含"我是个勇敢的人""我应当接受磨砺"等选项。随后，实验人员向参与者解释，由于一些故障，他们不必完成吃死虫子的任务了。既然吃虫任务被终止了，参与者就可以在剩下的两个任务间自由挑选。他们可以选择辨别重量的中性任务，或是会遭受痛苦电击的电击任务。

如果人们都是最大化快乐和最小化痛苦的行动者，那么他们会选择哪个任务呢？答案很显然，他们会选择中性任务而不是电击任务。事实上，最初没有被通知需要接受吃虫任务的参与者中，没有人去选择电击任务。但是，那些被通知要接受吃虫任务的参与者中，则有50％的人选择了接受痛苦的电击。这到底为什么呢？答案会在本章稍后揭晓，但先请看另一项研究。

"老鼠竞赛"研究[2]

在训练阶段，为了得到一小份食物，老鼠不得不拉动要么很重、要么很轻的物品。在两种重量的情况下，老鼠都能成功获得食物。它们在每条路线都会收获食物（100％强化），所以两种情况下收益相同。但是，拉动重物的老鼠需要付出更多的努力。付出更多的努力但获取相同的收益——这就是"老鼠竞赛"。在训练阶段结束后的一天，它们进入测试阶段。在测试阶段，老鼠们同样可以获得食物，但此时它们的负重被移开，可以自由奔跑。老鼠们在训练阶段已经建立起对于食物价值的判断，于是在测试阶段，通过老鼠们的跑速、食速和食量便可以衡量这些食物价值的大小。

如果老鼠和人类一样是最大化快乐和最小化痛苦的行动者，那么哪种老鼠会觉得食物更有价值呢？答案依旧显而易见。考虑到在训练过程中获得食物的收益/成本比率或快乐/痛苦比率，人们会预想在重量较轻的条件下训练的老鼠对食物价值的评价会更高，因为它们以较少的努力成本获得了同样的食物收益。但是，实验结果正好相反：拉动较重物体的老鼠更为重视食物。这又是为什么呢？

"趣味学习"研究[3]

实验布置一群本科生完成名词解释的学习任务。他们需要学习把一个新颖胡诌的词语，同它不同寻常的定义匹配起来。比如，"Bleemus"的定义是"当引擎已经发动时，试图启动汽车的行为"。因为这些词语和定义的关联无章可循且枯燥乏味[4]，所以实验人员可以用不同的指令方式将其传达给被试。"重要"的指令，会要求参与者认真地学习这些由语言学家创造的新名词解释。"有趣"的指令，会让参与者快乐地学习这些来自滑稽素材的词语。此外，还有"无趣"的指令（即预告任务很乏味）和"次要"的指令（即介绍任务只是一项实验研究），这些指令与"有趣"和"重要"的指令相结合，形成了以下四种关于如何学习材料的指令：重要且有趣、重要且无趣、次要且有趣、次要且无趣。

如果人们都是最大化快乐和最小化痛苦的行动者，那么哪种指令会使得参与者表现最好呢？答案取决于你们是否认为"重要"比"次要"更积极或者更消极。让我们假定"重要"比"次要"更积极，"有趣"比"无趣"更积极。那么，基于苦乐假设，你们会对结果有什么样的预测呢？你们应该会认为接收到"重要且有趣"指令的参与者表现最好吧。但是，研究结果却显示并非如此：相比接收"重要且有趣"指令，接收"重要且无趣"指令的参与者对名词解释的掌握程度更好。虽然前者确实反映学习更有趣味了，但"有趣"指令反倒有损学习效果。这是为什么呢？

"渴求对警惕决策"的研究[5]

实验布置哥伦比亚大学的本科学生在咖啡杯和廉价钢笔间选择自己想要的。决策前被给予的不同的指令方式影响了参与者的决策风格。实验人员要求半数人想一想：选择了咖啡杯会收获什么？选择了钢笔会收获什么？这是一种确保收益的决策风格，本书称之为渴求策略。另外半数人则被要求想一想：选择了咖啡杯会失去什么？选择了钢笔会失去什么？这是一种避免犯错的决策风格，本书称之为警惕策略。决策风格没有影响选择的结果，几乎所有人都选了咖啡杯而不是钢笔。[6]在大家做出选咖啡杯的决定后，工作人员开放给参与者自行消费购买杯子的机会。实验的前测表明，一些人强烈关注成就和提升（我们称之为由"促进定向"主导行为）。相比之下，其他人强烈关注安全和保障（我们称之为由

"预防定向"主导行为）。研究发现，人格差异没有影响参与者愿意为购买咖啡杯花费的金额。

如果人们都是最大化快乐和最小化痛苦的行动者，从愿意花费的金额反映出的重视程度来看，哪种参与者更重视咖啡杯呢？答案取决于你是否认为渴求决策比警惕决策更积极。如果你像绝大多数人一样认为渴求决策更积极，那么你就会预测，渴求决策的人愿意花更多的钱购买咖啡杯。但是，你也可能会想，这和决策风格无关，和购买咖啡杯的愉悦程度才是相关的。鉴于几乎每个人都选择了完全相同的杯子，可以预测，决定是用渴求还是警惕的风格都无关紧要。如果是后面一种想法，那么恭喜你答对了。事实上，与促进定向和预防定向的人格差异一样，如何选择（即用渴求或警惕的决策风格）不会影响愿意为购买咖啡杯而付出的花费。

但是，研究的发现不止于此。结果表明，人格和决策风格的关系发挥了主要影响。采取渴求决策的促进定向者与采取警惕决策的预防定向者愿意花费的金额要比采取警惕决策的促进定向者和采取渴求决策的预防定向者多得多——完全一样的杯子，多出了近70％的钱。这是为什么呢？

❖ 这些研究为何如此

现在，我来揭晓四个研究结果成因的答案。

"吃虫"研究

在原本被分配"吃虫"任务的参与者中，50％的人选择接受痛苦的电击挑战而不是辨别重量的任务。为什么会这样呢？即使被分配到了"吃虫"任务，他们也几乎全都选择了留下。在被调查询问为何会留下完成"吃虫"任务的问卷中，许多人回答称自己是勇敢的、应当接受磨砺的人。随后当有机会从辨别重量的任务和电击任务中选择时，他们希望他们对自己的信念（即"我很勇敢"或"我应该受苦"）与他们对任务的选择能保持一致。他们想要建立起真实自我形象的一致性（真相）。为了达到这个目的，他们需要选择给予自己电击的任务。因此，为了一致性，他们会选择做正常情况下不可能会做的事情。

研究结果表明，建立一致性事实（真相）的动机可以胜过避免痛苦的趋乐动机。本书的后面，我将提供其他令人信服的例子，说明真相动机对人类的重要性。我会讨论人们建立现实的不同方法，包括与他人建立共享现实来满足其独特的欲望，即想要他人信自己所信、感自己所感。我将讨论一些有影响力的动机模型，例如心理学和经济学中经典的主观效用模型和期望价值模型，如何未能解释真相动机在人们做出选择和进行承诺中的重要性。

"老鼠竞赛"研究

通过比较老鼠的跑速、食量、食速，研究发现高成本情况下（拉动重物）的老鼠表现出对食物更多的重视。这到底是为什么呢？在测试阶段，重物就像是阻力。而追求目标需要克服这股力量。克服的阻力提升了追求目标时的投入强度。于是，追求目标时需要克服的干扰力，反而加强了目标的吸引力，增强了目标物的价值感，也就是此时的食物。我还会在这本书中描述其他研究的结果，它们同样展现了投入强度的重要性。[7] 相比对苦乐作为价值决定因素的过度关注，我们在生活中决定事物的价值时容易忽视投入强度的作用。这个关键因素提供了另一个例证，证明我们需要超越苦乐原则去更充分地理解动机是如何运作的。

"趣味学习"研究

父母、老师以及儿童彩绘故事书制造商都认为，如果让学习更加有趣，那么儿童的学习兴趣就会增加。毕竟，所有经典的条件研究都强调把积极的体验和事件结合起来，会使事件本身变得更加积极。既然如此，在名词解释的学习任务中增加了趣味元素后，人们难道不应该表现得更好吗？

如果人们最开始就认为名词解释学习是一项趣味性活动，而不是重要性活动，那么参与者的表现会更好，因为此时完成任务的趣味方式同参与者的前提信念相符合。而这一实验的情况并非如此。学习，尤其是与智力有关的学习，被认为是一种重要而非有趣的活动。这意味着，在这项研究中，一种有趣的活动方式与参与者先前认为这种活动是重要而非有趣的信念是不匹配的，这种不匹配会削弱他们的表现。这项研究和其他研究发现，真正重要的不是对活动本身有什么前提信念（也就是趣味性活动或者重要性活动），也不是完成任务的方式（享受的态度或者认真的态度）。真正重要的是前提信念和完成任务方式之间的匹配。当个体对活动的前提信念与其完成方式相匹配时，个体对活动的投入强度会提升，其表现情况也会更好。而当两者不匹配时，比如用趣味方式完成重要任务，投入强度则会被降低，个体的表现情况也会更差。这是趣味学习研究结果的成因。我在后续会描述有关匹配和不匹配的其他研究，讨论该如何使用调节匹配的原理来更有效地掌控动机，并避免在弊大于利的情况下增加奖励（如奖金奖励）的陷阱。

"渴求对警惕决策"的研究

促进定向主导的参与者，以渴求的态度选择咖啡杯，而不是廉价钢笔。预防定向的参与者，以警惕的态度做出同样的决策。相比促进定向以警惕态度、预防定向以渴求态度做出决策的类型，上述两类人都愿意花更多的钱购买咖啡杯。考虑到不同情况下人们选择相同的咖啡杯会收获相同的愉悦体验，对杯子的重视程度为何会相差如此之大成谜。为什么呢？如果你猜到，"匹配才是重要的"，那么你就想对了。这也是一种匹配效应。对于促进定向主导的人来说，以渴求态度追求目标能够达到匹配，提升投入强度。预防定向的人以警惕态度同样能够达到匹配。警惕对促进定向的人来说产生不适，而渴求对预防定向的人来说产生不适，不适会降低投入强度。投入强度越高，对目标的重视程度越高。

❖ 超越享乐原则

就像伊甸园中亚当和夏娃的故事所表明的那样，四项研究也发现，人们的动机是超越苦乐原则的。本书的目的就在于描述心理学家所学到的关于动机如何超越苦乐的知识，尤其是论述近几十年的发现。你可能会问自己，这样一本书是否真的有必要，难道我们真的认为动机基本就是最大化快乐和最小化痛苦吗？

我当然无法向每位读者作答，但是绝大部分人在激励自己或他人时都会遵循这样的原则。我们仍会使用"胡萝卜加大棒"作为主要的激励方式，例如，BBC新闻最近援引一位英国外交官的话说，同阿富汗塔利班温和派进行政治协商的方式是"胡萝卜和大棒的正确结合"。另一个事例是，传奇投资家沃伦·巴菲特（Warren Buffett）曾在哥伦比亚商学院，就如何控制风险型金融机构领袖时做出这样的回答。他说道，对于身处顶部的 CEO，我们最好利用胡萝卜而不是大棒，"但是我认为，多些大棒也是必要的"。

这些例子都说明，我们普遍认为应该用激励手段来让别人实现我们所欲——胡萝卜作为快乐的奖励，大棒作为痛苦的惩罚。人们行为和决策的原则是趋乐避苦。享乐原则的动机，派生出上述的观念。这种观念从古希腊就开始流传。为了让他人按照我们所欲来行事，我们会用不同的"胡萝卜"来奖励（或承诺）他们。为了阻止他人的妨碍行为，我们也会使用不同的"大棒"来惩罚（或威胁）他们。当今社会，我们更少使用物质激励方式，如食物、住所和肉体惩罚，而更多使用社会性激励方式，如称赞或责备。我们理解人类不仅有生理需求，还有成就感或社会认同的需求。但是，这种新的理解只是更换了激励的形式而已，并没有改变用激励手段来促使他人实现自己期望的本质。

我并不是说在传统动机决定因素中，只有趋乐避苦的享乐原则受到了关注。例如，很长时间以来，人们就已经认识到，对于决策的决心，

12

不仅取决于决策的后果会带来快乐还是痛苦，还取决于对良好结果可能性的看法。事实上，主观效用理论和期望价值理论都把可能性作为动机强度的重要部分。但是，这些理论仍旧强调享乐结果本身。可能性只是会增强（高可能性情况下）或者是削弱（低可能性情况下）对享乐目标的动机强度。例如，你喜欢在晴天散步，那么你更可能会选择出门散步，而不是宅家。如果天晴的可能性是 90%而不是 50%，那么这种偏好会更加强烈。请注意，虽然可能性作为要素被纳入其中，但这基本上还是一个关于享乐结果的故事——关于喜好在晴天散步的故事。这些模型中，享乐结果是动机的唯一要素。但我想要讨论的是，可能性有自己独立的动机力。可能性的作用不仅仅是削弱或者增强享乐结果。[8]

由此可以看出，许多人包括学者仍旧相信动机就是最大化快乐和最小化痛苦。他们对本书即将描述的观念和发现并不熟悉。这些新的观念和发现在揭示如何更有效地管理动机和增进福祉方面具有重要意义。

尽管如此，写一本关于动机的书还是一项艰巨的任务。动机是一个数百年来受到成千上万著名学者关注的话题。无论我们是不是该领域的正式学者，我们都认为自己对这个话题有一定的经验。即使是小孩子，为了从照料者获得自己所需要的，也不得不搞懂照料者的行为动机。掌控别人的动机在人类社会中无处不在，从父母和孩子到老师和学生、教练和运动员、商业主管和雇员、军官和下属、政客和公民之间，都存在这种相互控制。事实上，人类一生中的大部分时间都在掌控别人的动机和被别人掌控自己的动机。为了实施这些控制，我们花时间努力去推断和理解自己与他们的动机，也与他人建立共享的现实。鉴于我们花了那么多时间掌控、理解和分享自己或他人的动机，实际上人人都是动机行家。

那我能有新贡献吗？简而言之，我将把现有的动机研究整合进一个全新的概念框架中，以对日常生活中的动机问题进行重新探讨。是的，人们在动机上自成专家，但在绝大多数情况下，这些知识有关实践而不是理论。通过在一个更广泛、更概念化的框架下理解动机，人们可以更加有效地应用自己的动机知识，这无论对于家长、老师、教练、商业主管、军官还是政客（或者是对应的孩子、学生、运动员、雇员、下属或公民）都是如此。

　　本书开篇，我想说明我所说的超越快乐和痛苦是什么意思。首先，我需要明确传统的说法，即快乐和痛苦才是真正激励人们的动力是什么意思。对于一般的动机问题，我试图回答的是"人们想要什么，不想要什么？"在此，我故意使用"想要"这个字眼。为了避免同义反复，我需要一个更加普遍的术语，它并不假定动机字面上的含义。从这方面来讲，"想要"是理想的字眼，因为它用日常语言抓住了动机的各种相关含义：拥有或者是感觉到某种需求，必要（需要）；希望或者是要求某事某物存在；渴望来、去，或者成为；有某种强烈的欲求或倾向（即喜欢）；无法拥有（受限）；为了攫取而搜寻或追求。[9]

　　现在，如果"快乐和痛苦"被定义为"想要和不想要"，那么根据定义，它们就会变成"人们想要的东西和不想要的东西"的答案。这样做是没有用的，因为如果将"快乐和痛苦"定义得如此宽泛，会从一开始就排除其他观点。因此，需要的是对"快乐"和"痛苦"的更精确定义。《牛津英语词典》（*Oxford English Dictionary*，1971）把快乐定义为一种由对想要的事物的体验或预期所引起的感觉，强调感官愉悦，并把痛苦定义为物理的或身体的苦难——一种不悦或恼人的感觉。因此，快乐和痛苦分别是渴望的和不渴望的感受或感觉（包括预想的感受或感觉）。

　　传统的观点认为，动机就是指人们趋向想要的感受或感觉（快乐），回避不想要的感受或感觉（痛苦）。为什么提供一种超越苦乐的动机观点是必要的呢？首先，快乐和痛苦仅仅指向一种目标追求的结果，即享乐体验。但是，除了享乐体验之外，人们还有其他在意的东西。尤其是即使遭受磨难，也会想要取得成功。其次，虽然享乐体验会增强价值感，但这不是决定价值高低的唯一机制。尤其是人们在目标追求中投入的越多，他们就会越重视与该目标相关的事物。再次，即使目标就是快乐和痛苦，达到快乐和避免痛苦的方式也不止一种。例如，与成就、提升相关的促进定向和与安全、保障相关的预防定向，就是实现目标的不同方式。不同的动机系统影响了人们趋乐避苦的方式，也对人们的想法、感觉、行为产生了不同的影响。例如，成功（快乐）和失败（痛苦）在促进系统中会产生快乐或沮丧的感觉（例如，感觉"开心"或"悲伤"）。但是，成功和失败在预防系统中会产生静默或愤怒的感觉（例如，感觉"平静"或"担忧"）。又次，动机不仅指获得想要的结果，比如获得快乐而没有痛苦。人们还会想要掌控生命中发生的事件（控制），还会想要分辨世界上的真真假假、建立现实（真相）。最后，也是很重要的一点，不同的有效方式并不是相互孤立地发挥作用。许多动机关乎不同有效方式之间的关系，即它们是如何协同运作的。这样的案例之一就是，很多时候匹配才是最重要的。

因此，我相信，对人类需求是什么的最佳答案应该是他们想要有效。人们不仅想要在追求结果上有效（价值），也想在建立现实（真相）和掌控事件（控制）上有效。我的解释会随着这本书的展开而逐渐精确明晰。但是，在此需要先提醒一下，以避免误解。我不是在宣称想要有效就是所有的动机。毕竟，一个人想看一场日落的动机，不一定就成功地实现（"我认为我看的是世界上独一无二的、最美的日落"）。这可能只是单纯地领略自然奇观。至少对于人类而言，对某些未来的感官愉悦的期待，会影响当下的决策，如看一场日落、喝一杯美味的红酒，或洗一个热水澡等诸如此类的愉悦。当人们仅仅为了感官体验而进行这些活动时，其动机很难合理地用有效性来解释。

但是，我相信有效性通常是激励人们的动机，快乐和痛苦则是成功（快乐）或失败（痛苦）的反馈信号。例如，无法得到足够的食物和水会产生饥饿和口渴的痛苦反馈信号。为了所需食物和水而工作，不是为了未来的快乐，而是为了有效地满足当前身体所需。我会就这点在全书展开论述。我也将指出，即使是我上面提及的享乐活动（如喝美味红酒）中，也存在有效性的组成元素，而不仅仅是愉悦体验。

因此，虽然想要有效不是动机的全部内容，但本书将显示，它的作用远超人们所预料。事实上，我认为动机主要就是有关价值、真相和控制有效性的协同运作。我认为这些内容需要被更为充分地描述。

本书中，我将回顾和整合有关动机其他观点的科学文献。我试图从一个独到的角度来阐述什么是动机以及它是如何运作的。我提议用全新的观念、概念框架和运作机制来认识动机。这种新思路已经为近期的研究提供了启发，包括我自己对于调节定向（促进和预防定向）、调节匹配和投入强度的研究。

我认为，对于关心如何激励自己和他人，或被他人激励的人们来说，有必要了解过去几十年有关动机的科学发现。仅把动机理解为趋乐避苦是不完整的，我们需要加深对动机的认知。趋乐避苦也可能是错误的。有时这种理念会导致采用适得其反的激励手段，进而阻碍而不是促进了成功。

本书的重点集中在过去几十年里有关价值、真相和控制有效性的运作以及共同运作的研究和观念，但我也要回顾更早期的经典观念和研究。我相信，理解近期的发现需要历史背景知识，为现有观念做出贡献的历史先驱们也需要被承认与尊敬。无论我是在回顾经典著作还是在回顾近期新作，我都希望这本书对于没有心理学背景的读者而言是能够理解的。随着本书内容的推进，我会提出必要的概念性和经验性背景，以使得新的动机图谱逐渐覆盖历史内容。本书讲述的动机观点即使对于大部分心理学家而言也是全新的，因此我会尽可能地少赘述读者们已经知道的动机假说。同时，我会向主流的享乐原则发起挑战。这意味着我会努力去理解和解释这些提出的新观点。我相信，这趟旅程和目的地会使我的努力有价值。

接下来的第二章会更详细地分析"人们真正想要什么"和"被驱动的含义是什么"，并最终回答"什么是动机"的综合问题。不同观点的回答提供了关于动机主题的历史背景；我自己的回答则为全书的框架奠定基础。 16

第三章则阐述价值有效性、真相有效性和控制有效性与最大化快乐和最小化痛苦之间的区别。而且重要的是，它们彼此之间也有所不同。接下来的章节描述了与各种有效方式的心理运作相关的概念和研究发现，包括价值有效性（第四章）、真相有效性（第五章）和控制有效性（第六章）。之后的章节则探讨这些动机如何共同运作：价值—真相关系（第七章）、价值—控制关系（第八章）和真相—控制关系（第九章）。

第十章，我把所有的有效性要素（价值、真相和控制）放在动机的组织中讨论。我描述了这些不同的方法如何互相支持，一种要素的影响如何扩散并影响到其他要素，它们如何获得分化的重要性或意义，并如何作为整体协同运作。它们的整体运作，比它们作为独立要素运作更加重要、更有意义。

然后，这本书反映了我个人组织和回顾动机科学文献的方式，因为它涉及我整体的"价值、真相和控制"框架，并反映了我关于动机是什么以及如何运作的观念。这本书的定位不是补充动机常识的教科书，因为它强调了要超越经典的苦乐原则，并反映了我个人的动机观。正是如此，我希望它能启发读者对动机进行不同的思考，尝试采用不同的方法激励自己和他人，并开展新的基础研究和应用研究。为了达成这个最终目的，在本书的最后几章，我用前文已回顾和发展的思想讨论了一些心理学的常青问题，即人格和文化差异的动机基底是什么（第十一章）？掌控动机的最有效方法是什么（第十二章）？什么是"良善生活"* 以及动机如何促进福祉（第十三章）？我希望你们发现本书的观点既有挑战性又有实用性。

---

* 原文为"good life"，后文也有译为"美好生活"的；指称平常生活时就译为形而下意义上的"良善生活"或"美好生活"，指称生命价值时就译为形而上意义上的"美妙生命"。后文亦有"the good life"译为"良善生活"或"美妙生命"的，译法不同皆因语境或表述者表达意思有差异，因此不便统一，特此说明。——译者注

第二章
什么是动机？

人有没有被动机驱动？对于两者之间的差别，我们每个人都有大体的认识。每个人对于什么能够驱动人类也有大体的认识。但是，我们的观点不一定是一样的。我们的观点通常是想当然，而缺乏严格的验证。事实上，大部分人都想要掌控他人的动机，以及自己的动机。可惜，大多数人缺乏对于动机是什么以及动机如何运作的准确认知。我们只是在"激励"下继续前进，而没有仔细考虑我们到底在做什么。日常生活中，人们不需要对动机有清晰的认识，只需掌控动机就能有所受益。但是，在写作这本书的时候，我需要厘清什么是动机以及动机如何运作的问题。本章中，我会陈述动机含义、人类需求方面的不同观点，以及我自己对这些问题的回答。

❖ 动机的含义

几年前，我为哥伦比亚商学院的高管项目开了一门关于动机的课。上课的学生大部分都属于高级管理层，平时花费大量时间来掌控下属们 的动机。他们可以被认为是动机的实践专家，从平日的商业管理训练中获得专业知识。课堂开始时，我询问他们动机的含义。最普遍的回答是有很强的动力或愿意花费精力（努力）来追求目标。这个答案反映了把动机作为有待引导的能量的观点。这是在学者和外行心中最有影响力的概念解释。我们就从这个概念开始讨论。

作为有待引导的全目的能量的动机

作为有待引导的全目的能量的动机，有不同的表达意象。一种意象是将动机比作点火装置，点燃其中的汽油，汽车就可朝目的地发动。另一种意象是在玩具中放入电池或打上发条，使得它走到指定地方，比如劲量玩具兔。通过加油、安放电池、缠绕弹簧产生动力的意象，都把动机当作一些物体内部的能量，促使其达到目的。这种观点不在乎能量从何而来。只要能够提供能量，燃料、电池还是弹簧并无差别。这是全目的能量。比如，一旦点火装置点燃汽油，汽车可以朝前后左右、无论距离长短行进到任何目的地，直到能量耗尽。

当我课上的高管回答动机是一种能量的时候，他们的意思就和列举的这些例子差不多。我并非意指他们不把下属当人一样对待而当作物品一样操纵。实际上，他们想要鼓动下属的时候，会用非常人性化的激励手段，比如社会承认和赞许。我所说的是，他们相信需要用合适的激励方式或工作条件，才能让下属"被驱动""被唤起热情"，才能让他们朝着管理层希望的目标去努力。就像这些高管们一样，心理学界及其他学科的学者们长期以来并且至今依旧把动机看作全目的能量。

把动机作为"有待引导的全目的能量"的支持观点

20 世纪上半叶，心理学界有三个影响深远的学派——心理动力学派、学习或条件作用学派以及格式塔学派。虽然严格意义上三者不尽相同，但他们都把动机看作全目的能量。对于心理动力学派之父西格蒙德·弗洛伊德（Sigmund Freud）而言，有一种潜在的数量有限的本能能量，这种"全神贯注的驱力"或"力比多"可以在不同类型的活动中被运用。[1]这种能量为我们的生活追求提供动力。弗洛伊德另一个假设是，这种能量天生会流露或需要发泄，也就是经典的"水力学"构念：就像水库里的水蔓延出来一样，未排出的情绪会产生愤怒和攻击行为。心理动力学派很多有影响力的思想家，如阿尔弗雷德·阿德勒（Alfred Adler）、卡尔·荣格（Carl Jung）、哈利·沙利文（Harry Sullivan），都认同弗洛伊德这一心理能量构念。

在 20 世纪 40 年代和 50 年代，克拉克·赫尔（Clark Hull）发展出了他的新行为主义理论。在这种理论中，基本的动机构想是驱力的概念。驱力是一种增能器。赫尔认为，驱力水平是所有驱力的累积。一些和当前任务无关的驱力也会产生影响。比如，从性吸引实验者那里获得指导后，在字谜游戏中力图获奖的动力也会增强。一种驱力和其他类型的驱力结合在一起，变成无差别的驱力能量池。[2]

赫尔把驱力当作能量池的概念，被其他学习理论家广泛接受。希尔加德（Hilgard）和马奎斯（Marquis）在条件作用和学习的经典作品中写道，"行为的动机通过条件产生（动机构建行为），释放源自有机体新陈代谢过程的能量。这种能量，就其本质和自主性，是无方向的，能够服务于任何动机对象"（楷体文字内容为本书作者标注）。[3]希尔加德和马奎斯还在这本书中指出，"区分行为指导和行为能量是重要的。我们认为动力是为后续功能积蓄的能量"（楷体文字内容为引文作者标注）。[4]类似的还有行为神经科学先驱唐纳德·赫布（Donald Hebb）所言的"动机是增能器，但不是指导；是一架引擎，而不是操舵装置"[5]。

格式塔学派思想家的中心人物库尔特·勒温（Kurt Lewin）（实验社会心理学之父）提出了动机解释的另一种版本——"有待引导能量"。他认为一个人的需求或目标（例如，想要成为职业画家），或者一个人的准需求或子目标（例如，为准备艺术学校入学考试购买一本书），转换为一种目标意向，对应于个体内在紧张系统。紧张系统包含了超越个体的力量，产生了朝目标进发或行动的倾向。当目标达成（即需求被满足）时，紧张被释放出来。[6]因此，通过给某人一个目标，你可以创造出紧张系统，产生一种驱使他达成目标的力量。[7]

把动机概念化为一般的、全目的的有待引导的能量，有其词源根基。*20*
在《牛津英语词典》中，动机（motive）的词源，包含了早期盎格鲁-诺曼的名词"motif"，可以被翻译为"驱力"（drive）。如果一个基本问题的答案获得了很多正式的动机科学家或专家支持（包括《牛津英语词典》），那么它很有可能具有一些实用性与真实性。

我的批评

我喜欢动机作为能量的概念，因为它把驱动和投入努力自然而然地联系在一起。付诸努力必然是动机的一部分。在把动机看作有待引导的能量的高管项目学生的心目中，努力可能是动机的核心组成部分。例如，我们的身体必然需要能量来驱动行为，比如血液为细胞传输所需的养料。还有迹象表明，当一项任务被认为是可行但困难的时候，更多的精力会分配在任务上，心脏会更有力地涌出血液（也就是血压更高）。更有动力分配更多的精力（也就是感觉上有更多动机）与释放更多能量以完成任务有关。这也是为什么描述一个有很强动力的人时，"激情点燃"或"活力四射"的表达是合情合理的。另外，从身体机制来说，把动机作为全目的能量也有其合理之处。执行不同任务时，器官的运作过程与自然反应基本上是相同的。

但是，我不喜欢这个概念的某些面向。其中，动机不仅仅是完成任务需要的能量。例如，动机也和某人做事的投入强度相关。精力和能量的消耗量，并不完全等同于投入的强烈程度。有迹象表明，当人们处于"心流体验"或"进入状态"时，投入强度会逐渐增长到全神贯注的状态，但消耗的精力不变甚至更少。[8]

但是，我对这个概念最不喜欢的是全目的的想法，我认为这会给我们带来麻烦。这种观念认为，如果我们能够驱动某人，那么无论动力源泉是什么，它总是能指引我们达成目标或得到想要的东西。例如，如果公司管理人员想要激励员工，他们可以使用任何形式的激励手段——任何形式的"胡萝卜"或"大棒"。这些激励手段都能够指引员工达成目标。比如，你若想让员工更有安全意识，可以为他们的安全行为提供奖金。的确，这些奖金会让员工"充满动力"，但也会使得他们专注于促进定向。这是因为，奖金是收益，而收益也关联职位晋升的促进关注。如果目标是增加安全相关的行为，那么你应该希望员工有更多与安全和保障相关的预防定向，而不是与成就和晋升相关的促进定向。提供奖金的"驱动"策略，可能会导致相反的结果。我将在第十二章讨论这个问题。

"全目的能量"概念，没有考虑到能量源和接受对象之间匹配度的重要性，也就是能量要被传输到什么地方去的问题。我们不把"通用的、有所有用途的汽油"加入汽车，而是为特定的汽车加入特定种类的汽油。人们从悲伤的经验中得知，如果把无铅汽油加入柴油引擎的汽车中，车会抛锚。[9] 把任何燃油加入劲量玩具兔也会很糟糕。能量来源需要匹配动机对象。例如，预防定向的个体的任务业绩，最好能让参与者提高警惕（例如，思考如何才能避免任务失败），而不是提高他们的渴求程度（例如，思考如何才能促使任务成功）。[10]

全目的能量的概念还有个问题：动机被定义为量化的概念而不是质性的概念。例如，赫尔把所有来源的驱力，量化积累成无差别的动机能量池。我有时会困惑：这种非质性的概念、非人的隐喻，能否解释日常生活中的动机？这种解释倾向，不仅出现在"胡萝卜加大棒"的行为塑造的传统理论中，还体现在弗洛伊德的蓄水池隐喻、赫布的引擎隐喻、勒温的力场质量点受众隐喻中。我个人最喜欢的隐喻来自行为主义奠基者乔治·华生（John Watson）。他认为，好的教养方式就像将熔化的铁水灌注进所欲形状的模子中一样。但这种隐喻同样面临这样的困境。

动机作为全目的能量的观点认为，动机的产生方式并不重要，无论是由于正向激励手段（胡萝卜）还是负向激励手段（大棒）。重要的是，由此产生的能量能够导向欲求终点。但是，从 20 世纪下半叶开始，更多的实证研究开始区分积极和消极的动机来源。证据表明动机来源的性质很重要。胡萝卜和大棒的激励手段是不同的，通过希望还是恐惧创造出的动机也是不同的。事实上，本书的后面会提及，即使是胡萝卜的形式（也就是奖励类型）也会有所影响。

有充分的理由宣告，对动机来源的性质不加以区分是无用的。即使想要超越动机来源寻求一些普遍性，也不能说明动机仅仅关联全目的能量的功能。人们更有动力完成重要的事情与有趣的事情。但是，"趣味学习"研究证明了，给认知中重要的活动增加乐趣，会损害而不是提升学习业绩。[11]

作为趋近或回避事物的动机

动机（motivation）含义的第二种影响深远的观点，和另一个单词"动力"（motive）的词源有关。根据《牛津英语词典》，拉丁词语 motivum 可以翻译成"改变或者产生动力（motion）"，也就是动机作为一种运动。这种情况下，运动可以理解为趋近或回避的经典运动。这种概念的显著优势在于可以轻易联系到最著名的动机原则——享乐原则，即人们的动机是趋近快乐而回避痛苦。

动机作为"趋避事物"的支持观点

对"被驱动是什么意思？"的追问（是趋近或回避事物），显然能够帮助回答另一个问题："人们真正想要的是什么？"（趋近快乐、回避痛苦。）事实上，心理学文献把这两个回答结合成种种动机模型，即动机就是趋近所欲的目的状态而回避要逃脱的目的状态。这些模型的建立有很长的历史，从动物学习/生物模型[12]、控制模型[13]到动力模型[14]。

但是，人们可以对动机作为趋向或回避有一定的认识，而不必把它和趋乐避苦的享乐原则联系在一起。诺伯特·维纳（Norbert Wiener）[15]的控制论模型和乔治·米勒（George Miller）、尤金·格兰特（Eugene Galanter）、卡尔·普利布拉姆（Karl Pribram）[16]的 TOTE 模型，是下文即将论述的许多趋避模型的先驱，但没有涉及快乐和痛苦本身。这些早期模型把趋近和回避概念化为参照点之间简单移动的过程，而没有把它们和期望的快乐或痛苦关联起来。[17]

我们一起来思考米勒、格兰特和普利布拉姆把钉子钉到木板里的案例。以钉子最终要嵌入木板为参照点，和当前钉子的状态进行比较。如果当前的状态和"嵌入"的最终状态之间存在差距（即钉子是否"凸起"），那么人们需要采取行动降低钉子的"凸起"程度，也就是用锤子来减小钉子和木板表面之间的距离。事实确实如此，一个人使用锤子时，会把嵌入状态作为期望的结果。随着钉子和木板的距离缩小，他会体验到快乐。但是，一台机器使用锤子时不会有这样的表现或体验。

我的批评

我之所以喜欢把动机理解为趋近或者回避某事的观点，是因为它和人类欲求联系在一起（即最大化快乐和最小化痛苦），它提供了一种动机含义的总体性答案。动机就是趋向快乐和回避痛苦，那就是享乐原则! 这的确是此观点的优势所在。我还喜欢此理论契合了《牛津英语词典》对于动机词源"移动"的解释。另外，趋近和回避，容易和被某事吸引、被某事排斥联系在一起，这构成了价值体验的基础。价值占据动机的很大成分。这些都是合理且有用的。

但是，我不喜欢动机作为趋向或者回避概念的某些面向。我们应该如何理解其内隐的核心构念移动呢? 例如，查尔斯·卡佛（Charles Carver）和迈克尔·西切尔（Michael Scheier）[18]的控制理论，是一种对于人类自我调控有高度影响力的参照点理论。此理论受米勒、格兰特和普利布拉姆，尤其是威廉·鲍尔斯（William Powers）[19]的控制过程理论的启发。根据控制理论，人类有两种自我调控系统。一种是以可欲的结果状态作为参照点的偏离缩小系统。该系统会尽可能缩小当前自我状态和可欲结果之间的差距。另一种自我调控系统是以不可欲的结果状态作为参照点的偏离增加系统。该系统会尽可能扩大当前自我状态和不可欲结果之间的差距。

如果仔细思考这种移动的概念，就会发现消极参照点的自我调节相比积极参照点，一定更具不稳定性与结果开放性。这是因为，消极参照点的自我调节是增加偏离的移动过程，而并没有要达到的具体结果状态，也就不会有明显的"停止"信号。作为非对称的结果状态，积极的趋向目标有"停止"信号，有明确定义的结果状态。相比之下，消极参照点没有结果状态提供"停止"信号。[20]

卡佛和西切尔意识到这种不对称性并且对此进行评论。[21]但是，能否找到一种不同的方法来理解可欲与不可欲结果状态的自我调节，以消除由移动隐喻所造成的这种不对称性？一种解决方案是区分两种不同的目标功能。目标不仅仅是结果状态，还是人们用来衡量当前状态的标准。我现在状态的好坏，取决于我最终想要达成的结果。人们受到当前状态是否符合其目标参考点的激励。[22]在这种概念框架下，积极或者消极参照点相关的自我调节包含了匹配和不匹配两种情况。消极参照点相关的自我调节，不再是开放式结果。与消极参照点有关的自我调节，不是试图"远离"消极参照价值，而是力图最小化与消极参照价值的匹配。如此理解，自我调节，无论是关涉积极的还是消极的参照点，其原理相同。[23]

这种移动概念还留存另一个问题，即动机根本不需要产生移动。对于有很强动机的某些人而言，适应性行为是什么也不做，也就是阻止或抑制移动。以恐惧举例，有人在恐惧的状态下会搏斗（靠近危险源来消除它），或者是逃离（通过改变自己来回避危险源）。这些行为和趋避的观点一致。但是，有人在恐惧的状态下是僵硬的。僵硬也就是静止不动。许多情况下，比如极度的危险状态，强烈的动机会产生不动（non-movement）。

动机作为引导决断的偏好

我相信动机的含义具有引导决断的偏好。这是经典经济学的回答。虽然经济学家更可能会说"偏好显现在决断中"，但是这些措辞并不完全相同。

对于经济学家来说，"偏好显现在决断中"和效用相关。而效用是他们的关键概念之一。这意味着人们面对一组选项时，会在其中挑选具有最高效用的选项，这个选项的成本收益比（损益比）最优（决策效用）。[24]与之相比，我并不认为引导决断的偏好都与结果相关。无论是人类还是动物，都存在与目标追求结果偏好相独立的目标追求过程偏好。[25]为了说明这样的策略偏好，我们一起更充分地思考促进定向和预防定向之间的差异。

正如我之前提到的，促进定向的人关注成就和进步，而预防定向的人关注安全和保障。根据调节定向论[26]，相同的目标（以婚姻幸福为例）可以被促进定向体验为希望或抱负（理想中发生的模样），也可以被预防定向体验为职责或责任（相信应该或者必须实现的模样）。促进定向中，目标追求关乎从当前满足的状态变成更加好的状态（从"0"到"＋1"的转变）。它关乎收益。预防定向中，目标追求关乎防止从当前满意的状态变成不满意的状态（防止从"0"到"－1"的转变）。它关乎止损（non-losses）。就促进关注的本质而言，其自然偏好就是渴求、热情策略，它支撑进步，支持从"0"到"＋1"的转变。而就预防关注的本质而言，其自然偏好就是警惕、谨慎策略，它力图维持满意状态，阻止从"0"到"－1"的转变。因此，即使对于欲求相同的结果，例如幸福婚姻，促进定向和预防定向的个体也有完全不同的偏好策略，并且由此对应采取渴求或警惕策略。[27]

这些策略偏好会影响如何追求目标，进而影响在选择丛中独立于结果的决断过程。因此，指导决断的偏好不仅仅是经典经济学中的效用与结果。它更为广袤深邃。最终，决断在多元水平上反映了偏好——结果偏好和策略偏好，以及战术偏好。[28]它关乎动机协同运作。我想强调"引导决断的偏好"这一概念，来揭示这种动机组织特性。这种动机组织意味着动机总是不同调节水平的偏好结合体，所偏好的结果状态共同指导决策。偏好的组织不但在强度（数量）上而且在质量上都千变万化。我将在第十章更完备地讨论这个论题。

动机作为"引导决断的偏好"观，还有另外的优势。仅仅在个体可控的多种可能反应中，偏好才会展现[29]，也就是其时个体能有多种行事方式。因此，动机就是决断境况下的偏好，此时偏好引导决断。由此，人类并不是唯一有动机的动物。同时，这种动机观不考虑能量驱动，或者是发条玩具的动机。决断如何使用发条玩具的人才有动机。尽管充满能量的发条玩具能"趋近"某物，但它们本身并不具有引导决断的偏好。因此，"引导决断的偏好"的动机观，其优势在于能合理地解释人类和动物的动机，而把发条玩具排除在外。

26

❖ 人真正想要什么？

我在此论断动机就是引导决断的偏好。它是理解动机的出发点，但这并不完备。同样必要的是要探究引导决断的偏好从何而来。隐藏在其偏好下面的人到底想要什么，或者一个被驱动的人真正想要什么？这个问题的合理答案不止一个。也就是说，我相信有些答案会更合理。在评论可能的答案时，我要自我克制，仅检讨其中最强健的诸种观点（这种界定基于学术史的优先权和学界共识）。

人想要生存

得益于查尔斯·达尔文（Charles Darwin）的研究，我们都承认"适者生存"是生物学律令。[30] 鉴于此，"生存"一定是我们真正想要的。但是事实上，生物学家们认为"适者生存"更像一种隐喻。他们更偏好"天择"，而没有强调"生存"。[31] 另外，"适者生存"中的"生存"没有太大帮助，因为生存是一种结果而不是导致结果的动机（即人们真正想要的要素）。换言之，我们想要知道何种动机使得一个人"最适"生存。事实上，人们想要的要素是个体的生存，而不需要最佳生存。例如，相比拥有超越生存动机的动物，如协作达成共同目标的动机（例如，合作动机）或超越其他个体的动机（例如，竞争动机）的动物，生存动机占支配地位的动物更不可能进行繁衍（即天择）。

27

对于"生存"需求的支持观点

虽然进化论本质上没有说"生存"是人们的真实需求，但是这种观点逐渐深入人心。人们偏好"活着"，而不是"死亡"。这种观点如此有影响力，以至于在 20 世纪早期主宰了人类和其他动物的需求理论，并且其影响力持续至今。心理学中把"生存"转译为基本的生理需求——对于人类和其他物种皆必要的生理需求。满足生理需求被认为是核心动机，例如食物、水、社会交往的价值，也被赋予满足生理需求的工具性价值。

拥有这种理论性视角的心理学家覆盖了从行为主义、格式塔学派到心理动力学，他们主张事物的价值（人们有多想要它）取决于其满足某种需求的程度。

这种动机观的经典版本即为价值或欲求源于需求满足。行为指向消除身体的不满（例如，饥饿或口渴）。驱力经过生理修正后在行为上表现出来，并且自然地引发人类欲求。[32]罗伯特·伍德沃斯（Robert Woodworth）和哈罗德·施洛斯伯格（Harold Schlosberg）编写的经典实验心理教科书，提供了关于价值源泉的瞩目解释。[33]如果小动物被喂养了几天缺乏维生素 B 的餐食，那么它对于维生素的生理需求就被创造出来了。接下来，如果让这只小动物在富含维生素 B 的餐食和缺乏维生素 B 的餐食间选择，那么它一定会选择前者。

对于人类而言，真实欲求的答案还包含"生存"的动机含义。只有人类才意识到自己的死亡，这种对于死亡的必然性的恐惧会驱使人类解决其他的动机问题。根据恐惧管理理论[34]，这是人类动机的基础。这不仅有关满足日常生活所必需的生理活动，如饥饿和口渴，还有关提升自尊和追求有意义生活的活动，比如，成为一位著名的科学家或政治公仆，通过留下遗产继续存在。

我的批评

人类和其他动物会在口渴的时候想要水，饥饿的时候想要食物吗？他们愿意为了生存而战斗，而不是选择死亡吗？答案是肯定的。但是，仍然存在少许问题。一些生存需求的感受只是人类真实需求的一部分，如想要满足基本的生理需求。就像这本书的大部分读者（即使不是全部）一样，我也喜欢人们想要生存的观念。但是，尽管我们很喜欢这个答案，它的实用性却并不明确。它是有竞争力的观点，但是它足够完备吗？

我认为它不够完备，因为它缺乏对于人们日常生活经验的足够关注。"生存"回应了人们偏好生存而不是死亡的需求，以及是否满足生理需求。这个答案没有提及人们的生活经验如何影响他们的欲求。严格来说，"生存"可以回答生理需求满足的问题，对于存活层次的问题有所贡献。

但是，现实情况并非如此。例如，尽管知道"垃圾"零食没有营养且不健康，人们还是想要吃，因为这些零食有人们喜欢的甜味。

更通常来讲，对于动机至关重要的是，人们是否有过某事的经历。[35] 常言道，人们只有在失去某物时才会欣赏它（即赋予价值），"只有失去的时候才知道珍惜"。但是，无论它是什么，例如身体健康，其在失去之前与失去之后都具有生存重要性。因此，动机意义不直接来源于对生存的实际重要性，而是来源于重要性的体验。通常的观点是，因为某些需求大体上被满足，而无须过多地关注它们或将其置于优先位置，所以满足需求的体验减弱，动机转向其他方面。这是关乎偏好的问题，对这些需求的满足并不指导选择。当这种需求忽然无法被满足时，人们才开始关注它。考虑至此，人们的生存动机的观点不再适宜。这个观点并不能解释大多数人的转瞬即逝的偏好，而这些偏好决定着他们的日常选择。

问题的关键在于某事物确实能够满足需求，但需求并非导致行为的唯一原因。有很多生理功能对于生存而言是重要的，包括细胞层次的功能。但是，它们的恰当运作并不会导致行为选择上的偏好。重要的生理功能，比如呼吸，被视为理所当然而不会得到格外关注。这些生理功能虽然有存在价值，但是不会指导人们的行为选择。再次重申，重要性体验对于动机而言至关重要，对于指导行为选择的偏好必不可少。下一部分将更加深入地探讨这一点，它为人们的真正需求提供了一种替代性的、体验性的答案。

人们想要最大化快乐和最小化痛苦

对于人们想要什么，历史上最常见的回答是，人们想要最大化快乐和最小化痛苦。事实上，美国《独立宣言》中提到，"我们认为下面这些真理是不言而喻的"，即所有人都被赋予了"不可剥夺的权利"，其中包括"追求幸福"的权利。换言之，因为最大化快乐和最小化痛苦显然是人类动机的基础，所以追求幸福的"天赋人权"是"不言而喻"的。

对于"最大化快乐"需求的支持观点

几个世纪以来，人们已经认识到最大化快乐和最小化痛苦的人类动机的重要性。这（至少）可以追溯到古希腊关于享乐原则的讨论。享乐一词，起源于希腊语的"甜"，含义同快乐有所关联。[36] 影响深远的 18 世纪英国哲学家杰里米·边沁（Jeremy Bentham）认为，快乐和痛苦支配人们的行为。[37] 对于边沁而言，某事的价值或效用取决于其与最大化快乐的关联程度。例如，他把效用定义为"赞成或不赞成任何行动，由增加或减少其利益所在方的幸福感趋势来决定的原则"[38]。

在 20 世纪上半叶的心理学界，弗洛伊德把动机描述为未来享乐主义。[39] 从他的书名《超越享乐原则》（*Beyond the Pleasure Principle*）可见，弗洛伊德的动机理论超越追逐享乐的层次。事实上，在弗洛伊德看来，人们不仅有追求快乐的动机，比如和"本我"关联的及时满足或享乐的欲求，也会有避免痛苦的动机。根据弗洛伊德"自我"或者现实原则的观点，人们有根据"超我"的要求避免打破常规引发惩罚的动机。对于弗洛伊德而言，行为或者是其他心理活动，受到达成快乐（希望）和回避痛苦（恐惧）的驱动。本书题为超越苦乐，是要和弗洛伊德的快乐痛苦动机观进行区别。

在勒温的场论里，儿童通过奖赏或惩罚的"预期"，相应地学会生发或者抑制行为。[40] 随后，著名的学习和条件反射心理学家奥维尔·霍巴特·莫瑞尔（Orval Hobart Mowrer，1960）也提出，动机的基础原则是趋向想要的结果状态和回避害怕的结果状态。[41] 人格心理学中的巨擘约 *30* 翰·阿特金森（John Atkinson），也在其成就动机模型中指出，希望成功的自我调节和恐惧失败的自我调节存在基本的差异。[42] 诺贝尔奖得主、认知心理学家丹尼尔·卡尼曼（Daniel Kahneman）和阿莫斯·特沃斯基（Amos Tversky）在关于前景理论的经典论文里，区分了快乐体验（收益）的思维和痛苦体验（损失）的思维。[43] 20 世纪末的 1999 年，卡尼曼和另外两位著名的心理学家埃德·迪纳尔（Ed Diener）和诺伯特·施瓦兹（Norbert Schwarz）共同编写了一本书，其中包含了超过 20 多位世界著名心理学家和经济学家的论文，奠定了"享乐心理学的基石"[44]。

我的批评

最大化快乐和最小化痛苦的观点，至少在回应人们真实需求的时候存在一个小问题。感官的愉悦体验，比如喝甜饮料或洗热水澡，显然能够激励人们。此外，追求快乐的动机有时可以胜过满足基本生理需求的动机，比如甜。半个多世纪以来，人们就知道动物会根据享乐体验进行选择，而不顾生理需求的满足。[45]例如，早期的研究表明，动物相比于普通的水更偏好混有糖精的甜水，相比于对身体更好的食物（例如，提供动物缺乏的有益维生素的食物）更偏好甜食。[46]

詹姆斯·奥德（James Old）和彼得·米尔纳（Peter Milner）的经典研究表明，老鼠会不断按压刺激大脑快乐区域的杠杆，尽管这并不会带来任何生理需求的满足。[47]在原始和随后的研究中，金属电极植入下丘脑外侧的特定区域，引发一些老鼠每小时按压杠杆5 000次，甚至直到它们崩溃。在一个T形迷宫里，虽然道路两端都有食物糊糊的诱饵，但老鼠还是会在半路上停下，用杠杆自我满足，完全无视那些食物。一些老鼠母亲虽然有照顾新生儿的生理本能，但是为了每小时按压杠杆几千次甚至舍弃了新生儿。

从经典的条件研究中也能发现，虽然并没有提供生理需求的满足，但是动物仍将学会自己评估条件暗示的价值。例如，一些研究表明，面对与食物奖励相关的光线时，鸽子会做出啄食的动作。之后，即使只有这些光线而没有提供饥饿与口渴的生理需求满足，鸽子也会同样做出啄食的动作。[48]事实上，生理上的需求动力可以并且已经被重构为最大化愉悦和最小化痛苦。饮水或进食的动机被理解为想要减少口渴或饥饿的痛苦体验，而不是满足身体需求。

那么，希腊人的说法对吗？最大化快乐是人们的真实需求吗？我相信这确实具有部分解释力。鉴于快乐体验可以超越生理需求而指导决策，这可以反驳纯粹把生理需求当动机的观点。但是，我也认为最大化快乐仅仅是答案的一部分。几个世纪以来，把它作为答案是有问题的。它主宰动机观念的时间太长了,使人们忽视了那些在本质上独立于快乐和痛苦的动机原则。[49]第一章中,我简短地讨论了其他一些原则,比如调节定向、调节匹配和投入强度。本书后面将更加全面地讨论这些以及其他原则。现在,让我举几个例子。

第一个例子是成瘾。通常情况下人们认为,行为成瘾者,比如吸大麻或者抽香烟、赌博、酗酒的人,受寻找乐趣的驱动。这些活动提供了快乐的"嗨"或者是"刺激"。但是,一些成瘾研究领域的专家,包括科学家和行为成瘾者本人,都把这种信念称为一种迷思。美国著名小说家、麻醉剂成瘾患者威廉·S. 巴勒斯(William S. Burroughs)说道:"废物不是刺激,而是一种生活方式。"[50]相似的是,成瘾治疗专家兰斯·多德斯(Lance Dodes)说:"没有成瘾是以寻找乐趣为动力基础的。相反,成瘾会强制人们经历快乐与痛苦。"[51]事实上,在滥用毒品的兴奋阶段,使用者的摄入量会超过达到快乐所需的剂量。另外,在成瘾的阶段,虽然投入活动的乐趣在减少,但是投入活动的动力会增加。

成瘾脑神经专家肯特·伯里奇(Kent Berridge)和泰里·罗宾森(Terry Robinson)提供了这些现象的重要洞见。他们区分了心理上体验为"喜欢"和"想要"的大脑系统。具体而言,他们区分出了"喜欢"相关的快乐/痛苦(享乐)感受,以及"想要"相关的动机感受。[52]我将在本章的下面部分进一步讨论超越追求快乐而"想要"某事的含义。这里只是想要简单地指出,即使享乐活动的享乐"喜好"减少了,参与成瘾活动的"想要"动机也可以稳定地增加。

第二个例子也是众所周知的人类现象——投入艰难甚至深度折磨的生命威胁活动。1953 年 5 月 29 日,丹增·诺盖(Tenzing Norgay)(来自尼泊尔)和埃德蒙·希拉里(Edmund Hillary)(来自新西兰)攀登了珠穆朗玛峰。差不多在他们 30 年之前,英国攀登者乔治·马洛里(George Mallory)(在 1924 年)也尝试了这么做,即使他知道这意味着极度的危险和艰难。事实上,他和攀登伙伴安德鲁·欧文(Andrew Irvine)在登顶过程中一度失踪。前往这趟危机冒险之前,他被询问想要参与攀登珠穆朗玛峰的原因。他著名的回答是，"因为山就在那里"。因此，人们不仅仅是想要生存或者快乐，他们还想要成功完成某事。在这个案例中，就是成功完成一项极具挑战性的任务。

乔治·马洛里不是第一个参与极限体育活动的人，当然也不是最后一个。现在，我们甚至可以在电视节目里看人们参与极限活动，比如"世界极限运动会"。不同于"世界极限运动会"，绝大部分极限体育活动不会举办竞赛，参与者也不会获得名声和荣誉。相反，参与者挑战自然障碍。这些活动因其环境天气因素而被认为是极限活动，比如突然的风暴和地势条件等不可控因素，参与者需要现场处理它们。考虑到这些活动的危险性和激烈性，我们可以理解"生存"和"快乐"不是运动员选择参与这些体育活动的原因。另外，这些运动员也认为"玩的就是心跳"的标签只是刻板印象。他们认为自己受发展身体和心理能力与自制力的驱动，想要通过掌控险恶环境来测试自身能力——这种回答和"因为山就在那里"的回答异曲同工。

著名的滑翔伞飞行员鲍勃·德鲁里（Bob Drury）曾说过："我们参与这些活动，不是为了逃避生活，而是为了防止生活从我们身边溜走。"[53] 这意味着人们参与危险活动并不是因为他们有某种"寻死"的愿望，而是因为他们在应对极端挑战时感受到了活着的意义。许多极限运动所伴随的危险并不是这些运动员的主要动机；相反，他们追求克服非凡的障碍和困难所带来的挑战。危险只是与这些极端挑战有关的一个附带因素。对于从事极限运动的人们的体验，专家埃里克·布里默（Eric Brymer）认为其与从事非危险活动比如冥想时的体验有着明显的相似之处。[54]

投入成瘾活动和极限体育活动，意味着人们真正想要的不仅仅是"生存"和"快乐"。另外，投入成瘾活动的"想要"强度不需要与"喜欢"强度相对应。极限运动中，面对极度困难和挑战，"生存"和"快乐"都可能冒着风险。那么，这些活动的根本动机是什么？人们真正想要什么？

人们想要在生命追寻中卓有成效

对于人类真实需求的问题，我偏好"在生命追寻中卓有成效"的答案。我并没有暗示这个答案原创在我自己。远非如此：心理学界内外的著名学者已经讨论这个问题好久了。现在无法完备评论其历史演化。取而代之的是，我将提供一些历史集锦，以帮助阐明我对"在生命追寻中卓有成效"的领悟。

凯恩斯与动机作为行动的驱策

著名英国经济学家约翰·梅纳德·凯恩斯（John Maynard Keynes）在他的杰作《就业、利息和货币通论》[*General Theory of Employment, Interest, and Money*，（1936/1951）]中有如下言论：

> 除了投机以外，还有其他不稳定因素起因于人性特征。人们的大部分积极行为，与其说是决定于冷静计算（不论是在道德方面、苦乐方面还是经济方面），不如说是决定于一种油然自发的乐观情绪。假使做一件事情之后果，需过许多日子之后方才明白，则要不要做这件事，大概不是先把可得利益之多寡，乘以得此利益之或然性，求出一加权平均数，然后再决定。大多数决定做此事者，大概只是受一种动物精神的影响——一种油然自发的驱策，想要采取行动而不是无所作为。不管企业发起之缘起做得如何坦白诚恳，假使说企业之发起真是因为缘起上所举理由，则只是自欺欺人而已……故设血气衰退，油然而生的自然的乐观情绪动摇，一切依据盘算行事，企业即将委顿而死。[55]

这就是现代经济学之父凯恩斯对动机做出的深刻阐述，其他经济学家和社会科学家对此却没有足够重视。绝大部分的社会科学家还把期望效用视为理所当然，"利益之多寡，乘以得此利益之或然性，求出一加权平均数"。他们认为期望效用定义了人们真正想要的东西，并解释了人们的决策偏好。凯恩斯做出的另一番解释是什么意思？"动物精神"是指什么？"一种油然自发的驱策，想要采取行动而不是无所作为"又是指什么？凯恩斯说，这种驱策对动机至关重要。

34　　伍德沃斯与动机作为活动引导

在凯恩斯思考动机作为行动驱策的同时期，罗伯特·伍德沃斯创造了驱力的概念。[56]他曾推导出相似的结论。从他 1940 年的《心理学》（*Psychology*）中可以找到例证：

> 对于一些思想家来说，有机体应对环境，必然需要满足其对食物的需求。他们认为，肌肉和感官组织，仅仅是为了保证食物和其他机体必需功能、繁衍种族而发展的。在这种视角下，只有机体需求才能够称为原始驱动。所有其他应对环境的活动都是次要的。进化的事实并没有完全支持这种视角。应对环境的运动性和反应性，只是动物生活的最低层次能力。为了获得食物而存肌肉，并不比需要食物来为肌肉提供能量的说法更有说服力……我们发现的是针对环境的活动以及有机需求，并且没有迹象表明一种动物比另一种动物更加原始或没有学习能力。由此可以得出结论：应对环境只是机体的初级特征。[57]

对于美国的实验心理学家来讲，这是在行为主义和非行为主义领域的全新立场。动机是关于"践入"行为的生理需求满足和快乐。[58]传统观点认为，行为是为了获取食物来吃、获取水来喝。伍德沃斯则认为，有可能进食和喝水是为了采取行为。与之类似，开车不是为了获取石油来燃烧，而是开车的时候会消耗石油。结合凯恩斯和伍德沃斯的观点来看，采取行为本身存在着价值，具有驱力。它不需要从行为的期望结果中产生价值，比如满足生理需求或者是产生快乐。人们真正想要的就是采取行动——过程。这里传递出来的观念是，为了透彻体验生活而不仅仅是满足于生存，我们需要行动。这也正是极限体育运动员、毒品滥用者的所作所为，尽管这样做存在风险和危险。

总之，我认为这是关于动机的有用讯息，即重要的是采取行动本身。

但仅认识到这一点是不够的。采取行动本身是什么意思? 到底什么是动机呢? 幸好其他学者也深究过这些问题,并且提供了一些有用的答案。*35*
再次声明,我把文献评论限制在那些影响了动机心理学思维的答案上。

赫布与动机作为最优刺激

唐纳德·赫布在 1955 年的论文《驱力和 C.N.S(概念神经系统)》中[59],回顾了他自己从 1930 年到 1955 年这四分之一世纪的思想发展。他把其理智探险分成两阶段。在最初的 20 年中,他坚信主动行动远不止驱力所解释的部分,即使其中包括与我们对世界事物的好奇心以及我们对这些事物的调查和操纵有关的驱力。在 1920 年末,他被任命为蒙特利尔郊外一所问题学校的校长(赫布同时在麦吉尔大学读在职研究生)。改革学校的教育实验,使他意识到动机心理学领域存在某些疏漏。[60]实验中,6～15 岁的儿童突然收到教师的通知。儿童们如果不想要学习,就可以再也不用学习。另外,如果他们妨碍了教室里的其他儿童,他们需要承受被放逐到操场上玩耍的惩罚。

赫布发现,颁布这些新条款的几天之后,所有的学生都选择在教室里安静地学习。他总结道:"人们的工作天性不是罕见现象,而是普罗大众的共性。"[61]他认为人类需要智力活动,比如走迷宫、拼图以及其他类似的游戏(如下棋、打桥牌)。我们设计出问题给自己解决,这是关于人类动机的一个非常重要的事实。1945 年左右,赫布把人们的动机解释为大脑自驱细胞:"任何大脑的组织过程都是不可避免、不能忽视的动机过程;只要提供足够的营养,人类大脑就会活跃。大脑活动决定了我们的行为,因此行为问题来自不活跃的大脑细胞"(译者注:原文是意大利文)。[62]

同样,这也是对于动机行为的一种激进陈述。赫布就像伍德沃斯一样,认为食物和其他的营养需求只是为了满足自我驱动的行为需要。对于赫布而言,有自我驱动的大脑细胞天生是活跃的。

有一段时间,赫布对于这个答案非常满意。而后,赫布作为科学家开始了他思想之旅的第二阶段,他开始在麦吉尔大学的学生身上做感官剥夺实验。[63]参与者在好几个小时里几乎什么也不做,并以此获得大量金 *36*

钱回报。他们不能看到、听到、触摸任何东西。他们的基础需求被满足且没有痛苦，比如提供食物和水。考虑到高额报酬和对于科学的贡献，人们预计他们会在这样的环境里待上很久。的确，前几个小时他们都很开心。但是，他们逐渐感到悲伤，并且最后选择离开实验。

这项研究的结果给赫布带来了困扰。困扰不在于学生在高额报酬和基本需求被满足的基础上仍然选择离开实验。困扰在于，这和驱动理论家认为的人们想要的是满足他们的生理需求不符。本次研究证伪了人们的动机是满足生理需求。赫布不是一个支持生理驱动的理论家。对于赫布而言，问题在于感官剥夺状况并没有阻止参与者的思考过程，这些有组织的大脑过程本来应该是自我驱动的。也就是说，他之前认为的大脑自驱细胞存在问题。

赫布的解答是对于人们真正想要什么的新答案——最优刺激。简单来说，感官剥夺研究证实，过小的刺激会阻碍动机。同时，过大的刺激也会阻碍动机，比如当人们高度恐惧的时候。既不要太低也不要太高——处于中间状态的才是最佳的刺激。[64]因此，当人们的当前刺激状态不够高的时候，他们就会创造自己要解决的问题，参与游戏、拼图，或者是参加其他活动来实现对大脑的最佳刺激。这是一种不同于心理学上的需求满足或者是享乐原则的解释路径。

赫布对于人们真正想要什么的回答，和伍德沃斯的立场一样，即人们行动不是为了满足生理需求或者是体验上的享乐，而只是为了行动本身。具体而言，行为被驱动是因为它本身具有刺激性。我们只有在达到最佳刺激水平之后，才会停止刺激行为。赫布新解释补充了一个要点，即大脑本身活动（也就是大脑自驱细胞）无法产生足够的刺激。正如剥夺研究得出的结论，足够的刺激还需要采取行动。这种观点可以称为自我驱动行为。

怀特与动机作为对环境所施加的影响

37　　"最优刺激"回答了为什么采取行动具有激励作用。临床心理学家罗伯特·W. 怀特（Robert W. White）在其1959年影响深远的论文《动机再思：能力的概念》[65]中，提供了另一种回答。在这篇论文中，怀特整理统合了同时代人在不同心理学领域的发现和想法，包括儿童发展、动物行为、人格和精神分析自我心理学。他认为，心理学家在理解人类和其他动物的行为动力时，忽略了一些重要的东西。弗洛伊德和赫尔的驱动理论，是他的主要案例。作为对于人类和其他动物动机来源的替代解释，怀特指出这是一种能力："一种有机体与环境有效互动的能力。"[66]

在人类和其他哺乳动物与环境进行有效互动时，怀特格外强调学习的作用。他推断动机一定与导致学习的引导和持久行为有关。他认为，获得这种能力所需的动力，不能仅仅来自作为能量来源的驱力。[67]怀特回顾了一些论证，证明动物会由于三种原因有动力变得活跃。第一，面临活动的机会，比如老鼠在滚轮上跑圈；第二，面临操纵物体的机会，比如猴子选择一次又一次地尝试解决机械问题；第三，面临探索环境的机会，比如猴子会打开窗户向外观察实验室的入口房间里发生了什么。而这些活动都与满足某种机体需求无关。

怀特还指出，尽管人们确实在一天结束时寻求休息，但休息并不是一天中大部分时间的目标。事实上，即使主要的生物需求已经得到满足，人类也保持活跃并且处理事情。例如，当孩子的主要需求得到满足时，他们就会花时间积极地观察周围的物体和事件。他们想要对环境产生影响，处理它，改变它。怀特提到了两位研究儿童游戏的先驱卡尔·古鲁斯（Karl Groos）[68]和让·皮亚杰（Jean Piaget）[69]的研究成果。他们观察到儿童乐于成为效果制造者，尤其是戏剧性效果制造者。比如，儿童喜欢发出拍手声或在水坑里上下跳跃。儿童对于能够被自己影响的物体怀有特殊的兴趣。

正如皮亚杰本人所指出的，"事实上，当孩子为了看而看，为了触摸而触摸，活动他的手臂和手，使其下一阶段摇晃悬挂着物体和玩具时，他所做的动作本身就是目的，所有的练习游戏都是目的。任何游戏都不是他人或外界所强加的一系列行为。除了后续的行为本身之外，他们没有任何的外在目的。比如向池塘里扔石头，借助水龙头喷水，跳跃，等等，这些都被认为是游戏"[70]。在他里程碑式的著作《儿童智力的起源》（*The* 38

Origins of Intelligence in Children）中，皮亚杰描述了在生命的最初几个月中发生的感觉驱动学习。他认为，婴儿的行为，例如当他们并不饥饿的时候做出吮吸动作，并不是出于愉悦或生理需要，而是出于练习的动机，出于使其有效发挥作用的动机。[71]

怀特将这一论点总结如下："动机始终存在，动机的主要特征始终是处理环境的趋向。"[72] 然而，他并不认为动机只是想影响环境。他明确表示，他不想"驱力降级"。相反，他提议将刚才在能力这一总标题下所描述的所有现象汇集在一起。他说："能力的概念……强调处理环境问题，它属于远离正统驱力概念的趋势，但它不是为了取代或归入原有概念。原始力量如饥饿、性、攻击和恐惧等动力，每个人都知道这些在动物和人类本性中具有极其重要的意义"[73]。

参照词典，他指出了与"能力"有关的广泛含义——适应力或能力、实力、承载力、效能、精通度和技能。他的结论是，能力的动机需要自己的名字，并提出名字是有效性（effectance）。有效性动机（effectance motivation）不像饥饿或口渴一样是为了弥补匮乏而产生的动机，也不会引发消费行为（例如，吃东西，逃避危险）。满足感在于活动的激发和维持，而不是减少匮乏："由于没有消费高潮，满足感必须被看作是在一系列执行之中，是一种行为趋势，而不是一个已经实现的目标。因为词语'满足'并不具备这样的内涵，所以在试图表达主观和客观两个方面的效果时，我们应该使用'效能感'来代替。"[74] 怀特认为，重要的是，仍然有一些生物需求能够捕捉动机系统的"能量"，但是，稳态危机发生的间歇期中，有效性动机占据了清醒的时间。因此，怀特将有效性动机的概念与驱动减少、需求满足和消费高潮等概念区分开来。对他来说，有效性是动机故事中的一个重要的角色，值得更高的"片酬"。但是，有效性不是故事的全部，仍然存在其他的驱力。

怀特关于能力、有效性动机和效能感的动机概念，受到许多先前心理学家研究结果的影响，也对许多未来的心理学家的研究产生了影响。本书中，我将考虑结合两个理论的观点，它们本身在理解和应用有效性相关的动机方面具有重要意义。

　　班杜拉与动机作为可感知的自我效能

　　阿尔伯特·班杜拉（Albert Bandura），是社会认知学习的先驱。他提出可感知的自我效能是人类行为的核心。依照班杜拉，我们对自己能力的判断、对自己处理生活事件能力的思考，会影响我们对环境的处理："可感知的自我效能影响一个人的自我判断，判断自己能否执行行动方案来应对未来情况。"[75]例如，当人们在筹划一顿饭、看食谱时，他们会看现有食材和说明书，不但决定是否要吃，而且决定他们是否有能力实际执行。人们总是希望自己的行为能够取得成效。他们的自我判断（无论这些判断是否正确）影响着他们选择行动的方向、追求这些方向的时间长短、在这些方向上会花费多少精力以及面对障碍时是否会坚持。

　　在自我效能理论中，自我参照思维不是普适性的，而是需要具体到特定活动的特定情境。按照班杜拉的说法，我们完成任务生成认知的自我效能时会产生满足感，而这种满足感会影响后续活动参与的兴趣。重要的是，这种满足感不一定来自感觉到自我效能的增加。它可以仅仅来自验证或证实现有的自我效能，而不需要在活动中获得任何新的技能。当获得一种新的能力时，自我效能也可能是作为过往能力目标的子目标来体验。而这些子目标象征着能力的进步，并提供了一种自我效能提升的感觉。还应该指出的是，感知的自我效能甚至会影响享乐体验本身。例如，那些相信自己有能力应对疼痛的人可以忍受更多的疼痛（例如，将他们的手放在冰冷的水中较长时间）。[76]

　　虽然班杜拉的自我效能理论与怀特的能力、有效性动机和效能感体验的动机概念有关，但仍有一些重要的地方值得重视。首先，怀特的有效性动机——能力的动机方面——是发起或维持活动、影响和改变环境的一般动机。相比之下，班杜拉感知的自我效能理论更具有情境性。他举了一个例子，说明一个人在公共演讲中的自我感觉取决于听众的喜好和演讲的形式。[77]其次，自我感知的情境性越强，其适用范围就越广。怀特关

于动机的讨论，适用范围限制在生物需求没有攫取动机系统的能量范围
时。换言之，当有机体的生物需求没有捕捉到动机系统的能量时，动机
系统不会关注基本生理需求的满足。相比之下，感知的自我效能则会影
响有机体的生物需求，比如是否或者如何捕猎某种特定的动物以获取食
物（例如，在狩猎—采集社会中）。班杜拉认为，除了习惯性的、高度程
序化的行为模式外，自我效能的判断涉及对所有类型行为的调节。

德西、瑞安与动机作为自我决定

另一种关于能力和判断力的重要理论是自我决定论，由动机科学家
爱德华·德西（Edward Deci）和理查德·瑞安（Richard Ryan）提
出。[78]根据德西和瑞安的说法，自我决定论的出发点是"假设人类是活跃
的、成长导向的有机体，他们自然地倾向于将他们的心理因素整合到一
个统一的自我意识中，并将自己整合到更大的社会结构中……这是人类
有机体适应性设计的一部分，目的是从事有趣的活动，锻炼能力，追求
社会群体之间的联系"[79]。

自我决定论认为，要理解人类的动机，就必须考虑人类对能力和自
主性的内在心理需求。跟随怀特的定义，能力指的是效果感知和对环境
控制的需求（有效性动机）。自主性指的是自我认可行为和体验意志的需
要，而自主性的对立面是过度的外部控制。作为意志体验的自主性是重
要的。意志有两层相关的含义：（1）做出选择或决定的行为；（2）选择
或决定的权力。[80]从名字可知，自我决定论格外关注第二层含义。

我认为自我决定论最显著的贡献是它关注到了自主性的必要性，因
此我将集中讨论这一相关方面。自我决定论的一个关键特征是，它提出
随着内化作用导致相对自主性的变化，自我调节会发生变化：首先，存
在个体受外部控制的最低自主性条件，比如出于对有形奖励的期望而行
动，或者害怕违反某些规则而受到惩罚（经典的由他人施加的"胡萝卜
加大棒"激励手段）；其次，个体具有内射性（introjected），他们会遵循
社会规范，进而感到骄傲或避免内疚（产生"胡萝卜加大棒"的内在状态
版本）；再接下去是认同建构，此时个人有意识地认识到并接受某种活动

的潜在价值（例如，认同某种活动）；最终是整合阶段，即内化的最高自
主性水平，某项活动的价值很好地与个体的其他价值融合在一起，创造
出自洽、和谐的整体。[81]

活动参与也可以是内在的动机（即目的本身），如人们自由从事他们
认为有趣、新奇或具有挑战性的活动。内在动机被认为包含了最高程度
的自主性和自我决定性。事实上，根据自我决定论，除非有感知的自主
性，动机并不是内在的。最后，当没有外在或内在的动机时，就会出现
动机障碍，这是一种人们无意去做任何事情的状态。即使是外部控制的
外在动机，也包括做某事的意图（例如，对胡萝卜或大棒的反应）。根据
自我决定论的研究，当人们缺乏动机意识或者无法控制什么事情发生或
者不发生的时候，就会出现动机障碍。比如，人们之所以会感到无助，
是因为他们的行为无法对发生的事情产生影响。

我现在评论了心理学界内外的有影响力的观点，这些观点暗示人们
真正想要的是在生命追寻中卓有成效。尽管"有效性"一词并不是先前
在动机讨论中使用的确切术语，但是它显然与之前的术语，比如"效果"
和"功效"有关。我更喜欢"有效性"，因为它是日常用语中比较常见的
一个术语。此外，它的正式词典定义最好地诠释了我脑海中的想法，以及
其他人对这一动机的看法[82]：（a）具有对某事采取行动的能力；（b）对于
结果的产生具有工具性作用；（c）执行或取得显著成效；（d）适于工作或
服役。

更广泛地说，我已经讨论了"人们真正想要什么？"这个问题的三个
答案——"生存""最大化快乐""在生命追寻中卓有成效"。每一个答案
都向我们讲述了关于动机的重要知识并提供了相关佐证。随着本书内容
的推进，我偏好"在生命追寻中卓有成效"这个答案的理由将越发明晰。
在这里，我只指出几个原因。首先，人们会为了迎接挑战，选择忍受痛
苦、生命健康的威胁。由此可见，有效性的动机（想要在某件事情上取
得成功）可以战胜享乐和生存方面的担忧。其次，如果动机的意思是指
能指导选择或决断的偏好，那么想要在生命中进行有效的追寻，就是日

常生活中驱动人们每时每刻需求的最佳因素。有效是指想要在某件事情上获得成功，并为了获得成功而做出抉择。因此，一般来说，它涉及引导决断的偏好。这种关于动机的含义以及人们真正想要的是什么的观点，为本章开头的提问"什么是动机？"提供了解答。

42

❖ 动机就是以求有效性的决断引导

我没有说"以求有效性的决断引导"是看待动机的唯一合理观点。事实上，一些合理的观点已经存在了很长一段时间，因为它们捕捉到了动机是什么以及动机如何运作的重要见解。在此，我将梳理两种主要的竞争性观点——"趋乐避苦"的观点和"以生存为目的的能量引导"的观点，并分析它们如何回答本章提出的有关动机的主要问题。

趋乐避苦

正如前面所讨论的，普遍的偏好定义和激励方式，都是以享乐原则为基础的。普遍的偏好定义，是人们喜欢快乐胜过痛苦。普遍的激励方式，是奖励（"胡萝卜"）加惩罚（"大棒"）。但是，享乐原则的真实性是存疑的。对于动机的含义，享乐原则给出的答案过于笼统。它轻易地将"被激励意味着什么？"（趋向与回避）和"人们的真实欲求是什么？"（最大化快乐和最小化痛苦）两个问题用同一个答案来回答。根据这一原则，动机就是"趋向快乐和回避痛苦"。

我倾向于认为动机是"以求有效性的决断引导"，而这也并不与享乐主义原则相悖。人们感知有效性的一种方式，是体验快乐而非痛苦。其决断将取决于他们对快乐而不是痛苦的偏爱。然而，人们的偏好并不仅仅基于他们预期的享乐结果。还有其他种类的结果，例如知道某事的真相（即使真相令人痛苦）。此外，预期的结果，不管是否享乐，都不是指导选择的唯一偏好来源。人们也更喜欢以一种特定的方式去做某事，比如以一种渴望的方式而不是警惕的方式去追求目标，而这些策略偏好也会指导决策。渴望相比于警惕的姿态更加能够激发某人的积极性,并不是因为这种行为方式更令人愉悦。事实上,如果一个人有预防性的担忧,那么积极主动的渴求姿态反而会降低其动力。[83]

除了这些考虑,把快乐和痛苦作为人们选择的决定因素,可能会过分高估未来自我调节成功的享乐后果带来的动力。快乐和痛苦的基本作用是反馈结果到底是成功还是失败。例如,一个口渴的动物得到不愉快的"口渴"的反馈,进而有动力去寻找一种可以缓解口渴的液体。动物想要的只是减少口渴,而不是希望体验到未来喝下所需液体后成功的愉快反馈信号。此外,就追求目标的过程本身而言,动物能掌控发生的事情(控制有效性),一旦喝下液体,它便获得了不再口渴的期望结果(价值有效性)。

将所有这些动机描述为只想要愉快的反馈信号是不合理的。最坏的情况是,会犯目的论的错误(即逻辑谬误),因为它意味着未来的事件引起了过去的事件。确实,由于反馈信号,人们能在追求目标的过程中收获享乐体验,这是动机故事的一部分。但把它们当作故事的全部,就是一种误导。对于那些无法意识到自己未来的非人动物来说,当前的选择更加不可能是由未来成功的愉快反馈信号来决定的。

享乐原则的另一个局限是,它无法区分不同实现方式的动机经历。成功的经历不能用单一的快乐概括,失败的经历不能用单一的痛苦概括。成功与失败都是多种多样的。例如,如果成功地达到目标,促进定向和预防定向的个体都会感觉到骄傲和满足,这是对于有效获得自己想要的东西时候的情绪体验。但是,更具体而言,促进定向的人会感觉到兴高采烈,预防定向的人会感觉到如释重负。[84]对于成功的促进定向人士和预防定向人士而言,如果把他们的情绪简单地用积极正向(骄傲和满足)来概括,那么就无法捕捉到他们具体状态的差异(兴高采烈或如释重负)。由于背后的动机状态是不同的,这些积极正向的情绪也是不同的。[85]

除了愉悦之外,还有其他的积极情绪。如果目标追求的策略方式与调节定向一致（促进定向的人使用渴望的策略，预防定向的人使用警惕的策略），那么两种类型的人都会对正在做的事情产生"正确感"。[86]对事物产生"正确感"，是一种成功掌控局面的体验（控制有效性）。这与仅仅感觉到快乐不同。[87]

自我调节系统如果有效运作，则会进行正向反馈，产生积极的情绪体验。每种系统也有独特的负面情绪信号，这些负面情绪信号表明它在当下无法进行有效的调节。例如，人们在没有足够的食物时会感到饥饿，在没有足够的水时会感到口渴。当人们的促进系统失败时，人们会感到伤心和沮丧。当人们的预防系统失败时，人们则会感到焦虑和紧张。[88]这意味着，情感体验的原始功能是发出信号，对自我调节系统的成功或失败进行反馈——表明某种自我调节系统正在起作用或不起作用。[89]

因此，人们行动的目的不只是为了"快乐"或"生活满意"，这些仅仅是享乐原则下的动机故事。人们的行为终究是以体验价值、真相或控制有效性为目的。动机的兴发不是为了体验快乐，而是为了追求有效。当我们的行为有效时，我们就能获得"成功"的反馈信号，比如体验到快乐。动机是在生命中进行有效的追寻，我们使用反馈信号来管理这些目标追求。这些反馈信号既可以是愉快的，也可以是痛苦的。即使我们更喜欢快乐而不是痛苦，这也并不意味着它们激发了目标追求。

在回答行为动机的问题上，我认为享乐原则名不副实。事实上，正如我将在第十二章中详细讨论的那样，过分强调享乐原则，比如人们不假思索地使用"胡萝卜加大棒"的咒语，可能会把动机引向错误的方向。人们的确会在成功达到目标时体验到快乐，在失败时体验到痛苦。但是，这并不意味着这些享乐的结果就是目标追求的动机。人们真的想要快乐和痛苦吗？我认为人们真的想要的是有效，而一般来说，正是这种动机才会引发目标追求。快乐和痛苦则作为一种非常有用的反馈信号，反映目标的追求是否有效。而且，作为反馈信号，快乐和痛苦是动机系统的重要组成部分。但这并不意味着它们就是动机的发动者。

早些时候，我描述了经典的条件反射研究。尽管事实上并不能满足饥饿或口渴的欲望,但是鸽子会在光线信号下做出啄击动作。背后的原因在于早前训练时,光线信号会伴随着液体奖励一起出现。我以这些研究为证据,来反驳生理需求或生存需求是人们的真实欲求的观点。我认为这些研究表明体验很重要。我也曾提到这些研究还支持了快乐是真实欲求的观点。体验的确是重要的。但是,这种体验可能是一种有效的体验,而不是享乐的体验。这些鸽子真的是为了快乐而啄食吗?或者它们啄食是为了在它们已经学会的事情上取得成功?根据皮亚杰的看法,鸽子的啄击就像是婴儿会为了锻炼吸吮能力,而在无营养摄入时做出吸吮动作。经过思考,我们可以发现皮亚杰的观点似乎更加可信。[90]

我再次声明,"以求有效性的决断引导"并不包括所有的动机。还有一些愉悦(例如,看日出)和痛苦的体验,这些体验对人们的激励超出了有效对人们的激励。但是一般来说,激励人们的是对有效的渴望,愉悦和痛苦通常是有效成功与失败的反馈信号。

以生存为目的的能量引导

用"能量引导"来回答动机的含义,可以和人们的真实欲求是"生存"的回答相结合。从这个角度来看,"以生存为目的的能量引导"的动机概念也流行了较长时间,尤其是在 20 世纪上半叶的心理学领域中,而今它还隐含在一些进化论视角的动机论里面。

能量的确会在目标追求中被消耗。开展活动也的确可能是为了满足生存的生物需求。因此,人们可以选择将能量/精力投入到一些能够更加满足生物需求的活动中。简而言之,人们可以将成功地生存下去当作目标,指引精力投入的选择。这种解释思路当然是动机故事的一部分,但并不是全部。我们所有的选择,并不完全都是由生物的生存需求所引导的。人们可能会做出减少生存机会的决策,比如寻求刺激的活动和药物成瘾。

此外,更强的动力并不一定意味着要投入更多的精力,更多的精力并不是生存或实现任何其他目标的关键。不管人们愿意投入多少精力来获得成功，他们只会投入确保成功所需要的精力。[91] 鉴于此，在做某件事情时投入的精力的多少，并不能直接反映成功动机的强弱。而且，最重要的是，不存在一种万能的能量可以被简单地引导去达成任何目标。目标追求的成功取决于策略和手段的选择，这些选择需要同一个人的目标方向有效地协同运作。成功不在于投入了多少精力，而在于正确地组织动机。

本书的基本假设在于，一般来说，动机是以求有效性的决断引导。在下一章中，我将探究有效性欲求的三个面向——价值、真相和控制。我将对它们进行比较和对比，并简要描述它们之间的关系。然后，我会各用一章的篇幅来讨论每种有效性。了解每一种动机本身的情况很有意义，因为每一种动机都至关重要。但是，三种不同的有效性并非独立运作：它们协同运作的关系是本书的核心主题之一。因此，在后面的章节中，我将探究价值和真相、价值和控制、真相和控制之间的特殊关系的意义，以及价值、真相与控制三种有效性协同运作的组织结构。

价值、真相和控制：有效性的方式

我相信人们都想要在生命追寻中收获有效性。我的理念是基于第二章凯恩斯、伍德沃斯、赫布、怀特、皮亚杰、班杜拉、德西和瑞安等杰出学者和科学家的灵感。我认为他们已经提供了令人信服的理由，解释了为什么"有效性"才是人们的真实欲求。事实上，基于如此坚实的基础，我认为有效性概念可以涵盖更广泛的动机领域。为了扩大概念的应用范围，我需要先厘清其中成功和失败的含义。

我对于"成功"和"失败"的定义，比以前理论提议中的要宽泛得多。例如，我会将满足饥饿、口渴或其他基础的生物或生存需求包含在内，因为个体在满足这些需求时也会经历有效和无效。但是，有效性动机的理论排除了这些内容。同样，我会把关系性或归属性需求包含在有效性的解释框架内（即能力范围内），因为一个人满足这些需求时也会经历成功（获得社会认可）或失败（招致社会排斥）。这种成功或失败会影响对于有效性的感受。这点正好同自我决定论相反，它会把关系性或归属性需求排除在外。[1]另外，与自我效能理论相反，我会将无意识的个人能力和才能的有效性也包含在内。毕竟，具有反思性的自我意识，并不是人类或非人动物产生动机的必要条件。在无意识的情况下，对于有效性的欲求和对于成功失败的情绪反应依旧会产生。

的确，"成功"和"失败"的表述多用于绩效领域。例如，在决策领域，通常使用的术语是"好"或"坏"，而不是"成功"或"失败"。但是，像其他领域一样，决策涉及一些目的、目标或需求。有时，决策能够实现目的、目标或满足需求（成功）；有时，决策不能实现目的、目标或满足需求（失败）。做出一项"好"的决策就是有效（"成功"），而做出一项"坏"的决策就是无效（"失败"）。

有些人可能会反驳称，当人们以这种方式解释决策的时候，有效性动机其实和经典的享乐原则相同，即成功是快乐、失败是痛苦。我不同意这个论点。事实上，将成功/失败等同于快乐/痛苦一直是动机科学中的问题，无论是运用在经济学、心理学中，还是运用在其他任何学科中。它对什么是快乐和痛苦的特殊感觉体验的概括太过笼统。在马拉松运动员追求成功的过程中，他们不会因为成功而获得任何物质或社会回报（例如，现金奖励，媒体关注），甚至需要忍受痛苦，但是他们还会体验到成效。而芭蕾舞演员会长时间保持脚尖站立，尽管这非常痛苦。除了马拉松运动员和芭蕾舞演员，我们还能想到其他许多例子。正如赫布指出的那样，我们中的大多数人，即使不是所有人，有时也会独自进行一些类似游戏的活动。这些活动不会带来任何社会或物质回报，有时甚至极度困难，但是我们为了挑战自己和测试自己的能力还是会选择它们。在这种情况下，我们所做的一切都是为了测试我们的有效能力，而与我们在活动过程中的感觉体验是否愉悦无关。因此，有效性动机不应该与趋近快乐、回避痛苦的享乐主义动机相混淆。我将在这一章中讨论这个观点。

我还应该从一开始就明确指出另外两点。首先，正如在自我效能理论和自我决定论中所说的那样，我并不打算只把有效性动机与个人的、个体的成功联系起来。有效性的成功还包括共同的成功、集体的成功或合作的成功——简而言之，"我们"的成功取决于"我们"的行为，而不仅仅是"我"的成功取决于"我"的行动。其次，有效性动机并不局限于短期的结果。尤其是人类作为时间旅行者，可以为遥远的未来制定成功的计划，甚至是几年后的计划。[2]一路上的行动可以包括许多短期的失败，这些失败令人不快，但不会破坏长期计划的动力。短期的障碍可以被视为不愉快的逆境，但是当人们把这些障碍当作需要反抗的干扰力量时，这种经历实际上可以增加动力。这些干扰力量可能会提升活动的投入强度。[3]另外，同样的结果可能被一个人看作"失败"，从而降低他的积极性。但是，"失败"也可能被另一个人看作学习过程中的一个阶段，从而增强随后的积极性。[4]正如日常生活中的箴言所述，"失败是礼物"，"失败是学习机会"。

因此，在我的观念中，有效性动机是相当宽泛的概念。然而，它没有"成功"和"失败"这两个术语如此普遍的含义。[5]"成功"和"失败"不仅适用于生物，也适用于机器。例如，"失败"意味着"崩溃"，"即将失败"意味着"将要匮乏"。正如我在第二章讨论动机含义的问题时所述的那样，机器没有指导决策的偏好，所以我不会把它们的行为作为有效性动机的一部分。"欲望"才是关键。我将"欲望"限制在那些能指导决策的偏好上。这就将机器排除在有效性动机之外了。[6]

❖ 价值、真相和控制有效性的区分

既然我已经介绍了我对于动机的本质和边界条件的观点，现在就应该更全面地描述三种达成有效的不同方式——价值、真理和控制了。这三种方式共同构成了人们实现有效的生命追寻的意义。

价值有效性

"价值有效性"是指人们最终能够获得自己想要的结果。价值有效性关涉结果的成功，关涉目标追求的结果。结果是否成功，可以用损益比、快乐痛苦比和生理满足比来衡量。这包括我们利用另一个人（代理人）取得成功的情况，以及我们与他人合作完成项目获得成功的情况（"我们"集体的或共享的有效性）。简单地说，价值有效性是成功地获得渴求的东西。应该强调的是，对于价值有效性的重要度，应该以结果而非过程来评判。无论有没有代理人，是否与他人合作，还是仅仅靠个人的行动，都并不重要。

50　　驱动理论和享乐原则强调价值有效性。对于驱动理论来说，价值来自满足基本生物需求，例如减少饥饿（获取食物）或减少恐惧（逃避危险）。对于享乐原则来说，价值来自增加愉快的事情、回避痛苦的事情。目标理论也强调价值有效性。[7]事实上，它们包括把目标追求作为"动机"定义的一部分，动机构成了我们内心目标定向的或目的性的力量。[8]伍德沃斯再一次明确地说："在目的性行为中，持续存在的是达到某个目的或目标的趋势。一个有目标的人想要获得一些尚未获得的东西，并且正在为未来的结果而努力。"[9]至少在社会心理学中，勒温对于目标定向的行为和目标追求的论点，对动机概念有深远影响。在力场中，正价值与吸引力有关，负价值与排斥力相关。[10]广义的概念化目标追求是可能的，包括无意识的目标追求和生物驱动的目标追求。价值有效性来自希望我们的目标定向追求能获得成功的结果。

　　鉴于心理学史突出需求满足和享乐状态，我应该再次强调价值有效性并不限于拥有理想的生物状态或理想的享乐状态。举一个早前提及的例子，即使没有满足生理需求，没有得到任何奖励（例如，奖品、他人的称赞），成功完成一项具有挑战性的任务也是有价值的，比如解决一些难题。即使是进行过程令人沮丧的任务活动也是如此，因为最终接收到的"成功"信号令人愉快。但是，这种反馈信号的愉快体验并不一定是一开始激励你选择完成这项任务的动力。动力可以是对获得预期结果的期待——有效地找到解决方案。

　　然而，我需要加上一条警告。人类与其他动物的不同之处，在于他们不仅能够意识到自己的过往经历，还能够预测未来的经历。因此，与其他动物不同的是，人类可以预测到，未来的成功将带来令人愉快的成功反馈信号。这种有意识地感知和预测未来的能力，可以激励人类在当下做出决策，而他们知道这一决策会在未来产生愉快的反馈信号。事实上，我相信这会对当下的决策产生影响。它会影响我们的偏好，进而引导我们的决断。但是，我不认为这是其他动物的动机因素，也不认为这是人类的主要动机因素。实现有效性才是我们决策的主要决定因素。成功的信号是一种愉快的体验，但这并不是说我们想要的就是成功的反馈信号。我们之所以想要成功的反馈信号，是因为它表明我们的行动是有效的。在搜索或寻找解决难题的方法时，我们体验到的有效性不仅来自价值，还来自真相和控制。

真相有效性

"真相有效性"是指人们能够成功地知道什么是真实的。"真相"（以及"可靠"）的根本含义与"真实"有关；"真相"是"真实"的品质。"真实"意味着与事情的本真状态相匹配，与现实情况相一致，遵循或符合基本事实，表现事物的本质实在——简而言之，知道什么是真实、什么是现实。[11]"真实"也与准确性有关，与正确、妥当和合法有关，与真实、诚实和忠实有关。与此形成鲜明对比的是想象的、虚假的、假冒的。[12]因此，真相有效性是指成功地建立真实。获得期望结果的价值有效性，对于人类和其他动物而言是重要的，但是，展现事物真正面貌的真相有效性也至关重要。没有真相有效性，我们就会撞上南墙，会生活在威廉·詹姆斯（William James）所说的"极度模糊、恼人的混乱"[13]的世界。

年幼的孩子和一些困惑的成年人很难区分真实和幻想。孩子们有时会害怕藏在床底下或衣橱里的什么东西，有些成年人则会患上偏执妄想症。我将在后面更详细地讨论我们所有人在区分什么是真实的、什么是想象的或者幻想的时候可能遇到的困难。从信仰体系中的宗教和政治分歧可以明显看出，对一个群体来说是现实的东西，对另一个群体而言可能只是幻觉或错觉。但是，显而易见的是，任何个体与群体都有强烈的动机去了解什么是真实的，去获得真相有效性。这以各种方式表现出来，包括关注什么是准确性、正确或不正确、妥当或错误、合法或不合法、诚实或欺骗、真实或虚假。人们建立现实的不同方法是第五章的重点。

真相只是另一种有益的结果吗？如果是这样的，那么把价值有效性

作为一种变量，而把真相有效性作为价值有效性的特殊情况，不是能够
让理论结构更加简洁（奥凯姆剃刀）吗？答案是，真相不仅仅是另一种
结果。它与所有的结果都有关系。追求目标的动机不仅取决于预期的收
益和成功的代价，还取决于追求目标的真实性。期望获得成功是现实的
52 吗？如果我真的成功了，预期的好处是现实的还是想象的？正确的方法、
准确的途径是什么？什么样的结果才能算目标追求成功？这些真相有效
性问题能够适用于所有的目标追求结果。

　　这并不是说人们不能把真相，比如学习或了解某些东西，当作目标
或者有价值的结果来追求。他们可以这么做。当他们把真相当作目标，
比如一个学习目标的时候，学成之后的知识累积就构成了目标的内容。
这仍旧是一种价值有效性。但是，即使在这种情况下也可能存在真相有
效性问题，比如拥有这种期望的知识所带来的预期收益是否现实。

　　我还想强调真相有效性和享乐原则之间的差异。我们都知道，真相
可能是痛苦的，然而即使人们相信真相会很痛苦，他们也会去寻找真相。
当一些令人愉快但意想不到的事情发生在人们身上时，他们想知道为什
么会发生。其他人会告诉他们只要享受就好，不用担心为什么会这样，
但他们仍然想知道为什么。电影《楚门的世界》清楚地说明了这一点。

　　电影中的中心人物——楚门（Truman）过着完美的享乐生活。他的
生活充满了快乐，没有痛苦。只有一个例外：他会在水上感到焦虑，因
为他相信他的父亲是因为遭遇航船意外事故淹死的。事实上，他不知道，
他的整个生活是一个真实的电视节目，这一节目从他出生起就开始播放。
他是一个连续播出的电视节目明星，他认识的每一个人都是在扮演其角
色的演员。他住的地方只是一间巨大的电视演播室。快到 30 岁生日的时
候，他终于发现自己的生活是一场骗局。尽管每个人都在安慰楚门，尽
管楚门过着完美的享乐生活，他还是心甘情愿地承受痛苦和艰辛来寻找
真相。他甚至冒着死亡的危险在他畏惧的水中航行，因为他需要探索发
现和寻求真相。他找到了一扇门，离开了这一建构的完美的乌托邦，来
到了一个不确定的现实世界，逃离电视节目主角的身份。

电影《黑客帝国》提供了另一个令人信服的案例。影片中，未来的人类感知到的现实实际上是一个虚拟的现实——黑客帝国，它为人们提供了一种乐观积极的生活来安抚他们。叛军领导人墨菲斯（Morpheus）给了主人公尼奥（Neo）一个选择机会。蓝色的药丸可以让他继续生活在舒适的模拟现实里，另一颗红色的药丸则提供了真相。墨菲斯告诉尼奥："我所提供的只是事实，仅此而已。"尼奥最终选择了红色的药丸。尼奥的动机和楚门一样，都是真相有效性，这种真相有效性胜过了享乐的愉悦。作为最后一个例子，让我们回想起亚当和夏娃，他们决定吃知识树上的果实，并愿意为此失去永远快乐的生活。

控制有效性

所谓"控制有效性"，我指的是行为者成功地管理使某事发生（或不发生）所需要的东西（程序、能力、资源）。控制是指对行动进行指挥或约束，拥有指导或管理的权力或权威，对某事具有支配力。[14]控制有效性是成功地掌控事情的进展。价值有效性与结果有关（收益与成本），真相有效性与现实有关（真实与幻觉），控制有效性则与能力有关（对事物的或强或弱的影响力）。控制有效性非常普遍。人们的肌肉、视力、智力、性格、技能、意志力、团队精神等都可以有强与弱之分。经营者、领导者、管理者可以是强者，也可以是弱者。

虽然高度的控制有效性增加了收益结果的可能性，但它与结果是分开的。正如格言中所反映的那样："不在于你赢或输，而在于你如何玩这个游戏。"无论是胜利还是失败，你都要运用技巧和勇气——能力。事实上，控制有效性，就像真相有效性一样，可以超越价值有效性。用一项实验作为案例：老鼠按下操纵杆时，可以让食物颗粒落入食物托盘 A 中，进而吃到食物。在一种实验条件下，设置装有食物颗粒的盘子 B 被放在笼子里，老鼠可以免费获得食物（而不需要付出努力）。在实验中，老鼠会把 B 盘推到 A 盘前面。尽管老鼠可以从 B 盘中免费获得食物，但实际上它们会把 B 盘推到一边（不吃里面的东西）。老鼠们喜欢按下操纵杆，使食物颗粒落入食物盘 A 中。[15]这种行为的动机涉及控制有效性，而不仅仅是价值有效性。如果这仅仅是关于老鼠从免费食物中获得的价值有效性，那么最大化收益成本比的考虑应该会让它们更偏好免费的食物。

同样有证据表明，当人们一起合作一个项目时，他们通常对结果承担不成比例的责任（即使合作项目结果很糟糕）。[16]承担责任可以增强控制有效性，而这可以战胜承担失败结果的价值有效性。就像法兰克·辛纳屈（Frank Sinatra）那样，人们更在乎用"我的方式"做事，即使这会降低结果价值。父母想要帮助青少年避免自己年轻时候犯下的痛苦错误，但是青少年会说："让我犯我自己的错误！"这不是关于快乐和痛苦的问题，而是关于控制有效性的问题。

控制是否只是一种有益的副产品，而不应该把它作为一种价值有效性？不是的，就像真相有效性一样，控制不但是另一种结果，而且是关涉所有的结果。你最终得到的是一回事，你怎么得到的又是另一回事。在你获得成功的价值有效性、达到你想要的最终状态之前，你需要完成一些事情，才能达到目标。控制有效性是指在追求目标的过程中、在最终得到想要的结果之前，所付诸的能力、所拥有的自我效能、所具备的个体因素和所达到的自主性水平。这与价值有效性不同，因为那些最终同样达成目标的人，可能会有非常不同的能力、自我效能以及自主性体验。控制有效性和真相有效性也是不同的，因为我们可以对于自己在能力、自我效能或自主性方面的成功的看法或信念，进行现实性评价（即控制有效性可以用真相有效性进行评价）。控制有效性的动机有时会强烈到足以胜过真相有效性和价值有效性，比如，尽管证据证明某些观念是不真实的或无益的，人们依旧会捍卫他们对个人能力（或者是自我认定归属的团队能力）的信念。

为了进一步说明控制有效性和价值有效性的差异，我们来看看罗伯特·诺奇克（Robert Nozick）在他的《无政府、国家和乌托邦》（*Anarchy, State and Utopia*）一书中所做的思想实验。[17]他要求我们想象一下，假设一个发明家设计了一种体验机器，它能给我们带来任何我们想要的满意或愉悦的体验。如果你选择进入这台机器，你的愉快体验将是完全可信的，你将无法辨别它们是不是真实的。发明家承诺，人们可以在机器中度过余生，获得一种完全令人信服的生活体验，这种生活比你在机器外的任何生活都要好——也就是说，你在机器中体验的价值有效性保证比在机器外更好。例如，不管机器之外的薪水是多少，你在机器中都能有更高的收入；你会和更有魅力的妻子或丈夫结婚；你的孩子会表现得更好；你的职业晋升会更快；你在机器之内能够体验到更好的生活追求结果。

这个思维实验的重点是，大多数人选择不进入机器，这意味着享乐体验或价值有效性不是人们唯一关心的东西。这种选择的一个原因可能是人们对真相有效性的渴望。人们认为在某种程度上机器内部发生的事情是一种幻觉而不是现实，是虚幻而非真实。在做出选择的那一刻，即使知道机器带来的体验和真实无异，他们也宁愿选择现实的未来，而不是幻想的未来。我认为，至少同样重要的是，他们意识到在机器内部缺乏控制有效性。他们将经历一种成功的生活——价值有效性。但是，当决定是否进入机器时，他们知道未来的结果将取决于发明者的控制能力而不是他们自己的。发明者的程序设计会优化结果，但优化后的结果与个体行动无关。因此，他们知道，在机器内部出现的更优结果并不是来自他们的能力或者影响力（甚至即使他们意识到这点，一旦进入机器，他们也不会再记得这点）。

再次回到《黑客帝国》，墨菲斯让尼奥在蓝色药丸和红色药丸之间做出选择之前，他问道："你相信命运吗，尼奥？"尼奥回答说："不！""为什么不呢？"墨菲斯问道。尼奥回答说："因为我不喜欢无法掌控自己的生活。"对尼奥来说，这是有关真相和控制的问题，而不是为了最大化快乐和最小化痛苦。我相信诺奇克的思想实验和尼奥的答案说明，人们一般宁愿放弃享乐价值较大、控制力较弱或没有控制力的选择，而更偏好享乐价值较小、控制力较强的选择。

此外，查尔斯·奥斯古德（Charles Osgood）、乔治·苏西（George

Suci）和珀西·坦南鲍姆（Percy Tannenbaum）在《意义的测量》（*The Measurement of Meaning*）一书中描述的里程碑式的研究也提供了证据，证明控制有效性与价值有效性、真相有效性不同。[18]研究要求参与者用数十种不同的形容词来评价人和事物。研究人员发现，参与者用来区分不同种类的人和物的两个主要维度是评价（一个人或物的有益或有害程度）和效力（一个人或物的有能力或无能力程度）。用于衡量评估维度的形容词量表大多有两种：一种是与价值相关（例如，积极与消极，愉快与痛苦，美丽与丑陋，善良与残忍），另一种是与真相相关（例如，真与假，相信与怀疑，聪明与愚蠢，有意义与无意义）。[19]鉴于评估维度既包括价值的好与坏，又包括真相的好与坏，这些尺度是区分不同类型的人和事物的重要指标不足为奇。但研究也发现，包含价值和真相的评估维度在心理上有别于与控制有关的效力维度（例如，强与弱，健壮与虚弱，有力与无力，坚强与脆弱）。

我想要进一步厘清目标追求过程中控制有效性和价值有效性的区别。心理学文献有时会对过程和结果进行区分，这在当前的讨论中可能会造成混淆。混淆的结果是，目标追求的过程仅与控制有效性相关，而目标追求的最终结果仅与价值有效性相关。但是，事实并非如此。正如之前提到的，追求目标过程中的一些方面也可能涉及期望的结果，因此与价值有效性相关。而在追求目标的过程中，也可以体验到一些好处和成本，这些好处和成本也是"达到预期结果"的一部分。而且，追求目标的时候，人们也在努力掌控事情的进展。因此，目标追求的过程同时包含了价值有效性和控制有效性。事实上，当我们走向一个目的地的时候，环顾四周探索我们周围的事物也会带来真相有效性的收获。考虑到在追求目标的过程中，这三种方式都可以参与其中，而一旦目标实现，就只剩下价值有效性，因此我们会对名言"重在参与"产生共鸣不足为奇。

我最后再提一点。目标追求也是有手段和目的之分的。传统意义上，目的被认为是从事活动的动机来源，参与活动是达到目的的手段（例如，老鼠为了获得食物而按下杠杆）。人们有时被认为是出于内在动机参与某些活动，但这是因为这些手段本身已经成为目的。动机总是服务于目的。它强调了价值（即期望的结果）在多大程度上主导了人们对动机的思考。但是，人们从事活动是达到目的的一种手段（即外在动机），而不是目的本身，所以人们不应该把目的和手段混淆：价值，即所期望的结果状态，是从事该活动的唯一动力来源。从事一项活动是达到目的的一种手段，构成了对所发生事情的掌控。因此，控制有效性是从事这项活动的额外动力来源。过往的动机文献一直对这些问题关注不足，即控制有效性如何影响人们的决策、经历、活动。

❖ 关于有效性的三个费解问题

在这一章的后面，我将提供更多的案例来说明为什么区分三种有效性方式是有用的和必要的。但是，我想首先解决几个关于动机如何实现总体有效的问题。这些问题重要且费解。

问题 1：人们难道不是有时会让渡自身的控制权给他人？

确实，人们有时会希望别人替他们做出选择。事实上，在这方面存在文化差异。一项研究比较了英裔美国儿童和亚裔美国儿童的个人选择和他人替代选择的影响，结果证实了这一点。[20]研究人员先向小学生们展示了 6 堆文字迷宫（字谜游戏），这些字谜按照不同的类别（如动物、食物）进行分类。然后给他们看 6 个不同颜色的标记，并选择一个标记让他们去完成。关键变量是谁做出挑选哪个标记的选择。通过随机分配，一些孩子被允许自己选择类别和标记（"这是你的选择"），另一些孩子则由他们的母亲做出这两个选择（"这是你母亲想要的选择"）。这项研究测试了孩子们在字谜游戏中的表现，以及他们在随后的自由玩耍阶段愿意投入字谜游戏的时间长短。对于英裔美国儿童来说，当他们自己做出选择时，他们的表现和投入时间都比母亲做出选择时要好且长。然而，对于亚裔美国儿童来说，情况恰恰相反——母亲做出选择时的表现和投入时间都比他们自己做出选择时要好且长。

这些结果表明，当其他人对决策负责的时候，个体的动机不一定是减少的。相比自己做出决策的情况，更年幼的美国儿童（小于7岁）在重要他人（例如，父母）为他们做出决策的情况下，具有的动机更加强烈。[21]随着孩子们在美国长大，他们学会了自己做决断，而不是让别人替他们做选择。但是，这项针对年龄较小的孩子和年龄较大的亚裔美国孩子的研究清楚地表明，减少个人选择并不会减弱参与某项活动的动机。除了这些例子，我们都知道，有时候我们宁愿选择信任他人，而不是自己做出决断——有时候我们想要少一点控制有效性。

这些结论会不会威胁到我之前认为人们想要控制性动机的观点呢？事实上，我的观点是，人们想要与成功相关的价值、控制和真相。首先，控制是最显而易见的会受别人影响的维度。当别人为你做选择时，难道不会降低你的控制力吗？不一定，我相信这取决于你如何体会这项选择。如果你把它当作其他人的选择，当作诺奇克思想实验中的发明者和他的程序一样，而不是你自己的选择，那么它很可能会减少一种控制感。但是，如果它被体验为"我们的选择"，那么它不太可能减少一种控制感，甚至反而可能增加控制感。[22]

当父母为孩子做出选择时，孩子们更有可能体会到"我们的决断"——共同或集体的选择——而不是某个陌生成年人做出的选择。事实上，在跨文化研究中还有另外一个条件，那就是实验者为孩子们做出选择，而不是孩子们自己或他们的母亲为他们做出选择。[23]对于亚裔美国儿童来说，在"实验者决断"的情况下，字谜游戏的表现和投入时间都低于个人选择的情况。因此，当别人为你做选择时，你和那个人的关系至关重要。相比陌生人的决策，儿童更可能将父母的决策当作共同或集体的选择——作为"我们的选择"。当然也并不一定是父母，亲密伙伴、挚友、同事、室友等也可以。

如果你选择让别人替你决断，你的控制感也会持续下去。毕竟在这种情况下，别人是你的手段、工具。在讨论"代理控制"时，班杜拉说，人们"并不反对放弃生活中发生事件的控制权，以使自己免于面临行使控制权所带来的责任和风险"[24]。在这种情况下，你仍然可以掌控你是否让他人行使代理控制的选择，并且你还可以从代理中获得更大的价值，也就是增加收益、减少成本。

但是，如果与你关系不密切的某人决定为你做出选择——也就是说，某人的选择不会被视为"我们的选择"，那会如何呢？就像跨文化研究中的实验者决断条件那样。在该项研究中，这是一种低控制的实验条件。一般来说，低控制的条件不一定是一个低有效性的条件，因为价值和真相也是必须考虑的。在代理控制中，成本可能会减少，进而导致价值增加。我猜测正是因为如此，人们有时才愿意让他人为自己做出决策——这种做法成本低廉。

然而，所有这一切的发生，基于你对于决策人员能力的信任。信任和真相是故事的重要组成部分。我相信在人们愿意将控制权交给其他人的时候，信任是一个关键因素。这也解释了为什么人们通常更愿意让身边的人为他们做选择，而不是让一个完全陌生的人扮演这个角色。它不仅仅有关能否体会"我们的决断"，而且关涉到决策的信任问题。事实上，有时人们相信亲近的人会做出比自己更好的选择，因为他们知道另一个人，比如父母，更擅长某些领域的决策。他们有时甚至可以信任一个完全陌生的人，如果他们相信这个陌生人在某些领域的更强的专业知识能使他们做出更好的选择。专家的决策更值得信任。因此，虽然在某些情况下，让渡自己的选择权会减少控制力，但这种减少可以通过真相（更准确或现实的决策）和价值（更有益的选择）的增加而得到补偿。也就是说，控制只是有效性的一种，让渡控制有效性有时可以增强总体有效性。

问题 2：有效性的欲求有时会损害动机吗？

让我们先考察一项原型性研究的含义。在这项研究中，人们为了获得奖励而参与一项活动，但这反而削弱了人们对这项活动的兴趣。[25]在这项研究中，所有参与的儿童在实验前都喜欢画画，并且能够画得很好。在"工具性奖励"的情况下，孩子们可以得到彩色毡尖笔和画纸，有机会自由地画画，并被承诺他们可以通过画画帮助成年人进而得到（以后兑现的）奖励。对照组的儿童既没有得到承诺，也没有得到奖励。实验中，两组儿童都被放任自由活动，既可以选择画画，也可以选择做其他的游戏。结果，实验组儿童画画的时间要比对照组儿童短得多。

从自我决定论的角度来看，"工具性奖励"条件下的孩子对画画具有外部动机（由外部控制的），而在控制条件下的孩子具有内部动机。这项研究的结果，以及其他类似的结果，可以用"工具性奖励"条件下内在动机的减少来解释。"工具性奖励"条件下，内在动机的减少会减弱重复某事物的动机。这难道不意味着，想要得到奖励（即价值有效性）会削弱人们对绘画活动的兴趣吗？这难道不是证实了对价值有效性的欲求会减弱动机吗？不一定！

虽然可以合理地推断，在"工具性奖励"条件下，儿童的自主性体验会减少，但他们在绘画能力方面仍具有较强的有效性动机和自我效能。此外，他们成功地绘制了图画并获得了期望的奖励，这意味着奖励对于*60* 他们来说有更大的价值。但是，为什么没有证据表明在"工具性奖励"条件下，奖励本身的价值有效性增强了呢？答案很简单：它从未被测量过。

为了衡量不同条件下的总体价值，研究不仅需要衡量画画的价值感，还需要奖励本身的价值衡量，即处于"工具性奖励"条件下儿童对奖励的感受。但是，这个数值在这项研究或者其他类似的研究中从未被测量过。这对于投入活动总体价值的测量，是一个重要的遗漏。常见的解释是，这种外在或外部的动机破坏了有效性体验。这是应当尽可能避免的坏事。但是，内在动机并不是唯一积极激励人们的有效性因素。举一个常见的例子：人们工作只是为了报酬（工资、医疗保险、养老保险）。工作只是达到目的的手段，而不是目的本身。但这又如何？他们虽然没有内在动机，但是在追求目标的过程中，仍然能体会到有效性动机和自我效能带来的控制感，体会到能够保障自我和家庭生存的价值。事实上，正是因为他们工作的努力甚至是牺牲，自我和家庭的价值利益才得以增加。[26]

问题3：人们有时不是会对成功恐惧吗？

确实，有些人会恐惧成功。在哈佛大学博士论文中，玛蒂娜·霍纳（Matina Horner）提出，一些女性对成功的恐惧削弱了她们的成就动机。[27] "成功恐惧"的概念吸引了许多人，因为它解释了男女之间在成功动机方面的显著差异。然而，随后的研究发现，男性也会体会对成功的恐惧。在任何情况下，无论是男性还是女性，核心问题都是成功恐惧背后的心理动机。难道这样的人会更偏好失败吗？

为了回答这个问题，我们必须考虑什么是令人恐惧的成功。我认为，人们担心的是成功的影响或后果。例如，有证据表明，有吸引力的女性害怕别人会因为她们太有吸引力、过于与众不同而拒绝与她们交往。但她们潜在的动机仍是害怕失败（例如，害怕被拒绝）而不是害怕成功。[28]更一般地说，一个人的成功意味着异于、优于常人。在许多文化背景下，与众不同或者引人注目可能会带来困扰——"木秀于林，风必摧之"[29]。

在任何文化中，都会有人不希望因为成功而获得关注、赞赏、监督。优越于他人可能会带来许多麻烦。比如说，当你比哥哥姐姐、尊敬的父母或朋友更擅长一项任务时，你可能反而不想在这项任务上表现得成功，因为这可能会改变你们的关系，威胁到亲密关系和归属感。[30]成功的另一个潜在后果是，（自己或别人）可能会改变对你未来表现的期望，以至于从一次成功开始，你必须达到或超越自己的过往表现——这可能是一种你不愿承受的压力或要求。更为复杂的情况包括，成功与你抱持的某种强烈自我信念不一致（例如，"我应该失败"，"我是一个失败者"）[31]，或者标志着生活追求的某种终结（例如，"无事可做，无处可攀"，"我已经走到了旅途的尽头"），或者意味着你需要改变自己的目标、成为一个完全不一样的人（例如，"一旦成功，我不再是过去的自己，需要做出某些

61

改变"），又或者会限制你的未来选择（例如，"一旦成功，我不得不在这条路上继续走下去"）。

这些"成功恐惧"以及其他类似的恐惧，都是对成功负面后果的预期。世界上不会有人偏好无效，他们只会偏好有效性而不想要这些预期成本。这不是对失败的偏好，而是担心"成功"的结果包含某些领域的失败，包括与重要他人的亲密关系和归属感的改变（价值有效性上的失败），或者会因"成功"被迫改变信念（真相有效性上的失败），或者未来将不得不承担他人的新要求（控制有效性上的失败）。事实上，为了避免在价值、真相和控制有效性方面的失败，人们会设计一些策略来减少"成功"，比如刻意自谦或低估成功（"没什么大不了的"，"狗屎运"，"老天开眼"，"幸运之神降临"）。

❖ 为什么区分价值、真相和控制是有用的？

写作本章的意图是用例子来证明为什么区分价值、真相和控制是有用的，甚至是必要的。区分的一个作用就是帮助我们厘清以前的动机理论已经强调过的动机类型。例如，它揭示了 20 世纪 40 年代以赫尔为代表的驱动理论家和 20 世纪 50 年代以怀特为代表的有效性动机理论家的观点差异。驱动理论家强调价值有效性，比如满足生物需求。相比之下，怀特强调控制有效性，比如学习对于行为的影响。他明确地区分了有效性动机（控制有效性）和驱动减少动机（价值有效性）的差别，但是忽略了兼具控制有效性和价值有效性的总体性动机。此外，他和赫尔都没有讨论过有效性的第三种方式——真相有效性。正如我们将在第五章中看到的，真相有效性在 20 世纪 50 年代和 60 年代获得了社会心理学家的大量关注。

价值、真相和控制有效性之间的区别，也有助于凸显动机体验方面的差别。成功的价值有效性体验与成功的真相有效性、控制有效性体验完全不同。价值有效性体验既包括促进定向的个体从成功中体会到快乐和鼓舞、从失败中体会到悲伤和沮丧，也包括预防定向的个体从成功中体会到平静和放松、从失败中体会到焦虑和紧张。[32]价值体验还包括因与食物或水有关的生物需求调节失败而感到饥饿或口渴。

真相有效性与控制有效性的成功和失败之间也存在截然不同的感觉体验。当人们在真相有效性上成功的时候（即他们有效建立现实时），他们会体验到自信和笃定，否则，他们则会感到迷惑和怀疑。例如，当人们在某个地方旅行，不知道要往哪里走或者迷路的时候，他们会体会到真相有效性的失败。当某些意料之外的事情发生时，真相有效性的失败也会带来震惊或惊奇，如魔术表演。[33]

控制有效性取得成功时，人们会感到精力充沛、能力十足和信心满满（即有施加影响的能力）。控制有效性失败时，他们会感到无力、无助和无能。例如，当运动员练习一项运动并"在状态"时，似乎没有什么是他们不能做的。而当他们"不在状态"时，他们就似乎什么也做不了。控制感并非由结果的好坏决定。例如，在比赛中，运动员是否感觉到精力充沛、能力强大，与结果的输赢无关（感觉很"强"但仍旧会输，感觉很"弱"但仍旧能赢）。无助的消极情绪并不来自消极的结果，而是来自一种情绪感觉，一种结果好坏与自己的行为（努力具有非偶然性）无关、命运不在掌控之中的感觉。

人们对价值、真相和控制有效性的独特体验，说明了这三个有效性维度在微观分析与个体层面上区分的重要意义。而且大体来说，这也是本书的出发点。但是，在宏观分析层面以及社会制度层面区分三个维度也非常重要。历史上，主宰西方人生活的三种统治实体是君主政体（上流阶级，贵族阶级）、教会和军队。在国家和民族发展的不同历史时期，这些机构组织之间存在着不同程度的联盟或组合，反映了不同的政治组织形式。[34]看待政权更替的一种视角，是从它们提供的有效性去分析。

63

虽然每个机构组织都可以包括这三种有效性方式，但是君主政体的主要功能是提供价值有效性（利益与成本，快乐与痛苦），教会的主要功能是提供真相有效性（现实与幻想，正确与错误），军队的主要功能是提供控制有效性（强壮与虚弱，有力与无力）。这并不是说统治者或统治阶层不能够通过控制三个机构，来实现三个层面的有效性。举例来说，公元 4 世纪的采邑主教，同时担任世俗政权的统领（君主政体）、主教（教会）和城市军队指挥官（军队）。更典型的情况是由不同的人领导不同的机构，由此产生冲突和结盟，导致统治形态的变化。时至今日，政府和企业归属具有价值有效性的君主政体角色，学术界和媒体归属具有真相有效性的教会角色，警察归属具有控制有效性的军队角色。

在宏观和微观分析层面，有效性的组合也不同。回到微观层面，动机运作过程中两三种有效性之间形成的不同关系对动机运作有何影响？当价值、真相和控制相互结合时会发生什么？这些问题将在本书后面的章节中更详细地讨论。在这里，我只想说明考虑有效性之间的关系是重要的，因为这关乎动机如何协同运作的问题。

以价值—真相的关系作为案例。我相信，当人们认为某件事既有价值又符合真相时，他们对这件事的承诺就会增强。承诺意味着保证或约束自己采取某种特定的行动。为了实现这样的承诺，这项行动必须被认为是重要的、值得的，并且是有价值的。承诺还包括对这件事情付出信任。[35] 因此，还需要有真相在内。仅有价值是不够的。

生活中还经常需要引导他人做出承诺。当领导者和管理者谈到激励他人时，不管是在商业、教育、体育、军队还是其他领域，他们都会强调他们的工人、学生、运动员或士兵需要致力于追求目标。世界上不存在能够激励所有目标追求的普适性激励工具，比如诱导性奖励（"胡萝卜"或"大棒"）。相反，创造承诺的过程中，需要利用特定类型的有效性关系，使动机能够有效协同运作。激励手段可以有效地增加价值，但是不足以产生承诺。承诺还必定需要有信任（真相）。

再次重申，重要的是各种动机协同运作。为了洞察动机如何协同运作，我们需要区分不同的有效性维度（即价值、真相和控制）。我们需要超越快乐和痛苦（如动机性的"胡萝卜"和"大棒"）来理解动机是什么以及动机如何运作。让我们来看看作为例子的美国《独立宣言》中的名段：

> 1776 年 7 月 4 日，美利坚合众国在国会全体一致通过了《宣言》。

> 我们认为这些真理是不证自明的，人人生而平等，造物主赋予他们若干不可剥夺的权利，其中包括生命权、自由权和追求幸福的权利。

它如此精简但饱含气概。美国国会发出这条信息的目的，是争取美洲殖民者支持他们脱离英国独立的权利。该信息是如何试图获取支持的？需要让殖民者听到什么内容才能激励他们支持独立？宣言强调了什么来证明独立的合理性？我认为，该宣言使用了全部三种有效性方法。但是，特别强调的不是价值，而是真相。宣布独立是值得支持的正确决定，因为它阐明了事实的真相。

从宣言一开始，我们就被告知它是一致同意的。一致性意见，表明了宣言的决定和理由具有客观性而非主观性。因此，接下去阐述的信念并非表达观点，而是陈述事实。这点立刻得到重申，强调"这些真理"是"不证自明"的。为了确保万无一失，我们还被告知，"造物主"赋予了人类这些"权利"。它们肯定是"上帝赐予"的真理和"上帝赐予"的权利。而且，因为是上帝赐予的，所以它们是"不可剥夺"的。

说明文中经常使用的一种技巧是，借众所周知的真相之力来促使他人支持倡导的立场。事实上，许多探讨如何使信息具有说服力的理论认为，信息接收者最强烈的动机是希望信息准确。因此，如果人们相信某条信息所说的是事实，那么人们就会相信并支持该信息的主张。[36] 很少有像《独立宣言》这样的论说，使用短短几句话，就能如此强有力地宣称自己说的是真理。

此外，除了生命本身之外，美国《独立宣言》所主张的权利还包括 *65* 控制权（"自由"）、价值权（"追求幸福"）。如果没有政治、经济和人权上的自由，我们无法拥有自主控制生命的能力。为了拥有自由，我们必须支持国会独立于英国政府的决策。如果我们没有追求幸福的权利，我们就无法享受生命的价值。所以，为了拥有这种权利，我们就必须支持独立。这些都是不证自明的、上帝赐予的真理，是全部且唯一的真相。[37]

❖ 与其他动机相关的有效方式

在第二章讨论"人们真正想要什么"问题的时候，我只是简单提及很多文献涉及的归属感。归属感的主题涵盖了依恋、联结、附属和爱。归属感不仅被认为是人类的基本需求[38]，也被认为是动机的核心或根本[39]。为什么到目前为止我基本上忽略了这么重要的内容？为什么我选择"有效性欲求"作为答案，而非"归属感"呢？

事实上，这两个答案并不矛盾。我同所有人一样认为归属感是重要的，因为它是三种有效性能够成功的关键。在这个世界上，最重要的是别人给了我们渴望的结果——价值。我们感到自己属于这个世界、为他人所爱、被想要在一起的人接受，这种感觉是我们快乐平和的核心力量；而那种我们不属于这个世界、为他人所憎恨、被他人拒绝在一起的感觉，是我们感到沮丧和焦虑的核心原因。此外，最重要的还是他人，让我们可以与其合作，或者让他们代为掌控事情的发展——控制。最后，同样重要的是，他人教会我们什么是妥当、正确、真实，以及与我们一起创造了关于世界的共享现实——真相。综上所述，我们依赖他人的支持（或帮助）来实现自身的有效性。归属感正因为在三种有效性中都必不可少，所以对人类动机有着根本影响。

相比之下，特定活动中的其他动机可能包含了更为复杂的有效性动机关系。我之前提到过观赏日落的例子。还有其他的例子，比如品尝一块黑巧克力、喝上好的红酒、洗个热水澡。正如前面所强调的，当人们仅仅为了感官体验而参与这些或类似的活动时，其中包含的动机无法仅仅用有效性来解释。[40]但是，即使对于这些活动，也可能会存在一些有效性成分。例如，当葡萄酒爱好者饮用一瓶美妙的红葡萄酒时，除了纯粹的感官体验外，三种方式都可能参与其中。为了获得这瓶葡萄酒，需要花费心力和资源。投入葡萄酒的这些努力过程，会增加酒的价值。在研究和选择葡萄酒时，人们需要借鉴以往的经验，批判性地评价它的酒香和品质，即构建真相有效性。在整个酿造、购买、开放、晾晒、嗅闻和品尝葡萄酒的过程中，你将体验到对事情进展的把控。对于最能享受葡萄酒的感官体验的专家来说，这些动机是葡萄酒品鉴活动的重要组成部分。事实上，感官体验也可以是评价葡萄酒的有效性工具之一。正式的葡萄酒品鉴可以是一种获得有效性的方式，遗憾的是只有片刻属于纯粹的感官体验。

作为澄清有效性和感官体验之间区别的另一个例子，请考虑洗热水澡。人们出于各种不同的原因洗热水澡。它可以仅仅作为一种手段，比如作为一种洗澡的方式，或者作为一种减轻压力的方法，或者作为一种治疗肌肉酸痛的方法。在这种情况下，人们的动机是想要获得有效性。但是，有时候人们洗热水澡仅仅是为了享受它带来的感官体验。当感官体验是动机的时候，它就不仅仅是有效性的问题了。值得注意的是，我们仍然需要控制所有的行为，设法使洗热水澡按照你喜欢的方式进行，从而获得价值。甚至需要预先了解洗热水澡的感觉，才能对当下的情况建立真实的判断。但是，感官体验本身是一种享乐动机。因此，再次声明：想要获得有效性不是动机的全部内容。

另外，人们有时对于生活的有效性太过渴望，以至于他们不得不提醒自己花些时间体验有效性之外的感官愉悦。在畅销书《心灵鸡汤6》（*A 6th Bowl of Chicken Soup for the Soul*）中，里昂·汉森（Leon Hansen）的诗中有这样一句："只要确保寻欢作乐不是生活的全部。"实际上，汉森不需要担心这会发生。人们甚至在洗热水澡的时候都会说："我需要那个！"这一下子就使有效性超越了感官享受。相反，更有可能的是，有效性才是我们所做的一切，正如之前描述的。现在，我将更深入地探讨这个观点。

第二部分
有效性方式

第四章
价值：获得欲求结果

一个对象或一项活动对我们的价值越大，我们比起其他对象或活动就越喜欢它。我们会想要获得这个对象或者进行这项活动。但是，是什么赋予了这个对象或这项活动价值？这些价值从何而来？本章探讨了赋予事物价值的几种机制。其中的一些机制，比如需求满足或享乐体验，是众所周知的有价值的期望结果。而正如我们将看到的那样，其他机制则不太为人所知，甚至出人意料。我首先介绍其中一种令人惊讶的机制。

和第一章一样，我希望你能根据研究的设计和过程来预测研究的结果。但这次你可以使用任何理论观点或者个人见解来做出预测，不论是享乐理论还是其他观点。这项研究的参与者最初被要求进行一项活动，并被告知他们如果表现得足够好就将获得奖励。事实上，所有参与者在活动完成后都被告知他们完成得很好并可以获得奖励。在离开房间的几分钟前，研究者告诉参与者，他们可以在这段时间进行房间所提供条件下的任何活动，包括重新完成他们刚刚完成的活动。或者，他们也可以玩电脑游戏或阅读报纸。这是开放阶段。这项研究检测了参与者对再次完成任务而不是执行其他替代任务的兴趣，这可以衡量参与者对已完成活动的重视程度。实验程序中的这些部分对每个人都是一样的。

实验的其他部分则各不相同。参与者们在开放阶段之前要执行的初始活动也有所不同。在实验开始之前，参与者被随机分配在最开始执行"射击月球"活动或"财务职责"活动。"射击月球"是一种游戏，玩家需要在游戏中操纵一对平行的金属轨，将钢球缓慢地推上斜面。游戏的目标是使钢球被尽可能远地推上斜面。轨道下方是球可以落入的孔。球在落入孔之前沿轨道滑得越远，获得的积分便越多。在"财务职责"任务中，每个参与者都会扮演一名学生顾问的角色，根据该参与者对三种金融交易——支票账户、储蓄账户和信用卡支付的管理情况，来对其财务状况进行评分。

除了最初对活动参与者进行的那些操纵外，还有另外两种实验操纵。首先，参与者被告知将他们会获得的奖励想象成一种令人愉悦的奖励，比如"在狂欢节赢得的奖品"，或者一种严肃的奖励，比如"在工作中得到的薪水"。其次，参与者会被告知他们有一个或被称为愉快的"空闲时间"阶段、或被称为严肃的"时间管理"阶段的开放阶段。

你预测这些不同实验条件下的参与者会在开放时期做什么呢？谁会选择花更多的时间在刚完成的活动上，而不是去玩电脑游戏或者阅读杂志？如果你从传统的工具性条件反射的角度来看，你可能会预测每种条件下的参与者都希望完成更多已完成过的活动，因为他们已经因完成这些活动而获得了奖励［即像桑代克（Thorndike）说的那样，"快乐盖下印戳"[1]］。如果你从内在与外在动机的视角出发，则可能得出相反的结论，即每种情况下的参与者都不愿完成更多已完成的活动，因为他们已经被允诺过会因为完成这项活动而获得奖励（即完成一项活动的外部奖励会损害完成该活动的内在动力[2]）。而如果你从经典的条件视角出发，你可能会预测，相比在严肃的环境条件（即严肃的奖励加上严肃的开放时期）下，在令人愉悦的环境条件（即愉悦的奖励加上愉悦的开放时期）之下的参与者将会更愿意完成已完成的活动，因为在进行活动时令人愉悦的环境（而不是严肃的环境）可能会带来更多愉悦的体验，而这些愉悦的体验也会与活动相关。

71　　这些都是合理的预测。但也许你还记得我在第一章中描述的两项研究中发生的情况，并且你可能会预测有时"匹配才是最重要的"。确实，这项研究中有匹配效应，而不是刚才提到的其他理论所预测的效应。"射击月球"是项有趣的活动，因此此时愉悦的周围环境才是匹配的，严肃的环境则是不匹配的。"财务职责"活动则恰恰相反，因为这是一项重要的任务，而不是一项有趣的任务。当进行这项重要活动时，严肃的环境是匹配的，愉悦的环境则是不匹配的。研究发现，经历过匹配（而非不匹配）的参与者在开放阶段对再次完成已完成的活动会更感兴趣。

这项实验中让人惊讶的恰恰是在"财务职责"活动中发生的事。更加令人愉悦的环境减少了而不是增加了之后再做这件事的兴趣。此外，有奖励或增加奖励对随后完成已完成的活动的兴趣也并无影响。重要的是奖励（愉悦或严肃）和活动（重要或有趣）之间的匹配。正如我们将在本书中反复看到的那样，匹配机制为价值做出了重大的贡献——而这一贡献一直被传统的价值来源考虑忽略。

在第三章中，我描述了一项经典研究[3]的结果。在这项研究中，喜欢画画的孩子被承诺他们将因帮成年人画画而获得奖励。这项研究发现，处于这种工具性奖励条件下的孩子在之后的开放阶段相对其他孩子画画的时间更少了。画画对这些孩子本是项有趣的任务，但通过画画从成年人那里获得奖励创造了一个严肃的情境。这种不匹配的做法将减少在开放阶段进行此种活动的兴趣。但是，"射击月球"的结果表明，如果通过使奖励变为愉悦而非严肃的环境来创造匹配，那么引入外部的、工具性的奖励不一定会损害对内在有趣任务的兴趣。这表明还存在影响事物价值的其他因素，远不止传统文献中所考虑的那些。

几个世纪以前，价值从何而来就是许多学者关注的焦点。例如，古典哲学和现代哲学的所有分支都关注理解这样一种价值的来源——道德或伦理价值。人格心理学的创始人戈登·奥尔波特（Gordon Allport）提出，价值优先次序是"生活的主导力量"[4]。相反，"价值"概念本身在当前的心理学文献中受到的关注则相对较少，一般出现的相关参考文献仅限于讨论人们对于可欲目标或程序的共享信念，如"自由"或"诚实"等社会或文化价值。一个主要例外是价值—可能性模型（主观期望效用模型，预期价值模型）中有对"价值"的强调，我将在第七章中进行讨论。

心理学家对价值的激励作用的关注，通常体现在诸如"承诺""目标""规范""态度"等概念上，而非"价值"概念本身。例如，在社会心理学中，态度概念的核心部分是"评估"[5]，其当然与价值概念有关。但是，态度文献中的重点更多地放在对其评估维度的影响上，比如评估事物的好坏对预测行为的影响，而不是关注"好"或"坏"本身来自何处。相反，研究"好"和"坏"从何而来是本章的中心目的。

牛津和韦式词典对什么是对人有"价值"的东西给出了非常相似的解释[6]：（1）一种商品或交换媒介，被认为是公平的回报或其他东西的等价物；（2）某物的物质价值或货币价值，或某物的市场价格。价值的定义则主要指某物的等价交换物，例如某种材料、商品或服务，但尤其指其货币等价物——某物的价值即其货币价值或市场价格。这是一个可操作的定义，可作为价值研究中的相关度量进行操作，但它并不能告诉我们价值到底从何而来。人们愿意用金钱去交换的"价值"到底源自什么？这些对"价值"的定义更多关注的是当某物具有价值时会发生什么，而不是这些价值源自什么。这些定义主要是在说，如果某物具有价值，它就可以用来交换其他被认为是等价的物品（即公平交换）。但这并没有告诉我们价值来自何处。

因此，尽管价值来源对理解动机十分重要，但不管是词典还是当前的心理学文献都没有回答这个问题。然而，从历史文献可以收集到构成有关价值基础机制的部分答案。本章回顾了这些传统文献，并将超越它们从而给出对价值来源的整体解答。

❖ 事物的积极价值或消极价值从何而来？

有以下几类主要的价值构成机制的传统理论：需求满足带来的价值、对可欲目标和程序的共同信念带来的价值、当前自我与个人标准的关联带来的价值、评估性推断带来的价值，以及享乐体验带来的价值。我将首先回顾这些机制，因为它们为最初的问题提供了答案，即什么决定了事物具有积极或消极的价值（价值方向）。但是，仅这些机制并不能进一步回答是什么决定了事物有多么积极或多么消极的问题。在接下来的部分，我将讨论另一种有关价值强度的动机机制——投入强度。该机制是价值强度的构成因素之一，但尚未引起足够的重视。我将介绍一些研究。这些研究表明，影响人们对自己正在做的事的投入强度的因素，如调节匹配，可以强化事物积极或消极的程度，而不依赖于决定该事物积极或消极的机制。

从需求满足而来的价值

20世纪初，持有从行为主义到格式塔再到心理动力学等理论观点的心理学家，都认为价值来自需求满足。具体而言，如果某物有助于满足生理需求或者减少欲望或缺陷，也就是说，如果它有助于个体在世上的生存的话，那么它就具有积极价值。如果它的作用相反，那么它就具有消极价值。这种关于价值的观点与某物在满足需求方面的有用性有关，包括物体或活动所提供的东西，例如椅子可以让人坐得舒服。[7]当然，这些心理学家并不是首先提出价值源于需求满足和有用性的人。18世纪著名的苏格兰哲学家和现代经济学先驱亚当·斯密（Adam Smith）就提出，水是典型的高价值事物的例子。[8]

在价值源自需求满足这一经典观点中，行为旨在控制体内特定物质的不足。价值源于对组织缺陷和生理平衡的稳态反应。[9]驱力表现为行为，具有生理相关性，并会自然地导致人类的欲望。[10]在本书的前面，我举了一个惊人的例子，即缺乏维生素B的动物在各种食物中选择了富含维生素B的食物。

更加广义的需求满足观念反映在一些社会心理学研究中，这些研究使用操作性条件反射或经典条件反射来改变态度。例如，在一项研究中，参与者与实验者进行交谈。在他们交谈时，实验者随意地对参与者使用的一组语言形式，例如复数名词，做出积极的反应，做出表示认可的头部动作或"嗯嗯"之类的表达，而对参与者使用的其他语言形式，例如单数名词，则没有做出反应或做出了否定的反应。实验者的这些回应分别满足了或没有满足参与者对认可的需求。[11]研究发现，随着时间的推移，尽管参与者并没有意识到这一点，但被认可的语言形式比未被认可的形式出现更为频繁，就好像这些语言形式的价值增加了一样。尽管此类研究可能涉及其他因素，但爱丽丝·伊格利（Alice Eagly）和雪梨·柴肯（Shelly Chaiken）在其具有里程碑意义的《态度心理学》（*The Psychology of Attitudes*）一书中仔细回顾了这方面的文献，并且得出结论：传统的条件反射理论，包括需求满足理论，是这类研究中所发现的价值变化的合理解释。[12]

社会心理学中的态度类文献，有时也会在其他方面采取需求满足的观点。例如，有证据表明，反复暴露于某种刺激之下会增加对它的喜好[13]，这可能是因为重复地暴露于某物面前使人熟悉它并由此满足了安全需求。研究发现，信息可能因为迎合了人们的恐惧[14]并减少了他们的焦虑而变得有效，这也可以被认为与源自需求满足的价值有关。再举一个例子，有关"信息匹配"的文献发现，当信息的主题在某些方面与消息接收者的动机需求相匹配时，这些信息会更有说服力，例如确定期望的身份或维持某种社会关系的需求。[15]这些研究结论同样适用于价值创造中的需求满足机制。

最后，我要再次提到德西和瑞安关于内在动机与外在动机的研究。[16]他们的自我决定论强调了人们对自主的需求。当从事某项活动的条件支持自主性或自我决定时，进行该活动的兴趣会增加。相反，当条件阻碍或破坏自主权时，兴趣则会被削弱。研究表明，这些效应再次反映了价值创造中的需求满足机制。

来自对可欲目标和程序的共享信念的价值

需求满足观的一个重要特征是，价值可以在生物系统层面发生，而无需任何反思或信念甚至意识体验。此外，这种观点并不将价值的概念局限于人类；实际上，它在很大程度上是由对非人类动物的研究发展而来的。另一种关于价值来源的观点则截然不同——它涉及人类特有的一种共享信念。它与心理学文献中对"价值"一词的普遍使用有关：价值来自人们的共同信念，即人们认为哪些目的或目标通常是期望得到的（而哪些是不期望得到的），以及哪些达到这些目的或目标的手段或程序通常是期望得到的（而哪些是不希望得到的）。当人们谈论自己所拥有的价值观时，这通常是价值的意思，例如"自由"或"平等"具有积极价值。

虽然这些价值观念在内化的意义上是个人的价值观念，但它们是在社会情境下获得并与他人共享的。它们并不是独特的。人类价值本质的先驱理论家和研究者米尔顿·罗基奇（Milton Rokeach）在明确阐述这一观点时，将价值观描述为"关于理想的行为模式和存在的最终状态的共享的规范性或禁令性信念"[17]。同样，罗伯特·默顿（Robert Merton）作为社会学界的名家也指出："每个社会群体都不可避免地会将其文化目标与根植于习俗或制度的法规相结合，以构成实现这些目标的正当程序"。文化目标是"值得为之奋斗的东西"，即在文化中具有结果价值的东西。"允许的程序"则涉及可接受的争取有价值的事情的方式，即在文化中具有过程价值的东西。[18]

因此，这种关于价值来源的观点关注的是对实现和维持目标的可欲目标（或最终状态）和期望程序（或手段）的共同信念。它包括关于哪些目标值得追求，以及一个人应遵循哪些道德原则或行为标准的规范。例如，在"程序正义"的概念[19]中，许多社会的人们都重视独立于决策结果的决策程序本身的公正性。鉴于共同的文化或社会价值观念使人类成为一种独特的动物，这些价值观念在价值心理学文献中受到特别的关注就不足为奇了。[20]

这些关于期望达到的（和不期望达到的）生存状态的共同信念既关注目标追求的结果，例如"社会正义""自由""社会认可"，也关注追求目标的过程，例如"诚实""逻辑""服从"。来自对期望的共同信念的价

值，将价值与卓越标准联系在一起。库尔特·勒温指出了这种价值的特
殊性。他说，这些价值对行为的影响与目标对行为的影响不同。例如，
人们不会试图"达到"公平的价值，尽管它指导着他们的行为。勒温指
出，这种价值的作用是在界定一种情况（即其动机方向）下行为的效价，
以决定行为是具有正价（吸引）还是负价（排斥）。[21] 这种价值更多是作
为一种标准而非目标发挥作用。但是，共同信念不是唯一一种作为价值
来源的卓越标准。接下来，我将考虑其他标准的影响。

从我们自己的标准而来的价值

来自对期望得到的（和不期望得到的）的共同信念的价值创造机制，
为来自需求满足的价值创造提供了补充，因为它关系到价值的社会建构
和社会化的作用，而非生物性质。"共享"可以在不止一个分析水平被考
虑——在更广泛的社群或社会水平上，价值适用于一般人群；在人际关
系的水平上，重要他人将价值适用于特定的人。在更广泛的社会层面，
来自共享信念的价值通常被视为社会价值或社会标准。相反，在人际层
面，与其他重要人物共享的价值观通常被视为个人标准。

将自身与人际标准联系起来的价值

从历史上看，控制论和控制过程模型将自我的当前状态与某种最终
状态之间的关系作为参考标准来对待个人标准。当前自我状态的价值取
决于它在多大程度上接近标准或参考点，而个人期望达到的最终状态或
避免个人不希望达到的最终状态作为标准或参考发挥作用。[22] 就人类动机
而言，这些作为自我调节的参考或指南的或是期望的或不期望达到的最
终状态，通常都是从与他人的互动中获得的。

在发育过程中，孩子们逐渐了解到看护者对他们的希望和抱负（他
们的理想）或看护者所认定的他们的职责和责任（应然）。理想关乎成就
和进步的促进机制，而应然关系到有关安全和保障的预防机制。根据自
我偏离论，当孩子们能够对理想和应然有自己的见解或立场时，他们可
以将看护者的理想和应然当成自己的理想和应然。通过这种方式，他们

创造了关于期望的最终状态的共享现实, 这种状态被定义为自我引导。与理想我或应然我一致 (或匹配) 的现实我属性具有积极价值 (这是可欲的结果), 而与理想我或应然我矛盾 (或不匹配) 的现实我属性则具有消极价值 (这是不可欲的结果)。[23]

这种认为价值源自将自己和人际标准联系起来的观点涉及两种不同的价值。一个人的理想和应然的卓越标准是与重要他人关于最终状态的共同信念, 即哪些最终状态是期望的 (积极价值), 哪些是不期望的 (消极价值)。简单地说, 社会共享关乎重要群体, 而非更大的社群。但除此之外, 与理想我和应然我相吻合或相异的现实我状态本身, 分别具有积极或消极价值。该假设的第二个方面正是这种观点的独特之处。它提出一个概念, 认为我们的现实或当前我们的价值取决于它与作为标准的个人自我引导的关系 (匹配或不匹配)。它引入了监测我们在满足个人自我引导方面的成功或失败的价值概念, 价值来自对"我做得怎么样"的回答。[24] 监测现实我与 (通常是与重要他人共享的) 个人自我引导之间的关系, 是决定我们如何评价自己的关键要素。例如, 如果现实我与渴望成为的那类人不同 (现实—理想偏差), 我们就会对自己感到失望。[25]

以他人为标准与自己比较和关联的价值

在关于社会比较的文献中, 也可以找到认为价值来自将自己与某种标准联系起来的观点。在一些对你来说很重要的个人特质上与熟人进行比较, 例如有趣的对话的能力, 当对方所拥有的可取的特质比你少时, 你就会产生积极的自我评价, 但当对方拥有的可取的特质比你多时, 你就会产生消极的自我评价。[26] 来自社会比较的直接价值 (即积极和消极的自我评价) 也出现在那些作为积极和消极参照群体的属性所代表的标准中, 例如将你的生活方式与那些"富人和名人"的生活方式进行比较所产生的负面价值。[27]

也有人指出, 由匹配标准产生的积极价值还可以通过间接手段来实现。例如, 那些对他们是否拥有自己想要的身份感到不安或不确定的人, 比如渴望被认为是摇滚乐手, 将会以和成为那种人有关的方式来参与活动或展示自己，例如穿得像摇滚明星一样——象征性的自我完成。[28]
他们也会与其他拥有某种特质的人建立关系，比如卓越的音乐能力，这
种特质是他们并不具备却想拥有的。这样，他们就可以通过联系拥有这
些特质——沐浴在得自他人的荣耀中。[29]个人身份未能达到其卓越标准的
人也会采取行动提高其所属群体的价值，以拥有符合他们标准的积极社
会认同，就像球迷会尽可能地支持当地的体育俱乐部。[30]

请注意，关于来自个人标准的价值，在将自己与作为标准的他人进
行比较和关联时会关涉两种不同的价值。他人作为标准的价值通常来自
共同信念，即我们与社群或重要他人共享我们重视的他人特质的信念。
然后，这些有价值的他人会被当成卓越的标准，我们将通过与他们进行
比较或关联建立我们自己的价值。

78　源于评估推论的价值

当人们说自己的生活有价值或没有价值时，它通常与刚刚描述的自
我评价过程所产生的价值有关——根据我们的个人自我引导或其他卓越
标准来监控我们当前的真实自我。但价值也可以来自其他类型的评价过
程。这些过程不同，因为它们需要通过推理来识别价值。例如，通过监
控与自我引导相关的匹配或不匹配而创造的价值，不需要经历创造价值
的推理。与理想和应然相符的现实我是好的。与理想和应然有偏离的现实
我则是坏的。但有时候，人们会推断一些活动或对象的价值是什么——这
就是来自评估推论的价值。

贝姆的评估推论模型

最有影响力的评估推论理论，可能是社会心理学家达里尔·贝姆
（Daryl Bem）在其自我知觉理论中所提出的。[31]该理论的一个基本假设
是，人们会像从事假设检验的行为科学家一样行动。[32]其关键假设是，人
们会像一个无利害关系的外部观察者一样对自身进行推理——只基于可
观察到的证据。他们观察自己的行为，并检验有关其意义或重要性的
假设。

例如，当我们进行一项活动时，我们可能会推断，我们之所以选择这样做是因为我们重视这项活动。用贝姆从传奇的激进行为主义者 B. F. 斯金纳[33]（B. F. Skinner）的著作中改编而来的话说，人们可以假设，从事一项活动的力量来自他们内心，该行为是自发产生的（称为"命名"）。另一种假设则认为，行为是情境所要求的（称为"要求"）；也就是说，它是由外部力量或外界压力所引起的。如果第二种假设得到强有力的支持，例如当我们做某件事时，有人承诺会给我们丰厚报酬，那么我们就不太可能推断出我们选择做这件事是因为重视它。相反，我们这样做是为了获得奖励。

关于活动的感知价值如何被这种推理过程增强或削弱的经典研究，为贝姆关于人们如何进行评估推论的观点提供了一些支持。[34]但是，人们的评估推论并不局限于贝姆观点的约束，即推理的证据必须公开可见。人们还会以自己内心对某个事物的想法和感受为证据来推断它的价值。事实上，人们根据自己对某个事物的想法和感受进行评估推论，甚至比根据自身行为还要多。[35]例如，人们往往不是先确定一名政治候选人具有好的品质，然后对这名候选人产生好感，而是先注意到自己对政治候选人有好感，然后推断自己一定是因为这名候选人具有好的品质而产生这种感觉——"如果我只是看到他的照片就有这种感觉，那他一定真的很棒"。这种感觉可能是错误的，就像明明是天气使我们心情愉快，我们却由此推断我们的生活很好，因而通常在晴天比在雨天时对自己的生活更满意。[36]

做出推论的证据也并不限于对某事的想法或感觉。人们还会通过人与人之间的相似性进行评估推论。例如，他们会根据以前认识的员工的价值来推断应聘者对他们的价值，因为应聘者在某些方面与先前认识的员工相似。[37]这可能会导致错误的推论，因为这些相似性涉及的可能只是名字或生日之类的不相干的属性。

还应该注意的是，用于进行评估推论的贝姆的逻辑相对简单：我们越相信人们的行为是由情境力量驱动的，我们根据他们的行为对他们

（包括我们自己）进行评估推论的可能性就越小。然而，在评价推断中可以使用更复杂的逻辑推理。[38]

例如，伦理价值推断背后的推理可能非常复杂，并且在人类发展过程中变得愈加复杂。伦理价值背后的推理在历史上尤为引人注目。[39]从亚里士多德（Aristotle）到伊曼努尔·康德（Immanuel Kant）和卡尔·马克思（Karl Marx）的历代哲学家都提出，道德好坏的判定应该基于并在一定程度上正是基于使用由宗教和政治权威提供的正义标准的逻辑思考。[40]心理学研究发现，人们实际上使用多种标准来推断行为的伦理价值，并在这些标准之间进行权衡。[41]在某些情况下，关于伦理价值的判断源于评估推论以及对可欲目标和程序的共同信念。

环境在评估推论中的作用

需要强调的是，人们不能凭空推断出某种东西的价值。他们是根据当前可用或可及的标准来进行的。这不仅会因个人的自我引导等长期因素而异，也取决于当前情境的功能。当前情境提供了不同的标准和参考框架，在评估推论中起着至关重要的作用。实际上，评估推论总是情境化的，因为当前情况要么提供了一个标准或参照标准，要么激活了某个特定的存储标准或参照标准，从而使它比其他的替代物更可及（即情境启动）。

80　　　　根据情境提供的标准或参考框架，某物的价值可以被当前情境同化，或与之形成对比。比如说，如果某家的餐酒和其他家的酒一起喝，会比与特级酒一起饮用时味道更好。[42]某物也可以根据情境所暗示的适合用来计算其价值的心理账户发生变化。例如，一个升级的汽车收音机/CD播放器的选项，在作为"买车"心理账户的一部分考虑时，比起作为"买东西播放音乐"心理账户的一部分时可能被认为更有价值（即值得）。[43]在情境表明本可能发生其他事情时，某些事件的价值强度也会随之变化——反事实推理。例如，当人们因交通阻塞而错过飞机时，相比在飞机起飞后40分钟到达登机口（他们会认为根本不可能赶上飞机），在飞机起飞后1分钟到达登机口时（他们很容易就可以想象，如果情况稍有不同，他们也许就能赶上飞机），事件的负面价值会更加糟糕。[44]

来自享乐体验的价值

值得注意的是，在我前面列出的价值的字典定义中，没有明确提到来自享乐体验的价值。在哲学中，支持价值来自享乐体验的观点有一段曲折的历史，特别是在伦理或道德价值方面。一般而言，相较于认为价值来源于体验的观点，主流哲学观点与认为价值来源于评估推论的观点更为相容，特别强调利用理性和反思来创造一个确定优劣的客观依据。[45]

柏拉图（Plato，公元前4世纪/1949年）在《蒂迈欧篇》（*Timaeus*）中描述的神话，即众神创造了充满理性的人类头颅，其中就体现了这种基于理性的道德价值和基于经验的道德价值之间的张力。由于仅有头颅无法在世界内移动，众神不得不为头颅增加身体来使其可以移动。情绪则存在于身体中。这个故事的寓意是，人们的头脑（即理性）必须与他们充满激情的身体作斗争，才能使他们的行为符合道德（和理性）。这种道德被大多数有影响力的哲学家（例如，亚里士多德、康德）接受，并体现在弗洛伊德关于理性自我与热情本我的经典冲突之中。[46]几个世纪以来，情感一直与欲望相联系，与潜在罪恶的欲望以及防御罪恶的理性相联系。[47]

然而，柏拉图神话可以用另一种方式来解释。毕竟，诸神并不疯狂，他们知道光凭头脑不能采取任何行动（即移动）。即使是凡人的心理学家也已经很好地理解了弥合知行之间鸿沟的问题。"实践行为主义者"埃德温·格思里（Edwin Guthrie）曾对此开过一个玩笑，调侃了认知心理学的创始人之一爱德华·托尔曼（Edward Tolman）。托尔曼众所周知的行为理论强调了假设和预期，而格思里开玩笑说，托尔曼的老鼠将永远不会离开出发点的盒子而抵达目的地，因为它们会"深陷于思想当中"。单靠理性并不能激励人们采取行动。必定有其他东西提供动机，使人们值得采取行动来弥合思想与行动之间的鸿沟。而增加具有经验感受的身体，提供了使行动显得值得的价值。这是众神用以弥合差距的灵丹妙药（即让人像神一样）。

从这个角度来看，柏拉图的神话并不是一个悲伤的故事，即加上有情感的身体，理性现在必须抵御激情。相反，这是一个快乐的故事，它讲述了从经验性感受中获得的价值现在可以弥合思想与行动之间的鸿沟。它传达了价值源自经验性感受的信息：来自经验的价值至关重要。在回顾文献中提到的各种来自经验的价值后，我将在后面重新回到这一观点。在这里，我只想简单补充一点：尽管是少数，但确实存在一些极为杰出的哲学家认为享乐体验对于伦理价值至关重要，例如杰里米·边沁、大卫·休谟（David Hume）和亚当·斯密。[48]

先前我回顾了一些证据，这些证据表明动物的动机不仅仅是满足生物需求，它们会根据与满足生物需求无关的价值体验进行选择。例如，即使糖精没有提供任何生理益处，动物也更喜欢含糖精的甜水而不是普通的水，它们甚至更喜欢甜食，而不是对它们生理而言更好的食物。[49]这类研究表明，除了实际的生物需求满足外，还有其他东西在为这些动物创造价值。文献中提出的一个主要选项就是来自享乐的价值。

杰里米·边沁早期就享乐体验对伦理和非伦理价值的重要性提出了具有影响力的明确陈述[50]：“自然将人类置于两个主宰者的统治之下：痛苦与快乐。一方面是对与错的标准，一方面是因果的链条，都被固定于他们的宝座之上。”

几个世纪以来，人们对享乐体验在价值中的作用的兴趣一直在持续。[51]行为经济学的创始人丹尼尔·卡尼曼指出，“效用”作为价值的经济学概念，在历史上具有两种不同的含义。一种含义类似于前面所述的基本词典定义之一——一种操作性定义，即效用是从观察到的选择中推论出来的（即行为中所显示的）。卡尼曼将此概念称为“决策效用”。第二种含义则反映了边沁认为效用是快乐和痛苦的体验的观点，这被卡尼曼称为“体验效用”。卡尼曼认为，衡量实际体验效用的最佳方法是基于那一刻的方法（moment-based methods），即根据个体在某段经历中体验的快乐和痛苦的实时测量得出的这段经历的体验效用。他还提出人们用自己对快乐和痛苦体验的记忆来回顾性地评估过往经历，他称之为"记忆效用"[52]。

例如，有证据表明，记得起的疼痛受疼痛发作时间的影响要比受"峰终"定律的影响更小，峰终定律指的是整个发作期最强烈的疼痛程度与发作结束时疼痛程度的平均值。[53]这表明，记忆中的疼痛并不是实际经历的疼痛的准确反映，而是人们根据自己所能记住的来做出选择，例如是否因为牙痛去看牙医。也就是说，有关事物价值（决策效用）的决策可以通过基于记忆的回顾性价值体验（记忆效用）来确定，而不是由事发时实际经历的快乐或痛苦（体验效用）决定。当然，记忆效用是做出决定时的主观享乐体验。记忆中的享乐体验不仅局限于人类，动物记忆中的情绪反应在其学习和表现中也起着关键作用。[54]

情感中的享乐体验

在关于情绪和情感的大量文献中，享乐体验受到了最多关注。在早期，17 世纪伟大的荷兰哲学家本尼迪克特·德·斯宾诺莎（Benedict de Spinoza）提出，所有情绪都可以简化为某种形式的快乐和痛苦。[55]自那时起，人们就一直认为快乐和痛苦的情绪体验的主要功能是发出信号或提供有关自我调节成功或失败的反馈。[56]尽管在一些方面存在差异，但两种最著名的情绪体验模型，即评估模型和环状模型，以及其他有影响力的模型，都普遍在提出一个基本维度以区分快乐和痛苦的情绪上达成了一致。[57]社会心理学中关注价值体验的大多数研究也都强调了享乐体验，例如在态度文献中对好心情和坏心情的基本区分，或是对喜欢和不喜欢某事物的区分。[58]决策科学中具备影响力的理论和结论也强调了基本的享乐体验，例如收益的乐趣和损失的痛苦，或者希望的快乐和恐惧的痛苦。[59]

83

但这并不是说这些文献中没有区分快乐体验和痛苦体验类型的理论和研究。例如，自我偏离论区分了由于现实我与理想我的一致而产生的快乐体验（例如，感到高兴）和由于现实我与应然我相符而产生的快乐体验（例如，感到镇定），以及由于现实我与理想我偏离而产生的痛苦体验（例如，感到悲伤）和由于现实我与应然我偏离而产生的痛苦体验（例如，感到紧张）。[60]情绪和情感的文献还根据体验的激活水平（即强度）、情绪的目标（例如，对事件或人的反应）以及其他因素来区分不同类型的快乐和痛苦。[61]但快乐和痛苦之间的这种区别本身并没有挑战享乐体验在价值体验理论中的历史主导地位。

享乐体验作为自我调节反馈与感性感受的对比

我在第二章中区分了作为感官体验的快乐和痛苦，以及作为自我调节系统是否有效运转的反馈的快乐和痛苦。例如，人们在吃不饱的时候会感到饥饿，在没有喝足的情况下会感到口渴，在他们的促进机制失败时会感到悲伤或气馁，而在预防机制失败时会感到紧张和焦虑。这些痛苦体验标志着不同种类的自我调节的失败，以及各种不良的且需要加以处理的当前状态。那么，快乐和痛苦可能通过标志着成功或失败，从而促进对某事的价值体验。没有必要为了在享乐体验中获得对什么是好的或不合心意的价值体验的认知，而强加与有效性无关的其他的感官体验。它们可能是有用的，就像看日落或洗热水澡一样，但没必要这样做。它们在表明成功或失败是有效的方面的作用已经足够了。

在这一点上，我有一个问题需要解决。它涉及"享乐"作为"甜的"含义，以及即使糖精没有生理益处，动物也更喜欢加了糖精的甜水而不是普通水的证据。这种偏好不正意味着愉悦的感受是动机所在吗？未必，因为甜味可以再次发挥作用，作为一种自我调节成功的信号。简而言之，甜味与葡萄糖有关，葡萄糖与能量有关，而能量会增强自我调节成功的可能性。因此，甜味是自我调节有效性的信号，糖精也会发出这种信号，尽管它无法带来任何生理益处。因为有效性和生理益处的信号可以分离开来，所以会发生错误。保罗·罗津（Paul Rozin）——研究影响人类食物选择的文化和生物决定因素的著名专家——指出，甜味只是食物潜在益处的一个线索：

> 事实上，有确凿证据证明，在包括人类在内的各种动物身上，存在一个调节能量摄入的系统。尽管我们仍不知道它如何运作，但

我们有大量证据表明它的存在。这种能量调节系统受与生俱来的能力的补充，即感知并偏好自然界中与高能量密度相关的两个特征的能力。这两个特征是甜味和脂肪口感。因此，最起码的，我们似乎天生就有一个显示我们能量短缺的系统，并且有一些关于环境中什么东西能够弥补这种短缺的线索。[62]

因此，动物，包括人类在内，可以学到食用甜味的东西具有自我调节的好处。这些食物可以出于自我调节的有效性而食用，而不是为了感官享受。当缺乏维生素 B 的动物选择吃富含维生素 B 的食物时，这种选择不一定是为了体验一种愉悦的感受。实际上，在这种情况下也不太可能如此。健康的人饮用难闻的药液，他们认为这可以延长寿命，而不会从药物中获得任何愉悦。这些行为是为了满足某些生理需要，而不是为了获得愉悦的感受或避免痛苦的感觉。当人们了解到吃一些非常令人愉悦的食物会导致自我调节失败（即使他们变胖）时，他们会转向不太令人愉悦的食物甚至是讨厌的食物来达到自我调节成功（即保持苗条）。

这并不是说快乐和痛苦的体验对自我调节不重要。它们很重要。但是，它们的重要性可能源自它们作为自我调节成功或失败的信号的功能，而不是作为感官感受的功能，被视为理想的最终状态，或是要避免的不希望达到的最终状态。

享乐体验和我刚刚回顾的其他四种机制，即来自需求满足的价值、来自对可欲目标和程序的共享信念、来自当前自我与个人目标的关联以及来自做出评估推论，已经在传统文献中得到讨论，它们对于使某事成为积极的或消极的作用是众所周知的。但是，还有另一种鲜为人知的机制，它导致了某事有多么积极或多么消极，而不是事物是不是积极的或消极的。这种机制如何运作并创造价值，可能会非常令人惊讶，甚至在某些情况下是反直觉的。

◈ 作为价值强化机制的投入强度

85

俗语或格言提供了这样一个线索，即体验对价值的作用并不限于追求目标结果的痛苦和快乐："仅仅做得好是不够的；必须以正确的方式去做"，"输赢并不重要，重要的是过程"，"目的并不能证明手段的合理性"，以及"永远不要以恶行善"。这些格言的意思是，除了享乐体验外，追求目标的过程中，在关于这些目标是如何被追求的问题上，还存在其他有助于价值体验而不是享乐体验的东西。这些额外的东西通常被理解为道德或伦理因素。关于可欲的和不可欲的程序的共享信念，关于我们应如何行事的规范标准和自我引导，的确可以被概念化为超越享乐体验，将积极或消极的价值赋予不同的选择。实际上，这是价值有效性的重要组成部分，因为这些共享信念最终决定了事物具有积极价值还是消极价值——价值方向，并且影响了价值强度。但这不是事实的全部。如果我们坚持将我们的体验作为价值来源呢？解释了如何追求目标的道德或伦理体验，是否会带来超越享乐体验的价值体验？或者，除了享乐体验外，在目标追求过程中是否可能存在其他影响价值体验的东西，甚至无须涉及道德或伦理考量？

答案为"是"：有一些过程因素可以强化参与，它们将加强我们对某些事的积极或消极反应。图 4－1 总体说明了调节投入论提出的价值体验的促成因素。[63]享乐体验是一个促成因素，但还有其他因素，包括那些通过影响投入强度影响到价值体验的因素。在讨论此提议时，我首先从图 4－1 的最右边的价值体验本身开始。这种价值体验的本质到底是什么？

在思考这个问题时，我受到了库尔特·勒温早期对引拒值（valence）的讨论的启发。[64]对勒温来说，价值与力量有关，它有方向和强度。但是，对他而言，人的生命空间中的力量类似于作用于物体的自然物理力，而不是一个人所体验的东西。尽管如此，我相信勒温的"力量"概念可以扩展到具有方向和强度的个人体验。体验具有积极价值的事物相当于体验事物的吸引力，而体验具有消极价值的事物相当于体验事物的排斥力。价值体验的强度各不相同。对某物产生的吸引力的体验可以相对较弱或较强（较低或较高的积极价值），对某物产生的排斥力的体验也可能相对较弱或较强（较低或较高的消极价值）。

86

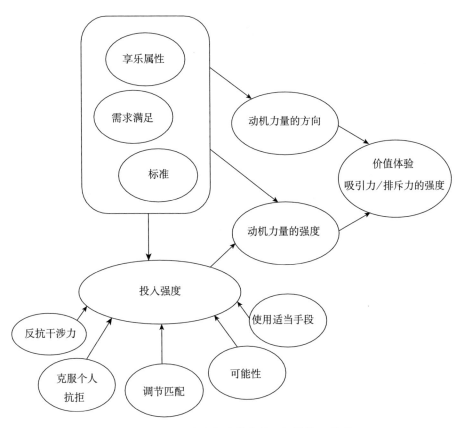

图4-1 促进价值体验的变量之间的关系说明

现在，让我们转到图4-1左下方所示的投入强度这一因素。参与的状态指的是参与、专注于并对某事感兴趣。强投入强度是指专注于某事，对之全神贯注或沉浸其中。[65]历史上，强投入强度是指人们可以参与到某事中，对其感兴趣，而且对其保持专注，而无论其是否令人愉快。使我们专注于事物的东西，也为事物赋予了价值，而有趣的事件可能得到正面或负面的评价。丹尼尔·伯莱因（Daniel Berlyne）和乔治·曼德勒（George Mandler）——两位对心理学理解价值体验最伟大的贡献者——都把"有趣"与令人愉悦或愉快区分开来。[66]投入强度本身并不能使事情变得吸引人或令人厌恶。也就是说，它没有方向。相反，投入强度通过增强我们的价值反应——增强对某事物的吸引力或增强对某事的排斥力，来促进我们对这一事物有多么积极或多么消极的体验。

如图 4-1 所示，诸如需求满足、享乐体验和不同种类标准的价值创造机制，都对动机力量的方向，以及对价值力量是积极吸引还是消极排斥起到了促进作用。这些机制也导致了动机力量的强度，决定了事物的吸引力或排斥力。相比之下，如图 4-1 所示，投入强度仅对价值体验的强度有所贡献。然而，正如我们将看到的那样，这种作用是非常重要的。在以下各节中，我将回顾通过影响投入强度来影响价值体验强度的因素——调节匹配，使用适当手段，反抗干涉力，以及克服个人抗拒。我需要指出，我将把对感知可能性对于投入强度和价值强化的影响的讨论延后到第七章（见图 4-1），以便更全面地呈现价值和可能性共同影响承诺的多种方式。

调节匹配

调节匹配理论提出，当人们对目标的追求方式维持（而不是破坏）目标定向时，他们就会经历调节匹配（regulatory fit）。例如，一些努力在课程中获得"A"的学生，会将"A"当成一种成就或抱负，作为他们理想中想要获得的成绩（一种促进重点）。其他人则将"A"作为一种责任或安全，作为他们认为应该达到的成绩（一种预防重点）。作为获得"A"的一种方式，一些学生会阅读超出指定内容的材料（一种渴望策略），另一些学生则会谨慎地确保所有课程要求都已满足（一种警惕策略）。用渴望策略来达到"A"的目标可以维持促进重点（一种匹配），用警惕策略追求则会破坏促进重点（一种不匹配）。相反，用警惕策略追求"A"的目标可以维持预防重点（一种匹配），以渴望策略追求则会破坏预防重点（一种不匹配）。根据调节匹配理论[67]，当调节匹配能够维持目标定向时，目标追求活动的投入强度将增强；而当不匹配干扰了目标定向时，投入强度则会被削弱。

调节匹配增强参与的证据

那么，根据调节匹配理论，在匹配条件下，参与任务活动时的投入强度应当高于不匹配条件下的投入强度。几项研究的结果支持了这一预测。[68]一些研究测量了参与者占据主导地位的促进或预防定向，另一些研究则通过情境诱发了参与者的促进或预防定向。完成字谜任务时的投入强度可以通过在任务中的持久程度（通过处理每个字谜的时间来测量）或在任务中的费力程度（通过工作时的手臂压力来衡量）来衡量。[69]

　　在某些研究中，参与者在实验过程中做了几种不同的字谜游戏，并分别被测量了在解决可以加分的绿色字谜（渴望的字谜策略）时的投入强度与在解决可以避免扣分的红色字谜（警惕的字谜策略）时的投入强度。考虑到经典的"目标扩展"（goal looms larger）效应，投入强度应从第一个字谜到最后一个字谜逐渐增强。令人感兴趣的是，作为参与者的促进或预防定向的功能，渴望反应对比警惕反应在投入强度的增加上可能并不相同。对于投入强度的持久程度和费力程度的测量，这些研究发现当参与者具有促进重点时，随着时间推移，渴望反应（匹配）的投入强度增加的程度比警惕反应（不匹配）更多。相反，当参与者具有预防定向时，伴随时间的推移，警惕反应（匹配）的投入强度增加比渴望反应（不匹配）更多。正如人们可能会从结果中发现的那样，匹配在任务活动中产生了更强的投入强度。还有证据表明，相比不匹配的情况，当参与者的促进或预防定向与他们的渴望或警惕字谜策略相匹配时，他们可以解决更多的字谜问题。

　　加强调节匹配的参与如何增强价值

　　重要的是，调节匹配对投入强度的影响也会影响到价值体验的强度。我在第一章中讨论过的"哥伦比亚大学咖啡杯和廉价钢笔"的研究就是一个例子，即"渴求对警惕决策"的研究。[70]这项研究发现，当参与者处于调节匹配的条件下（例如，主要采用促进定向/渴望的决策方式，主要采用预防定向/警惕的决策方式），相比处于不匹配条件下（例如，主要采用促进/警惕的决策方式，主要采用预防/渴望的决策方式），他们多花了近70％的钱来购买杯子。尽管杯子在匹配和不匹配条件下的享乐属性都相同，成功追求目标（即拥有杯子）的结果也一模一样，但是杯子的体验价值并不相同。匹配条件下体验到的吸引力的强度显然比不匹配条件下更大。

89　　调节匹配作为协同作用的动机

调节匹配体验与享乐和伦理体验完全不同，因为它们源于自我调节的不同方面——参与者的目标追求定向（例如，促进和预防）与他们的目标追求方式（例如，渴望与警惕）的关系。定向价值（例如，促进价值对比预防价值）和控制方式（例如，渴望控制对比警惕控制）之间的这种关系证明了本书的中心主题：动机协同作用的重要性。在第八章中，我将更详细地讨论作为价值—控制关联的调节匹配的性质和结果，并进一步提供证据来证明匹配才是最重要的。

在目标追求过程中发生的匹配体验，是作为价值的目标追求定向和作为控制的目标追求方式之间的关系的函数。在此过程中发生的匹配体验与目标追求的最终结果或后果（无论是伦理的还是非伦理的）无关。这并不是说享乐体验和伦理体验在追求目标的过程中不能同时出现，但它们是在与其他不同的已经实现或未实现目标有关的情况下出现的。对于享乐体验而言，其他目标可能是在追求目标的过程中获得乐趣，或尽可能少地花费精力。对于伦理体验来说，其他目标可能是指以一种得到他人认可或感激的方式来追求该目标。与享乐体验和伦理体验不同，匹配并不是一种达到目标而产生积极结果的体验。

一方面是享乐体验与伦理体验的差异，另一方面是享乐体验与匹配体验之间的差异，其区别体现在什么是人们选择追求目标的理由上。为了合理地解释如何实现目标，选择的目标追求方式需要有一些（预期的）积极成果。因此，为了证明自己选择的目标追求策略是正当的，指出诸如"这样做很有趣"的享乐结果或"这是社会上适当的做法"的伦理结果似乎是合理的。相比之下，由于调节匹配与结果无关，因此通过指明匹配的存在来为追求目标的方式辩解似乎并不合理，例如"正是这种方式符合我当时的动机状态"。匹配不是结果；它是一种维持目标定向的目标追求方式。

源于匹配的投入强度作为积极和消极价值体验的增强器

　　调节匹配加强了人们对自己所做事情的投入，加强的投入则强化了价值体验。在一个有积极价值的目标的情况下，例如哥伦比亚咖啡杯，更强的参与可以增强对吸引力的体验。而如果价值目标是消极的，源于调节匹配的参与强化将加剧对排斥的体验。[71]

　　一项关于说服性信息有效性的研究说明了评估强化如何在积极和消极两个方向上都会发生。[72]该研究测试了同一信息的说服力，作为参与者对该信息的积极或消极反应的函数。在参与者收到消息之前，参与者会被诱导进入调节匹配或不匹配状态。在实验的第一阶段，他们被要求列出两个促进目标（即列出他们自己的两个希望或抱负）或两个预防目标（即列出他们自己的两项责任或义务）。然后，他们针对每个目标列出了渴望的追求手段（即他们可以用来使一切正常运转的策略）或警惕手段（即他们可以用来避免任何错误的策略）。促进目标和渴望的追求手段一起，预防目标与警惕手段一起，这是调节匹配的条件。调节匹配的操纵并不影响参与者快乐的情绪。但是，对于那些后来对该信息产生积极反应的参与者来说，匹配条件下的态度比不匹配条件下的态度更为积极（即吸引力增加）；而对于那些对该信息产生消极反应的参与者来说，匹配条件下的态度比不匹配条件下的态度更为消极（即排斥力增加）。

使用适当的手段

　　图4-1中显示的影响价值方向体验的机制，并不包括认可和不赞同的道德或伦理体验。之所以没有将它们包括在内，是因为我认为涉及道德或伦理体验的内容会更加丰富，它们涉及人们以适当手段行事的更普遍的现象，即使严格说来这并不涉及道德或伦理行为。例如，在咖啡杯和钢笔之间进行选择时，一个人可能会认为做出选择的适当的或正确的方法是列出咖啡杯的积极和消极属性，并且列出钢笔的积极和消极属性，检查属性清单后再做出选择。

　　以这种方式或其他方式做出选择，传统上不会被视为道德或伦理问题。但这确实涉及我们行事的恰当或正确的方式，并且可以提升我们对事情的投入强度。这种更强的参与反过来可以强化我们的最终选择的吸引力，而无关该选择的固有属性。这将对价值产生广泛的影响，因为任何决策都可能以正确或错误的方式实现（即不仅仅是关于认可或不赞同的道德或伦理决策）。而不论是正确的方式还是错误的方式，都不仅会影响决策过程本身的价值，还会影响到其他事物的价值，例如提高咖啡杯的价值不会引起道德上的认可或反对。

最近的研究调查了这样一种可能性，即以正确或适当的方式做事，可能会通过提升投入强度影响价值强度。社会心理学文献中有一些提示性的证据表明，以适当的方式做出决策可能会提升决策的投入强度。例如，有证据表明，群体内部的公平程序会产生更积极的群体帮助行为。[73]如果以适当的方式做出决策会提升投入强度，这是否会强化已做出的决策的吸引力？

为了研究这个问题，哥伦比亚大学的学生再次被要求在哥伦比亚大学咖啡杯和廉价钢笔之间表达他们的偏好。就像在其他的杯子和笔的研究中一样，我们只关心做出相同选择的参与者，他们绝大多数选择的是咖啡杯。在一项研究中[74]，在参与者实际做出选择之前，他们被随机分配到两种不同的条件下，他们在决策中所强调的内容有所不同。一种情况强调"正确的方式"；它以"以正确的方式做出决策！"为题开头，然后如下继续写道："你需要以正确的方式做出决策。做出决策的正确方式是考虑哪种选择会产生更好的结果。考虑选择杯子的积极和消极结果。再想想选择钢笔的积极和消极结果。请在下面的横线上写下你的想法。"第二个条件强调"最佳选择"；它以"最佳选择！"为题开头，然后如下继续写道："最佳选择是具有更好的后果的选择。考虑拥有杯子的积极和消极结果。再想想拥有钢笔的积极和消极结果。请在下面的横线上写下你的想法。"

请注意，在两种情况下，要求参与者采取的特定行为完全相同："考虑选择杯子的积极和消极结果。想想拥有笔的积极和消极结果。请在下面的横线上写下你的想法。"有所不同的是，这些行为在参与者看来是以正确的方式做出了决策，或者是导致了最佳的未来结果。在考虑了这两个选项并表达了他们对杯子的偏好之后，参与者有机会购买杯子。主要测试的是他们愿意出多少钱来购买杯子。研究发现，"正确方式"情况下的参与者比"最佳选择"情况下的参与者总体上愿意花更多钱来购买相同的杯子。

这项研究还询问了参与者对三句格言的认同度，它们有关用适当的方式追求目标的重要性："目的并不能证明手段的合理性"，"输赢不重要，重要的是过程"和（反向编码）"以什么方式进行并不重要；结果才是最重要的"。通过结合这三个项目，计算出了"对以适当方式追求目标的重要性的信念强度"的指数。个人对这些格言的认同度越高，当他以适当的方式行事时，他就越应该坚定地参与决策过程，因此对价值体验的预测效应也应该越强。确实，对于那些对以适当的方式追求目标的重要性信念薄弱的参与者而言，在"正确方式"条件下和"最佳选择"条件下，他们为购买杯子的钱没有显著差异。但是对于那些坚信正确的目标追求方式很重要的参与者，他们购买杯子的花费在"正确方式"条件下要比"最佳选择"条件下高得多——在"正确方式"情况下为 6.35 美元，在"最佳选择"情况下为 2.61 美元。

这项研究的结果与以下观点一致：以正确或适当的方式追求目标可以加强我们对任务的参与，从而增强积极价值目标的吸引力。[75]詹姆斯·马奇（James March）是研究组织决策的重要人物，他提出，以适当或适当的方式追求目标，与价值创造有其自身的特殊联系，这有别于单纯的享乐结果（合理工具）。[76]这些研究的结果以一种新颖的方式支持了他的提议，表明当决策以适当方式做出时，被选择的对象本身的货币价值就会增加。

以适当的方式追求目标不仅会影响我们如何评价自己，例如我们是否认为自己是一个道德的人，或者被他人认为是一个道德的人，还会影响我们对世界上其他事物的评价。它增加了周围事物对我们的吸引力和排斥力。因此，除了将调节匹配作为投入强度的来源外，有证据表明以正确或适当的方式追求目标也可以增强投入，并增加积极价值目标的吸引力。我认为，至少还有两个其他一般来源可以增强参与，并通过增加价值强度来影响价值体验，反对干涉力和克服个人抵抗。由于这两个来源都是试图使某些原本不会发生的事情发生（即控制）的明确例子，我还会在第八章中将它们作为一种价值—控制关联进行讨论。

反抗干涉力

半个多世纪前，罗伯特·伍德沃斯就对反抗干涉力有深刻的见解。93 他认为，人和其他动物的主要特征是他们对作用于自身的环境力量施加反抗或抵抗，以保持一定程度的独立性。他们抵御试图将其吹倒的风和试图使他们跌倒的重力。他们与环境有着积极的互惠互让的关系，其价值"源于个人有效地应对环境的某些阶段的能力"[77]。库尔特·勒温也有类似的见解。他描述了儿童如何反抗干扰他们的自由活动的成人禁令，这增加了他们的活动价值，他认为这种克服干扰的价值创造具有根本的心理学意义。[78]接下来，我将考虑这种见解的更现代版本——来自抗拒的价值创造。

来自抗拒的价值创造

在社会心理学领域，从反抗干涉力中创造价值的最著名的例子是在测试抗拒理论（reactance theory）的研究中发现的，这一抗拒理论由杰克·布雷姆（Jack Brehm）提出，他是理解价值和努力的主要贡献者。[79]抗拒理论关注人们这样一种信念，即他们相信自己可以在很大程度上掌控自己的命运，他们可以自由地按照自己认为合适的方式去行动、相信或感受。抗拒理论指出，当一种对人们来说很重要的自由受到被消除的威胁时，人们会做出反应以保护这种自由，或者在这种自由实际被消除时恢复这种自由。

布雷姆和他的同事在一项早期研究中，测试了抗拒对价值的影响。参与者从四种不同的留声机唱片中各听了一盘录音，然后根据他们的喜爱程度进行排序。[80]他们被告知，在实际的唱片于第二天到达的同时，他们还将获得一份赠送的唱片。当参与者去领取他们的免费赠送的唱片时，一半的人得知被他们排序为第三的唱片不在运送的货物范围内，因此被从最初的选择集中剔除。然后，参与者被要求再次评估所有原始录音的吸引力。也许有人认为，在第二次排名时，作为一种实际上已被排除的选择，这种排名第三的唱片的吸引力会降低，以此保护参与者的感受——为什么要让自己想要一些不能得到的东西？但是，实际上，它对参与者的吸引力增加了。根据抗拒理论，在这一研究和其他类似研究当中，价值创造的基本机制是一种恢复已经被消除（或受到消除威胁）的自由的动机。

抗拒不仅像布雷姆的研究中那样通过减少选项而产生，而且正如勒温所指出的[81]，它可能来自其他人的禁止和建议。例如，暴力电视节目上的警告标签旨在减少人们的兴趣，却常常适得其反，增加了人们观看节目的兴趣。[82]建议，即使以其无害的形式，也会产生可能引起反抗的干涉力。例如，近期一项研究清楚地说明了这种情况是如何发生的。[83]参与者有四个燕麦棒可供选择，其中一个是最诱人的选项。这项决策对参与者很重要，因为他们有机会将自己选择的燕麦棒（即真正的赌注）带回家。当专家建议不要选择那个最诱人的燕麦棒时，他们更有可能选择它，并对他们选择的价值更有信心。值得注意的是，专家给出的与参与者偏好选择不同的建议，的确导致后者体验了更加困难且令人不满的决策过程，尽管如此，他们还是选择了更合他们心意的选项，并对它评价更高。[84]

除了抗拒之外，这里还可能发生什么？这项研究说明了目标追求的外部因素（在这种情况下，专家的建议像一种干扰力量）会对目标追求活动本身产生负面体验，但仍然导致价值目标变得更具吸引力，因为它通过反对建议来加强参与，从而增强了价值目标的积极性。它强调了区分行动者对目标追求活动本身的个人体验与为目标对象创造的价值的重要性。

来自反抗障碍或干扰的价值创造

消除一个备选方案以及由此产生的在贫乏的选择集中进行选择的压

94

力，可以被概念化为阻碍参与者的首选行动方针的障碍。参与者可以反抗这种干涉力量，而这将提升他们对自己当下行动的投入强度。考虑到被剔除的选项从一开始就是一个积极选项，它的剔除会令其更加引人注目，而提升的投入强度将增强其吸引力。当个人反抗干涉力量时，他们反对的是会妨碍首选状态或行动方针的事物。他们反对一个迫使他们在贫乏的备选方案中进行选择的局面。这种反抗可以通过加强参与来创造价值。

因此，目标追求过程中的障碍或干扰会产生两种相反的享乐效应：（a）它会使目标追求活动本身变得不愉快；（b）它可以通过反抗干涉力加强参与，从而增强目标物体的吸引力。我们之前已经见过这种现象——"老鼠竞赛"研究。[85] 在该研究中，一些老鼠不得不拉动重物才能获得少量食物。这一重物起着干扰力的作用，老鼠为了获得食物必须反抗它，而这也正是老鼠所做的。重物会使目标追求活动本身变得不愉快，但与较轻的负担相比，它增加了食物的价值（这种价值由老鼠跑向食物的速度、吃了多少食物以及它们的进食速度来测量）。

当一项任务在完成前被中断时，也会发生对干涉力的反抗——所谓的蔡格尼克效应（Zeigarnik effect）。[86] 与这样的观念一致，即反抗作为干涉力的目标中断会增强投入强度，从而增强目标价值。研究发现这种干扰会增强被打断的任务的吸引力。[87] 在一项证明这种效应的研究中[88]，正在观看娱乐电影的参与者在激动人心的时刻被放映机故障打断了电影观看。一名实验者的同谋冒充电工，并提供不同的信息，告诉他们中断是暂时的或不是暂时的。人们可能会再次认为，如果参与者认为这部电影不太可能恢复播放，那么他们会通过降低对其吸引力的评价来保护自己的感情，即"酸葡萄"现象。但是，情况再次相反。当参与者认为电影不太可能继续播放（即他们的目标受到阻碍）时，他们对电影的评价更高了。这次中断加强了对作为价值对象的电影的参与（即使参与者进行了更多的思考），这增强了电影对他们的吸引力。

来自反抗分心的价值创造

在刚才援引的研究中，目标追求被阻碍或打断了。而在其他一些情况下，目标追求仍会继续，但会受到环境中分散注意力的事件的干扰。使人分心的事件本身可能是一个积极的事件，诱使我们不再继续进行当前的活动，也可以是一个消极的事件，我们在继续工作时必须对它进行处理。这两种干扰在我们的日常生活中早已司空见惯。那么，反抗这样的干扰也会创造价值吗？

让我从抵抗诱惑的经典案例开始。在抵抗诱惑的研究中，参与者的目标是专注于一些焦点活动，并在他们被诱惑参与实现某个吸引人但次要的目标时拒绝转移自己的注意力。例如，儿童在执行焦点活动任务时必须忍住不去玩身旁有趣的小丑玩具。[89]这一文献表明，当个体对诱人的东西保持警惕时，他们对诱惑的抵抗力比渴望地追求焦点活动时更强。如果对诱惑更强的抵抗将通过增强参与创造价值，那么在这种情况下保持警惕的人之后应该比那些在这种情况下渴望的人更重视这一焦点活动。这正是已经发现的结果。[90]

但是，分散注意力的情况也可能令人不快。在令人不快的干扰情况下，例如嘈杂的背景噪声情况下，挑战在于处理焦点活动任务的同时应对逆境而不是抵抗诱惑。尽管分散注意力本身会产生令人不快的感觉，但将其作为干扰进行反抗同样应该能增强参与，而这会增强积极任务对象的吸引力。这种可能性为看待人们在应对逆境时发生的事情提供了一个新视角。

到目前为止，我已经描述了人们对干涉力的反应，好像他们总是会反抗这些干扰，因此加强了对焦点活动的参与。但是，人们并不总是会反抗干扰：有时候他们会放弃原来的任务，而这会削弱投入。更普遍的是，人们对困难的反应可能不同。处理困难的一种方法是将其当成某种干扰目标追求的东西，是为了成功完成焦点活动任务必须克服的，将应对困难当成对干涉力的反抗。这种对困难的反应将提升对重点任务活动的投入强度（即增强专注力），这将增强积极目标对象的吸引力。但对困难的另一种可能的反应，是将逆境当成一种令人厌恶的麻烦事，它会令人产生不快的感受，必须加以应对。对困难的反应是处理一个麻烦。通

96

过将注意力从焦点活动任务上移开以应对烦扰所造成的不快感受，这种应对困难的反应将削弱参与（即分散注意力），这将减小对积极目标对象的吸引力。近期一些研究提供了支持这两项预测的证据。[91]

所有这些研究，参与者都是在有着令人厌烦的背景噪声的情况下进行，破解足够的字谜以获得诱人的奖品。所有参与者都成功赢得了奖品，并对该奖品的价值进行了评价。在一项研究中，参与者被随机分配了两种不同的背景噪声：一盘牙医钻牙声的磁带和一盘说话的磁带。两种背景噪声都是令人反感的，但只有"言语"直接干扰了破解语音字谜的任务。因此，预计参与者会反抗"言语"带来的干扰，但会处理令人讨厌的"钻声"。而在另一项研究中，所有参与者都听到同样令人厌恶的声音，但它们在实验中被分别呈现为需要反抗的干扰或需要处理的麻烦。

因为这些研究要检验当人们以不同的方式（即反抗还是应对）回应困难时，目标对象的价值会发生什么变化，所以预测要求参与者感到自己处于困境。这里共有两个预测。第一个预测是，对于那些将背景噪声作为干涉力来反抗的参与者，噪声越是难以反抗的干扰因素，他们就越需要集中精力，从而加强了对焦点任务的参与并增加了奖励的价值。第二个预测是，对于那些需要应对因背景噪声产生不快感觉的参与者，越是难以应对因噪声产生的不快感觉，他们的注意力就越被分散，从而降低了他们对焦点任务的投入强度并降低了奖品的价值。研究结果支持了这两个预测。[92]

这项研究强调的是，逆境虽然令人不快，但不一定会使生活中的积极事物变得不太积极。当人们通过脱离当前正在做的事情以应对因逆境所产生的令人不快的感觉时，逆境带来的影响可能会逐渐减弱。这种分离会降低积极事物的积极性。相反，如果人们将逆境当成一种干涉力量来反抗，并且更加专注于自己的工作（即加强他们的参与），那么面对逆境实际上可以使生活中的积极事物变得更加积极。这意味着根据处理方式的不同，生活中的困难会产生非常不同的价值效应。

困难在价值创造中的作用

许多种力量会通过增加在目标追求中遇到的困难或逆境来干扰目标

追求。有些任务（周日的《纽约时报》填字游戏）比其他任务（周一的《纽约时报》填字游戏）更困难。有时候，一个人执行某项任务的条件比执行其他任务困难得多（例如，在电钻声或巴赫音乐的陪伴下写作文章）。有时遇到的则是物理障碍（例如，由于电梯坏了，必须走楼梯到自己喜欢的商店）。尽管困难的来源各不相同，但它们都有可能提升或降低投入强度。我所回顾的关于"努力"和"逆境"的研究可以更广泛地概念化为对作为干涉力的困难的研究。勒温将会阻碍或妨碍朝目标移动或前进的力量描述为"障碍"或"困难"。[93] "困难"可以是阻碍进程的实体对象，例如阻碍儿童获取玩具的道路上的长凳，或者也可以是权威人士对某些行为的禁止，或是某些任务的复杂程度，等等。正如勒温指出的那样，从心理上讲，这种困难无论是身体上的还是社会上的，都是一种障碍；也就是说，这是一种干涉力。

我们已经看到，困难不一定能加强参与。这取决于个人如何处理困难。如果个人反抗这种困难或逆境，参与会增强。但是，如果困难或逆境导致个人决定在最初就不采取行动，或在追求目标的过程中放弃任务，或分散他们的注意力，投入强度则将降低。[94] 因此，我不会预测难度和投入强度之间存在简单的单调正向关系。难度和投入强度之间的关系可能是钟形的，投入强度随着难度的提升而逐渐提升，直至难度达到某个高点后投入强度降低。事实上，这种钟形曲线已经在感知的困难与努力分配的关系中被发现了。[95]

即使是这种"钟形"的假设，也忽略了决定投入强度的困难是什么。关键不是困难本身，而是对它的反抗。正如我们所见，人们可能会为了处理困难带来的不愉快感觉而分心，而不是将这种困难作为一种干涉力来反抗，从而更加专注。正是这种将困难作为干涉力的反抗提升了投入强度，而反抗的程度可能会因各种原因而有所不同。例如，正如布雷姆所指出的那样，人们会为一项任务投入多少努力，部分取决于实现目标实际所需的努力。[96] 因此，具有不同能力的个体在参与任务时会付出不同的努力，这随着他们为获得成功需要付出的努力变化而变化。同样，关

98

键的不是努力本身，它通过提升人们对当前任务的专注度，提升反抗干涉力的投入强度。

克服个人抵抗

当个人想要做某事，却在尝试时遇到情境障碍、干扰或分心时，就会出现反抗干涉力而参与加强。但是有时候，障碍也会从内部产生，个体最初就可能抵制做某件事，因为它在某种方面令人厌恶。当目标追求涉及一些不可避免的不愉快或与之相关的实际成本时，情况尤其如此。即使障碍是情境性的，真正的挑战也可能是为进行某种追求而克服自身的抵抗。在人们知道进行特定的目标追求时不可避免地会产生厌恶的情况下，他们自然会在最初就拒绝追求目标。在这种情况下，人们必须克服他们的个人抵抗，才能继续进行这项活动。即使不情愿，他们也必须采取行动。

认知失调作为克服个人抵抗的条件

当人们克服自己的个人抵抗，自愿选择追求一个他们明知可能有不愉快的方面的目标时，他们就会增强参与。据价值与承诺关系的主要贡献者菲利普·布里克曼（Philip Brickman）所说，这些正是增加对目标追求的承诺并创造价值的条件。[97]此外，正如布里克曼最先认识到的那样，这些条件也正是许多测试认知失调论的著名研究的基础。[98]

根据这种极具影响力的理论的创造者、现代社会心理学之父利昂·费斯廷格（Leon Festinger）的说法，如果 y 会产生非 x，则认知 x 和 y 之间的关系就不协调。根据这个定义，人们克服个人抵抗的情况会呈现不协调状态，因为相信做某事是令人反感的，即 y，应该预示不做某事的决定（非 x），但人们却克服了他们的阻力，并且无论如何也要做某事。本来讲得通而且应该发生的 y 和非 x（即不做一些反感的事情）没有同时出现，取而代之的是 y 和 x 同时出现（即做一些反感的事情）。失调理论涉及人们减少失调状态以实现认知一致和理解世界的动机，并考虑了减少这种失调的不同方式。[99]

与本章特别相关的是实验条件，它们诱发失调并随后改变了某些事物的价值。考虑一项经典研究，该研究受到兄弟会现象的启发，即在经历了遭受羞辱和痛苦折磨的入会"欺侮"阶段之后，兄弟会对新成员产生了更强的吸引力。来自他人的痛苦惩罚难道不应该减少其吸引力吗？事实上，通常会发生相反的情况（吸引力增加了），所以这种现象才会如此耐人寻味。

在对这一现象进行的实验研究中[100]，女大学生志愿者在成为小组成员前，将分别经历严重负面的启动、轻微负面的启动或无启动。她们想参加的小组将讨论性心理学。在严重的负面启动条件下，参与者必须向实验者朗读 12 个淫秽单词。在轻微负面的启动条件下，参与者需要阅读 5 个与性别相关但并不淫秽的单词。无启动的条件下的参与者则作为对照组成员。

在经历了严重、轻度负面的启动或无启动之后，参与者听取了他们将要加入的小组的讨论，接着对小组参与者和讨论进行了评分（在如"沉闷/有趣""聪明/愚钝"的量表中）。对照组的评分显示，通常小组参与者和小组讨论被视为轻度至中度积极。研究发现，在严重负面的启动条件下，对小组参与者和小组讨论的评分比轻度负面启动条件更积极（后者与对照条件相同）。也就是说，最初不愉快的入组经历增加了该小组的吸引力。

根据认知失调论，相比同意做轻度的令人厌恶的事情，人们会更有 *100* 动机去证明或合理化为什么他们同意做严重厌恶的事情（如果他们无须采取任何措施，如在控制条件下那样，那么就没什么好辩解的）。他们合理化自己的所作所为，说服自己这样做是值得的；在这个例子中，值得是因为小组参与者和他们的讨论是如此吸引人。

然而，除了失调理论提出的这种合理化机制外，这类研究中涉及的情境条件可能会以另一种方式创造价值。严重负面的启动条件下的参与者比轻度负面的启动条件下的参与者更抗拒执行启动，这是很自然的事。尽管如此，他们还是克服了强烈的个人抵抗且无论如何都要做，这将加强他们对讨论小组的参与。参与的加强将增加讨论小组的吸引力，就像他们对小组参与者和讨论的评分所反映的那样。回到最初的现实案例，我的意思是说宣誓加入兄弟会的人并不期待他们不得不面对的入会考验，他们自然会抗拒做这些事情。但是，他们克服了这种个人抵抗，并且通过这样做，他们的投入强度得到了加强，而这增加了兄弟会对他们的吸引力。

困难作为需要克服的个人抵抗的来源

前面我讨论了如何将困难概念化为一种障碍或干涉力，反抗这种障碍或干涉力将加强参与。但是，困难不仅是一种干涉力：它还是某种情境的令人厌恶的属性，应对这种情境自然会受到抵抗。因此，困难同样也可以通过引发个人抵抗来增强参与，这种个人抵抗是开始实施和继续目标追求所必须克服的。当目标追求非常困难，比如需要付出巨大努力才能成功时，这种目标追求就关系到高昂的成本。除了这些困难带来高昂成本之外，要做某件事情还要克服对某些反感的因素的抵触。包括威廉·詹姆斯、西格蒙德·弗洛伊德、库尔特·勒温和让·皮亚杰在内的许多杰出心理学家都意识到，克服某人自己的抵抗是一种特殊的行动者体验，这关系到心理承诺和"意志"。[101]

当人和其他动物为了参与某项活动并继续下去，有意识地面对困难甚至痛苦的环境时，对该活动的参与就会增强，而更强的投入强度会增强该活动的价值。例如，考虑一项受失调理论启发而对老鼠进行的有趣的研究计划。[102] 在这些研究中，老鼠需要跑上斜坡才能获得食物奖励。它们在每次试验中都成功地获得了食物（100％强化）。坡度为25度（省力）或50度（费力）。对获得特定食物奖励的价值的测量标准是消退老鼠行为所需的试验次数，（现在没获得的）食物对老鼠越有价值，它们就越会继续努力获得食物，尽管每次尝试老鼠都无法成功获得食物。重要的是，在消退试验中坡度与训练期间保持一致，所有的老鼠都从100％奖励变为0奖励。

显然，25度斜面的收益/成本比率，或愉悦/疼痛比率，要比50度斜面的更好。鉴于此，我们预测25度倾斜情况下的食物比50度的食物具有

101

更高的价值（即更高的效用）。但是，研究发现了相反的情况：50 度倾斜的消除试验次数要多于 25 度倾斜的试验次数。此外，尽管较大的坡度对于奔跑而言更加困难，但是在消退试验中，50 度倾斜条件下老鼠的平均奔跑速度要比 25 度倾斜条件下快。

认知失调对这些发现的解释是，老鼠对食物增强了积极性（即协调认知），以合理化它们选择厌恶性、高努力活动的决定（即它们的决定讲得通）。除了这种合理化的解释[103]，这些研究的条件还提出了另一种可能。投入强度可能会以两种方式得到提高。一种牵涉到对干涉力的反抗：当老鼠实际跑上斜坡时，50 度的坡度起着干涉力的作用，它们需要反抗这种干涉力才能获得食物。另一种涉及克服个人抵抗。在每次试验的开始，50 度的倾斜都会作为令人厌恶的成本引起个人抵抗，必须克服这些抵抗才能开始追求目标。这两个可能来源中的任何一个导致的参与加强，都会增加食物的吸引力。[104]

从克服困难中创造的价值还可以解释这个令人费解的现象，即非常幼小的动物更加依恋最初吸引它们的物体，包括无生命的物体，即使它们在与之互动时感到痛苦依旧如此。[105]遭受疼痛会引起一种自然的抵抗，但为了继续靠近有吸引力的物体，必须克服这种抵抗。克服这种抵抗的经历会增加该物体的价值，这反映在动物对其的依恋越来越强。当然，只有在动物遭受痛苦但仍坚持与物体接触的情况下，依恋才会增加。

最后一个例子提出了一个普遍的观点，它同样适用于前面克服个人抵抗创造价值的例子：如果困难使人放弃，这种困难就不会增加价值。要想增加价值，就必须克服对困难的抵抗。动物学先驱艾克哈德·海斯（Eckhard Hess）在"努力法则"中描述了一个特别有趣的例子，即当动物面对增强的困难没有放弃时，依恋价值就会增加。[106]鸭子必须越过障碍或爬上斜面，以便跟随铭记物体。海斯发现，印刻的强度与小鸭为了跟随印刻物体所付出的努力呈正相关。值得注意的还有，当给动物服用甲丙氨酯（一种减少肌肉紧张的肌肉松弛剂）时，铭记的强度就不再与付出的努力有关了。这与投入强度的体验才是价值体验的概念相符。

一些澄清

在我对反抗干涉力和克服个人抵抗的讨论中，我所举的几个通过提升投入强度创造积极价值的例子都涉及增加努力。但我想强调的是，我并不是在说更大的努力通常就能增强某物的吸引力。如果要预测一种主要的效应，那么预测更大的努力会减弱某物的吸引力会更合理些。毕竟，如果从某些活动或结果中获得一样的好处需要付出更大的努力，如像老鼠为了获得相同的奖励而需要跑上更陡峭的斜坡，那么根据经典的收益/成本比率观点，更多努力成本将降低价值。确实，同样使老鼠跑上斜坡以获得食物的研究也报告称，当让另一组老鼠直接在通向食物的高难度和低难度路径之间选择时，它们选择了低难度路径。[107]这并不奇怪，因为老鼠并不是愚蠢的生物。然而，在实际研究中，被给予了高难度路径的老鼠并没有机会选择低难度的路径。为了追求获得食物的积极目标，它们必须反抗干涉力并克服它们的个体抵抗。这突出显示了一个重要的观点——努力可以对价值产生两种相反的效应。努力可以通过成本的享乐体验减少价值，但只要价值目标仍然是积极的并受到追求，努力就同样可以通过加强参与来增加价值。

我还应当指出，反抗干涉力和克服个人抵抗这两个投入强度的来源，与投入强度的另外两个来源即调节匹配和使用适当的方式有一个重要的区别。具体来说，后两个来源可能与追求目标过程中的愉悦感受相关，而前两个来源更可能与不愉快的感受相关。在调节匹配中，人们可以对自己在做的事"感觉不错"，并且在使用适当的手段时自我感觉良好（即自我认可），这些都是愉悦的感觉。目标追求过程中的这种愉悦感是否可以解释价值效应，例如增强价值目标的积极性？答案是否定的，因为调节匹配导致的更强的参与，可以增加正面价值，也可以增加负面价值，就像调节匹配可以加剧对难以信服的信息的消极反应，从而使信息的说服力降低而不是提升。

对所有这些来源而言，重要的不是它们在行动者追求目标时所引发的效价状态，而是它们在加强投入强度方面的效应，这会加剧对价值目标的反应——无论这种反应是正面的还是负面的。在我提到的有关反抗干涉力和克服个人抵抗的例子中，这一点尤为明显。在这些例子中，人们通常会在追求目标的过程中产生不愉快的体验，例如认知失调文献中描述的那些令人不愉快的紧张状态，但是此时一个积极价值的目标的吸引力会增强。为什么？因为这些来源会增强参与，从而增强对积极价值目标的吸引力的体验。同样，关键不在于来源对行动者本身感受的影响，而仅仅在于它对投入强度的影响，当参与增强时，它是积极或消极反应的强化器；而当参与力减弱时，它则是积极或消极反应的减弱器。

❖ 结束语

改变投入强度提供了两种改善福祉的方法。当某些事物具有吸引力时，提升投入强度将使其更具吸引力。当某些事物令人厌恶时，降低投入强度则会使它的排斥力减弱。这些可供选择的路线对于人们控制自己的价值体验有着重要的意义。举例来说，考虑一下不同的动机失调。有时，人们会觉得事情过于令人反感，就像有恐惧症一样，此时降低投入强度将是有益的。还有一些时候，人们又会发现事情不够吸引人，就像患抑郁症一样，此时提升投入强度将是有益的。还有一些时候，人们发现事物吸引力太大，就像成瘾（或躁狂症）一样，此时再次降低投入强度将是有益的。认识到投入强度对价值强度的作用，可以为实现价值有效性提供一条不依赖于改变价值方向的途径。

为了总结本章的要点，如图 4 - 1 所示，我提出价值来自吸引或排斥的体验，它既有方向也有强度。重要的是，影响价值体验强度的投入强度的来源与促成价值方向的来源是分开的。价值方向的来源，如享乐体验，同样可以（直接或间接地通过投入强度）影响价值强度，而投入强度来源只是增加了价值方向来源已确立的价值。*104*

价值方向有几个不同的来源，包括享乐体验、需求满足、对可欲目标和程序的共享信念（社会标准）、我们的现实我与某些标准（个人标准）的联系以及情境性的评估推论。投入强度也有几个不同的来源，包括调节匹配、以适当方式追求目标、反抗干涉力以及克服个人抵抗。因此，价值（获得渴望的结果）可以由多个因素创造出来，这些因素不仅决定了某事是期望得到的还是不希望看到的，还决定了它被期望或不被期望的程度。而且，决定某事有多么被期望或不被期望的来源，可能与决定某物是否被期望的来源不同。

此外，投入强度来源对我们自身感受的影响，不同于它们对我们重视其他事物的程度的影响。事实上，增强我们对所做事情的参与的东西，可以在给我们制造不愉快的感觉的同时增加事情的吸引力。因此，在重视我们生活中积极事物的意义上取得理想的结果，并不要求目标追求活动本身给我们带来快乐。重要的是，当我们追求理想结果时，我们会坚定地参与到目标追求过程之中，即使过程本身并不令人愉快（例如，要求高或很困难）。在第十三章中，我将回到一个更普遍的问题，即什么创造了"美好生活"和高幸福感。

第五章
真相：建立现实

　　这是真的吗？这是每个人都会在某个时刻问出的问题。[1]这并不是一个容易回答的问题。幼儿，以及成年人，都会觉得区分什么是真实的、什么是幻觉或想象是很困难的。事实上，当涉及什么是真的这个问题与过去生活经历有关时，我们所有人都很难将现实与非现实区分开来。让我来举几个例子。

　　人们很难区分亲身经历的事件和仅仅是他们想象出来的事件，就像他们有时会混淆别人实际说过的话和他们想象的别人说过的话。[2]即使他们的确经历了某个事件，并非是想象，他们也会发现自己很难区分自己实际看到的和他们看到的他人描述的事件。例如，如果另一个人用"粉碎"而不是"撞击"来描述车祸场面，他们更有可能记得自己在事故现场看到的碎玻璃，这对法庭上的目击者证词而言是一个潜在的严肃问题。[3]甚至即使人们描述过自己观察到的东西，他们之后也觉得很难区分最初观察到的东西和对它们的描述。例如，如果我们观察一个人的行为，随后向他的朋友描述我们的观察，我们的自然趋势是以相对积极的方式进行描绘。而当我们随后回想那人最初的行为时，我们所记起的要比我们实际所见好得多，这种现象被称为"言之即信"效应。[4]

　　人们有时不仅会将并不真实的东西当作真实的，而且会把真的东西看成假的。例如，在一项关于区分想象和感知的早期研究中，参与者被要求在看屏幕时想象一个普通的物品，比如香蕉。他们并不知道，实验者逐渐将他们想象的东西从阈下的水平提高到了真实的知觉刺激水平。许多参与者将这些真实刺激误认为他们的想象，并将这些真实刺激的特征，比如其方向，纳入他们对想象物体的报告中。当参与者被告知屏幕上出现的是真实的刺激时，他们往往并不相信。[5]

在这些方面，以及无数的其他方面[6]，人们都很难确信什么是真实的、什么是不真实的。然而，区分真实与否不仅非常重要，甚至必不可少。我们的生存有赖于此。一些认知机制可以帮助解决这个问题。[7]但即使有了这样的认知工具，将现实与想象区分开来也并非易事。想象力与知觉关系专家西高（Segal）这样描述这个问题："我们所有人都会感知，我们都会想象，我们都会产生幻觉；在这一点上，精神分裂者、产生幻觉的吸毒者和大学生的认知体验并没有什么差别。不同的是过往经验模式、个体差异、情境概率以及期望和偏见，每个人都将它们带入任务中，而这个过程被视为判断。"[8]本章将关注人们在寻找真相和确定何为真相时会做什么。

人们希望能有效地找到真相，确定什么是真实的。就像价值一样，真相也是一种体验。当我们无法建立真相时，我们会感到困惑和迷茫。威廉·詹姆斯将信念描述为对思想进行现实检验的结果。他将信念形容为一种赞同的情感体验；也就是说，现在我们决定将以前只是一个想法的东西当作真相。[9]一般而言，人们更喜欢真相的稳定性和可靠性，而不是怀疑的焦虑与矛盾。这意味着，相比更准确的知识（即更多的事实或证据支持），当关于某一事物不太准确的知识能提供更强的成功确立真相的体验时，人们就会为了体验真相有效性而牺牲更准确的知识。这是政治和宗教意识形态，或是提出者偏爱理论（pet theory）背后的支持力量，也是使争取真相变得如此棘手的原因。我们不仅有动机去追求准确，还想体验到自己是准确的。我们希望能够体验到自己成功地拥有对真相的理解、信念与知识，这些代表着什么是真实的。这种额外的动机想要体验我们对世界的内在表征，这是人类所独有的。

确定事物真实性的动机是如此强烈，以至于一般会默认事物是真实的，而不是虚构的或者尚无定论的。从这个意义上说，世界不是威廉·詹姆斯所描述的"恼人的混乱"[10]，因为我们会对这些实际的混乱视而不见。这种预设（认为我们正在经历和思考的一切都是真实的）是如此稳固，以至于对我们来说很难理解其他人对同一件事可能有不同的感知、想法和感受。事实上，儿童要花好几年的时间才能领会到这一点。[11] 尽管3岁左右的儿童能够感觉他人的看法和愿望可能有所不同，他们仍然将信念视为真实的，而不考虑它们是假的这一可能性。

请看下面这个案例。作为研究的一部分，有这样一个故事：糖果盒中的糖果被取出来并换成了铅笔，之后糖果盒被送给故事中的儿童角色。然后，研究者询问研究中的儿童："故事中的儿童会相信糖果盒里有什么？当打开糖果盒发现里面是铅笔时，儿童会有什么反应？"4岁的儿童明白，这个儿童会错误地认为盒子里有糖果，并且会在发现铅笔时感到惊讶或失望。而3岁的儿童会说这个儿童知道里面有铅笔，因此不会感到惊讶也不会失望。3岁的儿童回答问题时会按照他们所知道的真实情况，并假设故事里的角色知道相同的现实，而不是拥有错误的信念。[12]

发展的一个关键部分是要认识到，不言自明的真实实际上可能是错误的信念。我们在长大的过程中才慢慢了解到这一事实。这取决于我们认识到自己对某事的感知、感受和信念可能与他人不同，而他人才是掌握真相的人。实验社会心理学的开创者所罗门·阿希（Solomon Asch）对这一过程进行了如下描述："远处若隐若现的形状对我来说看起来像是一个栩栩如生的怪物，但对我的邻居来说，它仅仅就是一棵树的树杈。没有社会检验，这种体验可能仍然是一个怪物突然变成了一棵树；而有了我的邻居，这就成为有关现实与表象之间差异的一次经验。"[13]

李·罗斯（Lee Ross）在理解人的感知方面做出了里程碑式的贡献，他描述了一种被称为天真的现实主义的人类世界观。天真的现实主义是指人们倾向于认为自己感知的、相信的或偏好的东西直接反映了客观现实，他们的思想和感受是对真实事物公平的且本质上是直接的理解。[14] 也就是说，人们假设自己的经历和信念可以且应该被视为真实。正如罗斯

108 及其同事所指出的那样，这可能会导致人与人之间以及群体之间的严重问题。毕竟，如果其他人（或群体）面对我所获得的相同信息，却不同意我的经验或信念，那么此人（或群体）一定是不理性的、无知的、动机有偏见的或只是在撒谎。我的经历和信念就是真实——全部的真相和不争的事实。

这意味着在人类发展中，儿童能够理解可能存在错误的信念，显然更适用于他人而不是我们自己。我们仍然很难放弃这样一种观念，即我们对世界事物的经验和信念是真实的。我的确知道其他人可能持有错误的信念，但我没有犯这种错误。我对某个情境的反应不过是反映了这种情境的真实性；而你的反应可能反映了你的一些人格偏见，而不是这种情境下的真实情况。[15]

但这不仅仅意味着我坚信自己知道真相。如果你不同意我的看法，那就意味着你持有错误的、带有偏见的信念。正如阿希指出的，我们认识到，来自他人的社会验证或共识对我们确定何为真相非常重要。也就是说，人们非常积极地想与他人达成共享现实。此外，比另一个人拥有更大权力的那些人，通常会有强烈的动机去帮助那个人与他们达成共享的现实，例如，父母帮助儿童与他们达成共享的现实或政客"帮助"选民与他们达成共享的现实。这是乔治·奥威尔（George Orwell）在其1949年的经典著作《1984》中的主要主题。在可怕的101号酷刑室里，反叛者被迫相信虚假现实的真实性。拷问者和行刑者奥布莱恩（O'Brien）对反叛者温斯顿（Winston）说：

> 你认为现实是客观的、外在的、本身就存在的某种东西。你还相信现实的本质是不言自明的。当你自欺欺人地认为自己看到了某些东西时，你就认为其他人也和你看到了一样的东西。但是我告诉你，温斯顿，现实不是外在的。现实存在于人类的大脑中，不在其他任何地方。它不存在于个体的大脑里，个体的大脑会犯错，而且无论如何都会很快消亡：现实只存在于集体的和不朽的党的思想中。党认为是真相，那就是真相。除非透过党的眼睛，否则绝无可能看

清现实。

那么，人们如何寻求真相，如何确定何为真实？什么使事物成为真实？什么确定了现实？我在对这些问题的答案的回顾中，将重点更多地放在建立现实的不同动机因素，而不是认知机制上。[16]动机因素的一个例子是，决定某事是真实的原因在于其他想要共享现实的人视其为真实的。[17]认知机制的一个例子是从将记忆视为真实的（而不是想象的）到将详细的感知信息以及时间和地点信息都回忆起来的程度。[18]人们寻求真相时，有时会同时涉及动机和认知机制，例如当他们质疑发生了什么以及为什么会发生时，如"我是通过了还是没通过测试"，以及如果我没通过，"我为什么失败了"。人们有动机去寻找发生了什么，以及它为何会发生，而且认知过程也参与了寻找答案的过程。但是，在这里我感兴趣的不是提问中所涉及的认知机制，而是人们寻找问题答案的动机的决定因素和后果。

我首先讨论"发生了什么"和"为什么会发生"的问题，因为作为确定何为现实的两个主要来源，它们在过去半个世纪中一直是真相和现实问题的核心。在此之后，我将讨论如何从认知一致性中建立现实。接下来，我将考虑不同的人在不同情况下如何使用不同的真相寻求策略来确立现实。最后，我将描述社会现实和共享现实在确立何为真实中的作用。

❖ 从判断"什么"中建立现实

在一篇开创性的论文中，菲利普·布里克曼想知道为什么社会心理学家专注于归因过程（即为什么会发生某事），而没有考虑到人们如何判断某件事是否真实。他的回答是，社会心理学家只是假设，人们会试图解释那些他们已经认为是真实的事件为什么会发生，最初人们如何判断事件是否真实的问题则被简单地忽略了。[19]但是，"什么"和"为什么"都属于建立现实的一部分。人们需要相信发生的事情是真实的而不是虚构的，然后他们想知道这个真实事件为什么会发生。而且，这种现实检验和真相寻求可以有几个不同的水平。

考虑一位母亲，她半夜因为哭泣般的声音而醒来。她可能会问自己一系列问题：

"那是什么在哭，还是我还在做梦？"

"我的耳朵听错了吗？"

"我听到的是哭声还是只是风声？"

"是我的猫在哭还是我的孩子在哭？"

"为什么我的孩子在哭？"

110　　　每个步骤中，母亲的动机都是寻找真相，确定什么是真的和假的。这种提问不是学术性的。这也不是无所事事的好奇心。这是十分严肃认真的。这位母亲想知道真相，想知道真正发生的是什么。只有这样，她才能得到她所需要的答案，以决定是否采取某些行动以及必要时应该做什么。她希望能成功地找到正确的答案，她想确定什么是真实的。

首先，我们如何知道一件事是真是假？这个问题的答案在人类社会中尤为重要，因为这涉及他人的言行。弄懂某个人是真诚还是伪装，诚实还是欺骗，是在说实话还是在说谎，这一点十分关键。这对于人类来说尤为重要，因为我们认识到别人的言行举止与这些观察到的行为表现背后的内在状态之间的区别，例如他们的思想、感情和态度等内在状态。我们想知道有关内在状态的真相，而不仅仅是关于行为的真相。[20] 因此，人们用来判断某人的说法或行为是否真实的一个标准就是，他们是否可以发现符合某人行为的内在状态——内部一致性的标准。当人们没有感觉到一致性时，他们就不会将行为视为真实的。[21]

在人们想要了解什么是真实的前提下，如果提问有助于探索真相，那么当他们开始怀疑某件事时，提问也会增加。事实上，情况确实如此。有证据表明，当人们对某个人的行为背后的内在动机产生怀疑，以至于该行为看起来不再真实时，他们会进行更积极和深入的归因分析，仔细考虑该行为看上去可信的原因。[22]

这里要注意的是，在这些情况下，人们不是在怀疑事件是否发生，而是在怀疑事件的类型是不是它看起来的那样。某事确实发生了，但到底是什么类型的事？那位母亲可能断定，这不是一个是否有哭泣一样的声音的问题，而是她只是在做梦，或者她的耳朵听错了。她可能确定真的有一个类似哭声的声音。这位母亲最开始认出的是这种类似于哭泣的声音来自某种生物——无论是猫还是儿童。她现在质疑的是这种识别是否真实。它真的是某种生物的哭声吗？对于这位母亲而言，这种哭泣般的声音到底是由风发出的，还是由她的猫或儿童发出的，这点确实很重要。同样，当我们看到一种明显是友善的行为时，我们也不会质疑这种表面现象。相反，我们质疑做出这种行为的人是真正友善，还是仅仅在伪装。

因此，对一般人而言，重要的是某人的行为的真正含义是什么，而其真正含义取决于使其产生的人的内在状态。为了找到这个问题的答案，人们首先要问，这个人是否有意产生这种行为及其后果，或者这些是否仅仅是偶然的行为。[23]社会心理学文献中有一些对归因过程的描述，从将某种行为归类为"X"开始，例如"攻击性"，然后讨论人们是否决定将行为归因于行为者的性格——行动者有着"X"（例如，攻击性）的性格——或将行为归因于情境。[24]但如果该行为实际上是由情境环境引起的，那么这个人就不能完全控制该行为，因此该行为及其后果就不是故意的。而对于许多行为，例如"攻击性"行为，这意味着该行为从一开始就没有达到将其归类为"X"的条件。也就是说，该行为"具有攻击性"这一事实不能被视为既定的、真实的东西。这是因为对于许多行为类别（例如，攻击性，善良，乐于助人，粗鲁，竞争）来说，参与者的意图对于类别的界定至关重要；也就是说，如果表现得有攻击性的行为不是由攻击意图产生的，则不应将其归类为"攻击性"行为。

这意味着，对导致行为产生的内在状态的质疑的第一步，对于确定什么是真实的至关重要。我应当指出，质疑不需要，通常也不是有意识地进行。此外，人们通常理所当然地认为一个人是有意识地在做他刚刚

111

所做的事情，但也有例外，个体由于太年轻、太情绪化、太疯狂、酩酊大醉、病得太重等以至于出现不知道或不能控制自己的行为等极端情况。但是，推论意图的第一步不可忽视，它是确定何为真实的早期过程的关键部分。

一旦意向性被（有意或无意地）推断出来，接下来会发生什么？几种人的感知模型将判断过程描述为包含一系列处理阶段，从最初往往是自动的或无意识的低水平步骤开始，然后发展为更受控或有意识的高水平步骤。[25]例如，从看到某人的嘴部表情变化到将表情归类为"友好"可以分为两步。第一步包括将此表情视为一个真正的"微笑"（即表情及其结果对观看者来说是有意的），第二步是将"微笑"视为一种"友好"的行为。雅科夫·特罗普（Yaacov Trope）在其对归因文献的开创性贡献中，描述了行为产生的周围环境，例如观察某人在机场向另一个人打招呼时"微笑"，对比观察某人在受到奉承恭维之后的微笑。这些对于说明导致行为识别的解释至关重要，例如将第一个微笑识别为"友好"，而将第二个微笑识别为"尴尬"。但是，人们并不需要知道，而且常常没有意识到情境对这种早期识别过程的影响。[26]

112

判断"什么"是暧昧或模糊的事物

判定某物是什么看上去很容易，但事实往往并非如此。这种判定在一些方面可能会很困难。输入的信息通常是模糊或暧昧的。例如，我们不确定是用坚韧还是固执来描述某个人的行为，或者将另一个人的行为描述为自信还是自负。从评价的角度看，一种行为不能既是正面的又是负面的。行为类别的选择将决定该行为是积极的（坚韧）还是消极的（固执）。仅考虑行为本身的证据，并不足以支持我们判定其类别。在这些情况下，选择的发生通常不是因为行为本身有更多证据支持一个选项而不是另一个选项，而是因为存储在长期记忆中的一种构念（例如"固执"）恰好比记忆中的其他构念（例如"坚韧"）更具可及性（即具有更大的被激活使用的可能性）。

大量证据表明，可供选择的构念在存储记忆中的优先可及性（甚至输入被接收之前）可能会影响输入的分类方式。也就是说，可选构念预先的可及性可以决定对是"什么"的判断，而不受输入物特征的影响。[27]但人们并不认为自己的判断的原因在于构念可及性。相反，他们感到自己的判断和输入物特征有关："我认为这种行为是固执，因为它的特征符合该类别。"[28]例如，对固执的判断需要确定这个人的行为确确实实是固执的。尽管的确可能如此，但判断行为是固执而不是坚韧，往往是由于"固执"的构念具有比"坚韧"构念更强的预先可及性，而不是由于行为的实际特征是固执的而非坚韧的。

"固执"的判断作为一种消极评价，对比"坚韧"的判断是积极评价，这可能会产生与动机相关的结果。例如，它可能会影响感知者对这样做的人的喜爱程度。在一项要求参与者判断目标对象的行为的研究中，通过让参与者在几分钟前偶然地在某种独立且无关的情况下先接触到"固执"一词，使"固执"构念比"坚韧"构念变得更可及——一种启动操纵。只是后来在新的情况下，他们才读到目标对象的暧昧行为。而早期不引人注目的启动，不仅使他们更倾向于将目标对象的暧昧行为判断为固执的而不是坚韧的，还导致他们对该目标对象本身的评价变得更加负面，并且随着时间的流逝而愈发负面。[29]启动的可及性确定了此人的真实情况，而与他的实际行为无关。

有关启动和可及性的研究说明，回答"什么"问题可以帮助人们确定什么是真实的，并且这种回答在超出事实的情况下也能产生真实的后果。实际上，在许多这样的研究中，人们并不清楚正在发生的事情，它是暧昧或模糊的。然而总的来说，人们不想让事情一直不明不白，因为他们认为这意味着他们未能找到真相。他们倾向于为某个事物是"什么"找到一个明确的答案，并且他们会使用最可及的构念来提供答案，尽管这在某种程度上忽略了事实。就像天真的现实主义现象一样，这种偏好是人们想要在确定真相时体会到有效性的又一个例子。

判断属于不止一个类别的东西是"什么"

即使有关某个事物的证据在事实上很明确，判断它是"什么"也会很困难，因为它可能同时属于不止一个类别。该问题的一个版本是，所有事物在不同的抽象水平上都属于不同的类别。心理语言学领域的创始人罗杰·布朗（Roger Brown）在他的著名论文中谈到了这个问题："该怎么称呼一个东西?"[30]他使用了这样一个例子，即称呼同一被观察物体为"一枚失去光泽的 1952 年十分硬币""一枚十分硬币""一枚硬币""钱""一个金属物体""一个东西"。这一对象的特征显然允许人们做出这些判断。每个类别都将被视为目标的真实情况，并且它们之间没有冲突，它们都可以是真实的。但是，在不同的条件下，一个或另一个类别将被选为对象是"什么"的答案。而且，这种选择将再次取决于与对象的事实特征无关的因素，譬如考虑到感知者当前的目标，哪个抽象水平是最有用的。例如，如果我在整理我的硬币收藏，并决定哪些要保留而哪些要扔掉，那么"失去光泽的 1952 年十分硬币"可能是最好的识别水平；但是，如果我试图找到一些可以扭动螺丝头的东西，那么"硬币"可能是最佳水平。值得注意的是，无论选择哪种类别水平，它都能确定事物在那一时刻的真实情况。[31]

114　　在同一抽象水平上，事物也可以属于不止一个类别。例如，每个人都属于一个以上的社会类别，如一位亚裔女性牙医是"一位亚裔""一位女性""一位牙医"。[32]同样，与目标的刺激特征无关，不同类别的相对可及性可以决定其中哪个类别被用于判断目标对象，它们对感知者当前的目标追求的相对有用性也一样可以决定。但是，一旦选择了一个类别，目标的实际情况就由该类别来确定，并且该类别的含义将具有动机意义。例如，关于刻板印象的反映，欣赏亚洲人的专业奉献精神的人发现牙医是"一个亚洲人"时可能会感觉良好，而不尊重女性机械技能的人发现牙医是"女人"时，则可能会感到不舒服。对于是"什么"的答案确定了这名牙医的真实情况，而这一现实会产生情感和动机效应。

总而言之，确定某个事物是"什么"，或者找到某事的真相，可能是很困难的。但是，这样做的动机很强烈，因为某个事物是"什么"影响到后续决定采取何种行动或做出什么选择。这样，它可以支持获得可欲结果，支持价值有效性。但是，了解世界是"什么"并不一定是证实价值有效性本身，从而让人们愿意去实现它。与所学的东西对采取行动的潜在效用无关，人们仍然希望确定自己生活世界中的真实。学习和使用所学的东西是分开的，即典型的学习与表现之间的区别。让我们更详细地讨论这一重要区别。

从观察和潜在学习中了解"是什么"

在早期区分学习与行为的案例中，年幼的儿童观察到有人（模特）打小丑波波——一个充气的塑料娃娃。他们随后还观察到该模特因打小丑而受到奖励或惩罚。稍后，儿童们被单独留在小丑旁边。早前观察到模特因打小丑而受到奖励的儿童，比观察到模特因打小丑受惩罚的儿童更有可能去殴打它。[33]但当观察到模特受惩罚的儿童被告知，如果他们表现出模特对小丑所做的事就可以获得奖励时，他们也能模仿模特打娃娃的行为。这些儿童也学会了可以对小丑波波"做什么"（即小丑可以被打），但当他们认为这样做会受到惩罚时，他们不会使用这些知识来指导自己的行为。

在对观察学习（observational learning）的动机进行更详细的讨论之 *115* 前，让我首先描述学习世界上的事物是"什么"的另一个例子：潜在学习（latent learning）。[34]这个概念是指人（或非人类动物）学习到一些没有奖励、没有及时表达甚至没有意识到的东西，但是之后当知识变得有用时，先前所学习的东西就会在行为中体现出来。关于潜在学习的最著名的研究也许是爱德华·托尔曼和 C. H. 洪齐克（C. H. Honzik）进行的早期动物实验。[35]

老鼠的迷宫学习行为被观察了为期两周。在每天进行的学习试验中，一组老鼠总是在迷宫尽头发现食物；另一组老鼠在最初 10 天里未在迷宫尽头发现任何食物，但在第 11 天它们确实找到了食物。到第 10 天结束时，经常获得奖励的第一组比第二组在迷宫游戏中表现得更好。但是，在第 11 天之后，第二组的迷宫奔跑能力迅速赶上了第一组，并在第二天表现得几乎与第一组一样好。显而易见的是，第二组在前 10 天中学习了如何进行迷宫游戏，尽管它们没有获得任何奖励，也没有将它们所学的知识运用到迷宫行为中。

在儿童行为中，也有潜在和观察学习的日常例证。一个让父母不快的意外例子是，一个小孩会突然在公共场合说脏话，尽管其从未因说脏话而得到奖励，或者说，也没有见过有人因为说脏话而受到奖励。另一个亲身经历的日常例子是，某天晚上在家里，我看到 4 岁的女儿凯拉（Kayla）在完全没有提示的情况下，走到了正在吃晚餐前开胃菜的客人前，礼貌地询问他们想喝些什么——不知从哪冒出来的完美的女主人的点餐范儿。

那么，什么动机可以解释潜在学习和观察学习？不出所料，人们曾尝试用价值来解释这种学习，例如赫尔的"预期目标反应"[36]，甚至一个空的目标箱也在某种程度上被认为是有意义的。但是，我相信观察学习和潜在学习反映了一种确定何为真实的动机，学习世界上正在发生"什么"。而且非人类动物和人类都存在这种真相动机。观察学习和潜在学习不仅为价值动机服务。相反，这些学习类型本身就来自真相动机。它们再一次说明了动机不仅有关快乐和痛苦。激励形式的快乐和痛苦对于做什么或不做什么十分重要。但是涉及学习时，还有超越动机的东西——想要确定何为真实。

❖ 从问"为什么"当中确定现实

116

寻找真实事物时，人们通常不会停留在对所观察到的事物进行识别或分类上——判定某物是"什么"。他们往往想进一步探索其他问题，这些问题的答案会告诉他们更多关于内在状态的信息，例如另一个人为什么会做出特定的行为。从人们"做什么"到"为什么"的这一步是社会心理学文献中最受关注的寻求真相的方法。它涉及对其他人的感受、思想或性格的推断过程，也包括试图理解我们自己的感受或性格。[37]人们特别想了解关于某人在时间推移中很稳定的内在状态的真相，例如此人的能力或态度，因为这些认识可以使他们更准确地预测此人将来可能的行为，即在当下寻求了解此人未来的真实情况。[38]

我之前强调过，一个惊人的事实在于，人类其实是时间旅行者。[39]他们思考未来，包括做白日梦和对未来的幻想。但人们最常做的事情是计划未来，并且他们希望自己所计划的未来是真实的。他们希望自己关于未来的预测（关于他们和其他人将来会做什么的预测）是真实的。这就要求在当下了解自己或他人会随时间推移而保持稳定的事情。

推断某人独特而稳定的特质

需要说明的是，社会心理学文献有时认为，人们只对某人"为什么"会有如此与他人不同的行为的答案感兴趣。有人提出，如果某人做的是其他大多数人在相同情况下都会做的事情（即"普通"或"正常"人会做的事情），例如在聚会上很友善，那么人们就不会对此人的稳定倾向做出判断。[40]这样看来，人们似乎是只想成为了解他人的独特之处的临床医生，想要发现他人与众不同的个性。但是，人们如果想预测某人未来会做什么，就会想知道此人的哪些行为是随着时间的推移稳定不变的，而不管其他人在相同情况下是否也会以同种方式行事。

让我把这一点说得更清楚一些。如果人们只能推断出他人的独特人格特质，那么他们将推论出人口中只有不到一半的人具有"友善"之类的特质，因为这肯定与"普通人"不同。但是实际上，有许多特质是人们认为大多数人（即超过50%的人）都拥有的，如热情、外向、聪明、友好的积极特质与如贪婪、自负、好斗和固执的消极特质。[41]此外，他们还预测在当下表现出特质相关行为的人，例如当下的行为很友好，将来就可能会表现出相同的行为，尽管大多数人在当前情况下都会表现出相

117

同的行为。[42]因此，人们并非只想知道某人的独特个性；人们想要知道的是某个人的稳定状况，以便确定此人未来的真实状况，而不管这是不是大多数人将来都会做的事情。

我并不是说人们从不想知道某人特质的与众不同之处是什么。这种动机何时会变强或变弱？从确定现实的角度来看，我们应当真正想了解我们生活中熟悉的人，例如我们的朋友、家人和同事，因为了解使他们"特别"的信息将格外有用，超出了了解大多数人知道的情况就可以预测的结果。实际上，研究发现，对独特的稳定属性的推断，例如某人的个性或是特定的目标、信念或态度，当他人对我们来说是熟悉和重要的时候会更为频繁。[43]

但同样重要的是要认识到，当人们想根据某人的行为了解正在发生的事，或预测将要发生的事时，重点并非总是这个人的稳定特质。重点将或多或少地转向情境的作用，包括社会情境力量，例如可以预测个人未来行为的社会规范和角色义务。

回答"为什么"时的情境解释

人们不仅想了解个人的内在状态如何影响他的工作，还想了解各种情境压力如何敦促普通人采取各种行为。他们利用这些知识来预测未来的现实，例如了解聚会与葬礼上的社会行为规范。他们还了解到，在决定哪些情况下可能会发生哪些行为时，存在种族、文化和人格类型差异，例如认识到具有权威人格的人在与地位低下者交往时将占据主导地位，但在与身居高位者交往时则表现得很顺从。他们还了解到，不同类型的人喜欢不同类型的东西，因此当该类别的成员选择做某事时，如一个小孩选择玩具，就可以确定有关玩具对于儿童来说很有趣的事实（情况），而不是关于这个儿童是一个什么样的个体（人）的事实。人们想知道所有这些不同类型的情境信息的真实含义，而不仅仅是有关个人稳定特征的信息。

在个体根据行动者的稳定特质或情境力量来解释他人行为的程度上，

也存在文化和发展上的差异。[44]作为发展差异的一个例子，在一项研究中，四五岁的儿童、9 岁的儿童和成年人从一系列食物选择中选择一项（例如，可能的甜点），然后观察同龄的其他人是否同意（高共识）或不同意（低共识）行动者的选择。当被问及为什么行动者最喜欢所选的对象时，所有年龄段的参与者都使用了共识信息：当有高（对比低）共识时，他们更多地根据所选对象的特质（情境力量），而不是行动者的稳定特征来解释行动者的选择。然而，在一般首选哪种解释方面也存在总体上的发展差异：四五岁的儿童比 9 岁的儿童或成年人具有更强的情境归因。

这种发展差异显示了什么？社会生活阶段在真相动机上的差异可能是导致这种归因重点差异的原因。对于年幼的儿童来说，重要的可能是某人的社会类别，而不是其独特的个人倾向。对他们来说，重要的是学习某一社会类别成员的行为方式：看护者有某种行为方式，玩伴有某种行为方式，等等。在社会类别中进行细微的区分有时并无多大用处。年幼的儿童感知到社会类别内的同质性，一个社会类别下的每个成员都有相同偏好。这样就形成了每个社会类别中都存在高度共识的推论，而这将产生更强的情境归因。这个对象是这个人的社会类别中每个人都喜欢的。因此，选择那个对象反映的是对象的属性，而不是那个人的特征。

我应该指出，对四五岁儿童的强调无须视为认知不成熟的体现。非西方文化中的成年人同样强调社会角色和地位义务以及其他情境力量，而不是个人的独立性，这也反映在他们给情境力量的归因权重超越行动者的稳定倾向。正是在西方文化中，年龄大的儿童和成年人学会了强调个人独立性而不是社会相互依存性，这种方式在他们的归因权重中也得到了体现。[45]不同的是，哪种信息才是重要的，什么真相才值得寻找和确定。

总而言之，人们想要解释生活中发生的事情。他们想理解所观察之物背后的原因，以及潜在的真相。当他们试图了解他人的行为时，他们 *119* 想了解决定此行为的人类内在状态。产生这些内在状态的力量不仅包括行动者的个人稳定特征（无论是否与众不同），还包括与不同环境相关联的社会规范和规则，它们作为角色、地位或社会类型而适用于每个人。

这些都是人们想要了解的现实，以便有效地发现真相。

人们还希望不同类型的知识能够协同运作，形成一个连贯的整体。他们希望当前知识与过去的知识能以有意义的方式组织起来。他们希望过去和现实在一起是讲得通的。他们希望已知的知识不仅彼此一致，而且与当前正在发生的事情保持一致。

❖ 从认知一致性中确定现实

从第一章中描述的"吃虫"研究中，你已经对认知一致性的动机力量有了一些了解。为了与他们自己在为什么同意吃虫的调查表上的解释保持一致（例如，"我很勇敢""我应当接受磨砺"这种解释），这项研究的参与者自发选择执行痛苦的电击任务，而非中性的重量辨别任务。[46]一旦他们在回答问卷时建立了关于自己的现实，他们就会想保持这个真相。

在他为社会心理学领域里程碑式的著作《认知一致性理论：资料手册》（*Theory of Cognitive Consistency：A Sourcebook*，1968）所撰的序篇中，西奥多·纽科姆（Theodore Newcomb）描述了科学界对认知一致性动机的关注的显著涌现：

> 在科学史上，时机成熟时，彼此之间几乎没有任何直接联系的研究人员往往会同时提出大量类似的理论。因此，大约十年前，至少有六种被我们称为"认知一致性"的理论差不多独立地出现在心理学文献中。这些理论以不同的名字被提出，例如平衡、一致性、对称、不协调，但是它们都有一个共同的观念，即人以能最大化其认知系统内部一致性的方式行动，并且引申开来，群体也以能最大化其人际关系内部一致性的方式行动。[47]

在本章中不可能全面回顾各种不同的认知一致性理论的概念和经验贡献。[48]相反，我将通过讨论两种最有影响力的认知一致性理论——弗里茨·海德（Fritz Heider）的平衡理论，以及要重点讨论的利昂·费斯廷格的认知失调论，来说明认知一致性动机如何确定现实。

海德的平衡理论

这一理论的经典条件[49]涉及三个认知要素，例如"我""我的朋友""我的敌人"之间的关系："我"和"我的朋友"之间的关系，"我"和"我的敌人"之间的关系，以及"我的朋友"和"我的敌人"之间的关系。这些关系共同构成了一种三角模式。元素之间的关系有两种：情感关系和同盟关系。情感关系可以是积极的或消极的——喜欢或不喜欢。同盟关系也可以是正向或负向——关联的或无关的。例如，就情感和同盟关系而言，"我"与"我的朋友"之间的关系是积极的（即我喜欢我的朋友，并且我们一起共度时光），而"我"与"我的敌人"之间的关系是在情感和同盟方面都是负面的（即我不喜欢我的敌人，并且我们远离对方）。

一起构成三角模式的三种关系可以处于平衡或不平衡状态。根据该理论，当所有三种效价关系的乘积为正时，模式处于平衡状态；当乘积为负时，模式处于不平衡状态。在我的示例中，假设"我"与"我的朋友"之间的关系为正，而"我"与"我的敌人"之间的关系为负，则前两种关系的乘积为负［即乘以第一种关系（"＋"号）与第二种关系（"－"号）产生负积］，因此，第三种"我的朋友"和"我的敌人"之间的关系必须为负数，以实现总体平衡［即将前两种关系的负乘积与负的第三种关系（"－"号）相乘得出一个正数，或三种关系的平衡］。

从心理上讲，我的朋友不喜欢并远离我的敌人，这在我看来是有意义的，是一致的——我在这些关于这个世界的事实中感到平衡。但如果我发现"我的朋友"和"我的敌人"已经成为朋友呢？此时，我将经历失衡［乘法乘积现在是负的：将第一种关系（"＋"号）与第二种关系（"－"号）相乘再次得出负积，但现在将此负乘积和第三种关系（"＋"号）相乘将得出负积，或对于所有三种关系，都会产生不平衡］。这种关于世界的事实模式对我来说没有任何意义；我的朋友喜欢我的敌人并且他们将会花时间在一起，这是不一致的。存在不平衡，就会产生问题。在我看来，这种关系模式代表的世界并不真实。

在对海德的平衡理论进行的深入分析中，罗伯特·阿贝尔森（Robert Abelson）在社会和认知心理学的交往方面做出了重大贡献，他发表了以下精辟的评论[50]：

> 海德写道，对于不平衡的三元关系是否会产生内在的不适，或是作为潜在情境问题的警告又或是可能存在的问题的信号，他似乎有两种想法。前一种想法将失衡看作内在不适，源于格式塔的知觉命令。与知觉领域的结构实际上可以促成特定的感知体验的方式相类似，认知领域的结构（可以这么说）实际上可能促使产生特定的认知结果。由于某些知觉结构，例如圆和直线是具有命令属性的完美图形，因此类推也一定存在所谓的概念性的完美图形……平衡原理的替代性理论基础是动机性的，而不是知觉的。

我更喜欢后者，即平衡原则的动机基础。不平衡表明我们对某种关系模式的理解的某些部分不能准确地代表现实，这对真相有效性而言是个问题。要么我的朋友并不真的喜欢我的敌人，要么如果有机会我的敌人可能会成为我的朋友，要么我的朋友其实是我的敌人或者很快就会成为我的敌人。这种不平衡让我停下来重新思考：我对模式的各个部分真正了解多少？哪些洞见或新信息可以帮助我确定一个有意义的新现实、一个可以帮助我体验有关世界真相的新表征？也许我的朋友只是别有用心地假装喜欢我的敌人，例如作为间谍为我所用。很快，我的朋友将揭示这个伪装并解除这种关系。这样就说得通了：我的朋友并不是真的喜欢我的敌人，而且这种关系不会持久。或者，也许我应该重新考虑我的敌人到底是怎样的。我的朋友喜欢我的敌人并与之成为朋友的事实表明，我肯定忽略了我的敌人身上的一些事情。现在很清楚的是，我应该给敌人第二次机会，因为我们可以成为朋友而不是敌人。这令人惊讶，但也能说得通；我的敌人将来可能成为我的朋友，因为他某些讨人喜欢的特质被我忽略了。[51]

正如本例所示，寻求认知平衡可以确定一个新的现实——一个新的当前现实和一个新的未来现实。这很常见，特别是当涉及人际关系时，人们想要一种对他们有意义的现实，它在认知上是一致的。例如，当你认识的两个人结婚时，你只欣赏其中的一个而对另一个毫无敬意。你会发现很难理解这两个人是怎么结婚的（一种不平衡）。在这种情况下，人们通常会构想一幕使这种模式变得平衡的未来情景："这种婚姻不可能持久。他们在一年内就会离婚。"我们因此对当前现实进行了改变以使其达到平衡，因为这个未来情况意味着这对夫妻实际上是不相配的，当前的夫妻之间存在负向同盟关系。

需要强调的是，改变不平衡现实的动机并不是减轻痛苦状况的享乐主义动机。这个动机是真相动机而非价值动机。正如海德明确提出的，由于不平衡而产生的张力可能会产生令人愉悦的效果，而平衡有时可能会令人厌烦。因此，对体验至关重要的不是不平衡（相对于平衡）的享乐性质。相反，不平衡是一种事情"讲不通"的感觉[52]；也就是说，它们是如此难以理解以至于令人困惑。重要的是，即使不平衡令人愉悦，感觉事物"说不通"，也是一种对现实的体验，它促使人们改变不平衡模式中的一个要素来重建一种有意义的现实。

即使人们本身不是模式中的要素之一，也会产生确定平衡现实的动机。例如，在一项研究中[53]，不同的参与者被要求阅读有关一对年轻夫妇的不同故事。根据每个故事开头所包含的信息，都需要一个不同的结尾来使故事中的所有元素都能保持平衡——无论这对夫妻是否结婚。例如，一个故事中，女人想生孩子，而男人却不想。在这里，"女人"与"生孩子"具有积极的情感关系，而"男人"与"生孩子"具有消极的情感关系。为了在所有要素之间取得平衡（总体上乘积为正），"男人"和"女人"之间的剩下的第三种关系必须为负——一个"－"号。这意味着这对夫妇的未来现实，即故事的结局，必须是他们没有结婚（即一个解除关联的同盟）。

在一半的研究条件下，这个故事以夫妻未能结婚结束，这创造了平衡；而在另一半的条件下，故事以夫妇结婚结束，这造成了不平衡。随后，所有参与者都被要求尽可能准确地回忆读过的故事。在故事情节不平衡的条件下，许多参与者都在他们的复述中扭曲了原始的信息，以创造出一个能达到现实平衡的新故事。例如，一些参与者写道，该男子也想要孩子。而且，当人们被要求表明他们对自己复述的故事每个部分的正确性有多大信心时，他们会对扭曲真相以达到平衡的部分最有自信。这体现了人们对连贯的现实的需求可以有多么的强烈。

123

费斯廷格的认知失调论

我在第四章中简要讨论了该理论，即人们拒绝做自己不想做的事情的例子，例如新成员在兄弟会的入会仪式中遭受折磨，但最终克服抵触心理并无论如何都要参与——结果令人惊讶，尽管经历了欺凌的痛苦，但他们却更被兄弟会吸引。尽管这种失调的范式可以从价值的角度进行概念化，但认知失调论本身却是费斯廷格根据真相进行概念化的，即确定什么是真实的。根据费斯廷格（1957）的观点，"人类试图在其观点、态度、知识和价值观之间建立内在的和谐、一致或调和"[54]。当人们做不到时，他们会感到失调，而这会使他们感到有压力并试图减轻这种失调感。重要的是，他指出："简而言之，失调，即认知之间存在的不匹配关系，其本身就是一种动机因素。"[55]

还有其他著名的失调范式，它们显然更关注建立真相而不是获得期望的结果（价值）。这里面最著名的一种范式就是"期望不一致"（expectancy disconfirmation），费斯廷格和他的同事在他们的著作《当预言失败时》（*When Prophecy Fails*）中描述了这一经典研究。[56]该研究的灵感来自他们在当地报纸上看到的一条标题："来自克拉里昂星球的预言向城市召唤：逃离洪水"。一群人认为，来自克拉里昂星球的外来生物会在特定的日期到达地球，并用飞碟将他们带走，从而使他们免于遭受毁灭世界的洪水袭击。为了离开地球，这个群体的成员做出了牺牲，包括辞职、捐赠金钱和财产。费斯廷格和他的同事们相信，那一天会在没有任何飞碟的情况下到来，而这会在群体成员中引起失调，因为他们为此牺牲的信念被实际发生的情况否定了。研究的问题是群体成员将如何解决他们的失调感，从而使发生的一切有意义。他们将如何建立现实？

　　群体成员解决失调感问题并合理化所发生的一切的一种可能方法是重新建立一些新的现实。该解决方案涉及创造与其先前信念和行动相一致的新的现实。实际上，群体成员确实对当前和未来做出了符合他们最初信念的新的判断，而这一被否定的事件被视为过程中的小磕碰。发生不一致后，比如，群体成员认为打电话或探访他们小组的其他人实际是太空人的频率骤升。他们试图从"太空人"那里获得有关未来现实的命令和消息，而这一未来将符合他们最初的信念。该群体的一位领导人甚至暗示，正是他们的真实信念——真相之光——使他们幸免于难，而大灾难正发生在其他地方。

　　尽管《当预言失败时》中描述的例子很不寻常，但人们确实常常在期望被打破时感到不适，他们试图通过改变信念来使发生的事情说得通，并通过增加新的想法使整个信念保持一致。这是一种普遍的现象。另一种相关的现象是，在各自拥有优缺点的相互竞争的备选方案之间做出选择后，人们会体验到失调。无论选择哪个选项，它的缺点或成本和已放弃选项的优点或好处都会引起失调，人们会试图通过改变和增加信念来理解这一切。费斯廷格指出，很少有决定是好坏分明的。做出一个决定后，"在导致已采取的行动的认知与那些倾向于不同行动的观点或知识之间，几乎不可避免地会产生失调"[57]。

　　考虑买车的情况，并且要在国产车和进口车之间进行选择。每个选项的收益和成本都涉及不同的问题，例如"绿色"问题、"国家忠诚度"问题、服务问题等。一旦做出了艰难的选择，例如选择了进口车型，就会有选择的成本，如更昂贵的服务，并放弃一些好处，例如支持本地工人。每个选项都会造成失调。为了建立一个具有整体一致性的现实，人们会做一些认知工作，如提醒自己注意重要的不是维修汽车的开销，而是使汽车的维修频率降低的高可靠性，而正是进口车具有更高的可靠性。

124

他们还可以提醒自己，所有汽车，无论是国外的还是国内的，实际上都是来自许多国家的国际产品。另一项认知策略是在汽车属性上分配更大的权重，例如增强良好行驶里程的重要性（进口车每加仑汽油的行驶里程要比国产车更长），这将同时增加所选选项的好处（"绿色"和省钱）和放弃选项的成本（反"绿色"和费钱）。这将使所选的选项变得更好，而被放弃的选项更糟——扩散效果（spreading effect）。[58]一个新现实被创造出来，现在事情开始变得意义鲜明。[59]

如果人们在处于失调的认知时有建立新现实的动力，那么当失调的认知是可及的或刚被激活，而不是仅在长期记忆中可及时，人们可能更容易产生这种建立现实的动机。[60]在阐明这点的一项研究中，使用了另一种经典的失调范式，即"禁止玩具范式"[61]，并且操纵了相关认知的可及性。[62]在使用这种范式的原始研究中，儿童被禁止玩一个非常吸引人的玩具，并且当实验人员不在房间时，他们必须抵抗去玩的诱惑。离开房间之前，实验人员向儿童发出一种或轻度（即实验人员会对他们有点恼火）或严重（即实验人员会非常恼火并可能做出惩罚举动）的威胁。

实验人员不在时，几乎所有儿童都选择不去玩那个被禁止玩的玩具。在轻度威胁条件下，儿童知道他们非常想玩这个好玩的玩具，但又知道他们不会去玩，即便了解到如果他们玩了，实验人员只会有点恼火。这之间存在失调。这就是标准的失调条件。在严重威胁条件下则几乎没有任何失调，因为不玩玩具与儿童知道玩这个玩具会受到惩罚是一致的。为了解决轻度威胁条件下的失调问题，儿童对玩具进行贬低，使它不那么吸引人，这样就使不去玩它的决定合理了。

这项研究增加了一个条件，即当实验人员不在时，强调被禁止的玩具和与其玩耍有关的威胁。具体而言，禁玩的玩具侧面贴有黑色叉号的白色标贴，以此提醒儿童，如果他们玩了被禁止玩耍的玩具，实验人员会"有点恼火"（轻度威胁）或"非常恼火和不高兴"（严重威胁）。贴纸的存在使威胁轻度或严重的程度十分清晰可见。研究发现，在轻度威胁失调的情况下，贴有禁玩贴纸的情况下，在之后贬低玩具的儿童比例要比没有贴纸时高得多。[63]这些结果支持这样的想法，即存在两种失调认知——"我不玩这个吸引人的玩具"和"如果我玩这个玩具，大人只会有点恼火"，这会产生一些使某些事情不合理的体验。这个真相问题激发了建立新现实的合理化过程——"我不玩这个玩具是因为它没有那么吸引人。"

正如这些例子所反映的那样，引起人们最多关注的认知失调现象是一个人的行为与他的某个或某些信念不一致，从而激发了为该行为辩护的过程。但是，还有更高层次的不协调。一个社会可以按与其主导意识形态相矛盾的方式行事，从而刺激社会成员为这些行为辩护。例如，一个社会的主导意识形态的核心信念可以是"经济体系是公平的"，但是社会成员仍可以观察到：即使在全职工作的群体成员当中，也存在着财富的巨大差异。

政治心理学的主要贡献者约翰·约斯特（John Jost）与他的同事一起研究了人们如何为社会意识形态与社会行为之间的这种矛盾辩护。[64]一个强有力的例子是，因社会制度而处于不利地位的人们会合理化制度合法性，或者"接受"（buy into）有损他们个人利益的系统。认知失调论确实可以预测，正是在当前制度下处于不利地位的人们，才有最强烈的心理需求来证明现状的合理性，因为他们正体验着"我正在努力工作来服务社会"和"我的社会没有支持我"两种认知带来的极大不协调。支持这一预测的证据表明，低收入的美国人比高收入的美国人更有可能支持限制公民批评政府的权利，并且更有可能认为为了促进更大的奋斗和努力，工资上的巨大差异是有必要的。[65]

在我对人们认知一致性动机的所有讨论中，我是否忽略了一些事实？难道人们不是常常喜欢不一致的事物，就像当他们好奇地探索新事物并沉迷于解决难题时那样？对于人们有动机解决矛盾的想法来说，这不是一个问题吗？[66]确实如此，人们可以被激励去处理不一致并觉得它很有意思（正如海德认为不平衡可以是令人愉悦的那样），但这与人们寻求真相并被激励去建立现实并不矛盾。好奇的探索、解决难题等都是为了提高人们对真相的了解程度，并以此确定什么是真实的。他们喜欢解决这样的难题，不是因为他们喜欢不一致，而是因为他们喜欢通过解决不一致获得真相的成功。

到目前为止，我对如何建立现实的理论回顾，已经强调了人们通常使用的一些机制。但是，在建立现实的偏好方式上也存在个体差异。甚至同一个人在不同情况下也可以使用不同的策略来确定何为真实。下一部分将讨论人们寻求真相所使用的策略在不同的个体间和情境下的差异性。

❖ 运用不同的真相追求策略建立现实

人们一生中大部分时间都在获取有关周围世界的知识，包括有关作为该世界一部分的自我认知。一般来说，人们会产生对世界某些方面的假设，例如假设外面没有在下雨，然后寻找与该假设一致或不一致的证据，例如打开窗户并检查发现没有雨滴从天空落下（一致）。但是，知识获取过程如何准确地发挥作用，例如何时应该停止证据寻求过程，取决于一个人的动机状态。而且这种动机状态可以反映某人的人格（即处于该状态的长期倾向），或者也可以由该人所处的情境引发。关于动机认知，阿里·克鲁格兰斯基（Arie Kruglanski）提出了具有里程碑意义的常人认识论，它描述了构成知识获取过程的基础动机因素。[67]

建立现实中的认知闭合需求

根据常人认识论，知识获取有两个独立的动机维度：（1）闭合的需求与避免闭合的需求，以及（2）特定闭合与非特定闭合。当人们有特定闭合的动机需求时，他们对自己假设问题的某个特定的答案有强烈的偏好，例如他们想要外面没有下雨的证据，因为他们不想弄湿自己。当人们有非特定闭合的动机需求时，他们只想要个答案——任何答案——能为他们的假设问题提供明确的答案。在下雨的例子中，有雨滴落下或没有雨滴落下的证据都能满足他们对明确答案的需求。

人们也可能希望避免闭合。在需要避免特定闭合的情况下，人们对假设问题有某个不想要的特定答案，例如不想看到雨滴落下。另一个例子是你不希望有证据证明自己考试失利是因为在该学科领域能力不足。在需要避免非特定闭合的情况下，人们希望保持假设问题开放而不想得到任何答案。他们不去外面看是否有雨滴落下，或者他们只是不断查询不同的天气报告，寻找一些与"下雨"答案相一致的证据，以及其他与"没有下雨"答案相一致的证据。

下雨的例子表明，这些不同的认识论动机会影响知识获取过程的展开。非特定闭合的需求和避免非特定闭合的需求之间的区别尤其有趣。它关系到一个区别，分别是希望得到关于假设问题的任何答案和根本不希望得到答案。情境可能诱发这些动机状态中的一种或另一种，比如需要快速完成判断的时间压力会导致对非特定闭合的需求，任何答案都可以；或者，当担心他人会批评这一答案的有效性时，无论是什么答案，都会导致避免非特定闭合的需求，因为没有最好的答案。[68]

应该指出，处于需要非特定闭合状态，即通常被简称为"需要闭合"的人，以及处于需要避免非特定闭合状态，即通常被简称为"需要避免闭合"的人，都可能是在寻求真相并希望确定什么是真实的。一般来说，两者都会参与获取知识的过程。但是，由于他们的需求状态不同，他们关于如何确定现实的策略也不同。这突出表明，不同的认识论关注可能导致人们偏好不同的建立现实的方式。例如，有证据表明，当人们需要在某个问题上避免闭合时，例如，当他们担心以后将要为他们做出的任何决定负责时，他们将更多地进行正式归因和假设检验推理以产生多个相互竞争的假设，然后详尽地寻找每个假设的确证和反证。[69]相反，如果人们需要闭合，如需要当机立断时，这些广泛的过程将会被简化和缩短。

有闭合需求的人迫切需要找到何为真实的闭合，并且一旦找到，他们相信自己知道了真相，他们就会希望维护这个真相并使其永存。这些现实动机通过寻求真相的两种不同策略来表达自己——扣押（seizing）和冻结（freezing）。紧迫的动机产生扣押，持久的动机则制造冻结。对印象形成

128

中的"首因效应"的研究为这两种策略提供了证据。印象形成中的"首因效应"是指人们对另一个人的印象更多地基于顺序中较早呈现的信息，而不是较晚呈现的信息。[70]多项研究发现，这种"首因效应"在有闭合需求的个体身上体现得尤为强烈。[71]这些人掌握形成对某人印象（即建立一个现实）的第一信息，然后保持了该印象（即冻结了该现实），尽管后来他们又收到了有新含义的补充信息。

　　相反，有避免闭合需求的个人希望持续寻找真相，并对其他结论保持开放。一个特别有说服力的例子是，有证据表明，印象形成的"启动效应"对于有避免闭合需求的个人来说较弱。我在本章前面提到的印象形成中的"启动效应"，是指人们描述另一个人行为的倾向，诸如一套模棱两可的、可被描述为勇于冒险或鲁莽的行为，将根据近期的启动中最可及的那个类别描述，譬如先前情境中对"勇于冒险"或"鲁莽"的启动。[72]有证据表明，当个人需要避免闭合时，无论是因为人格倾向还是因为情境诱导，这种事关印象形成的"启动效应"都是被削弱的甚至不存在的。[73]考虑到"启动效应"的一般强度，这种避免闭合需求的动机效果令人印象深刻。需要避免闭合的个人建立现实的策略是避免妄下定论。

确定何为现实中的不确定性/确定性定向

　　在获取知识的过程中，需要闭合的人与需要避免闭合的人之间存在策略差异，因为前者更容易寻求和接受证据以达到获得明确答案的理想情况，后者则保持选项的开放性，为了实现判断性无承诺（judgmental noncommitment）的理想情况。[74]这体现了真相寻求策略中的一种个体差异。人格领域的领军人物理查德·索伦蒂诺（Richard Sorrentino）发现了真相寻求策略的另一种个体差异，这与不确定性或确定性定向有关。[75]

　　一般而言，所有人最终都希望就自己所生活的世界体验到一种确定性，确定一个他们感到确信的现实。在这一方面，我应当指出，有避免闭合需求的个人不一定有制造模糊或缺乏确定性的目标。他们的目标可能是尽可能准确，希望有一个向他人充分证明的以及无可争议的寻求真相的过程，而这些动机可能会产生一种最终会导致模糊性的假设检验策略。判断性无承诺的最终状态将反映出一个真正复杂或模棱两可的现实的真相，个体则会确信不存在单一（或简单）的答案。事实上，这正是许多科学家被要求对科学前沿做出判断时的情况。在这些领域中，实际证据往往很复杂，并且可能支持不止一种答案。因此，一种精确的回应方式将是判断性的不作任何承诺。而且，鉴于证据的真实模糊性，对任何一个特定答案的坚定承诺可能会遭到其他科学家的严厉批评。在这种情况下，肯定某种模糊，并且不承诺任何答案，是一种合理的做法。

在研究人们对世界上的确定性的寻求时，索伦蒂诺和他的同事们区分了不确定性定向和确定性定向的个体。两种取向都有寻求新信息或坚持使用旧信息的成本和益处。思考这些不同权衡的方法之一关乎父母如 *130* 何帮助子女适应社会，教导他们掌握处理世界上的不确定性的最佳方法，这种不确定性也是我们在确立对现实的信心时所自然要面对的[76]：（1）处理世界上的不确定性的最佳方法是学习一切可以掌握的东西——去了解更多，去探索未知的事物，去获得新知识；并且/或者（2）最佳方法是坚持一些指导原则并忽略大多数混乱——避免混乱、模棱两可，保持一致性，保持既定的知识。

父母的第一堂课将教导儿童掌握以不确定性为取向的策略，以此来应对不确定性并确立对真实的信心。父母的第二堂课则将教导儿童掌握以确定性为取向的策略，这是另一种不同的帮助处理不确定性和确立对真实的信心的策略。这些社会化取向可以被认为是独立的，因为这两种策略都可以用来处理不确定性并确立对真实的信心，但是通常（在一个个体或一种文化中）只会强调其中的一种策略。

拥有不确定性策略或确定性策略会影响对世界信息的处理和记忆方式。例如，在一项研究中，参与者首先阅读了关于"鲍勃"的四种简短描述中的一种，并形成了他是友好的或不友好的以及聪明的或不聪明的第一印象。[77]在得到其中任意一种描述之后，所有参与者都获得了有关鲍勃其他行为的新的补充信息。这些新行为中的一些与最初的印象一致

（一半的新行为），一些则不一致（四分之一的新行为），另一些则无关紧要（四分之一的新行为），所有这些行为信息都混杂在一起。随后，参与者被要求尽可能多地回忆起这些行为。

拥有确定性策略的参与者比拥有不确定性策略的参与者更容易回忆起那些与初始印象一致的行为，而拥有不确定性策略的参与者比拥有确定性策略的参与者更容易回忆起那些不一致的行为。通过这种方式，拥有不确定性策略的个人通过考虑后续的不一致信息建立了新的现实，而拥有确定性策略的个人通过关注后续的一致证据来维持他们已经建立的现实。

确定何为现实的调节定向和调节模式策略

与闭合或不确定性/确定性定向有关的策略差异都直接关系到寻求真相的动机差异。还有其他一些动机差异，它们本身并不与真相寻求直接相关，但仍然造成了建构现实的策略差异。一个例子是我之前讨论过的关注促进和关注预防的人之间的取向差异。这种差异与策略偏好的差异有关，促进型个体偏好渴望的目标追求策略，而预防型个体偏好警惕的目标追求策略。这种策略偏好的差异反过来也会影响寻求真相的策略。例如，与具有预防定向人群相比，具有促进定向的人会更多地思考事物为何会发生，更广泛地来说，在假设检验时产生更多的方案。

为了说明这种调节定向的差异，一项研究中的参与者执行了一项对象命名任务，其中他们收到了一本带有四张图片的小册子，每张图片都单独在一页上。每张照片都以一个不寻常的角度呈现出一个熟悉的物体，使其难以识别。[78]参与者的任务是猜测每张照片中的物体是什么，并且被告知他们可以尽可能多或少地列出可能的答案。观看图片的参与者并不清楚正确的假设是什么。想出更多的替代选项将增强找到正确假设的可能性——一种有益于促进定向的信息增益。然而，产生更多的替代选项也意味着包含错误假设的可能性的增强——一种对预防定向而言是代价的信息损失。有鉴于此，促进定向的参与者应该积极地提出更多的选项，而预防定向的参与者应警惕避免过多的选项。这也是发现的结果，与预防定向的参与者相比，促进定向的参与者对每幅图片中的物体产生了更多的假设。[79]

动机取向的另一个差异导致了如何确立现实方面的策略差异，这是调节模式论描述的行动取向的个体和评价取向的个体之间的差异。[80]当人们进行自我调节时，他们决定自己想要哪些目前没有的东西。接着，他们了解需要做什么才能得到自己想要的东西，然后动手去做。在这个概念中提到了自我调节的两个关键作用。首先，人们评估了要实现的不同目标和实现这些目标所需的不同手段。其次，人们从当前的状态中行动（locomote）或"离开"，以追求其他一些目标追求状态。

评估（力）是自我调节的一个方面，它关乎批判性评价某些与替代方案有关的实体或状态，例如严格评价替代目标或替代手段以便判断相对质量。具有强烈评估（力）取向的个人希望在做出决定之前比较所有选择并寻找新的可能性，即使该过程耗费时间并将延迟决策。他们将过去和将来的行为与关键标准联系起来。他们希望选择在与其他选项全面比较后总体上拥有最佳属性的那个选项。他们想做出正确的选择。他们希望"做对"。

相反，行动（力）模式是自我调节的另一个方面，与状态到状态的移动有关。具有强烈行动（力）关切的个人希望采取行动，开始行动，即使这意味着没有充分考虑所有选择。一旦任务启动，他们就希望持续完成任务，不出现任何不应有的中断或延迟。他们想获得稳步进展。他们希望"只管去做"。

自我调节关注中的这些评估（力）与行动（力）之间的差异，产生了不同的决策策略，以及对如何寻求信息以发现真相的不同偏好，例如寻求信息找到最佳选择。一项研究说明了这种在寻求真相策略上的不同偏好，研究中的参与者要从一组阅读灯中选择一盏阅读灯。[81]在实验开始时，实验参与者被诱导为有行动（力）取向和评估（力）取向。之后，参与者在阅读灯间的选择策略又被通过实验方法进行操纵。一半的行动

（力）参与者和一半的评估（力）参与者被赋予了渐进消除策略，即从一个阅读灯的属性稳步移动至另一个属性，每一步都排除其中最差的一个选择，直到只剩下一个选择。另一半参与者被赋予了全面评价策略——对所有属性的所有替代方案同时进行比较，然后选择总体上具有最佳属性的一个方案。渐进消除策略允许朝目标稳定前进［一种匹配行动（力）的策略］，但是，通过每次排除一个选项，它在进程中也不断减少了对属性的比较次数［一种不匹配评估（力）的策略］。相比之下，全面评价策略允许对替代方案和属性进行所有可能的比较［一种匹配评估（力）的策略］，但是无法推动减少选择方案的进程［一种不匹配行动（力）的策略］，直到最后做出一个最终的决定。

不同的阅读灯被展示出来，其中的最佳选择也显而易见，在决策过程的最后所有参与者都做出了那个选择。通过这种方式，研究人员研究了参与者建立现实的首选策略（即确定正确的选择），而不是简单地研究选择哪个选项。参与者愿意为他们选择的阅读灯付出的金钱，可用来测量哪种真相寻求策略匹配其取向策略的价值（第四章中描述的对价值创造的*133* 调节匹配效应）。研究发现，相比真相寻求策略不匹配的情况［评估（力）/"渐进消除"；行动（力）/"全面评价"］，匹配的情况下［评估（力）/"全面评价"；行动（力）/"渐进消除"］的参与者愿意花更多的钱购买相同的阅读灯。因此，相比不得不使用不符合自身定向的真相寻求策略的情况，当参与者能使用符合他们调节模式关注点的真相寻求策略来确定哪种阅读灯是最佳选择时，他们对自己的选择感觉良好，并且更加看重这一选择。[82]

"头脑"对"心灵"策略

到目前为止，我已经讨论了不同的动机取向和关注点，这些动机和关注点可能会导致不同的真相寻求策略。文献还考虑了建构现实的不同程序。在社会和人格心理学中提出了各种各样的双过程或双系统（dual-system）模型，这些模型区分了两种建立现实的方式，特别是有关评价事物的现实[83]：（1）依赖于对某些事物的自发感觉和关联的方式（"心灵"或"直觉"）对比（2）依赖反思和命题推理的方式（"头脑"）。

前者的输出评价可能是"我无法解释，但我的内心（直觉）告诉我，这是我必须要做的"，后者则可能是"我对此感觉不好，但我从证据中得出了结论，这就是我必须要做的"。建立现实的"心灵"方式通常被描述为使用无意识、不受控制且几乎不费力的方式来输出结果（即现实），而建构现实的"头脑"方式则使用有意识、受控且需要努力的方式。[84]

与本章最相关的是那些描述"心灵"而不是"头脑"的模型，这些模型没有分配真相价值，不考虑准确性。[85]这意味着，对"心灵"而言，不会以正式的、逻辑的方式分配真相价值。重要的是，这并不意味着"心灵"系统的输出就不是真实的，无法确立某个现实。事实上，现实往往是通过这种方式建构的，正如才华横溢的法国数学家、物理学家和哲学家布莱斯·帕斯卡（Blaise Pascal）所反映的那样："心灵自有其道理，而理性对此一无所知。"

现实不仅经常通过"心灵"系统建立，而且甚至有证据表明，基于感觉或无意识加工的评价比基于原因或有意识加工的评价更为准确。[86]例如，在一项研究中[87]，参与者在选择一种海报带回家之前评价了两种不同的海报。相比没有受到这些指示的人，那些被要求考虑他们选择海报的原因的参与者最终选择了另一种类型的海报。而在三个星期后，那些处于"理性" *134* （或"头脑"）状态的参与者对他们的决定的满意度低于其他参与者。

这项研究表明，不思考理由有时会使人们对自己的选择产生更高的长期满意度。这并不是说思考理由总是代价高昂的：建立现实的各种方式在不同条件下都既有成本也有收益。这种衡量在一种新的自我调节理论中得到了认可，该理论提供了关于"心灵"与"头脑"的区别的一种引人注目的解释。认知与情感之间关系的一位研究贡献者弗里茨·斯特拉克（Fritz Strack）和他的学生和同事一起开发了一种理论，该理论区分了判断与决策的经验性或冲动性决定因素（与联想加工有关）与信息性或反思性决定因素（与命题加工有关）。[88]

重要的是，斯特拉克提出判断和决策受两个并行运行而并非相互排斥（在任何时候都由其中一个主导）的系统的影响。例如，考虑一下斯特拉克引人注目的穆勒 莱尔错觉。[89]在这种知觉错觉中，箭头被添加到两条线段的末端。对于 A 线，箭头的两端向内展开（就像真正的箭的尖头一样）。对于 B 线，箭头的两端都向外扩展（就像真正的箭的羽毛状末端一样）。尽管 A 线实际上比 B 线稍长，但 B 线看上去比 A 线长。这是一种强大的错觉，其作用如此之大，以至于即使人们在用尺子测量发现A 线实际上比 B 线还要长后，B 线看上去仍比 A 线长。当人们测量线条后被明确询问哪条线更长时，人们调动反思系统得出 A 线实际上比 B 线长的答案，但与此同时，他们会从经验系统中回答 B 线看起来比 A 线长。这是一个反思性和经验性判断系统同时给出相反答案的惊人示例。

前文中，我讨论了人们因不匹配的认知而遭受认知失调时的行为，例如"我自由选择做 X；我知道选择 X 会带来负面结果"。具体来说，人们试图通过找到理由来证明自己所做的事情是合理的，这会使用反思系统。鉴于此，在失调研究中发现的对 X 的态度变化（即对 X 更为积极的态度）应该涉及反思系统的变化。这意味着人们对 X 做出的有意识的、明确的判断，对 X 的态度的命题测量应该显得更积极。这就像要求人们在穆勒-莱尔错觉示例中对哪条线实际上更长做出明确的判断一样。但*135* 是，如果根据经验体系来衡量对 X 的态度会怎么样呢？由于该系统没有在失调合理化过程中被使用，因此该系统内无须进行任何态度更改。确实，有证据表明，失调的解决可以通过明确的、命题的测量引起态度改变，同时在无意识的、联想的测量中又没有态度改变。[90]这不仅体现了区分经验系统和反思系统的重要性，还通过突出其反思与命题性质阐明了解决失调问题的合理化机制。

对"心灵"与"头脑"的最后一点说明。因为这是建立现实的两种方式，所以它们可以对什么才是真实提供不同的答案，而这可能会造成一个人内在的冲突。这方面的一个例子发生在我的生活中。某天早晨，我负责将我女儿凯拉送到她的校车站，当时她只有 5 岁。整个早晨，我都在不停唠叨让她准备出发去公共汽车站。我一遍又一遍地说："凯拉，我们要迟到了！"当我们终于离开家，向山上的公共汽车站走去时，凯拉告诉我，那天她不会给我一个告别吻。当我问她为什么时，她大声表达了正在进行的内心对话："我的心告诉我，我对爸爸很生气，所以今天我不想亲吻他。但是我的大脑告诉我，我确实想吻他，因为如果不这样做，我之后便会感到难过……但是我的心告诉我，我不在乎，我很生气……但是我的大脑说，爸爸这是想让我能准时上学。"这样一路走在漫长的山坡上，我只是她心-头大战的旁观者。令我高兴的是，在到达山顶时，凯拉对我说："我的大脑赢了！"并给了我一个告别吻。

建立自我真相的不同策略

当人们对自己是什么类型的人抱有假设或疑问时，例如"我是一个友好的人吗"，他们如何检验该假设？他们是否会寻求某个能增强或捍卫有关自己的积极观点（自我提升）的结论？他们是否会寻求某个能支持他们对自己已有信念的结论（自我验证）？他们会寻求一个可以激励自己朝着积极方向转变的结论（自我完善），还是仅仅会寻求最能支持现有证据的那个结论（诊断准确性）？

文献表明，人们用来建构自己的真实情况的这些策略，每一项都可能根据不同条件而发生。[91]被强调得最多并被视为默认策略的是自我提升策略。事实上，在文献中，人们对除自我提升以外的策略的使用都被认为是令人惊讶的。我相信，我们文献中的这种历史偏见反映了大多数心理学家把享乐原则作为主要动机原则，其基本假设是人们通过强化或捍卫自己的积极观点来追求快乐并避免痛苦。然而，显而易见的是，自我提升并不是人们确立自己真实情况的唯一途径。这个事实表明，我们不仅受到愉悦和痛苦的驱动，也被获得有效而非仅仅获得可欲结果（价值）驱动。例如，诊断准确性策略和自我验证策略更多的是关于确定何为现实（真相），而不是获得期望的结果。

我从特罗普的工作开始讲述。除了在归因过程方面的工作外，他还

136

在判断和决策的认知机制方面做出了主要贡献。他证明了准确性动机，例如希望正确预测未来会发生什么，可以与享乐主义动机竞争甚至胜过这种享乐主义动机，那样人们就是在使用诊断准确性策略而不是自我提升策略。特罗普强调，必须将人们处理有关自己的信息的结果与激励这些结果的动机区分开来。人们确实在处理有关自身信息的方式上存在偏见和错误，并且那些偏见和错误确实可以支持积极的自我看法。但是，这并不一定意味着这些偏见和错误是（有意识的或无意识的）旨在强化或捍卫积极自我观点的策略。

人们的动机可能是获得对自己的真实评估——正面或负面的自我评估，但他们在寻求真相的过程中会使用信息处理策略，从而导致非真实的正面自我结论。[92]例如，一旦考虑类似"我是一个友好的人吗"这样的假设或问题，它便会启动存储的与"友好"构念相匹配的情节信息。如此，这些与"友好"匹配的信息便触手可及，最终提供与"友好"结论相一致的证据。[93]人们的动机可能是拥有正确的或真实的自我信念，但是知识激活的原理会产生加工偏见，因此导致有关自己的有偏的正面结论。[94]

考虑到知识激活原理本身产生的这种偏见，重要的是使用其他方法来测试人们是偏爱诊断准确性策略还是偏爱自我提升策略。正如特罗普所指出的，检查人们的认知过程与他们在环境中的行为同样重要。他们是以自我提升的方式行事，还是以对其能力进行诚实评估的方式行事？他们是选择任务并坚持不懈地在选择的任务上投入精力，还是不愿面对困难？他们这样做是为了肯定他们不切实际的高自我评价，还是为了获得有关自己长处和短处的实事求是的评估？

137

在针对这一问题的一项研究中[95]，特罗普调查了参与者对成就任务的选择，这些成就任务对成功与失败的诊断方式各不相同。如果参与者具有自我提升的动机，那么他们会更喜欢的任务是可以将成功诊断为具备所需能力，而失败并不被诊断为缺乏该能力。也就是说，对于获得积极的自我观来说这是一项很好的任务，如果碰巧在任务上取得成功，他们就会赢，而如果碰巧失败，他们也不会输。另外，如果参与者具有诚实的自我评估动机，那么他们会更喜欢一项成功和失败都具备诊断性的任务，并且诊断性越强越好。研究发现，参与者更喜欢能同时诊断成功和失败的任务。这并不意味着人们不会为了自我提升而牺牲诚实的自我评估。这些结果表明，诚实的自我评价有时可能胜过自我提升。

作为体验准确性的动机或可预测性能与享乐动机相抗衡的第二个例子，现在让我们考虑自我和认同领域的权威专家比尔·斯旺（Bill Swann）的工作。斯旺认为人们有动机确认自己的看法，从而支持他们关于世界是可预测的，并且自己对世界的认识是正确的这种整体感知。[96]他和他的同事提供了证据，表明人们有动机去验证自己的信念，即使那些信念涉及不理想的个人属性。[97]例如，在一项研究[98]中，选择的参与者对自己的社交能力和社会能力的评价都很高（有利的自我观）或很低（不利的自我观）。到达研究现场后，每个目标参与者都填写了人格问卷，并且这些问卷之后表面上发给了"参与者"，对目标参与者进行评估。经过适当的延迟后，每个目标参与者都会收到其他"参与者"的反馈。其中一个"参与者"对目标参与者的社交和社交能力的评价都很高，另一个"参与者"则对目标参与者这两方面评价都很低。

然后，目标参与者有机会与其他"参与者"之一进行互动。对"参与者"的选择要么是在匆匆忙忙没法自我反思的时候做出的，要么是在有充足时间进行自我反思的时候做出的。在没有时间进行自我反思的情况下，所有目标参与者都选择了对自己有良好印象的"参与者"，这与他们使用的自我增强提升策略相一致。但是，当有时间进行自我反思时，那些具有不利自我看法的目标参与者比具有良好自我看法的目标参与者更有可能避免选择那些对他们有良好印象的"参与者"，这与他们使用自我验证策略而非自我增强策略相一致。确实，从享乐动机的角度来看，具有不利自我观的目标参与者应该特别有动机去与有助于支持关于自己的新的、更有利的看法的人们互动。然而，当有时间进行自我反思时，情况却并不是这样。

有多种机制可以促使人们运用自我验证策略。一个潜在的促成因素

138

可能在于，一个人的重要他人会影响其对于自我的看法。这其中也包括负面的自我看法。一个人本来可以从其他重要的人那里获得消极的自我观，例如父母认为儿童有某些不足或弱点，而儿童实际上应该知道这一点。在这种情况下，儿童关于自己的消极看法是与其父母共享的现实，而这种看法将得到辩护，因为它帮助维持了重要的亲子关系。[99]同样，在关于人们寻找感知准确性的讨论中[100]，斯旺讨论了个人如何通过与他人讨论协商自己的身份来建构准确性，而这将是一个共同建构的共享现实。接下来，我们将探讨这种共享现实在确定何为真实中的作用。

❖ 从社会现实和共享现实中建立真相

利昂·费斯廷格在其社会比较理论（social comparison theory）中讨论了物理现实如何经常是模棱两可且难以掌握的，而在这种情况下，人们会启动社会比较过程，在这一过程中依靠他人的判断构建社会现实。[101]费斯廷格还指出物理现实优先于社会现实。然而，正如我们将看到的，情况并非总是如此。与他人建立共享现实的动机可能会压倒物理现实。阿希[102]进行的一项经典研究表明了这一点。该研究表明，即使物理证据与他们的决定相抵触，人们也可能存在将某些事物视为真相，或者接受某些事物为真相的动机。

在这项研究中，大学生按 7~9 人为一组坐在教室里。两个白色硬纸板被放在他们面前的黑板上。左侧纸板上有一条垂直的黑线作为标准线。右侧纸板上有三条长度不同的垂直黑线，编号分别为 1、2 和 3。其中一条线的长度与左侧纸板上的标准线相同。学生们被要求从右侧纸板上选择出一条与左侧纸板上标准线长度相同的线。他们将通过说出编号来公布自己的判断。接着，从坐在桌子一端的学生开始，他们被要求依次宣布自己的判断。他们执行了 12 次该任务。值得注意的是，他们被明确指示："请尽可能准确。"

该试验的关键特性是每组中只有一名学生是真正的天真的参与者

（naive participant）。每组中的所有其他学生都是试验的合作者，被称为
"同谋者"，并在每次试验中都做出同一个预先决定的判断。天真的参与
者是同谋者的熟人，并被他们招募参加研究。天真的参与者与他们的熟
人一起来到研究地点，并与其他小组成员一同等待入座。重要的是，同
谋者的位置是这样的：天真的参与者坐在桌子的一端（通常是末端的一
个席位），而开始进行这一系列判断的同谋坐在桌子的另一端。这样可以
确保同谋在天真的参与者轮到之前宣布他们的一致判断。在前两个试验
以及另外三个试验中，他们的一致判断是正确的答案。在剩余的七次试
验（冲突判断）中，他们一致给出了一个错误的答案。阿希如此描述这
种情况："两种相反的力量作用于一个主体：一种来自明显的知觉关系，
另一种来自抱团的大多数。"[103]"一个人处于对相对简单的事实做出判断
的情境之中。但同时他与其他人处于一个群体之中，其他群体成员与他
一样，共同承担着相同的判别任务。"[104]

　　发生什么了？当这些试验开始时，其他小组成员宣布了一致的错误
判断，天真的参与者通常会感到困惑而迷茫；天真的参与者经常在他们
的座位上坐立不安，并试图改变头部姿势，从不同的角度看这些线条。
在冲突判断中，约 40% 的天真的参加者总是做出与明显知觉关系相符，
而不是与其他小组成员的错误判断相符的判断。但是，大多数的天真的
参与者在一些冲突判断中都做出了与小组的错误判断一致的判断，甚至
有些天真的参与者在所有的冲突判断中都与小组判断一致。

　　总体而言，此研究的大多数天真的参与者，至少在某些时候，宣布
了与小组判断相符的判断，而不是与明晰的现实相吻合的判断。心理学
文献通常以批评的态度描述这些在冲突判断中与小组做出相同判断的参
与者，并通常称他们为"性格软弱"的"顺从者"。然而，阿希对此的解
释却截然不同。[105]他认为，天真的参与者正在寻找真相并试图弄清情况。
如本章前面所述，人们了解到他们的感知和信念可能是错误的，而他人
的看法和信念可能比他们的更为准确。为了再次申明阿希的结论，是我
们邻居提供的社会验证帮助我们认识到隐约可见的形状只是树枝而不是

140

怪物。

在阿希的研究中，许多天真的参与者开始怀疑自己的看法，诸如"我不相信这么多人都是错的而我一个人是对的"。一些人被"群体的声音是正确的"说服了，这就是事实。他们希望自己的判断是真相，因此他们选择认同小组做出的一致判断。这不是因为性格软弱，而是缘于对真相的认知以及对他人看似诚实的判断的尊重——他们提供了有关真相的各种证据。毕竟，当4岁的孩子终于学会在睡觉时放松，因为他们现在明白父母是对的——他们认为在他们房间里的怪物不是真的时，我们想要得出他们有性格缺陷这样的结论吗？正如阿希所说，如果没有社会检验，他们仍然会被怪物吓到。

阿希还描述了天真的参与者将小组的一致判断视为真实的另一动机：渴望与群体达成一致。这种动机更多的是通过与小组中的其他成员共享相同的现实来维持社会纽带。尽管并非只是寻求真相，这种动机也不适合被描述为"性格软弱"。这是人们将某事物视为真实的另一个动机，即使它其实并不是真实的。[106]

实验性社会心理学的另一位先驱穆扎弗·谢里夫（Muzafer Sherif）在一项早期研究（同时也是我最喜欢的社会心理学研究之一）中提供了这种共享现实动机的令人信服的例证。[107]谢里夫的被试者们被要求在一个完全黑暗的房间里估计一个光点的运动，光点虽然实际上是静止的，但在感觉上对不同参与者而言似乎在以不同的方向和距离移动（游动效应）。当人们被聚在一起，每个人需要对光的方向和移动量进行独立估计时，他们最初的判断通常相差很大。但是，谢里夫发现，经过几次试验，小组成员逐渐放弃了他们最初差距极大的判断并集中于一个对光的方向和移动量的共享估计——这是该小组关于光的移动的社会规范。静止的灯光无法给出社会规范，因为不同的群体最后集中于不同的共享估计——关于光的移动的不同社会规范。这就像不同的语言社群集中于不同的社会规范，例如决定怎么称呼会吠叫和取东西的毛茸茸的动物，是狗（dog）还是犬（chien）。对该动物的命名判断并没有从其特征中得出。

随后的研究发现，即使一个小组中最初的成员依次被新参与者逐个取代，小组最初创建的专断的社会规范也能得以维持，新参与者之后也会被逐渐取代，最终在经历了几代小组重组后维持了群体的社会规范。[108]此外，谢里夫还发现，即使在群体成员远离团体，独自对光点出判断时，各个群体中建立的社会规范也能继续决定他们的个人判断。这又像事物命名的语言规范。总而言之，每个小组的参与者们都构造了一个关于光点的运动方向和距离的共享现实，这并没有反映光静止的现实，尽管如此，它都被新一代的小组成员和单独的群体成员个体视为真实的。这是一个惊人的例子，说明了社会现实或共享现实如何能压倒人们对物理现实的最初感知体验。

描述性和规范性标准对确定何为现实的影响

谢里夫对团体构建社会规范的研究是对该关键过程的首次实验性检验。但社会规范对于确定何为真实（以及试图掌握发生的事情）的重要性早已为埃米尔·涂尔干（Emile Durkheim）和马克斯·韦伯（Max Weber）等知名社会学家所认识。[109]此外，自 20 世纪 30 年代谢里夫的开创性工作以来，社会规范的概念已被社会学家和社会心理学家进一步发展。[110]最近，社会规范在确定何为真实中的作用在几个方面得到了强调。

社会规范的一种重要类型是关于群体成员在特定领域应该如何表现的文化规则。谢里夫的研究中构建的社会规范是对世界真实情况的描述（即关于光实际上是如何移动的集体共识），是关于人们应如何行事的社会规范，或是关于应该建立何种现实的禁令性的社会规范。[111]特定领域中的禁令性社会规范可能因不同文化而异。与美国相比，中国的规范有时更为严格，例如解决冲突时应尽量减少人与人之间的敌意，并应根据平等（与公平相对比）原则在小组成员之间分配奖励。如果规范确定了什么是真实的，那么对于那些特别有动机去建立现实的个体的影响就会更大。这样，迫切需要认知闭合的人会受到强烈激励，因而也最有可能遵循其周围文化的社会规范。这正是最近研究发现的中美在解决冲突和奖励分配方面的差异。[112]

禁令性社会规范是关于人们应该如何行事的规定，当遵循该准则时，
142 人们的行为将被认可，而当未遵循该准则时，人们的行为则会被反对。
禁令性规范确定了哪些行为在哪些情况下对于哪些人（取决于其社会角
色、身份、地位或位置）来说在社会上是正确的。与之相对的，描述性
规范提供他人在某些生活领域中是如何行为的信息（即人们在特定情况
下通常会做什么）。罗伯特·西奥蒂尼（Robert Cialdini）是社会影响和
说服领域的杰出人物[113]，他指出，社会学家和社会心理学家更加关注禁
令性规范而非描述性规范对社会行为的影响，而忽视了描述性规范的力
量可能会带来某些问题。事实上，他已经展示了说服性消息如何使用禁
令性规范来影响消息接收者，却没有意识到这同时也显示了在描述性规
范的情况下会如何取得适得其反的效果。[114]

例如，西奥蒂尼描述了公共服务消息是如何自然地试图通过展现问
题有多么严重，来动员人们采取行动解决问题的，比如人们在公共场所
经常乱扔垃圾的问题。此类信息的一个著名例子是在《铁眼科迪》电视
广告中，一位年长的美国印第安战士划着独木舟顺流而下时，看到公路
上满是垃圾，并目睹一位汽车乘客将垃圾扔出窗外，污物溅到路边。广
告的末尾，他的眼泪顺着脸颊流下来。西奥蒂尼指出，这种公共服务场
所不仅包含着想要传达的"人们不应该乱扔垃圾"的禁令性规范消息，
还在无意中透露了"很多人乱扔垃圾"的描述性规范消息。两种规范都
有激励作用。观察者想做被认可的事情（禁令性规范），但他们也想做别
人做的事情（描述性规范）。这些消息建构了两种不同的现实，它们在行
为上产生了相反的作用力，从而削弱了消息的有效性。

相反，我们需要的是这样的消息，其中禁令性和描述性规范所建立
的现实在相同的方向上发挥作用。例如，在一项研究[115]中，参与者在汽
车挡风玻璃上发现了一张传单，他们可以决定是否将其丢弃在周边环境
中。他们周围的环境要么是干净的，要么到处都是垃圾。此外，参与者
或者看到或者没有看到有人（实验的同谋者）在干净或乱七八糟的环境

中乱扔垃圾。看到某人将垃圾扔到已经满是垃圾的环境中的情况，与《铁眼科迪》电视广告中传达的描述性规范相同。与该电视广告想要的效果相反，在这种情况下发生的乱扔垃圾的情况是所有四种情况中最多的。也就是说，"人们在这里乱扔垃圾"的描述性规范是人们所遵循的现实。

重要的是，在干净的环境中看到某人乱扔垃圾的情况下，参与者乱扔垃圾的数量最少。这种情况下显示的信息是"大多数人不在这里乱扔垃圾"（因为之前很干净）。尤其是因为只有一个人乱扔垃圾，所以它会引起人们的注意，即在此人之前其他人没有乱扔垃圾；也就是说，它提醒人们注意不乱扔垃圾的描述性规范。此外，看着某人在清洁的环境中乱扔垃圾可能导致对此人的负面评价（他不应该这样做），从而使禁令性和描述性规范保持一致。

最后，该研究强调了在谢里夫的研究中可能也发生过的事情——帮助人们确定何为真实的描述性规范，给相应的告诉人们应该将什么当作真相的禁令性规范制造了压力。如果这是人们不乱扔垃圾的地方（描述性规范），那么这就是我和其他人不应该乱扔垃圾的地方（禁令性规范）。如果该小组一致认为光点在以某种方式移动（描述性规范），那么我也应该说光点正在以这种方式移动（禁令性规范）。如果某事物被确定为真实，它就应该被视为真实。这样，社会规范就有助于界定现实、建立现实，而这种界定的现实也会影响人们的判断和决定。确实，几十年来，符号互动论一直遵循以下主要规则："如果人们将情境定义为真实的，那么它们在结果上就也是真实的。"[116]

认识权威在建构现实中的作用：米尔格拉姆实验

社会规范具有影响力，因为社会契约可以建立现实。彼此同意的人越多，我们越会依靠这种共识作为确定何为真实的来源。当我们依靠某种来源来建立现实时，该来源就具有认识的权威。[117]社会规范是认识权威的一个主要来源，但社会地位和专业知识同样也可作为其他的来源。[118]

斯坦利·米尔格拉姆（Stanley Milgram）在其著名的"服从权威"研究中生动地展示了社会地位、专业知识和可信度（共同作用）的影响力量。[119]参与者自愿提供帮助进行他们认为是由耶鲁大学的一位教授指导的研究，研究旨在通过惩罚手段改善教学和学习。据称，在随机分配的基础上，参与者被分配为"教师"角色：担任这一角色，每当"学习者"犯错，他们便要给予"学习者"电击，以此来测试惩罚对学习的影响。这些"教师"不知道，"学习者"实际上是实验者的同谋，没有受到电击。

144　　　随着学习期间犯错的次数越来越多，据称"学习者"受到的电击强度也将上升。在某个时候，电击强度上升到会明显造成痛苦的水平，"学习者"大声抱怨并要求结束实验。但实验者告诉"教师"，为了研究有必要继续进行实验，电击虽然可能很痛苦，但不会造成永久性组织损伤。尽管"学习者"表现出了明显的痛苦和抗议，但许多参与者仍继续扮演"教师"的角色，并继续实施那些他们相信是越来越令人痛苦的电击。

米尔格拉姆的研究结果通常被描述为反映了那些持续给"学习者"带来痛苦电击的"教师"参与者的负面性格，例如"软弱"和"顺从"等特征，或更糟的诸如"不道德"之类的与纳粹党卫军和盖世太保部队相提并论的特征。米尔格拉姆本人将其描述为"服从"，这意味着服从权威的命令，愿意顺从。它的近义词是温顺的和易管教的，意味着易于管理或控制。米尔格拉姆说他们"被视为屈服于权威的要求"[120]。

我认为将这些参与者描述为"软弱的"（或者更加糟糕）对他们来说是不公平的，也不能正确地解释他们的行为。这项研究中的同谋"学习者"实际上并没有受到折磨，但那些参与"教师"却真正遭受了痛苦，许多人显示出极度紧张的迹象；他们因为认为自己正在伤害"学习者"而感到痛苦，并且显然更希望实验者能结束研究。我认为，参与"教师"的行为并不是"服从"特质的反映，而是反映了实验者在研究之前为他们创建的心理状况——对现实的定义，并且这一定义在整个研究过程中持续被强调。现在让我描述一下这个对现实的定义是如何被建构的。

之后扮演"教师"角色的志愿者是来自耶鲁大学所在地的康涅狄格州纽黑文社区的成年男性。这些人回应了一家当地报纸的"公告"，该"公告"显示需要人们来"帮助完成对记忆和学习的科学研究。这项研究是在耶鲁大学进行的"。该"公告"明确表示需要工厂工人、文员、建筑工人和公务员等职业人员，并且不需要大学生。如果符合条件，调查对象被邀请向耶鲁大学心理学系的斯坦利·米尔格拉姆教授邮寄一张优惠券，表示他们愿意"参加这项关于记忆和学习的研究"。

这种招募方式确立了受访者相信他们会在这一重要的、久负盛名的科学研究中提供帮助的现实，而这项研究由心理学教授指导并且可以增进人们对学习方式的了解。其他参与者将是社群中和他们一样的人。当他们到达研究地点时，他们被介绍给一个 47 岁的男人，这个男人表面上是一位和他们一样的志愿者，实际则是该实验者的同谋。实验者本人身着灰色实验室技术员外套，看起来像位专业的科学研究人员。他举止严肃而有点严厉。头衔、衣服和饰物，这些都是高地位和专业知识的有力象征。[121]参与者看了一本关于教—学过程的书，并且给了他们以下信息[122]：

> 但实际上，我们关于惩罚对学习的影响知之甚少，因为几乎没有研究者对人类进行过真正的科学研究。例如，我们不知道多少惩罚对学习而言是最好的。

总而言之，从"公告"的发布到实验环境，一切早已被安排好，以使参与者对实验者的高社会地位和专业知识以及研究本身的社会意义留下深刻的印象——有必要为这一有关学习的重要科学研究提供帮助。实验者是具有高认识权威的人。参与者在第一次回应"公告"时就已经接受了其"助手"的角色，并且他们对这一角色的承诺在到达实验现场后只会增加。

重要的是，参与者认为，他们会通过随机分配成为研究中的"教师"或"学习者"（尽管实际上，参与者总是成为"教师"，同谋者总是成为"学习者"）。为了扮演好"助手"角色，他们愿意承担任何一个职位，他

145

们了解到其他志愿者也是如此。他们在研究中都是"助手"。因此，当参与者相信和自己一样同是"助手"的同伴，即"学习者"，正在遭受痛苦时，他们自然希望研究结束。但是，实验者凭着高认识权威重新确定了这样的社会现实，即参与者和他们的"助手"同伴需要继续进行研究，否则，将无法收获对科学学习的认识。参与者愿意继续与其他"助手"一起受苦，以好好扮演"助手"的角色，这个角色是他们和他们的"助手"同伴在回应公告时随意选择的。

146

    米尔格拉姆认为，"教师"参与者不再认为自己要对"学习者"所发生的事情负责。他们放弃了责任，成为"没有思考的行动者"[123]。我完全不同意这种描述。从参与者承受的痛苦中，我们可以清楚地看出他们认为自己对正在发生的事情负有责任。而且，最重要的是，他们为在这项重要的学习科学研究中扮演好"助手"的角色而承担了责任。事实上，正是他们承担这一角色的责任与他们感到自己要对另一个"助手"所遭受的痛苦负责之间的冲突使他们如此煎熬。正是他们的高度责任感使这些参与者感到痛苦。像米尔格拉姆那样把这些参与者描述为"没有思想的"，认为他们放弃了自己的责任并温顺地服从于权威，这既不准确又具有侮辱性。

    因此，这项研究表明的其实是具有高地位和专业知识的认识权威可以为他人确定何为真实。米尔格拉姆的发现并不是说人们希望退出实验，但却因为过于软弱而屈从于权威没有退出。相反，他的发现是：人们希望自己能对他人有所帮助，当被一个认识权威告知帮助他人即意味着他们需要继续完成这一重要研究时，即使这意味着自己和另一个"助手"都要因此忍受痛苦，他们也愿意这样做。著名的政治哲学家汉娜·阿伦特（Hannah Arendt）将人们出于平凡的动机做出可怕事情的现象，例如纳粹德国艾希曼的暴行，称为"平庸之恶"（banality of evil）。[124]像米尔格拉姆和阿伦特所说的那样，这种平庸指的就是普遍的顺从或糟糕的判断力。但我相信，这些"教师"拥有令人钦佩的动机，而不是什么消极的特质。我相信他们想提供帮助，并愿意为此而承受痛苦。[125]

如果我的这种看法是正确的话，这会使米尔格拉姆的发现对我们所有人来说都更加令人不安。即使我们的动机令人钦佩，我们的行动也可能是错误的和有害的。我想到了父母、老师、警察和军官、政客和企业高管等认识权威。他们可能试图负责任地履行职责，但是在接受而不是放弃自己的责任时，他们的行为可能是有害的。他们可能会犯错，并且因此而遭受的痛苦也可能是巨大的。我最为关心的是这种情况下高地位和专业知识的认识权威可能会造成的影响：它可能建构这样一种现实，使得本来出于好意的人们却做出了伤害他人的行为。这是一种常见的效应，我们不能试图用消极特质解释负面行动而忽略它。我们不能仅仅因为知道我们的意图是积极的，便忽视我们由于理所当然地接受了认识权威所建立的现实而伤害了他人的可能。对米尔格拉姆研究结果的普遍解释允许得出这样的结论：只要人们承担对他人的责任，一切都会好起来的。那不是很好吗？恰恰相反，我们要认识到，即使我们承担起对他人的责任并且是善意的，但如果我们无法建立超越认识权威所界定的真实内容，我们也会遭受痛苦。

拥有较高地位和专业知识的认识权威可能在很早的时候就已经对人们产生了强大影响。在幼儿眼中，他们的父母（或其他看护人）因为其地位和专业知识而拥有很高的认识权威。随着儿童成长并进入其他社会环境，他们开始逐渐将其他重要他人当作某些知识领域的认识权威，例如朋友、教练和老师。他们也会逐渐将自己视为认识权威，例如获得有关自己的偏好、长处和劣势的知识。[126] *147*

在对自我或其他重要他人的认识权威的分配上，存在着文化和个人差异。另外，分配多少权威可能具有或多或少的适应性。有些人可能会因为赋予父母太多认识权威而过分依赖父母。而其他人，例如那些属于"回避型"依恋的人，则是因为给自己分配了过多的认识权威——"强迫性自立"[127]。对成人依恋问题的研究发现，拥有安全依恋的人通常比"焦虑型"和"回避型"依恋的人更加信任他人[128]并因此赋予他人更多的认识权威。文献通常强调那些安全依恋的好处。但是，赋予他人更多的认识权威，意味着我们无法在他们为我们所定义的真实范围外确定现实，也存在一些潜在的代价。

共享现实在确定何为真实中的作用：社会沟通

谢里夫的发现的惊人之处在于，关于什么是真实的可以在没有物理现实基础的情况下被社会构建起来，并且该规范仍将产生真实的后果——它将被视为是真实的。稍作思考，我们就不应对此感到惊讶，人们有动机将社会或共享现实而非自然现实视为真实的。这种意愿的背后是人类文明的必要条件之一——使用语言与他人交流我们的内在状态。

通过语言进行交流在人类社会中起着至关重要的作用。除其他事项外，它还要求一个语言社群的成员能就用以命名不同事物的单词达成一致。正如我前面提到的，一个语言社群同意将可以吠叫和取东西的毛茸茸的动物命名为狗，另一个语言社群则同意将其命名为犬。没有任何现实规定这些单词哪个才是该动物的正确名称。但是，每个语言社群都同意使用一种特定的名称——一种世代相传的社会规范，并且当社群成员独自一人时也会如此使用。同样值得注意的是，每个语言社群的成员都会认为他们的语言能更好地代表动物并且更好地反映现实。例如，对于许多说英语的人来说，狗似乎适合动物的特征，而犬的称呼似乎不合适，甚至很奇怪。[129]

于是，语言社群的动机是创造关于不同事物名称的共享现实。但是，创造一个关于世界上的事物的共享现实的动机，超出了命名的社会规范。共享现实的动机一般而言是交流最重要的目标之一。[130]当人们有了这个目标时，他们就有动机以与受众的信念或态度相匹配的方式来描述事物。

在本书前面提到的一项对这种现象的早期研究中[131]，作为交流者的大学生被要求根据描述目标人物唐纳德行为的一篇短文来对他进行描述。短文描述的行为其实是模糊的。也就是说，它们可以被贴上正面或负面的标签，例如可以被认定为"固执的"或"锲而不舍的"，也可以被认定为"勇于冒险的"或"鲁莽的"。例如，固执/锲而不舍的描述如下："一旦唐纳德下定决心想要做好一件事，那么无论要花多长时间或遇到多大困难，他都会做到。即使改变主意可能会更好，他也很少改变主意。"

参与者被赋予了一项参考交流任务。他们被告知要向认识目标人物的听众描述目标人物（不提他的名字），听众将根据参与者给出的信息尝试从一组可能的人选中辨认出他。在不经意间了解听众对于目标人物喜爱与否之后，参与者为他们的受众加工了他们的信息。这项以及其他数十项研究发现，沟通者会根据自己受众的态度来调整他们的信息，这种现象被称为"受众调整"（audience tuning）。也就是说，传播者在相信自己的受众喜欢目标对象时，会制作积极的评价信息；而对不喜欢目标对象的受众，他们则制作负面的评价信息。这些消息不是对沟通者得到的目标的信息的准确描述。准确的描述是有所保留且暧昧的。相反，信息被曲解，并偏向符合受众对目标的态度的评价方向。传播者为目标创造了一个新的真相，使他们可以与受众共享同种现实。

但这不是这项研究和其他研究中发生的全部情况。后来，参与者被要求尽可能准确地回忆（即逐字逐句）他们收到的文章中所包含的关于唐纳德行为的信息。研究发现，沟通者自己对原始文字信息的评价语气与他们先前给出的信息的评价语气是符合的。也就是说，当他们对受众正面地调整他们的信息时，他们的回忆也被扭曲得更加积极；而当他们对受众的信息进行消极调整时，他们的回忆也被扭曲得更加负面。当回忆发生在制作信息数周后，而非与制作信息同时期发生时，这种记忆偏差还会更大。总之，参与者最终相信并记住他们所说的内容，而不是坚持最初对该目标的认识，这种现象被称为"言之即信"效应。[132]

因此，以共享的现实目标进行沟通，可能导致将迎合受众的消息视为关于该主题的真相（将其视为真实），尽管该消息可能偏离了该主题的实际事实。在进一步讨论这个结论的含义之前，我需要解决一个潜在的问题。这一消息调整对记忆的影响是否可能是由于消息的存储表征影响了记忆的重构过程？如果是这样，这涉及的就是信息重构与推理的认知

149

机制，而不是共享现实的动机机制。当交流目标不是共享现实目标时，只要为了适应听众态度而做的信息调整依旧强烈，这种认知机制就会产生"言之即信"的效应。

然而，事实并非如此。例如，当传播目标是娱乐性的（例如，通过夸张或讽刺的技巧迎合听众的态度会很有趣）或工具性的（例如，为了让听众喜欢并随后酬谢交流者而调整）时，根据听众的态度进行信息调整的动力将同样强劲，但"言之即信"的效果却会消失。[133]重要的是，进行信息调整的动机是不是确定何为真实、为了建立真相。确实，在娱乐目标条件下，"夸大"的指示清楚地表明，消息中对目标对象的描述不应被视为真实的，而在工具目标条件下的动机显然有关价值（获得奖赏）而不是有关真相。因此，这两个目标条件显然都与事实无关。

我们还假设，"言之即信"效应会因为人们希望与特定受众分享现实而发生，而不仅仅是因为创建的消息恰巧符合听众的态度。如果真是这样，"言之即信"效应的发生应取决于谁是受众。毕竟，人们并不会将任何人都视为能与其分享现实的合适伙伴。对社会比较过程和群体锚定知识的研究表明，人们认为，与自己相似或值得信赖的伙伴比起缺乏这些特质的人更适合与自己共享现实。[134]在这一点上，受众是否属于交流者的内群体就显得尤为重要。实际上，有明确的证据表明，受众群体的成员身份确实很重要。如果像最初的研究那样，当听众属于沟通者的内群体时，就会产生"言之即信"效应。但是，当听众属于外群体时，例如当交流者是德国学生，而受众是说德语的土耳其人时，受众调整仍然会发生，但"言之即信"效应却会消失。[135]

将受众调整的信息说成关于我们周围世界的真实信息，即便它们被扭曲以适应听众，这对文化知识的构建也具有重要意义。这是因为，在人类互动中，以共享现实为目标与他人的交流无处不在，它可能是一种十分重要的机制，是构建文化的共享记忆和对我们身边世界的评价的基础，是一种构建社会、文化和政治信念的基本机制。[136]相比记住最初被给予的主题信息，传播者记住的是他们的消息中所表现出的信息，这些信息因为考虑受众的观点而被调整过。这样，这种针对受众群体的社会调适可以在社区内创建一种共享但有偏的世界观。而且因为这个过程不仅能发生在作为信息主题的个体身上，也能发生在作为信息主题的群体身上[137]，这也可能造成社群共享的对其他群体的刻板印象。

人类共享现实的强烈动机的本质

分享现实的动机对我们所有人来说都是一种强大的力量，它让我们接受他人的信念并说服他人接受我们的信念。当我很小的女儿凯拉和她的朋友乔伊在一起时，这种动机的力量让我感到震惊，她们为前门附近的木制玩具的正确名称而争论不休。凯拉称它为"豪猪"，乔伊称其为"臭鼬"。她们来回争论。随着争论的继续以及对就这个名字问题达成一致的由衷的愿望渐趋迫切，谈话的语气越来越极端。最后，凯拉对乔伊说："请同意我。"她当然可以直接同意乔伊的意见，并因此建立一个共享现实，但这是她自己家中的一个物体，她需要对方来证明自己过去对它的信念。

为什么建构一个共享的真相、一个共享现实的动机如此强大？当我们发展共享现实理论时，我和柯蒂斯·哈丁（Curtis Hardin）的结论是，它无非是将某种不确定的现实的主观经验转化为客观现实的经验的动机。[138]实际上，"主观"和"客观"这两个词反映了两种知识之间的基本区别，反映了共享现实在其中的关键作用。[139]"主观"是指只有个人的头脑才知道的唯心经验。相反，"客观"是指不依赖于个人而存在的"事物"或"现实"，重要的是，其他个体也可以观察到它。在科学界，只有在被其他科学家验证之后，一些东西才会被认为是客观的，这再次凸显了一些为社会所共享的东西被视为真实事物的关键作用。

柯蒂斯和我采用了一个统计隐喻来描述共享现实如何有助于体验真实事物。当我们将经验与他人共享时，它起着确立可靠性的作用，以确保我们的经验不是随机的或反复无常的。如前所述，当与另一个独立个体分享我们的经验时，这种经验就变成了客观知识，因此共享经验起着确立有效性的作用。由于另一个人分享了我们的经验，经验不再只是我们自己的特定数据，因此它还能确立普遍性。于是，就像在科学中一样，共享现实在我们确认体验是真实的过程中起着至关重要的作用，它们是可靠的、有效的和普遍的。

因此，为了生活在一个客观世界中，有必要让他人共享我们的信念和感受。这就是为什么在阿希的研究中，参与者在无法与他人共享对白板上的两条线条的判断时，会感到如此不适。决定独自在南极气象站度过 6 个月的美国极地探险家理查德·伯德（Admiral Byrd）（1938）的例子也表明，完全消除社会共享的选择不仅可能导致重度抑郁症，还可能导致幻觉和超现实的妄想。

让别人分享我们的偏好和感受的动机是如此强烈，以至于我们经常会认为大多数其他人都同意我们的观点，即使通常事实并非如此——一个虚假的共识。[140] 在有关此现象的一个例证中，作为沟通技巧研究的一部分，参与者被要求穿着有"在乔氏吃饭"（EAT AT JOE'S）字样的大型广告牌在校园里走 30 分钟。参与者很清楚他们有拒绝参与的自由，但如果他们答应帮助完成研究项目，实验者会很感谢他们。一些参与者同意了，其他一些人则拒绝了。参与者同时还被要求估计其他学生同意参加这一研究的可能性。只有40%的参与者拒绝参与，但他们预测其他2/3的学生同样也会拒绝。其他研究也发现，人们对偏好和习惯的共性的预测偏向于他们自己的偏好和习惯。[141]

152　　因此，在共识实际不存在时人们也会感知到共识。这种虚假的共识支持他们拥有与他人共享现实的体验。然而，应该指出的是，人们并不总是需要其他大多数人的同意才能体验到一个共享现实。当个人认为自己拥有关于某种信念的有力证据，例如在阿希实验中拥有关于线条长度的强有力的物理证据时，只要已经从其他人那里获得了社会验证，成为少数群体就已经足够。例如，在阿希实验的另一版本中，与实验者同谋

的一名学生总是给出正确的答案。这样，通过做出与天真的参与者相同的判断（即正确答案），此人就成为天真的参与者的"伙伴"。但即使有了这个伙伴，天真的参与者的判断在小组成员中也明显是少数（7~9名学生中的两名）。然而，当天真的参与者有伙伴时，他们同意冲突判断中错误的多数判断的频率急剧下降，只有1/3的错误判断被接受。不再有任何一个天真的参与者一直同意多数判断的，并且在大多数关键试验中，天真的参与者都与伙伴站在了一起反对多数人。[142]

因此，基本动机是与另一个人共享相同的现实，而并不一定要成为大多数。人们想要与他人共享的不只是行为，而尤其是他们的思想、感觉、态度、目标和标准——他们的内在状态（inner state）。这是因为，他们认识到（并且只有人类才有这种认识）他人以及自己的行动和决定都受这种内在状态的支配。因此，这些内在状态需要被理解、管理和共享。[143]其他动物会注意其他动物在看什么[144]，但只有人类，包括幼儿，才会彼此分享知识，包括创造共同关注点和有意的教学。[145]我们都见过小男孩或小女孩在玩耍中发现了一些有趣的东西，然后高兴地与父母或玩伴分享这些新知识——儿童成为他人的老师。这不是非人类生物所做的事情。对于人类来说，这就是我们使自己的内在状态成真的方式。如果另一个人确实分享了我们关于内在状态的现实，那么我们正在思考和感受的东西就会变得现实。

当对自己的信念感到不确定时，人们向他人求助的方式也体现了社会和共享现实对确定何为真实的重要性。谢里夫的光点研究为此提供了一种证据，就像《当预言失败时》中指出的那样，在预期落空后，与他人交谈的次数也有所增加。在一项直接研究转向寻求他人帮助建立共享现实的动机研究中[146]，参与者被给予了有关目标命题的信息支持（关于应该让男孩提早进入小学的原因），使参与者对该命题产生了或强或弱的初始信念。之后，所有参与者又都获得了不支持初始假设的新信息。这些新信息很容易驳倒薄弱的初始信念，但却给那些持有较强的初始信念

153

的人带来了模糊性。人们预计，这种模棱两可或不确定性会促使最初有强烈信念的人转向求助他人，将他人作为确立现实的来源之一。收到新信息后，参与者被要求就是否支持该主张提供最终答案，但在这样做之前，他们还被给予一个额外的机会可以查看研究中另一位参与者的观点。在拥有较强初始信念的人当中，有 65％ 的人选择求助于这种额外的社会信息，而拥有较弱的初始信念的人中只有 30％ 选择这样做。

在结束关于共享现实对确定何为真实的作用的讨论之前，我想完整回顾一下之前关于 3 岁儿童到 4 岁转变的讨论，他们开始认识到他人包括自己都可能抱有错误信念。文献显示，拥有兄弟姐妹能促进儿童这种认识的发展。[147] 而兄弟姐妹的年龄是更大或更小都无关紧要，这表明发展性促进并不仅仅来自年长的哥哥姐姐对弟弟妹妹的直接指导。是什么引发了这一有趣的社会促进过程，使有关孩童的"心智理论"因为拥有一个兄弟姐妹就发生了重大的改变？

也许最重要的是兄弟姐妹间观点上的差异。[148] 就像阿希描述的差异那样，一个人看到的是树林里的怪物而他的邻居看到的却是树枝。当观点存在分歧时，兄弟姐妹需要彼此协商讨论出一个共享的现实，就像我的女儿凯拉与朋友进行的"豪猪"与"臭鼬"的讨论。这种协商讨论意味着某个伙伴或他们两者的初始信念都被认为是错误的。有趣的是，虚假的游戏同样也可以促进对"错误信念"的理解，只要它们涉及不同观点之间协商讨论以创建共享现实。[149] 最重要的是，兄弟姐妹通过合作建构了共享现实。

总而言之，本章表明，人们使用不同的方法来确定何为真实，区分什么是真实或虚假、什么是正确或错误。我们通过询问发生了什么以及为什么会发生来确定现实。我们在不同的信念与感受之间，以及信念或感受与行为之间确立并维持认知一致性。受长期人格倾向或情境力量的影响，我们会使用不同的策略来寻求真相和接受真相。最后，尤其是当现实模糊不清时，我们会使用社会现实和共享现实来创造对客观真实的体验，即使没有物理证据或事实能支持我们创建的真实，我们也会这样做。[150]建构何为真实的动机可以帮助我们趋近快乐和回避痛苦，就像我在第七章中讨论的那样，但其本身与享乐主义动机是分开的。作为一种促使我们体验成功寻求真相的独立动机，它可以胜过享乐主义动机。成功掌控发生的事情——控制有效性（control effectiveness）——的动机也是如此，我将在下一章对此进行讨论。

第六章
控制：管理何事发生

在荷马史诗故事《奥德赛》（*The Odyssey*），英雄奥德修斯带领士兵在特洛伊战争后返航的过程中不断面临挑战。这个故事显然与价值有效性无关。奥德修斯最终并没有获得预期的成功。他的追随者没有一个在航行中幸存，他的情况也不太好。奥德修斯的故事有关控制，有关管理所需的如何使事件发生，特别是在这个故事中体现的管理如何使事件不会发生。

以塞壬的情节为例。塞壬是住在礁岩上的女妖，她们用音乐和声音引诱水手驾船朝她们驶去并触礁沉没。荷马用这一情节来说明人类抗拒诱人但致命欲望的挣扎——自我控制的典型案例。为了控制水手的欲望，奥德修斯用蜡塞住他们的耳朵眼，使他们听不到音乐。奥德修斯本可以用同样的策略来控制自己的欲望，但他太好奇了——他想听塞壬的歌。事实证明，塞壬的言辞比其优美的声音更诱人，因为这些言辞承诺：只要来到塞壬身边便会获得极大的智慧。当奥德修斯知道无法抗拒意味着灾难性的后果时，他该如何应对这种不可抗拒的知识诱惑——这种他身

上的追求真相有效性的动机？解决的办法是让他的随从将他绑在船的桅杆上，并在他恳求放开他去找塞壬时将其绑得更紧。这种策略奏效了，但是奥德修斯也差点被自己受到的诱惑逼疯。

当人们能有效地控制时，他们能管理所需的东西，例如管理程序、能力和资源，以使某事发生或不发生。能够控制指的是对行动进行指导

或约束，具有指导或管理的权力或权威。控制不同于价值和真相。价值与获得可欲（与不可欲的相比）结果有关，真相与确定真实或正确（而不是幻想或错误）有关，控制则是对某事物有或强或弱的影响。

应对塞壬的挑战在于抵抗诱惑。在这个故事中，诱惑和无法抵抗的后果都是极端的。但若形式更温和些，这种抵抗诱惑就是我们所有人为了执行未来目标而经常会做的事情。在各种各样的控制有效性中，人们是如何或失败或成功地抵抗诱惑，这一直都是最受关注的问题，心理学文献和其他著作中都是如此。例如，它的意义已经在主祷文中得到了认可："不叫我们陷入诱惑。"出于这个原因，在本章中，我将首先回顾有关抵抗诱惑的心理学主要观点。然后，我将回顾另一个重要的自我控制问题——控制内在状态，比如不想要的感觉和想法。最后，我将回顾为了管理目标追求过程中发生的事而需要更普遍地控制的一些中心功能——选择、承诺和反馈。

❖ 抵抗诱惑

在文献中，有两个著名的涉及抵抗诱惑的自我控制的例子。第一个来自弗洛伊德，他首先提出，控制内在动机力量之间的冲突是人们面对的主要心理问题。[1]最根本的冲突是本我和超我（也称为理想我）的动机力量之间的冲突。本我的动力与本能的愿望和欲望有关，例如性、攻击性和利己主义的自我满足。它们是遵循快乐原则的原始冲动性力量。相反，超我的动机是习得的（即内化的）要求和禁令，例如社会规范、指导和规则。[2]

弗洛伊德在他的最后一部著作《文明及其不满》（*Civilization and Its Discontents*）中描述了文明是如何要求个体遏制自己的个人享乐，从而使文明的人过着一种内疚而沮丧的生活的。文明的发展对自由施加了限制。对于弗洛伊德来说，一个具体的例子就是如厕训练，幼儿必须通过学习文明的排便规则来控制他们的肛门性欲。儿童必须抵抗一旦想就随时随地

157

排便的诱惑。本我无法控制的排便冲动与超我对此的限制之间的冲突会制造内疚和挫败感，而对这一冲突的解决则说明了有效控制的重要性——在管理何时何地排便与否上的成功和失败经验。

关于抵抗诱惑的自我控制的第二个经典例子要追溯到沃尔特·米歇尔（Walter Mischel），他是过去半个世纪人格研究领域的主导人物。弗洛伊德的问题涉及个体压抑自身渴求的那些被禁止的行为，米歇尔的问题则涉及个体为了目标而自愿忍受延迟。米歇尔认为，这种延迟满足（delay of gratification，即愿意等待某件事）是人类面临的一项基本任务，也即通常所说的意志力的核心。而鉴于人类有穿越遥远时期的能力，为了实现未来的愿望，例如获得一个大学学位，等待的时间可能是几年。因此，当下想要的东西，例如获得一份全职工作、结婚或建立一个家庭，可能不得不推迟很长时间。

米歇尔选择的用来研究延迟满足的任务非常简单。[3] 学龄前儿童被单独带入一个房间并坐在一张桌子旁，他们被展示了两样东西：一块棉花糖和一块椒盐脆饼。从预测试中可知，尽管这些孩子对这两样东西都很喜欢，但是他们明显更偏好其中一个，例如棉花糖。为了获得心仪的东西，他们必须面对桌上的这两样东西独自等待，直到实验者回到房间。他们随时可以摇响铃铛示意实验者返回。但他们知道，一旦摇铃，他们便只能吃到不是那么喜欢的食物，即椒盐脆饼，而不是更喜欢的那个东西，即棉花糖。为了吃上喜欢的棉花糖，孩子必须抵制摇响铃铛以及吃到椒盐脆饼、获得即时满足的冲动。

学龄前儿童在米歇尔的"棉花糖测试"[4] 中的表现，被发现可以预测多年后他们与学校相关的能力，据米歇尔所说，这反映了人格的自我控制方面存在着显著的连续性。[5] 然而，与本章最相关的则是米歇尔关于孩子们用来延迟满足的策略。从传统的激励角度来看，最好的策略应该是想象通过等待将会获得更喜爱的东西，即棉花糖。想象着棉花糖的美味特性以及吃起来的美妙感受，会让棉花糖作为奖励更加令人向往，从而增强孩子通过等待获得这一奖励的动机。实际上，这种激励策略会使等

158

待变得更加困难。[6]显然，考虑进食只会增强立刻进食而不是等待的动机，从而使延迟满足变得更加困难。

抵抗诱惑的有效策略

心理转变

对于儿童来说，能帮助延迟满足成功的策略是在心中将可食用的物体转变为无法食用的物体，例如在心中将椒盐脆饼想象为薄的棕色圆木，或将棉花糖想象为白色的蓬松云朵。米歇尔认为，这种策略可能更为普遍，因为具体的"热"物体已经在心理上转变为抽象的"冷"物体。[7]

这种心理转变策略的力量也在其他研究中得到了证明。[8]在一些研究中，当孩子们被要求等待时，他们看到的只是诱人物体的彩色图片而不是实际对象，或者他们面对实际物体却被要求将它们想象为彩色图片。在这些条件下，延迟满足（即孩子们愿意等待多长时间）会有所增加。令人印象深刻的是，有证据表明，心理转变有时也会产生反效果。在另一种情况下，当儿童被展示了物体的图片却被要求不要将它们视为实际物体时，延迟满足反而减少了。这些发现表明，心理转变对抵抗诱惑的能力有很大的影响：展示诱人物体的实际特征将使诱惑更难以抵抗，而用其他方式来代表诱惑，例如想象它只是一张图片，将使抵抗诱惑更加简单。

分心

抵抗诱惑的另一种策略是分散注意力，这也是儿童在"棉花糖测试"中成功使用的一种普遍策略。孩子们遮住眼睛或将头埋在手臂里，以免看见物体。他们还试图通过进行更愉快的替代活动来分散自己对不愉快的等待的注意力，例如唱歌、自言自语或试图睡一觉。

听起来有点耳熟吧？是的，成年人也经常通过分散注意力来抵抗诱惑。这包括一些基本的技巧，例如不看甜点或小吃等诱人物品。一些社区还引入了与注意力相关的规范性策略来抵抗诱惑，例如制定规则要求女性必须穿衣服以掩盖某些诱人的身体部位。从视野中移除诱人物体的手段确实是有效的。例如，在"棉花糖测试"中，当物体远离视线时，儿童能等待的时间相比可看见物体时要长得多。[9]

言语表述结果意外性

在"棉花糖测试"中，孩子们延迟满足的另一种策略是明确地提醒自己在控制情况下会发生的结果意外性。例如，一些孩子提醒自己："如果我等待，我会得到棉花糖。如果我摇响铃铛，我就会得到椒盐脆饼。"有证据表明，不管是自发地使用还是被指示使用该策略，都能使儿童更成功地延迟满足。[10]

该策略反映了价值—控制关系。或有事件涉及这样一些命题：它们有关目标—手段的关系，有关哪些行动能使人们有效地获得期望的东西。值得注意的是，有关社会化的文献报告称，父母可以通过使用归纳技术（induction techniques）促进儿童的道德发展（即增强他们的自控能力）。这些技术指的是亲子互动，在这种互动中，父母会明确地告知孩子们他们对孩子所做的事情做出回应的规则和理由。换句话说，归纳技术还涉及对结果意外性的清晰陈述与解释，并使儿童内在化这些陈述与解释。[11]

当关注诱惑可以成为一种抵抗诱惑的策略时

在米歇尔的"棉花糖测试"中，想象通过等待能获得美味棉花糖对于孩子们来说并不是一种有效的策略，因为它使抵抗进食变得更加困难，即使是吃不怎么受欢迎的椒盐脆饼也是如此。但是，最近的一项研究发现，在某些情况下（至少对于成年人而言）专注于诱惑也可以增强自制力。[12]其中一种情况就是在受到诱惑时使用预防定向策略。一般而言，具有预防目标定向的个人比具有促进目标定向的个人更容易抵抗诱惑，因为预防目标被认为是必需品，而促进目标却不是。[13]此外，抵抗诱惑所需的警惕对预防定向来说是一种调节匹配，对促进定向却不是。例如，在解决数学问题时，相比一旁没有播放有吸引力的、分散注意力的视频片段的情况，促进定向的个人在一旁有视频片段播放的情况下表现得更差；而对于预防定向的个人，事实上相比不存在令人分心的视频片段的情况，在有视频的情况下他们反而更沉浸于数学问题并表现得更好。[14]

关于抵抗诱惑还有另一种令人惊讶的效应。有时，实现目标并抵抗 *160*
这些可能破坏目标的诱惑的最佳方法，是从关注诱惑本身开始。当首选
目标（例如，节食）明显优先于诱惑（例如，增肥的零食）时，暴露在
诱惑面前会激活更高优先级的目标，反而会压倒诱惑。[15]但是要达到这一
效果，不仅需要在诱惑与首选目标之间建立联系，还需要在诱惑与为实
现首选目标而反对这种诱惑的决心之间建立联系。在这种情况下，接触
到诱惑会自动激发反对诱惑的决心。[16]

举个例子，关心体重的妇女最初在候诊室中或接触到与节食目标有
关的刺激（例如，《形体》杂志、节食传单），或受到与诱人食物相关的
刺激（例如，《巧克力大师》杂志、小饼干），或并没有受到其中任何一
种刺激（例如，地理或经济杂志）。[17]接下来，参与者得到一项任务，在
他们并不知情的情况下被测量了他们饮食目标的可及性。然后，他们被
要求在两个礼物（巧克力棒和苹果）之间进行选择，从行为上衡量了他
们的饮食目标是否得到了激活。最后，参与者报告了他们未来避免食用
某些诱人的垃圾食品的打算，例如炸薯条、比萨和蛋糕等。

研究发现，与没有接触相关食物刺激的参与者相比，接触节食或诱
人垃圾食品刺激（都是与饮食相关的刺激）的参与者的饮食目标都被更
强烈地激活了。这表明，相比没有受到相关食物刺激的参与者，受到刺
激的参与者更容易接近节食目标。此外，暴露于相关食物刺激下的参与
者选择更健康的苹果的概率几乎是未接触刺激的参与者的两倍。但是，
最重要的是，相比其他参与者，包括那些在等候室中接触与节食直接相
关的刺激物的参与者，接触诱人发胖的垃圾食品刺激的参与者在未来抵
制特定垃圾食品的意愿更强烈。

这些发现表明，对于有节食目标的人，相比直接激活该目标，展示
诱人的食物可能更有效，后者不仅会激活节食目标，还会激发抵制这些
食物的决心。事实上，这种情况更可能发生在特定领域（例如，节食领
域）的更高效的自我调节者身上。确实，上述研究的参与者是经过特别 *161*
挑选的，他们在限制饮食摄入方面很有经验，并且十分注意自己的饮食。

因此，他们很可能将这种节制与总体的节食目标相联系，从而满足有具体计划来节制诱人的增肥食品的条件。

反向控制

人类独特的时间旅行能力也会影响抵抗诱惑。人们可以预见，当他们面对某个诱惑与他们实际可欲结果之间的抉择时，他们可能无法抗拒诱惑，而且最终得不到可欲结果。例如，他们显然知道将来进行体检的长期收益大于短期不适的体检成本，但是他们可以预料到，当实际需要预约体检时，他们将无法抗拒避免体检费用的诱惑。他们在当下可以采取什么措施来控制这种预期在未来无法抵抗诱惑的情况？

一种解决方案是通过建立反向控制机制来应对短期成本的影响。[18]例如，人们有时会采用这样的策略：向另一个人保证他们将在月底前预约体检，而这会造成一种社会压力，让他们履行承诺。该策略通过为未能遵守承诺的人创造一种未来的社会惩罚来促进价值有效性。[19]因此，反向控制机制代表了另一种价值—控制关系。

另一种反向控制机制是在当下提升偏好选项的价值，使其在将来也比诱惑项更受青睐。如何进行这样的提升？讽刺的是，首先考虑诱惑项可能才是正确做法。具体来说，一种有效的策略是在当下考虑未来需要抵抗的诱惑。当下对它们的思考可以产生反作用力，即在需要抵抗实际诱惑之前提升偏好选项的价值。

在一项检验这种反作用应对策略的有效性的研究中[20]，本科护理专业的学生被要求在期中考试前一周时，想象自己正处于一个愉快的社交情境，并想象一个"善于交际的"自我。对于这些学生来说，参加社交活动而不是在考试前的最后几天学习是非常诱人的，但他们更倾向于通过学习在考试中取得好成绩。在想象了他们的"善于交际的"自我之后，这些学生反而比其他没有想象的对照组学生更重视当下的学习。此外，当下学习价值的提升预示着一周后更好的考试表现。

162   解释水平

抵抗诱惑的另一种策略是改变诱惑项和偏好选项的表现或解释方

式。[21]诱惑，例如甜品，常作为较低的具体水平；而偏好的选项，如"健康的饮食"，则在高抽象水平上被建构。解释水平理论（construal level theory）[22]提出，高层次的解释水平更能把握刺激物基本的和主要的特征，而低层次的解释水平更能把握边缘和次要特征。因此，高水平上发生的冲突情况可以使人们更容易抵抗针对主要目标的次要诱惑，因为此时主要动机将比次要动机得到更大的重视。事实上，当人们问自己为什么要进行一项活动（高水平抽象解释）而不是如何进行该活动（低水平具体解释）时，抵抗诱惑会更容易。[23]

自我调节"资源"在抵抗诱惑中的作用

罗伊·鲍迈斯特（Roy Baumeister）是研究自我控制的心理，尤其是自我控制失败的心理的主要人物，他从力量（strength）的角度对自我调节过程进行了概念化。[24]各种诱惑，例如看啤酒广告后冲动饮酒的冲动，在力量强度上有所不同。各种抵抗诱惑的动机，例如"戒酒"的动机，在力量强度上也各不相同。如果诱惑很弱，那么抵抗它会相对容易，并且不需要高强度的抵抗动机。但是，如果诱惑很强，那么抵抗动机必须很强才能保证成功抵抗诱惑。

鲍迈斯特提出，总体而言，自我调节力量是一种有限的资源。因此，如果人们不得不在最初的任务中使用自我调节的力量，那么能用于后续任务的自我调节资源就会减少。例如，如果在后续任务中需要抵抗强烈的诱惑，而初始任务消耗的资源过多，那剩余的资源就不足以抵抗后续的诱惑，从而最终导致自我控制的失败。

在一项证明这种"有限资源"现象的研究中[25]，参与初始任务的参与者要么必须执行一项资源消耗型任务，即在不同产品类别之间做出许多不同的选择，要么只需要在相同的时间内执行一项要求较低的写作任务，即记下他们对不同广告的反应。下一项任务是"冷加压"自我控制任务，参与者需要试着尽可能长时间地将手臂浸在温度接近冰点的水中，这需要抵制从寒冷的水中移开手臂的本能倾向。研究发现，与最初执行要求较低的写作任务的参与者相比，执行要求更高的"消费者选择"任务的参与者抵抗本能的能力更弱。这项研究表明，当人们在最初的任务中使用了一些自我调节能力后，他们用于后续的自我控制任务的自我调节资源就会减少。[26]

如果由于任务资源不足而导致自控失败，那么增加资源应该可以减少此类问题。确实，有证据表明，在执行两项任务之前，先给人们喝加糖的柠檬水饮料，可以减少最初的自我控制任务对后续任务的负面影响，因为糖中的葡萄糖为大脑活动提供了能量。[27]最后，应该指出，将自我控制概念化为力量与资源，如意志力，与我认为控制有效性与力量维度相关的看法一致。

抵抗诱惑也是一种自我控制方式，人们试图抑制自己去做被诱惑的事情，以服务于其他竞争的动机力量，比如他们渴望获得某个未来的结果，而一旦受到诱惑就得放弃这个愿望。另一种自我控制方式是，人们试图管理自己不想要的内在状态，而不是抵抗自己试图去做的事情（即想做的事情）。在心理学文献中，这种自我控制也受到了广泛的关注。

❖ 控制不想要的（和想要的）内在状态

我将再次从弗洛伊德开始。对于弗洛伊德来说，不想要的内在状态的原型是人们对他人产生那些被禁止的想法、感受或欲望时会感到焦虑或内疚。他的主要例子是（3～5 岁的）年幼男孩想杀死父亲以占有母亲时经历的焦虑和内疚——俄狄浦斯情结。通过最终认同父亲，想要像父亲一样并拥有他（即身份认同）来控制这些愿望，被认为对男性性别发展至关重要，尤其是对超我和良心的发展。

值得注意的是，与俄狄浦斯情结相关的不想要的感觉和欲望并不是超我所抵抗的诱惑。相反，正是通过抑制俄狄浦斯情结而消除（resolution）了这些有害的内在状态，促使超我得以形成。[28]换句话说，直到消除发生，超我才得以产生。弗洛伊德这样描述一个男孩对俄狄浦斯情结的解决方案："孩子的父母，尤其是父亲，被视为实现俄狄浦斯愿望的障碍；因

此，他婴儿期自我通过在自身内部树立同样的障碍并对其进行压抑而加 164
强了自我。可以这么说，他是从父亲那里借来这种压抑的力量，而这份
借用非常重要。"[29]

从精神分析的角度来看，控制与俄狄浦斯情结（及其女性类似情结）
相关的不想要的感觉和欲望对人类发展具有特殊意义。从这个角度来看，
通过压抑俄狄浦斯式的感觉和欲望（使他们保持无意识）被认为是所有
正常的成年人的一项持续的自我控制任务。应该强调的是，这种压抑的
目的是使这些感觉和欲望不被意识到，因为一旦被意识到，这些感觉就
会使人们感到极度焦虑和内疚。因此，自我控制不同于对诱惑的抵抗。
这并非有关其他例如"爱你的父母"之类的更优先的目标，而是关于抵
抗杀害父亲并与母亲上床的诱惑。更精确地说，压抑的机制控制了这些
不想要的感觉和欲望。

俄狄浦斯情结并非人们唯一的有动机去控制的不想要的内在状态，
使它们保持无意识的压抑也并不是控制它们的唯一机制。事实上，不想
要的内在状态也不一定是令人不快的，人们也可能由于诸如白日梦之类
的多余的愉快想法而分心，这时人们也试图控制自己并将注意力重新集
中到任务上。心理学文献一般主要研究那些控制令人不快的内在状态的
机制（即控制或应对心理问题）。甚至有人提出，调节消极情绪可能比调
节积极情绪对整体生活质量更为重要。[30]尽管如此，由于许多自我控制模
型都描述了试图增加想要的内在状态和减少不必要的内在状态的机制，
并且这两种机制都是控制有效性的总论的一部分，我的回顾将不仅限于
那些控制不良内在状态的机制。但是，像过去的文献一样，我也将强调
人们是如何调节不想要的内在状态的。

自我控制和情感调节策略

言说对压抑

临床和非临床研究的一个主要关注点是寻求控制由抑郁症和焦虑症
等轻度或重度的情感障碍引起的痛苦的方法。这些不愉快的情绪的温和

形式在人们的日常生活中无处不在。但即使是严重的形势（即已经达到足以破坏正常生活功能的严重程度）也是惊人的普遍现象：超过 20％ 的人在一生中至少会罹患一次抑郁症或焦虑症。讨论这些不良情绪的严重 *165* 形式的临床治疗超出了本章的范围，但是关注人们用来控制这些不太严重的状态的某些机制将有所帮助。

最常见的机制之一是压抑。然而，尽管它被普遍使用，它却通常不被认为是一种有效的策略。[31] 其中一个可能的原因是，压抑可以同时减轻内疚感和焦虑感，而内疚感对自我控制有积极影响。[32] 除了压抑，加工与消除负面情绪同样有效。[33] 其中一种方式便是谈论或写下过去的压力性情绪事件。例如，在一项研究[34]中，第一学期的一年级本科生被要求连续三天或回忆他们第一次上大学的最基本的想法和情绪，或客观地描写一些对象或事件。与接受的指令一致，相比后一种情况，前一种情况的参与者认为自己的论文更情绪化和个人化。与写中性话题的参与者相比，那些以更情感化和个人化的方式回忆了大学中遇到的困难的参与者，第二学期的成绩提升得更多，并且在写作后的两个月里去健康中心的次数更少。

这种调节受益于通过口头表述情绪压力事件而不是压抑有关事件的想法，这解释了当人们写作或谈论创伤性经历时所发生的事。[35] 首先，人们构建了一个关于创伤的有组织的和连贯的解释或故事。其次，给创伤相关的情绪贴上标签，有助于个人将其整合到他们对创伤事件的一般性理解中。[36]

但是，重要的是要意识到，试图弄清事情的真相，发出"为什么"的询问，并不总是有益的。当人们反复思考某件事发生的原因，不停地试图弄清发生了什么时，就会产生心理上的成本。有证据表明，反刍思考（rumination）作为一种应对紧张情绪事件的方法反而可能加剧焦虑，从而使事情变得更糟而不会更好。[37] 为什么作为"言语表达"（verbalization）形式的反刍思考会起反作用呢？提出问题而无法得到答案本身就是一个问题。例如，有证据表明，当谈论或写作真正产生对事件的见解和因果解释时，表述创伤性经历的好处才会出现。[38]仅仅口头表达无济于事。正是那些没有获得解释和洞见的人，最有可能持续不断地思考（即反刍思考）所发生的事。因此，试图找到真相本身不是有益的。重要的是感觉自己已经成功找到了真相（即体验到真相有效性）。

疏离

166

当我们寻找对"为什么"问题的解释时，我们该做什么才能帮助自己找到答案但又不会加剧负面影响？最近提出的一种机制认为，在思考过去生活中发生的创伤事件时，应该做到自我疏离，同时仍允许自己思考发生的事情及其原因，而不是压抑事件或将我们的注意力从事件上移开。[39]自我疏离的策略是从第三人称视角出发，退后一步想象这起创伤事件再次发生在我们身上，而我们就像观看视频一样正从远处观看它。

作为说明这一策略如何起效的例证，在一项研究中[40]，大学生们被要求回忆某次使他们感到极端愤怒和充满敌意的人际交往经历。一些参与者被指导使用自我疏离策略。其他参与者则被要求重温事件的时间和地点，仿佛自己再次经历了这一事件——自我沉浸策略。在这些条件下，参与者都被要求回忆他们当时有什么情绪体验，或为什么会有这种感受。再次回忆后，那些使用自我疏离策略并被问"为什么"的参与者的愤怒要比其他三个条件下的参与者少得多。一项后续研究表明，自我疏离加上"为什么"的提问之所以有效，是因为它帮助洞悉发生的事情，弄明白它的全貌。换句话说，当它与增加真相有效性体验联系在一起时，它才是有效的——真相与控制作为搭档一起工作。[41]

享乐动机以外的情感调节

管理心境和情感（即情感调节）不仅限于调节极端的感受。人们也需要管理他们温和或适度的感觉，例如试图保持心情愉快或克服不好的心情。而且，情感调节绝非仅仅关乎减少痛苦的感觉和增加愉悦的感觉。它远比这复杂和微妙。一般而言，人们使用各种方法来维持或改变他们的感觉的强度和持续时间。[42]他们并非简单地试图最大限度提高他们积极感觉的强度和增加持续时间，以及最大限度降低他们消极感觉的强度和减少持续时间；也就是说，情感调节并非仅仅关乎控制快乐和痛苦。

有时候，人们希望自己的积极感觉是温和的而不是强烈的，例如当他们想要感到平静祥和时。而在其他时候，他们希望保持而不是减少负面情绪，例如，在纪念逝世的亲人的那天，他们陷入冥思并感到悲伤。*167* 有时，情感调节不是指让人拥有愉悦而非痛苦的感觉（即感觉好而不是坏），而是指让人具有符合情境的感觉（即感觉正确）。[43] 例如，在葬礼上感到悲伤而非高兴是更合适的。这又以另一种方式说明了动机是如何超越最大化快乐并最小化痛苦的享乐原则的。

人们调节自己的情感有几个主要的原因。首先，不同的感觉具有不同的体验特性（experiential qualities）。在某些特定的时刻，人们可能更喜欢体验某种特定的感觉状态而不是另一种，就像他们喜欢哪种酒的口味取决于所吃的食物一样（即葡萄酒与食物的搭配）。其次，不同的情感构成了不同类型的用于实现特定目标的动机力量。这就是为什么有些人在想起失去的亲人时会保持悲伤，因为它可以帮助他们重新体验那个人对他们的意义。有时，人们想保持气愤，以增强自己站起来面对自己需要面对的人的决心，比如一位女性雇员认为自己因性别而受到老板虐待。[44]

有时候，如果人们认为更加中性的心情更适合面对将要来临的情况，那么他们就会希望减少当前的快乐情绪。这方面的一个例子是，在一项研究中[45]，参与者在实验开始前接触到或令人愉悦或令人沮丧的音乐。这种音乐使他们分别处于快乐或悲伤的状态。实验的两个部分据称是不相关的。在第一部分中，参与者需要对报纸故事进行判断。他们被告知因为没有足够的时间阅读所有故事，所以他们要选择出最想读的故事。从故事的标题可以明显看出有些故事是令人欢欣的，有些故事是悲伤的，有些则是中性的。在进行选择之前，参与者被告知，在课程的第二部分，他们将与另一位参与者合作，并得到了一些有关这位未来合作者的背景信息。在合作者对各种问题的回答中嵌入了对这些问题的回答："你现在感觉如何？"在一种情况下，答案表明搭档处于中性状态。研究发现，当预计很快会遇到一个处于中性情绪的搭档时，当前处于快乐情绪而不是悲伤情绪的参与者会更多地选择阅读悲伤的新闻故事；也就是说，他们想减少自己的快乐情绪，以适应未来搭档的中立情绪。

应对压力的情绪聚焦策略与问题解决策略

情感调节中最重要的也是被研究得最充分的问题之一，是人们会如何应对生活中的压力，尤其是与压力相关的负面情绪。此问题的研究先驱理查德·拉扎勒斯（Richard Lazarus）介绍了以情绪为中心的应对和以问题为中心的应对之间的基本区别。[46]情绪聚焦的应对是指人们自动使用策略减少与压力相关的负面情绪。问题聚焦的应对是指人们首先选择使用策略来解决使他们产生负面情绪的问题。一般而言，问题聚焦策略被用来处理更轻度的情绪困扰问题。[47]而情绪聚焦策略实际上会被用来应对需要抵抗诱惑的高阶目标[48]，例如人们有时会选择用满足于或沉迷于诸如吃巧克力这样即时快乐的策略来减轻负面情绪。

但是，这些策略的相对有效性也取决于压力源的可控性。例如，有证据表明，当孩子们面对那些他们相信自己可以改变或控制的压力源，例如家庭作业的问题（可控制压力源）时，使用问题聚焦策略会使他们表现得更好，但如果用这种策略应对他们认为自己无法改变或控制的压力源，例如较差的期末考试成绩（无法控制的压力源），则不会有这种效果。[49]这突出了有关调整压力源的更一般观点：个体如果灵活采取不同策略以应对不同情况的需求，就能在总体上减少体验到的痛苦。[50]另外，有必要让策略与情况相匹配。

在区分以情绪聚焦和以问题聚焦的应对时，拉扎勒斯强调了人们会实际采取以问题聚焦的应对措施，以解决当前情绪压力背后的问题。但是，由于人们是时间旅行者，因此他们不仅要控制自己的当前感受，还要控制他们在将来的预期感受（即未来的现实）。因此，他们经常计划避免那些会在将来造成压力的问题。确实，由于人们一般无法回到过去解决问题，因此他们会想方设法在将来避免类似的问题。[51]

情感调节的分散与参与策略

情感调节策略可以粗略地分为两种。[52]第一种是分散策略,包括分散注意力(使你的思想摆脱负面情绪和产生这些情绪的问题情况)、压抑(抑制自己对负面情绪的表达)和自我奖励(为自己提供愉快的活动)。这些策略的共同之处在于,人们会试图脱离与他们的痛苦相关的感觉和想法以及造成这些痛苦的情况。

169　　第二种参与策略则相反。参与策略包括认知再评估策略,其中人们寻求更深层的含义或对问题情境的积极解释,例如谚语所说的在乌云中找到一线希望的"银边"。认知再评估策略,比如寻找积极的解释,可以在压力事件发生之前使用,例如在发表专业演讲之前的几天,用以减轻预期事件引起的焦虑。[53]有证据表明,在调节情绪方面,认知再评估的参与策略比压抑的分散策略更为有效。认知再评估作为一种控制情绪体验和表达的机制具有广泛的适用性,而压抑的控制机制却可能同时造成身体和精神上的成本。[54]

　　一种众所周知的参与策略是发泄。发泄作为缓解痛苦的有益机制的想法,与弗洛伊德和一种被称为"宣泄"的特殊发泄形式有关。但是,这个想法实际上是弗洛伊德的导师和朋友约瑟夫·布洛伊尔博士(Joseph Breuer)和布洛伊尔博士的病人"安娜"(Anna)提出的。安娜是一个患有歇斯底里症的经典例子,这意味着她的症状,例如手脚失去感觉,看起来是身体上的问题,但实际却并非如此。布洛伊尔和弗洛伊德写了一本关于歇斯底里症的书,他们声称每种歇斯底里症都源于过去的创伤性经历,这种经历与强烈的情感有关。与创伤相关的情感在歇斯底里症中被间接地表达出来。如果能帮助患者理解症状的真正含义,例如通过使用催眠,就能以符合过去创伤事件中实际情况的方式直接表达出创伤的相关感受。布洛伊尔将此过程称为"宣泄",在希腊语中指清洗或净化。他提出,在净化的宣泄的过程中,原本无法表达的情感影响最终将被释放,而歇斯底里症的症状也将消失或扫空。

　　许多人认为,发泄自己的感情,尤其是愤怒,是有益的。其隐喻是,如果愤怒被"封存"而不表达出来，它将继续积累，直到以破坏性的方式爆发。解决方案是使其"释放"，使愤怒从系统中散发出来。但是，从20世纪70年代起，心理学家建议不要使用发泄作为应对愤怒的机制。心理学家指出，发泄很可能会让人们更加生气和更富侵略性。[55]一个常见的例子是人们抱怨发生在他们身上的事情，并且在发泄后感到更加愤怒。发泄其他负面情绪也有各种代价。然而，发泄积极情绪却可能是一种增强积极情绪的有效方法。[56]

思考这些效应的一种方法是将发泄概念化。一般而言，发泄是一种增强器。[57]发泄会提升有关目标物体或事件的投入强度。如果面向对象的情绪反应是消极的，那么发泄会加剧其消极性。而如果对目标的情绪反应是积极的，那么发泄就会增强其积极性。这与我在第四章中讨论的投入强度对价值的影响是一致的。

但是，又将如何解释安娜和宣泄的例子？对发泄的研究使心理学家不仅拒绝了发泄，还拒绝将发泄的概念本身作为调节负面情绪的有效工具。但是，当基于无关歇斯底里症的发泄研究得出有关发泄的结论时，某些重要的事情被忽略了。具体来说，像安娜这样的情况被忽视的是她表现出衰弱的症状，例如四肢失去感觉，这些症状本身是非情感性的。她的问题是没有试图减轻对过去发生的事情的消极感受。的确，关于患有歇斯底里症的患者的主要假设是他们根本没有接触到自己的感觉。也许帮助他们释放迄今为止无法识别的感觉，让他们意识到自己的消极过去以及与之相关的感觉，是有所帮助的第一步。对于第二步，既然感受已经被展现出来，那么发泄之外的其他机制可能更有用些。在这一点上，额外的宣泄实际上可能弊大于利。而其他一些机制，例如认知再评估策略可能会更好。这与前面的讨论有关，即如何将情感表达和新的理解结合在一起（控制和真相共同作用）才是有益的。公正地说，弗洛伊德和布洛伊尔整个精神发泄疗法的另一部分是精神发泄之后的理性病识感（intellectual insight）。这种病识感当然涉及认知评估，并且同样有关控制和真相的共同作用。

另一种非常常见的参与策略是寻求他人的支持。大量证据表明，一般而言，与他人共度时光并且拥有许多朋友与幸福感正相关。[58]就情感调节本身而言，重要的是根据当前的状况或问题选择正确的社会关系。正如我就问题聚焦的应对与情绪聚焦的应对所讨论的那样，某些情况下的情感调节策略可能比其他条件下的更有效。社会支持似乎也是如此，特定类型的社会支持有助于缓解特定类型的压力。[59]例如，有时人们需要得到安慰以减轻其负面情绪；而在其他时候，他们需要一些好的建议来帮助他们解决问题。

171　　尼尔·博尔格（Niall Bolger）的开创性工作中也有证据表明，社会支持在无形时可能比在有形时更有效。例如，在一项研究中[60]，女大学生等待执行一项紧张的演讲任务，该任务的执行表现将由研究生教学助手来评估。在参与者进行演讲后，一位同伴提供了支持。这种支持包括同伴热情地提供信息，这对于公开演讲是有用的提示。在有形的支持条件下，同伴与参与者交谈并直接给她提示。在无形的支持条件下，同伴与实验者交谈并被参与者听到。也就是说，参与者知道同伴的行为，但是这种行为的支持性质非常微妙，因为参与者没有将其理解为针对她的支持。

　　只有在无形时，这种支持才有助于减轻参与者的紧张感。相反，尽管知道同伴温暖而能给予帮助，但有形的支持并没有使参与者的状况更好，甚至比完全没有受到支持的情况更糟。为什么会这样？其他数据也表明，要使受助者能得益于社会支持，最重要的一点就是提供支持的同伴不能将受助者视为弱者和需要帮助的人。当支持是无形的时候，受助者很少会觉得自己展示出了软弱且需要被帮助的迹象。这些发现表明，寻求社会支持作为控制压力的机制可能是一件棘手的事情，因为其好处取决于如何实际给予支持和它被如何感知。[61]重要的是，支持者和受助者应当在受助者自己可以做的和他们实际需要从支持者那里得到什么帮助上达成一致。换句话说，对于支持者和受助者来说，建立真正需要哪些直接帮助的共享现实是至关重要的，即另一种真相—控制关系。

到目前为止，我已经讨论了抵抗诱惑和控制不想要的（和想要的）内在状态等有关控制有效性的机制。这些形式的控制有效性在心理学文献中受到了广泛的关注，因为它们涉及有待解决的心理问题。它们是控制有效性的"吱吱作响的轮子"——有关自我控制的经典问题。但是，控制有效性并不仅限于管理自我控制问题。实际上，它主要关于成功管理实现目标所需的各种不同功能。详细讨论所有这些功能超出了本章的范围。[62]但是，我将描述三种核心功能——选择、承诺和反馈——以便更全面地讨论控制有效性的含义，也为以后讨论价值—控制关系（第八章）和真相—控制关系（第九章）奠定基础。

❖ 管理目标追求

172

选择

有效地掌控目标追求过程中发生的事情（控制有效性）需要在目标追求过程的不同阶段进行不同的选择。研究自我调节的先驱人物海因兹·海克豪森（Heinz Heckhausen）和彼得·格尔维策（Peter Gollwitzer）在他们的卢比孔自我调节模型中描述了一些不同的选择[63]，在勒温早期关于决定人们选择追求哪些目标的"目标设定"阶段与决定人们采取行动实现所选目标的"目标奋斗"阶段[64]的区分基础之上进行了拓展。卢比孔模型在目标设定中区分了行动前的审议阶段和行动前的实施阶段。

审议阶段

第一个行动前阶段是审议阶段。这是选择目标的阶段。人们会思考他们在要追求的众多不同的愿望和需求中更想要哪个，他们最多只能同时追求几个。不同的竞争愿望或需求的相对强度间存在个体差异，这决定了哪个愿望或需求能被选择。[65]还有一些情境或条件因素，例如，实现某些愿望的机会大于其他愿望，或满足一些愿望的时间紧迫性比其他愿望更强。审议阶段涉及评估和比较不同愿望或需求的合意性和可行性以构建目标偏好。

然而，确定优先选择哪些愿望或需求不足以产生承诺。根据卢比孔模型，偏好的愿望或需求必须转化为意图。必须有足够的决心去创造实现愿望的坚定感觉。这是有关承诺的一部分，我稍后将在本章详细讨论。

在卢比孔模型中，审议阶段最强调的是对一个特定追求目标的选择和承诺。但是，由于相同的基本目标，例如致力于大学毕业，可以与不同的参考点和不同的方向相关联，因此目标选择不仅涉及选择要追求的目标，还涉及为所选目标选择参考点和目标定向。关于参考点，根本的区别在于一个是可欲的最终状态作为参考点，一个是不可欲的最终状态作为参考点；例如，可以将大学毕业的目标表示为接近大学毕业的理想终极状态或者避免无法大学毕业的终极状态。[66]关于定向，目标也可以涉及不同的定向；例如，某人可以将同一大学毕业的期望最终状态描述为促进相关的成就（理想）或预防相关的责任（应然）。[67]

这些参考点和定向选择不需要像在审议阶段那样被系统性地评估和比较不同愿望的合意性和可行性（如卢比孔模型中所述）。但是，这些选择可能是有目的的。它们之所以重要，是因为它们在实际执行目标追求时具有显著的下游影响（即在行动阶段期间和之后的影响）。例如，研究发现，回避目标而不是接近目标的人表现更差，更感觉自己无法胜任，并且报告了更多的身体疾病症状，并且通常他们的主观幸福感也更弱。[68]

关于方向选择，对于追求的同一目标，促进定向还是预防定向会影响我们在目标追求过程中选择使用的策略（例如，渴望或警惕），以及追求成功时的感受（例如，快乐或放松）或失败时的感受（例如，悲伤或紧张）。[69]我们使用的策略会影响到控制有效性。例如，如果人们对目标的最初方向是预防而不是促进，那么他们将能够更好地保护自己在审议阶段选择的目标免于在后续阶段受竞争目标的影响，因为预防会增强对目标意图的义务感或承诺。[70]

另一个例子也体现了定向选择对控制有效性的重要性。在一项研究中[71]，参与者都被赋予了相同的目标，即通过连接起每张图片中的编号点来绘制四张不同的图片。一些参与者是促进主导定向的，另一些参与者则是预防主导定向的。研究发现，促进主导定向的参与者牺牲了他们连接时的准确性（例如，漏掉了一些点），以便更快地完成绘制每张图片；而预防主导定向的参与者则牺牲了完成图片的速度，以保证不错过任何连接点。而且，从参与者开始绘制第一张图片到完成绘制最后一张图片，定向选择对速度有效性与准确性的影响越来越大。

实施阶段

第二个行动前阶段是实施阶段。此阶段涉及计划。除非没有其他事情正在进行，而且只要一个步骤就能实现目标意图，否则规划对于成功实现目标至关重要。很少存在可以无事发生而且能一步到位的情况。显然，要实现大学毕业这样的目标需要进行计划。但对于诸如吃早餐或刷牙等日常活动，计划也是必要的。计划通常不仅要分多个步骤进行，还发生在不同的自我调节水平上——战略、战术和行为。[72] 在实施阶段需要计划战略、战术和特定的行动意图。

实施计划涉及选择在目标追求过程中要被制定、执行和终止的那些战略、战术和行为。这种计划需要解决何时开始采取行动、在哪里采取行动、如何采取行动以及行动多长时间的问题。[73] 所选择的策略在目标追求过程中特别重要，因为它们联系起了目标与手段或行为。战略水平反映了总体的计划或手段，例如战略急切性或战略警惕性。

计划不仅发生在选定目标的参考点和定向水平上，还发生在战略和战术的层面。目标追求管理的有效与高效需要各个层面共同努力[74]，对于目标和战略层面而言尤其如此。追求目标的战略方式与目标定向之间的调节匹配，例如促进目标定向的渴望追求，可以提升个人对目标追求的投入强度，并使他们对自己的所作所为"感觉良好"。相反，促进目标定向的警惕追求等不匹配行为，会削弱个人对目标追求的投入强度，并使他们对自己所做的"感觉不对"。选择适合目标定向的实施策略具有明显的优势。

前面我曾讨论过，一旦确立了目标，实施计划就需要解决何时开始采取行动、在哪里采取行动、如何采取行动以及行动多长时间的问题。格尔维策及其同事的研究表明，在行动前的实施阶段让人们回答时间、地点和方式的问题，可以增强他们后续目标追求（行动阶段）的有效性。[75]在一个证明调节匹配可以增强对此类计划实施的承诺的例子[76]中，促进定向或预防定向的参与者都被要求撰写一份报告，说明他们将如何度过即将到来的星期六，并在特定截止日期之前将其上交。如果他们在截止日期之前完成，他们将收到现金回报。在离开实验室之前，所有参与者都被要求想象他们在编写报告时会采取的实施步骤，即他们模拟何时、何地以及如何写报告。

模拟指令为实施策略制定了框架，可以以渴望或警惕的方式来执行何时、何地以及如何进行的这些步骤。例如，何时步骤的渴望框架可以使参与者想象一个合适的、方便的时间，以便他们能够撰写报告；而何时步骤的警惕框架使参与者想象糟糕、不便的时间，他们应当避免在这样的时间编写他们的报告。实施策略本身是渴望的步骤还是警惕的步骤，对参与者能否上交报告没有独立的影响。但是，调节匹配会在其中产生很大影响。相比促进主导的参与者采取警惕步骤（适合的条件）和预防主导的参与者采取渴望步骤（不适合的条件），在促进主导的参与者采取渴望步骤，而预防主导的参与者采取警惕步骤的情况下，参与者上交报告的可能性高出了近50%。

另一项关于控制有效性如何取决于适合个人定向的策略选择来自对防御性悲观主义的例子研究。研究策略和手段对动机影响的一位重要研究者南希·康托尔（Nancy Cantor）和她的学生及同事们一起，区分了人们在有可能失败的情况下用来应对目标追求的不同策略。[77]防御性悲观主义者会在进入新情境时"预期最坏的情况"，即使他们之前的表现和那些持更乐观看法的人相同。[78]但是，当防御性悲观主义者对预期事件持消极看法时，他们的行动结果要比持积极看法时更好。[79]思考预期任务失败的可能性不利于乐观主义者的表现，但它促使防御性悲观主义者做好准备，从而帮助他们表现得更好。[80]

防御性悲观主义者在预防方面是成功的，并且未来失败可能性可以作为维持其警惕策略的一种有效战术："如果我不小心行事，不去做必要之事，那么我可能会失败。"有证据表明，当其他人试图使他们采取更积极的观点，例如让他们注意到过去的消极预测与他们实际的出色表现之间的不一致时，防御性悲观主义者利用警惕和表现良好的能力可能会受到损害。[81]这种对警惕性策略的扰乱破坏了他们的成功，这又是一个为事物增添乐趣会损害动机的例子。由于这种有害影响，作为防御性悲观主义者的学生会主动回避那些在即将进行的测试之前试图通过描述他们过去的出色表现来激励他们的朋友。[82]

如果忽视了那些在没有有意识地计划情况下做出的选择，那我对战略选择的讨论就不完整了。需要回答时间、地点和方式的计划实施是有意识的。但是，个人具有的特定目标定向的策略偏好（例如，促进定向个体对渴望策略的偏好）不需要是有意识的，通常也的确不是。[83]此外，在目标和方法之间存在着已存储的关联，例如被激活的目标也会不知不觉地激活相关的手段。[84]作为将自动化的原则和动机领域联系起来的先驱，约翰·巴奇（John Bargh）与他的学生和同事一起[85]提供了有力的证据，证明了在某一时间点上启动与目标相关的构念是如何无意识地影响之后的任务执行的。

在巴奇的一项研究中[86]，参与者参加了两项据称是不相关的任务。在第一项构建语法正确的句子的任务中，参与者会接触到各种单词。一半的参与者接触的单词与合作有关（例如，"帮助""支持""分享"），而其他的参与者对合作始终持中立态度（例如"沙拉""山""斑马"）。接下来，他们参加了一个资源管理游戏，在其中扮演一个渔夫的角色，该渔夫与另一位渔夫一起被许可在一个鱼量有限（100 条）的小湖中捕捞。他们知道，如果湖中的鱼的数量太少（70 条），他们最终将一无所获。他们钓了几个季度，总是钓到相同数量的鱼（15 条鱼），并且每次都需要决定留下多少鱼，以及放回多少，以保持湖中鱼的存量。

参与者没有收到任何关于如何玩这个游戏的指示。该研究发现，"合作"启动条件下的参与者会更多使用有助于合作的策略（即将鱼放回湖中），尽管他们完全没有意识到"合作"在之前已被启动。随后的研究表明，即使是在无意识的执行情况下，所使用的策略和手段也可以灵活应对当前条件不断变化的需求。[87]

总之，有效地管理目标追求需要在行动前的审议阶段和实施阶段进行几种不同的选择。它不仅需要选择目标，还需要为所选目标选择参考点和定向。它还需要选择适合目标定向的目标追求战略。选择既可以是无意识的，也可以是有意识的。这样的选择是困难的，因为很少有一种选择绝对优于另一种选择的情况。大多数情况下，任何选择的收益和成本都取决于该选择与其他选择的关系，就像调节匹配与不匹配情况下表现的那样。最终，各种选择如何协同作用至关重要。[88]

创造承诺

为了有效控制，仅在审议阶段选择愿望是不够的。只有在有实现愿望的决心时，愿望才能转化为目标意图——目标承诺。如前所述，从简单地考虑目标到对目标坚定承诺的转变（这在海克豪森和格尔维策的模型中被称为"跨越卢比孔河"）对于有效地追求目标至关重要。这种追求目标的决心从何而来？

177　　标准答案是它来自目标追求的效用，其中有两个因素：成功目标追求的主观价值和感知到成功目标追求的可能性。当成功的主观价值高（相对于低）时，追求目标的决心就会更强。当人们认为成功的可能性大（相对于小）时，追求目标的决心也会变得更强。这与感知到的自我效能对承诺的好处相一致[89]，因为当人们认为自己有能力（相对于没有能力）执行目标追求中所需的行动时，他们也会认为成功的可能性更大。在卢比孔模型中，审议阶段的目标承诺也被假设取决于其合意性和可行性。

在经典的目标追求效用模型中，承诺源自这两个因素的累积函数——价值×可能性函数。[90]该函数是乘积式的，因为它假设，如果目标价值为零，那么无论成功的可能性有多大，都不会产生追求目标的承诺。同样，如果成功的可能性为零，那么无论目标的价值有多高，都不会产生承诺。更一般地说，乘性函数反映了这样的假设：对高价值目标来说，较大的成功可能性对目标追求承诺提升的影响更大。

例如，考虑对彩票获奖目标的承诺。想象一下，在一种情况下，获胜的可能性是十分之一，而在另一种情况下，获胜的可能性是千分之一。现在，假设将要获得的现金奖励分别是 5 000 美元或 5 美元。你可以免费获得彩票，但必须先步行 30 分钟才能领取到彩票。一般而言，大多数情况下，当获胜的概率为十分之一而不是千分之一时，人们更愿意（即下定决心）走 30 分钟买彩票。问题是，当现金奖励是 5 000 美元而不是 5 美元时，中奖可能性对承诺的影响是否不同。大多数人的回答是肯定的。如果现金奖励是 5 美元，那么不管获奖的概率是十分之一还是千分之一，我都不会在意。但是，如果现金奖励是 5 000 美元，那么我就会十分在意我的中奖机会是十分之一还是千分之一。奖品的价值越大，由中奖可能性的差异引起的承诺增加就越大，这意味着价值—可能性函数是乘积的（即差异中的差异）。

促进与预防中的"价值×可能性"承诺

"价值×可能性"的乘性函数具有直观的意义。它似乎可以回答目标追求的承诺从何而来的问题。然而，尽管"价值×可能性"函数是承诺的重要组成部分，但并不是全部。关于完成目标获得成功，仅知道主观价值，例如赢得 5 000 美元对我而言比赢得 5 美元更为重要，或是主观可能性，例如十分之一的获胜可能性对我而言比千分之一的可能性更重要，都是远远不够的。知道目标追求涉及何种目标定向同样重要。例如，"价值×可能性"函数对促进定向的作用与对预防定向的作用不同。

当人们追求彩票中奖的目标时，他们很可能会具有促进定向，因为他们通常将赢取彩票视为赚钱，这将使他们在目前的并且通常是令人满意的状态的基础上更进一步。但是，某些彩票玩家目前可能处于消极、不满意的状态，并且可能因此将获胜视为逃避危险和寻求安全的一种方式。这些彩票玩家就可能是预防定向的。更一般地说，对于许多目标追

178

求，即使不是所有人，大多数人也都会是预防定向的。例如，当父母照顾年幼的孩子时，他们通常会有预防定向，就像母亲会在穿越繁忙的街道时牢牢抓住孩子的手一样。

但是，目标定向对"价值×可能性"效用函数这样基本的东西真的有用吗？该函数描述了一个正的乘性函数，其中，成功的价值越大，更大的成功可能性对承诺增加的影响也越大。问题是，这种正的乘性函数是否对于促进定向和预防定向都以基本相同的方式发挥作用？有证据表明，它并非如此。

例如，在一项研究[91]中，大学参与者被要求想象自己正在决定是否要学习某专业课程。他们获得了所谓的在课程中表现良好的价值以及表现良好的可能性的信息。实验操纵了信息的差异。在课程中表现良好的价值通过这样的信息传达给参与者，即之前的学员在课程中获得"B"或更高的成绩后被纳入他们的荣誉阶层的百分比为95％（获得"B"及以上的高价值）或51％（获得"B"及以上的低价值）。在课程中表现良好的可能性则通过这样的信息告诉参与者，即以前在课程中实际获得"B"及以上成绩的学员的百分比为75％（获得"B"及以上的可能性大）或25％（获得"B"及以上的可能性小）。参与者阅读信息后，测试了他们参加课程的决心。促进定向和预防定向的长期强度之间的人格差异也得到测试。

179　　　研究发现，参加者的促进定向强度调节了正向的"价值×可能性"函数。与促进和最大化目标的关联相符合[92]，对于促进定向更强的参与者，随着价值的增加，更大的可能性对承诺的影响也更大。这意味着促进定向的强度与预期"价值×可能性"效应的大小很重要；也就是说，经典效用模型预测的效果对于强促进定向者要大于弱促进定向者。

这项研究还发现，对于预防定向更强的参与者而言，有一个相反的乘性函数。对他们来说，"价值×可能性"效应不是一个正函数，这是一个负函数。随着价值的增加，较大的可能性对承诺的影响并未增加。实际上，随着价值的增加，较大的可能性对承诺的影响反而减少了。具体来说，当获得良好成绩的可能性更大时，参与者对参加该课程的承诺通常会更强（75%对25%）；但是，对于预防定向的学生，当课程的价值更高时，这种高可能性的效果反而会减弱。在另一项研究中，预防定向的学生中也发现了同样的负"价值×可能性"效应。在这项研究中，学生要给出对自己在一项任务中表现良好的价值和成功的可能性的主观判断，并根据自己在任务上的实际表现来衡量他们对任务的承诺。[93]

为什么预防定向的个体会出现负的"价值×可能性"函数？这不是由于他们成长时的社会化原因，因为在实验中，以预防语言而不是促进语言构建价值和可能性信息来诱导他们的预防定向时，也发现了同样的负的函数。[94]所以，这到底是怎么回事？

想想一个母亲带领年幼的儿子穿越繁忙的街道时，她的动机状态是什么样的：她儿子的安全是绝对的。他的生命对她来说是无价的。她必须安全地带他过马路。她对这一目标的承诺不会随她成功的可能性而变化，我认为母亲不会说："嗯……今天的交通很繁忙又不稳定，我成功地让我的儿子安全过马路的可能性比平常低。这让我今天不太想努力让我的儿子安全过马路。"对于诸如安全之类的预防目标，目标越有价值，无论成功的可能性如何，人们越会觉得他们必须达到目标。

即使成功的可能性很小，人们也决心追求高价值的预防目标，因为追求目标是必要的。对于母亲来说，让儿子安全地过马路就是这种必要。那么，对于预防目标，随着目标价值增加到很高的水平，可能性差异对实现目标的承诺的影响越来越小。这种强烈预防定向情况下累积"价值×可能性"效应的逆转是一个令人震惊的例子，并告诉我们需要超越标准享乐模型来理解动机如何发挥作用。

180

强行动中的"价值×可能性"承诺

不只有调节聚焦定向（促进与预防）才能改变"价值×可能性"效用函数的实际工作方式。在第五章中，我讨论了评估（力）目标定向与行动（力）目标定向之间的区别。[95]当具有较强评估定向的个人会批判性地评估目标中的选择以及实现这些目标的替代方法时，具有强烈行动定向的个人会想要采取行动并立刻开始，即使这意味着没有充分考虑所有选项。比起最大化价值，具有较强的行动（力）倾向的个人更关心开始和维持行动的机会。他们有动机为了改变本身而改变，因为它意味着行动。[96]即使在更可能产生成本而不是收益的情况下，他们也将致力于改变——这种动机与经典享乐主义动机截然不同。

这表明，"价值×可能性"函数对于具有强行动（力）倾向的人会有所不同。而且，确实有证据表明它确实如此。强行动倾向者被发现对可能性差异相对敏感，而对价值差异相对不敏感。他们对价值差异相对不敏感，因为其动机是改变本身，而不是改变产生的收益或成本的结果。他们对可能性差异相对敏感，因为低可能性与困难相关，困难或障碍会干扰顺利的行动，而高可能性与容易且顺利的行动相关。[97]

承诺强度作为目标追求过程的函数

有效的控制取决于有力的承诺。我们已经看到，坚定的承诺不仅取决于成功实现目标的价值和可能性，还取决于目标定向。承诺的力度也会随着目标追求过程的变化而变化。为了说明目标追求过程的影响，我将考虑两个相关联的激励现象，它们最早由勒温和他的同事进行了系统的研究——"目标扩展"效应和"恢复中断的任务"[98]。

181　　　让我们首先从"目标扩展"效应开始，随着人们越来越接近目标，人们执行目标所需步骤的动力会越来越强。你可能认为这种影响可以用"价值×可能性"函数来解释，因为随着人们越来越接近目标，他们自然会相信他们成功的可能性也越来越大。但是，有证据表明，即使在整个目标追求过程中都给出明确的反馈来证明成功的可能性始终不变，"目标扩展"效应也同样存在。[99]确实，因为参与者在开始一项任务时可能过于自信，然后这种自信会逐渐消失，所以当参与者走向任务最后一次试验时，动机可能性的上升和成功可能性的降低同时发生。

我相信，造成承诺的"目标扩展"效应的动机机制是差异减少的步骤的价值，而不是成功的可能性或成功的价值。[100]随着我们不断追求某个有完成指标（地点或时间）的目标，我们采取的每个步骤都会缩短与完成的距离（空间或时间的距离）。因此，随着我们的前进，每个步骤都会在更大程度上缩短距离。例如，设想你共有 10 步，第一步会使剩余距离减少 10％，最后一步则会使剩余距离减少 100％。随着我们不断前进并越来越接近目标追求过程的完成，这增加了我们对执行每个步骤的承诺。

如果"目标扩展"效应内在机制是随着我们越来越接近完成任务，对执行各步骤的承诺会增加，那么随着我们越来越接近完成任务，每一步所涉及的战略动机也应有所增强。而这种战略动机的增强应该是与参与者的目标定向相匹配的特定战略。实际上，几项研究[101]的证据表明，对于具有促进目标定向的参与者，"目标扩展"效应是在策略性警惕反应（而不是渴望反应）的增强中发现的，而对于具有预防定向的参与者，"目标扩展"效应表现为策略性渴望反应（而不是警惕反应）会增强。

现在让我们考虑一下勒温和他的同事提到的第二个承诺现象："恢复中断的任务"。这是指人们通常具有很强的动力去恢复中断的任务而不是开始新的任务。根据"价值×可能性"模型，人们是选择恢复中断的任务还是选择执行新的任务，将取决于两个选项的"价值×可能性"效用。哪个效用大，就选择哪个。但情况并非总是如此。例如，研究发现即使中断涉及未能完成完全相同的任务的一系列项目中的一个，人们也可能更加偏好被中断的那个。即使任务相同，人们也更喜欢恢复被中断的项目，而不是选择另一项完全相同的任务从头开始。[102]

182

我认为，对被中断目标的承诺，即恢复目标而不是重新开始追求新目标，来自与追求目标过程本身相关的动机，而不是目标追求的价值或成功的可能性。被中断的原任务代表参与者的起点，不恢复任务意味着在目标追求过程中会缺少一个步骤，这是整个过程中的一个缺失。再者，动机是关于完成。在这种情况下，动机是要维持已开始的行动进程，而不是切换到新的事物。如果这是真的，那么对于具有预防目标定向的个人，恢复中断的任务的偏好应该特别强烈，因为他们的目标过程会偏好维持令人满意的现状。另外，具有促进目标定向的个体则会偏好提升和进步的目标过程。

在一项测试这些预测的研究中[103]，与促进定向的参与者相比，预防定向的参与者更有可能恢复被中断的活动而不是开始一项新的活动。实际上，超过半数的促进定向的参与者，相较于必须从头开始恢复被中断的活动，更愿意开始一项新的活动。相反，70％的预防定向的参与者更愿意恢复被中断的活动，即使那意味着要再次进行他们在中断之前已经完成的部分。

总而言之，经典的"价值×可能性"模型是承诺的重要组成部分，其中对目标追求的承诺源于目标追求成功的主观价值和成功的主观可能性的正乘函数，但这并不是全部。承诺的力量也随着目标追求的定向以及其他特征而变化。在第七章中，我将讨论更普遍的价值与可能性，以及价值与真相共同作用并建立承诺的方式，而这对有效的控制至关重要。

维持承诺

我现在转向承诺管理的更具体的问题。要进行有效的控制，仅仅创造坚定的承诺是不够的，还必须维持坚定的承诺。怎样维持承诺？人们已经讨论出了一个答案，那就是计划在何时、何地以及如何实现目标意图。接下来，我们会考虑其他一些答案。

183　　目标保护

正如我之前讨论的那样，相互竞争的目标之间存在抑制性联系。鉴于此，即使是无意识地（即潜意识地）激活或启动了一个竞争目标，也会减少对重点目标的投入。实际上，情况的确如此。[104]因此，在追求目标的过程中，人们有必要保护自己的重点目标不受竞争目标的影响。有证据表明，一种可行的方法是使重点目标始终保持在被激活状态，例如不断提醒自己重点目标的重要性，以抑制其他目标与重点目标的竞争。[105]

其他目标保护策略包括：选择性地注意以避免激活竞争目标；有偏地处理输入信息，以便仅对与重点目标相关的信息进行编码；或对其他人做出实现目标的社会承诺。[106]进一步的屏蔽策略则是对目标采取预防定向，例如将其视为个人义务或责任，从而将目标视为必需品。[107]在审议阶段被选择视为必需品的目标将在后续阶段得到更有效的保护。

设定困难的目标

受埃德温·洛克（Edwin Locke）开拓性工作的启发，有充分的证据表明，设定一个困难的目标而不是一个简单的目标可以提升表现。例如，对我来说，就是设定每周写 15 页而不是 5 页的目标。[108]设定困难的目标可能是有效的，因为这是维持承诺的另一种策略。一般而言，一项任务越困难，为了成功完成这项任务就必须花费越多的时间和精力。例如，以每周 5 页的轻松目标为例，我可以从星期一开始，到星期三完成目标，然后在余下的时间便可休息。而如果是每周 15 页的艰巨目标，我便需要一周几乎每天都要写这本书。因此，设定艰巨的任务将维持对目标追求的承诺。也许这就是为什么高需求的成就者会选择艰巨的任务而不是简单的任务。[109]然而，选择困难的任务不仅存在预期和实际失败可能性增强的风险，还有一个缺陷，即由于目标的终点十分遥远，以至于可能丧失"目标扩展"效应的激励作用。

操纵结构特征

正如目标之间的联系可以是促进的也可以是抑制的一样，一个目标与达成该目标的手段之间的联系同样如此。鉴于此，加强对目标追求的承诺的另一种策略，是加强目标与目标达成手段之间的联系或关联。确实，有证据表明，相比仅仅激活目标达成方法，潜意识地激活目标及其达成方法之间的联系更能加强实现目标的承诺。[110]

同一目标也可能存在相互竞争的实现手段，并且它们之间也会相互抑制，就像竞争目标之间一样。鉴于此，当仅存在一种达成目标的手段——手段唯一性——而不是存在多种竞争的方法时，为达成目标而使用某一方法的承诺才会更强。一项研究测试了这一假设，参与者设定了一个目标并且列出了实现该目标的重点手段，或者不仅列出了重点手段还列出了实现该目标的额外的一种手段。该研究发现，当重点手段是达成目标的唯一手段（即它具有手段唯一性）时，参与者会更加专注于重点手段。[111]

184

使目标追求本身更加有趣

到目前为止，我已经强调了能增强目标承诺的目标特征（例如，其价值、类型以及保护）。但是，在追求目标的行动阶段，追求目标的承诺可能会减弱。目标的价值、达到目标的愿望、目标保护等，并不总是足以使人们在整个目标追求过程中始终维持承诺，特别是当人们对目标追求活动的兴趣低下，并且这样做的原因也不够强烈时。

如果目标的重要性不强，并且目标追求活动本身也很无聊时，会发生什么？你要如何才能阻止自己放弃？这时想要继续下去就需要采取其他措施。自我调节动机方面的著名专家卡罗尔·桑索内（Carol Sansone）发现，人们经常使用各种策略使目标追求以及目标活动本身变得更加有趣。例如，人们将改变进行目标活动的环境，例如播放背景音乐或与其他人一起开展活动。[112]

总而言之，维持对目标追求的承诺对有效地掌控发生的事情（控制有效性）至关重要。除"价值×可能性"函数外，还有其他许多因素可帮助维持承诺。这些因素包括目标保护、目标设定、目标结构特征以及对目标追求过程本身的兴趣。这些不同的因素都是承诺的重要组成部分。

关于承诺持续过久的负面影响的最后说明

由于仅仅强调了帮助有效控制的承诺建立和承诺维持因素，我们很容易忽略这样一个事实，即强有力的承诺也会带来不利影响。一心一意的、顽强的目标追求也可能是一个问题。举一个例子，过度承诺会产生机会成本，盲目追求一个目标会导致放弃其他可能会带来更大收益的目标。对将要失败的目标继续投入资源也可能产生沉没成本效应（即"花钱打水漂"）。[113]

因此，人们需要调节对目标追求的承诺，并愿意在出现新选择时接受新选择——包括新的目标和手段。[114]毕竟，初始目标的选择发生在过去的某个时点，有时甚至是遥远的过去，而从那以后的事情可能会发生变化。人们必须愿意进行更新，以重新考虑当前可能的选项。相比能增强承诺的机制，这种支持灵活性的机制受到的经验关注还较少。[115]

反馈

有效的控制还包括接收有关目标追求的反馈。反馈涉及对目标追求活动的两个评估阶段——一个是进行阶段（"我现在进行得如何?"），另一个是完成后的阶段（"我之前做得怎么样?"）。人们可以评估自己或被他人评估，就像老板评估员工一样。自我调节模式最关注自我评估反馈，这也是我将重点强调的。我将从第二章中简要提到的卡佛和西切尔的工作开始，因为他们提供了最成熟也是最著名的自我调节反馈模型。我将介绍他们关于达到目标或期望的参考值（例如，找到更好的工作）的模型，尽管该模型还涉及如何避免反目标或不希望的参考值（例如，避免被解雇）。我还将比较他们的模型假设与我在自我偏离论中提出的假设。

卡佛和西切尔的反馈控制模型

卡佛和西切尔的模型认为，在追踪目标的过程中，通过反馈来掌控发生的事情使人保持在正轨上，可以分为两个层次。[116] 这两个层次均在人的内部产生。第一层涉及目标的实现或维持，由输入、参考值、比较和输出组成。[117] 输入指有关当前条件与当前状态的信息。将该当前状态与目标或所需最终状态提供的参考值进行比较。如果在比较中检测到输入（当前状态）与参考值（期望的最终状态）之间存在偏离，模型就将显示一个错误信号并输出采取措施以减少（或消除）差异。

反馈的第二层涉及情感，并显示需要采取行动以降低所发现偏离的紧迫程度。第二层反馈与第一层反馈同时进行，并监视或检查第一层在达成或维护目标方面的表现。具体来说，第二层反馈的输入是随时间流逝偏离减少的速率。有一个可以确定所产生影响的速率标准。当速率超过此标准（做得好）时，积极情感就会产生。当进展速率低于此标准（做得不够好）时，消极情感就会产生。[118]

卡佛和西切尔的反馈控制模型中，没有假设人们会考虑到高于或低于速率标准的情感所产生的效应的意义。相反，该模型提出，速率高于或低于标准的情感的重要性是内在的或固有的。换句话说，在偏离减少

186

中具有"高于标准"的进展速度是积极的情感,而在偏离减少中具有"低于标准"的进展速度则是负面的情感。反馈控制模型的这一假设是对我在自我偏离论中关于情感性质的假设的补充。[119]再者,假定不存在其他推理过程。取而代之的是,假定情感体验是不同的自我调节系统中特定关系的直接体验。例如,当人们体验到当前状态与理想的自我指导(希望或抱负)的匹配时,这种促进成功的感受就是高兴的感觉;而与他们的理想自我指导不匹配时,这种促进失败的感受就是难过的感觉。相反,当人们经历了当前状态与应有的自我指导(责任或义务)之间的匹配时,这种预防成功的感受就是平静的感觉;而与应有的自我指导不匹配时,这种预防失败的感受就是紧张的感觉。[120]

卡佛和西切尔的反馈控制模型还有另一个方面值得注意。他们认为,速率标准不仅受体验的影响随着时间变化,还会受到个体行动的目标定向的影响,例如一个人是否具有促进定向或预防定向。我同意这一看法,并进一步提出假设,认为目标定向甚至可以决定速率标准能否影响目标追求对"成功"或"失败"的定义。

在卡佛和西切尔的反馈控制模型中,速率标准与偏离减少的进度有关。人们在追求目标方面取得的进步,意味着他们在一段时间内已经比最初更加接近目标了——当前的偏离小于最初的偏离。这对于促进定向的个体当然很重要。但是,对于具有预防定向或行动定向的个人,进步本身是否同样重要,目前尚不清楚。对于具有预防定向的个人而言,重要的是要履行其职责和义务,去做他们应该做的事情。缺少任何一步都是不可接受的。严格来说,不存在进步的体验。如果你认为遵守《十诫》是一项职责和义务,那么你就不会对上周达到六条戒律要求而本周达到八条戒律要求的飞速进步感到满意。要成功控制,必须达到所有十条戒律要求。少完成任何一个都是种使人感到烦躁的失败。

对于有强烈行动关切的个人,成功控制的意义也有所不同。对于他们来说,取得进步并不意味着现在要比过去更接近预期的目标。实际上,这与期望的目标或最终的状态毫无关系。这与状态中的变化相关,即从先前状态到不同状态的移动。这与移动本身的特性有关，即它是否顺利且持续——而与减少偏离的速度无关。路径甚至可能不直接指向目标，因此进度可能很慢，但是只要移动是持续不断的，控制就算成功了。

因此，对于具有强烈行动定向或预防定向的个人而言，速率标准不是"成功"或"失败"的关键因素。这意味着人们可以根据他们的起始位置来评估当前状态（他们的初始状态作为参考点），也可以根据他们想要结束的位置来评估当前状态（他们希望的最终状态作为参考点），或者根据他们在减少他们当下所处的位置和想要达到的位置之间的偏离方面所取得的进展来评估当前状态（初始状态和希望的最终状态共同作为参考点）。[121]正如卡佛和西切尔的模型所显示的那样，具有促进定向的个人将用其初始状态和所需的最终状态作为参考点来评估其进度。但是，具有预防定向的个人会更加强调期望的最终状态作为参考点（必须达到），而具有行动定向的个人会更加强调初始状态作为参考点（需要远离）。

情绪对自我调节的影响

在卡佛和西切尔的反馈控制模型以及自我偏离论中，监测我们当前状态和目标之间的关系会产生情感体验。这些情感体验对自我调节有什么影响？在反馈控制模型中，情感受目标追求行动的感知进度的影响，该目标追求行动将不断改变速率以使其能够满足速率标准。例如，该模型预测，积极情感（即标志着超过标准速率）将产生滑行（coasting）——回退并放慢速度以返回标准。情感也会影响这一目标相对于其他目标的优先权，例如消极情感表明需要对重点目标进行更大投入。[122] *188*

情感体验还会对自我调节产生其他影响。例如，在自我偏离论中，情感体验是一种促使人们采取行动的愉快或痛苦经历。享乐体验与自我评估过程密切相关，每个目标也都是自我评估的标准，满足或不满足该标准分别会产生正面或负面的自我评估。[123]当下的偏离会激励人们通过两种途径减少偏离：一种是通过采取行动达到标准消除当前的负面自我评价造成的痛苦，另一种则是通过采取行动获得未来的积极自我评价带来的快乐。

到目前为止，我对"我做得怎么样"的自我评估反馈系统的强调，与其他心理学文献中的强调一致。但是，人们也可以从他人那里得到关于自己表现的反馈，包括重要他人的看法。此外，感受本身就可以提供有关当前事务状态的反馈，而不是像上述模型说的那样需要依靠对当前事务状态的自我评估反馈。现在，就让我们考察一下其中的某些反馈机制和功能。

重要他人对成功和失败的反馈

在考虑成功和失败反馈的情感后果时，我们必须牢记，不只当事人自身对成功和失败的观点或看法非常重要，重要他人对个人的可欲目标或应然目标也很重要。遵循悠久的心理动力学概念[124]，自我偏离论在三种类型的目标之间进行了区分：（a）个人的自身目标只是他们自己的目标，与他人的期望无关（独立的自我指导）；（b）个人的自身目标，同时也是重要他人对其的期望（共享的自我指导或认同）；（c）重要他人为他们设定的，而非他们为自己设定的目标（内化的自我指导或"他人的存在感"）。[125]

至少在西方文化中，有证据表明，男性对成功和失败反馈的情感反应受独立目标的影响要大于父母对他们的目标的影响，而女性的情感反应更受父母与她们的共享目标的影响。此外，女性的情感反应比男性更容易受到母亲为他（她）们设定的内化（即非共享的）目标的影响，即母亲的情感的"存在感"（felt presence）。[126]即使对于可能以其他方式根据自己的目标评估自己的成败的人，重要他人的激活也会使他们根据该重要他人希望他们达到的目标来评估自己。而他们对成功或失败的实际感觉将取决于重要他人的目标是与促进定向（理想）相关的，还是与预防定向（应然）相关的。[127]

举一个重要他人可能会对自我评价产生影响的例子。一项研究[128]的参与者被问到有关他们认识的不同人的各种不同问题。一个问题问到他们的父亲如何看待他们在字谜任务上的理想表现（父亲的理想对他们的影响强度），另一个问题问到他们的父亲如何看待他们在字谜任务上的应有表现（父亲的应然对他们的影响强度）。在执行实际的字谜任务之前，他们需要处理一些练习项目，一些人在工作时被潜意识地（无意识地）激活与父亲相关的单词（例如，父亲、爸爸），一些人则没有受到任何影响。执行字谜任务后，他们收到了成功或失败的反馈。在"父亲"被潜意识地启动的参与者中，承受父亲对其抱有的强烈理想的参与者在获得成功反馈后感到愉悦，在获得失败反馈后感到沮丧；而承受父亲对他们抱有的强烈应然的参与者在获得成功反馈后感到放松，并在获得失败反馈后感到焦虑。

自尊心作为对社会接纳感的反馈

关于他人观点的反馈的重要性并不局限于内部代表的重要他人的影响。个人对他人的实际评估反馈也非常敏感。这种反馈会导致诸如"羞耻"和"骄傲"之类的情感。[129]确实，马克·利里（Mark Leary），一位证明人际因素如何影响自我调节的主要人物，提出通常被人们视为一种严格自我变量的自尊，其核心其实是人际的。[130]他提出了一种以归属感为动力的"社会计量器"（sociometer）机制，该机制会控制一个人的人际交往行为，使其寻求社会接纳和避免社会排斥。

根据"社会计量器"理论，自尊运作的背后并不是人们对自我感觉良好的需要。取而代之的是，高自尊感提供归属成功的反馈（即对他人的关系价值高），低自尊感则提供归属失败的反馈（即对他人的关系价值低）。如果自尊低，人们就会采取行动来增强自尊，但这不是因为他们需要自我感觉良好，甚至也不是因为低自尊让人感到不快（尽管享乐主义的担忧确实起了作用）。相反，人们会采取行动来增强自己的归属感，提高他们对他人的关系价值。

自尊感的反馈不同于大多数自我评估模型中描述的反馈，因为自尊感本身就是一种当下发生事件的反馈信号。在其他模型中，情感由反馈引起，反馈则反映了各种关系的情况（例如，成功或失败，一致性或差异），以及由相关的目标定向（例如，促进或预防）所引起的。而在利里的"社会计量器"理论中，自尊心本身就是一种反馈。

"感觉即信息"反馈更普遍

诺伯特·施瓦兹提出了"感觉即信息"反馈的更一般形式。作为一位开拓者，他清晰地阐述了感觉是如何影响判断和决策的。在他的模型中，重点是影响本身以及它提供的关于某人当前状况的反馈信息。[131]该模型认为，我们的感觉反映了我们当前心理状况的本质。一方面，消极情绪告诉我们，我们当前的状况是有问题的，这意味着积极结果的缺失或存在消极结果的威胁。这种反馈会增加人们对控制正在发生或可能发生的事情的尝试。另一方面，积极情绪则告诉我们，我们目前的状况没有问题或是良性的，这意味着积极结果的存在或没有消极结果的威胁。这些积极情绪会暂时减弱我们的控制动机。监测这些或好或坏的感受所得到的信息反馈会使我们产生不同的处理策略，例如，具有积极感觉的人投入的认知努力会比具有消极感觉的人更少。

如果一般的情感可以向人们提供有关他们的自我调节状况的信息，那么关于自尊心的感觉本身有什么特别之处吗？"社会计量器"模型区分了代表目前正在发生的事情的感觉，以及代表了更稳定的、可以预测未来的事物的自尊感觉。自尊代表的不是人们的当前状况，而是他们有资格（或可能）处于稳定的被接受的状态并具有很强的关系价值。正因为如此，作为自我调节信号的自尊才这样作用强大。考虑到这一点，我应该指出，如果它被错误地创建，那么它就将失去这种力量及其有效性。实际上，它来源于人们对他人的关系价值。那些并不能增加实际关系价值的自尊鼓舞，例如母亲在儿子不受同龄人欢迎时假装其受欢迎，很可能弊大于利。这等同于在汽车油箱空空如也时，直接将其燃油指示器调整为显示装满。

卢比孔模型重演

我还将提到另一种在经验上受到相对较少关注的重要反馈——卢比孔模型的事后评估阶段。此阶段包括对于目标成功（或失败）的实际价值是否与期望价值匹配的反馈。[132]监测和反馈需要在目标追求达成后再等待一段时间，以确定目标成功（或失败）的实际后果。关于情感预测的文献表明，成功（或失败）的实际价值与期望价值不同是很常见的，实际的价值通常不如预期的那么强烈。[133]换句话说，一个人在追求之初对目标价值的情感预测往往是错误的。对目标完成后实际情况的反馈的作用是帮助改善未来计划，例如改善情感预测。我们尚未清楚这一事后评估功能的效果。人们似乎无法从情感预测的错误中得到很多教训。他们也无法从过去的错误中学到该如何预测他们完成一项任务将花费的时间（计划谬误）。[134]但是，相比目标追求的其他方面，这种缓慢的学习对于这类预测可能更为真实。

❖ 想要有效控制的力量

我应该提醒大家注意，想体验自己能控制、掌控发生的事情的动力有时可能是如此强烈，以至于人们会觉得自己已经能够控制那些实际上超出他们控制范围的事件。他们甚至会认为，自己能够控制那些明显需要他们承担个人责任成本的事情。简而言之，在某些情况下，对控制的意愿胜过了对真相和价值的意愿。

让我以第一种情况为例——一种称为控制错觉的现象。[135]当触针沿着三条可能的路径之一行进时，参与者被要求猜测其中哪一条路径可能触发蜂鸣器。参与者被告知机器已经被预先编程，所以每次试验中触发蜂鸣器的路径都是随机的。因此，参与者无法控制触针在试验中沿路径移动时蜂鸣器是否会被触发。

在开始正式任务之前，一些参与者被给予完成任务的"练习"机会，其他参与者则没有任何练习。此外，一些参与者在选择路径后自行移动了触针，而其他参与者仅选择了路径，由实验人员移动触针。尽管蜂鸣器的触发是随机的，但是与没有进行这一练习的参与者相比，自己移动了触针并进行了练习的参与者在正式任务开始之前对他们能正确地选择能触发蜂鸣器的路径更有信心。

尽管结果与行动无关，但这种能为某些行为负责的控制错觉，在一些在赌场掷骰子的人中间也被发现了：当他们希望较大的数字出现时，他们会更用力地掷骰子；而当他们想要较小的数字出现时，他们则会更轻柔地投掷。即使当人们自己并不对某件事负责而只是预测别人会采取什么行动时，他们也可能会产生控制错觉。例如，在一项研究中，实验助手藏在参与者的视线之外，并从参与者的两侧向前伸出双手，做出参与者通常会做出的手部动作。当参与者听到助手下一步应该做什么的指示，从而可以预测手的动作时，参与者就会感到自己仿佛正控制着背后之人的手。[136]

这些案例表明，即使实际上自己并没有控制权，人们也希望体验到某种控制感，相信他们正掌控着发生的事情。这说明想要控制可以胜过想要真实。但是，当为某件事负责的成本很高时，人们将不再希望自己被视为控制者。实际上，相比发生的好事，人们通常对发生的坏事承担更少的责任。[137]尽管如此，在某些情况下，想要控制可以胜过想要价值。

以一个团队与另一个团队的竞争为例。如果自己的团队赢得了比赛，人们可能希望团队合作伙伴会记得他们是团队中最活跃的那个——他们比他们的合作伙伴付出了更多，但如果团队输了比赛就不会这样。但是，无论输赢，人们都会认为自己在团队中是更加活跃的，并将一半以上的团队行为都归于自己。[138]类似地，人们有时也愿意为导致另一个人遭受痛苦而承担责任，即使那个人的命运仅仅是由偶然或他人造成的。例如，在一项研究中，每次都会有两名参与者，其中的一名参与者被告知自己需要抽签以确定两名参与者中的哪名会受到电击。事实上，哪名参与者会受到电击是由实验者而不是由参与者决定的，而哪名参与者会受到电击则是随机的。尽管被告知实际是由实验者抽签，那些碰巧分到由另一人承受电击的参与者，认为自己需要为另一名参与者被电击负责的可能性也是其他未参加抽签分配电击任务的参与者的五倍。[139]

人们不仅在实际不是他们的责任时愿意为造成不良后果负责，甚至当知道他们可能将因为承担责任而受惩罚时也是如此。这种情况的一个极端案例是被犯罪心理学家称为"承认萨姆"的现象。一个臭名昭著的例子是罗伯特·休伯特（Robert Hubert）在 1666 年承认，自己通过面包店敞开的窗户投掷某种燃烧弹，引发了几乎摧毁整个城市的伦敦大火。 *193*
其供词的问题在于，身为一名水手的休伯特直到大火发生两天后才到达英格兰。而且，面包店本身没有窗户。尽管所有这些审判证据都与其供认不符，休伯特仍坚称自己有罪，并最终被处以绞刑。

如果你在想，也许休伯特可能并非完全无辜，我应该指出，当查尔斯·林德伯格（Charles Lindbergh）的孩子被绑架时，100 多个不同的人都承认自己才是绑架者。他们不可能全都是有罪的。实际上，这类"承认萨姆"案件对于警察来说仍然是一个主要的困扰，他们不得不浪费大量时间检查无数有关这些高度公开的犯罪的虚假招供。这说明人们希望自己体验有效控制的愿望有时可能非常强烈，即使这需要将真实扭曲为幻想，并且在执行过程中产生不想要的结果时也是如此——控制胜过真相和价值。[140]

本章回顾了控制有效性——管理发生的事情。我回顾了两个经典的自我控制问题：抵抗诱惑和控制不想要的内在状态。我还描述了超越自我控制本身的有效控制。具体来说，我描述了选择、承诺和反馈功能，这些功能必须被更普遍地管理以便控制目标追求中发生的事情。本章还开始讨论本书的中心主题——动机协同运作的重要性。例如，我描述了调节匹配在目标追求中的重要性——目标追求的战略手段是维持（适合）还是破坏（不适合）了参与者的目标定向。调节匹配代表了例如促进或预防的目标定向（两种不同的价值定向），以及例如渴望或警惕的策略过程（两种不同的控制手段）之间的关系——一种价值—控制关系。还应提醒，反馈本身就是一种反映我们自我调节真实情况的信息，因此在控制中对其的使用涉及真相和控制动机的共同运作，即真相—控制关系。我将在第八章和第九章中回过头来讨论这些特殊的关系。而在下一章中，我将更全面地考虑价值—真相关系。

第三部分
动机协同运作

第七章
价值—真相关系：创造承诺

既来之，则安之。

——孔子

功成者持之以恒。

——安德鲁·卡耐基（Andrew Carnegie）

我无法说出这种力量是什么；我只知道它是存在的，并且只有在人们确切知道自己想要什么，并且下定决心绝不放弃的时候，这种力量才会出现。

——亚历山大·格雷厄姆·贝尔（Alexander Graham Bell）

人们普遍认为，个人或团体取得成功最重要的一个因素，是他们对自己正在做的事情做出了承诺。亚历山大·格雷厄姆·贝尔知道承诺的存在，但他想知道它背后的力量是什么。是什么促使人们"则安之"（孔子）并且"持之以恒"（安德鲁·卡耐基）？同样，正如我在第六章中讨论的，一般而言，人们对某事的承诺强度取决于价值及其实现的可能性。本章我将讨论的重点，也是既往文献有所轻视的一点，即"可能性"本身就是一种动机力量。它不仅仅能加权或调节价值。要想理解作为一种独立的动机的"可能性"，必须将其与真相有效性联系在一起，也就是建立现实的动机。承诺的关键就在于，它源于价值与真相有效性的协同运作。

"承诺"意味着誓约或约束自己采取某种特定的行动。为行动而立下誓约，意味着行动必须是有价值的，能够达成某种欲求。因此，价值是承诺的重要组成部分。但是，仅有价值是不够的："承诺"还有信赖某事的含义。[1]人们在信赖之前，也必须建立一些现实认知。因此，承诺也需要真相，即相信这种承诺会导致某些事情发生的可能性。承诺源于价值和真相的结合——它涉及价值和真相的共同作用。本章的目的是梳理这种组合的不同运作方式。[2]人们什么时候会选择做出承诺？哪些条件支持这种承诺？这些是本章的核心问题。我将首先讨论价值—可能性的关系，也就是价值—真相的关系。这种协同运作创造了对某事的承诺。然后，我将讨论以可能性为表现形式的真相有效性。真相有效性本身就是一种动机力量，它既影响承诺，也影响价值本身。

❖ 价值—可能性关系

在传统的动机模型中，承诺来源于可能性加权的价值函数，它是目标成功追求的主观价值和主观可能性的累积函数。然而，正如我在第六章前面所讨论的，承诺不仅仅涉及可能性加权的价值函数。例如，人们会坚定地致力于高度重视的预防目标，即使实现的可能性很小。从这种以及类似的事情中，我们发现承诺的动机不仅仅是可能性加权的价值有效性，更是一种价值和可能性共同运作的结果。我之所以选用"可能性加权的价值"模型作为讨论的起点，是因为它作为解释承诺的标准模型所具有的历史和持续地位。首先，我将区分这个模型的两个版本。

199　**承诺的主观期望效用模型和期望价值模型**

对于期望（可能性）未来能够达到的目标（价值），人们会做出行为承诺。几个世纪以来[3]，各个领域[4]的学者提出了不同形式的调节性预期的基本动机效果。目前的观点是，未来预期结果对当前采取行动承诺的动机力量（即动机更强或更弱），是由预期结果的可能性决定的（即未来是否会真实发生）。

基于期望的心理本质定义不同，不同模型中对价值的量化方式不同。它可以是关于执行某种行为或从事某种活动结果的特殊预期。[5]它可以是关于自我效能达成有效行为可能性的特殊预期。[6]它可以是长期成就动机对于成功或失败的一般预期。[7]它可以是任务困难或幸运的预测。[8]它也可以是使用预先建立规范（正常情况下会如何发展）或者反事实思维（哪些事情是不会发生的）做出的模拟或预测。[9]

在这里，我最感兴趣的是心理学上最常用的两个承诺模型——主观期望效用模型和期望价值模型。两个模型尽管有着相似的名字，但是预期的价值却是截然不同的。这点差异没有在心理学界得到应有的重视。[10]这并不是说这两个模型之间没有相似之处。两者之间的显著相似点提供了认识承诺的重要视角。我将从共通之处开始，再讨论差异所在。

主观期望效用模型和期望价值模型都提出，承诺来自一项行动对未来产生结果的主观价值期待，承诺强度取决于结果期望程度。期望的量化产生乘性函数。模型的逻辑是，如果你知道行动不会发生，那么高的未来价值也不会产生动力。从这两个模型中得到的一般教训是，承诺不仅仅是考虑采取行动的未来价值（价值有效性），因为对人们来说，未来价值是真实的还是虚构的（真相有效性）也很重要。

尽管有这些相似之处，但通过更仔细地观察这些模型，就会发现它们所提出的价值—真相关系具有重大差异。由于过往的文献注意不够，*200* 所以我将更为细致地讨论模型的细节问题。

主观期望效用（SEU）模型

本模型假定，采取行动的可能性结果是相互分离的，即多种结果是相互独立的，可由"或者"描述其关系。例如，在决定是否参加比赛时，田径明星可以考虑获得第一名（金牌）、第二名（银牌）、第三名（铜牌）或更糟糕的结果（没有奖牌）的可能性。此外，列举所有可能性，可以得到穷尽的结果。在这些假设条件下，可能结果的（主观的）概率总和为100%。[11]在一项任务成功或失败的简单情况下，成功和失败作为结果是相互独立、完全穷尽的。主观成功的可能性和主观失败的可能性，加总得到100%。[12]

考虑另一个例子。如果我去找老板要求加薪，可能会出现以下三种结果之一：我可能保住工作并得到加薪，或者我可能保住工作但得不到加薪，或者我可能失去工作而得不到加薪。这三种可能的结果中的每一种都有发生的可能性，而且它们的概率加起来是100%。剩下的第四种可能性——老板解雇我但给我加薪，这在逻辑上是不成立的（也就是说，可能性为0），所以它不会包括在可能的结果之中。向老板要求加薪的三种可能结果中的每一种，对我来说都有一些主观价值。保住工作和加薪，对我来说有很高的积极价值。保住工作却没有加薪，对我来说有适度的负面价值。失去工作而得不到加薪，对我来说有很高的负面价值。

我找老板要求加薪的三种可能结果的主观效用，乘以各自发生的（主观）概率，就能得到行为的结果效用。结果效用是正向或负向的不同强度。例如，如果我相信我的老板极不可能仅仅因为我要求加薪而解雇我，而且得到加薪的可能性比没有加薪的可能性大，那么要求加薪的结果效用将是正向的。但是，如果我相信老板很有可能会因为我要求加薪而解雇我，而能否加薪的可能性是一样的，那么我要求加薪的结果效用将是负向的。

我去找老板要求加薪的效用，与不去找老板要求加薪的效用相比较，就会组合成三种可能性加权价值不同的结果（即保住工作并获得加薪、保住工作但没有加薪、丢掉工作而没有加薪）。这些结果的（主观）概率总和仍然为100%。但是，在我不去找老板加薪的情况下，每种结果的可能性会是不同的。例如，获得加薪的可能性较小，但保住工作的可能性较大。最后，我比较了两种选择的结果效用——找老板要求加薪和不找老板要求加薪，选择积极效用更大的行为。

SEU模型的一个关键特征是，它将特定选择的结果表现得离散、独立、相互排斥，捕捉所有可能性结果（即所有可能性的穷举）。但是，只有一个可能的事件会真正发生。这就像揣测故事的不同结局，但是实际上只有一个结局会真实发生。

期望价值（EV）模型

与 SEU 模型中的相互排斥、分离、可由"或者"连接在一起的结果事件不同，EV 模型将结果表示为连接的、包容的、可由"和"连接在一起的结果事件。多重结果都有可能发生。[13] 例如，爱德华·托尔曼将老鼠为获得食物而采取某种行动的动机，描述为预期享受食物的积极结果和预期获得食物耗费努力的消极结果的共同作用。[14] 积极的食物和消极的努力，都被期望会真实发生。

回到我之前的例子，找老板要求加薪会有一定的积极预期，即保住工作且得到加薪。但是，我也有一定程度的消极期望，即要求加薪时我会感到紧张和尴尬，老板会生气，同事会反对，只有配偶会感到满足。事件的结果不止一个，现实中这些可能会同时发生。

每个结果对我来说都有一种主观的价值和（主观的）发生可能性，部分是积极的，部分是消极的。由于积极事件发生的可能性相当大（结合所有积极可能性的概率值），而消极事件发生的可能性也相当大（结合所有消极可能性的预期值），这个模型预测了在这种情况下采取行动的可能性和矛盾心理。在这种模型的预估下，积极和消极的结果可能同时发生。即使我把所有的结果结合起来得到正向的预期值，我的行为也会遇到一些阻力，因为我相信消极的事情很可能也会发生。换言之，我相信积极结果多于消极结果，但是也相信自己会体验消极结果。

这同 SEU 模型有很大不同。SEU 模型对采取某种行动的总和期望效用，必须是正的或负的（或者可能是中性的），而不能既是正的也是负的。就 SEU 模型而言，当采取某种高风险高收益的行动时（既有很大可能性的积极结果又有很大可能性的消极结果），风险的消极性会抵消积极性。现实中，相比零风险或收益较低的情况，即使需要面临高风险，高收益也具有很强的诱导性，驱动人们做出承诺。

相比之下，高消极结果和高积极结果同时存在的情况下，EV 模型认

202

为消极结果的存在是造成冲突和矛盾的根源。即使计算结果上高风险行为的效用比较大，冲突和矛盾也会阻碍做出承诺。但是，无视冲突和承诺，仍旧决定采取行动，会怎样呢？就会像我在第四章中讨论的克服阻力或反对干涉力量，会提升行动的投入强度并增加行为价值。[15] EV 模型提出了这些有趣的可能性，而 SEU 模型比较欠缺。

因此，SEU 模型和 EV 模型尽管看起来像是分开教养的双胞胎，但是对积极结果和消极结果并存的承诺行为具有不同的解释。这在过往的文献中很少提及。两者之间还有个区别需要注意——它们强调不同类型的结果。在一个谋杀悬疑故事中，有两种结局很重要：故事的结尾，哪个角色因为谋杀而被捕，以及谋杀对所有角色有什么影响。但是，这些是故事的不同部分。EV 模型代表了特定选择造成的所有可能性分歧，就像是悬疑故事中谋杀造成的所有转折和改变。谋杀行为会对不同的故事角色造成多重影响。它不关乎故事的最终结局，如到底是哪个角色因谋杀而被捕，而是关乎所有角色的所有影响。SEU 模型强调的结果则是单纯地找出凶手，这会是有趣的线索，但不是故事的全部。

203 　　想象一下，我选择了要求老板加薪的决定。根据 SEU 模型，我的故事只有一个结局：要么保住工作且得到加薪，要么保住工作但得不到加薪，要么被解雇且得不到加薪。这些互斥可能性中的任何一个，都会为故事提供简单的结局。但是，生活果真如此简单吗？不管我的老板最终做了什么，结局不是更有可能好坏参半吗？即使是保住工作并得到加薪的幸福结局，也可能包括老板不喜欢我、同事嫉妒我的消极结果。EV 模型很好地捕捉到了复杂性。[16]

❖ 价值作为承诺的驱力

虽然 SEU 模型和 EV 模型在很多重要方面都是不同的，但是还有个很大的相似点需要强调，那就是它们认为价值是承诺的驱力。它们认为承诺来源于某种选择的主观价值和这些结果发生的主观可能性，这两个因素之间的关系是相乘的。[17]即使模型没有正式地将价值和可能性之间的关系描述为相乘关系，它们也牵涉了相关的讨论。[18]

值得注意的是，所提出的乘法关系是关于价值有效性的。主观可能性对这种关系的贡献是调节价值力的强度，它本身并不被视为动机力量。另外，动机是为了做某件事情；在这种情况下，动机的作用是为了激励人们做出一个特定的决断/选择。这一切都是为了得到想要的结果。越重视期望的结果，就越有决心做出能够实现这些结果的选择。在 SEU 模型和 EV 模型中，主观可能性本身并不能单独作为一种动机力量影响承诺。影响期望结果的实际发生可能性，是衡量承诺潜在价值的权重。例如，尽管非常有价值，但是因为知道赢得奥运会金牌是不可能的，所以我并不想赢。在本节的后面，我将质疑价值是不是承诺的动力。但是，首先我需要解决几个关于价值本身性质的问题。

价值—可能性模型中不同种类的价值

第一个问题是，到底哪种"价值"才是承诺的动力？结果表明，不同模型意指驱力中不同种类的"价值"。是成功实现目标的价值，还是成功带来积极结果的价值？想象一个二年级的女大学生，在课程结束时得到了"A"。如果这是一门很难的课程，她自然会为自己成功拿到"A"而感到骄傲。她因为在课程开始时就能预料到得"A"可以享受成功的骄傲，所以有动力一学期努力学习——典型的高需求成就者。[19]这种成就场景，是由麦克利兰和阿特金森在成就动机的标准模型中描述的。这种情况下，有效性价值是成功本身。

另一种情况是，为了能够被理想的专业录取，她需要在这门课程中得到"A"。她很了解自己的处境，而且很直截了当地行动。这种情况下有两种决断：她可以努力学习，最终获得被理想专业录取所需的"A"；或者她不会努力学习，最终不能获得被理想专业录取所需的"A"。（她认为，不努力学习得到"A"和努力学习但得不到"A"，可能性都很低。）最后，她决定努力学习，符合预期，得到了"A"，并被理想专业录取。

这是在标准决策模型中描述的决断场景。有效性价值是成功带来的预期
积极结果。

这两幕场景中的事件并不是互相排斥的。成功的骄傲和随之而来的
积极结果，都可能发生在同一个学生身上。但是，作为承诺驱力的有效
性价值，在这两种情况下是不同的。一方面，标准成就场景中，价值意
味着学生成功获得"A"。有效地拿到"A"就是价值，是期望的结果。
这种成功的反馈信号是体验到的自豪感（或许还有喜悦、放松）。正是这
种成功后的自豪感激励着她努力学习。值得注意的是，价值并非来自获
得"A"之后的收益或成果。

另一方面，在决断场景中，价值来自随之而来的结果。价值有效性
并非在于挑选两种行为中的一种，做出正确的决策。对于学生而言，努
力学习拿到"A"的动力是被理想的专业录取。得到"A"的结果——被
期望的专业录取，激励了她在课程中努力学习。[20]

那么，哪种价值是承诺的驱力呢？它仅仅是成功追求目标的信号反
205 馈，还是随成功而来的结果呢？专家学者的动机是"成功的标志"，比如
因成就而获得奖项和奖励，还是成功的后果，比如获得奖项和奖励后的
"名誉和财富"、朋友和家人的钦佩和尊重？我认为答案很明显，这两种
价值都可以有激励作用。目前尚不清楚的是，哪种价值更能激发人的积
极性，以及是否因人而异、因情况而异。而更加需要关注的是，价值不
仅仅是成功带来的结果。独立并先于随成功而来的结果，成功本身就具
有价值。关于这种价值体验，我需要多做一些补充说明。

成功信号的价值

对于人类或其他动物而言，单纯的成功信号，即有效信号，本身就
可以构成渴望的目标。此外，信号强度也会有所不同。人们可以为自己
的成功感到轻微或极度的快乐，为自己的成功感到轻微或极度的自豪。
我们的学生可以为自己得了"A"而感到骄傲，也可以为自己得"A＋"
而感到非常自豪。不同成功水平的信号强度差异是可以预测的，也可以

反映在承诺水平上。甚至决策时，预期结果自身有可能是一种成就方式，比如目标定位获"A+"而不是"A"的影响是不同的。我们相信自己做了一项伟大的决策（获得"A+"），以及相信自己做了一项不错的决策（获得"A"）。预期目标的成功所带来的实际结果，仍是人们决策考虑的一部分。但是，单纯成功地做出明智的决策，就可能对承诺做出贡献——由于人们觉得明智的决策是一种成功，所以人们会付诸更加坚定的承诺。

如果是这样的话，那么与成功的结果相比，成功信号对价值时间过程有着有趣的影响。这种结果的价值，比如伴随着高度职业成功的"名誉和财富"，可以持续很长时间。同样，学生得到"A"，得以选择理想的专业。相比之下，成功信号的价值，如奖项与奖励、课程中"A"的价值，衰减得相对较快。学生需要把注意力转移到一个新的目标追求上，以体验一个新的成功信号。在我们看来，这两种价值存在时间上的差异。与成功后的结果价值相比，成功本身的价值是相对短暂的。人们不断奋斗，从一个成功走向另一个成功，从未满足于任何一个成功的现象，更多地体现了前一种价值有效性（成功的信号）而不是后一种价值有效性（成功后的结果）。

另一种成功的解释是会产生动机性沮丧，尤其是对于一件需要花费很长时间才能完成的大事而言。成功的价值信号会迅速衰减，而目标追求本身因为已经完成也不再有动力。奋斗数年获得一些重要奖项后，这些因素可能会导致人们长达数月的抑郁。不仅仅是获得奖项会如此。人们也会把追求与另一个人的关系作为成功的标志，比如"花瓶妻子"：一旦成功了，就产生动机性沮丧。虽然成功后享受了娶妻的好处，但是一旦成功，目标追求背后的动机就消失了。

总而言之，成功追求目标的价值驱动的承诺和由目标追求结束后的结果价值所驱动的承诺——对这两种类型的区分非常重要。鉴于享乐原则的主导地位，标准的承诺模型在解释决策的时候更关注后者。但是很显然，人们除了希望通过正确决策获得积极结果之外，还把做一项"好的决策"作为一种成就。尽管结果最终是负面的，但他们仍投入早期选择，甚至强有力地捍卫它。不管他们选择的结果价值如何，人们都选择相信他们在决策的时候是成功的："是的，结果很糟糕，但是我当时基于有限信息已经做出了最好的决策，所以我感觉很好。"

价值作为主观可能性本身的决定因素

价值作为承诺驱力的最后一个问题，是它自身力量的"负面因素"。价值作为一种力量如此强大，以至于可能性不再作为一个独立变量发挥作用，而是通过观察有价值的结果是否会真正发生的可能性，来衡量价值对承诺的影响。

很久以来，人们承认的世界真相，即构建的现实，不仅可以由数据自下而上决定，还可以由被操纵的真相欲求偏好自上而下决定。这种承认在 20 世纪有多种形式，从弗洛伊德论无意识愿望对于理解世界之影响[21]，到布鲁纳"新视点"学派论价值与需求对感知的影响[22]，再到自我提升和目标影响判断、推理和决策的动机认知研究[23]。

假设某事发生的主观可能性是对真相的推断或判断（即未来什么是真实的），那么人们的主观价值（即他们想要得到的结果）能够使主观可能性增强，也就不足为奇了。而且，确实有明显的迹象证明这一点。[24] 在一项研究中[25]，收入较低的人（即那些主观上认为中彩票的价值较高的人）认为中彩票的可能性要大于那些同样参加彩票活动、收入较高的人。这意味着，价值—可能性模型的关键假设即价值和可能性是独立变量就会被消解，因为价值可以歪曲主观可能性判断。

❖ 可能性作为承诺的驱力

很显然，价值是一种产生承诺的动机力量，我已经专注讨论价值力量性质的几个难题。但是，这种动机力量是价值—可能性模型所表述的那样吗？如上所述，这些模型没有讨论主观可能性是一个单独的动机因素，对承诺具有独立的作用。即使价值和可能性没有被正式地描述为一种乘法关系，价值也被描述为由可能性加权的力量，没有考虑到将可能性作为一种单独的动力。如果价值是承诺的唯一动力的观念是正确的，那么主观价值和主观可能性对选择承诺或目标承诺的影响仅仅是价值的一个方面（即价值的一个主要方面），或者是由可能性所加权或调节的多重价值有效性。但是，事实并不如过往文献所述。除了成功结果的价值之外，还有一个独立的主观可能性方面，比如成功结果的更大可能性会增强目标承诺。[26]因此，实证表明可能性是一种独立的动机力。事实上，在某些方面，可能性可以成为承诺的驱力。在价值—可能性模型中受到广泛关注的是，主观可能性是建立现实的另一种方式。事物越符合现实，可能性对承诺的影响越大。我们接下来讨论可能性驱动承诺的不同方式。　*208*

詹姆斯的"意动动作"观

正如许多心理学问题一样，威廉·詹姆斯首先提出，驱动行动的关键力量是对实在的信念——关乎什么会发生、什么不会发生的信念。[27]然而，詹姆斯并没有明确地将作为动机力量的可能性与作为动机力量的价值进行对比，他甚至没有明确地谈论可能性本身。他谈论了对现实的感知，以及相信（与怀疑）是如何激发行动的。

詹姆斯的观点中有两个步骤。首先，把某种东西当真："每个人都知道想象一个东西和相信它的存在之间的区别，假设一个命题和默认它是真理之间存在区别。在默认或信赖的情况下，事物不仅由观念认知，还会被当作实在。因此，信赖不仅是精神状态，还能够构建现实……'信赖'意味着各种程度的担保，包括最高可能的确定性和信念。"[28]对于詹姆斯来说，信赖意味着程度最高的可能性，即某事是真实的，某事是真理。

对于詹姆斯来说，信赖不仅仅是一种认知，不仅仅存储着某事相关的信息。信赖是一种现实感、一种超越其他任何事物的情感。这就引出了第二个步骤。詹姆斯提出，信赖是一种默许的感觉，与意志和行动有关："它比任何事物都更像我们所知的意志心理学中的同意。众所周知，同意是我们积极本性的表现。它会自然地描述为'意愿'或'性情转变'。同意和信赖的共同点是争议的终止。随着一种内在稳定的观点出现，头脑中冲突的念头会排除出去。在这种情况下，很容易产生吸引力去追随这股力量。"[29]

这就是詹姆斯著名的"意动动作"观，即一个简单的想法足以支撑行动："思考时，行动就已完成。"[30]但是，詹姆斯清楚地表明，"意动动作"的概念是建立在现实性基础上的，是一种默许或同意某事具有现实性的感觉。它反映了这样一种观念：当某件事情被视为最有可能实现时，就会有动力促使采取行动，而不需要其他任何东西来辅助。这种说法首次且最有力地提出，可能性可以成为承诺的动力。最近，它激发了大量的研究，测试是否仅仅启动或激活一个存储的概念——即使是下意识地——也可以促使采取行动。尽管行动是否完全由观念驱动尚未明晰，但这项研究总体上支持詹姆斯的观点。[31]

请看约翰·巴奇和同事们所实施的、现在已成为经典的一项研究。[32]研究检验仅仅启动与"老年"这一范畴有关的存储知识，是否能够激发行动。有关"老年"的部分知识是"老年人行走缓慢"。与无启动条件的对照组相比，阈下启动"老年"范畴（即觉知以外）就能让人们在走廊上行走更慢，甚至无须老年人真实在场。研究发现令人惊奇。

这项发现支持了詹姆斯"意动动作"观。但是，是否只有通过启动老年人的想法才能激发速度改变的动作呢？乔·切萨里奥（Joe Cesario）、杰森·普拉克思（Jason Plaks）和我认为，价值有效性也会影响行为。[33]我们提出，人们存储关于某事物的知识或想法是准备与之互动，比如为了与社会成员中的老年人互动。准备与老年人互动时，人们会启动"老年人行走缓慢"的观念。而当"老年"概念被引导时，这种观念确实会自动激活。此外，正如詹姆斯和巴奇所发现的那样，即使是在没有老年人在场的情况下，"老年人行走缓慢"的观念也会激活动作行为。然而，我们认为，行动的准备和实际行动的发生取决于被激活观念的价值。本案例中，这取决于个体对老年人的态度。

　　缓慢行走只对喜欢老年人的个体有行为策略的意义。他们想缓慢行走，以便更好地与老年人交流。许多研究参与者都喜欢老年人，当"老年"概念被阈下启动时，这些参与者会在没有老年人的情况下沿着走廊缓慢行走，就像巴奇所发现的那样。但是，那些不喜欢老年人的参与者在走廊上快速行走。似乎潜意识里被灌输了"老年"概念后，他们试图避免与老年人扯上关系（即使现场没有老年人）。

　　这样看来，激活甚至阈下启动一个存储的观念，就可以创造行为的动机力量，但是特定行动的性质也可以取决于额外的动力因素，比如与这个观念相关的价值。[34]作为詹姆斯的学生，托尔曼在其学习和行动理论中进行了有趣的平行比较。毫不奇怪，托尔曼最初的学习和行动理论强调了期望角色，特别是诸如"采取 X 行为时，Y 事件会发生"这样的偶然性信念。[35]就像詹姆斯的"意动动作"观，偶然性信念被认为足以促成行动。其他心理学家不同意这种观点，认为信念本身并不能解释一切。其中包括埃德温·格思里——一位动物学习研究的先驱。[36]正如前面提到的，格思里有一句名言：托尔曼的动物们会"陷入沉思"而不采取行动。[37]部分原因是回应批评，托尔曼修正了理论，在驱动—激励—价值系统中，添加了作为干涉变量的驱力和激励价值[38]；也就是说，他在期望值中增加了价值维度。它们协同运作，促成行动。

210

承诺：源于产生高成功可能性的心理对比

　　还有最近提出的类似于向詹姆斯致敬的承诺模式，它引入了一种新的内隐机制。目标设定和目标承诺领域的专家加布里埃尔·奥廷根（Gabriele Oettingen）研究了将渴望的未来与有阻碍的现实因素进行心理对比，如何创造出绑定目标。[39]她的研究表明，强烈的目标承诺可以来自这种心理对比，即幻想渴望的未来我的欣喜与想象克服障碍成功的现实障碍。但是，为了加强承诺，这种心理上的价值对比必定源于高度的主观成功可能性（真相有效性）。如果成功的主观可能性仍然很小，那么心理上的对比就不是有效的。

奥廷根的模型中，重要的不是成功的主观价值，也不只是幻想未来我所体验的价值。相反，最终的主观可能性是心理对比的产物，对比未来幻想与必须克服的现实障碍。主观可能性就是这种对比的输出，它对于创造承诺至关重要。从这个角度来看，关键的动机力，归根结底，是成功的主观可能性（即行动可以取得成功的真相）。该模型强调真相或现实的视角，与詹姆斯的观点是一致的。价值只是这种心理对比的一部分，而这种对比是可能性力量之源。

还需注意的是，在奥廷根的模型中，最终的主观可能性并非只是一个中立的信念。这是一种与期望的最终状态相关联的信念、一种对渴望的未来我的信念。因此，尽管可能性作为承诺动机力被赋予了中心角色，但它不仅仅是单纯观念——它还与价值相关联。价值和真相再次协同运作，但这次真相是一名明星球员，而不只是游客。

211 **可能性是确定性时的承诺**

奥廷根的研究很好地说明了结果的主观可能性，必定可以成为承诺中的动机因素，影响采取行动的价值。这只是主观可能性对承诺产生重要影响的方式之一。正如我之前提及的，价值—可能性模型忽略了詹姆斯的观点：主观可能性是建立现实的一种方法。某事越接近现实，可能性对承诺的影响越大。当某事的现实性大于想象性的时候，人们会更加愿意花费精力和资源，对某事更加认真考虑。

举一个典型案例，说明决策会受到选项结果确定性的影响。在他们关于前景理论的一篇影响深远的论文中[40]，丹尼尔·卡尼曼和阿莫斯·特沃斯基指出，人们在积极前景中的偏好，比如选项 A 是有 50% 的机会赢得 1 000 美元，选项 B 是有 100% 的机会赢得 500 美元。结果同价值—可能性模型不符合，因为人们会偏好确定的积极选项（B）而非不确定的积极选项（A）。但是，根据模型推测，两种选项的期望效用是相同的（即价值和概率相乘都是 500 美元）。人们在选择消极前景时，也会比不确定的选项更加重视确定的选项。举例来说，选项 C 是肯定会损失 500

美元，选项 D 是有 50％的可能性损失 1 000 美元。超出价值—可能性模型的估计，人们更加排斥 C，而会选择 D（为了避免 C 带来的肯定的损失）。

承诺的确定性力量可以通过某事盈利或损失的前景来直观比较，如 100％的可能性大于 95％，95％的可能性大于 90％。虽然可能性只有 5％的差别，但是趋近盈利、回避损失的承诺增加的幅度显然会大于 5％。确定性是建立现实、增强承诺的重要因素。

采取行动的承诺源于可采取行动的信念

现实中，人们对待真实的事物态度更加认真。此时的承诺方式我尚未讨论——这是一种不同于詹姆斯观点的独立于价值的承诺。这不仅仅是默许或同意某事的真相，从而促使采取行动，"思考时，行动就已完成"。行为的动机是追求有效性。这种动机的例子包括我在第二章中讨论过的怀特的有效性动机、德西和瑞安的自我决定论、班杜拉的自我效能理论。人们采取行动不仅仅是为了达到期望的最终状态，不仅仅是为了趋近快乐、回避痛苦。他们之所以采取行动，是因为这会提升能力、展现效能。当孩子们跳进水坑时，结果可能是不愉快的，包括受到惩罚。尽管有这些结果，能力和效能还是会驱动他们这么做。但一个关键的潜在因素是，参与者相信他们能够做到。他们认识到实施行为的主观可能性很高——真相和控制有效性的协同运作。也就是说，他们之所以承诺采取行动，是因为他们相信完成该行动的可能性很大——与成功之后的结果无关。并非行动后取得某种结果的可能性很大，而是行为能够完成的信念驱动了承诺的付诸实施。[41]

承诺源于高可能性的行动（力）关注

独立于行动的价值，高度的主观可能性会产生采取行动的承诺的另一种方式，是人们处于行动（力）模式中。第五章中，我讨论了高度行动（力）定向的人们。相比高度评估（力）定向的人们，他们更愿意采

212

取行动、启动和维持行动状态。他们并不关心他们的行动可能产生的价值结果；他们关心的是行动本身，他们希望行动能够顺利进行、不受干扰。最近的研究发现，在许多不同的文化中，高行动（力）的人具有高度责任感，也就是说，他们有计划性与组织性。[42]回顾第六章中提到的实证分析，高行动（力）的个体对达到目标的可能性相对敏感。这种可能性与向目标前进过程中的潜在障碍有关——这些障碍可能会干扰行动的顺利进行。相比之下，他们对与结果相关的目标成功价值差异不敏感。[43]我们认为，完成一项活动的主观可能性很大时，具有强烈行动（力）定向的个体将不顾预期价值结果，坚决地投入行动。对于高行动（力）的人们而言，承诺的驱力是主观可能性而非主观价值。

213　　　总而言之，我们提出了一个强有力的论点，即在某些情况下，推动承诺的动力是主观可能性而非价值。但是，可能性能够独立承担动机力量的讨论还没有结束。事实证明，可能性影响承诺，具有自身的价值。这个论点直到最近才被认可与研究。

❖ 可能性如何影响价值

到目前为止，我已经讨论了三种可能性影响承诺的方式。首先，如SEU 和 EV 这种标准的价值—可能性模型中所讨论的，可能性会加权或调节价值。其次，在詹姆斯的"意动动作"理论和奥廷根的心理对比产生高度可能性信念中，可能性是与意志、行动相关的同意信念（默许）。最后，可能性是关乎行动如何开始和维持的信念。效果、能力、自我效能模型和行动（力）调节模态强调了这种观点。采取行动是因为人们相信他们可以进行并维持下去。

我将在本节中讨论另外四种可能性的作用方式。它们不仅会影响承诺，还会影响价值本身：可能性作为感知难度、规范、心理距离和现实准备。

作为感知难度的可能性

我们已经看到，主观可能性本身就是一种主要的动力。但是，可能性不仅有助于承诺与价值分离，还可以作为感知难度来决定对价值本身的感知。

作为意义的感知难度

一些价值—可能性模型，如勒温和阿特金森的模型，明确地认识到了感知难度对成功或失败价值的影响。[44]在绝大多数标准模型中，价值和可能性之间的多重关系，是利用可能性来权衡价值。但新的问题是，作为独立变量的价值会被可能性操纵。具体来说，个人成功做某事的积极价值，或者他未能做某事的消极价值，都取决于他对成功或失败可能性的判断。例如，如果一项任务非常简单，比如站在 3 英尺远的地方投掷飞镖（落在板上的任何地方），成功的可能性非常大，成功的积极价值很低。随着任务越来越复杂，比如站得越来越远，或者直接击中靶心，成功的积极价值就会增加。相反，如果一项任务非常复杂，比如从 20 英尺开外把飞镖投向靶心，那么失败的可能性就非常大，失败的负面值也很低。随着任务越来越简单，失败的负面影响也会越来越大。

分析看似合理。但是，需要强调过程包含了价值与真相的协同运作。此时并非期望结果的享乐属性（投掷飞镖到板的任何地方），也并非不期望的结果（完全没有落在板上）发挥了驱动价值。例如，我们期望的结果可能是飞镖落在板上的任何地方，但关键的是，这种结果是站在 3 英尺外的可能性更大，还是站在 20 英尺外的可能性更小。而且，值得注意的是，成功可能性小的任务（即一项困难的任务），会带来更高的积极价值。

成功和失败的可能性决定了结果对个人而言是否有意义。当一个结果建立在已经达到目标的人身上时，这个结果对个人来说是有意义的。[45]成功地把飞镖投向更远的距离，或者在更近的距离失败了，对于个人来说更有意义。社会心理学文献描述了一些寻求真相的过程，这些过程可

214

以建立一个对个人有意义的结果。

正如我在第五章中所讨论的，建立现实的方法是找到对于事物发生的解释。例如，当个体在某项任务上取得成功时，他们可以寻求解释为什么他们会成功。想象一下，他们在参与之前就知道这项任务是相当艰巨的。有鉴于此，他们无法解释他们的成功是因为任务很简单。有可能他们只是幸运，也有可能他们特别努力，但人们更倾向于把他们的成功解释为很强的能力与竞争力的体现。[46]如果成功能够意味着很强的能力或竞争力，那么成功对他们来说就有很高的价值。

相比之下，如果人们知道任务很简单，那么他们就会把成功归因于任务难度低而非能力强。在这种情况下，成功对他们来说不会有很高的价值。因为当一项任务相当复杂而非简单时，人们更有可能将成功归因于能力，而不是任务的艰巨性。所以，当任务取得成功的可能性较小（即难度较大）时，任务的成功具有更积极的价值。价值源于成功对个人有意义——在这种情况下，成功会归因于能力强而非任务容易。同样，当成功的可能性很大（即任务简单、难度小）时，任务失败会有更高的消极价值。失败的价值对于个体而言是有意义的——在这种情况下，人们会将失败归因于能力不足，而不是任务难度大。

215

另一种寻求真相的途径是，人们使用假设检验诊断成功与否对于能力强弱的判断。[47]他们会做如下的比较：如果我有很强的能力，那么我成功完成这项任务的可能性有多大？如果我没有很强的能力，那么我成功完成这项任务的可能性有多大？对于一项困难任务来说，当一个人拥有很强的能力时，成功的可能性显然更大。因此，成功完成困难任务是对高能力的诊断，这使得成功具有很高的价值。对于一项简单的任务，成功的价值较低，因为即使一个人能力不高，也很有可能成功；也就是说，成功可能性很大的时候，不能诊断能力是否强（例如，一项简单的任务）。而且，成功的价值取决于它对于个体的意义——在这种情况下，成功能够诊断高能力。同样，失败对于一项简单的任务有更高的负面价值。因为当成功的可能性很大时，失败更多的是对低能力的诊断。

　　总之，成功的可能性可以决定成功或失败的价值，因为它使得有价值的结果对个人更有意义。可能性作为困难感知，在承诺和价值中发挥作用。它之所以重要，是因为表明了价值与可能性并不是独立的。在价值和承诺方面，可能性作为感知困难还有其他三种影响。

作为预期成本的感知难度

　　感知难度的另一个影响与预期工作或努力有关。活动或任务越困难，人们需要越多的工作或努力来取得成功。这是成功的成本，需要和成功的收益一起进行损益比计算。尽管一些价值—可能性模型明确地考虑了任务难度[48]，但还有部分模型是没有在意的。任务难度对于需要少量努力的简单任务并不重要，比如选择买哪个冰激凌甜筒。但是，这对于需要高度努力的成功而言是非常关键的，比如教授们选择去教哪一门课程。教课的价值（即损益比）不仅取决于成功的可能性，还取决于需要花费的努力和工作量（即成本），而后者增加了难度。

作为阻力的感知难度

216

　　另一个感知难度的影响是，它可以创造阻力。我在第四章中讨论了对抗阻力会提高投入强度或增进参与，从而加强对目标的价值反应。同样，人们自然而然地抵制从事一项需要大量工作或精力的任务，在任务中他们不得不克服个体阻力。克服个人阻力也可以增强投入强度，从而增强对目标的价值反应。[49]

　　通过反对或克服阻力来提高投入强度的感知难度，可能会导致价值的稀缺效应。当一件物品稀缺的时候，比如特定品牌和年份的古董车，或者一位知名（且已故）艺术家的画作，它往往具有更高的价值。[50]即使观看一件稀有的物品也是很有价值的，比如曼哈顿的猫头鹰。稀缺物品的数量很少，因此得到它们的可能性也很小。那相当于高难度任务。稀缺性就像是追求目标的障碍。如果克服了这个障碍，克服了一项困难任务的阻力，那么投入强度就会得到提高，价值会得到提升。一件有吸引力的物品稀缺时，吸引力会增强。[51]

作为确定性的感知难度

另一个关于价值的感知难度的观点来自它对感知确定性的影响。如果一项任务是非常复杂的，那么人们可以相当肯定它会失败。如果一项任务很简单，那么人们可以相当肯定它会成功。因此，无论是非常高的还是非常低的感知难度，都可以使人们感到相对可靠的结果将是什么。但是，如果一项任务难度中等（既不容易也不艰难），那么人们就会不确定自己是否能成功。结果的确定性产生了另一种动机效应。在第五章中，我讨论了索伦蒂诺对不确定性定向和确定性定向个体的区分。不确定性定向的个体会选择中等难度的任务，而非很简单或很艰难的任务，因为他们可以通过执行任务来减弱不确定性。相比之下，确定性定向的个体会选择很简单或很艰难的任务，因为他们会保持对于任务的确定感。

通常，高需求的成就者（从成功中体验骄傲感）的任务绩效比低需求成就者（从失败中体验羞耻感）更好。有鉴于此，对于那些不确定性定向、需求高的成功者来说，当任务属于中等难度（即结果不确定）时，比任务很简单或很难（即结果有很强的确定性），表现会更好。但对于那些以确定性为导向的人，正好相反：当任务很简单或很难时（即结果确定），表现会更好。这个特征已为研究所证实。[52]

这些不同的影响强调，即使可能性仅限于目标追求的感知难度，它也可以通过多种方式来影响价值和承诺。

作为规范的可能性

可能性的重要作用之一是定义什么是正常的或中立的。[53]例如，班上大多数学生期中考试得了"B"，那么这个分数就最有可能是正常的或中立的。高于和低于这个分数是不正常的和不中立的。高于"B"的成绩将得到正面评价，低于"B"的成绩将得到负面评价。这种可能性或预期的影响并不局限于社会比较的情况。例如，个别学生可以根据自己在以往期中考试中通常的成绩，而不是根据大多数学生在这次考试中得到的分数，来决定他对本次考试分数的评价。对于特定的学生来说，如果自从上大学以来期中成绩通常是"C"，那么这就是正常的或中立的。高于"C"的成绩将得到正面评价，低于"C"的成绩将得到负面评价。请注意，结果的积极或消极性质取决于结果是高于还是低于某种规范。而规范是由可能结果的分布决定的。因此，价值不是独立于可能性的。

将最经常发生、最具可能性的结果定义为正常或中性的规范——一种描述性规范。正如上面的例子所述，它可以使用现实性参照点来评价事物的价值。意料之外的好事会予以积极的评价，意料之外的坏事会予以消极的评价。第五章中，我描述了禁令性规范和描述性规范。禁令性规范确定了哪些行为是社会正确的、被认可的，描述性规范提供了关于人们某些生活领域中的（典型的）行为信息。禁令性和描述性预期都可以表现为价值和承诺，它们都涉及价值和真相有效性的协同运作。然而，这些关系的本质是不同的。

作为描述性规范的可能性

描述性规范描述了人们在特定情境中的典型反应。因此，它们为其他人提供了未来可能行为的信息。例如，我会相信，同事向老板要求加薪是很常见的，或者这种情况很少见，即像我们这样的人加薪的可能性很大或者很小。人们决定在某种情境中做什么时，会考虑其他人在这种情境中会做什么。罗伯特·西奥蒂尼称之为"社会证明"或"真理就是我们"。特别是当不确定该做什么时，他们会考虑其他人通常做什么、时兴做什么。[54]如果大多数人在野餐时用手指而不是叉子吃鸡肉，那么我也会这样做。这是另一种价值与真相的关系，影响采取特定行动的承诺。如果我的同事经常向老板要求加薪，那么我也会这样做。

我在这里强调的是，他人的行为影响了特定情境中行为合理性的界定。他人的合理行为会影响到我做这件事的价值和承诺。我还应该注意到，其他人所做的——描述性规范——也可能影响我对这个困难的看法：如果这是一件困难的事情，那么就不会有这么多人这么做。通过影响感知难度，如我前面所述的描述性规范，可以对价值和承诺有附加影响。[55]

作为禁令性规范的可能性

在特定情境中，禁令性规范关涉他人对行动赞同或反对的期待。禁令性规范不仅界定情境，也界定什么是必须要做的、应该要做的，而不是界定行为合理性。这是影响价值与承诺的另一种价值—可能性关系。例如，我的同事可能不赞成任何人向老板要求加薪，这不合规矩。特殊的强制规范会减少我向老板要求加薪的机会。马汀·菲仕拜因（Martin Fishbein）和伊塞克·阿杰恩（Icek Ajzen）是将态度和规范信念与行为联系起来的先驱，他们展现了他人的期望会如何影响行为决策。他们的研究表明，禁令性规范是一种独立于采取行动的积极和消极结果而采取某种行动的承诺。[56]

禁令性规范除了明确其他人赞成和否认什么样的行为，还有其他的作用。比如，明知道其他人会反对，但你还是决定要做某事，这会有什么后果？人们自然而然地抗拒做一些会引发别人反对或惩罚的事情。但是，如果他们克服了阻力并且做了，那么就会提升投入强度，会增强行为的吸引力和承诺。[57]父母认识不到不赞成青春期孩子所做事情的风险——可能会自食其果，使他们的孩子更有动力投入不赞成的活动。这种机制可能是成瘾的一个因素，成瘾行为通常与禁令性规范相反，但在反对和惩罚的威胁下仍然会发生。对成瘾行为的禁令性规范越强，就会有越多的成瘾者被其所承诺的行为吸引。不仅成瘾如此：如果我认真对待同事们的禁令性规范，我就不会去要求老板加薪。但是，一旦我决定要找老板加薪，那么这种决定会更加坚定。[58]

我还应该注意到，禁令性规范的动机力量会随着价值定向的不同而不同。第六章讨论了如何实现预防性目标，比如安全，目标越有价值，人们就越觉得他们必须实现它。他们坚定地致力于追求一个高价值的预防目标，因为追求这个目标是必要的。[59]拥有预防定向的个体把追求实现目标视为应该做的事情，是责任和义务。禁令性规范也是必要性事情。因此，禁令性规范和预防定向之间有着自然而然的匹配。禁令性规范对预防定向的个体的激励作用，大于对促进定向的个体的激励作用——这是另一种价值—真相的关系。与这一预测一致的是，有证据表明，强有力的预防管理者比强有力的促进管理者，更有可能用过往老板管理自己的方法去管理下属——即使他们不喜欢这种管理方法。[60]

作为心理距离的可能性

人之特征之一，是能够超越"此时此地"而想象自身未来生命的能力。他们还可以想象自己身处不同的地点，比如想象自己被光线照射就能立刻到达夏威夷的沙滩——《星际迷航》的风格。我们不仅可以想象正在发生的事情，还可以想象可能发生的事情（即反事实思维）。我们并没有陷于事情此时此地的实际情况。我此时此地的实际情况可以概念化为一种起点——我的"0"。任何让我远离当前时间、地点的东西——远离纯粹的现实——都在增加我与"0"的心理距离。增加心理距离的能力，即超越此时此地的能力，对于人类进行复杂而创新的规划至关重要。尼拉·利伯曼（Nira Liberman）、雅科夫·特罗普和他们同事的一项里程碑式的研究[61]，厘清了心理距离对于评价和决策的作用，填补了知识界空白。

我对这个团队关于可能性决定价值的近期工作非常感兴趣。物体和事件同时有中心和外围特征。戏剧活动的中心是戏剧本身，而剧院建筑的位置是外围特征。想象一下，彩票中奖的奖品之一是戏剧票。如果你需要在两种票之间做选择：一种是中心价值高、外围价值低（例如，在位置偏僻的剧院由明星阵容出演的戏剧），另一种正好相反（例如，附近剧院演出一部普通戏剧）。在选择这两种票之前，你还被告知赢得戏剧票的可能性非常大或者非常小。那么，可能性的大小会影响选择哪一种票吗？

我相信，大多数人都会回答说，他们选择哪种奖品并不取决于获奖的可能性。不管获奖的可能性有多大，我们都会选择对我们总体来说更有价值的奖品。我们比较两种奖品的中心特征和外围特征的价值，选择综合价值较好的那种。不管中奖的可能性大还是小，我们都会选择一样的奖品。

220

　　一般来说，我们会认为该奖的首选应该是具有更高中心特征价值的版本，即拥有明星阵容的戏剧。事实上，研究发现与我刚才描述的想象情景非常相似。[62] 总的来说，参与者选择的奖品具有更高的中心特征价值。但这项研究还发现，当获奖的可能性较大时，奖品的外围特征（即剧院的位置）在决策中的权重要大于可能性较小时的权重。事实上，当获奖的可能性很大时，两项奖励同样受到参与者的青睐，而具有更高中心价值特征的奖品在获奖可能性较小时更受青睐。

　　这项研究究竟关注什么？为什么可能性会影响奖品的选择？我们的
221 答案是，某事发生的可能性从时间和空间上形塑了心理距离。[63] 具有高可能性的事件，比如此时此地的事件，心理距离很近。相比之下，具有低可能性的事件，比如此时远地的事件，心理距离很远。当一个事件具有很远的心理距离时，比如一个事件发生在遥远的未来或者遥远的地方，它的本质或者中心特征就会被强调。[64] 但是，心理距离较近的事件，如此时此地发生的事件或很高可能性事件，其外围、次要的特征也被考虑在内。

作为现实准备的可能性

　　到目前为止，我所讨论的可能性功能，是关于事件"X"为真，或者事件"X"发生的可能性。可能性的变化会影响对"X"的承诺和价值，或者是赋予"X"其他特征的权重（例如，中心或外围的特征）。最后一种可能性的作用——作为现实准备需要的可能性——和其他的作用不同，因为可能性不仅影响事件"X"的价值，还会影响其他价值（如"Y"）。这是因为事件"X"的可能性可以影响投入强度。正如第四章所讨论的，投入强度的提升可以强化评价反应。未来事件的高可能性，通过加强预期投入，可以增加当下其他事物的价值。这也是可能性独立贡献价值和承诺的强有力的特殊证据。

　　可能性涉及对某事将会或不会发生的感知或信念。如前所述，动机的价值—可能性模型把结果的主观可能性与主观价值相乘，来确定价值强度。例如，获得某种积极结果的高可能性会比低可能性产生更大的吸引力。在这些模型中，给定的可能性信念只对其相关结果有影响。比如，我每天早上吃麦片不会对所看报纸内容产生评价反馈的影响，只会对麦片本身的承诺产生影响。

在这些模型中，特定结果的可能性信念是重要的，因为它们透露出特定未来结果是否会发生的信息，未来结果的主观价值产生唯一的动机力量（拉力）。例如，在 SEU 模型中，如果未来会出现两种可能的结果——"今天上午我吃的是麦片而不是鸡蛋"和"今天上午我吃的是鸡蛋而不是麦片"，出现一种结果的可能性很大（例如，吃麦片的可能性为 80%），相当于出现另一种结果的可能性很小（例如，吃鸡蛋的可能性为 20%）。在这个模型中，未来的结果才是最重要的。两种可能性揭示了未来情况的同样的信息，即吃麦片比吃鸡蛋更有可能发生。

但是，如果主观可能性本身就有一种动力，因为它涉及另一种有效性方式（即真相有效性），那又会如何呢？如果像詹姆斯所述，高主观可能性构建现实实在，那又会如何呢？如果是这样的话，那么关于未来事件的主观可能性不仅影响了价值，即特定未来结果发生的可能性，还会影响当下的投入强度——为未来准备的投入。这种准备投入通过加强当前评价性反应，会影响当下其他事物的价值。

个体在体验高可能性事件的时候，会对未来结果感到很现实。他们需要现在就为即将发生的事情做准备，提升当下的投入强度。更强的投入会强化对他们现在所做事情的评价反应。例如，在阅读报纸上的故事时，考虑到稍后很有可能吃麦片，那么看报纸会更加投入——如果我喜欢这个故事，我会觉得它更加积极；如果我不喜欢这个故事，我就会觉得它更加消极。

从这个角度来看，体验某种高可能性未来结果的时候，会提升当下的投入强度，进而影响当下其他事物的价值。但是，在这种情况下，早上很有可能吃麦片和不太可能吃鸡蛋是不对等的，因为此时的高可能性会增强投入准备麦片时的精力，但是对低可能性的事件则不会，因为根本不需要准备鸡蛋。某事的可能性（高或低）会影响其他事物的价值，

222

如阅读报纸时的投入强度。近期的一项研究探究了其内涵。[65]

本科生参与一家新成立的乳制品公司的市场研究，该公司正试图选择新的酸奶品种。研究者告诉参与者，在研究的第一部分，他们将品尝两种酸奶，每种酸奶代表一个普通的酸奶类别（标记为 A 和 B）。

223 参与者所不知的是，有一种酸奶在预测试中受好评（糖和肉豆蔻口味），而另一种酸奶受差评（丁香口味）。研究的第二部分，他们被告知会品尝不同浓度的两种酸奶之一。在高可能性条件下，参与者被告知，他们有 80％ 的机会品尝浓度不同的 A 酸奶或 B 酸奶。在低可能性条件下，参与者被告知，他们有 20％ 的机会品尝浓度不同的 A 酸奶或 B 酸奶。

在两种实验条件下，一种品尝好喝酸奶的可能性很大——80％的糖和肉豆蔻、20％的丁香口味。以 SEU 模型的观点来看，这两个条件也是等价的。品尝糖和肉豆蔻口味的高可能性（以及过后品尝丁香口味的低可能性）会强化后来尝试更高浓度好喝酸奶的积极预期。品尝丁香口味的高可能性（以及过后品尝糖和肉豆蔻口味的低可能性）会强化后来尝试更高浓度难喝酸奶的消极预期。

严格来说，在研究的第二部分，对于后来品尝环节的期待，无论是好喝酸奶的不同浓度，还是难喝酸奶的不同浓度，都与当下的评估无关。但是，期待以后品尝更多好喝酸奶会让人现在感觉良好，而以后品尝更多难喝酸奶的预期会让人们当下感觉糟糕。而这些好坏心境可能会影响对当下两种酸奶的评价。需要注意，如果现在存在基于对未来品尝的预期的心境效应，那么对于高可能性的好喝酸奶或对于高可能性的难喝酸奶而言，心境效应应该是相反的。此外，根据 SEU 模型的观点，这种心境效应在 80％的糖和肉豆蔻条件下与 20％的丁香条件下是相同的，因为它们在好喝酸奶的预期方面概率是相等的；而在 80％的丁香条件下与 20％的糖和肉豆蔻条件下也是相同的，因为它们在难喝酸奶的预期方面概率是相等的。但是，该研究没有发现这些预期效应。

224 研究发现，存在描述未来活动的高可能性效应。不管未来是品尝好

喝的酸奶还是难喝的酸奶，基于80％的高可能性来描述未来的活动，对比20％的低可能性，在当下对于两种酸奶都增强了评价反应。尽管80％的糖和肉豆蔻的条件与20％的丁香的条件涉及相同的未来活动（未来高可能性会品尝到好喝的酸奶），但是参与者在80％的糖和肉豆蔻条件下，对比在20％的丁香条件下，当下评价好喝的酸奶更好、难喝的酸奶更差。类似地，尽管80％的丁香条件与20％的糖和肉豆蔻条件涉及相同的未来活动（未来高可能性会品尝到难喝的酸奶），但是参与者在80％的丁香条件下，对比在20％的糖和肉豆蔻条件下，当下评价好喝的酸奶也更好、难喝的酸奶更差。在未来80％的高可能性条件下，动机系统开始为一些可能发生的事情做准备，这提升了对当下活动的投入强度，依次强化了对好喝酸奶的积极反应和对难喝酸奶的消极反应。

这项研究的结果表明，主观可能性不仅仅对未来结果价值起到调节或权衡的作用。由于它对当前投入强度有影响，所以它本身就是当前事物价值的一种动机力量。这项发现对于传统的承诺价值—可能性模型有着重要的意义，因为它清楚地表明，主观可能性需要被视为一种额外的动力，它不仅影响承诺，还影响价值。回到上述研究去考虑，未来的酸奶品尝可能性会影响当前酸奶的价值。如果未来有很大的可能性喝一种酸奶，那么无论是好喝还是难喝，都会影响当前酸奶的价值。如果未来有很大的可能性喝一种酸奶，那么无论未来酸奶是好喝还是难喝，当前酸奶的价值反应都会增强——好喝的酸奶变得更好，难喝的酸奶变得更差。总而言之，高可能性会通过现实准备效应来影响价值和承诺。

结合可能性的现实准备效应和感知难度效应

作为现实准备需要的可能性，衍生出与任务感知难度的可能性之间的关系新难题。当某事很难时，它会阻碍或干扰目标的实现。追求目标的时候需要克服障碍和干扰，激发投入。对于一个积极价值的目标而言，很高的投入强度会增强目标吸引力，增加积极性价值。就感知难度而言，达成目标的低可能性会导向高感知难度，增加投入和目标价值。相比之下，可能性作为现实准备，达到目标的高可能性会提升投入强度并增加目标价值。这两种视角预测了可能性对于投入强度和价值的增强作用。那它在具体现实中是如何运作的呢？

这两种观点之间的本质区别在于控制在整体价值—真相关系中的作用。感知难度的可能性不但存在于价值—真相关系中，而且存在于价值—控制关系中。当一个目标的追求具有很高的感知难度时，成功的实现将需要很强的管理技能（例如，高度的控制）。其焦点在于价值—真相—控制关系中的控制成分，即成功地对抗外界干扰所需的控制，调动资源，加强投入。

相比之下，可能性作为现实准备的重点在于价值—真相关系的真相成分。什么是真相？这个事件在未来会不会真的发生？我是否需要准备？这时没有控制问题，因为事情的进展是难以控制的。例如，在酸奶研究中，有一种给定的可能性——品尝各种好喝酸奶和难喝酸奶。没有控制的可能性，没有控制下的发展。唯一的控制成分是，假设一个事件可能发生，为未来现实做准备。在这项研究中，一个特定事件发生的可能性，比如品尝好喝酸奶的可能性，是80%或20%。在这两种情况下，情况发生的现实困难和感知难度是相同的——根本就没有。因为这是一个给定的条件，所以参与者不需要试图让它发生。

尽管结果可能性和感知难度之间存在自然的相关性，但这些变量实际上是独立的因素。在酸奶研究中，实际的或感知的难度在这两种情况下是相同的；对事件怎样发展无法进行个人控制，但发生特定事件（即获得好喝酸奶）的可能性在20%～80%。另一个例子：之前描述的一项"老鼠竞赛"研究中，面对沉重或轻量障碍的老鼠每次实验都成功地获得了食物（即100%强化）。沉重障碍条件的实际困难和感知难度，均比轻量障碍下要更加严重。但是，获得食物的可能性在两种条件下是相同的——100%。

在这项研究中，可能性作为真相有效性（即事物发生的可能性）是相同的。

这意味着，可能性作为现实准备（真相）和可能性作为感知难度（控制），会分别对投入强度产生影响。在某些情况下，比如这两项研究中，其中一个因素可能随着条件的不同而变化，而另一个因素保持不变。但是，它们都是有影响力的因素，均对投入强度有所影响，再影响真相和承诺。例如，如果人们相信通过努力，有很大可能性成功地（真相）完成艰难任务（控制）——就像《小火车做到了》（*The Little Engine That Could*）一样。他们就会非常积极地投入精力，并且有很强的价值感和承诺感。但如果任务过于艰难和代价过高，那么他们就会放弃抵抗阻力（控制）和相信成功可能性很小（真相），停止参与活动。在这种情况下，真相和控制动机朝着同一个方向共同努力，以影响价值和承诺。但有时候，这些动机并不能协同运作。比如，在低可能性成功情境中，抗拒阻力（控制）增强投入，但减少现实准备（真相）。

本章系统评论了创造承诺的几种不同的价值—可能性关系。首先，两个标准的价值—可能性模型即主观期望效用模型和期望价值模型，分别对价值和可能性如何共同创造承诺做出不同的假设。期望价值模型允许人们在决策过程中有体验矛盾和冲突的可能性，而主观期望效用模型没有提及这种可能性。这些模型有共同的假设，即价值是承诺的唯一动力，而可能性只是为价值提供调节和权重的作用。本章的主要内容证明了通过建立现实（真相有效性），可能性会影响承诺，而不仅仅是有调节和加权的作用。

首先提出的证据表明，可能性本身是承诺的强大驱力，如观念或信念启动的动作效应，或可能性的高行动（力）关注。该可能性作为信号，关涉从容动作是否被干扰中断。然后，我论证可能性本身也有助于创造价值。即使在感知难度的单一案例中，可能性也以多种不同方式影响价值和承诺。可能性还可以作为规范、心理距离或现实准备，它们都以不同方式对价值和承诺产生附加影响。其中有些方式相当引人注目。在偏好选择中，可能性作为心理距离严重影响事物特征（即其中心特征或外围特征）。作为现实准备的可能性，可以加强对当前事物的价值反应，从而为未来可能发生的事情做准备，因为为可能发生的未来事件做准备可以提升现在活动的投入强度。

显而易见的是，在标准的价值—可能性模型中，不仅价值和真相可以以多种方式结合起来，而且价值和真相结合起来创造承诺的方式还有很多。正如我在第六章中所讨论的，承诺本身是一种核心功能，需要加以控制以便管理在目标追求过程中发生的事情。用不同的方式管理价值和真相，可以使得目标追求更加有效——一个成熟的由价值、真相和控制共同运作的组织。我将在第十章更详细地讨论这种组织方式，包括如何控制承诺以便更加有效。然而，在此之前，我需要更充分地考虑另外两对关系（即价值—控制和真相—控制）。下一章我将讨论价值和控制的有效运作。

第八章
价值—控制关系：匹配为王

我曾爱过，也曾笑过。

我曾志得意满，也曾失败落寞。

如今，当泪痕已干，我发现一切都相当有趣。

想到曾做过的一切，

请容我大言不惭地说一句：

"不，我不一样，活出了自己的生活。"

——法兰克·辛纳屈（Frank Sinatra）

输赢何必在意，重要的是比赛过程。

——格兰特兰·瑞斯（Grantland Rice）

　　这些格言传递出来的信息是，无论是体育比赛还是人生游戏，生活的满足感并不是最重要的。我们可以经历失败，也会感到满足。我们可以经历痛苦（哭泣、眼泪），但仍然感到满足。生活中的满足感与其说是成功和寻欢作乐，不如说是我们的生活方式、追求目标的方法。它不仅仅是关乎成功，获得想要的结果（价值）。它关乎价值和控制之间的关系、期望的结果以及如何达成结果的关系。这一章是关于价值和控制之间的关系，关于我们想要做什么和实际做了什么的关系，以在生命旅途中体验正确或错误。

　　为了获得期望的结果（价值），人们采取行动或开展活动，作为实现期望结果（控制）的手段。达到目标和期望结果需要花费很长的时间，比如写一篇重要的学期论文或者商业项目书。什么促使人们继续从事这样的活动，在他们的生活旅程中坚持数月？对此有两个传统答案。

第一个且最标准的答案是激励。人们期待成功达到目标时会得到的奖励或积极的结果（例如，在学期论文评定中得到一个好的分数），或者预期没有达到目标时会面临惩罚或消极的结果（例如，在学期论文评定中得到一个糟糕的分数）。从这种自我反省的动机出发，人们把参与活动作为一种工具手段来达到目的——外在（或外部的）动机。第二个答案是，一项活动本身可以具有奖励性质，例如阅读学期论文有趣的材料——内在（或内生）动机。

这两种答案的混合版本是，外在激励启动一项活动。活动一旦开始，有价值的内在属性就会被发现，从而激励人们坚持这项活动——"只要开始，你就会发现做这件事的乐趣"。混合版本表明，进行一项活动既可以是外在激励性的，也可以是内在激励性的——坚持一项活动可以同时受到外在和内在动机的驱动。这是我在第六章简要讨论的多效性（multi-finality）概念。多效性是指同一手段可以达到多重目的。阅读一本课程书籍的过程很有趣，可以作为与同课同学共同讨论的基础，也可以提供必要的背景材料来撰写一份可以获得好成绩的报告。一项能够实现多个目标（包括内在动机）的活动具有吸引力和价值。它能够立刻（例如，有趣的阅读体验）、马上（例如，和同学进行好玩的交流）、即将（例如，成绩好的报告）、终将（例如，顺利大学毕业）达成想要的结果。

虽然一种活动手段因其多效性而具有高度价值，但也存在着潜在的此消彼长。例如，人们最终可能是出于一种动机而非中心目标进行一项活动，比如仅仅是为了活动本身——内在动机。学生们不是为了课程报告而阅读，而仅仅是因为觉得材料本身有趣。他们可能会选择一些有趣的材料，而不是和课程主题相关联的材料去阅读，最终可能完成报告的时间就不够了。达到目标的工具性手段会具有独立的意义，不再与最终的目标相联系。

230

正如戈登·奥尔波特所言的机能自主性[1]，手段会脱离原本目标。也如罗伯特·伍德沃斯所言，竞赛中的早期活动和目标是达到结果的手段，现在变成了结果本身[2]："实现某种目的的基本动力可能是饥饿、性、好斗或其他什么，但一旦活动开始，手段会具有自己的利益。"[3]更有力的论证是，爱德华·托尔曼描述了"勒颈"概念，手段获得"自主权力"。[4]

因此，有效性自我调节需要人们在开展手段活动的时候，不会失去中心目标的格局。仅仅有外在和内在动机是不够的，还需要有支持过程和维持初心的动机。本章的目的就是要讨论这样的动机。我会用丰富的证据来论证匹配为王。

❖ 目标和达成手段之特殊关系

让我从目标系统本身的性质开始，这个概念由阿里·克鲁格兰斯基和同事们进行了最为广泛的探究。[5]手段活动是有价值的，因为它服务于多重目标（即多效性），就像"一石多鸟"。一个目标也可以通过多种方式实现［即等效性(equifinality)］，就像"条条大路通罗马"。当多效性和等效性都很低时，目标和达成手段之间的联系就会更强。例如，有证据表明，当手段只满足该目标而不满足其他目标（低多效性），实现目标只能用一种手段而不掺杂其他手段（低等效性）时，启动这种手段会增强目标可及性（反之亦然）。这是一种手段—目标关联强度的度量，反映了手段—目标唯一性的目标系统特征。手段—目标唯一性的日常案例是使用飞利浦牌的十字螺丝刀取出飞利浦牌的十字螺丝。价值—控制关系唯一性的优势在于，思考或投入手段活动的时候会自动地想起目标，进而激活达到目标的意图（承诺）。因为手段—目标的关联会变得更加强大，目标承诺更能够转化为手段活动——手段活动会和目标绑定在一起。[6]现象学上，手段—目标的唯一性增强手段活动的承诺是经由可能性，因为它会用现实、正确的方法来构建手段，从而达到目标（即价值、真相、控制协同运作的情况）。

　　手段—目标关系的唯一性是一种价值—控制相匹配的形式，因为手段活动和目标唯一地组合在一起，就像爱情和婚姻中"天造地设"的"神仙眷侣"。这种匹配的独特形式通过实现目标的独特能力影响手段的价值。还有其他版本的匹配形式，可以统称为兼容性，就像一对夫妻是和睦相处的。兼容性是指达到特定目标的特定工具性行为。具有手段—目标唯一性的时候，特定的手段就是达到特定目标的最有效方法（即很强的工具性）。

　　还有大量的证据表明，由于有助于实现一个更普遍的目标，特定的行动或活动在某种程度上是有价值的。[7]关于自我协调的研究发现，当行为与个体更深远的目标关联性增强时，行为的价值也会增加。[8]人们更看重与广泛目的的目标（例如"获得亲密关系"）相兼容的阶段性亚目标（例如"多沟通"）。[9]

　　兼容性的另一个版本是信息匹配效应。劝说社会心理学的研究已经发现了这种效应。还有相当多的证据表明，将劝说信息的具体内容与信息接收者的目标或需求特征相匹配，可以增强信息的说服力。[10]接收者的心理需求特征包括接收者的态度、长期的促进或预防定向水平。匹配价值的一个案例是，当信息接收者是预防定向的群体时，提倡使用某个品牌的牙膏可以保护牙齿健康（安全）；当信息接收者是促进定向的群体时，提倡使用该品牌的牙膏可以笑得更好看（提升）。[11]重要的是有证据表明，信息匹配效应的中介变量是信息描述内容对于结果影响的工具性程度。[12]

　　也有研究探讨了兼容性的不同形式，包括手段结果的唯一性、自我协调和信息匹配，共性在于它们都强调了特定工具价值有特定的手段活动，用来达到特定的目标或满足特定的需求。它们展现了特定手段活动和达到特定目标之间的特殊关系，是手段价值的重要来源。这些兼容性的不同版本强调了特定的活动对于达成特定目标或普遍目标的价值。但是，兼容性并不是增加手段活动价值的唯一的匹配形式。另一种形式，我称之为调节（性）匹配（下称"调节匹配"，regulatory fit），也就是第四章汇总讨论的内容。调节匹配关乎一种不同的价值—控制关系：特定

232

目标追求定向（例如，促进或预防）和特定目标追求的方法（例如，渴求或警惕）之间有所关联。

　　本章的重点在于，调节匹配对于价值和控制的协调运作有重要的贡献。但是，我应该强调调节匹配并不局限于价值—控制关系；它还适用于真相—控制关系，也就是第九章将讨论的内容。因此，当我断言"匹配为王"时，这不仅仅关乎价值—控制关系，还关乎更普遍意义上的动机运作。事实上，调节匹配强调了本书的主题——动机是如何超越苦乐原则的。的确，兼容性，从严格意义上讲，不是快乐和痛苦，但它关乎工具性，包含了达到目标结果的动机。对比之下，调节匹配关乎目标定向和目标实现方式的关系。它的影响独立于目标结果而存在，因此这些影响提供了超越苦乐原则的有竞争力的动机观。我即将梳理的证据表明，享乐体验和调节匹配对动机有各自独立的影响。[13]

　　当两件事物相互匹配时，它们会契合或相同，它们是和谐的。[14]这捕捉到了"匹配"的一般意义，即兼容性。此外，当一些事情有匹配感时，人们会体验到正确的、适当的，甚至是公正的。体验到正确的匹配感是调节匹配论的核心要素。[15]根据调节匹配论[16]，即当投入活动的方式维护（而非阻碍）当前的调节定向水平时，人们会体验到调节匹配。需要注意，"维护"在字典中有两种不同的含义。[17]一种含义是允许或承认有效、确认、支持是真实、合法或公正的（就像法庭法官"维护"律师的反驳意见）。这种含义关涉匹配感，描述了对于某事的正确感。但是，"维护"更基本的含义是，坚持或延长，支持、保持或呵护。这种含义关涉某事提供了需要继续下去的匹配感。这一点抓住了调节匹配的第二个核心要素——对于某人正在做的事情有很强的投入感／参与感。

❖ 创造调节匹配的方式

　　调节匹配会影响事物价值、劝说效果、绩效质量。在这部分，我会呈现调节匹配以不同方式创造有效性的案例。调节匹配效应不只是局限在促进或预防定向，还关涉渴望或警惕策略是否匹配相应定向。很多调节匹配研究使用相关变量来创造匹配与不匹配，因此我将重点评论这些变量。由于调节匹配文献中调节定向变量的中心地位，我这里要回归调节定向论（regulatory focus theory）。

根据调节定向论[18]，当人们处于促进关注定向的时候，他们会把目标表征为希望或抱负（理想我），关注成长、成就和进步。他们关心收益和非收益，敏锐察觉现状或中性状态相比积极结果之间的偏离（"0"和"1"的差距）。相比之下，当人们处于预防关注定向的时候，他们会把目标表征为责任或义务（应然我），关注安保和安全。他们关心损失和非损失，敏锐察觉"0"和"−1"的差距。[19]

由于成长和保障对于生存都非常重要，因此所有人都会具备两种调节关注定向（但是可及性有所差异），并且至少某些时候追求目标只会有一种调节关注。但是，每种调节关注定向的强度和出现频率存在个体历时性差异。在不同文化中，优先的促进关注和优先的预防关注的个体分布也存在差异。此外，特定情境中，人们会被情境性因素暂时激发出促进定向或预防定向。这是因为促进和预防定向是一种状态。人格差异就体现在促进状态和预防状态的频率差异的历时性品性中。情境也很有可能引发促进状态或预防状态，这些情境包括长时情境如组织或文化（即制度化情境）。

调节定向论还提出，每种定向类型在目标追求中都有不同的偏好策略。换言之，促进定向匹配的策略风格与预防定向匹配的策略风格是不同的。这种偏好的本质源于特定的策略风格有能力维护（而非破坏）对应的调节定向类型。促进定向匹配的个体追求目标时，更倾向于使用渴望策略实现目标。渴望策略确保收益（寻找提升的方法），并确保避免非收益（不关闭可能进步的机会）。他们对"0"和"＋1"之间的差异异常敏感。相比之下，预防定向的个体追求目标时，更倾向于使用警惕策略实现目标。警惕策略确保非损失（谨慎），并确保回避损失（避免犯错）。他们对于"0"和"−1"之间的差异也异常敏感。

234

我即将讨论创造调节匹配的不同方式。我首先从个体拥有目标定向的原型式案例开始，即定向类型是维护还是损害了目标追求风格。

源于目标定向和目标追求风格的调节匹配

实验操纵目标追求定向和风格，可以创造调节匹配。如第六章中，我描述了一项研究，参与者扮演科学家的角色，从有机物质中尽可能找到更多的四边形物体。[20] 参与者是促进还是预防定向，会在实验开始时被操纵。研究人员要求他们描述他们对生活的希望和抱负（理想我），或者他们对生活中责任和义务的信念（应然我）。通过要求一半的人用渴求的态度追求目标、一半的人以警惕的态度追求目标，来操纵他们的目标追求风格。匹配条件（促进/渴求；预防/警惕）下的参与者，对比非匹配条件（促进/警惕；预防/渴求）下的参与者，更享受这项任务。

本研究运用情境诱导方式，参与者通过采用特定的目标追求定向和目标追求风格，创造了调节匹配和不匹配的情况。另外，通过操纵参与者目标追求的风格如渴求或警惕，以与他们的历时定向类型对比，同样可以创造匹配与不匹配的情况。我在第一章描述了这样一项调节匹配的研究——哥伦比亚大学学生具备渴求与警惕的目标追求风格，要求在咖啡杯和钢笔之间进行选择。[21]

这项研究中，实验的开始阶段测试了学生参与者的历时定向类型，以确定哪些学生处于优先的促进定向或者优先的预防定向。历时定向类型可以使用自我引导强度量表（Self-Guide Strength）来测试。具体的测试方式，是要求参与者列出他们理想我的三种属性（理想我的定义是他们理想中自己的样子，是他们希望、梦想或渴望成为的那种人），并列出应然我的三种属性（应然我的定义是他们认为他们应该成为哪种人，包括责任、义务或职责）。计算机记录每名参与者写下每种属性所用的时间。通过三种理想属性的反应时间，计算出总体理想我强度评价；通过三种应然属性的反应时间，计算出总体应然我强度评价。当个体有较强的促进定向时，其对于理想我属性的反应更快。而当个体有较强的预防定向时，其对于应然我属性的反应更快。

如前所述，当参与者在研究现场要求从咖啡杯和钢笔中挑选其一时，研究人员告诉一半的参与者选择杯子会得到什么以及选择笔会得到什么（渴求风格），告诉另一半的参与者不选择杯子会失去什么或者不选择笔会失去什么（警惕风格），来操纵决策方式。如果参与者选择咖啡杯（符合大众偏好的预期），参与者在调节匹配条件（优先的促进/渴求的决策风格；优先的预防/警惕的决策风格）下，相比在非调节匹配条件（促进/警惕的决策风格；预防/渴求的决策风格）下，会愿意花更多的钱购买同一只咖啡杯。

源于共享信念的调节匹配

在刚刚提及的研究中，匹配与非匹配调节是一种欲求的最终状态，即促进或预防欲求的最终状态。但是，匹配与非匹配并不局限于预期最终的结果状态。正如在第四章中所描述的，价值关注也可以源自目的或程序的共享信念。社会角色对于承担该角色的人有一定的强制规范，规定了其应该如何开展活动，以及应该强调什么（即共享信念）。例如，在经典的双人谈判中，卖方的法定角色和买方的法定角色是截然不同的。进行价格谈判时，卖方尽可能要求高价，买方尽可能要求低价。[22] 卖方想要最大化收益，买方想要最小化利益的损失。[23] 两种角色的相异性可以导致出现调节匹配和不匹配的定向类型。对于以获利为导向的促进定向的个体，卖方角色能够达到匹配，而买方角色无法匹配。相比较之下，对于以非损失为导向的预防定向的个体，买方角色能够达到匹配，卖方角色无法匹配。

近期一项研究考察了谈判者的调节定向和谈判角色之间的调节匹配和非匹配效应。[24] 实验开始时，本科生参与者要么得到 5 美元（潜在的买

236
家），要么得到一个哥伦比亚大学的笔记本（潜在的卖家）。他们被要求进行一次真正的买卖笔记本谈判。由于谈判只涉及价格，预计促进定向的卖家（销售笔记本时希望获得尽可能多的收益）和预防定向的买家

（购买笔记本时希望损失尽可能少的金钱）能够体验调节匹配，能够在谈判中获胜。正如预测的那样，处于匹配条件（促进/卖家；预防/买家）下的谈判者，感觉"很适合分配到的角色"，感觉更"投入我的角色活动"，并且比处于非匹配条件（促进/买家；预防/卖家）下的谈判者更多感到"角色是适当的"。此外，在匹配条件下的谈判者会给出更严苛的开放报价。[25]

这项研究还考察了谈判双方不能达成协议（即僵局比率）的频率。鉴于处于匹配条件下的谈判者双方报价更高，因此如果双方处于匹配状态（即促进定向的卖家和预防定向的买家），那么陷入僵局的概率明显高于任何其他调节定向组合。这些结果凸显了一个事实，那就是调节匹配具有权衡性。调节匹配提升投入强度，并且使得人们对于正在做的事情感觉良好。这可能带来好处，比如让谈判者以更好的方式提出更高要求，但也可能带来代价，比如当双方都要求过高时，陷入僵局的可能性会增加。

除了角色身份有共享信念，投入特定活动也存在着共享信念。例如，人们对于学习有共享信念，即学习是一项重要活动而非有趣活动，聚会是一项有趣活动而非重要活动。人们投入活动的时候采用什么态度，能够创造出与活动匹配或不匹配的状态。比如，投入学习活动的时候，严肃的态度是匹配的。投入聚会的时候，严肃的态度是不匹配的。

在一项检验调节匹配的研究中[26]，研究者先对本科生进行了前测，测试了他们对不同活动的共享信念。这些参与者根据"有趣"和"重要"的程度，对这些活动进行评分。如果一项活动明确得到大部分人的认可，要么"有趣"远多于"重要"，要么"重要"远多于"有趣"，那么这项活动就被认为具有共享或一致同意的倾向性。前测发现，本科生对于"经济责任"是"重要的"、"约会游戏"是"有趣的"，有着共享信念。*237*这两种活动被挑选出来，在另一批研究参与者身上进行实验。

实验参与者被要求参加财务责任任务或约会游戏任务的电脑活动。活动的目标对所有参与者来说都是一样的：决定如何使用给定的线索进行预测。然而，财务责任任务和约会游戏任务的活动内容是不同的。在约会游戏任务中，参与者根据"幽默感""美貌""智商"的得分，对于虚拟"单身汉"进行总体评定。在财务责任任务中，参与者根据"支票账户""储蓄账户""信用卡支付"的状态，预测学生的财务状况。

对于这两项任务中的每一项，都有额外的指示，建议参与者以享受的态度参与活动（例如，"把从事这项任务作为从'真正的'学术工作中解脱的一种享受的消遣"），或者以严肃的态度参与活动（例如，"把从事这项任务设想为自己生活的一部分"）。研究发现，参与者的任务表现或业绩取决于参与者共享信念（重要、有趣）和指示任务投入态度（严肃、享受）之间的匹配程度。匹配的时候业绩会更好（有趣的"约会游戏"/享受地投入；重要的"财务责任活动"/严肃的态度），不匹配的时候业绩不好（有趣的"约会游戏"/严肃地投入；重要的"财务责任活动"/享受的态度）。

调节匹配的重要意义在于，教师、经理、父母和其他管理者需要了解他们的学生、下属、小孩等对于活动的共享信念。例如，许多管理者认为，他们可以通过在自己认为过于严肃的活动中增加"乐趣"，来增强参与者的积极性。按照"全目的能量"的动机理念来看，增加"乐趣"是在油箱里加了额外的燃料——能够发挥作用。但是，如果参与者有一个共享信念，那就是"活动是重要的而非有趣的"，那会如何呢？鼓励参与者以享受的态度投入活动是否会产生非匹配的效果，进而减少动机和降低绩效？事实上，这正是在第一章所描述的"有趣学习"的研究中所发现的。[27] 在这项研究中，大学生们进行了一项配对联想的任务，且认为这是"重要且无趣"的任务。他们必须学习新颖胡诌的词语和含义的关系。这项研究发现，完成任务时接受"重要且无趣"指导的参与者（即同任务的共享信念相匹配）相比接受"重要且有趣"指导的参与者（即同任务的共享信念不匹配），能够更好地学习配对任务。换言之，增加"趣味（享受）"指示，损害了共识为"重要且无趣"的活动绩效。虽然"趣味（享受）"组的参与者对于任务的报告更加欢乐，但是他们的绩效更加糟糕。

这些研究表明，当管理者试图激励下属完成一项任务时，指示需要与下属对任务的看法相匹配，以创建调节匹配并增强投入。一般而言，这些研究的结果表明，有效地管理动机需要超越享乐原则。通过让一项活动变得更有趣来增加快乐，会降低而不是提高绩效。我将在第十二章中更加详细地讨论调节匹配在有效管理动机方面的重要性。

源于附带活动的调节匹配

至此，我已经描述了调节匹配可以源自个体对目标活动的调节关注以及匹配这种关注的参与/投入方式。在这种情况下，调节匹配是行为本身内蕴的不可分割的一部分，因为行动者投入方式匹配其调节关注是目标活动本身的一部分。但是，重要的是，调节匹配（或不匹配）可以独立于或先于目标追求被创造出来——调节匹配是焦点任务的周围的或附带性部分。[28]在这种情况下，调节匹配效应涉及源于这种匹配的投入强度和"正确感"的转移，即在追求目标的活动过程中从时间前点向后点的转移，或从原初目标向附带目标的转移。这种附带转移效应的存在，能够拓展调节匹配的动机内涵。

一项目标评价研究揭示了调节匹配的附带转移效应。本科生参与者被要求首先思考他们的希望和愿望（促进定向目标）或他们的责任和义务（预防定向目标），然后写下他们实现目标的渴求策略或警惕策略。这个过程实验性地创造了两种调节匹配条件（即渴求实现促进目标的行动计划、警惕实现预防目标的行动计划）和两个非匹配条件（即警惕实现促进目标的行动计划、渴求实现预防目标的行动计划）。在接下来的几项问卷调查中，在作为整体性项目的一部分的构建评价规范中，所有的参与者都被要求对一些照片中小狗的温和程度进行打分。匹配条件下的参与者，相比非匹配条件下的参与者，认为小狗会更加温和。[29]因此，参与者在开始被诱导的计划达成目标的调节匹配，会在后续的任务中增强对小狗的积极反应。

239

　　附带转移效应也被发现能影响信息有效性。比如第四章中，我描述了一项研究，它探究了在接收信息之前被诱导的调节匹配或不匹配状态是否影响附带信息的劝说力。同样的方法是让参与者考虑实现个人促进或预防目标的渴求或警惕策略，实验性地创造了调节匹配和非匹配状态。此后，研究参与者收到新的学生课外教育政策提案的劝说信息。在接收该信息之前调节匹配已经被诱导的所有参与者中，对于对信息有积极反应的参与者，在调节匹配（对不匹配）的情况下，信息更有说服力；但对于对信息有消极反应的参与者，在调节匹配（对不匹配）的情况下，信息说服力更弱。[30]研究表明，调节匹配的附带转移效应不仅影响说服性信息的有效性，还会强化对价值目标的积极反应和消极反应。

源于他人目标追求方式的调节匹配

　　至此，我们评论了个体自身通过目标追求的调节关注和目标追求方式来创造调节匹配的所有方式。然而，还有可能性是，有不同目标追求关注的个体与他人互动，或者接收来自他人目标追求方式和目标追求关注匹配或不匹配的信息。例如，有实质性的证据表明，当信源使用与接收者动机定向匹配的宣传风格时，劝说消息的有效性会得以增强。[31]

　　在劝说匹配效应的早期实验中[32]，多吃水果和蔬菜（提倡健康习惯）的信息，分别使用促进定向（强调成就）或预防定向（强调安全）的方法来进行宣传。信息宣传的风格要么是渴求的（如描述参与者若依从消息的收益），要么是警惕的（如描述参与者若不依从消息的损失）。因此，宣传风格或者与引导的定向相匹配（接收者被引导为促进定向且遇到渴求的宣传风格；接收者被引导为预防定向且遇到警惕的宣传风格），或者与被引导的定向不匹配（接收者被引导为促进定向且遇到警惕的宣传风格；接收者被引导为预防定向且遇到渴求的宣传风格）。接下来的一周内，参与者收到劝说性信息，在每日营养日记中记录他们吃了多少水果和蔬菜。调节匹配状态的人在接下来的一周内，比非调节匹配状态的人多吃约 20% 的水果和蔬菜。

240

美国国立癌症研究所癌症信息服务中心有关食用水果的健康信息的一项大规模研究，也发现了类似的健康信息倡导结果。在这项研究中，受访者历时的促进或预防定向与同样信息的呈现框架是渴求促进健康还是警惕预防疾病的方式对应。[33]在接收说服信息的 4 个月后，匹配状态的参与者相比非匹配状态的参与者，更契合每天吃足量水果蔬菜的健康饮食指南。

还有证据表明调节匹配可以提升体育锻炼健康信息的有效性。[34]这项研究的参与者同样是历时的促进定向者或预防定向者。促进匹配的"收益"信息强调了体育锻炼可以让人变得更加活力四射（例如，"科学家说，每天坚持体育锻炼可以保持健康或提升健康程度"）。预防匹配的"止损"信息强调了不锻炼会让机体不活跃（例如，"科学家说，一天没有足够的锻炼会导致健康状况不佳"）。研究发现，两周后，匹配信息的接收者对比不匹配信息的接收者，体育锻炼水平更高。

还有项研究探究了伴随非语言线索的信息劝说有效性问题，以凸显信源风格和接收者动机定向是否匹配的重要性。[35]所有参与者看一段视频——关于反对实施新的中小学生课后活动程序。视频中的发言人表面上是一位致力于开发该程序的教师。在所有的视频情境中，说服性信息的文本是一致的。不同视频的差别在于，发言人使用的非语言暗示；具体而言就是，发言人的身体姿势、动作、非语言手势和语速构成了一种积极的宣传风格，还是一种警惕的宣传风格。

这项研究使用普遍适用的问卷测试，参与者的长期定向类型是促进定向或预防定向。[36]参与者分别处于调节匹配状态（促进定向参与者/渴求的发言风格；预防定向参与者/警惕的发言风格）和非匹配状态（促进定向参与者/警惕的发言风格；预防定向参与者/渴求的发言风格）。研究发现，匹配状态下的参与者更强烈地体验到"正确感"，并且更容易被发言说服。此外，参与者在信息传递过程中"正确感"越强烈，调节匹配对说服力的影响就越大。这项研究表明，个人的历时目标定向会受到其他人宣传追求目标的方式的维护或阻碍。

这些结果对那些试图影响他人的人有非常有趣的意义。这意味着，共享目标可能不足以让人们产生"正确感"。可能有必要表现出一种与他人目标定向相匹配的追求目标的方式，包括非语言表达。但这并不是有效劝说必要条件的全部。正如我们所看到的，调节匹配可以强化消极反应，也可以强化积极反应。在美国，当涉及通过调节匹配来说服他人时，还有一个额外的复杂因素，即接收者对信息倡导内容的最初反应必须是积极的。否则，通过信息表达方式来创造调节匹配，会加剧接收者原本的消极反应，从而使他们进一步退缩。

事实上，也有证据表明群体成员对偏异者的后续评价也是这样。在调节匹配条件（促进群体/渴求宣传；预防群体/警惕宣传）下，对比非匹配条件（促进群体/警惕宣传；预防群体/渴求宣传）下，群体成员对于异见者有更强的消极反应。[37] 当一个群体的调节定向类型（促进或预防）和异见者传递其信息风格（渴求或警惕）之间达成匹配时，这种消极反应是否会被强化？在一项研究中，几组本科生讨论了实施高年级综合考试是好事还是坏事。[38] 一些小组中，所有成员在开会讨论之前都实验性地处于促进定向状态。其他小组中，所有成员都处于预防定向状态。然后，每个小组都开始进行讨论。正如预期的那样，所有小组都达成了一致意见：反对实施高年级综合考试。然后，他们看了另一个学生的录像带，该学生表面上也是本校大学心理学系的学生。该学生读了一条支持高年级综合考试要求的信息——偏离的立场。通过实验操纵偏离者传递信息的方式，是渴求风格还是警惕风格？

242 　　研究发现，小组成员在调节匹配（促进定向小组/渴求宣传；预防定向小组/警惕宣传）的条件下，对于异见者的评价更为消极。在非匹配（促进定向小组/警惕宣传；预防定向小组/渴求宣传）的条件下，小组成员的评价相对包容。也就是说，通常对于偏离的消极反应会在匹配条件下强化。需要格外注意的是，许多心理学家预测了实验发现的反面效应。毕竟，异见者采用与当前定向相匹配的风格，可以更好地搭配组员（例如，在促进定向的小组中使用渴求的发言风格）。但是，它并非产生经典的"似者相吸"效应[39]，它强化了小组成员原本对于异见的消极反应。其亮点在于重证调节匹配并不必然趋好，它只是强化了评价反应，近似马太效应。

源于不同配对耦合的调节匹配

我们已经发现，调节匹配可以增加个体活动的价值，比如赋予个体在纸上寻找四边形活动的价值。我们也看到，调节匹配可以增加挑选物体的价值，比如哥伦比亚大学的咖啡杯比钢笔更有价值；调节匹配也会增强劝说信息的有效性与反应强度。在许多这样的研究中，渴求追求目标的风格和促进定向的耦合、警惕追求目标的风格和预防定向的耦合，能够创造匹配。我将回顾其他几种能够创造调节匹配的配对耦合。

源于目标实现或目标维持的调节匹配

目标追求的过程可以使用渴求的或者是警惕的方式。目标追求的过程有另一种更加普遍的差异——目标实现和目标维持的差异。人们可以尝试达到目前没有的状态，或者他们可以尝试维持目前已有的状态。因为达到期望的最终状态需要从当前的状态（即从"0"改变为"+1"）向前推进，所以这是一个促进定向的目标过程。相比之下，由于维持当前的最终状态涉及阻止损失（即阻止从"0"到"-1"的改变），所以这是一个预防定向的目标过程。通过创造具有促进和预防定向的匹配或非匹配状态，目标实现与目标维持是否会影响价值？有证据表明，它确实可以！[40]

大学生参与者通过解字谜赢得代币，最终需要获得足够的代币来换咖啡杯作为奖品。一半的参与者开始时没有代币，需要解字谜来增加足够的代币以达到兑换标准（实现的条件），而另一半参与者开始时有代币，需要解字谜来阻止代币减少到低于兑换标准（维持的条件）。策略性的"加法"在实现状况中起到促进作用，而策略性的"停止减法"在维持状况中起到预防作用。所有参赛者均达到标准并获得奖品，然后被要求给它定价。调节匹配（促进/实现；预防/维持）的参与者给杯子的定价高于非调节匹配（促进/维持；预防/实现）的参与者。

源于风险或保守计划的调节匹配

一项研究还发现，在促进或预防定向被激活的条件下，个人做出有风险或保守的投资决策，具有价值的调节匹配效应。[41]同样的投资机会被描述为个人交易账户中的股票（一种风险更大、与促进相关的投资）或退休账户中的共同基金（一种更保守、与预防相关的投资）。然后，参与者在两个品牌的葡萄汁和牙膏之间进行选择。

两种决策中，一种象征了与促进匹配的收益，另一种象征了匹配预防的阻止损失。具体而言，在葡萄汁的选择中，A 品牌被描述为富含维生素 C 和铁，可以产生高能量（收益）；而 B 品牌被描述为富含抗氧化剂，能够降低患癌症和心脏病的风险（阻止损失）。牙膏的选择中，X 品牌的优势在于防止蛀牙（阻止损失），而 Z 品牌的优势在于美白牙齿（收益）。研究发现，当先前的金融投资激发促进定向（交易账户的股票）而非预防定向（IRA 共同基金）时，参与者更倾向于选择"收益"品牌（A 和 Z 品牌），而不是"阻止损失"品牌（B 和 X 品牌）。

另一项研究展现了调节匹配效应对于金融投资的影响。[42]参与者要处理两项任务，一项是校对任务，另一项是字谜任务，调节定向如此被实验操纵。两项任务都有促进性指导语和预防性指导语。促进性指导是要最大限度地在校对任务中发现错误的拼写，以及最大限度地在字谜任务中发现单词。预防性指导是为了避免在校对任务中遗漏任何拼写错误，并避免在字谜任务中遗漏任何单词。完成了这两项任务之后，参与者开启下一个（认定为不相关的）实验阶段。他们被要求想象自己继承了 2 000 美元，然后必须决定这笔钱中有多少用于投资股票 A（典型的高风险、高收益的美国股票），以及有多少用于投资美国共同基金 B（强调保守的无损失）。研究发现，实验引导产生促进定向的参与者比预防定向的参与者，在有风险的股票 A 上投资更多。

源于感性或理性决策的调节匹配

另一种涉及调节定向的匹配发生在感性或理性的决策中——基于心灵还是头脑。早期的研究发现，促进定向的人更倾向于依赖他们的感觉，而那些预防定向的人更倾向于依赖理智。[43]鉴于这种差异，如果要求人们分别依据感觉和理智进行决策，则分别可以对促进或预防定向的人们产生调节匹配或非匹配的影响。在一项检验这种可能性的研究中[44]，长期促进定向和长期预防定向的个体选择了两个品牌的抗衰老药物，一个是基于感性的方式，另一个是基于理性的方式。研究发现，如果用感性而非理性的方式进行选择，那么长期促进定向的参与者愿意为他们选择的产品支付更多的钱。对于长期预防定向的人而言，结果正好相反。

正如我在第五章所讨论的那样，围绕决策应当基于心灵还是头脑，有一场持续了几个世纪的论争。这项研究的结果提出了一个单独的问题：用心灵做出的决策和用头脑做出的决策，哪种具有更高的价值？也就是说，不管心灵和头脑哪个应当用来做决策，人们更加重视哪种决策？对于这项研究的参与者来说，基于理性的决策比基于感性的决策更受重视。但是，最强的影响还是调节匹配效应。基于感性的决策更受促进定向个体的重视，而基于理性的选择更受预防定向个体的重视。

总而言之，有很多种不同的方式可以创造调节匹配，并且提升投入强度，使得人们对事情有"正确感"，增强评价反应。目标追求关注源于个人调节定向（例如，促进和预防），这是一种个人长期或情境引导的特征。目标追求关注还可以受到任务活动共享信念的影响（例如，重要和有趣）。目标追求的方式是维持还是阻碍目标定向，会引发行动策略（例如，渴求或警惕），或者是个人活动的方式（例如，享受或严肃）。目标追求的方式还受到其他人行为方式的影响。调节匹配对目标追求的焦点活动本身有影响（整体），也可以独立于焦点活动而产生转移效用（附带）。最后，许多不同种类的配对耦合也可以创造调节匹配（例如，渴求或警惕的目标追求风格，实现或维持的目标过程，风险或保守的计划，使用感性或理性的决策方式）。

❖ 调节匹配效应的内隐机制

我们现在已经明了，调节匹配可以用许多不同的方法创造出来，以影响事物价值、劝说有效性以及绩效质量。在本节中，我将讨论调节匹配效应的内隐机制（流畅性、投入强度和"正确感"），以展现其更完备的图景。

匹配和流畅性

安吉拉·李（Angela Lee）和詹妮弗·阿克（Jennifer Aaker）是市场营销学家，她们在理解动机如何影响消费者行为方面做出了重大贡献。她们直接测试了劝说的匹配效应如何关联流畅性。流畅性是根据信息关键词的可及性来测试的，或者根据参与者自我报告信息处理或信息理解的容易程度。[45]

实验中，参与者观看韦尔奇葡萄汁的广告，广告强调促进定向（例如，创造能量，享受生活）或预防定向（例如，癌症和心脏病预防），或者使用渴求策略（寻求收益）或警惕策略（停止损失）。

调节匹配条件（促进/渴求；预防/警惕）下的参与者，对比不匹配条件（促进/警惕；预防/渴求）下的参与者，对于葡萄汁广告有更为积极的印象。信息处理的流畅性，即参与者自我报告信息处理或信息理解的容易程度，也在匹配状态下更高。这项研究发现，匹配对于积极评价的影响取决于信息处理的流畅性。另一项研究中，参与者首先回顾了一份用匹配或不匹配信息框架叙述的信息。然后，参与者需要从直接呈现在面前的信息中提取核心词语——一种针对信息处理的流畅性的测试。研究发现，在匹配条件下，参与者能够发现更多的核心词语。

还有证据表明流畅性作为"注意容易度"（ease of attention）和调节匹配有关联。早前我讨论了一项研究，用渴求或预防的非语言行动，影响了促进或预防信息的接收者的匹配与不匹配状态。[46]信息处理的流畅性，是参与者根据劝说信息的主观关注容易程度进行衡量的。这项研究发现，在调节匹配的条件下，信息处理的流畅性更好。

根据信息处理和理解的容易程度和可及性，来构造流畅性测试指标，就像是一种温和版本的"待命区现象"，正如心理学家米哈里·契克森米哈赖（Mihály Csikszentmihalyi）所描绘的心流体验。[47]如果流畅性是调节匹配的内隐机制，那么它是如何发挥作用的呢？有证据表明，做出偏好决策（即偏好流畅性）的容易程度或困难程度会影响决策。人们会使用信息经验作为参照，来评价决策是否必要，就像我在第六章中所述的"感觉即信息"机制。[48]一种可能性是，调节匹配增强了信息加工流畅性，人们体验到决策过程相对容易，例如在笔和哥伦比亚咖啡杯之间进行选择。然后，他们利用这些信息来推断所选择的物体（比如杯子）一定有很高的价值。因此，他们会选择杯子而不是笔。

　　虽然这种"感觉即信息"机制解释了过去的调节匹配对于价值创造的影响，但它不太可能是所有影响因素的基础。例如，在这项研究中，人们评价照片中小狗的温和程度，操纵的调节匹配具有偶然性，且先于观看照片。在这项研究中的调节匹配操纵使得对流畅信息处理的渴求（或警惕）手段与促成目标或预防目标之间形成匹配。如果流畅性体验如同"感觉即信息"一样运作，它需要同目标追求的评价手段有关系，比如评价手段和匹配状态高度关联，而不是评价几分钟后出现在照片中的小狗。这是两个相互独立的过程。

匹配和投入/参与强度

　　我在第四章中呈现的证据证明了在调节匹配条件下，目标追求的投入强度会上升，反之则下降。例如，在一项研究中，字谜任务的投入强度通过任务坚持程度（解每个字谜花费的时间）或者对任务的努力程度（解字谜时的手臂压力）来衡量。[49]参与者分别在正确会加分的绿色字谜（渴求策略）和正确不减分的红色字谜（警惕策略）两种情况下测量投入强度。投入强度，一般来说，会从第一个字谜到最后一个字谜逐步提升["目标趋大"效应（"goal looms larger"effect）]，但是渴求策略和警惕策略的增强程度有所差异。正如前文所述，从坚持和努力程度来测量投入强度，促进定向的参与者使用渴求策略的时候，投入强度的提升程度高于警惕策略的情况，而预防定向的参与者结果正好相反。另外，无论是促进定向的参与者使用渴求策略，还是预防定向的参与者使用警惕策略，在匹配状态下参与者都可以解开更多字谜。

正如我在本书前面所讨论的，源自调节匹配的投入强度会增强评价反应。例如，人们在处于匹配状态时，会对决策结果更加重视。第五章中描述了一项研究，展现了这种匹配效应。研究的参与者从一组阅读灯中挑选一盏。[50]该研究开始，参与者被实验性地引导为行动定向或评价定向。半数的行动定向参与者和半数的评价定向参与者运用排除法，直到剩下最后一盏阅读灯（一种阶段性的排除策略）——这种决策方式与行动定向相匹配。另一部分参与者需要在所有的选择中进行比较，挑选最佳阅读灯（一种完全评价的策略）——这种决策方式与评价策略相匹配。所有的参与者都挑出了事先就认定最好的同一盏阅读灯。本研究的重点在于，他们会在多大程度上重视自己的选项，愿意花多少钱来购买。研究参与者在匹配状态（评价定向／"完全评价策略"；行动定向／"阶段性排除策略"）下愿意花更多的钱。

248　　　 这项研究的结果和匹配提升投入强度的结论相一致。调节匹配会反过来提升对于选项的重视程度。但是，也有可能是匹配状态下决策过程的流畅度更高，创造了对于选项的高度重视。事实上，高流畅度和高投入强度都会在调节匹配的情况下出现，且两者都会对价值创造有独立的作用。也有可能在其他情况下，高投入强度会产生高流畅度，高流畅度导致了调节匹配效应。近期的一些研究支持了第二种可能性。[51]

研究实验性地引导了促进和预防定向类型，决策风格是通过产品（例如，椭圆机、MP3）广告来进行操作。一种方式是使用高解释水平的广告（例如，使用抽象的语言来描述产品，讨论为何需要使用该产品），另一种方式是使用低解释水平的广告（例如，使用具体的语言来解释产品，讨论如何使用该产品）。研究发现，高解释水平的广告和促进定向相匹配，低解释水平的广告和预防定向相匹配。[52]调查测试通过创造匹配和非匹配的广告环境，并测试对于随机字谜任务的影响，来研究匹配状态是否提升了投入强度。如果匹配状态提升了投入强度，那么匹配状态

（促进/高解释水平；预防/低解释水平）下的参与者会提升投入强度，在接下来的字谜游戏中表现得更好。结果确实如此。

　　另一项研究探究了调节匹配对产品广告态度的影响，并进行了投入度（被激励的参与者在评估广告信息时感受如何）和流畅度（处理信息时的容易程度）两个方面的测量。研究发现，相对于非匹配状态下的参与者，匹配状态下的参与者对产品的态度更积极。在只测量流畅度时，证据表明匹配状态会导致高流畅度，高流畅度帮助预测了参与者对产品的积极态度。只测量投入强度的情况类似，匹配状态会导致高投入强度，高投入强度帮助预测了参与者对产品的积极态度。但是，重点在于证据表明高投入强度与高流畅度是有关联的。当流畅度和投入强度同时被测量的时候，投入强度对于态度的影响还在，但是流畅度的影响消失了。 *249*
这些结果表明，投入强度作为一种机制，能够独立于流畅度影响匹配效应。

匹配与"正确感"

　　调节匹配论最初是从"正确感"发展而来的。当目标追求的定向和策略风格相匹配的时候，我们会体验到一种"正确感"。[53] 因为匹配产生的"正确感"是一种积极体验，不匹配产生的"错误感"是一种消极体验，所以将匹配和不匹配的感受与一般的快乐—痛苦感受区分开来非常重要。

　　有愉快的享乐体验，同匹配创造的"正确感"的体验不是一样的。"正确感"是一种特殊感受，它与调节匹配创造价值的另两种机制即流畅度和投入度不同。"正确感"和苦乐体验也不相同，因为它有额外的"正确"可能性。它不仅仅是价值，还包括真相有效性。匹配"维持"一些人的当前关注，"维持"感的含义是"允许或承认一种合法性，出于真相、合法或公正而遵循、支持"。"正确感"的体验因而增加了真相和公正的因素，超越了享乐原则。

　　首选考虑真相因素，因为它关涉对于个人评价的自信。一项研究中，在引导调节匹配和不匹配的条件下，参与者接收了劝说信息（使用操纵的促进或预防目标，以及渴求或警惕策略）。调节匹配下的参与者对于自己的主张更加自信。[54]还有证据表明，调节匹配独立于真实绩效，会提升对于绩效的自信程度。[55]

接下来考虑公正的因素。它与道德"正确性"相关。有证据表明，调节匹配条件下的人比非调节匹配条件下的人，更有可能相信他们的判断在道德上是正确的——这是一种从调节匹配的"正确感"向道德"正确性"无意识的转移。在一项研究中[56]，参与者被要求回想他们生命中与权威人物相冲突的一个情境，正是该权威人物决定了冲突解决方式。不同的参与者回想起不同种类的解决方式。例如，一些参与者回想起愉快的解决方式，权威人物鼓励或者允许他们坚持自己的想法（愉快/渴求的状态）。其他参与者回想起的愉快解决方式是，权威人物会提醒他们警惕可能遇到的困难与风险（愉快/警惕的状态）。促进定向的参与者在解决冲突中采取渴求策略时，会判断解决方法具有道德"正确性"。预防定向的参与者采取警惕策略时，会判断解决方法具有道德"正确性"。更重要的是，这种匹配效应和参与者的愉快或痛苦情绪是相互独立的。

调节匹配的"正确感"体验包含了真相和公正因素，而真相和公正因素能够以自身独有方式创造价值。另外，通过对积极和消极的评价反应都怀有"正确感"，使得这种体验具有普遍效应。这种普遍效应，类似投入强度，能够强化事物价值。虽然这种效应能和投入强度共同呈现，但是有证据表明它自身也有独立贡献。

例如，一些研究表明，在调节匹配被引导之后，研究参与者能先于完成被要求的物品价值评估任务而产生"正确感"体验。在这些情况下，参与者会意识到"正确感"体验会歪曲评价，应该努力控制这些潜在偏差。[57]事实上，当人们的注意力被调节匹配所引导的"正确感"吸引时，后续评价的调节匹配效应就会减少或消除。[58]

这些研究结果表明，正常条件下（即当人们的注意力不被吸引时）的"正确感"体验，有助于价值的调节匹配效应。非语言劝说研究提供了更加直接的证据。类似于我前面所描述的研究，更直接的证据源于另一项非语言劝说研究。[59]这项研究在测试信息有效性后测试了"正确感"。和以前一样，这项研究发现，对于那些长期促进定向或预防定向的受众来说，调节匹配的非语言风格传递信息会增强说服力。这项研究还发现，对体验到源于调节匹配的"正确感"的参与者而言，劝说的匹配效应显著性地更为强烈（即"正确感"有中介效应）。

总之，有三种不同的内隐机制中介调节匹配效应：流畅性、投入强度和"正确感"。这些机制可以独立作用，也可以协同作用。未来的研究需要确定一种或另一种机制更有可能成为中介调节匹配效应的条件，以及特定的调节匹配效应是否与一种特定的机制相关联。

❖ 与享乐机制迥然有别的调节匹配机制

我刚刚评论了源自"正确感"机制的调节匹配效应，它与源自苦乐体验的享乐效应迥然有别。在这部分，我将讨论一个更广泛的问题，即是否可以用趋乐避苦的享乐机制来解释调节匹配效应。

匹配效应不是趋乐避苦效应

调节定向论区分了目标追求的定向焦点（促进对预防）和目标追求的方向（趋近所欲的最终状态与回避不欲的最终状态）。[60]促进定向系统趋向收益而回避非收益，而预防定向系统趋近非损失和回避损失。在大多数情况下，人们正在趋近理想的最终状态，并且采用促进定向或预防定向。因此，包含调节定向的匹配效应和简单的趋近回避系统是不同的，和趋乐避苦的享乐原则也是不同的。

近期的一项研究直接检验了劝说匹配效应是更符合趋乐避苦的享乐原则，还是更符合促进和预防的调节定向。[61]参与者首先看到一个脚部除臭剂的广告，作为启动广告。然后，他们看到另一个脚部除臭剂的广告，作为目标广告。每个广告都有产品的图片和标题，以此来表达产品的目的。首先出现的启动广告要么有收益导向的标题（例如，"感到自信"），要么有损失导向的标题（例如，"感到羞耻"）。第二个出现的目标广告要么有消极、非收益导向的标题（例如，"感觉不好"），要么有积极、非损失导向的标题（例如，"从尴尬中解脱"）。参与者被要求对目标广告的脚部除臭剂品牌进行评价。

如果匹配效应依赖于享乐的效价匹配，那么收益导向启动的参与者（积极效价启动）应该会对积极、非损失的目标广告（积极效价启动和积极效价目标之间的匹配）评价更为积极，对消极、非收益的目标广告（积极效价启动和消极效价目标之间的不匹配）评价更为消极。同样，损失导向启动的参与者（消极效价启动）应该会对消极、非收益的目标广告（消极效价启动和消极效价目标之间的匹配）评价更为积极，对积极、非损失的目标广告（消极效价启动和积极效价目标之间的不匹配）评价更为消极。但是，如果匹配效应依赖于调节定向的匹配，那么收益启动的参与者（促进启动）应该对非收益的目标（促进启动和促进目标之间的匹配）评价更加积极，对非损失的目标（促进启动和预防目标之间的不匹配）评价更为消极。损失启动的参与者（预防启动）应该对非损失的目标（预防启动和预防目标之间的匹配）评价更加积极，对非收益的目标（预防启动和促进目标之间的不匹配）评价更为消极。

结果显然支持调节定向论，而非享乐效价论。此外，研究还发现，调节匹配效应对于增强目标产品的评价，取决于加工流畅性（即流畅性的中介作用），而非享乐情绪。本研究提供了清晰证据，支持调节匹配效应对于劝说的作用，并非来自享乐机制。我接下来将更加详细地讨论这个问题。

匹配效应并非享乐心境效应

还有一种与流畅性相关的另类情感机制，也有助于价值匹配效应：积极心境转移。有证据表明，信息处理的流畅性可以产生积极情感。[62]那么，当调节匹配增强信息处理流畅性时，积极情感可能产生，并转移到对象和活动上，从而增加其价值。此外，来自调节匹配的积极情感可能是一个环境因素或偶然因素，在后来的评价活动中转移积极性，例如照片中小狗的案例。那么，积极心境能否解释调节匹配效应呢？

这种可能性在另一项"咖啡杯还是钢笔"的研究中讨论过。[63]这项研究的过程与我先前描述的基本相同。参与者在两者之间做出选择后，得到了一份问卷，被询问感觉如何，包括良好、积极、快乐、放松和满足的程度。研究发现，在调节匹配状态下，参与者报告了更高的意愿价格，同先前的结果一致。研究还发现，这种影响与参与者的积极心境无关。

调节匹配效应独立于积极心境，还在另一项研究中被检验（之前也讨论过），即冲突解决时的"正确感"。研究发现参与者在调节匹配状态下的"正确感"更加强烈（即促进定向的参与者使用渴求的解决方法，预防定向的参与者使用警惕的解决方法），调节匹配效应独立于参与者的积极心境。[64]价值匹配效应并非来自积极心境转移，研究结果支持"正确感"是内隐的中介机制。

更多的直接证据表明，价值调节匹配独立于享乐心境。许多研究调查了人们对于决策好坏的预期评价，不管决策的结果是积极的还是消极的。[65]参与者设想购买一本书，并且选择用现金还是信用卡进行支付，而信用卡支付的价格更高。在一项研究中，场景被设置成引导参与者分别认为使用现金而非信用卡是一种"折扣"（使用现金是一种收益），以及使用信用卡而非现金是一种"惩罚"（使用现金是一种回避损失），结果被描述为收益相关或者是损失相关。

研究证实了价值匹配效应在促进和预防定向上具有重要的不对称性。在促进定向下，积极结果（收益）达到匹配，因为它维持了渴求策略；而消极结果（非损失）是一种不匹配，因为它降低了渴求性。在预防定向下，消极结果（非损失）达到匹配，因为它维持了警惕策略；而积极结果（收益）是一种不匹配，因为它降低了警惕性。研究发现，在调节匹配条件下，良好的和糟糕的情绪感受都被强化。设想积极结果的时候，促进/收益组的良好情绪比预防/非损失组更加强烈。设想消极结果的时

253

候，预防/非损失组的糟糕情绪比促进/收益组更加强烈。

特定的强化机制在这些研究中被发现。刚刚的研究发现了匹配提升动机强度，而动机强度就是投入强度。匹配效应对于动机力会有"良好感"和"糟糕感"的影响，与享乐体验无关。除了测量参与者在想象决策后果中的良好或糟糕的感受，研究还测量了愉快/痛苦强度和动机力强度。比如，在一项研究中，愉快/痛苦强度通过询问积极结果的愉快程度、消极结果的痛苦程度来测量。动机力强度通过询问积极结果的驱力、消极结果的驱力来测量。研究发现，愉快/痛苦强度和动机力强度分别有 **254** 显著且独立的作用。[66]这项研究和其他研究显然表明，调节匹配效应在于增强积极和消极反应，与享乐心境效应无关。

这些研究也专注探究了调节匹配效应的另一难题。由于调节匹配涉及一种"正确感"的目标追求方式，因此可以将其概念化为追求不同阶段性成功的目标。根据阿利·克兰格朗斯基和同事们所构造的目标系统论（the theory of goal system）[67]，用特定方式追求目标本身也是一种目标——一种过程目标。因此，追求目标可以被认为包含两个独立的目标，一个与结果追求相关，另一个与追求目标的方式相关。从这个角度来看，以合适的方式成功实现目标所带来的附加价值，不一定与享乐体验无关。这是两种分离享乐体验的叠加——一种来自目标结果，一种来自目标追求。但是，这种观点没有预期调节匹配对于"正确感"的贡献，没有预料到它能够产生独立于享乐强度的动机力量。更重要的是，这种观点没有预期调节匹配对目标追求过程的消极失败体验的影响。类似于目标追求过程的积极成功体验，调节匹配也会增强消极反应。确实如此，有证据支持无论积极结果还是消极结果都存在调节匹配效应。

❖ 绩效的调节匹配效应

前文梳理了调节匹配的创造过程和不同的内隐机制。这些研究强调，调节匹配增强积极和消极反应，影响劝说信息有效性（这些也在第四章中有所强调）。我虽然也梳理了一些绩效的调节匹配效应，但是这种效应的适用范围更加广泛。在本节中，我要更完备地评论这种效应。

匹配效应：激励框架的绩效

前述的字谜研究中，手臂压力被用来测量投入强度，而匹配同时提升投入强度和绩效。[68]该项目的另一项研究也借助手臂压力来测量投入强度，但用另一种方法创造调节匹配——不是用解字谜的渴求或警惕方式来启动参与者的促进和预防定向，字谜任务指导语被表述为不同的激励框架：促进成功（"如果你找到90％以上的单词，你可以得到额外一美元的奖励"），促进失败（"如果你找不到90％以上的单词，你就无法得到额外一美元的奖励"），预防成功（"如果你遗漏10％以内的单词，你就不会失去一美元"），预防失败（"如果你遗漏10％以上的单词，你就会失去一美元"）。[69]促进成功（增加渴求性的收益）和预防失败（增加警惕性的损失）能够达到匹配状态，但促进失败（减少渴求性的非收益）和预防成功（减少警惕性的非损失）则不匹配。

研究发现，在促进状态下用潜在成功框架发布指导语（达到匹配），参与者会更加认真（桌面的高低、手臂压力，对应整体性投入强度高低和认真与否）；在预防状态下用潜在失败框架发布指导语（匹配），参与者也更加认真。另外，无论是促进定向还是预防定向下的匹配状态，解决字谜的绩效都在匹配的状态下更加高，而在不匹配的状态下更低。

其他研究也发现，促进定向的参与者在任务表述为收益时会绩效更好，在任务表述为回避损失时会表现得更糟糕。预防定向的参与者正好相反。当促进定向的参与者使用渴求手段时，任务绩效更好（例如，通过加分来获得好成绩）。预防定向的参与者使用警惕手段时，任务绩效更好（例如，通过停止减分来获得好成绩）。[70]这些研究中的所有参与者都被告知，如果表现得好，可以获得金钱奖励。但是，这并不是动机，匹配产生了动机。我将会在第十二章讨论这个论题。

还应该注意的是，用"愉快"或"奖赏"方式描述奖品，并不比

"痛苦"或"惩罚"方式更加有效。预防定向的个体，无论是历时倾向还是情境性的引导，用不会损失金钱来描述任务才会增强动机、改善表现（即回避"惩罚"）。对他们来说，当成功的手段是阻止糟糕事情的发生而不是促成事物的成功时，动机更强，绩效更佳。

匹配效应：任务框架的绩效

256

用任务框架来达到匹配并不局限于金钱手段。任务性质可以被构造为任何方式。比如，一项研究将数学测试描绘为可诊断高数学能力，但无法诊断低数学能力（潜在收益）；或者可诊断低数学能力，但不能诊断高数学能力（潜在损失）。[71]这项研究发现，数学测试的绩效在调节匹配条件下更好（促进定向/潜在收益；预防定向/潜在损失），而在不匹配条件下更差（促进定向/潜在损失；预防定向/潜在收益）。

最近的一个有趣的足球点球案例也表明了匹配对绩效的影响。[72]这项研究的参与者是德国足球协会地区联盟中的一线队员。研究是在正式训练阶段的中段进行的。每位参赛者均要罚五个点球。参与者在历时促进和预防定向类型上存在差异。如何罚进点球的任务框架被实验性地操纵。在"收益性成功（渴求）"条件下，参与者被告知："你将会罚五个点球。你的目标是至少进三个球。"在"避免失败性成功（警惕）"条件下，参与者被告知："你将会罚五个点球。你的职责是不能失误两次。"即使是这些经验丰富的足球运动员，也有很强的动力去做到最好，但是在调节匹配条件（促进/收益；预防/回避损失）下，他们的点球表现也比非匹配条件下好30％左右。

这个研究项目中的另一项研究发现了另一种调节匹配的证据：运动项目的选择。我们可以合理地推断，体育运动的差异在于它们是要求匹配促进定向还是要求预防定向。有鉴于此，人们最终应该选择同自己调节定向相匹配的体育运动。运动员的历时促进或预防定向会左右运动绩效的差异。运动员在这些运动项目中的促进或预防导向，会对运动项目产生不同的影响。毫不奇怪，有证据表明，体育运动员的促进定向绩效比预防定向绩效好。但是加入控制手段后，体育运动之间也存在差异，比如篮球相对更加促进定向（"投球进篮得分"），而体操运动的预防性较强（"避免失误"）。在像足球这样的体育项目中，促进型球员更倾向于作为前锋进攻，预防型球员则更倾向于作为后卫防守。

　　使用不同的任务指导语来创造调节匹配、影响绩效的手段，在之前的讨论中也有涉及。比如，单词配对的联想学习研究就用有趣还是重要来有差别地设置实验任务。我们的研究项目发现，这些指导语不仅适用于预测和配对联想学习的任务，也适用于纪录片记忆内容的任务。[73] 观看纪录片对于一些人来说是"有趣"的活动，对另一些人来说是"重要"的活动。观看纪录片预先倾向不同的参与者被挑选出来参与研究。

　　任务指导语被实验性地操纵。半数的参与者被告知，这部纪录片被以往的观影者认为让人很享受；而另外半数的参与者被告知，这部纪录片讨论了严肃深刻的内容。影片中一部分情节是核心内容，一部分不是。研究发现，在非核心内容上，匹配效应没有发生，但是在核心内容上，调节匹配的参与者（有趣定向/享受引导；重要定向/严肃引导）相对非匹配参与者（有趣定向/严肃引导；重要定向/享受引导），对于情节的记忆更好。

　　这项研究再次证明了任务指令匹配参与者先前定向类型的重要性。正如我在第六章中所论及的，将任务框架表述为采用渴求或警惕的方式何时、何地、如何进行活动，会影响到任务实行策略的有效性。差异化的框架有效性取决于参与者的目标定向。在这项研究中，参与者在匹配条件下（优先促进/渴求步骤；优先预防/警惕步骤），相比不匹配条件（优先促进/警惕步骤；优先预防/渴求步骤）更有可能提交报告，说明他们将如何度过即将到来的周六（以获得金钱奖励）。[74]

领导绩效的匹配效应

　　在众多绩效研究中，相互联结的动机力和投入强度可能是绩效匹配效应的内隐机制，亦即相对于非匹配，匹配条件下绩效更佳。投入强度和个体是否在任务中投注自己的全部注意力有关。这些研究清楚地表明，

258 　　绩效调节匹配效应是普遍性的：从智力任务到运动员测试，再到自控力测试。比如，近期有研究证明，调节匹配不仅能够控制更好的食物摄入（如选择益健的苹果而不是巧克力作为零食），甚至使握手都更加有力。[75]

　　调节匹配也运用在领导力绩效领域。比如，领导有效性的匹配效应已经被调节模式定向［行动（力）对评估（力）］（locomotion vs. assessment）证明。有项研究探究了不同组织环境下的领导有效性。[76]它比较了两种领导风格的有效性：（1）以胁迫、合法性和指令性的策略影响为代表的"强制型"领导风格，以及（2）以专家、参考性和参与性的策略影响为代表的"指导型"领导风格。"强制型"领导风格与高行动定向的下属更加匹配，因为强势领导会不断下达命令直到任务完成（与行动定向的下属匹配），但是"指导型"领导会等待下属反馈意见后再决定下一步行动（与行动定向的下属不匹配）。研究发现，行动定向的下属会更加偏好"强制型"领导风格，并且在这种风格领导下工作满意度更高。高评价定向的下属则表现正好相反。

　　另有研究检验了调节模式和变革或定向的领导风格之间的匹配效应。[77]它采用了实验室实验和对管理者的问卷调查。领导有效性的测试标准为管理者是否增强了下属动机，以及下属是否给予管理者积极评价。变革型领导风格与行动定向而不是评价定向的下属达成匹配，因为这些领导基于其强烈的目的感、坚韧和方向感，会更加强调移动和变化。事实上，研究发现，相比评价定向的下属，变革型领导在行动定向的下属中的领导力更加有效。

调节匹配改善绩效的警告

　　调节匹配并不总是改善绩效。它取决于匹配行动者目标定向的策略是否在特定任务中是有的放矢的策略。当你分心于环境中的事物的时候，要怎样才能完成一项复杂的任务呢？比如，你需要做数学作业，但背景

259 是趣味视频。为了绩效更好，人们需要警惕地忽略干扰。这种警惕性对于预防定向的人而言是种匹配，但是对于促进定向的人而言则不匹配，

他们需要使用渴求策略才能达到匹配。但是，要有效地完成这类任务，渴求策略已经力所不逮。

　　事实上，一项研究发现，被促进定向引导的参与者在存在悦人分心之物的情况下，较之没有分心之物，在完成数学任务上表现更差；而被预防定向引导的参与者在有分心之物的情况下，甚至较之没有分心之物，在完成数学任务上表现更好。[78]这项研究表明，任务和活动有着如何投入的内在要求或机会。这些要求或机会为不同自我调节定向的人，创造了一种自然的匹配或不匹配。有鉴于此，我们不能假设所有任务都是完全可塑，允许任何定向类型的人能够达到匹配以改善绩效。任务本身有其特性，更易与某些人匹配。比如，图书管理工作对于预防定向的人而言更加匹配，创造性问题的解决更适合促进定向的人。这种差异依次生发其他的自我调节效应，比如积极或消极的任务反馈是否创造更强驱力并且提高绩效。近期一项研究发现，当任务是检查算术计算错误时，参与者获得（警惕—相关的）消极反馈，比之（渴求—相关的）积极反馈，绩效更好。但如果任务是思考某个物体的多样用途（与促进定向相匹配的任务），结果正好相反。[79]

　　事实上，任务本身具有的属性注定使其更加匹配某种调节定向。这就增添了最优操纵价值—控制关系的复杂性。但领悟一项任务或活动内在的要求和机会，可以助长选择最匹配的自我调节定向，以及选择契合对应定向的自我调节特征（如正反馈对负反馈）。这个难题也将在第十二章中详细讨论。但更为普遍的警告值得突出强调。调节匹配加强调节定向以及与之关联的策略偏好。如果策略增强的匹配并非任务本身所需要的，那么它会损害而非改善任务绩效。

❖ 作为策略和战术的调节匹配

　　我用一个更为重要的警告声明来结束本章内容。谈到控制，自然而然会让人联想到一般性策略。但是，调节匹配不仅仅是一般性策略，它　　*260*

还关乎特定的战术或手段。就像在战争、体育和恋爱中一样，策略需要化为有效性战术才能获得成功。比如，决策时，预防定向的人会将警惕性策略转化为冒险手段还是保守手段呢？心理学家相对较少注意策略和战术之间的关系。[80]这种忽视出人意料，因为心理学家和普罗大众都希望能够预测别人的行为（别人实际上会怎么做），所以研究战术/手段会比策略更加接近他们的行为。进一步说，是因为战术/手段嵌入特定脉络和情境中，会推动行为产生，但是策略相对独立于脉络和情境。[81]考虑到特定目标定向和策略，不同情境或脉络会决定手段是否与定向水平和策略相匹配。

最近一个关于股票投资决策的研究项目提供了一个较好的例证，明示了进行这种区分的重要性。[82]在研究的第一阶段，参与者来到实验室，完成了一系列问卷调查，其中包括对他们长期促进和预防定向的衡量。完成问卷后，他们得到了参与研究的报酬。然后，他们可以选择离开，或者投入第二阶段股票投资的研究。他们被告知，以往的参与者通常在第二阶段研究中赚取额外的钱，但是也有可能赔钱。大多数参与者选择参与第二阶段研究。做出投资决策后，参与者会随着时间的推移跟踪股票的表现。第二阶段研究结束时，所有参与者都知道他们不仅输了投资，还失去了第一阶段研究的报酬。

此时，所有的参与者都处于亏损状态。他们被给予了在两只股票之间进行下一轮投资的选择：一只风险型股票和一只保守型股票。两只股票具有相同的预期价值（即结果价值×结果概率相同的产品），但风险型股票的风险更大，因为它比保守型股票更不确定（即方差更大），而且参与者也认为风险更大。以往的研究发现，促进定向的人普遍比预防定向的人更愿意冒风险；他们宁愿犯错也不愿丧失"奋力一击"的机会。[83]

但是，这种差异存在情境性因素。当人的当前状态是满足的（即"0"）甚至是良好的（即"+1"）时，对比当前状态是匮乏的（即"-1"），*261* 人做出的选择会相同吗？当前状态是"0"或"+1""-1"时，促进定向的人偏好冒险手段，预防定向的人偏好预防手段，会发生变化吗？

战略和手段的区别在这种情况下变得很重要。有大量的证据支持调节匹配的观点，即促进定向的个人采取渴求战略，预防定向的个人采取警惕战略。但战略在不同的环境和情况下存在差异。此外，人们可能会认为，具有冒险意愿的人更适合渴求战略，而更为保守（即风险较低）的人更适合警惕战略。而且，一般来说，情况就是如此。但是，手段是情境化的。有鉴于此，保守主义并不总是适合警惕战略。事实上，当人目前的情况不佳（即"−1"）时，冒险可能比警惕战略更好。为什么会这样呢？

考虑一下，当目前情况是负面的时候，预防定向的个体保持警惕意味着什么？对这些人来说，重要的是令人满意的状态（即"0"）和令人不满意的状态（即"−1"）之间的区别。他们会做任何必要的事情，来维持一种令人满意的状态。他们不会冒不必要的风险，否则可能会导致维持失败而陷入不满意的状态。但是，一旦他们发现自己处于一种无法忍受的状态，他们就必须尽一切必要的努力回到令他们满意的状态。"一切必要的"努力包括承担风险，只要这是唯一恢复到令他们满意状态的方式。

因此，在当前不满意的状态（即"−1"）下，冒险有助于提高预防定向个体的警惕性。如果是这样的话，那么投资研究中处于亏损状态的个体应该更喜欢高风险股票。事实上，研究发现，随着历时预防定向的强度增加，选择风险选项的可能性也大大增加。预防定向的人比促进定向的人，更偏好选择高风险股票。

在这项研究中，只有高风险选项才有可能使参与者回到收支平衡点——令人满意的现状。保守选项可以改善参与者境况，但不能恢复到满意状态。如果再来一批参与者，同样让他们体验投资损失（即又陷入"−1"状况），而这次的风险和保守选项都让他们回到收支平衡点，结果又会如何呢？如果预防定向的人能够警惕地选择保守手段让他们回到平衡点，那么他们不再会选择风险选项——保守选项又会满足预防定向个体的警惕性战略需要。新的情境下，新研究发现，随着历时预防定向的加强，选择保守方案的可能性大大增加。预防定向的人会比促进定向的人更加偏好保守选项。

这些研究表明，当预防定向的人发现自己处于消极状态时，他们的警惕性促使他们采取一切必要措施来恢复到令他们满意的状态。但是，什么样的战术/手段能够服务于这种警惕性，这取决于它们的情境条件——手段偏好是情境化的。当冒险手段是恢复现状的唯一途径时，他们会选择冒险手段来服务于他们的警惕性。当保守手段可以恢复现状而不必他们冒险时，他们就会选择保守手段来保持警惕。因此，调节匹配同时发生在手段和战略层面，但是具体匹配需要取决于人们的当前状态（即一种糟糕的、令人满意的或者状态良好的状态）和环境（即不同的手段选项）。通过调节匹配来最大化绩效的时候，需要更加全面地考虑。

本章为调节匹配作为价值—控制关系的重要性提出了一系列例证。我回顾了很多达到匹配的不同方法，解释了匹配的普遍性。我还回顾了它对价值、劝说和绩效的广泛影响。最后，我考虑了调节匹配效应的机制。这些机制包括流畅性、"正确感"体验、投入强度。在本书的最后一部分，我将讲述如何运用调节匹配原则更好地理解人格和文化的本质（第十一章），有效地控制动机（第十二章），提升福祉并过上"良善生活"（第十三章）。接下来，我将讲述第三种也是最后一种双因素关系——真相—控制关系。

第九章
真相—控制关系：方向正确

世界上最伟大的事情不在于我们站在哪里，而在于我们朝着什么方向前进。

——奥利弗·温德尔·霍姆斯（Oliver Wendell Holmes）

良善生活是一个过程，而不是存在状态。它是一个方向，而不是终点。

——卡尔·罗杰斯（Carl Rogers）

领导者为未来建立愿景，制定实现愿景的策略；他们改变世界。他们激励和鼓舞其他人前往正确的方向……

——约翰·科特（John Kotter）

虽然上帝明确禁止，但亚当和夏娃还是选择吃"善恶知识树"的果实，最终被驱逐出伊甸园——一个可以终生享受快乐而没有痛苦的地方。从享乐主义的角度来看，他们的选择毫无意义。同样，《黑客帝国》中的尼奥和《楚门的世界》中的楚门选择放弃享乐主义的生活，而选择一个危及生命的选项，也是令人难以理解的。然而，正如上面的名言所述， 人的动机不仅在于获得想要的结果，还在于想要获得真相和控制的有效性。我们凭直觉就知道亚当、夏娃、尼奥和楚门的选择是怎样的。我们就像尼奥一样，当被问及是否相信命运时，他说他不相信，"因为我不喜欢无法掌控自己的生活"。就像尼奥、楚门、亚当和夏娃一样,我们的生活并不都是为了最大化快乐和最小化痛苦。正如这些例子所述,真理和控制对我们来说非常重要。我们希望在建立现实、掌控事情发展时有效。前往正确方向,既是真相有效性的体现,也是控制有效性的体现。

真相和控制动机以强有力的方式协同运作。它们可以克服最大化快乐和最小化痛苦的动机。这种协作关系的特点是什么?我相信本章开头的名言提供了一个很好的答案。我们必须设法朝某个方向移动,这就是控制。但是为了拥有一种良善生活,我们不能随便移动,而需要朝正确的方向移动。要知道哪个方向是正确的,我们也需要真相。事实上,根据《牛津英语词典》的说法,"方向"是指以正确的方式或路线推进或持续。[1] "方向"的含义同时包含了控制(推进或持续方式或路线)和真相(正确的方式或路线)。

这里需要区分的是,朝着正确的方向前进并不一定意味着我们最终会取得预期的结果。对亚当和夏娃来说,吃了"善恶知识树"上的果实后,他们第一次有了方向。在天堂里,他们既没有真相也没有控制。现在,他们有了方向,但这导致了最初上帝所不希望的结果。当尼奥和楚门第一次超越享乐原则,选择了真相与控制有效性时,他们也有了方向,而这让他们陷入了危险的境地。正如卡尔·罗杰斯所说,良善生活是一个方向,而不是终点。

学科史文献中,最受关注的心理关系是以价值为核心的。传统文献中对价值的强调同动机理论中的苦乐原则是一致的。相比之下,本章考虑的是真相与控制的关系,其中价值并不发挥核心作用。这并不是说这些关系与价值无关。正如我在下一章即第十章中所讨论的,动机是一个三种有效性方式协同运作的典型故事。通常情况下,真相与控制关系的作用是促进获得期望的结果,促进价值上的成功。但是,这个故事并不总是以价值为主角、以真相和控制为配角。有时候,重点可能是真相或控制,而不是价值。当真相和控制协同运作时,它们可以胜过价值动机。

❖ 控制系统中真相与控制作为伙伴

在"控制系统"理论中，自我调节中真相和控制作为伙伴受到了最多的关注，即管理、指导或调节事物行为的策略或机制。诺伯特·维纳，应用数学家和控制论的创始人[2]，是构思反馈在控制系统中的作用的先驱。在控制系统中，反馈系统可以调节某个设定点或参考值，例如当空气调节系统随着温度变化时改变其输出，以便保持设定参考值的温度。这样的系统被假定包含两个功能元素：一个测试组件被设计用来评估系统的当前状态（真相），另一个测试组件被设计用来将系统移动到期望状态（控制）。例如，恒温器中有传感器来检测是否达到所需的温度（真相），以及有开关装置来激活或关闭加热或冷却过程（控制）。这两个功能元件共同确保了温度前往正确方向。同样，身体机制检测到低水分含量而刺激饮水；检测到低血糖含量，进而产生饥饿感而刺激进食。

第二章讨论了米勒、格兰特和普利布拉姆提出的控制系统模型——TOTE 模型（用于测试—操作—测试—退出）。[3] TOTE 模型在战略和行为层面发挥作用。例如，在敲钉子的战略规划层面，有两个阶段：举锤子和敲钉子。但是，是什么告诉我们何时停止锤击呢？还需要根据反馈提醒，根据钉子露出模板表面的长度来决定何时停止锤击。当露出钉子的地方与预想参照点一致的时候，我们就停止了锤击（即退出）。

根据 TOTE 模型，敲钉子的时候需要真相—控制关系的有效性。有效的真相包含了建立当前的现实关系——关于钉子头和木板表面之间的关系。有效性控制包含掌握行动层面的策略计划，比如提起锤子和敲钉子。协同运作的时候，真相和控制最终在临界点或退出点上得以达成，即钉子头是和木板表面贴合在一起——也就是渴求的结果（价值）。

TOTE 模型中的协作关系，在动机文献中受到最多关注的是真相与控制的关系。真相和控制协同运作，能够得到期望的结果；也就是说，

它是为价值服务的真相与控制关系。一个类似的模型是之前有所提及的
266 卡佛和西切尔[4]的自我调节模型。在他们的理论中，有两个自我调节系
统。一个系统包含了想要的结果作为参考价值，以及减少想要的结果同
当前状态差距的操作控制。另一个自我调节系统包含了不想要的结果状
态作为参考价值，以及增加一个不想要的结果同当前状态差距的操作控
制。每种情况下，都有一个对于真相的监控与反馈，通过比较现状与参
考价值，提供关于距离减少或增加数量、比率的阶段性信息——关于
"我做得怎么样"的真相。另外，真相和控制协同为价值服务。价值要
么是同想要的结果减少距离，要么是与不想要的结果增加距离。

米勒、格兰特和普利布拉姆的 TOTE 模型与卡佛和西切尔的控制—
过程模型，强调了真相—控制的关系。在自我调节运作中，同参考价值
相关的真相（即监控和提供当前现状的反馈）和控制（即掌控操作）的
协同运作定义了目标。当然，价值、真相和控制确实以这种方式协同运
作。但是，我还需要强调想要的结果并不是有效的价值—控制关系的必
然成果。我最喜欢的案例是沃尔特·迪士尼（Walt Disney）的电影《幻
想曲》，其主角米老鼠扮演了一名巫师学徒。米老鼠用他的学徒级别的魔
术知识（真相），来管理扫帚（控制）做提水桶的家务。对他来说很不幸
的是：享受魔术且以为万事大吉，但是并没有得到想要的结果——因为
他不知道如何阻止，于是城堡变成了软泥。

此外，当真相和控制协同运作时，它们并不总是平等的关系。有些
时候，追求真相的动机是首要的，控制服务于真相。这种情况下，甚至
可能为了建立真相而产生令人不愉快的结果。还有一些时候，控制的动
机是主要的，真相服务于控制。这种情况下，成功的控制也可能产生令
人不愉快的结果。也许最重要的并不是被概念化为相辅相成的因素，而
是价值、真相和控制可以具有单独的功能，依从情景和个体而具有不同
的侧重。我希望在本章中强调这些非传统、非标准类型的真相—控制的
协同运作关系。

❖ 作为真相与控制关注的评估与行动

第五章和第六章简要地介绍了自我调节的评价和行动模式，它们是一种真相—控制的协作关系。若要更加全面地了解真相和控制的协作关系，理解评价和行动的协作非常重要。为了理解它们是如何协同运作的，必须探究它们各自的动机本质。正如真相和控制可以概念化为各自强调的独立功能，评估和行动也可以进行概念化。事实上，调节模式论（regulatory mode theory）就致力于此。在协作关系中，评价或行动对于不同的情境或个体有不同的侧重。我们现在更加充分地考虑这些独特的功能。

作为不同自我调节功能的评价和行动

当我和阿里·克鲁格兰斯基讨论控制系统的基本性质时，我们区分了评价和行动的自我调节模式。不久以后，我们确信，测试和操作的功能，或者监测和减少/放大的功能，可以更广泛地概念化为独特和一般的自我调节功能。更重要的是，我们认为，这些功能不需要被视为一个自我调节的整体的不可分割的部分，因为它们在功能上始终是一体和相互依存的。我们认为有两项独立的自我调节功能——评价和行动——具有广泛的适用性，可以在不同程度上同时强调一项或另一项功能（高度强调一项；高度强调两者；不强调任何一项）。[5]

我们不是仅仅测试或监测"相对于某个参考的最终状态"的当前状态，而是将评价模式概念化为更广泛地在某些目标与标准之间进行比较。这包括评价当前状态和参考最终状态之间的关系。但是，这也包括与其他的结果或者是达成结果的其他手段进行比较，进而获得对于当前的最终状态的评价。事实上，评价不仅适用于个人自我调节，也包括对其他人的自我调节（即他们的目标、手段、过程）的批判性评价。评价动机的概念在格言中得到了体现——"把它做对！"大多数情况下，评价模式与进行比较的过程有关。重要的是投入寻找真相的比较过程，而不是追索 *268*

想要的结果——"我宁愿正确而非快乐"。

　　同样，行动模式也不局限于缩小与期望结果的差距，或者是扩大与不期望结果的差距。行动模式的核心特征是它仅仅与行动相关，即为了行动本身而行动。与控制系统模型相反，行动并不局限于接近期望结果或远离期望结果。根据勒温的场域理论[6]，我们将行动概念化为与生命空间中任何区域发生的位置变化有关。它是关于在物理空间或精神空间里，在经验或心理意义上的行动。重要的参考点只是当前状态，因为行动是变化本身。远离当前状态的变化是行动，与运动的方向无关。运动动机的概念在格言中有所体现，"只管去做！"行动涉及启动变化，然后保持平稳变化、不受干扰——不管结果是什么。最广泛地说，行动模式或功能与从一种状态到另一种状态的变化有关。请再次注意，重要的是行动和改变，而不是这样做可能带来的预期结果——"做总比不做强"。

　　将评价和行动概念化为独立的功能具有重要意义。具体来说，在任何一项任务中，都可能强调评价而不是行动，或者强调行动而不是评价，或者两者都强调，或者两者都不强调。控制系统模型正好相反，它隐含地假定，在任何一项任务上，测试（或监视）功能和操作（或缩小差距）功能将在整体上得到同等和强烈的重视（尽管是在任务的不同阶段）。

　　此外，评价和行动模式被概念化为动机状态，因此，它们的重点可能因情境和个体而异。当评价和行动模式在个体之间存在历时变化时，就会呈现人格差异。有些人长期处于高行动和低评价状态，有些人长期处于高评价和低行动状态，还有些人长期处于两高状态。评价和行动模式如何跨越情境和个体差异进而预测动机现象，并不是通过控制系统模型进行的。具体而言，人们如何追求目标以及生活中决策的预测（活动选择的偏好策略），取决于行动和评价之间的关系。

　　在写作本书的时候，我突然想到，评价和行动与真相和控制有着不同的关系。评价功能更多地关乎真相，而不是关乎控制，因为它强调进行比较和批判性评价，以确定何为正确、妥当。评价是指确定某事的比率、数量、大小、价值或重要性。它涉及为了理解或解释的目的而进行的批判性评价或评估。[7] 因此，评价是建立现实的基础部分。相比之下，行动功能更多地与控制关注相关，而不是与真相关注相关，因为它强调启动和维持行动以掌控事情的进展。因此，当评价和行动协同运作时，它们构成了一种真相—控制的关系。当评价比行动更受重视时，真相比控制更受重视；当行动比评价更受重视时，控制比真相更受重视。有鉴于此，对调节模式的研究为真相—控制关系以及在目标追求和决策过程中相对更多地强调评价—真相或行动—控制意味着什么提供了宝贵的新见解。此外，研究表明，当行动和评价都被强调时，人们的表现是最好的——前往正确方向的条件。[8]

对评价和行动的强调如何影响行为

那么，在我们的生活中强调评价和行动意味着什么呢？首先，它影响人们决定在哪些活动中投入精力。

作为评价对行动功能的活动选择和精力投入

在一项研究中，参与者被问了几个问题，以确定他们从事不同活动的动机。[9] 为了确定评价在多大程度上激励了活动投入，他们被问及参与每项活动的程度，"因为它涉及评估、测评或解释信息。它满足了批判性评价和评估某件事情的需要，以确保正确地做这件事"。为了确定行动在多大程度上关乎投入动机，研究人员询问每项活动的投入强度，"因为它涉及脱离当前状况的行动或变化。它满足了我改变的需要——做一些事情，做任何不同的事情，不论当前的状态是什么样的"。

一些活动同时出于评价和行动的理由而投入精力，比如"去某地"（"一般旅游、探险或去地方"）。但是，还有其他一些活动，人们会偏重于评价或行动的原因去投入。主要以评价为动机的活动包括参加文化活动、学术活动（例如，必修课和课程工作）、处理财务职责（例如，支付账单）和获取新闻。相比之下，主要由行动动机驱动的活动包括运动、锻炼、跳舞和派对。

这种区分的一种意义在于，人们很可能会选择那些能满足自我调节

270

需要的行为。例如，评价—真相相关的个体比行动—控制相关的个体，更有可能寻求文化活动和了解新闻。相比之下，行动—控制相关的个体比评价—真相相关的个体，更有可能寻求体育运动的机会。当然，那些兼具高评价和高行动相关特征的个体会同时寻求这两方面。

另一种意义在于，如果活动评价行动属性和个体的评价—真相或行动—控制属性匹配，则个体愿意花费在活动上的精力更多。比如，绝大多数人都会花一点时间锻炼、花一点时间读书或看新闻，但是这些活动的投入强度是不同的。事实上，有证据表明，个人自报投入评价活动的精力，如履行财务职责，与他们的评价程度正相关，但与他们的行动程度无关。相比之下，个体自报投入行动活动（如锻炼）的精力与行动程度呈正相关，但与评价程度无关。

因此，总的来说，我们对评价—真相与行动—控制的关注，可以决定活动挑选以及活动花费的时间。[10]如果个体的评价和行动能力都很高，那么他们对某项活动的偏好以及投入意愿，取决于活动是否既能够满足高评价需求又能够满足高行动需求。但是，根据超越匹配原则，之所以很多人喜欢旅行，是因为旅行能够使得真相和控制协同运作，带给人们"前往正确方向"的体验。

作为评价对行动活动的思考

思考也可以被认为是一种活动类型。"评价—真相"取向的个体比"行动—控制"取向的个体更有动力进行思考吗？一般来说，有证据表明情况确实如此。刚刚描述的研究的参与者报告说，"思考"（即"解决问题，产生想法"）的活动满足了他们对评价的需要（即"为了确保我正在做的事情是正确的，而进行批判性评估和衡量"），超出了他们对行动的需要（即"不论当前的状况如何，为了改变，做一些非同寻常的事情"）。

一个特别有趣的思考案例是，坏事发生时，人们会进行一些虚假幻想（"要是我……就好了"，"如果我没有……就好了"）。这种反事实思维能够为过去的问题找到解决方案，并应用于未来的情况，以确保问题不再发生。它也可能让人们沉溺于过去的事情（冥思苦想），为过去的决定感到痛苦和后悔。[11]因为反事实思维涉及对事情出错的原因进行全面的评估，并寻找一些替代事实的方法，使事情走向正轨，所以这是评价取向的人更有可能具备的。他们如果真的参与了这项活动，会为自己过去的决策感到后悔。事实上，有证据表明，具有更强评价取向的个体（无论是长期人格倾向还是情境诱导），的确有更多的反事实思考活动，后悔过去的决策。[12]

那么，"行动—控制"取向的个体会如何呢？反事实思维包括花时间思考过去发生的事情。"行动—控制"取向的个体想要让事情向前发展，继续前进。对于他们来说，思考过去就像陷入回忆，会阻碍现在的进程。因此，"行动—控制"取向的人不应当奉行反事实思维。不奉行反事实思维，他们就不会对过往决策感到后悔。事实上，有证据表明，具有较强行动取向的个体较少进行反事实思考，较少后悔过去的决策。[13]

我并不是说，与"行动—控制"取向的人相比，"评价—真相"取向的人更多地参与各种形式的思考。正如勒温所言，有许多不同的思考方式，有些更像是脑海中的行动。[14]有个生动的案例是规划未来。这包含了思考如何从当前状态迈向未来状态（目标）的变化，就像规划旅行线路一样。好的计划包含了思考如何启动、如何平稳前进、如何使得阻力最小。这种思考方式与"行动—控制"取向的人能够达成匹配。事实上，有证据表明，行动程度与这种思考方式密切相关，也与尽责性的人格特质有关。尽责性意味着有计划性、责任心、组织性、全面性和效率。[15]从美国、意大利、以色列到印度、日本，许多国家一致认为，行动取向的个体更有责任心。[16]相比之下，暂时没有发现个体的评价取向与尽责性之间的关系。

272

作为助力评价或行动策略的人格风格

宽泛而论，尽责性是一种与世相处的方式，被认为是一种人格特质——所谓的"大五"人格维度之一。另外的维度还包括外倾性、对经验的开放性和宜人性（和神经质）。[17]这些人格维度和个体的行动或评价风格有什么关系呢？

显然，对于有强烈行动取向的个体来说，花时间做计划，或者更普遍意义的尽责，可以被认为是满足行动的方式。从这个角度来看，尽责性的人格特质可以被认为是一种助力于行动的策略风格。这是一种概念化人格特质的不同方式。从这种"助力"视角来看，人格特质与其说是驱动个体行为方式的长期需求或内在力量，不如说是助力于动机类型的策略类型。尽责性不是驱力，而是一种行为方式——一种更偏好行动的行为方式。[18]

从这种新的"助力"视角出发，诸如尽责性这种助力于行动的策略风格，不仅与个体的长期人格有关，还与情境诱导有关。此外，认识到尽责性不仅可以助力于一种动机定向也很重要。事实上，来自多种文化的证据一致表明，具有更强烈预防定向的个体也会表现得更加尽责。[19]在这种情况下，认真行事是一种策略，履行应尽的职责和义务来满足预防需要。

证据表明尽责性在某些方面更多地助力于行动，而在其他方面可能更多地助力于预防。谨慎、非回避的意义上的尽责性，维持令人满意的现状，与预防定向有关联（即维持"0"而非"－1"）。稳定、全面、系统意义上的尽责性，保持顺利前进，与行动取向有关联。[20]这就强调了同一种特质风格可以因为侧重点不同而具有不同的动机倾向。

我将在第十一章更为仔细地探究这种人格的心理机制。而现在，我们继续关注其他的人格特质对行动—控制或评价—真相动机分化的偏重，如何导致处世方式的差异。

行动和外倾性

从人格领域两位先驱学者卡尔·荣格和汉斯·艾森克（Hans Eysenck）的早期论著来看，外倾和内倾是最著名的性格区分类型。与内倾的人相比，外倾的人更加积极、善于交际、敢于冒险、自信和强势。[21]如果我们把外倾看作一种策略风格，那么这种风格更加助力于哪种动机呢？答案是"行动—控制"。在所有被研究的国家和地区中，行动取向更加强烈的个体更为外倾。相比之下，外倾与个体的评价取向无关。[22]

来自许多不同文化的证据也表明，活跃和精力充沛意义上的外倾性与行动和促进定向有关。但是，外倾性对行动和促进定向的作用是不同的。[23]毫无保留（不害羞）意义上的外倾性更多地与促进定向（毫无保留）试图最大化期望结果有关。相比之下，勇敢、无畏意义上的外倾性更多地与行动有关，与启动改变有关，且是为了改变本身而行动。

行动、评价和对经验的开放性

现在考虑一种更为复杂的情况：对经验的开放性的特征（有时也称为智慧/智能）。与开放性弱的人相比，开放性强的人相对来说更有想象力、内省力和复杂性，同时也更聪明、兴趣广泛。[24]作为一种策略风格，开放性服务于哪种动机呢？答案是"行动—控制"取向。在所有被研究的国家和地区中，有强烈行动取向的个体在开放性程度上也更高。然而，"评价—控制"取向的答案也正确。在被研究的大多数国家和地区（但不是所有国家和地区），评价取向的个体的开放性程度也更高。[25]

聪明、兴趣广泛的人同时具有行动和评价取向。然而，行动与评价取向的开放性具有显著差异。[26]研究发现，创新和想象力意义上的开放性更多地涉及行动取向，这与行动取向的个体对变化持开放态度是一致的。事实上，这些人希望改变，希望能够进入新的状态，也包括新的心理状态。复杂和内省意义上的开放性更多地涉及评价取向，这与评价取向的个体用多重标准进行批判性评价的态度是一致的。

総而言之，有强烈"行动—控制"取向的个体和强烈"评价—真相"取向的个体都可能具有开放性人格。与此相关的一项趣味研究发现，在欧洲、北美洲、亚洲的 11 个国家中，位于中东的以色列具有最强的评价取向，以及第二强的行动取向（仅次于意大利）。以色列人具有异乎寻常的好奇心、自省力、复杂性和想象力。他们是高"行动—控制"取向和高"评价—真相"取向的结合体。

行动、评价和宜人性

现在接着考察宜人性。与宜人性弱的人相比，宜人性强的人相对来说更热情、宽容、乐于信任和合作，更少挑刺。宜人性作为一种战略风格，服务于哪种动机呢？关涉行动—控制关注的答案是正确的。在几乎所有被研究的国家和地区中，具有较强行动能力的个体亲和性较强。这很好理解。宽恕过去、信任未来、帮助他人、与人合作，这些行为能够满足"行动—控制"取向的人不断前进的需求。

那它对评价—真相的关注又会如何呢？在绝大部分国家和地区的研究中，这种关系是负向的：有更强的评价取向的个体会更加严格、不合作和不信任。[27]为什么有更强评价取向的人宜人性程度会更低呢？我的猜测是，一般不会有人认为自己的宜人性程度低，但是他们对于"正确"或妥当有批判性评价的需求。在被评价—真相关注驱动以求真相的时候，他们会展现出冷酷、挑刺的一面。当然，关键在于，当他们的策略目标是另一个人时，那个人会对揭露真相的行为感到不满。

因此，作为人格特质的宜人性，对于行动—控制和评价—真相关注的作用相反。对于同时具有很强行动—控制关注和很强评价—真相关注的个体而言，这种作用是极有趣的。这些人会如何呢？举一个具体的例子，两方面都很强的以色列人会如何呢？我相信他们的行为可以同时满足两种关注需求。在促成事情的时候，他们会表现得热情又信任（高宜人性）。在批判性评估什么是"正确"时，他们会努力寻找错误（低宜人性）。传统的人格特质理论认为，人不能同时表现一种特质的两个取向（例如，同时具备高宜人性和低宜人性）。但是，这种视角允许策略风格在不同情境下的差异性。行动—控制或评价—真相的动机关注都可以助力于同一种策略风格。[28]

决策风格更好地助力评价或行动关注

在本书的前面部分，我描述了行动和评价关注与决策风格匹配的研究——"全面评估"的决策风格以及"逐步淘汰"的风格。对于研究参与者的实际指导语是这样的[29]：

对于"全面评估"的决策风格：

请看第一个品牌。从每个属性出发，将它与其他品牌进行比较。再请看第二个品牌。从每个属性出发，将它与其他品牌进行比较。还要看第三个品牌。从每个属性出发，将它与其他品牌进行比较。如此重复，直到看遍所有品牌以及所有属性。完成品牌比较后，你决定最喜欢哪个品牌，将其挑选出来。

对于"逐步淘汰"的决策风格：

先选中一个属性，逐个比较品牌表现。把该属性维度上价值最低的品牌排除出去，剩下四个品牌。接下来选中第二个属性，再逐个比较品牌表现。把该属性维度上价值最低的品牌排除出去。跟随这样的步骤直到仅剩最后一个品牌。将这个品牌挑选出来。

这两种决策的方法，你更喜欢哪一种？当我在美国给听众们讲述这项研究的基本情景，然后问他们更喜欢哪种决策风格时，大多数人倾向于"逐步淘汰"风格；当有其他人举手支持"全面评估"风格时，他们会感到惊讶并说道："你为什么要选择那种方法？等到最后才真正开始行动，真是太无聊了！"相比之下，在日本或韩国，大多数人更喜欢"全面评估"风格；当有其他人支持"逐步淘汰"风格时，他们会感到惊讶并说道："你这样会遗漏太多信息，无法做出正确的决策！"值得注意的是，跨文化研究发现，美国的行动取向强于评价取向，日本和韩国的情况正好相反。事实上，在研究的国家和地区中，日本和韩国属于行动取向最弱、评价取向最强的国家。

是否还有其他更普遍的决策方式，能更好地满足行动或评价需求？第七章讨论承诺的两个主要因素——结果的价值和可能性——在满足行动和评价方面是否存在差异？事实上，有证据显示确实如此。为了理解结果的价值和可能性在满足行动—控制和评价—真相方面的区别，我们需要更加全面地考察它们之间的关系。

行动和结果价值及可能性

行动取向的个体有动力开始行动，并且保持顺利、稳定的方式前进。

276

行动的最终状态或目的地不如行动本身重要。从旧状态到新状态之间的变化是重要的，而新状态不一定需要比旧状态更好。它关乎改变的欲求，欲求一些不同的东西——"我不在乎它是什么，只要它是不同的"。例如，最近有证据表明，当个体决定是否开始改变，例如是否戒烟或有规律地锻炼时，强烈的行动取向更有可能导致改变——无论强烈的行动关注是长期人格还是情境诱发。此外，更重要的是，这种对改变的承诺独立于结果损益比的感知，也就是独立于改变的价值。[30]这意味着对于强烈行动取向的人而言，可能结果的价值并不应该成为承诺的关键因素。

相比之下，结果的可能性对于强烈行动取向的个体应该很重要。为什么会这样？回想一下，结果的可能性可以被体验为追求目标的困难——可能性越大，感知的困难越小。当我们认为追求目标很容易（即结果可能性很大）时，我们预测实现目标的过程将会顺利、平稳进行。因此，具有强烈行动取向的人会关心结果的可能性是大还是小。大的结果可能性将会满足他们目标追求过程顺利、平稳的需求，甚至会产生未来很有可能成功的动机偏向。在这种情况下，行动取向的人对于未来更加积极。事实上，有证据表明这类人对于未来的目标追求有更积极的期待[31]，且通常更为乐观[32]。

在关于行动取向对目标追求的价值和可能性预测的调查中，一项研究[33]的参与者罗列了五个希望达成的个人目标。然后，他们对实现每个目标的价值，以及实现目标的可能性进行评估。一方面，如果目标的结果价值满足行动取向，那么它对于行动（力）较强的个体应该更有实现价值。另一方面，从先前的假设出发，如果目标的结果可能性更大，那么它对于行动（力）较强的个体有更大的实现可能性。研究发现，较强行动（力）个体的目标有更大的实现可能性，但并不一定有更高的实现价值。

评价和结果价值及可能性

评价关注的是价值。具有较强评价取向的个体希望做出正确的选择。正确意味着最具有价值。毕竟，有效的批判性评估全然关乎不同选项的价值比较，进而择出最优——最佳的手段与最佳的结果。有强烈评价取向的个体会在意目标是否真的值得，是否具有真实价值。更高的结果价值能够满足评价取向的需求。具有高评价取向的个体会树立高实现价值的目标。这也是在上述研究中所发现的。

在这项研究中，强烈的评价取向和实现可能性有什么关系？有很强 *278* 评价取向的个体会想要知道实现的可能性究竟如何。他们想要知道真实的可能性是大还是小。因为可能性与真相有效性有关，所以有强烈评价取向的个体会有强烈的动机去寻找真实的可能性是大还是小。对于真相有效性而言，感知可能性的准确度是重要的。有强烈评价取向的个体不会想要很大的可能性，宁愿从可能性中得知事实所在。其他研究的证据也表明，有强烈评价取向的个体想要具有预测能力，想要能够知道未来什么会发生、什么不会发生。[34] 他们想要对实现的可能性进行精准预测，而不是想要很大的实现可能性。这就预示了，很高的评价取向和实现可能性之间没有关系。在相同的目标实现研究中，强烈的评价关注无法预测目标更大的实现可能性，但是很强的行动关注却可以进行预测。

然而，这还不是这项研究发现的全部内容。这项研究并非没有发现评价取向和实现可能性之间的关系，而是发现了一种负向关系。为什么有更强评价取向的人会认为实现目标的可能性更小？事实证明，这个问题需要更广泛的回答。从其他研究中得到的证据表明，评价关注的个体通常对未来更加悲观、焦虑和沮丧。[35] 什么原因导致了这种消极性呢？这种消极性有可能是对于未来的批判性评估的意外后果。这是过分有效地构建现实的弊端。毕竟，有一丝积极的幻想在某种程度上是更加健康的，过分现实有可能是有负面效应的。[36] 评价者还有其他方面的特质，我接下来进行解释。

行动和评价关注的发展

据我所知，作为精神分析和社会发展领域先驱的爱利克·埃里克森（Erik Erikson），首次讨论了童年早期行动和评价能力的发展[37]（尽管与调节模式论的方式不完全相同）。埃里克森认为，3～6 岁的发展尤其重要，有两个关键阶段。第一阶段是主动期，即儿童为了活跃和行动本身而"追求""攻击"的阶段。埃里克森明确地把这个阶段和行动联系起来，即好奇并探索未知阶段。第二阶段是批判性的自我评价，塑造内疚和道德责任感时期。他讨论了这种可能：儿童会对主动的事情产生内疚感，对攻击和征服的乐趣产生内疚感。

埃里克森把这段时间发生的事情称为"主动性对内疚感"（楷体是本书作者添加的部分）。这突出了一个观点，即不同的儿童可能会表现出更多的主动—行动或者更多的愧疚—评价。在这个时期，儿童创造了一种与重要他人共享的实在：有关动机的自我调节中，行动（例如，"只管去做！""做总比不做好！"）占据多大的比例，评价（例如，"做就要做对！""正确总比快乐好！"）占据多大的比例。虽然埃里克森在用"或"的标签，但是儿童也有可能发展出同时行动和评价都很强的关注。[38]

因此，依从埃里克森的视角，评价取向并不是中立的。评价带有负面的内疚和严厉的自我批评。我并不是说所有具有强烈评价取向的个人，都具有埃里克森式的内疚或焦虑。但是，一些人可能会如此；另一些人可能会经历一种内部压力或要求，在确定行动是正确的之前，不会主动采取行动。事实上，有证据表明，具有强烈评价取向的个体对于无效、失败和心理内投（即"感觉到他人的存在"）有很强烈的恐惧。[39]这与他们经历的内部压力或正确要求是一致的。这会导致他们将注意力偏向潜在的负面因素。

因此，具有强烈评价关注的个人有可能对批判性评价的负面语气多于正面语气——无论是对自己的评价还是对他人的评价。他们评价自己时，容易产生焦虑、抑郁和悲观的情绪；评价别人的时候，也会显得不愉快。消极情绪和悲观情绪可以解释为什么在更强烈的评价取向和目标实现的可能性之间存在消极关系。

评价和行动作为非享乐动机

评价关注更强，焦虑、沮丧、抑郁和不宜人的表现也更明显。在这种情况下，动机是超越快乐和痛苦的。如果人们仅仅是为了避免痛苦，那么有着强烈评价关注的个体就不会给出挑剔的评估、令人痛苦的评估。他们的决策有一个不同的动机来源——为了了解正确、真相而进行挑剔的比较。他们有寻求真相的动机，即使他们自己和其他人可能会不好受。焦虑、抑郁和不宜人的痛苦是这种真相动机的意外后果。动机并不是愉快和痛苦的结果本身，也不是结果的价值。它是进行批判性比较的过程，而这是建立现实的需求。对于有强烈评价关注的个体来说，进行比较的动机是如此强烈，以至于他们甚至愿意牺牲享乐的结果。 *280*

　　最近的一项研究为这个观点提供了一个鲜明例证。[40]参与者在两个选项间进行抉择：一个选项的预期回报率较高，另一个选项提供更多的备选办法进行比较和评价。[41]参与者被要求从两种类型的商业公司间进行挑选。前一类公司有机会加入商业联盟，从而形成预期回报率不同的联盟。后一类公司有更多的机会加入不同的联盟，但是总体的结果（即预期收益）会更加消极。如果欲求的结果是重要的，参与者不会挑选这类公司。但是，有强烈评价取向的参与者会如此抉择，是因为它虽然牺牲了更好的结果，但是有机会进行比较和评估。相比之下，其他的参与者会选择预期收益更好的公司。

　　具有强烈评价取向的个体进行比较和评估，以寻求真相。他们想知道什么是正确的，这与他们从调节匹配中获得的"正确感"体验是不一样的。但是，如果积极的感觉是重要动机，那么人们应该对"正确感"产生满足。有强烈评价关注的人还会牺牲积极的"正确感"而寻求真相吗？另一项近期的实验探究了这个问题。[42]这项研究使用了同第八章一样的基本范式。实验开始时，实际谈判的参与者收到了5美元（潜在买家）或者一本哥伦比亚大学的笔记本（潜在卖家）。由于参与者存在不同的促进和预防定向，谈判活动创造出两种调节匹配的状态（促进/卖家；预防/买家），以及两种调节不匹配的状态（促进/买家；预防/卖家）。

　　在匹配条件下，参与者在谈判活动中对角色产生"正确感"，从而对接下来的谈判产生自信（例如，预期表现更佳）。事实上，这种情况只在

281 弱评价关注的个体身上产生。对于有强烈评价取向的个体而言，调节匹配状态存在着相反效应：他们对接下来的谈判感到更加不自信。因为有强烈评价取向的个体想要做正确的事情，而不是感到正确。这些参与者在接下来的谈判中纠正了"正确感"（即把通常意义上的"正确感"完全颠倒），从而减少了自信。为了真相本身，他们会丧失自信。

这两项研究的结果表明，具有强烈的评价—真相关注的个体，对于从比较和批判性评估中了解真相的动机如此强烈，以至于可以牺牲积极的结果。这并不是说他们对结果价值不敏感，我们已经看到他们关心目标的实现价值。但是，他们的动机是通过比较和批判性评估做出正确的事情，从而达到最好的目标。此外，我们已经看到，由于不同的原因，具有强烈行动控制关注的个体也不仅仅是被最终的价值激励。对他们来说，改变、状态的变化是重要的，而并不一定要求新状态优于旧状态。

如果给予直接选项，那些有强烈行动或强烈评价取向的人会选择价值高于低位值的选项。但是，他们的评价和行动关注并不关注价值本身。如果重视的东西与价值相冲突，他们是可以跨越价值追求自己所需求的。这显然表明，必须将行动和评价的独立功能同追求期望最终状态的整体系统分开。在控制系统模型中，操作和监控的功能是为了达到预期效果，服务于价值。但是，根据调节模式论，行动控制和评价真相本身具有动机作用。它们是分离、独立的动机力量，具有更为广泛的适用性（applicability）。

只有把行动和评价作为分离、独立的动机力量来对待，我们才能充分理解它们的动机意义，并认识到它们超越苦乐原则而对决策与行为的意义。此外，只有将它们视为独立构念，我们才能理解它们如何协同运作，帮助我们前往正确的方向。而且它们的确是协同运作的：合作以达到和维护所欲求的最终状态，包括控制系统模型的风格。但是，当行动和评价协同运作时，它们不需要像控制系统模型中所述具有平等的关系。此外，即使服务于期望结果的价值，它们也协同服务于更广泛的行动—控制和评价—真相需求。这是比控制系统模型提供的自我调节模式更为深*282* 刻、丰富的动机图景。这是一幅关于价值、真相和控制作为有机整体协同运作的图景，而我将在第十章详细描述。在此，我将给出行动—控制和评价真相如何协同助力于欲求结果的案例——成就案例。

❖ 成就中评价和行动的相伴协作

在传统的控制系统模型中，询问操作功能是否比监控功能更重要是不合理的，因为两种功能同等重要。相比之下，通过分离行动和评价的独立功能，调节模式论可以探究强行动取向或强评价取向哪个更重要。有两项研究探讨了这个问题：一项是本科生的绩点（GPA）预测，另一项是美国陆军精锐部队的训练预测。[43]

行动和评价作为普遍成就的预测因子

在第一项针对大学生的研究中，参与者仅限于那些完成了至少三个学期课程的学生。首先，研究测量了参与者的历时行动和评价关注。在绩点预测中，学生性别和学术能力水平考试（SAT）成绩得到控制。研究发现，行动取向能够很好地预测学业成就。行动关注越强，学业成就越好。

评价关注强度本身并不能显著预测学业成就。然而，这项研究也发现评价强度会对协同运作的行动取向产生影响。具体来说，行动关注更强的学生在评价关注上更强烈时，学业成就更好。事实上，如果学生评价关注没有达到中位数或平均数，那么更强烈的行动关注不会产生更好的学业成就。这就意味着一定程度的评价关注是必要的。然后，一旦它达到一定程度，预测学业成绩更好的是行动强度，而非评价强度。在进一步讨论这个问题之前，让我们来看看第二项研究。

第二项研究的所有参与者皆已服过兵役。他们参加的军事训练项目是精挑细选、极度严苛的——60％的参与者从未能够完整完成项目。这项研究中成就的测量关乎参与者是否完成了训练项目。分析中控制了下述变量：参与者的军队地位（即军官或应征士兵）、技能和其他能力，以及先前作为陆军所经历的训练。这项研究发现，调节模式中，最能预测战士完成项目的是行动关注强度。行动关注越强，项目完成情况越好。

另外，评价关注强度并不能显著预测项目完成情况。但是，与学业成就研究相比，评价关注和行动关注协作同样重要。正如之前所述，有强烈行动关注的行动者在评价关注更强的时候绩效也更好。当军人的评价关注比中位数或平均数弱的时候，再强的行动关注也不能发挥更好。此外，如果一个确定程度的评价关注是必要的，那么一旦达到这种水平，关乎项目预测成就的行动关注就是关键，而评价强度并不重要。

这两项研究的结果是相同的，即使参与者和成就类型非常不同。研究发现，行动取向关注的变动比评价关注的变动更能预测成就。较强的行动本身就预示着较高的成就。更强的评价本身并没有起到作用。但是，参与者必须达到一定水平的评价要求时，更强的行动取向才能转化为更高的成就。这代表了一种有趣的真相—控制关系：在这种情况下，评价—真相助力于行动—控制。它们还是协同运作的关系。

事实上，更强的行动—控制关注无法转化为更有效的成就动机，直到达到一种确定的评价—真相关注水平。毕竟，有效的成就需要有完善目标、高明手段的设想。没有真相有效性，有强烈行动—控制关注的人可以发生变化，但无法前往正确方向。人们需要对于前往哪里构建基本的现实观念。它是评价工作。因此，如果行动动机压倒性地超过评价动机，行动动机可能会受到限制。在这种情况下，极端行动者不会前往正确的方向。但是，一旦评价关注达到一定的水平，行动（力）对于平稳、顺利移动就具有基础作用。真相有效性和控制有效性协同运作，为成就目标提供动机基础。

这里还有个讽刺因素，可能您已经注意到了。有强烈行动关注的个体挑选和追求实现高可能性（而非低可能性）的目标，但是有强烈评价关注的个体会挑选高价值（而非低价值）的目标。但有许多研究表明，是行动而非评价在有效果的成就中发挥主要作用。这部分内容，我在第七章中已经讨论了。这体现了可能性在承诺中具有中心作用。

行动和评价相辅相成的关系

这些研究证实了行动—控制和评价—真相关注对于成就的作用。从特定任务来分析它们的作用也是可行的。在一项具体的任务中，行动和评价的关系会超越平等化，而具有不同的侧重点——相辅相成的关系。这尤其适用于评价标准非唯一的任务，比如速度和正确率都重要的任务。

对于行动关注或评价关注很强的个体而言，速度和准确率应该有不同的侧重。有很强行动（力）的人会想要尽早开始行动，马上开始变化。他们会在任务中强调速度。正如我在先前提及的研究中提到的，参与者罗列了个人追求的目标。[44]他们报告了不同目标的实现价值和可能性。参与者的行动（力）越强，选择实现目标手段的速度越快。相比之下，挑选最佳手段的速度与参与者的评价关注无关。另一项研究中[45]，参与者有机会等待九项不同任务的背景信息。他们需要从中挑选一项任务，或者可以偏好随机挑选一项任务并立马执行。有更强行动关注的参与者更有可能马上开始一个项目，但是马上开始项目和评价关注之间没有关系。

想要追求适当或正确的事物，强烈的行动（力）与速度有关，强烈的评估（力）与准确率有关。在接下来的九项任务研究中[46]，研究人员对任务的背景信息质量进行操纵。研究发现，评估（力）较强的参与者不但花费更多的时间调查不同任务的背景信息，而且对于高质量（即更准确）的信息付出的努力多于低质量的信息。

有关校对[47]的第三项研究同时强调了速度和准确性。参与者被告知，这项研究关乎文章中使用不同字体时阅读和检测错误的难易程度。参与者被要求检查样本和母本之间的差异（例如，拼写错误）。研究发现，更强的行动关注（而非评价关注）能够预测更短的完成时间，而更强的评价关注（而非行动关注）能够预测更多的错误检测。另外，与他们的评价消极偏误（assessment bias errors）一致，评估（力）较强的参与者更关注那些不是错误的错误。

因为这些研究并不是为了直接检验真相和控制关系而设计的，所以

285

我们不知道既有强烈行动关注又有强烈评价关注的个体能否做到既快速又准确——虽然这有利于研究发现的完整性。幸运的是，一项关于团队绩效的研究直接测试了这个问题。[48]组成四人小组之前，通过诱导个体成员产生强烈的行动关注或强烈的评价关注。[49]团队要么都是高行动者，要么都是高评价者，或者是行动评价高者各半。

小组任务是"谋杀案调查"，小组成员被分发了三个犯罪嫌疑人的不同证据。阅读、思考、复盘证据后，每个小组的任务是基于可能的线索达成共识。[50]研究发现，高行动（力）的小组比高评估（力）的小组在达成共识方面更快，而高评估（力）的小组比高行动（力）的小组在判断上更准确。到目前为止，这仿佛是速度与准确率之间的博弈：你可以通过强大的行动（力）来获得速度，也可以通过强大的评估（力）来获得准确性。然而，同时具备行动（力）和评估（力）的小组，速度与纯行动（力）小组一样快，准确性与纯评估（力）小组一样精确！

这项研究很好地展现了行动—控制和评价—真相能够进行有效的协同运作。保持强烈的行动—控制关注和强烈的评价—真相关注，人们可以有效地前往正确方向。就这项研究而言，小组中不同行动或评价关注的成员能够协同达成不同任务面向的任务成就（即速度或准确性）。但相同的协作关系应该能同时出现在一个人身上，即兼备强烈的行动或评价关注，但这项研究没有涉及。

我们现在已经明了，评价—真相可以为了整体成就而助力于行动—控制。评价—真相和行动—控制可以在特定的任务上互相满足，达成不同的成就标准（速度或准确率）。我现在将转向另一种真相—控制的关系，包括真相助力于控制或控制助力于真相。

❖ 当真相助力于控制：抵抗诱惑的案例

目标追求中的自我调节反馈功能包括在目标追求中评估目标追求（"我现在做得怎样？"），以及在目标完成时评价成功或失败（"我完成得

怎样？"）。正如我在第六章中所讨论的，这些问题试图建构现实和过往的
实在。通过了解当前的情况，我们可以更好地控制当前的目标追求中发
生的事情。如果反馈是事情进展顺利，我们可以坚持当前的策略和战术；
如果反馈是事与愿违，我们可以改变或修改策略和战术。同样，通过了
解我们在目标完成时的情况，我们可以通过坚持当前的策略和战术来控
制未来的目标追求，或者寻找更有用、高效的策略和战术来优化未来的
目标追求。

因此，自我调节反馈在真相助力于控制方面是一个重要的案例。另
一个重要案例是我在第六章中提及的，即抵抗诱惑的经典自控问题。我
将在这一部分，更详细地讨论这个案例。抵抗诱惑的问题传统上仅仅被视
为一个控制问题。然而，我相信，它可以被重新概念化为一个真相—控制
关系的问题。在这种关系中，真相协同控制，帮助抵抗诱惑。但是，正
如我们即将所见，真相有时会让情况更加糟糕。

延迟满足作为一种真相—控制关系

我先重评沃尔特·米歇尔关于延迟满足的典范研究——等待期望事
物的意愿和能力的核心是意志力。先看他基本的"棉花糖测试"[51]范式。*287*
学龄前儿童坐在一张桌子旁，看到他们喜欢的椒盐脆饼和更喜欢的棉花
糖。为了得到棉花糖，每名儿童必须坐着等待实验者回来，而不能吃桌
上的食物。儿童可以在任何时候摇铃示意实验者回来，但代价是只能吃
椒盐脆饼，而不是棉花糖。为了吃到棉花糖，儿童必须延迟满足，克制
摇铃的冲动。

哪些抵抗诱惑的策略有效，哪些无效？米歇尔和他的同事们发现，
让儿童想想棉花糖的特性，想想吃棉花糖是多么美味，并没有起到什么
作用。事实上，这种专注于食物美味的策略让等待变得更加艰难。[52]对儿
童起作用的策略是，在心理上将棉花糖转换成一种非食用物体，比如一
朵白云。为什么这种转换策略是有效的？其解释是，具体的"热"棉花
糖对象在心理上被转换成了一个抽象的"冷"对象。[53]然而，还有另一种

可能性，它引入了真相有效性，助力控制有效性。

在这种情况下，控制可能是通过减少对象的真相成功的——这是一种利用真相—控制关系的策略。棉花糖其实不是一朵白云。因此，这种心理上的转变使诱人的对象不那么真实。由于不那么真实，它的激励力量、吸引力就会减少，更容易等待，更容易延迟满足。这是一种有趣的真相—控制关系。不同于本章考虑的其他情况，它是真相在控制中被削弱。相比之下，引导儿童们注意棉花糖的美味特性，会让儿童们对吃东西的渴望变得更加真实，使等待变得更加困难。

在此继续重评米歇尔和同事们的其他研究，也证明了心理转化策略的力量。[54] 儿童等待的时候，被展示物体的彩色图片而不是真实的物体，或者面对真实物体时要求想象为彩色照片。延迟满足（即儿童愿意等待的时间）也会随着"照片化程度"的提高而增加。相比之下，如果面对照片的时候要求把它们想象成真实物体，延迟满足会减少（即"真实化"情况）。

我相信这些条件也可能以增强或削弱控制力的方式操纵真相。在这些研究中，当儿童看到物体的彩色图片，或者被告知将实际物体想象成 *288* 彩色图片时，他们被明确地告知不要切实化想象（"不是真实的，只是照片"）。很显然，这种情况并不像把棉花糖想象成"白云"，而是将真实的物体进行图片化，体验为非真实：它们仅仅是图片或被想象为只是图片。把物品体验为"非实在"，使得抵抗诱惑更为容易。

反过来的情况也符合这个规律：给孩子们看物体图片，但要求他们把这些图片看作真实物体。在此，孩子们被告知不要把它们想象成图画，而要把它们想象成"真实"物体。这使得描绘出来的诱人的物体更难以抗拒。在这种情况下，诱人的物体更加真实，更难被抵抗。

总之，对诱惑抵抗力（即控制有效性）的增加或减少，取决于诱惑对象是否真实。当诱惑物体的实在感和真实性较弱时，孩子们更容易延迟满足，更容易抵抗诱惑。在此，诱惑物体的吸引力在减少。当诱惑物体具有更强的实在感和真实性时，孩子们抵抗诱惑的能力就会下降，因为诱惑物体的吸引力在增加。

真相作为其他抵抗诱惑策略的因素之一

儿童抵抗诱惑的另一种常见策略是分散注意力。例如，在"棉花糖测试"中，他们通过遮住眼睛或者试图睡觉来避免看着物体，或者通过参与愉快的活动来分散注意力，比如唱歌给自己听。实际上，把诱人的物体从孩子的视线中移开，也是有效的方法。[55]这种情况在增强对诱惑的抵抗力时取得的成功，也可以被认为是真相—控制的协同运作。这涉及从诱人物体上减少或转移注意力，也会使得儿童感觉到更弱的真实感，从而减少动机。

最后一种延迟满足的方法是，孩子们明确地提醒自己，用言语表述来阐明不同结果的排列，比如"如果我等待，就会得到棉花糖。如果我摇铃，就会得到椒盐脆饼"。无论是当孩子们自发地使用这种策略时，还是当他们被指示使用这种策略时，延迟满足都会成功。[56]我以前曾提及，因为结果的排列涉及哪些行动对应哪些预期结果，所以把排列的结果说出来，可以被视为一种价值—控制策略。但它不止于此：言语表达出等待和不等待的结果，会使得两种情况都更为实在。等待时的收获和不等待时的损失反过来会增加动机的力量。这事实上是一种有力的策略，因为价值、真相和控制动机完美地组织在一起协同运作。

289

证据表明还有一种抵抗诱惑的方式是预先诱惑暴露，这种方式是怎样的呢？有研究发现，有节食目标的参与者在等候室接受易发胖食物的刺激，相比没有接受诱惑食物刺激的人，在随后的实验中更有可能会选择健康的苹果而不是巧克力棒。这项研究同时发现，相比没有接受预先刺激的人而言，这些人抵抗具体诱惑发胖食物的能力是更强的。这项研究的参与者被挑选出来限制饮食摄入量。因此，特定的计划对于维持发胖食物吸引和节食的目标是有关系的。这些先前的经验和特定的计划会限制诱人食物的现实感。这也证明了真相服务于控制。

抵抗诱惑的反作用控制策略就是这样。人们在面对诱人的替代选项和实际更应偏好的选项的时候，很难抵抗诱惑。去医院会令人感到不适。不去医院是具有诱惑性的，但不利于长期健康。我们可以建立反作用控制机制，来处理导致失败的短期成本问题。[57]例如，约定月底前预约一次检查。除了针对未能履行承诺的行为制定未来的社会惩罚措施外，这种策略还可以通过建构一种与他人共享的实在来增强我们承诺的未来现实感（例如，约会）。

重读弗洛伊德论真相助力控制

我在第六章开始讨论抵抗诱惑。首先是弗洛伊德阐述了文明如何要求个人抑制自己的快乐，文明的发展涉及对自由施加限制。比如，他认为如厕训练存在矛盾性。幼儿必须控制肛门才能学习文明的排便规则，

290 需要抵抗随时随地排便的诱惑。这是弗洛伊德关于本我和超我之间冲突如何产生罪恶感和挫折感的主要例子。这也是他自我控制的最好例子——能否有效地决定何时何地是否排便。

如何处理本我和超我之间的冲突？有人可能会说，超我在为社会服务时，控制本我的自我冲动就足够了。但众所周知，特别是对于心理分析家来说，超我可能通常有过于苛刻的要求，仿佛本我的需求都是不可接受的。有鉴于此，本我和超我之间的冲突有必要处理好，因为这两种激励力量都不能真正平衡个人和社会的合法需求。所以，还需要考虑自我和它所代表的现实原则。根据弗洛伊德，自我及其现实性原则的作用是寻求平衡，根据真实情况来解决本我和超我之间的冲突。[58]

心理学家至今还没有充分认识到弗洛伊德控制本我—超我冲突的自我现实原则，实际上是一种真相助力于控制的关系。正如我们所看见的，真相助力于控制，主要功能是能够更成功地抵抗诱惑。这些有效策略不仅包括弗洛伊德强调的增强现实性，还包括减弱现实性，例如使诱人的物体变得不那么真实。认识到通过操纵真相的策略能增强对诱惑的抵抗力，可以开发出新策略，利用我们所知道的来确定什么是真实、什么是虚假。

❖ 控制助力于真相：观念付诸行动的案例

涉及真相—控制关系时，也有控制助力于真相的案例。事实上，我已经在这本书中描述了这种情况，但是并没有强调这方面的重要性。例如在第五章中，我讨论了与费斯廷格的认知失调论和海德的平衡理论有关的现象，提供了控制为真相服务的显著案例。在这种情况下，真相关系到个人对于信念一致性的需求。他们对于建立一种有组织、一致的现实认知有所需求。这些理论强调的是维持或确立这一真相的动机。有证据表明，信念可以被管理。信念可以经过增加、删除和扭曲的处理。控制信念，是为了服务于真相。

控制以观念的形式助力于真相

291

在本节中，我将回顾威廉·詹姆斯在第七章中讨论到有趣的"意动动作"概念，即一个简单的想法可以促成行动。詹姆斯的思考传统上被视为仅仅是一个真理问题（例如，作为一个存储的想法或信念的激活）。然而，我相信，激活一个存储的想法或信念的行动后果，可以被重新概念化为一种真相—控制关系。其中，控制助力于真相，带来行动的指导。

对詹姆斯而言，相信某件事就是默认它的真实性，把它当作真实的经历来体验。按照他的说法，当一个想法或信念被激活时，它"使得头脑具备坚定的想法，而排斥矛盾的观点"[59]。然后，行动就会随之而来："我们思考某行动，它就发生了。"詹姆斯所提出的是真相对行动的直接影响。然而，真相并不是单独发挥作用，它与其他动机协同运作指导行动的可能性更大。

我之前讨论过真相与价值协同运作，以决定采取什么行动。我举了一个例子：在一项研究中，所有参与者在"衰老启动"条件下被激活了"老年人"的概念（在觉知之外）。但是，不同的参与者在同样的启动条件下，对于老年人的价值态度（喜欢或不喜欢他们）是不同的。[60]在这种启动条件下，老年人的价值（喜欢或不喜欢他们）对于参与者的行动具有直接影响。这在大体上和约翰·巴奇信念激发动作的假设一致，也和他及同事们的研究结果一致。[61]但是，激活老年人走路慢的信念，并没有让所有参与者走路缓慢。参与者所采取的行动取决于老年人对他们的价值——他们是否喜欢老年人。如果他们喜欢老年人，他们会沿着走廊慢慢行走（没有老年人在场）。但是，如果他们不喜欢老年人，他们就会沿着走廊快速行走。

因此，仅有真相有效性并不能决定行动。所采取的行动也依赖于控制，即控制行走速度，来服务于价值（喜欢与厌恶）。此案例说明，真相、控制和价值的协同运作决定了信念启动后的行动。[62]还有哪些其他的方式使得真相和控制协同运作，促使信念激活行动？我接下来就呈现其他的案例。

通过考量现实情境，控制助力真相

日常生活中（无论是在家里、工作中还是在玩耍时），个人与伴侣合作完成一项任务是很常见的。社会心理学研究发现，个体对团队任务的投入取决于情境因素。其中一个因素是个体对于他们的伴侣在任务中表现情况的想法或信念。当相信伴侣（或者合作伙伴）能够有效完成任务时，个体就会放松下来，即众所周知的社会懈怠现象。[63]另外，当个体认为团队伙伴不称职时，他们实际上会更加努力地工作来弥补——社会补偿。[64]

未来的团队合作伙伴能否有效完成任务的想法，可以基于对其所属社会群体更普遍的信念。例如，我们对男性的看法可能是数学能力强但语言能力弱。而我们对女性的看法可能是语言能力强但数学能力弱。仅仅知道我们的团队伙伴的性别，进而激活性别刻板印象，就足以根据社会类别采取行动吗？我们的行动是否会发生在实际的团队合作开始之前（在合作伙伴缺席的情况下）？如果是这样，我们会采取什么行动？詹姆斯的意动动作概念预测了想法直接激活行动的观念。激活"男性"概念比激活"女性"概念，能够导致数学测试表现更好。而激活"女性"概念比激活"男性"概念，能够导致语言测试表现更好。这是对于刺激模仿或类似的反应模式。

如果存在着真相—控制关系，即包含在观念中的真相相伴控制激发行为，并且依此助力调节相关努力，那么行为的预测将会不同。在这种视角下，当激活的社会分类暗示合作伙伴具有高技能时，即使在模拟测试中，我们也会自动（无意识）地减少投入精力或游手好闲。但是，当激活的社会分类暗示合作伙伴技能较低时，我们会增加精力投入，激活补偿模块的反应而非相似模块。对于后者补偿案例而言，"女性"而非"男性"被启动时，我们应该会在单人数学模拟测试中表现得更好。"男性"而非"女性"被启动时，我们应该会在单人语言模拟测试中表现得更好。这种补偿而非相似模块的反应，正好是杰森·普拉克思和我在研究中所发现的。对于男性或女性团队成员激活社会类别的信念，在团队合作之前就会影响测试训练的表现。[65]

控制助力于真相组合

控制助力于真相，并不局限于单一想法。可能有不止一个想法包含在内，控制不得不服务于真相组合。在动机自动启动效应中生态学角色的近期研究检验了这一更为复杂的情况。[66]一些参与者受年轻黑人男性照片阈下启动或潜意识启动（即没有意识觉知）（"黑人"条件），其他人受年轻白人男性照片阈下启动。参与者的意识里不同程度地将社会范畴/类别"黑人"和危险关联在一起，也就是认为"黑人"群体是社会威胁，只是程度不同。半数参与者在密闭空间进行实验，另一半在开阔空间中进行实验。

在黑人或白人面孔的阈下启动条件下，参与者都被测试了"搏斗"或"逃离"概念的可及性。参与者被要求判断目标字母串，是一个与搏斗相关的词还是逃避相关的词。参与者在一个有"剥夺"和"逃避"标签的盒子上，记录他们的回答。为了碰到"搏斗"盒子，参与者需要往前移动手臂（"仿佛前进搏斗"）。为了碰到"回避"盒子，参与者需要往后移动手臂（"仿佛后退回避"）。

　　简单的意动观念预测，"黑人"社会类别的潜意识启动会产生快速的"搏斗"反应。通常观念下，年轻的黑人男性与攻击性行为有关。但是，控制还助力于其他真相，使得真相—控制视角有不同预测。首先，参与者关于年轻黑人男性是否构成威胁的观念，构成一个真相判断。其次，密闭空间或开阔空间会构成另一个真相判断。开阔空间能够支持从威胁中逃跑，但是密闭空间无法支持逃跑。因此，密闭空间环境比开阔空间环境更加需要搏斗。结合了所有这些真相，相信在年轻男性具有威胁性的条件下（同不具有威胁性观念的情况对比），"黑人"启动（与"白人"启动形成对比）的参与者，在开阔环境中有更快的"逃离"反应，在密闭空间环境中有更快的"搏斗"反应。匹配真相组合的控制反应模式在该研究中被探究。

　　这些研究表明，与社会分类相关的存储观念不需要直接转化为行为。直接表现的意动动作观对照现实有点过分简单。相反，关于社会类别的观念，即某个"真相"观念的激活，造就了原始状态与社会类别成员的互动准备。[67] 现实反应可以是模拟或模仿同该类别有关的属性，比如当"衰老"被启动时，（喜欢老年人的参与者）会缓慢行走。现实反应也可能是补偿效应，（不喜欢老年人的参与者）会更加快速地行走。遇到团队成员所属社会类别不擅长某项技术时，参与者会在该任务中表现得更好。无论做出什么样的反应，都是对社会类别成员进行互动的状态准备（例如，是开阔还是密闭的空间），都是控制有效性在发挥作用。这不仅仅关乎想法或真相，还关乎控制。这就是真相—控制关系的体现。

❖ 真相—控制关系对于解释内隐态度的含义

　　上述结论对于社会心理学的一个难题有重要意义，该难题也引发了包括大众媒体在内的广泛关注。人们发明了各种实验技术，来测试他们对不同社会类别成员的评价反应。这些技术被称为内隐态度测量，即超越人们的自觉意识和外显控制。[68]许多研究表明，这些技术可测试一个社会类别和该类别评价之间的联系。[69]如何解释这些测试的发现，存在争议。无论是研究论文还是大众媒体，最常见的解释是在衡量个人偏差——无论是支持还是反对某些社会群体。比如，如果个体展现出对于"白人"标签的积极反应，或者是对于"黑人"标签的消极反应，那么可以归纳这个人偏好白人而对黑人有潜藏的无意识偏差。这种偏差会产生对黑人相应的歧视行为。[70]

在大多数这类研究中，对于社会分类的评价标准分布为"好"对"坏"、"积极"对"消极"。考虑到这些存储的社会分类和积极或消极的刻板印象属性有关，比如"好"和"白人"关联起来，"坏"和"黑人"关联起来，那么，这些参与者的反应可以被归纳为模拟或模仿这些属性。在这种情况下，反应可以被视为一种意动动作：积极或消极的想法被激活，以某种方式反应。在这种视角下，这种评价性反应是否可以被称为"歧视"并不清楚，因为"歧视"通常用于形容默许或赞成消极对待某些社会成员的行为。[71]但是，歧视行为来源于观念（即将相关的偏差观念付诸行动）的说法也是合理的。

将真相—控制视角纳入其中考虑，可以将这个问题用另一种方式来分析。将"坏"和"黑人"联系在一起，"好"和"白人"联系在一起，确实反映了刻板印象的存在。但是，就其本身而言，它们就像存储范畴的其他信息一样。比如，我们通常对狗（"忠诚"）或猫（"独立"）有一定的想法。人们拥有这些存储的联想，与是否喜欢某个社会范畴的成员无关。比如，人们会把"缓慢行走"与老年人联系在一起，但是这与是否喜欢老年人无关。事实上，有证据表明，人们对于社会类别"黑人"有相似的社会属性归纳（例如，"好斗的""贫穷的"），但是这与是否存在高度或低度的歧视无关。也就是说，文化刻板印象的*知识*与歧视行为是独立的。[72]

基于真相—控制视角，社会成员的刻板印象受情境因素的影响（在

295

这种情况下是一种文化界定的情境因素）。个体仍然拥有对于被激活的观念的行为反应控制能力。它异于詹姆斯所述的"我们思考某行动，行动就完成了"。对于低歧视的个体而言，联结"黑人"与"坏"的文化刻板知识，是要处理的社会和人际的情境因素，结果落实在行动上会表现为非歧视。他们不会简单地按照社会属性去行事，而是试图控制自己的反应。这不是说他们总能成功地控制，尤其是在控制或掌控过程中遇到障碍（例如，高度压力）的时候，他们会存在失误。内隐测试得出的刻板印象，既不能说明无意识偏差，也不能说明歧视行为的发生。他们的行为不能在意动动作的框架下进行解释，而是需要在真相—控制视角下进行解释。粗浅的"真相"是文化刻板印象，而不能完全代表个体的态度和感情。

如果真相—控制视角对于动机行动的观点是正确的，情境改变能否导致社会范畴的评价反应的改变呢？比如，在当前情境下，控制力量能够扭转对"黑人"社会分类的偏见吗？答案是肯定的。比如，一项研究发现，相对于被情境性地赋予较高权力的白人参与者，情境性的低权力的白人参与者如果预期和情境性的高权力的黑人实验人员互动，那么对黑人自动的消极反应偏差就显著降低。[73]另一项类似研究包含了实际的族际接触。相比白人参与者与白人实验人员互动，在白人参与者与黑人实验人员互动的条件下，对黑人自动的消极反应偏差能被根除。[74]后一项研究的发现很重要，因为意动动作观错误地预测了对"黑人"的消极反应。它会认为白人参与者与黑人实验人员互动的时候，相比与白人实验人员互动，对黑人的消极反应偏差会更强。

如果真相—控制视角是正确的，那么人们的反应会超越单纯的存储社会类别的观念。他们的反应还取决于对社会类别的个人的情感、需求、目标，比如"衰老"启动缓慢行走的观念。但是，具体的行为取决于个体对老年人的态度。比如，一项关于性别刻板印象的研究发现，长期拥有平等意识比没有性别平等意识的男性参与者，前意识更加能够控制对于"女性"类别刻板印象的反应。[75]关于其他类别反应的研究，诸如食物和吸烟，也存在着积极和消极的反应。但是，源于个体当前需求状态的差异，比如在当前食物缺乏或尼古丁剥夺的情况下，某些个体对于食物和吸烟的态度更为积极。[76]

如果真相—控制视角是有效的，那么是否存在有效方式可以控制对于类别的自动行为反应？幸运的是，确实有！我可以举出一个拒绝诱惑的例子来证明这个观点。当偏好的目标具有优先级，比如吃健康食物，那么诱惑的暴露会激活目标需求，而具有更高的优先级，即首选目标是战胜诱惑。[77]为了实现这一目标，不但必须在诱惑和首选目标之间建立联系，而且必须在诱惑和拒绝的决心之间建立联系。例如，如果一个人有节食目标，那么直接激活这个目标的效果要比预先给他提供诱人的食物的效果差。诱人食物不仅会自动激活节食目标，还会激发戒掉诱人食物的决心。这正是有效的自我调节所做出的行为反应。[78]

回到偏见或歧视性反应的问题上，另一种控制技巧是监视失败来控制反应。如果我们把无偏见反应当作与其他社会成员相处的义务、相处的必要准则，那么违反准则的行为就会自动产生焦虑和内疚的感觉。有证据表明，这些感觉可以作为线索，帮助人们对自动的偏见反应施加更多的控制。[79]控制技术使用预防定向以提供有益的控制线索（即对于应然我偏差的内疚）。这种技术的缺点是会引发焦虑相关的感受，依此会消耗自我调节控制的心智资源。还有一种技巧是在反馈线索的系统内部监控成功和失败。在这个系统中，反馈信息与焦虑无关，而是通过促进系统来监控行为。

297

最近的一项研究采用这种方法来改善对偏见反应的控制。[80]白人参与者在族际互动之前被告知，要么把这种互动当作一次愉快的跨文化对话的机会（促进定向的引导），要么避免在互动期间出现歧视行为（预防定向的引导）。在促进或预防定向的引导之后，参与者被带到不同的房间和黑人实验者进行互动。黑人实验者会询问不同的话题，包括种族相关话题（例如，校园多样性）。互动活动之后，对参与者的自我调节控制进行测试。研究发现，在与黑人实验者互动过后，预防定向的参与者相比促进定向的参与者，其自我调节的控制能力更差。研究表明，若要控制对刻板化社会类别的可能消极反应，使用促进定向能比预防定向更有效地监控我们自己行为。

❖ 作为真相—控制关系的信任

从信任概念中也能够很好地获得关于真相和控制协同运作的动机意义。我们都认可信任对于人类的重要性：它是我们与他人或其他社会群体建立亲密关系的基础。[81]埃里克森提出，"基本信任与基本不信任"是动机发展的首个且关键阶段："婴儿的第一项社会成就，是愿意让母亲离开视线而不会过度焦虑或愤怒。此时，她已经具备内在的确定性和外在的可预测性。这种一致性、连续性和经验的同一性提供了初步的自我意识。"[82]请注意埃里克森的信任包含了如何具有确定性、可预测性、一致性和连续性等元素。这些元素都与可靠性相关。如果人们对自己、他人或者周围世界失去信任，他们就会感到无助和绝望。这是一种具有毁灭性的状态，也是自杀的主要原因。[83]独立于价值本身，当信任消失，人们不再能够依赖真相和控制时，他们就失去了活下去的动力。

当信任他人时，你相信他们会关心你，对你现在和未来的需求和兴趣有所回应。[84]一般来说，我相信，作为合作伙伴，真相和控制有助于建立这种信任。真相对于信任必不可少，这也是"真相"和"信任"的含义通常包含了"真实"的缘故。信任必须具备可靠性，而非真实、非真相并不可靠。不可靠的事情通常也是不可控的。可控对于信任也是必要条件。与此相一致的是，"信任"可以定义为对某人或某事的力量或真相可以确定依赖。[85]我对这种说法的唯一异议是，它应该说"力量和真相"是能够把握信任的全部本质：控制（即力量）和真相。

信任他人会对我们的需要和兴趣有所反应，增强了获得预期结果的可能性。这将使信任成为一个全面的、有价值的、控制动机的组织。但是，当信任确实存在的时候，虽然信任在动机上是重要的，但是我不认为额外的价值因素、期望的结果是必要的。信任并不局限于希望别人为

298

我们创造期望的结果。我们可以信任一些人所说的：如果做了 X 就会得到奖励，如果做了 Y 就会受到惩罚。如果我们相信他们所说的是事实（即不是开玩笑或者撒谎），他们能够控制奖励和惩罚，那么我们就会产生信任。为了信任他们，我们不需要一定喜欢他们，或者相信他们喜欢我们。仅仅相信他们能够履行诺言，就足以产生信任。这在很多谈判或社会冲突场景中有所体现：对方并非朋友、家人，甚至有可能是敌人。建立信任需要每一方相信另一方在承诺中言说事实，并且对方有能力履行承诺。承诺可以是奖励或者是惩罚。[86]

　　信任展现了真相和控制的动机有效性。两者协同运作，而不需要价值的加入。本章中，我描述了真相和控制可以超越苦乐协同运作，起到数种动机作用：活动选择、人格风格、决策风格、结果价值与结果可能性的重视、抵抗诱惑、想法付诸行动。从这些案例中可以清晰地看到，真相—控制关系对于决策有广泛的影响，包括处理问题的方式和生活的态度。这种动机方式与是否最终达到欲求的结果无关。对于我们，重要的是获得真相和控制本身。这是因为真相和控制的协同运作能够帮助我们前往正确方向。用卡尔·罗杰斯的话来说，前往正确方向是"良善生活"的核心部分。这并不是说真相和控制能够与价值一起协同运作：先前章节中已经提及，它们确实能够与价值以多种方式进行协同运作。梳理完两两协作的动机后，可以更加充分地考虑价值、真相和控制作为动机组织进行协同运作。下一章中，我们将会看到，理解三者之间的协作可以更全面地了解动机的运行方式。

第十章
价值—真相—控制关系：动机的组织

　　我在本书中描述了无数种超越苦乐动机的方式。即使是在获得期望的结果方面，也有很多超出最大化快乐和最小化痛苦的价值。它们包括有效性体验，即达到期望结果的成功体验。这些远不是简单的快乐体验。还有很多超越价值的有效性方式。真相有效性，可以建立现实；控制有效性，可以掌握事情的进展。但是，超越苦乐的动机，其最重要的方式在于它的多维本质。是的，动机不仅仅有快乐和痛苦的享乐维度，动机也不仅仅是真相的维度或者是控制的维度。动机本质上是不同动机维度的关系——动机的组织。它有关价值、真相和控制的协同运作，进而创造承诺、匹配和前往正确方向。组织在一起协同运作的动机，正是超越苦乐原则的动机。

　　在第七、八、九章中，我讨论了价值、真相和控制两两匹配的协作。这种匹配关系创造了承诺、匹配和正确方向的动机故事。但是，没有三者的协同运作，建立动机的组织，动机的故事就还没有讲完。事实上，

这部分故事如此重要，以至于本书的原初题目是*动机组织：价值、真相和控制的协同运作*（*Organization of Motives：Value，Truth & Control Working Together*）。原初的题目有两个灵感来源：唐纳德·赫布的《行为组织》（*The Organization of Behavior*）[1]以及库尔特·勒温的《社会科学中的场论》（*Field Theory in Social Science*）[2]。还有部分灵感是个人所想。赫布是我在麦吉尔大学读本科时的第一位心理学老师。当我之

后来哥伦比亚大学读研究生时，勒温是我的第一位心理学老师斯坦利·沙赫特（Stanley Schachter）的导师。因此，我在第一堂本科课上学到了赫布的理论和研究，在第一堂研究生课上学到了勒温（以及沙赫特）的理论和研究。

　　赫布和勒温的影响对于当时的我而言非常深刻且延续至今。然而，直到很久以后，我才完全理解他们之间的基本共性。简单来说，他们都相信决定行为的因素并非独立运作，发挥分离的作用。相反，它们作为相互关联的、有组织的元素协同运作。其中，整体的力量不同于且大于独立运作的总和。本章的目的是描述由价值、真相和控制协同运作而形成的组织化的动机属性。但在描述这些属性之前，我需要提供一些不同案例，描述整体和部分之间的关系。

❖ 促进和预防中协同运作的动机

　　现在重温不同的促进和预防动机系统。促进和预防的自我调节定向都与价值有关。促进定向与目标追求中价值的完成和提升有关，价值是从"0"到"+1"的移动。预防定向与目标追求中价值的安全和保障有关，价值是维持"0"而避免"-1"。每种定向都有一项目标追求的偏好控制策略，使得事情的发生能够匹配定向。对于促进定向而言，它使用渴求手段来确保提升；对于预防定向而言，它使用警惕手段来避免犯错。到目前为止，两种价值—控制要素的差异仅仅在内容上有所区别（即"促进＋渴求"，"预防＋警惕"），而并不是整体不同于部分之和。但是，当第三种真相的要素纳入其中时，会发生什么呢？

　　把真相要素加入促进和预防的价值—控制关系中，形成完整的价值、真相和控制协同运作的组织。现实和期待的目标追求结果是成功或者失败。作为结果，成功就是成功，失败就是失败。在促进和预防系统中，成功和失败是相同的真相要素（即实际上发生的事情）。但当它们和价值控制要素组织在一起时，会产生质变。成功（现实的或预期的）会增强促进渴求，而削弱预防警惕。而失败（现实的或预期的）则会增强预防警惕，而削弱促进渴求。为什么会这样呢？因为整体不同于部分之和。

整体不同于部分之和

在促进和预防系统中，价值—真相—控制要素协同运作的组织，创造了不同于部分之和的整体。这是怎么发生的？我以前说过，成功是一种促进，而不是一种预防；失败是一种预防，而不是一种促进。无论成功或失败是否已经发生，或者仅仅存在于预期中，它都是一种真相。对于促进定向的人，成功（匹配）会增加渴求策略，提升投入强度而感到快乐和鼓舞；而失败（不匹配）会减少渴求策略，降低投入强度而感到伤心和挫败。相比之下，对于预防定向的人，成功（不匹配）会减少警惕策略，降低投入强度而感到平静和放松；而失败（匹配）会增加警惕策略，提升投入强度而感到紧张和担忧。

促进和预防系统的差别强调了理解动机时必须考虑整体的力量，即价值、真相和控制协同运作的力量。是的，一般来说，成功会带来快乐，而失败会带来痛苦。但是，它并不是告诉我们，动机的作用仅仅是成功和失败。动机的成功和失败作为一种真相要素，也取决于与价值要素和控制要素的协作。

防御性悲观主义者

防御性悲观主义者的行为典范地体现了超越苦乐的动机组织的重要性。这些人是在预防系统中有效的个体。研究发现，当防御性悲观主义者对未来预期事件采取消极的态度而不是积极的态度时，他们实际上会取得更好的结果。[3] 从享乐主义视角来看，这个结果令人惊讶：毕竟，对未来预期事件采取消极的视角会让人感到紧张和担忧，这并不令人愉快。因此，我们期望人们不会采用这种视角，除非由于失败的历史或者鉴于这种历史需要更为现实主义的态度而不得不采用这种视角。但是，防御性悲观主义者甚至在拥有成功的历史表现时，还是会采用消极视角。他们在进入一个新的环境时，会"预期最坏的情况"，尽管他们一般都有和其他乐观的人一样的成功历史。[4]比如，我之前提到过，考试之前，防御性悲观主义的学生会回避和知悉其过往成就的同学互动，尽管这些同学鼓励他们步步高。[5]

既然有成功的历史，为什么防御性悲观主义者会采用一种消极而不愉快的视野呢？简而言之，因为他们想保持警惕。对于防御性悲观主义者来说，持有消极视野能使他们保持警惕，与预防定向相匹配，增加对当前行为的投入，增强整体的动机系统。尽管过去的成功会让他们有更多乐观和热情的愉悦感觉，但他们需要保持警惕，采取消极的态度，以便有所作为（即使这意味着不愉快的体验）。事实上，如果向防御性悲观主义者指出目前的消极预期与过去的积极业绩之间的不一致，那么他们的警惕性和业绩支持会遭到损害。[6]

防御性悲观主义者持消极态度的优势不仅体现在任务表现上，还体现在人际交往中。例如，在一项实验中，参与者被告知即将与另一名参与者进行一次"熟络"谈话——这是一个可能顺利也可能不顺利的社交场合。谈话之前，一些参与者填写了一份调查问卷，强调即将进行的谈话有可能取得积极结果；而另一些参与者填写了一份调查问卷，强调了消极的可能性。[7]研究发现，谈话之前就考虑消极可能性的防御性悲观主义者（与考虑积极可能性的人相比）在社会交往中表现出更积极的行为——他们说的话更多，花费的精力更多，交谈对象对于谈话的评价也更积极。对于防御性悲观主义者来说，失败可能性的考量会增强警惕性，从而提升投入强度，从而提高表现或业绩。它无关乎快乐和痛苦，而是关乎有效的动机组织。

成功与失败后的期望

到目前为止，我们已经明了促进和预防系统的动机组织之差异。它们的差异源于成功和失败（作为真相要素）与价值（促进或预防）以及控制（渴求或警惕）的关系不同。这种差异会通过提升或降低投入强度，影响动机和表现。当前成功或失败的现实也会影响对于未来真相的信念

303

（即关于未来事情发展的信念）。

根据经典的动机模型，比如勒温的"抱负水平"模型[8]，当前任务的成功提升了未来任务再次成功的预期，当前任务的失败则降低了未来任务成功的预期。当前现实对于建立未来现实信念的影响似乎是显而易见的，并被视为人类和非人类动物的行为规律。[9]然而，有证据表明，这种"显而易见"的动机法则在促进和预防系统中完全不同。例如，一项研究发现，成功过后，促进定向的参与者确实提高了他们对于未来成功的期望，但预防定向的参与者却没有。失败过后，预防定向的参与者降低了对于未来成功的期望，但是促进为主的参与者却没有。[10]

因此，与"显而易见"的动机法则不同，当前任务的成功结果不一定会提升人们对于未来成功的期望，当前任务的失败结果也不一定会提升人们对于未来失败的期望。预防定向的动机组织需要维持警惕，并不会像促进定向的人一样因为当前的成功而增强对未来成功的信念。促进定向的动机组织需要维持渴求，并不会像预防定向的人一样因为当前的失败而增强对未来失败的信念。

这项研究强调了真相（即成功或失败的意义）服务于动机组织的整体。也就是说，建构现实的有效性并不仅仅是准确性，并不仅仅是"全部的事实，只有事实"。它也不是自我感觉良好。它是行之有效的真相。它取决于动机组织中的其他要素。与促进价值和渴求控制协同运作的真相和与预防价值和警惕控制协同运作的真相是不同的。价值和控制有效协作的真相，在促进定向中需要超越过往的失败，合理化后建构支持当前促进状态的渴求策略。真相有效性在预防定向中需要超越过往的成功，合理化后建构支持当前预防状态的警惕策略。另外，预防案例表明，这种塑造真相的手段并不一定会带来快乐。但是，它对于动机组织的整体是种有效手段。

304 ❖ 诸种动机协同运作以建立一致性

在本书第五章，我描述了动机组织中一种要素为其他要素服务的案例。它是价值要素为建构现实的要素服务——为了真相而形塑价值。经典的案例是费斯廷格的认知失调论，尤其是"努力合理化"研究。这些研究中，当人们自由地选择参与某项任务或某个团体时，尽管有大量的参与成本，从事某项任务或加入某个团体的价值也会增加。在这些条件下，认知失调论表明，人们在选择参与和付出高昂代价的参与结果之间有种失调感。为了理解他们的选择，即为了建构合理的实在，人们主观增加了参与的价值体验，以此作为证明自己正确的方式。因此，为了真相可以形塑价值。

如果事物的价值增加以消融失调感，那么生活愉悦性就增强了。这可以说是践行了一般的享乐原则，即喜欢快乐胜过喜欢痛苦。但是，享乐原则并不能预测人们仅仅为了解决失调问题，愿意让积极的事物变得不积极。而检验认知失调论和平衡理论的研究表明，这种情况也可能发生。案例之一：如果一个诱人玩具受到轻微损坏而被"禁止"玩耍，那么自由决定不玩玩具的孩子们会调整对玩具的印象。他们选择不玩诱人玩具的行为，而这不符合常规。这种行为需要在控制阶段进行调节。在这种情况下，孩子们会随之贬低这些诱人的玩具——通过削弱事物的积极性来建构一致性的"酸葡萄"现象。[11]

为了真相而形塑价值的平衡理论案例提到，即使削弱了积极性，也有可能会经历失衡。比如，你喜欢的某个熟人（一种"＋"的情绪关系）变成了你讨厌的人（一种"－"的情绪关系）的亲密朋友。为了消除这种不平衡，你反思后决定不再喜欢这个熟人（把"＋"的情绪关系变成"－"的情绪关系）。当今社会，人们越来越多地采用消极的态度来达到认知失调的平衡。有证据表明，年仅 8 岁的儿童就有能力和动机切断世界上的负面情绪，以达到平衡。[12] 在这种情况下，世界上某种东西的价值在为真相服务时变得更加消极。

在这些例子中，清楚的是人们被激励去理解自己或他人所做的事情，去建构有益的社会现实。它不是针对每一个有意义的特殊元素，而是建立一种一致或连贯的信念结构模式。有鉴于此，如果整体结构功效需要，

305

一种单独的元素将被改变——结构整体比任何一个部分都重要。即使这需要让世界的某些部分变得不那么积极，现实情况也是如此。这就是全面的真相，而不是任何特定事物的准确性，并且人们有动力使这种全面的真相发生。如此，控制过程，如失调合理化过程，被用来建构现实。事物的价值，例如熟人的价值，可以通过为真相服务的控制过程来改变，这个新的真相可以用来使事情在未来发生，例如回避现在不喜欢的熟人。价值的变化，创造了一个新的动机组织，以指导未来的选择。

❖ 组织属性

为了价值和控制而改变真相，为了真相和控制而改变价值，说明价值、真相和控制能够协同运作——一种相互作用的有效性。它代表了通常的组织属性——支持性，而三者之间的有效性方式是不同的。这是动机协同运作的组织属性的第一种属性。

支持性

传统动机模型只强调了支持性的一个版本：真相和控制都被用来支持价值。在传统模型中，真相和控制是工具性手段，服务于期望的结果（价值）。这是一种支持性——工具性手段的支持性。正如我们所见，支持性原则比工具性手段的支持性更为一般。比如，真相可以变动来支持价值和控制，价值可以变动来支持真相。这些支持性的其他案例说明，一种有效性的方法不仅仅是一种达到有效性成功的工具。它还是一种可以随着需求而变动的有效性方式。事实上，为了其他的有效性方式，可以牺牲一种有效性方式以实现支持性。比如，真相要素的准确性，或者是价值要素的愉悦性，可以为了其他有效性要素的成功而减少自身。比如，防御性悲观主义者会对未来期望的结果采取一种低愉悦性的视角，以此达到控制有效性的期望结果（即增强需要的警惕性）。

牺牲支持性是一种不同的结构性支持属性，这在传统的动机模型中被忽视了。比如，主观期望效用和期望价值模型把个体对于未来结果可能性的信念，当作主观准确性的预测，能够在当下的决策中作为工具使用。当然，这只是情况的一种可能性，而不是所有的可能性。比如，结果可能性信念或期待的准确性或价值有效性，可以为了掌控事情的进展而牺牲。这也就是真相助力于控制。我在第六章中把这种现象叫作"控制错觉"，希望控制可以超越真相（即真相可以为了控制成功体验而牺牲）。在第一章的早先部分，我描述了有强烈促进定向的个体，因为积极性支持能够有效掌控渴求事情的进展，所以其会增强未来成功的可能性。在这种情况下，期望或者是感知可能性的准确性会为了控制而牺牲。这种牺牲是通过牺牲一种要素使得另一种要素有效的方法，是一种耐人寻味的动机组织特性的表现，凸显了动态性质。它让我想到了家庭组织。

传统模型强调了这种简单的工具手段支持性，牺牲支持性是第二类支持性。而第三种支持性是一种动态的、能够修补其他缺陷的有效性方式，它就是补偿支持性。测试作为行动和评估的调节模式研究，提供了一个非常好的补偿动力学案例。

自我调节的行动取向，即启动和维持活动，与控制有效性相关。相比之下，自我调节的评价取向，即定位准确的行动方向，与建构社会现实相关。正如在第九章中所讨论的，研究发现强烈的行动取向和强烈的评价取向结合起来的业绩会更加好。[13]

仅仅有强烈的评价取向会存在"沉思陷入"成本，而让人不去采取行动。相比之下，强烈的行动取向会让人有动力去采取行动、着手去做，能够帮助跨越思想和行动之间的鸿沟。但是，强烈行动取向的一个主要的局限在于缺乏前往正确方向的想法。这意味着决策可以启动或维持行动，但是方向不能产生欲求的结果。强烈的评价取向会限制强烈行动取向的急躁冒进，会延迟行动直到正确的方向已经确定。强烈的评价取向能够与强烈的行动取向协同运作，通过相互协作弥补彼此的不足。

以往研究都发现，行动取向强烈的个体能够从强烈的评价取向中获益。[14]此外，强烈的评价取向能够抵消单独强烈行动取向的不利影响。这

307

一优势也适用于群体，行动取向强烈和评价取向强烈的团队成员可以通过合作改善业绩。在这种情况下，强烈评价取向的个体可以补偿强烈行动取向的个体的行为。[15]

上述研究确证了支持性的组织特性的动态功能。这种特性能够以不同的方式展现出来：以有效性的其他方式能够作为工具性手段实现有效性；有效性的一种要素抵消了其他有效性要素的局限。动机组织中的支持性特性对于理解协同运作非常重要。这不是唯一重要的组织特性，但是它与另外两个重要的组织特性和结构本质相关联——结构的整体意义和结构要素之间的扩散。

意义性

当某事有意义性时，它既有意义也重大。当价值、真相和控制的动机要素组织在一起时，它们可以创造许多可能的结构模式。但是，并不是所有可能的结构模式都具有同等的意义或重要的动机，也不是所有可能的结构模式都具有同等的稳定性。[16]还有一些不同的可能结构模式，因为价值、真相和控制作为有效的方式，可能得到不同程度的重视。虽然重视是一个连续变量，但我会将重视作为二元变量来说明重要性的概念。在这个二元变量中，对价值、真相和控制的每个维度的重视要么高，要么低。鉴于对价值、真相和控制的重视可高可低，这意味着这些动机因素可以形成八种不同的激励结构或模式。这些结构或模式会在不同的个体层面、高于个体的层面（例如，文化层面）以及低于个体的层面（例如，态度层面）产生。

308　　　*个体层面的结构形式*

新教伦理是一种经典动机结构，其中价值、真相和控制都受到高度重视。[17]特别是努力工作（高控制）被认为是世俗成功（高价值）的必要条件，也是一种责任——也就是说做正确的事情（高真相）。另一种动机结构是高度强调价值，而低度强调真相和控制。在这种激励结构中，期望的结果是首要的，如何实现是次要的。如果彻头彻尾的谎言产生了想要的结果，那也算是好的发展。如果期望的结果是独立于个人贡献而产生的，那也算是好的结果。君权神授代表的动机结构下，国王的高地位（高价值）并不来自努力获得（低控制），国王的所有行为都没有错（低真相）。第三种动机结构是价值和控制很高，但真相很低，就像刻板印象所述的"奸诈的推销员"或"政治战略家"一样。这些人希望得到期望的结果（高价值），他们努力亲自掌控事情的进展（高控制），但是很少关心言语的真实性（低真相）。

这三种动机结构在学术文献中受到了最多的关注。请注意，这三者的价值有效性都很强，与享乐主义原则一致。更加需要注意的是其他动机要素，尤其包含价值低的可能性。例如，古希腊的犬儒主义者是哲学家，拒绝接受拥有财富、健康、权力或名誉（低价值）的传统期望结果，而是重视建构现实（高真相）和严格管理一个人的日常生活的重要性，不受任何财产（高控制）的约束。宗教禁欲主义者和宗教隐士，也可以被描述为具有这种动机结构。所有拥有这种动机结构的个体都有一些他们想要的理想结果或目标；但与其他人相比，他们相对更重视真相和控制，而不是价值，尤其是物质价值。

目前正在遭受抑郁症折磨的个体提供了一种更加清晰的动机结构，其中包含了对价值的低度重视。抑郁症的一个主要症状是"对任何事情都没有兴趣"。物质和社会活动的吸引力变得如此之小，以至于抑郁症患者不再有动力去参与它们，容易导致不活泼和不活动。这显然是一种低价值的动机状态。抑郁症通常也包括一些控制力低下的因素。这些人认为无法控制自己状况的改变，造成了一种无助感。他们还相信，现实将持续到未来，造就一种绝望感（即它永远不会改变）。值得注意的是，他们坚信自己的负面评价，因为他们认为现状和未来的消极面是一种真相。*309* 因此，他们的动机结构包含了高真相要素以及低价值和低控制。

对于抑郁症患者来说，高真相要素加上低控制、低价值要素，会使事情变得比低真相因素更糟糕。这再一次说明了，结构作为一个整体的重要性——这些要素是如何协同运作的、如何区别于要素的简单组合。

也就是说，在结构中增加高（而不是低）真相会伤害而不是帮助抑郁症患者。事实上，低价值、低控制和高真相的动机结构可以解释为什么抑郁症患者会选择自杀：当他们感到无助和绝望时，他们认为自杀是唯一真正的解决办法。

文化结构形式

在一个比个体更高的层次，我们可以考虑文化与价值、真相和控制有关的制度结构。在第三章中，我提到了君主政体、政府和商业机构关注价值，教会、媒体和学术界（或教育）关注真相，军事机关、法院和警察机构关注控制。不同的文化赋予这些不同的机构不同的权力，在这些机构中权力是重视要素的代名词。

根据推测，文化通过权力赋予三种有效性要素高度或低度重视，从而为该文化创造动机意义性。例如，大卫·麦克利兰（David McClelland）对于"成就社会"[18]的描述是，价值、真相和控制三种动机要素均受到高度的重视。"美国文化"，有强调价值相关的商业和政府，也有强调真相相关的媒体和学术界（即教育），以及强调控制相关的法院和警察。这就是一种"成就社会"的典范。事实上，美国的政府系统原本设计得要高度重视三种要素——行政部门高度重视取得想要的结果（价值），司法部门高度重视正确和妥当（真相），立法部门高度重视起草法案和法律的掌控力（控制）。

一个国家也有可能高度重视价值机构（君主政体、政府和/或商业），高度重视控制机构（军事、法院和/或警察），但低度重视真相机构（教会、媒体和/或学术界）——正如 20 世纪中叶的一些法西斯国家所做的那样。这些法西斯国家可能类似于"奸诈的推销员"和"政治战略家"的组合吗？

继续进行推测。价值、真相和控制创造的动机结构重要性，也被认为具有艺术形式的水平。比如，悬疑和侦探故事（戏剧、电影、小说）中强调的动机在于建构现实（例如，凶杀悬疑故事）。虽然控制和价值也是要素，但最重要的还是真相。相比之下，动作或冒险故事（"动作英雄"故事）强调了事情的进展。虽然真相和价值也是要素，但最重要的还是控制。喜剧中也强调控制，强调事物的发展。而趣味性就在于主人公通常很难让事情按照想要的方式发展（不像动作英雄们，能够极端地掌控事情的进展）。价值又如何呢？我相信价值在爱情故事中有中心地位，动机强调达成想要的结果。爱情故事有持续期盼但不一定能够实现的"幸福的结局"（例如，灰姑娘的故事）。不同的故事有不同的动机侧重点，进而能够吸引不同的人观看。比如，有证据表明，有强烈行动取向的人（重视控制）特别喜欢观看动作/冒险电影和喜剧。[19]

态度层面的结构形式

比起个体差别化的有效性方式，更低层面的动机结构会如何呢？为了说明较低层次的结构，我们思考一下态度的动机要素。根据传统的"三要素态度模型"，态度由三个要素构成：情绪（对态度对象的感受）、认知（对态度对象的信念）和行为（对态度对象的行动或行为意图）。[20]虽然并不完美契合，但是态度的情绪要素像价值一样运作，与人们对态度对象的吸引排斥力有关。态度的认知要素像真相一样运作，与人们对态度对象的真实认知状态有关（詹姆斯的"意念"）。态度的行为要素像控制一样运作，与人们对态度对象的掌控状态有关。

因此，态度的三要素模型可以被看作包含价值、真相和控制要素的动机结构。这种做法产生一个问题：随着情绪—价值、认知—真相和行为—控制要素的不同，不同结构的动机重要性存在什么样的区别？这个问题在传统的态度文献中没有被考虑过。事实上，态度文献绝大部分讨论的是每种态度要素的前因后果相互独立。情绪或评价性喜好/厌恶要素最受重视。[21]

一项罕见的研究考虑了作为整体的结构（即整体模式）具有的动机重要性。它是奥利特·提克辛斯基（Orit Tykocinski）在博士论文中讨论的论题。[22]她在论文中的一个关键观点与心理学文献中的标准假设相反。她认为，不同元素之间的不一致可以是一种稳定、重要的状态，而不一定要走向短暂或虚假的一致性状态。[23]案例如下：

311

一个女人认为吸烟有害健康。认知—真相要素具有避免吸烟的方向性力量。但是，这个女人还是有规律地抽烟。行为—控制要素有着持续吸烟的方向性力量。这两个要素是不一致的。根据标准一致性模型，应该有一个向一致性的改变。比如，她会戒烟，或者改变想法，认为吸烟对健康不是很糟糕。但是，现实中，认知—真相与行为—控制的不一致性是高度稳定的。它的动机意义是什么？

为了回答这个问题，现在可以在模式中添加第三个要素来使得结构完整，即情绪—价值要素。让我们先想象一下，因为这个女人喜欢吸烟，所以价值要素对她来说是正向的。整个结构的动机重要性是这个女人非常喜欢吸烟，以至于她愿意冒着健康成本的风险来继续吸烟。现在想象一下，情绪—价值要素并非正向的，她不再享受抽烟。虽然她不再享受并且知道冒着健康的风险，但她身体上（或心理上）还是抽烟成瘾，无法戒断——抽烟是想要的活动，而不是享乐喜好的活动。[24] 这就产生了所谓的认知—真相和行为—控制要素的不一致。想要而非喜欢，其中是第三种情绪—价值要素在发挥作用，而对整个结构产生影响。这就体现了动机的组织很重要。

提克辛斯基研究了大学生对于学习的态度。毫无疑问，大学生一致*312* 认为学习很好，因此学习态度结构包含正向的认知—真相要素。学生之间的差异在于这种正向的认知—真相要素与情绪—价值要素是否一致，与行为—控制要素是否一致。从逻辑上讲，这可以创造出四种不同类型的模式，但在这里我只想强调其中的两种（其中，C 是认知—真相，A 是情绪—价值，B 是行为—控制）：（1）"C＝A＝B"结构，学生认为学习是重要的，他们喜欢学习且努力学习过；（2）"C＝B＞A"结构，学生认为学习是重要的，他们努力学习过但不喜欢学习。

研究中发现的最常见的结构是"C＝A＝B"结构，因为它包含所有的正向要素和一致性关系。这种结构被提克辛斯基称为内向性。拥有这种态度结构的学生更有可能体验到学习本身就是一个目的。相比之下，因为"C＝B＞A"结构包含一个负向情绪要素，与正向的认知和行为要素不一致，被称为外向性。拥有这种态度结构的学生会把学习体验为一种达到目的的工具，一件不愉快但不得不去做的重要事情。这两种学生的行为表现支持两种差异化结构的特征。"C＝B＞A"结构的外向性学生会把成绩好当作学习目的而不会享受学习本身，但是"C＝A＝B"结构的内向性学生不存在内心对于学习的冲突。

　　这两种不同的结构对于学习表现有什么影响呢？外向性结构的学生会比内向性结构的学生在功课上花费更多的时间，学习表现也更好。但是，单独考虑情绪要素并无法预测学习花费的时间或学习表现。结构性差异才能够预测功课学习的时间。这又是为什么呢？

　　同样，每种结构必须作为整体的动机意义加以考虑。这种外向性模式最引人注目的地方在于，它与以下学习风格有强烈的联系："我在学习方面很自律"，"学习是我生活的主要部分"。这些学生知道学习对于达成目标很重要，而对于学习的讨厌发挥了阻碍力量或障碍的作用。这种阻碍力量必须克服，以持续追求目标。这些学生过去有克服阻碍的成功经历，即行为—控制要素在态度结构中是正向的。他们成功克服阻碍的经历能够帮助他们继续在学习中保持自律。这种成功克服阻碍的经历可以提升他们在学习活动中的投入强度，反过来会使得他们更加想要学习，甚至这种欲求会超过内向性结构的学生。虽然他们不如内向性结构的学生热爱学习，但是他们感知学习的重要性会更强烈。这种现象在吸烟案例中也类似。外向性结构的学生能够对于学习"成瘾"！

如何测试要素是否有结构化内在联系

　　我们怎么知道这些态度要素真的形成了一种结构？如果这些要素之间存在结构上的相互联系，那么一个要素的激活应该自动地扩散到联系中，并激活结构中的其他要素。[25]有证据表明态度结构是这样的吗？事实上，提克辛斯基的另一项研究提供了这样的证据。

　　如果学生们的内向性或外向性态度是真实的结构，那么激活或启动认知要素会扩散到情绪—价值要素，使得内向性学生比启动前感觉更好，但是会使得外向性学生感觉更糟。一种情绪测试分别在认知要素启动前、

313

启动 10 分钟后进行测试。10 分钟之内，学生需要完成形状复制任务（shape-copying task）。认知要素的启动是让学生们听一段对话，对话中有学生们就不同的话题进行讨论，包括对学习重要性的讨论。正如所预测的那样，启动会让内向性态度结构的学生感觉更加良好，而外向性学生的感觉更加糟糕。控制条件下没有产生"启动效应"时，并没有发现这样的情绪改变。这些结果证明学生的内向或外向情绪是以结构化的形式存在的。

调节定向和调节模式结构的含义

这些对于态度三要素的研究表明，认知—真相、情绪—价值和行为—控制要素是组织化为一体的结构，有动机重要性。虽然外向性态度结构的学生对于学习有消极情绪，而内向性态度结构的学生对学习有积极情绪，但是前者的学习表现会更佳。这再次说明了需要超越享乐原则，超越痛苦和欢乐，来考虑动机运作问题。

314

我们需要更多的研究，探究包含价值、真相和控制要素的动机重要性。一些研究区分了关于未来实在的"未来我"信念（真相）、能够掌控的"可能我"（控制）以及个人的促进目标（价值）的结构模式。这些研究发现，当前自身与促进—价值要素是不同的，个体会面临来自其余结构的不同种类的情绪问题。当"未来我"（真相）和促进—价值要素不一致时，他们会体验到失望。当"可能我"（控制）和促进—价值要素不一致时，他们会体验到无助。[26]

考虑到控制和行动之间的关系、真相和评价之间的关系，未来研究可以是探究促进价值、预防价值与行动、评价之间的协同运作。高低促进定向可以与高低的行动、高低的评价结合起来，发挥 8 种可能的结构模式作用。而预防定向也可以组合成 8 种可能的结构模式。当前还不清楚这 16 种可能的结构模式是否都有明晰的动机意义，而这些动机意义又是什么样的。

另一个普遍的问题是，当拥有 16 种可能的结构模式之一的人成功或失败时，动机状态会如何。然而，值得注意的是，在总共 32 种不同的动机状态中，只有相对较少的动机原则有成功的潜力—调节定向（促进；预防）、调节模式（行动；评价）和成功/失败（16种×两种可能的结构，成功或失败）。未来的问题是，这样一个框架是否能够因人、情境、组织和文化不同而产生灵活的调整。

　　我已经从个体层面、文化层面和态度层面，探讨了不同结构形式的意义。结束这个部分之前，我需要重申动机理论本身具有不同的结构形式。对于很多科学家，动机一般用期望效用或期望价值模型（见第七章）进行解释。对于很多其他科学家而言，动机一般由控制论或控制系统模型来解释（见第九章）。前一种动机观高度重视价值和真相，很少重视控制。其意义在于重视对事情的承诺，但是很少关注事情的发展。后一种动机视角高度重视真相和控制，而很少重视价值。其意义在于前往正确的方向，但是很少重视到达的目的地是不是想要的结果。一种真正的普遍动机论需要重视三种有效性的方法，并且检测它们如何协同运作。[27]

扩散性

　　我前面已经提及动机组织的第三种属性，即结构中的一种要素激活后扩散至另一种要素。在提克辛斯基的研究中，认知—真相要素在启动后扩散到态度结构的情绪—价值要素，体现了这种激活扩散效应。促进和预防的自我调节也体现了这种要素的扩散。为了理解如何且为何存在扩散，我需要讨论人类自我调节中一个特别重要的特征：监控我属性。[28]

　　3～6岁的儿童会发生一场动机革命。他们开始对他人的想法、期望、动机和意图做出推论。[29]儿童明白，他人对不同类型的行为有不同的态度，更喜欢某些类型的行为。他们明白，表现他人喜欢的行为类型与他人的回应方式有关。因此，他们有动力去学习重要他人偏好的行为。儿童不仅学习重要他人如何回应自己的行为，还观察重要他人如何回应其他人的行为（即观察学习）。比如，儿童会观察母亲如何回应兄弟姐妹的行为，进而推测哪种行为是母亲所偏好的。[30]这个阶段的重要发展是，儿童认识到他人的回应方式取决于与其行为对应的内心状态。[31]他人的行为与重要他人对该行为的立场之间的关系（匹配或不匹配），决定了重要他人的回应方式。

这是一个非常重要的发现。这个年龄段的儿童还完全依赖成人生存。他们很清楚大人与自己是不同的，尤其是后者掌握基本的生存资源。他们的首要任务是发现这些资源富裕的大人是如何分配资源的。儿童想要驯服这些有权力的"动物"——爸爸妈妈，于是会学习他们的动机。通过采取别人的视角来思考，一种全新而重要的共享现实建立起来。儿童会谋划思考什么样的行为才能增强自身资源享用的可能性。这种思考他人内在动机的能力，展现了儿童合作和协助能力的提高。而这种能力没有在其他的动物身上看到，包括灵长类动物。[32]

通过考虑他人的立场，儿童发展出一种新的社会意识和一种新的现实我功能。这些立场成为自我评价的标准——自我指导。[33]儿童现在把自我指导作为自我评价的基础，评估或监测他们当前的自我状态与重要他人的欲求或要求状态之间的一致性或差异程度（例如，"我的行为是否符合父亲的希望或要求？"）。然后，他们就能根据感知的差异进行行为调整。

监控我的自我偏离结构

一种自我要素的激活会扩散到其他的自我要素，这种特征已经被充分地认为是自我监控的结果。[34]具体而言，自我偏离论推测"自我偏离是与自我信念相关的认知结构"[35]。考虑到自我偏离是在自我调节系统下的认知结构，它也是动机意义的结构。随着要素构成的差异化，它的动机意义也会有所差异。事实上，有证据表明促进价值要素与预防价值要素的自我偏离结构之激活，会产生不同的情感和动机后效。蒂姆·斯塔曼（Tim Stauman）和我在早先的研究中证明了这一点。在这项研究中，我们采用一种隐藏的个体定制式的启动技术来激活参与者信念系统的要素。[36]

参与者被告知这项研究要探究"思量他人对自己生理反应的影响"。研究者给参与者提供了形式为"一个 X 的人"的短语（其中，X 是具有积极特征的形容词，比如"善良的""智慧的"），要求他们尽快完成每个句子。虽然参与者是完成描述他人的句子，但 X 特征的形容词还是与参与者促进定向的特征或预防定向的特征相符合。每完成一个句子，说话的速率、皮肤电水平作为生理唤醒指标被测试。参与者还填写了情绪量表，测试沮丧相关的情绪（例如，"感到悲伤"）、焦虑相关的情绪（例如，"感到紧张"）。根据他们在实验前几周的问卷回答，参与者的现实我 *317* 信念要么与理想我引导（促进相关）偏离，要么与应然我引导（预防相关）偏离。因此，参与者的监控我结构要么包含与促进要素（价值）结合的现实我偏离信念要素（真相），要么包含与预防要素结合的现实我偏离信念要素。

这项研究发现，虽然句子特征是积极的，但是参与者的情绪在启动后变得更加消极。这只可能在监控我结构激活价值要素后产生（促进的理想我监控，或者是预防的应然我监控），价值要素扩散到真相要素（现实我），产生价值要素上的偏离关系——偏离从而产生消极情绪。另外，研究也发现结构的动机意义也是不同的，取决于是否包含促进价值要素或者是预防价值要素。

与启动内容无关，相同的 X 特征既有可能是理想我监控，也有可能是应然我监控。促进价值要素和预防价值要素的启动会产生不同的动机情绪综合征。当启动参与者自我信念结构中的促进价值要素时，他们会感受到沮丧，说话速度变慢，减轻了生理唤醒，即呈现抑郁相关综合征。相比之下，当启动参与者自我信念结构中的预防价值要素时，他们会感受到忧虑，说话速度变快，增强了生理唤醒，即呈现焦虑相关综合征。这些参与者没有报告，为什么任务会引发这些体验。这是因为他们的体验是由结构关系的无意识激活产生的，具有具体的动机意义。

这项研究以及其他类似研究的结果[37]，支持了不同自我信念结构具有不同动机意义的观点。结构中一种要素的激活可以扩散到其他要素，产生与生理情境相关的动机状态。要素是一个整体。作为一个整体，促进要素（价值）和现实我要素（价值）的偏离关系，体现了"积极结果缺失"的心理状态，即沮丧—抑郁。作为一个整体，预防要素和现实我要素的偏离，体现了"消极结果存在"的心理状态，即忧虑—焦虑。[38]

　　　对于监控我偏离结构的一种更加严格的检验

　　虽然这些研究的结果与结构扩散是一致的，但它们并不是专门为了扩散激活效应而设计的。事实上，我们可以把它们解释为激活自我评估的标准，这些标准在研究过程中用来评估现实我的现状——一种自我监控"我做得怎么样"的过程。但是，还有其他的研究以更严格的方式测试结构效应。现在，让我来讨论一下这项研究背后的逻辑以及研究发现。

　　在认知心理学中，一种检验物体范畴在记忆中是否组织在一起（即相互关联）的标准方法[39]，是斯特鲁普（Stroop）任务。在这项任务中，每个单词有不同的颜色，人们必须快速命名目标词的颜色。目标词出现之前，作为"启动效应"的结果，参与者会得到一个记忆-负荷单词。他们必须在说出目标词后，重复记忆-负荷单词。重要的实验操作在于启动词和目标词之间的关系。

　　当启动词的概念和目标词的概念在长期记忆中存在结构关系时，启动词的概念在记忆中会扩散，并激活目标词的概念。这会使得目标词的概念更容易被参与者理解，而且更难忽略。当这种情况发生时，由于目标词的概念不能被忽略，因此记忆单词颜色就需要花费更长的时间。例如，如果目标词是蓝色的"橡树"，那么当启动词是"枫树"时，记住蓝色需要更长的时间。用一种树进行启动时，因为会发生扩散，使得其他树的概念（如橡树）更容易理解，所以干扰了单纯"蓝色"的记忆。简单地说，在启动词和目标词长期记忆的组织程度越高的情况下，参与者在斯特鲁普任务中说出颜色的表现越差。

　　这种实验范式的优势在于，源于记忆组织的预测效果与参与者的努力是对立的，即尽快说出目标词的颜色。结果表明，不管参与者的任务目标是什么，结构组织的变化都是可以预测的。比如，与"枫树"（作为启动词）和"橡树"（作为目标词）相关的概念在长期记忆中被组织起来（即语义上都是树）。"故事"（作为启动词）则与"土豆"（作为目标词）

不存在相关关系。

这种实验范式也被用来检测自我信念是如何组织在一起的。[40]参与者 *319*
的现实我属性，或自我描述特征词的确定，是那些参与者感知为既高度
适用于自己又高度自我关联（重要）的词语。非自我描述特征词，是参
与者感知这些特征与自己无关也没有高低的适用性。[41]起初的研究一致发
现，在斯特鲁普任务中，启动词和目标词的配对都是自我描述词，相对
于混合配对（即配对中只有一个是自我描述词），不会存在反应延迟。相
同的研究还包括物体范畴。证据确证，启动词和目标词配对属于同一个物
体类别（例如，启动词和目标词都是树种），会比混合匹配（即配对中只有
一个是特定范畴的物品）更加缓慢。因此，这种研究范式在探测物体范畴
的结构组织方面是有效的，但是没有证据表明自我描述特征具有结构性。

这个发现最初震撼了社会人格心理学家，因为每个自我描述的特征
基于界定，都与“自我”有关。但事实是，两个都与“自我”相关的单
词，并不意味着它们彼此相关。那么，自我信念的组织要素会彼此相关
吗？在之前呈现的研究中，还有证据表明，现实我的信念（真相要素）
与促进或预防的自我引导（价值要素）之间存在着偏离。如果这些结构
要素组织在一起，那么偏离的现实我会被组织在问题我属性范畴中。因
此，当启动词和目标词都属于问题特性时，就会是有组织的证据。这也
是在随后的研究中发现的，现实我的特征会与个体的理想我和应然我发
生一定程度的偏离。对于启动词—目标词配对存在偏离（即有问题的）
的现实我特征，在斯特鲁普任务中的反应时间会比较长。现实我特征存
在结构组织，其实证证据终于被发现！

为什么偏离或有问题的现实我特征更有可能是相互关联或组织的呢？
在社会认知文献中，可以普遍发现，无法满足和目标相似预期的属性或
特性更有可能会形成内在联系之根基。[42]如果目标是自我，而这种预期失
败扩展到理想我和现实我的偏离或者应然我和现实我的偏离，那么存在
偏离或有问题的现实我特征就很有可能会形成组织。进一步，偏离的或
有问题的现实我特征更有可能捕获个体的关注，因而也意味着它更有可 *320*

能被反复地、同在地刺激。而这也会导致现实我结构化的内在联系。[43]

这表明，现实我的价值要素与促进价值或预防价值要素之间存在差异关系时，这些要素形成组织结构的可能性很大。这个结论与抑郁个体的不幸现象（现实我与理想我的偏离）是一致的，他们整体消极地自我评价；而焦虑个体（现实我与应然我的偏离）感到世界上普遍存在威胁。两类人都会抵制改变，因为结构提供了相互联结的偏离强度。在自我信念结构中，一个消极自我信念的激活会波及自我信念结构中的其他消极信念，由此整体的或普遍的消极性体验就会产生。

作为中止的扩散

应当关注的是，结构要素之间的相互联系并不总是意味着一个要素的激活加强了另一个要素（激发）：一个要素的激活也可以削弱另一个要素（遏制）。例如，在第六章讨论抵抗诱惑时，我阐述了诱惑与首选目标之间，以及诱惑与为了首选目标而抵抗诱惑之间建立的联系。当首选目标明显处于优先级别时，那么暴露于诱惑将激活这个目标，使其处于更高的优先级，这个激活的目标会超越（即遏制）诱惑。[44]

更一般而言，当动机被组织在一起并且动态地发挥功效时，一个受重视的偏好维度可以为另一个动机维度设置约束。考虑之前的一个案例：当强烈的评价偏好进行详尽比较，导致"陷入沉思"的状态时，强烈的行动取向可以中止比较的过程，进而使人采取行动。反之亦然：强烈的评价取向可以中止行动，坚持首先确定正确的方向。作为强化（激化）的扩散已经被广泛研究，但是作为削弱（遏制）的扩散还鲜有关注。然而，限制和中止规则的组织动力学是动机的重要部分，需要进一步研究。

作为转移的扩散

迄今为止，我聚焦于相互联系要素的扩散激活。这是扩散最为直接的含义，因为它与心理组织有关系。但是，另一种扩散也有重要的动机效应。在社会心理学文献中，这种扩散被称为转移。例如，多夫·齐尔曼（Dolf Zillman）受到斯坦利·沙赫特对吊桥效应开创性研究的启发[45]，进行了一项关于"扩散转移"的经典研究。他的研究表明，一个人在健

321

身自行车上锻炼时的兴奋感转移为愤怒，从而增加了对另一个人的攻击性行为。[46]这种扩散转移起初并没有用结构术语来概念化，但现在值得探究动机组织是否能够产生转移效应。

转移扩散会是什么样子？在第四章中，我描述了一个价值体验模型，它是一种对目标产生吸引力或排斥力的模型。根据这个模型，动机力方向和动机力强度的来源，共同创造了目标价值的整体体验。重要的是，有一些来源，比如价值目标的享乐属性，既有助于决定动机的方向，也有助于提升动机的强度，但也有其他来源仅仅作用于动机的强度。特别是，投入强度的来源决定了目标的吸引力或排斥力。这与来源本身是不是愉快或痛苦的经历无关。

当在第四章讨论这个模型的时候，我并没有把它诠释为动机之组织——包含了转移的动机的意义结构。但是，它能够并且应该以这种方式被概念化。这种结构传达了价值体验对于价值目标的吸引力和排斥力。这些体验构成了结构的动机意义。结构的动机意义具有方向和强度，它是由结构要素的性质和相互联系决定的。

那么，什么是价值体验中的结构要素呢？我认为，要素是价值、真相和控制有效性。获得期望结果的动机（例如，价值有效性）可以增加事物的价值体验，这种说法并不奇怪。某事可以提供愉悦或满足需求越多，吸引力也会越强。正如我在第七章中所讨论的，经典的承诺价值—可能性模型结构中包含了真相和价值。具有期望结果的事物的吸引力会随着期望结果发生的可能性信念而发生变化。

经典的价值模型中没有包括的是控制要素。虽然我没有在第四章中明确讨论控制，但它涉及投入强度对整体价值体验的贡献。当人们全神贯注于他们正在做的事情时，保持注意力不被分散，不受干扰和阻力影响，持续追求目标，这就是控制的力量。因此，强大的投入本身就涉及有效的控制。正如我在本书开篇所言，价值有效性与结果（收益比）有关，真相有效性与现实（真实对幻觉）有关，而控制有效性与强度有关。

我认为，将结果价值体验概念化为一种整体体验是有益的。这种体验来源于相互关联的价值、真相和控制要素的动态结构。在这种动态结构模型中，加强投入—控制要素会扩散到加强整个价值体验。同样，加强可能性—真相要素会扩散到强化整体的价值体验。

这个动态结构模型提出了一个有趣的问题：投入—控制要素是否有可能扩散到真相因素本身，并加强其功效？例如，如果投入目标追求会通过创造调节匹配得以增强，比如让促进定向的个体渴求地追求目标或预防定向的个体警惕地追求目标，那么行动者是否会认为实现目标的可能性会更大（真相）？[47]

一些证据表明，投入—控制可以扩散到真相要素中。我在第八章中讨论了其中一项研究。无论是促进定向还是预防定向的参与者，都被要求回忆生命中与权威人物发生冲突的场景，以及如何解决冲突的问题。[48]

一些参与者回忆冲突以渴求的方式解决，但是其他人以警惕的方式解决。因此，一些参与者达到调节匹配（促进定向/渴求解决；预防定向/警惕解决）。但是，一些参与者处于不匹配的状态（促进定向/警惕解决；预防定向/渴求解决）。处于匹配状态的个体会认为解决方法是更加道德的。也就是说，他们认为解决方式具有真相有效性——解决方式是正确的。但是，匹配状态下投入—控制和"正确感"的增强，只是调节匹配操纵的一种方式。尽管如此，这也能证明，控制要素的增强可以转移到真相要素——何为正确。

另外，威廉·詹姆斯很早就觉察到，加强控制体验可以对建构现实产生影响——相信掌控事情发生的力量可以转移到现实建构面向。在《心理学原理》（*The Principles of Psychology*）第二卷关于意志的章节中，他写道：

> 我们渴望去感受、拥有、践行各种各样当下没有感受、拥有、践行的事物。如果我们认为达到是不可能的，那么我们仅仅会幻想。但是，如果我们相信自己有能力达到，我们就会有感受、拥有、践行能够成真的意志。这种成真的信念，要么很快在意志力上体现，要么会在准备中落实。[49]

323

从控制要素到真相要素的力量转移，是一个非常古老观念的基础——至少与古希腊人的著作一样古老：强权即公理。除了一般意义上的好战内涵外，这种说法的另一种解释是，掌控事情发生的力量（以强权为控制）可以转移为建构现实力量（以公理为正向）。但在 1860 年，亚伯拉罕·林肯（Abraham Lincoln）在纽约库柏联盟学院（Cooper Union）发表演讲时，推翻了这一说法，并宣告："让我们相信，公理即强权。"他所传递的信息与著名的格言"真相会让你自由"相似。这意味着动机组织中强烈的真相因素可以转化为控制要素。如果你知道自己是对的，你就会感到自己很强大，很有控制力，因此行动就会更有活力、更加决绝。

❖ 总结

本章讨论了价值、真相和控制三种有效性的关系。它们作为一个动机组织能够协同运作。截至目前，三种动机作为整体组织的研究远少于单独二元关系的研究。这一章的意旨就是贡献思考方式来探究协同运作动机的结构组织，并评论已有的证实这种结构存在的证据。

在此，我论断动机组织作为整体结构的三元属性——支持性、意义性和转移性。关于结构支持性，我诠释了动机组织如何超越经典的真相（例如，可能性）和控制（例如，手段）——它们仅仅在达到期望结果（价值）时发挥工具性作用。比如，我评论了价值本身可以为了真相而牺牲，如减少一些价值目标的积极性而达到认知协调。我也讨论了支持性的补偿版本。高评价取向能够补偿"只管做"的高行动取向，从而改善行为表现。

324

关于动机协同运作的整体结构意义，我讨论了动机的整体大于部分之和。比如，我呈现的证据表明，当价值要素是认知—真相和行为—控制三元态度结果的组成部分时，消极的价值要素（厌恶学习）比积极的价值要素（喜欢学习）具有更强的学习动机。尽管后者"喜欢"学习，但是前者"想要""需要"学习。

　　关于动机整体组织的结构扩散性，我铺陈了扩散激活的证据。当现实我信念的启动与理想—价值要素或应然—价值要素之间存在差异时，它们会扩散并激活其他具有偏离关系的现实我信念，进而创造整体而普遍的情感问题。然后，我讨论了扩散作为转移的概念。例如，我描述了作为控制要素的投入强度，可以扩散到价值目标的吸引力或排斥力强度上。我也提及了增强控制要素可以增强真相体验（"强权即公理"），以及建构现实可以增强控制体验（"公理即强权"）。

　　本章中，我还深究了促进定向对预防定向、行动对评价作为动机结构组织协同运作方式的多种可能性。这些动机的不同模式在动机结构中受到分化重视。促进和预防是不同的价值定向。调节模式中的行动关涉控制，评价则关涉真相。还有与特定定向相匹配的应对或感知世界的特定方式。当这些不同的定向收获不同的重视程度时，应对或感知世界的不同方式也会因此被强调。由于对这些差异重视程度的不同，独特的人格和文化就此可能突现。这种可能性将在下一章中细究。

第四部分
动机协同运作之内涵

第十一章
人格与文化：观察和应对方式

　　我们着迷于人类的不同，无论是他们的人格还是文化属性。例如，我们会惊讶于内向型人格与外向型人格之间的差异，或者美国人与日本人之间的差异。我们可能会对这种个性和文化差异着迷，而没有思索过背后的原因。是什么造成了这些差异？答案通常是对经典的先天或后天行为的解释。也就是说，有些人喜欢用遗传差异来解释文化差异和人格差异，而另一些人喜欢用社会化上的差异来解释。当然，还有其他可能的答案，例如认为文化更多是后天的而不是先天的（即更多的是与社会化有关），而人格更多是先天的而不是后天的（即更多的是与遗传有关）。

　　这样的答案首先没有为如何考虑人格和文化差异提供一个总体框架。不出所料，鉴于这本书的主题，我对这一问题的立场将强调动机机制在人格和文化差异中的作用。在思考人格差异时强调动机并不罕见，尽管对于文化差异而言这可能有些不同寻常，因为在文化差异中，信仰体系方面的差异要比动机差异更受重视。但是，除了强调动机之外，我的创新之处在于提出人格和文化差异都源自同一套普遍机制和原则。[1]

　　因为这一主张（来自普遍性的差异）听起来是个矛盾，我想以调节定向为例，来阐明自己的意思。简而言之，我相信动机功能的普遍原则是人格和文化的基础，例如，提升的渴望策略适合促进定向，而保持满意状态的警惕策略适合预防定向。无论促进和预防状态是习惯性的（例如，个体的稳定状态或所在社会的制度化状态）还是短暂的（例如，是由情境所引起的），情况都是如此。重要的是，使用渴望策略的倾向会随着促进强度的提升而增强，而使用警惕策略的倾向会随着预防强度的提升而增强，这两者间的这些功能关系在每个个体和每种文化中都能被发现：它们是普遍的。

然而，在每个个体和每种文化内部，促进和预防的定向本身可能受到不同程度的重视——有时，促进可能受到高度重视，而预防却缺乏重视；有时，预防可能受到高度重视，而促进却缺乏重视；或者，两者都缺乏重视或都受到高度重视。这些人格或文化的侧重点差异通过普遍地发挥作用造成人格或文化的差异，使人们在决策、解决问题和执行任务时倾向于使用促进策略，或使用警惕策略，或两种均不使用，或同时使用两种策略。这样一来，显著的差异就可以从普遍性中衍生出来。

我认为，大多数人格和文化差异都源于几条普遍的自我调节原则的共同作用。虽然在本章中不可能完全展开讨论我的想法，但我将尝试使用调节定向、调节模式和调节匹配的动机原则来阐明我的观点。我将首先讨论人格差异，再将讨论扩展到文化差异。

❖ 什么是人格，它何时彰显？

大多数人都有一种直觉，知道什么时候他人的行为或属性能揭示其人格。通常，我们不是通过他们行走或喝水的行动，也不是通过他们的眼睛的颜色或身高来判断。相反，我们通过他们对失败或拒绝的反应，或者是通过他们如何解释另一个人的模棱两可的话——根据个体与另一个人相比对世界做出反应的方式来判断。

329 仅仅个体差异并不能反映人格，因为诸如眼睛颜色或身高的个体差异，通常不被认为可以展现人格。而且，如果个体差异并不构成某种因素，人格问题甚至都不会出现。如果所有蚯蚓的行为都相同，那么我们就不太可能认为它们具有不同的个性。但是现在想象一下，你观察到一

些蚯蚓始终快速且流畅地在土壤中钻洞，而另一些却在慢吞吞地挖洞。你现在会认为蚯蚓具有不同的个性——"快而顺"型与"慢而涩"型，还是会仍然认为这种个体差异本身还不足以被视为一种人格差异？

蚯蚓的例子表明，并非所有个体差异都是平等的。对人类来说也是如此。对于我们大多数人而言，步行速度上的个体差异——"快"走者和"慢"走者——本身不会构成人格差异。[2]那么，哪些个体差异能够反映人格？我相信，人格的个体差异来源于动机偏好和动机偏见的差异。具体来说，人格是通过在某人观察和应对世界的方式中展现出的动机偏好和偏见来揭示的。[3]值得注意的是，这里的"某人"并不仅仅指人类，正如养宠物的人很快就会指出动物也是这样；的确，人们对非人类动物的个性也越来越感兴趣。[4]

从人格的角度来看，如果我们认为"快"与"慢"的人类步行者和"快而顺"与"慢而涩"的蚯蚓可以反映动机偏好和偏见方面的差异，那它们就可以被视为一种人格差异。例如，就步行速度而言，我们可以思考这种行为选择是否反映了某种动机偏好。"快"的步行者是不是渴望促进的个体或强行动个体？因此，步行速度的个体差异似乎有可能是一种人格差异，眼睛颜色的个体差异则不是。

动机是人格的核心这一观念并不新鲜。从早期的人格心理动力学理论[5]到最近的关于人格的社会认知方法[6]，许多人格理论都非常重视个人动机。戈登·奥尔波特在他关于人格的经典著作中，没有将人格特质定义为在不同的情况下表现出相同的倾向，而是定义为"使许多刺激在机能上等同"[7]的个体特征，而这种人格特质呈现方式会启动和导致对这些刺激的等同的反应。这一"使刺激等同"的特点与个人看待世界的偏见和偏好有关。而"使反应等同"的特点与个人应对世界的偏好和偏见有关。例如，一个人可能拥有一个历时可及的构念，比如"自负"，这会通过将不同人的不同行为归类为"自负"来创建机能等同，即使在几乎没有证据能支持这种分类时也是如此。[8]这种分类反过来可以在这一个体应对那些"自负"的人时引发等同的反应。

330

揭示人格的低需求和高需求情境

个体对世界的"观察方式"和"应对方式"是可以定义人格的两种敏感因素。值得注意的是，不同类型的情况下会显现出这些不同的敏感因素。在输入需求很少或不清楚，而现实约束或需求较低的低需求情境中，"观察方式"（例如，一个人的长期可及构念）的敏感性就会显露出来。低需求情境让我们得以观察个人的看法、判断和评估是如何被其"观察方式"塑造的。相反，在个人的自我调节系统在压力下紧张的高需求情境中，"应对方式"的敏感性就会显露出来。高需求情境让我们得以观察个人处理个人问题和压力的方式是如何由其"应对方式"塑造的。[9]

在心理学中，有两种揭示人格的经典工具：一种是我之前在本书中所描述的米歇尔的抵抗诱惑的"棉花糖测试"[10]；另一种则是投射测试，例如罗夏墨迹测验（Rorschach）或主题感知测试（TAT），它们要求个人描述看到的模糊的或模棱两可的图片[11]。这些测试是如何揭示人格的呢？"棉花糖测试"是一种高需求情境，行动者在这种情境下的反应可以显示出他们应对世界的方式的差异。TAT 或罗夏墨迹测验则是一种低需求情境，行动者在这种情境中的反应揭示了他们看待世界的方式的差异。

而我认为，人格是通过人们观察和应对世界时的动机偏好和动机偏见来反映的，这与我在本书初始的立场是一致的，即动机意味着能指导选择的偏好。如果动机能揭示人格，那它一定是通过能指导选择的偏好来揭示的。作为人格，某人的选择所依据的偏好必须有一定的稳定性，并且这些稳定的偏好与其他人的偏好之间必须有一定的区别。

某人偏好的稳定性不应与其在所有情境中做出的相同行为选择（即跨情境一致性）相混淆。潜在的偏好可以通过一种稳定的选择模式来揭示，这种模式涉及某人在情况 A 中不断做出选择 X，但在情况 B 中不断做出选择 Y。这涉及每种情况下而不是跨情境情况下的稳定一致性——沃尔特·米歇尔和正田佑一（Yuichi Shoda）称其为稳定的人格推断剖面图，即某人的人格标识。[12]例如，激发权威人格选择的潜在状态偏差是这样一个稳定的假定印象，即与地位较高的人互动时始终选择顺从的行为，但在与地位较低的人互动时始终选择支配行为。[13]

控制和真相过程对于揭示人格的重要性

我在本书中的第二个立场是，人们真正想要的是在生活中有效的追求。这个立场也是我提议的基础，即某人在低需求和高需求情境中观察和应对世界的方式可以揭示其人格。人们希望有效地建立真实（真相）并掌控发生的事情（控制），这既是出于自己的利益需要，又是为了获得理想的结果（价值）。真相有效性和控制有效性关系到目标追求过程，而价值有效性关系到目标追求结果。

人格在目标追求的过程当中比在目标追求的结果中更可能得到体现。这是因为个人的结果，即他们最后到底有没有获得想要的结果，可能与他们的人格关系不大。例如，他们期望的结果可能并非由他们自己的行动决定，而是更多由他人的行动决定。而当个体获得了相同的可欲结果，例如获得好成绩、拥有高薪工作或长久的婚姻时，他们的人格则更多地通过他们追求目标的方式来揭示，而不是通过这些结果。

重要的是整个目标追求系统，并且系统之间的差异通常通过目标追求过程的差异，而不是通过结果的差异来揭示。例如，强促进定向与强预防定向之人的差异，即价值差异，很少可以由他们理想结果的类型揭示——这些期望结果通常相同（例如，在一门课程中得到"A"），而更多由他们看待那些结果（即成就对比履行的职责）的方式以及获得这些结果（即使用渴望的手段对比警惕的手段）的方式揭示。实际上，关于调节定向差异的研究通常都控制了结果，例如表现成功可获得多少金钱或奖励，并检查了调节定向对人们管理目标追求（控制）的策略和表述目标成功或失败（真相）的方式的影响。

我对真相（观察方式）和控制（应对方式）的强调，与某些强调人 *332* 们的不同需求（即价值）的传统人格观点不一样。例如，一些模型区分了动机为获得可欲结果的个体与动机为避免不可欲的结果的个体。例如，他们认为，渴求成功的高成就需求者与避免失败的低成就需求者之间存在人格差异，并且那些渴求被接受的高归属需求者与那些避免被拒绝的低归属需求者之间也存在人格差异。[14]这种传统观点与享乐原则有着密切联系，因为它强调区分享乐的人和避免痛苦的人。

而这种观点所遗漏的，是人们获得快乐并避免痛苦的不同方式。我认为，人们观察与应对愉悦和痛苦的不同方式更能体现出人格。[15]例如，人们成为高成就需求者的方式不止一种。促进定向的高成就需求者是一种方式，预防定向的高成就需求者也是一种方式。[16]

根据麦克利兰和阿特金森的经典成就动机理论[17]，随着时间推移，新的成就任务会唤起人们与过去成就参与相关的感受。对于具有成功历史的个人，一项新的成就任务会引发一种自豪感，这会产生激励并指引完成新任务的预期目标反应行为。相反，对于具有失败历史的个人，一项新的成就任务会引发羞耻感，这会产生激励并指引避免新任务的预期目标反应行为。但这就是全部吗，或者就是最重要的部分吗？例如，如果我们仅考虑那些具有主观成功历史的人，是否最好将他们描述为那种会被预期目标反应激励并指引而完成成就任务的高成就需求者？

实际上，个人主观上可以有成功促进或成功预防的历史。前者以促进为荣，后者为预防而自豪。[18]他们表现自己过去的成功并预测未来的潜在成功方式是不同的。例如，以促进为荣的人是乐观主义者，而以预防为荣的人是防御性悲观主义者。也就是说，他们都重视成功，但是他们关于成功的真相却不同。

重要的是，他们对成功的控制也不同。有促进自豪感的人用策略性渴望来完成任务，而有预防自豪感的人以警惕策略来完成任务。也就是说，尽管他们都会参与成就任务以取得预期的结果，但是有促进自豪感的人使用策略性趋近手段来推进（渴望的手段），而以预防为荣的人使用策略性回避手段来保持谨慎（警惕的手段）——这是两种非常不同的实现方式。因为觉得他们都重视成功并且都以成功为荣，而认为他们是一样的，就会忽略实际上他们在成功的真相和控制方面完全不同的事实。

有必要再一次超越苦乐，以便更深刻地理解潜在动机系统的本质。而且有必要超越这样一种概念，即动机是用来引导一些一般的、万能的能量的。

　　让我同样简要介绍一下亲和需求。在这种情况下，文献更多关注有亲和失败历史的个人。根据传统模型，他们被描述为具有避免被拒绝（即避免痛苦）的动机。这表明这样的人将为了避免可能的拒绝而最初就选择不与他人交往。但是，这种描述同样过于简单。在有亲和失败的历史的人中，他们在心理上表现这种失败（即真相）和应对这种失败（即控制）的方式各有不同。而且有大量证据表明，正是这些不同的"观察方式"和"应对方式"造就了不同的人格。[19]

　　例如，不论是"回避型"还是"焦虑/矛盾型"的儿童，都会在照料者为了他们的安全阻碍他们时，体验到亲和失败。但是，"回避型"儿童的应对策略是远离看护者（即不激活依恋系统）；而"焦虑/矛盾型"儿童的应对策略是一会儿抱住看护者，一会儿愤怒地将其推开（过度激活依恋系统）。[20]此外，正如我稍后讨论的那样，对拒绝高度敏感的人会同时使用接近和回避的应对策略，而他们的偏好策略或手段取决于他们与其他动机因素的关系，例如预防定向的强度。[21]

真相和控制中的个体差异如何显现？

　　正如成就动机和亲和动机的文献所表明的，在某些动机领域中，仅仅简单地区分渴求可欲结果的个体和避免不可欲结果的个体，是无法充分体现人格差异的。这不仅涉及价值上的差异，还涉及真相和控制上的差异——目标追求的方式，而不仅仅是目标追求的结果。那么，问题来了：真相和控制过程中的个体差异是如何显现的？

　　对于真相，当对每个人而言一切都是直截了当而简单的时候，也就是说，当某件事的真相是清晰明确且显而易见时，差异很难体现出来。但是，当某件事的真相并不明确时，人们的选择就会出现差异。这就是所罗门·阿希的研究发现，在他的研究中，人们需要决定是否同意多数人关于哪条线与目标线段匹配的一致错误答案。当正确答案并不明确时，选择中体现出的个体差异最为明显。这说明了当关于世界的真相并不清晰（即现实约束较小或需求较低）时，"观察方式"可以体现出人格差异。

控制过程中的个体差异又是如何显现的？当目标追求过程顺利地照常进行时，并不需要处理不同管理方案之间的冲突；我们只需做出最少的权衡取舍。而当目标追求需要在各自拥有权衡取舍的选项之间进行选择时，我们更容易观察到操作偏好与策略偏见之间的差异。例如，一项艰巨的任务可能会需要在"速度/准确性"之间做出权衡，其中更快的速度和更高的准确性会相互冲突。具有强烈的促进定向的个人倾向于渴望策略，这表现为在高需求情境中他们会选择速度而不是准确性。与此相反，具有高度预防定向的人则倾向于警惕策略，这从他们选择准确性而不是速度这一点就可以看出。[22]这说明了在高需求情境中，人格差异如何体现在控制与"应对方式"上，而这在需求较少的情况下可能无法被观察到。现在让我们更详细地考虑，"观察方式"和"应对方式"中的个体差异可以如何帮助我们理解人格。

❖ 观察方式：真相中的人格差异

20 世纪中叶，随着感知"新视角"的出现，"观察方式"的差异可以揭示人格的观念开始流行。观念的新颖之处（以及支持这一观点的研究）在于发现，对物体、事件和其他个人的感知受感知者的期望、需求和信念的影响。[23]例如，乔治·凯利（George Kelly）的个人建构理论中，个人观察感知的目的是"拾取意义的闪光"（第 145 页）。这些意义与他们的历时可及性构念有关，例如观察他人的行为并找到自负的迹象。[24]确实，受到心理分析学的开创者卡尔·荣格的工作的启发，一些关于人格的早期研究利用"观察方式"的差异来探索人格差异。[25]尽管术语有所不同，但大卫·麦克利兰和约翰·阿特金森的早期工作都强调，感知的差异受个体的高度易获得构念之间的差异驱动，而这些构念中也包括动机。

像 TAT 或罗夏墨迹测验这样的人格投射测试就是基于这种假设，即一个人对模棱两可或模糊的刺激赋予的含义揭示了他们高度可及的动机。[26]许多最初的研究更关注历时可及的动机，甚至还有早期的工作证明了通过启动例如成就或归属的动机构念，可以使动机暂时变得可及。[27]而随后的研究表明，情境诱导的可及性可以与个人的历时可及性相结合，共同影响对他人的评估。[28]因此，构造可及性方面的个体差异在许多人格的社会认知理论中至关重要，这点并不令人惊奇。[29]

观察世界的方式的不同反映了人格差异的这一观点，也是人格认知风格方法的核心假设，它是许多人格社会认知理论的先驱。[30]也许最著名的认知风格差异就是场依存和场独立的个体之间的区别了。一方面，在对象感知方面，这种差异涉及从周围环境中区分视觉、听觉或触觉线索的能力（例如，将人物与背景分开），场独立的个体比场依存的个体在这些方面做得更好。另一方面，场依存的个体比场独立的个体对环境线索（即周围背景）更敏感。[31]重要的是，人们认为这种认知风格的差异反映了能影响社会感知以及对象感知的整体感知差异。而且有证据来证明这种效应，例如场依存的个体比场独立的个体对周围社会环境所包含的社会线索更敏感。[32]

与当前的讨论特别相关的是，还有证据表明，对社会信息的敏感性差异主要在情况暧昧时才会出现。例如，场依存的个人在决策时通常不会更倾向于从他人那里寻求信息，但是在最佳决策不明确时，他们更有可能这样做。[33]这证明了我先前的观点：人格作为"观察方式"的敏感性，在低需求的情境中更容易被发现。尽管在几乎所有的情境中，人格都可能作为"观察方式"的敏感因素被揭示，但有证据表明，暧昧或模糊的情境（即低需求的情境）为观察有偏向的动机提供了特别明显的机会。

336

正如沃尔特·米歇尔的精准描述："就情况的'非结构化'程度而言，受试者会期望他的任何回应实际上都是同样恰当的……这时反映的个体差异也将是最大的。"[34]人格的投射测验就利用了这种方法，假设个人的动机不仅会反映在其所看到的事物上，而且当被感知或被解释的刺激是模糊的或暧昧的时候，这些动机也将更清楚地显示出来。鉴于人们动机的表达，尤其是对偏好结果的表达将受到现实的限制，在这种低需求情境中，历时可及性的动机更可能会影响行为。[35]要了解低需求情境中人格差异是如何被揭示的，我认为将知识激活的一般原理应用于判断中的个体差异是有益的。[36]

知识激活原则对"观察方式"的影响

低需求或无组织的情况可能是模糊或暧昧的。模糊情况是指没有明确适用于该情况的特定反应或行为的情况（即不存在特征或特性与该情况相匹配的已存储响应类别）。当情况模糊时，对任何反应的需求都很低。暧昧情况是指至少有两种明显而平等地适用于这种情况的替代性反应；也就是说，至少有两种特征或特性与情况相匹配的已存储响应类别。当情况暧昧时，对任何一种特定反应的需求都很低。[37]在这种暧昧的低需求情境中，与人格差异相关的动机偏向或偏好可以决定给出哪种反应，因为情境本身并没有明确要求某种特定反应的现实约束。

在先前的发表中，我提出了关于人格的"一般原则"观点，认为同样的一般基本原则，例如知识激活的一般原则，普遍适用于"个体"和"情境"这两种类型的变量。[38]相比区分"个体"和"情境"的解释原则，我认为两种解释都基于相同的心理学原则。这种方法不仅为人格和社会心理学家提供了一种共同的语言，还使人们对特定原则在多种情况下如何发挥作用有了更深入的了解。例如，它阐明了可及性构念方面的习惯性个体差异是如何与情境差异相互作用的。[39]重要的是，我们都不知道我们为判断某人而选择某构念在多大程度上是因为该构念的特征与此人被观察到的特征相吻合（该构念是合适的），多大程度上是因为我们的习惯性关注定向已使得该构念获得历时可及性（该构念反映了我们看待世界的个人方式）。也就是说，我们不知道我们的判断实际上是"关于"什么的。[40]

要想理解"观察方式"中的敏感性如何作用，重要的是要区分知识构念的可及性（accessibility）、适用性和判断适用性（judged usability）。[41]两个关键因素影响着一个存储的构念被激活并被准备用于判断的概率。第一个因素是在目标出现之前知识的可及性。第二个因素是构念对目标的适用性（即所存储的构念与目标之间的特征重叠）。

随着可及性和适用性增强，构念被激活并准备使用的概率也会增大。可及性和适用性共同作用于知识激活。因此，当适用性更强（情境输入清晰明确）时，激活存储知识对可及性的需求就更不现实。所以，在高适用性的情况下，历时可及性的个体差异在知识激活中就变得不太重要。这就是为什么当现实很清晰时，人格作为寻求真相活动或"观察方式"中的敏感因素很少能被揭示——当适用性很强时，不同的"观察方式"对知识的激活就不那么重要了。

但是，随着适用性的减弱，当输入内容模糊时，可及性就必须更强才能激活该构念。在这种情况下，历时可及性方面的个体差异成为知识激活的主要因素，从而显示出人格。事实上，如果一个人看待世界的敏感性足够强，那么即使适用性很弱，构念也会被激活。例如，在一项研究中，将"自负"构念作为另一项任务的一部分进行启动，从而使其可及，并且将这种可及性与不同参与者所拥有的关于"自负"的历时可及性相结合（即人格敏感性因素）。研究发现，当参与者对"自负"的历时可及性很强时，他们会制造一个"自负"的女性目标印象，即使她的行为非常模糊，并且没有任何证据能证明这种"自负"；事实上，研究中没有其他人将她描述为自负的。[42]与模糊的输入相反，当目标信息暧昧时（即当两个或多个构念的适用性都很强时），即使是一个低水平的历时可及性构念，也足以使平衡倾向于该构念。因此，相比低需求的暧昧输入，像 TAT 或罗夏墨迹测验这样的低需求模糊输入，是更好的测量"观察方式"中的敏感度的方式。

一个人过去的经历，例如社会化，可以使不同类型的知识获得历时

338

可及性，从而影响这个人使用类似"自负"这样的构念来刻画模糊或暧昧的社会世界的可能性。例如，近期一项研究发现，参与者将单词归类为负面或中性的速度，与他们日常的负面情感的强度有关。[43] 换句话说，对于某些人来说，具有负面评估意义的构念越具有历时可及性，他们就越容易消极地"观察"这个世界。

"观察方式"的敏感性的第三个关键因素是判断可用性。即使同时具有可及性和适用性，激活的知识也可能不会被用于判断一个目标。例如，当个体意识到激活的构念不适合当前的任务时，他们会试图减少或纠正它对自身行为的影响。判断可用性是将激活的构念应用于特定目标的判断的适当性。如果人们认为不应使用激活的构念，例如当他们认为该构念与目标社会群体的刻板印象有关时，他们可能会在判断目标时尝试抑制其使用。这将导致对比效果而不是同化效果，例如认为好莱坞明星是"自信的"，而不是对好莱坞明星刻板印象中的"自负的"。[44]

重要的是，知识的判断可用性本身可能会受到反映人格差异的动机因素的影响。对何种信息适合使用的判断，取决于一个人对在不同条件下使用某些信息是否合适的先验信念（心理模型或内隐理论）。个体的先验信念可能会有所不同。例如，一些高级专业人员在面试女性求职者时可能会抑制被激活的"胆小"构念，因为他们认为这是不合适的刻板印象，其他人则可能认为使用此标签是恰当的。

"观察方式"中个体差异的来源

"观察方式"的敏感性的个体差异有多种来源。在这里，我无法详细讨论所有这些来源。但是，有些阐述将更丰富地呈现这些人格因素的基础。[45]

历时可及性对观察方式的影响

历时可及性方面的个体差异对理解人格而言至关重要，因为历时可及性会影响对于他人行为的判断和记忆方式，从而能反过来塑造在人类功能中起主要作用的社会关系。[46] 我刚才提到的研究表明，具有"自负"的历时可及性构念的个体塑造了一个自负的女性目标形象，便说明了这一点。

在另一项关于历时可及性的早期研究中[47]，参与者被要求列出他们喜欢、不喜欢、想遇见、想避免和经常遇到的人的特质，以此来衡量参与者的历时可及性构念，从而确定每个参与者首先想到的特质。一周后，参与者阅读了相关目标对象的行为，其中某些行为与参与者自己的历时可及性构念有关，其他行为则与之无关。研究发现，参与者对目标人物的记忆以及对目标人物的印象，取决于目标人物与历时可及性构念有关的行为，而不是与可及性构念无关的其他行为。

苏珊·安德森（Susan Andersen）的著作清楚地说明了在历时可及性的社会知识中建立具有个体差异的人际关系的重要性，她为社会心理学和临床心理学的连接做出了重要贡献。安德森和她的同事们提出，我们所有人在与重要他人的关系中都能体验到多重自我，并且我们对重要他人的表述不仅涉及他们的特征和动机，还涉及我们与他们相处的习惯方式。特定重要他人的存储表征可以在特定情况下被激活，例如碰巧遇见某个在某种程度上类似于重要他人的人，这可能导致我们对这个新人的记忆、感觉和行为，就好像他就是我们的重要他人一样——这个过程在临床文献中被称为转移。[48]事实上，安德森研究的参与者报告说，他们非常自信看到了目标人物表面上与重要他人类似的某些特征，尽管并未有证据表明目标对象真正表现出了这种特征，而重要他人拥有这些特征。[49]

安德森研究的转移过程是一般依恋过程的一部分。精神病学家约翰·鲍尔比（John Bowlby）在他对依恋过程的开创性研究中强调了"工作模型"的重要性，在此过程中，儿童发展了有关依恋对象对他们的反应以及他们对依恋对象的反应的心理表征。[50]这些工作模型都是历时可及性的构念，不仅可以由依恋对象本身激活，还可以以属性或响应与依恋对象类似（即具有足够适用性）的其他个体激活。这会导致个体不仅在孩童期，而且在成年以后，都会将他们结识的新朋友当作自己的父母或其他早期依恋对象来看待。[51]正如鲍尔比所描述的那样，一个人"倾向于使任何可能与之建立联系的新人，例如配偶、子女、雇主或治疗师，与现有模型（无论是父母一方或另一方还是自身的模型）同化，并且在不断有

340

证据表明该模型不合适时仍时常继续这样做。同样，他希望他人能以符合其自我模型的方式来感知和对待他，即使有相反的证据，他也会继续保持这种期望"[52]。

与依恋风格的人格差异相关的"不同的观察方式"的一个例子，是由对自我和对他人的信念所构成的二维空间。[53]安全依恋的人对自我和他人都抱有积极的信念：他们认为自己有价值而讨人喜欢，并且对他人的行为抱有积极的期望。"焦虑/矛盾型"的人对自我抱有消极信念，对他人则抱有积极信念：他们在积极评价他人的同时，会觉得自己不配和不讨人喜欢。由于这种信念模式激发他们寻找途径来获得重要他人认可的动机，因此他们也被称为"焦虑型"个体。"回避型"个体对自己和他人都抱有消极的信念：他们认为自己不值得和不讨人喜欢，并对他人的行为方式抱有消极的期望。最后，"排斥型"的个体对自己有积极的信念，对他人则抱有消极的信念。这些人摒弃了亲密感，保持着一种独立和不可侵犯的感觉。

这类信念模式都是历时可及性的心智模型，它们通常在儿童时期就发展起来，并在适用时继续塑造成年人当前的关系。[54]它们说明复杂的真相——控制关系不仅是简单的趋近接受和避免排斥（即价值），还代表了获得接受和避免拒绝的稳定偏好。人格差异就体现在这些稳定的策略偏好上。

偏好结论对观察方式的影响

关于世界的真相，人们想要相信的既有定向的结论，也有非定向的结论。[55]定向结论反映了人们想要达成有关现实的特定结论的渴望，例如得出"我是一个聪明而善良的人"或"我的配偶慷慨而迷人"的结论。定向结论偏好中的一个特别有趣的个体差异是乐观主义者和悲观主义者之间的差异。对这两者区别的一个流行描述是，当面对装有半杯水的玻璃杯时，乐观主义者会将其视为"半满的玻璃杯"，悲观主义者则将其视为"半空的玻璃杯"。请注意，这两种观察方式都是合理的，因为装了一半水的玻璃杯的状态本身就是不确定的；也就是说，对于真实情况而言，这是一种低需求的情况。

尽管玻璃杯的隐喻很流行，但严格来说，它并没有抓住人格差异的 *341* 本质，因为乐观主义者和悲观主义者的不同之处在于他们对未来将会发生什么的信念不同，而不在于他们对当前状态或状况的判断不同。乐观主义者认为他们的未来现实将是获得可欲的结果，悲观主义者则认为他们的未来现实将是无法获得可欲的结果（或将产生不可欲的结果）。流行歌曲《厚望》代表了一种乐观的陈述。墨菲定律（"凡是可能出错的地方，都会出错"）则代表了一种悲观的陈述。如果"半满玻璃杯"和"半空玻璃杯"分别表示玻璃杯在未来将要被装满和未来将要变空，那么它们就代表了乐观和悲观的预期。我之所以指出这种区别，是因为我认为乐观和悲观情绪很容易被描述为人格差异，而这恰恰是因为它们与对未来的"观察方式"有关。通过着眼于未来，定向结论不受当前现实的限制。这是一种低需求的情况。

偏好定向结论中的个体差异构成了一种价值差异（即偏好哪种结论的差异），并且会影响建立的真相。相比之下，非定向结果关注普遍的问题，而不是特定的结果，就像闭合需要高的人会渴望明确的答案。[56]高闭合需要会使判断和决定偏向于快速且永久地获得一个答案，任何答案都行——"扣押"和"冻结"。

具有高闭合需要的人与具有高准确性需要的人经常形成对比，而他们之间的差异会影响"观察方式"。具有高准确性需要的人会考虑那些将目标对象与其他人区分开的详细信息。与此相反，具有高闭合需要的人则在印象形成过程中更多考虑那些使目标对象与其所属群体其他成员相似的分类信息。这会导致刻板印象。[57]此外，通过启动增强可及性的构念更容易被具有高闭合需要的人使用，而不太可能被具有高准确性需要的人使用。[58]也有证据表明，如果个人对闭合而不是准确性的需要更高，那么他们更可能从他人的行为中推测出某种特质或态度。[59]

偏好策略对观察方式的影响

个体不但在他们偏好的结论上有所不同（即他们正在寻找什么真相以及他们希望得到的真相来得多快和多持久），而且在倾向于用来处理信 *342*

息和得出结论的特定策略上也有所不同（即他们更喜欢哪种寻求真相的策略方式）。这些偏好策略中的个体差异可能会对所见事物的记忆和判断产生重大影响。例如，有证据表明，当被要求识别照片中描绘的模糊刺激对象时，具有强烈的促进定向并因此倾向于使用渴望策略的个体，相比具有强烈的预防定向并因此倾向于使用警惕策略的个体，会为对象的身份生成更多的替代选项。[60]更普遍的是，具有强烈的促进定向的个体的渴望也是他们对变化和新思想的开放态度的基础，使他们比具有强烈的预防定向的个体更能创造性地看待事物。[61]

乐观主义者和悲观主义者在看待未来现实的方式上的差异，也被发现与调节定向中的个体差异有关。乐观主义者是那些具有强烈的促进定向和对渴望策略的偏好的个体。[62]对未来的乐观情绪支持着能维持强烈促进定向的渴望。乐观服务于促进—渴望。相反，对未来的乐观情绪可能会降低维持强烈预防定向的警惕。因此，需要除乐观外的其他东西来帮助预防—警惕。但是，悲观主义本身会导致人们放弃并避免追求目标。这不利于预防—警惕进行有效的目标追求。起作用的是防御性悲观主义，它涉及这样一种预见，即除非当前采取警惕的策略，否则未来将可能失败。正如我在第六章中所讨论的那样，这种对事实的表示确实能够维持预防—警惕，并且实际上，它对于强预防个体来说是一种有效的"观察方式"。

最近一项关于男女在浪漫—性关系上的策略差异的研究也与调节定向有关。[63]人们可能为本应该做却未做的事感到遗憾（例如，对忽略或不作为的后悔），或者他们也可能为做了本不应该做的事而感到后悔（例如，对承诺或行动的后悔）。[64]特别是在恋爱关系的性方面，人们发现男性对不作为的后悔比对作为的后悔更强，而这在女性中则没有差别。此外，对于非浪漫关系，例如友谊关系，则没有发现这种后悔的性别差异。

先前的研究发现，不作为的后悔与促进失败（忽略的错误）相对应，而作为的后悔与预防失败（承诺的错误）相对应。[65]这表明，相比女性，男性对他们在性关系中不够渴望更感到后悔——他们应该试着推进更多。确实，另一项研究发现，相比预防—警惕，男性比女性更多强调浪漫—性关系中的促进—渴望；在友谊关系中则没有发现这种性别差异。[66] *343*

男女之间为过去在性关系上的作为或不作为所赋予的情感意义上的这种差异（即一种"看待"性关系的性别差异）尤为有趣，因为它与配偶偏好和选择的进化理论有关。[67]从这个角度来看，男女在配偶选择上的差异与他们之间的生殖生物学差异有关。女性在追求浪漫—性行为时自然会更加谨慎（即在战略上保持警惕），因为生产后代与在选择配偶时出错的成本较高。[68]另外，男性通过与更多伴侣交配可以增加其拥有可存活的后代的机会，这意味着他们应更渴望性关系，因此当他们不这样做时，他们会更加后悔。

❖ 应对方式：控制中的人格差异

我们已经看到，个体在"观察方式"方面的差异是如何阐明人格的本质的——寻求真相过程中的人格差异以及这些差异对发现真相的影响。现在让我们考虑一下"应对方式"方面的个体差异是如何让我们了解人格的——在控制过程中会影响到如何管理目标追求的人格差异。低需求情况为揭示"观察方式"方面的动机偏好或偏见提供了最清晰的机会，而使个体感到压力的高需求情境则提供了最清晰的机会来揭示个人"应对方式"方面的动机和策略。[69]有关应对的文献表明，人们应对压力状况的方式差异，而非压力本身的性质差异，才是心理和生理结果的最佳预测因素。[70]

早期的精神分析方法强调探索"应对方式"方面的差异以理解人格的重要性，并特别注意到个体用来应对冲突和挫败感的防御措施。[71]当不想要的或令人烦恼的思想被察觉时，个人必须找到某种应对它们的方法，因为这些想法或冲动无法以被接受的方式得到满足。安娜·弗洛伊德（Anna Freud）是精神分析领域的先驱，继她父亲的开创性工作之后[72]，发展了关于核心防御机制的精神分析思想。[73]重要的是，她不仅确定了几种新的防御机制，还指出了个体在运用某些防御机制上的偏好比运用其他机制更甚。此外，她认为某些防御措施比其他防御措施更具适应性，并且特定的防御"风格"与特定的病理状况相关。

344　　　近年来，人类功能中的自我控制和应对受到了越来越多的关注。[74]之所以如此，是因为出于各种原因，自我控制和应对非常困难[75]，特别是在要求高或压力大的情况下。例如，当注意到有关其个人责任的信息时，抑制者更喜欢例如拒绝接受的回避策略，敏感者则更喜欢例如反刍思考的趋近策略，但这些不同的行为在近期失败后比近期成功后出现得更多。[76]另一个例子是，A型人格的人总体上并不比B型人格的人更具敌意，他们只是在受挫之后会更具敌意。[77]

　　　在下面的回顾中，我仅指出了几种高需求的情境来说明"应对方式"如何揭示人格：（1）失败或预期的失败；（2）人际关系的拒绝；（3）延迟自我满足或抵抗诱惑等考验自我调节能力的条件。[78]在开始回顾之前，我想强调两个主要观点。首先，当我提到高需求的情境时，我指的是令人费神或压力大的情况，以及那些涉及在人们当中产生冲突的权衡的情况。我指的并不是那些具备强大动机力量的情境，这些情境可能几乎会使每个人都产生相同动机系统，例如当你的孩子对你微笑并拥抱你时的那种促进—渴望。这些情况不太可能揭示人格差异，因为它们会在大多数人中产生相似的控制反应。

　　　其次，在没有负担、压力或冲突的情况下，人格差异确实会出现，但是在这些要求低的情况下，不太可能观察到"应对方式"方面的任何差异。例如，我在本书的前面描述了在任务执行成功后强促进个体与强预防个体之间的区别。强促进个体感到更快乐，并对未来任务的成功感到乐观；而强预防个体感到更加放松，但仍对自己未来的成功保持警惕（即防御性悲观）。这些对成功反应的差异体现了管理维持促进的渴望与维持预防的警惕之间的控制差异。因此，在管理这些情况下发生的事情方面的确存在差异，但是心理学文献不会将其称为应对上的差异。失败后会出现应对差异，而与之相关的人格差异通常更容易被观察到——因此我在这篇回顾中重点关注失败的情况和其他高要求情况。

应对失败或潜在的失败的方法

之前在讨论知识激活原理中的判断可用性时，我提到个人对世界如何运转（例如，特定情况适合哪种行为）具有各种会产生偏见与偏好的心智模型或内隐理论。这些内隐理论可以概念化为关于自我和世界的意义系统，并因此有助于确定何为真实（真相）。发现心智模型对动机影响的主要贡献者卡罗尔·德韦克（Carol Dweck）与她的同事们一起，研究了个人关于智力本质的两种不同的内隐理论：一种是增长论，即认为智力是可塑的，并且可以通过努力逐渐改变；另一种是实体论，即认为智力是固定而稳定的。这些不同的内隐智力理论与管理目标追求的差异相关，增长论理论家设定有关发展其智力的学习目标，而实体论理论家设定有关验证或证明其智力的绩效目标。

有证据表明，这些不同的内隐理论的影响特别容易在一些失败威胁增加的挑战性情况下出现。当面对失败时，增长论理论家通常会采用"掌握导向"的策略，而实体论理论家通常会采用"无助导向"的策略。[79]德韦克及其同事在研究中，追踪了学生们向初中过渡的整个时期（与小学时的经历相比，处于这一过渡期的学生通常会在课程中遇到更大的挑战和潜在的失败）。当实体论者和增长论者上初中时，他们的数学成绩没有差别。但是之后，增长论者的数学成绩稳步提升，而实体论者的数学成绩却下降了。这种差异是由于增长论者在面对挑战和失败时，相比实体论者采取了更积极的努力信念和更注重掌握导向的策略。[80]

在应对失败时体现人格的另一个例子涉及管理挑战的差异，这与个体的个人效能有关——他们相信自己的行为能够（或不能）产生预期的结果。自我效能的信念可能从我们克服障碍的经验中，从观察他人克服障碍的经验中，从可能增强我们成功可能性的社会支持状况中，以及体现自我效能的内在信号比如感到精力充沛中发展出来。[81]自我效能的信念通常是背景特异或任务特异的，个体可能在某些领域具有较强的自我效能，在其他领域则没有。[82] 例如，自我效能的人生阶段差异与日常挑战有关，比如在应对家庭成员提出的照顾孩子的过度需求时，老年人的自我效能比年轻人更强。[83]

同样，个体自我效能强弱之间的差异经常出现在高需求情境中。当挑战出现时，自我效能较强的人将投入更多的时间和精力来应对挑战。[84] 自我效能较弱的人在面对压力大的情况时往往会看到更多的风险，并对危险和自身的不足进行反思；自我效能较强的人则会改变压力状况，使其更易于控制。[85] 青少年面对的高需求为自我效能在有效控制中的作用提供了一个很好的例子。青春期是一个学业和人际交往方面的需求有所增加，失败的可能性也有所增大的时期。研究表明，那些对自己抵抗同辈压力的能力有较强信念的青少年取得了更好的成绩，行为问题更少，并且在同龄人中也更受欢迎。[86]

防御性悲观主义者则展现了另一种管理风格。他们相信，如果他们当下不进行某些特定的活动，未来就会失败，例如，除非现在认真学习，否则他们将无法通过即将到来的考试。对于他们来说，问题不在于应对实际的失败，而在于应对未来潜在的失败。防御性悲观主义者不同于那些自我效能或强或弱的人。自我效能较强的人相信他们能够执行将产生期望结果的行动。这种信念可以使他们对相关领域的成功感到乐观。而那些自我效能低下的人认为他们无法执行能产生期望结果的行动。这种信念会造就对相关领域的成功的悲观主义。另外，防御性悲观主义者认为，除非他们现在进行某些特定的活动，否则他们不会在特定领域取得成功。当他们预见未来的失败，"预想更糟的情况"，而不是预见未来的成功时，他们会取得更好的结果，因为他们通过警惕地采取必要的措施来避免未来潜在的失败。

应对拒绝的方式

拒绝可以被认为是一种个人失败，但即使人们没有将其视为自己的失败，这种情况也会发生。例如，在存在歧视的情况下，人们必须应对拒绝，他们认为这是他人对自身群体的偏见所导致的。但不论这种拒绝是否被认为是一种个人失败，这种拒绝都是必须面对的，因为考虑到归属感的重要性，它对我们而言具有特殊的心理意义。[87]经典的人格心理动力学模型，如阿德勒和沙利文的模型，都强调了在与重要他人的早期关系中出现的问题会形成各种策略偏见和偏好，而这种偏见和偏好会在之后的成年关系中逐渐显现出来。[88]最近的人格社会认知模型还涉及人们如何应对人际交往拒绝和被拒绝的威胁。一个很好的例子是杰拉尔丁·唐尼（Geraldine Downey）及其同事提出的拒绝敏感性模型。[89]

该模型假设，高拒绝敏感性的人会焦虑地期待、容易感知并倾向于对拒绝产生过度反应，而这往往会导致他们最想避免的拒绝——一个自我实现预言的不幸版本。这些人在解释和应对可能会遭到拒绝的社会情况时展示出了他们的策略偏见。例如，有证据表明，高拒绝敏感性的女性表现出了拒绝与敌意之间的自动关联[90]，相比低拒绝敏感性的女性，她们更可能识别与敌意相关的词语。此外，其他证据表明，这种识别可能不仅仅是由于与敌意相关的单词对于拒绝敏感性较高（相对于较低）的女性来说是更加历时可及的，因为这种差异仅在最近发生拒绝之后才会显现出来。[91]

当处于威胁状态时，高拒绝敏感性的人有很强的动机去检测与威胁一致的线索，并且对拒绝主题的艺术图像比低拒绝敏感性的人表现出了更强烈的惊吓反应，但对其他图像则不然。[92]这种惊吓反应反映了防御性动机系统的激活。[93]还有证据表明，根据其对最终拒绝是否可预防的判断，高拒绝敏感性的人可能会做出不同的反应。当其认为未来的拒绝是可能的却并非无法挽回时，那些高拒绝敏感性的人可能会采取极端措施使自己适应这种关系，以试图防止拒绝。例如，在一项研究中，如果高拒绝敏感性的男性收到的电子邮件所展示的态度只是适度的冷淡而不是明确拒绝，他们会更愿意采取一些讨好的行为，例如为小组成员做些琐碎的事情，并更多地与他们保持意见一致。[94]

347

高拒绝敏感性的人的应对策略或手段还取决于他们的动机取向。几项研究检验了高拒绝敏感性的强（相对于弱）预防定向个体如何应对预期拒绝的焦虑，以及如何应对因感知到的拒绝而产生的负面情绪。[95]研究发现，有着强烈预防定向的高拒绝敏感性者更倾向于对感知到的拒绝采取隐性而被动的消极应对策略（相对于更公开而主动的）。他们被动地表达他们的敌意，例如不再给予伴侣爱和支持，同时压抑了直接的敌意行为，譬如大喊大叫，可能是为了防止事态恶化。

应对诱惑的方式

人们抵抗诱惑的方式和策略方面也存在个体差异。而且，仍然是当人们处于极具诱惑的情况并试图抵抗它时，这些差异再次得到最为清晰的显现。这也正是米歇尔为"棉花糖测试"的年轻参与者创造的一种高需求情境。在这种情境下，孩子们面对着一种可以立即获得的食物，而如果他们等到实验者在一段时间后返回房间，则他们可以得到更好的食物。[96]

正如我之前所讨论的那样，不同的孩子会使用不同的策略来抵抗立刻吃掉现有零食的诱惑，从而在以后得到更好的零食，并且一些策略比其他策略更有效。那些使用了有效策略的孩子们，例如认知和注意力策略，也被发现在长大后拥有有效的学业相关能力。[97]最近的研究发现，一些延迟满足感最好的孩子能够灵活地转移有关诱惑的强烈的（hot）、完善的特征与其更抽象的、更冷静（cool）的特征之间的注意力，这样既维持了延迟的动机，又减少了延迟带来的挫败感。[98]

另一种抵抗诱惑的方式是，当我们正在开展某项任务时，某种使人分神的诱惑，例如听到电视上的有趣的"突发新闻"，可能会分散我们的注意力。在这种情况下，诱惑就像我们通往目标的道路上的障碍或干扰。我们必须对任务保持关注，注意不要分心以反抗这种干扰。这听起来像是"需要高度警惕的工作！"这意味着这种情况下预防定向将是最有效的。这恰是一项研究的结论，该研究提供的证据表明，应对诱惑和应对拒绝时都存在涉及预防定向强度的价值—控制关系。不论是破译加密信息还是解决数学问题，具有更强的预防意识的参与者都报告称，当任务需要（相对于不需要）警惕地忽视那些吸引人的、令人分心的视频片段时，他们有更好的表现和更大的享受。对于具有更强的促进定向的参与者来说，情况则相反。[99]

最后，这项研究表明，使用针对特定方向的控制策略或手段如何产生结果效益。在这种情况下，对诱惑的警惕性抗拒可以带来有助于强预防定向的绩效和愉悦效益——一种调节匹配。这种调节匹配的含义可以扩展到人格的文化差异。事实上，它为人格的文化差异的来源提供了一个新的视角。再次重申，匹配才是最重要的。

❖ 文化与人格

一个多世纪以来，人们一直对文化与人格之间的关系感兴趣。最初令他们感兴趣的问题是："不同民族的人格特征是什么？"不幸的是，对于这个问题不仅存在一些相对无害的答案，例如德国人是"有科学思想的"，意大利人是"热情的"，加拿大人则是"礼貌的"，还存在一些侮辱性的答案，例如德国人是"无情的"，意大利人是"混乱的"，加拿大人是"俯首帖耳的"——这些答案就像是对于国家的刻板印象。[100]这样的答案至少可以追溯到19世纪中叶，当时优生学的先驱弗朗西斯·高尔顿（Francis Galton）等著名的学者对描述一个国家的性格感到很有信心。例如，根据高尔顿的说法，美国人的性格是"充满进取的、挑衅的和敏感的；对于权威不耐烦……对于欺诈和暴力非常宽容；拥有非常高尚和慷慨的精神，以及一些真正的宗教情感，但是对伪善也十分上瘾"[101]。

对"民族性格"问题的讨论在20世纪上半叶达到了顶峰。对于"民族性格"来源的主要回答来源于心理动力学，认为一种文化的成员会由于不同的社会化类型而具有与其他文化不同的性格。[102]作为一个"文化与人格"的问题，"不同民族的性格特征是什么"这一问题由于对不同文

349

化成员的刻板印象，在20世纪50年代受到了越来越多的批评，并且由于这个原因，它至今仍是一个受到质疑的问题。但是，自20世纪90年代中期以来，新一代心理学家对"文化与人格"有了新的兴趣，他们受到新问题的指引，例如"人格与文化过程相互作用的基本心理原理是什么"[103]。

正如我在本章开头所述，我相信文化差异源于相对较少的普遍原则，它们在不同分析层次发挥作用。其中包括调节定向、调节模式和调节匹配的激励原则。我认为，人类运作的这些普遍原则是文化与人格的基础，例如渴望策略与促进相匹配，警惕策略与预防相匹配，并且不论促进、预防状态是习惯性的（例如，在一个人身上稳定或在一个社会中被制度化），还是短期的（例如，因情境而异），情况都是如此。不同个体和文化之间的差异在于每项原则受到相对重视的程度。重视程度的差异通过普遍的功能发挥作用，由此产生人格和文化差异。差异正是以这种方式从普遍性中衍生而来。现在，让我更充分地阐述这一提议。[104]

文化与人格相联系的困难

要解决任何有关"文化与人格"问题，都需要对术语本身进行定义。如何定义它们不仅仅对确定文化与人格如何关联至关重要，甚至关系到它们能否在概念上相关。人格可以以一种与文化交织在一起的方式被概念化，以至于两者基本不可分割。[105]或者，"文化"与"人格"被定义的方式也可以使它们过于互相分离而无法彼此关联。例如，人格被概念化为"本性"（即生物遗传），而文化被概念化为"教养"。[106]这种定义的一个例子是"大五人格理论（FFT）之父"罗伯特·麦克雷（Robert McCrae）所采用的路径，他指出，"大五人格的一个显著特征是其特质假设完全是基于生物学的：它没有将文化与人格特征联系在一起的箭头"（第5页）。[107]

将文化与人格联系起来的另一个困难是，在被强调的心理学领域中都倾向于以不同的方式对待这两个概念。在考虑人格时，大多数心理学家都强调动机变量（无论是否基于生物学）方面的稳定个体差异，例如需求、关注点、冲动、目标、特质倾向，以及应对这些动机状态的偏好方式。相反，在考虑文化时，大多数心理学家都强调认知变量，例如共享意义系统或"知识传统"，涉及由一些相互联系的个体制造、传播并再生产的知识网络。[108]从概念上讲，要把主要从认知角度构想的文化与主要从动机角度构想的人格联系起来是非常困难的。如果用共同的术语来构想文化和人格，那么将它们联系起来会简单得多，仍旧保持其在分析水平上的差异。我相信从动机原则的角度构思人格和文化是有优势的，尽管我也必须承认，对这些概念的更全面的理解还必须包括共同的认知原则，例如已被成功应用于理解人格和文化的知识激活原则（如历时可及性）。[109]

然而，在提出有关文化与人格的动机提议之前，我首先要解决另一个难题，即将文化视为认知而将人格视为动机的倾向——这是如何将人类进化进行概念化的难题。[110]达尔文在 19 世纪下半叶所做的开创性工作，对科学家如何理解人类产生了革命性的影响。[111]鉴于人类是从其他动物进化而来的，为什么不以非人类动物的特征为参考点来发现对人类的意义呢？然而，达尔文的逻辑允许两种不同的结论——每一种都与进化的不同含义相关。

进化的一个意思是"派生"，意为由其形成或组成。因此，达尔文进化论的一个含义是，如果人类是从非人类动物进化（派生）而来，那么他们一定与非人类动物具有共同的特征。但是，进化的另一个意思是 *351* "发展"，这意味着增长和复杂化的可能性。因此，达尔文的进化论的另一层含义是，如果人类是从非人类动物朝着越来越复杂的方向进化（发展）而来，那么与其他动物相比，人类一定具有某种使其进步的特殊或独特能力。"派生"的含义意味着，心理学家应寻找人类与其他动物具有相似特征的证据，这些特征能使人类以类似的方式运作。相反，"发展"的结论表明，心理学家应寻找证据证明人类具有一些新的特征——能使其以不同且通常更为复杂的方式（即不那么"原始"的方式）运作的特征。

在心理学上，认知领域主要选择研究"从……发展而来"的意义，而动机领域主要选择研究"从……派生而来"的意义。当涉及认知时，心理学和其他学科的研究人员对于人类对如语言和艺术等符号系统以及文化人工制品的使用感到印象深刻，它们与非人类的认知表达相比是如此独特而先进。然而，当谈到动机时，给人留下深刻印象的则是人类与其他动物同样拥有的需求、欲望和诸如享乐主义的潜在自我调节。这种结合创造了人类具有神的心智和野兽的动机的形象。

这种形象给文化与人格的关联带来了困难，因为它要求将文化认知中强调的高级人类功能，譬如语言，与人格动机中强调的低级人类功能联系起来，比如享乐原则。我更喜欢的解决方案是强调人类在文化和人格方面都拥有更高级的功能。这就需要考虑人类独特的动机是如何发展起来的。

通过普遍的人类动机将文化与人格联系起来[112]

要将文化和人格联系起来，我认为必须满足以下标准：（1）确定构成文化和人格基础的人类功能的一般原则；（2）在文化和人格分析的不同层次看待这些一般原则；（3）以保持这些概念各自完整性的方式，根据一般原则来定义文化和人格；（4）选择特定的心理因素，这些因素由于其生存价值而存在于每种文化和每个个体中，尽管程度不同；（5）假设不同的文化和人格是如何从占主导地位的不同特定心理因素的变异性中产生的。我相信，普遍动机状态受到不同个体和文化不同程度的重视，只要通过这种普遍动机状态将文化和人格联系起来，就可以满足所有这些标准。现在，让我依次来讨论这些标准。

确定构成文化和人格的一般原则，并在不同的分析层次看待它们

文化和人格问题是关于社会心理学和人格的以下经典问题的一个版本：人格心理学家关注的变量与社会心理学家关注的变量如何相互关联？经典的答案是，存在分别影响行为的独立人格变量和独立社会心理变量，

因此，行为是个体变量和情境变量的产物，它们共同建构了事件的心理意义。[113]还有一种方法是确定一组一般原则，其中个人和情境都是变异性的来源。[114]通过这种方法，"人"和"情境"变量可以用相同的一般原则来理解。人格被重新概念化为心理学原则运作中变异性的一种来源，并且这些原则也会因不同的瞬时情况以及不同的年龄、群体和文化而异。

让我再多说几句对于"变异性来源"的理解。想象一下测试来自不同文化背景的代表性个体样本的心理状态，这些个体会在一段时间内从事不同类型的活动。在研究这些不同的状态时，人格心理学家对个体之间的差异感兴趣，即哪些心理状态随着时间的推移而表现出稳定性。而在研究相同的状态时，社会心理学家会对情境之间由情境造成的各种心理状态之间的差异感兴趣。而同样地，当研究相同状态时，跨文化心理学家会对跨文化的差异感兴趣，即哪些心理状态是同一文化成员的模式或典型。

需要注意的是，在各种情况下都比较的是同一个人的心理状态样本，数据是一样的。人格心理学家、社会心理学家和跨文化心理学家研究的不同之处在于他们感兴趣的是哪种变异性。由于涉及相同的心理状态，因此可以使用相同的一般原则从人格角度、社会心理学角度和跨文化角度描述和理解正在发生的事情。重要的是，可以在这些不同领域中应用相同的普遍原则这一事实，并不意味着这些领域可以被简化为一个分析层次。由于要比较的内容仍然不同，分析的层次也是不同的；也就是说，作为比较单位的数据以不同的方式汇总。因此，连接文化和人格的标准1 *353* 和标准2都可以得到满足：可以确定作为文化和人格基础的一般原则（标准1），并且可以在文化和人格的不同分析层次看待这些原则（标准2）。

定义文化和人格

下一步是根据与一般原则相关的心理状态来定义文化与人格的概念，同时保持概念的完整性。此外，在文化和人格方面，都应强调人类更高级的功能。在我与塔恩·皮特曼（Thane Pittman）的最新论文中[115]，我们提出人类动物的四种基本发展共同作用产生了不同的人类动机：(1)社会意识或意识到个体行为的意义取决于他人对其行为的反应；(2)意识到内在状态（例如，信念、感觉、目标）是外在行为背后的因果机制（即内在状态作为中介）；(3)心灵时间旅行或将当前状态与过去和未来的状态相关联；(4)与他人共享现实。

　　理解、管理和分享内在状态的动机的发展，是人类文化和人格发展的基础。事实上，对文化的定义通常预设文化成员理解、管理和分享他们的内在状态。"文化"一词源于"栽培"（cultura），意为耕种、耕作。这种词源体现在文化的主要含义上，即它代表着发展智力和道德能力的行为，特别是通过教育和培训[116]，这预设了理解、管理和分享内在状态的动机。那么，文化可以被定义如下：相互联系的社会网络中的成员理解、管理和分享他们内在状态，即他们的知识、情感、道德标准和目标等。

　　与文化相反，对人格的明确定义通常没有预设理解、管理和分享内在状态的动机。然而，大多数研究人格的经典路径都假定人们会考虑他人的内在状态，这是超我发展和产生内疚或严厉自我批评的必要条件。对于人类而言，和其他任何动物相比，考虑他人的因素对其个人生存尤为重要。儿童在很长时间内都需要成年人为他们提供养育和保障安全，而这种依赖需要与他人相处。为了生存，人们需要预测并影响（即理解和管理）他人的行为，而他人的行为取决于他们的内在状态——他们的思想、感受、态度和目标等。人们感知到的自我与他人的社会世界涉及思想、感受和欲望等内在状态，而不仅仅是可观察到的行为。人们试图控制或管理的也不仅仅包括自我和他人的行为，还包括自我和他人的内在状态——他们的思想、感受和欲望等。因此，我将人类人格定义如下：人格是一个人观察和应对外部世界与自我和他人的内在状态时的一组稳定的偏好和偏见。

　　因此，从这个角度来看，人类的文化与人格的共同点在于人类有动机去理解、管理和分享自我与他人的内在状态。然而在共性之中，文化和人格各自强调的重点有所不同。文化更多强调网络中参与者之间共享的过程和产品，尤其是信息和知识的共享。而对于人格，重点更多地放在理解（"观察方式"）和管理（"应对方式"）自我和重要他人的过程和结果上。我们已经满足了标准 3：以保持这些概念各自完整性的方式，根据一般原则来定义文化和人格。现在该转向标准 4 了：选择特定的心理因素，这些因素由于其生存价值而存在于每种文化和每个个体中，尽管程度不同。

作为普遍生存因子的调节定向和调节模式

正如我之前所说，文化和人格的全貌需要涉及认知因素，例如普遍适用并有助于生存的知识激活原则。特别是考虑到本书的性质，我将重点强调动机因素，尤其是那些我已经讨论过的动机因素——促进和预防的调节定向原则，以及行动（力）和评估（力）的调节模式原则。强调这些原则的理由非常充分。[117] 首先，关于这些自我调节原则在策略和手段上如何发挥作用，以及它们导致的认知、情感和行为后果，已经有大量的研究。其次，促进、预防、行动（力）和评估（力）指的是动机状态，这些动机状态不但在个体层面，而且在情境层面和群体层面都会发生各自的变化。要将人格与文化联系起来，并将文化与地理/生态因素联系起来，就必须具有在不同层次上变化的动机状态。最后，调节定向和调节模式是所有自我调节的基础。现在，让我进一步阐述第三个原因。

正如我之前所讨论的，调节定向论提出，与养育有关的调节涉及促进定向，而与安全有关的调节则涉及预防定向。鉴于必须同时满足养育和安全需求才能生存，所有人都会使用促进和预防系统。为了生存，个体必须时而处于促进状态，时而处于预防状态，但是个体处于每种状态的频率可能会有很大差异。同样，为了文化的生存，每种文化必须至少有一些成员有时处于促进状态，而至少有一些个体有时处于预防状态。处于任一状态的文化成员的频率或数量可能会有显著差异。

行动（力）和评估（力）的调节模式方向也存在类似情况。当人们进行自我调节时，他们需要决定要哪些目前没有的东西；他们得弄清楚

355

需要做什么才能得到他们想要的东西，然后实施行动。这里体现了自我调节的两项基本功能：评估要追求的不同目标和实现这些目标的不同方法，以及从当前状态开始行动或"移动"到其他状态。自我调节的所有主要模型都包含这两项功能的不同形式。[118]由于运动和评估的功能对于生存所必需的任何目标追求都至关重要，因此所有人都拥有行动（力）和评估（力）系统。为了文化和个体的生存，行动状态和评估状态都必须至少在某些时候出现，但文化中处于任一状态的成员数量可能会有所不同，个体处于这两种状态的频率也会有所差异。

　　我在第九章和第十章中描述了3～6岁这一时期对人类动机发展的特殊意义。这一时期对于人类调节模式和调节定向的形式的发展至关重要。考虑到这一时期调节模式的变化，我借鉴了爱利克·埃里克森的见解，他认为这是一个主动时期（儿童正在"寻求冒险"，为了积极主动地执行任务与前进而"攻击"任务），他明确地将之与行动（力）联系起来。[119]他以走路为例，但他的意思显然不止于此，因为他描述了儿童在此期间对未知事物的好奇心和侵入。埃里克森还说，在这个时期，孩子们有可能为自己的主动行为、攻击和征服的乐趣感到内疚。这是良心的批判性自我评价的时期。值得注意的是，这种批判性自我评价是人类评价模式的一种决定性特征。埃里克森把这段时期描述为"主动性对内疚感"（本书作者添加的楷体内容），它强调孩子的不同，有些孩子可能会有更强烈的主动性，而有些孩子可能会有更强烈的内疚感［即更多的行动（力）或更多的评估（力）］。从人格或文化的角度来看，这个时期可能是行动（力）和评估（力）的不同调节模式定向的强度差异和相对重视程度差异的开始。

　　3～6岁的这段时间对于人类调节定向的形式的发展也很重要。考虑到促进定向与养育和生长有关，而预防定向与安全和保障有关，3岁以下的儿童以及其他动物在自我调节方面可能拥有促进或预防定向。然而，儿童在3～6岁间出现了一种独特的发展，它改变了促进和预防的调节定向系统，使儿童的自我调节和从前不再相同，并且区别于任何其他动物。

在此期间，儿童会开始考虑他人的愿望和期望，从而发展出一种新型社会意识。如前所述，这些观点会成为一种自我引导，既作为自我评估的标准，也作为要达到或保持的理想最终状态。对于年幼的儿童来说，期望的最终状态是一个与重要他人共享的现实，即他们未来的理想成就（促进理想）是什么，或他们的义务和责任（预防应然）是什么。

通过经历不同类型亲子互动的社会化阶段，孩子们学会了分享各自的重要他人对他们的愿望、期望和要求（即共享他人对他们的内在状态）。这些互动可以强调实现促进定向的理想或实现预防定向的应然。[120]通过理解重要他人对他们看重的是什么，通过设法实现这些强调的东西，并通过分享有关这些强调的现实，这一时期的孩子们开始了有助于塑造人格差异和文化差异的创造过程。

现在，我们已经符合标准 4。我选择了行动、评价、促进和预防作为特定的心理因素，这些因素由于其生存价值而存在于每个文化和个体中，尽管程度不同。我已经讨论了这些关于人格和文化的一般取向的独特的人类形式，它们涉及对内部状态的理解、掌控和分享。我认为，正是这些动机状态在个体和文化之间的变异性，提供了文化与人格之间的重要联系。现在，我来谈谈标准 5，这是将人类文化与人格联系起来必须满足的最后一个标准：假设这些动机因素中的文化变异性和人格变异性如何相互影响。[121]

动机对文化与人格的双向影响

我首先需要考虑发生这种影响的背景情况。毫无疑问，人与人之间的生物学差异是要考虑的一部分，但我更想从更高层次的分析开始。具体而言，我更喜欢从一个区域内的生态或地理因素入手，这些因素有其广泛的经济和社会力量影响，它们提出要求、设定限制并为生活在该地区的人们提供机会。理查德·尼斯贝特（Richard Nisbett）的著作《思维版图：亚洲人和西方人如何以及为何差异化思考》（*The Geography of Thought：How Asians and Westerners Think Differently ... and Why*）

提供了很好的说明。[122]尼斯贝特提出了一个从生态到经济到社会结构再到注意力等影响因素的示意模型。值得注意的是，他的模型包含双向影响，我也是如此，并且我们都认为社会过程至关重要。尼斯贝特的模型和我的建议的不同之处在于他强调认知过程，而我强调动机过程。

我提出了文化与人格之间双向影响的五个步骤。前三个步骤涉及文化如何影响文化成员的人格而使之成为模式化的人格。最后两个步骤涉及伴随文化出现并随后影响文化的那些模式化人格。

在我提议的第一步，我假设生活在特定区域的人类有特定的需求、约束和机会。为了应对这些环境力量，他们彼此合作以维持生存，而这种合作涉及理解、管理和共享他们的内部状态。重要的是，这些内部状态包括促进、预防、行动和评估的取向。第二步，则涉及环境力量和不同动机取向与他们追求目标的偏好策略之间的匹配。我假设，促进、预防、行动或评估状态对生存的环境力量的贡献程度，取决于特定地区特定力量的性质。例如，在普遍安全并提供成长和提升机会的环境中，促进渴望比预防警惕更为有效。但是，对于难以维持安全、不小心出错的代价极其高昂的环境而言，情况恰恰相反——此时预防警惕会更加有效。

我提议的第三步涉及真相和控制的共同作用——文化朝着适应其环境力量的正确方向发展。我假设，根据他们的经验，特定区域网络中的行为者共享一种认识（一种不一定被意识到的真相），即为了更好地管理（即控制）他们的环境力量，一些动机状态需要比其他状态受到更多的强调。随着时间推移，他们共同构建了一种社会结构和制度（一种文化），这增强了这种文化的成员更常处于某些动机状态而不是其他状态的可能性。我认为正是这种对环境力量的文化解决方案决定了一种文化中的模式化人格。同样，所有动机状态都将至少在某些时候出现在每种文化和每个个体身上，但是在这种动态变化中，文化力量会敦促文化偏好的动机状态。根据他们在文化的社会结构和制度中的角色和地位，某些人比其他人更容易受到这些文化力量的影响，因此，他们的自我调节往往会更多地强调文化偏好的动机状态。在这种文化偏好的动机状态的动态流动中，会出现一种模式化人格的秩序。[123]

接下来的两个步骤描述了文化中出现的人格会如何影响文化。调节匹配在新兴人格对文化的影响中起着重要作用。在第四步，我假设个人会自然而然地偏好使用符合其主导动机取向（即其人格）的方式追求目标。这些目标追求策略将成为人们生活时的习惯性偏好程序（即控制偏好）。鉴于某些动机取向已在一种特定文化中作为模式人格出现，这些取向所偏好的目标追求策略将成为描述性规范，因为它们将成为该文化当中大多数成员使用最多的策略。[124]

在第五步也是我所提议的最后一步，我假设一种文化中最具有模式化人格的成员可能会在该文化中更具影响力。之所以会发生这种情况，是因为该文化中最具模式化人格的那些成员更具原型性，而且研究表明，被认为是该群体具有高度原型性的成员一般也更具影响力。[125]当这些成员成为小组领导者时，他们将对其他小组成员使用的目标追求策略产生影响。他们将更偏好符合其个人动机取向（即他们的个性）的目标追求策略，不仅因为这些策略让人"感到正确"，还因为这些策略在道德上是"正确"的，因为人们倾向于将调节性经验匹配转移到道德经验上。[126]

这样，那些目标追求策略除了会成为描述性规范之外，还将成为规定性规范。同样，领导者可能会影响一个群体的身份，包括影响其成员采用的群体定义策略。这反过来会影响成员的行为。例如，有证据表明，团体座右铭所反映的促进和预防策略（例如，"一盎司的预防胜于一磅的治疗"）可以成为团体身份的一部分（一种集体调节定向）并在之后影响团体成员个体的行为。[127]

步骤4和步骤5描述了一种文化中出现的模式化人格如何影响该文化中的描述性规范和规定性规范的发展。这些规范将成为该文化的习俗和惯例的一部分，然后通过文化定义的情境来敦促使用与这些规范相关的目标追求策略，从而对文化成员产生各种影响。鉴于这种双向影响，使用特定的目标追求策略对文化的影响显然大于模式化人格本身产生的影响。

现在已经满足了标准 5：描述动机因素中的文化变异性和人格变异性如何相互影响。首先，特定区域内相互联系的行为者网络达成了共识，即为了更好地管理其环境力量，某些动机状态需要比其他动机状态更被强调，因此，他们构建了一种社会结构和制度（一种文化），增强了其成员处于某些动机状态而不是其他状态的可能性。正是对环境力量的文化解决方案决定了哪些人格将成为该文化的模式化人格，这就是文化变异性对人格变异性的影响。其次，在一种文化影响中出现的模式化人格，也会影响该文化的描述性规范和规定性规范的发展（这是该文化的习俗和惯例所依据的规范），这就是人格变异性对文化变异性的影响。

从调节匹配的普遍性看大五人格特质和自尊的文化差异

现在该回到我在本章开始提出的建议了：文化差异源自普遍性。有证据支持该命题吗？确实有。安东尼奥·皮耶罗、阿里·克鲁格兰斯基和我[128]在其他许多研究人员的协助下，研究了促进、预防、行动（力）和评估（力）取向与以下被广泛研究的人格维度之间的关系：自尊[129]和宜人性、外向性、责任感和开放性的大五人格特质。[130]我们将这些人格维度概念化为在这个世界上的生活方式，概念化为不同的目标追求方式。[131]因此，我们预测它们会像策略通道或渠道一样发挥作用，会对这四个动机取向中的每一个都产生相应的调节匹配或不匹配。我们的研究目的如下：（1）证明在促进、预防、行动（力）和评估（力）取向的优势方面存在跨文化差异；（2）证明在这些动机取向与自尊、宜人性、外向性、责任感和开放性的联系中存在跨文化普遍性；（3）检测将（1）的跨文化差异与（2）的跨文化普遍性相结合是否可以用于预测特定的跨文化差异，例如美国人的自尊普遍比日本强。

360 为了测量促进、预防、行动（力）与评估（力），研究使用了"调节定向调查问卷"[132]和"调节模式调查问卷"[133]，它们均具有良好的信度、效度和心理测量特性。我们测量促进和预防指标以及所有人格维度的国

家包括澳大利亚、印度、以色列、意大利、日本和美国。我们测量行动（力）和评估（力）指标以及所有人格维度的国家包括印度、以色列、意大利、日本和美国。[134]所有参与者均为大学生。[135]

正如假设的那样，我们确实在促进、预防、行动（力）和评估（力）的主导取向方面发现了明显的跨文化差异。在测量了促进和预防得分的所有国家中，与其他所有国家（印度除外）相比，日本的预防取向个体（即预防程度高于促进程度的个体）的比例明显更高。相比之下，在所有国家中，美国和意大利的促进取向个体（即促进程度高于预防程度的个体）的比例明显较高。在测量了行动（力）和评估（力）得分的所有国家中，与其他所有国家相比，日本的评估取向个体［即评估（力）程度高于行动（力）程度的个体］所占的比例明显更高。相比之下，意大利的行动取向个体［即行动（力）程度高于评估（力）程度的个体］的比例明显更高。

和假设一样，在促进、预防、行动（力）和评估（力）与自尊、宜人性、外向性、责任感和开放性等策略通道之间的关系方面，也存在明显的跨文化共性。[136]关于调节定向，我们发现，在每个国家中，更强的促进都与较强的自尊、外向性和开放性成正比。[137]相反，在各个国家中，更强的预防都与这些人格特征无关或成反比。在每个国家中，更强的促进和更强的预防都与更强的责任感相关。[138]一般来说，虽然普遍性可能较弱，但更强的促进和更强的预防都与更强的宜人性正相关。对于调节模式，我们发现，在每个国家中，较强的行动（力）都与较强的自尊、外向性、责任感和亲和性正相关。[139]相反，在每个国家中，较强的评估（力）都与这些人格特征无关或负相关。在每个国家中，更强的行动（力）和评估（力）都与更强的开放性成正比。[140]

我认为，我们在特定的动机取向［例如，促进和行动（力）］与特定的人格特征（例如，自尊和外向性）之间发现的普遍关系，源于维持特定取向的特定人格特征；也就是说，源于调节匹配。[141]让我们以外向性为例考察一下它的运作。在每个国家，我们都发现，更强的促进而不是更强的预防与更强的外向性成正比。我们还发现，更强的行动（力）而不是更强的评估（力）与更强的外向性成正比。外向性更强的人更热情、无忧无虑、善于交际并渴望结识新朋友。这种生活的策略方式显然会维持一种强促进定向，即偏好以渴望的方式追求目标。由于对社会情境的外向性反应也支持进入和参与情境、毫不犹豫或大胆地热情迈进，因此这种目标追求方式也将维持一种强行动（力）定向。

现在让我们考虑自尊的人格特征。自尊，或对自我的积极看法的跨文化差异在文献中受到了相当大的关注。例如，研究发现，美国和日本等东亚国家的人们的自尊水平有所不同，他们的自我评价的"观察方式"也有所不同。[142]一般来说，美国的自尊水平高于日本。对这种差异的一种解释是，在美国这样的独立（或个人主义）文化中，自尊本身比在日本这样的互依性（或集体主义）文化中更受重视。[143]然而，我相信还有另一种解释：我认为，这种差异源于美国和日本在促进、预防、行动（力）和评估（力）的模式化人格方面的跨文化差异，以及这些动机取向如何与自尊有关的跨文化普遍性，因为自尊是一种适合促进和行动（力）但不适合预防和评估（力）的"观察方式"。

正如我在前面的章节中所讨论的那样，测试调节匹配的研究发现，对于强促进定向的个体，预感目标追求成功是一种匹配（通过增加渴望），预感失败是一种不匹配（通过减少渴望）。相反，对于强预防定向的个体，预感目标追求成功是一种不匹配（通过降低警惕），预感失败则是一种匹配（通过提高警惕）。鉴于此，强促进定向的个体应从策略上增强其乐观情绪和信心以保持渴望，而强预防取向的个体应减弱其乐观情绪和信心以保持警惕。适应性和策略性自我调节的这些差异将导致强促进定向的个体的自尊高于强预防定向的个体。

同样说得通的是，强行动（力）定向的个体会在策略上对未来充满信心，以使自己前进；而强评估（力）定向的个体会在策略上进行批判性的事后评价，以便在下一次做正确的事。策略性自我调节方面的这些差异将导致强行动（力）定向的个体的自尊高于强评估（力）定向的个体。

　　这些调节匹配对美国和日本等不同国家的自尊水平有何影响？我们的研究发现，这两个国家都存在一些促进取向的个体和一些预防取向的个体、一些行动（力）取向的个体和一些评估（力）取向的个体。但是，在美国和日本，主要取向（即模式化人格）的相对分布是不同的。与日本相比，美国拥有更多的促进取向主导和行动（力）取向主导的个体；而日本拥有更多的预防取向主导和评估（力）取向主导的个体。考虑到这些不同定向和自尊之间的普遍关系，以及促进和行动取向者的自尊水平要高于预防和评估（力）取向者，可以预测美国的总体自尊水平应该会高于日本。而这正是我们的研究发现的结果，其他人的发现也是如此。但是，我们的研究结果的新颖之处在于，这种差异并非源于自尊在"独立的"美国与"互依的"日本的不同作用方式，而是源于美国和日本在模式化人格上的跨文化差异，以及自尊如何适应这些人格的动机取向的跨文化普遍性。

　　我提出，特定的生活方式——"观察方式"和"应对方式"——与特定的动机特征之间的调节匹配（或不匹配），作为普遍性的功能，在与不同文化的取向或模式化动机取向方面的差异相结合时，就会产生人格的文化差异。我还提到，调节匹配也可以通过另一种方式促进文化差异。不仅个体的习惯性动机取向和他们观察与应对世界的方式之间存在匹配或不匹配的关系，个体的习惯性取向和他们所处的特定文化的模式化情境所要求的应对方式之间也存在匹配或不匹配的地方，包括其他人对行为举止的规范性要求。[144]

　　例如，日本的促进取向主导的个体可能更愿意通过提高自尊水平来维持自己的渴望，但至少在某些时刻，他们可能会发现自己处于需要谦卑的情况下。这些情况可能导致情境性不匹配，使他们对自己的渴望"感觉不对"并削弱他们的参与，从而降低他们的生活质量。在预测个体和跨文化生活体验的差异时，需要考虑到个体的历时性取向与文化环境的行为要求之间的调节匹配与不匹配，如传统情境所体现的那样。事实上，最近有证据表明存在这种人格—文化匹配。[145] 在对 28 个不同社会的研究中，当特定人格与整体社会人格所创造的文化情境或"文化规范"相匹配时，促进取向或行动（力）取向的个体的幸福感会更强。

历时性个体取向，与他们偏好的观察和应对方式，以及制度化情境引起的观察和应对方式之间的相互作用，对于进行低于国家文化层次的分析也至关重要。公司中的管理团队可以拥有自己低水平的"文化"，家庭或学校教室也是如此。即使在这些较低的水平上，不同的历时情境和"观察方式"与"应对方式"之间也存在相互作用，这些都与不同个体的历时倾向有关。事实上，可以通过选择人员或创建历时情境，来为公司团队或教室中的个人制造出一种匹配的环境。这可以作为管理他人动机的一种有效方法。我将在下一章探讨这种确切的可能性。

第十二章
有效把控动机：运筹帷幄

我在本书前面提到，多年前我为哥伦比亚商学院的高管项目开设了一门有关动机的课程。在课程开始时，我要求高管们回答以下两个问题：

1. 作为管理者，你认为激励他人的最有效方法是什么？

2. 如果你能影响你所管理的人的工作动机，你想让他们有哪些动机？

毫不意外，他们对第一个问题的回答大多是关于使用激励措施；也就是说，告诉别人，如果表现好将来会得到好处。在提到的激励措施中，最常见的是物质奖励，例如薪金或奖金奖励。此外，社会奖励也经常被提到，例如称赞或公众认可。

我猜测，对于其他企业管理者，以及教师、教练、父母和其他更普遍的"管理者"而言，使用激励措施都会是最常见的答案。毕竟，如今关于激励的经典心理学研究都有关于各种激励的影子。而今天媒体上能找到的建议仍然都是关于激励的，就像我在互联网上看到的信息，"激励无处不在"。这条信息附带着对管理人员的建议，即要找到能激励特定下属的特定激励措施。这一建议包括使用惩罚的威胁，如开除下属的威胁，也包括使用奖励的承诺。

鉴于激励措施一般涉及预期的奖励和惩罚，他们的逻辑是正向的。首先，管理人员需要找到激励特定下属的特定激励措施。然后，这种激励会在当下创造动机，随后可以导向任何未来想要的结果。这些管理人员首先要考虑下属的需求——"我现在应该提供什么才能激励他们？"然后再根据下属现在的行动方式向下属提供这种激励。一般来说，这种管理方法背后的激励概念隐含着激励是一种"（被引导的）能量"的意涵。一旦在当下因提供的激励而产生动力，便可以将其引向未来的某个目标：借助当前激励产生的动力向前推进，直至达到任何想要的未来目标。确实，这些认为激励是鼓舞他人最有效的方法的企业高管都使用了某种形式的"（被引导的）能量"来描述激励本身。正如我在第二章中提到的那样，他们认为他们需要做的是利用适当的激励措施使下属"充满活力""火力全开"，然后下属就可以被引导至他们想要的任何目标。

根据这种管理他人的方法，真正重要的是能够在当下"激发"或"点燃"下属对未来渴望结果的预期。能量本身是"万能的"，可被导向任何目标。能量的来源无关紧要——它可以是金钱奖励、社会认可或工作保障。一旦激励措施（无论它是什么）成功地激励了下属，下属就可以被导向管理者想要的任何终点。

"正向工作，（被引导的）能量"这种以激励措施为动机的流行手段的背后存在一个严重的缺陷。为了说明这个问题，让我举一个管理失败的例子[1]，这是我在哥伦比亚管理学院的同事告诉我的：他的 MBA 课程中的一名学生是一家雇用司机的公司的首席执行官。司机们被告知，如果他们有安全的驾驶记录，他们将在年底获得一笔金钱奖励。然而，奖金激励计划没有奏效——司机们的安全驾驶记录率并未提升。这是什么原因呢？

也许奖金没有发挥作用的原因在于，金钱对于司机来说价值不高（即低价值激励），或者他们不认为自己可以在一年中保持安全的驾驶记录（即低期望激励）。也有可能是奖赏在时间上太遥远，也就是说，司机必须等一年才能因为安全驾驶记录而获得奖励。如果时间延迟较短，奖金说不定会起作用。根据标准奖励或强化原则，较短的奖励延迟应该是一个更有力的激励因素。但我认为问题并不在于奖励的延迟或者低价值或低期望的激励。那么，首席执行官的奖金计划有什么问题？我认为问

题在于，首席执行官使用的是正向工作的模型，而不是逆向工作的
模型。

❖ 从需求出发逆向工作

相较于激励正向工作，我建议管理者朝着相反的方向努力。在管理
某人时，首先要问自己想要什么。对于这个人，要从你偏好的最终目标、
你可欲的结果开始。然后回过头来，找出这个人的目标取向和目标追求
方式之间的匹配，这种匹配自然会产生达到目标所需的各种行为。通过
使用这种逆向工作的方法，让我们重新考虑首席执行官要求司机的"安
全驾驶记录"问题。

按照逆向工作的方法，这位首席执行官（男性）首先应该从他想要
的东西开始，即到年底时，公司司机将拥有良好的安全记录。现在，他
应该倒过来问自己，司机的哪种动机状态将会自然地导致安全驾驶。一
个显而易见的答案是"警惕"。如果司机在开车时被激励要小心谨慎，努
力避免犯错误（即助力警惕的行为策略），那么他们就可能会更安全地驾
驶。为了确保司机保持警惕的激励状态，首席执行官可以做什么？再次
倒推，首席执行官应该问自己，什么样的动机导向会使驾驶者更自然地
愿意保持警惕。回顾一下，预防定向的人们更愿意在追求目标时保持警
惕，即警惕与预防相匹配。那么，再次倒推，首席执行官应该问自己：
"那么，该怎么做才能引发司机的预防定向？"

引发司机的预防定向的方法有很多种。首席执行官选择使用哪种方
法应取决于他的其他目标。例如，想象一下，首席执行官可能认为，安
全记录良好的司机在本年度的财务状况比那些没有良好安全记录的司机
的财务状况更好，这是公平的。这个公平的目标本可以通过最初的奖金
计划实现，但这是一项收益/非收益的应急计划，将引发促进定向而不是
预防定向，而安全驾驶需要防御性警惕而不是促进性渴望。首席执行官
可以做的是宣布为每名司机在一个账户中留出资金，该账户将在年底被

367 启用。如果到年底司机有足够好的安全记录，那么这笔钱将保留在账户中（即非损失）；但如果到年底司机没有足够好的安全记录，那么这笔钱将从账户中移除（即损失）。这是一项非损失/损失应急计划。它将引发预防定向，提高警惕性，并支持安全驾驶行为。

在实际情况中，首席执行官确实在未能改善安全记录后更改了奖金计划。首席执行官没有奖励那些有良好安全记录的司机，转而对那些发生事故的司机进行罚款（尽管事故发生的成本可以被保险公司补偿）。这是非损失/损失应急的另一种形式，并且同样可以引发预防定向，提高警惕性，并支持安全驾驶行为。而且，实际上，它的效果比原来的奖金计划更好。司机的安全记录得到了改善。但是，应该注意的是，这种消极形式的非损失/损失应急形式，是关于制止未来的某种消极状态（即被罚款），而这可能被认为是不公平而降低士气的。出于这个原因，选择一种非损失/损失应急情况的积极形式（即不会损失为安全驾驶留出的钱）会更好，因为司机会将其视为一种更公平的政策。

逆向工作的管理方法并不假定存在一些可以简单地导向可欲目标的"通用能量"。相反，它做出以下三个假设：（1）存在不同的策略动机，支持实现不同的价值成果（例如，渴望支持创造性成果，警惕支持安全成果）；（2）不同的策略动机对于不同的目标取向可能匹配或不匹配（例如，促进—渴望匹配、预防—警惕与促进—警惕不匹配、预防—渴望不匹配）；（3）不同的情况会引发不同的目标取向（例如，收益/非收益情况会导致促进，损失/非损失情况会导致预防）。而且，重要的是，逆向工作方法不仅限于与促进和预防定向相关的变量，也可以应用于行动（力）和评估（力）取向、趣味与重要取向、对闭合取向的需求等，并且不同的策略动机和不同的取向是匹配或不匹配的。例如，当在不同选项间选择时，批判性地比较所有不同选项的所有特征的策略适合评估（力）取向，但不适合行动（力）取向。或者，对于被认为是很重要的活动，以严肃的方式参与是一种匹配，以娱乐的方式参与则是一种不匹配。

逆向工作而不是正向工作非常重要，因为如果不是这样，制定的计划也许确实可以创造一种强激励状态（即"高能量"），但这种状态会自然地倾向于与所需方式相反的行为。奖金计划的例子清楚地说明了这一点，该计划可以通过更强烈的渴望产生"高能量"，但与提高安全水平所需的警惕性方向相反。

南辕北辙奖励的愚蠢是怎么回事？

我认为，首席执行官的奖金计划的失败在于他从激励入手正向工作，而不是从他想要的东西入手逆向工作。我不认为失败是由于奖励被拖得时间太长或奖励的激励价值或期望值过低。但是，还有另一种我未讨论的激励失败的可能原因：也许奖金计划实际上是在奖励安全驾驶记录以外的某样东西。让我更详细地考虑这种可能性，因为它经常被用作激励失败的解释或借口。

在企业管理领域，史蒂文·科尔（Steven Kerr）有一篇"学术经典"论文，题为"论南辕北辙奖励的愚蠢"[2]。该论文描述了人们使用的错误激励机制，他们最终奖励和增加了行为 A，而不是他们想要奖励和增加的行为 B。这会不会就是首席执行官的奖金计划失败的原因？奖金计划的失败会不会只是"南辕北辙奖励的愚蠢"的另一个例子？我不这么认为。安全驾驶显然是计划给予奖励的行为。司机因安全驾驶的"期望"行为而获得明显的或有奖励。因此，首席执行官奖金计划的问题不是科尔提出的问题。但是，让我们考虑一下科尔自己使用的一个例子——奖励教授。

根据科尔的说法，社会一方面希望大学教授在教学上投入大量时间和精力，另一方面却建立奖励从事研究和发表学术论文的激励机制。在这种激励机制下，专心研究而忽略教学是理性的选择。在这个例子中，大学的激励机制没有像社会希望的那样起作用。这是不是因为激励措施使用的"正向工作，（被引导的）能量"的方法存在严重的缺陷？科尔否认了这一说法。相反，他认为问题在于没有使用正确的激励措施。他对这个问题的描述如下：

> 对良好教学的奖励通常仅限于杰出教师。这些奖项只授予小部

分优秀教师，并且通常只给予很少的金钱和短暂的声望。而针对不良教学的惩罚通常也很罕见。[3]

369 　　根据这个问题的框架，大学需要做的是给更多的教授颁发更多的奖项，为更好的教学提供更多的金钱奖励，维持更长时间的与这些奖项相关的公众认可，并引入教学不力的惩罚。这样做行得通吗？

　　新的教学奖励激励措施可能会增强教学动机，从而增加与教学相关的"能量"。但是，这会引发什么类型的动机？从教学中获得的新的金钱和认可收益可能会引入促进定向。教授们将急切追求新奖项。要获得该奖项，他们必须达到"良好教学"的某些标准。该标准有一些条件，例如学生课程评分。教授们将努力达到标准。例如，他们将对学生表达的关注和兴趣做出回应。他们会做一些必要的事情来获得学生的高评分。他们对学生的反应将成为最终获得高评分的一种手段，而不是目的本身。教学将是为了满足标准，在学生中获得较高的评分，而不是为了让学生学到什么。这是否就是"负责任的教学"的含义？这些动机会创造出社会所需要的那种教学吗？

　　对不良的教学实行惩罚的效果又会如何？这样做会引入预防定向。预防定向会减少课堂上的创造性思维，从而使教学进一步偏离社会真正的需求。此外，惩罚不良教学所引发的预防定向动机可能与良好教学奖所引发的促进定向动机相冲突。"能量"的概念包括增加新的激励措施将进一步提升动机的想法；在这种情况下，惩罚不良教学将进一步增加由良好教学的奖励所创造的能量。而且，据推测，所有这些能量都可以被导向有价值的目标。但是，动机并非如此。相反，它将产生的是具有不同关注点和不同策略偏好的动机系统之间的冲突。[4]

　　与其引入更强的教学动机，不如首先确定社会对于教授的教学要求到底是什么。这第一步至关重要。只有当我们知道社会需要什么时，我们才可以由此逆向工作，从而确定哪些策略动机自然会支持这一有价值的期望结果。然后，倒推过程将继续，从确定所需的策略动机开始，确定该策略匹配的目标定向，最后确定引发该目标定向的条件。

想象一下，社会希望教授们既要教学生成为批判性思考者，又能在　*370*
课堂上通过讨论不同的观点，以及展示支持或反对这些观点的证据，来
提供一个批判性思维的模型。[5]通过逆向工作，激发批判性比较的动机将
支持批判性思维的示范和教学，并且进行批判性比较也与评估的目标定
向相匹配。因此，需要一些诱导评估取向的条件，例如强调真相与确立
真实的重要性。而为良好的教学提供丰厚的奖励并惩罚不良的教学，会
强调价值而不是真相。它可能会带来与预期相反的结果。

首先回答问题 2 的重要性

回想我在课程中问商学院学生的第二个问题："如果你能影响你所管
理的人的工作动机，你想让他们有哪些动机？"最常见的答案是，作为管
理者，他们希望下属：要有创造力，乐于改变（"打破常规思考问题"）；
保持乐观和热情；树立团队合作精神，尊重他人，忠于团队（"为公共利
益服务"）；具有个人主动性，为个人成就感到自豪；不断学习和改进。
就像父母对待孩子一样，这些管理者希望他们的下属具有所有这些"好"
的动机。

我已经做过几次这种练习，并且一直发现，大多数管理层人士并不
考虑他们对问题 1（"作为管理者，你认为激励他人的最有效方法是什
么？"）的回答和他们对问题 2 的回答之间的关系。如果你是管理者，而
你对问题 1 的回答是，个人成就的奖金计划是激励下属的一种很好的方
法，因为它提供了强烈的激励，那么这与你对问题 2，即你想要你的下属
有什么动机的回答有何关系？如果在你对问题 2 的回答中，你的首要任
务是激励下属确立团队合作精神和忠诚度，那么你对问题 1 的回答（"使
用个人成就的奖金计划"）是一个好主意吗？

再次强调，逆向工作至关重要。在这种情况下，在选择问题 1 的答
案之前，要从问题 2 的答案倒推。倒过来问，激励下属建立团队精神和
忠诚度的最佳方法是什么。显然，你的奖金计划应该奖励整个团队的表
现，而不是个人的成就。但是，向后也可以清楚地表明，还存在比奖金

奖励形式更好的方法可以用于确立团队合作精神和忠诚度。毕竟，奖金激励与获得可欲结果（即使它们是团队的结果）有关，这强调了价值。但是，团队合作精神和忠诚度可能更多与掌控发生的事情（控制）或建立共享现实（真相）有关，而不是获得可欲结果（价值）。强调真相和控制的变量，例如改善团队成员之间的信息流和反馈，可能是确立团队合作精神和忠诚度的更好方法。

371

如果你对问题 2 的回答是，你希望下属有动力不断学习和进步（即掌握和有内在动机），那会怎样？再一次，将奖励与绩效挂钩的奖金激励不是一个好主意：这种视情况而定的奖励已被证明破坏了掌握和内在动机。逆向工作，诱导自我决定或自主性导向的条件，可能是建立学习和改进偏好的更好方法。[6]

考虑管理一种产品的成功情况。最初的决定可能是强调产品数量或者产品质量。如果决定强调产品质量，那么下一步就应该决定是强调可靠性还是强调创新性。在课堂练习中，我要求我的学生想象他们是一家飞机制造商（例如，波音）的首席执行官，其目标是提高产品的可靠性。他们将如何激励下属更多地强调产品的可靠性？再一次，学生们最常见的解决方案是引入可能提高产品可靠性的奖金激励措施。我们知道，奖金激励会引发促进渴望。促进渴望支持产品可靠性吗？并不！研究表明，它支持的是产品数量而不是产品质量，是产品创新而不是产品可靠性。[7]因此，该激励计划将是一个错误，因为它会产生与所需方向相反的动机。从首席执行官想要的产品可靠性上后退考虑，当人们有动机保持警惕时，可靠性自然是首选，而警惕与预防定向相匹配。因此，所需要的是能够引发预防定向的条件。

早些时候我提出，试图保持（而不是损失）金钱以达到某个目标（例如，安全驾驶，强调可靠性）是引发预防定向的一种方法。但这显然不是唯一的方法。有时根本没有必要使用任何形式的激励措施。所需要的仅仅是诱发预防的条件，而非激励措施就可以做到这一点。例如，管理者可能会强调每名员工都有制造出顾客可以信赖的产品的义务和责任，这会通过启动应然诱发预防。以履行职责为荣会引起预防，并自然产生警惕偏好，从而有助于提高可靠性。但是请注意，强调履行职责的荣耀并不总是有益的。如果首席执行官想要强调创新性而不是可靠性，那将适得其反，因为对创新的偏爱与促进渴望而不是预防警惕有关。

我并不是说奖金激励是坏事。我的观点是，奖金激励本身并无好坏之分。根据框架的构成方式（例如，收益框架与损失框架），它会引发特定的取向，例如通常收益框架的奖金激励会引起促进定向。而促进定向本身也没有好坏之分。这完全取决于管理者想要的最终状态。如果管理者希望管理的人强调产出数量或强调产品创新，那么通过收益框架的奖金激励措施来引起促发定向将是一个好主意。如果管理者还希望下属充满热情而乐观，正如我的许多学生管理人员所说的那样，那么收益框架的奖金激励将是一个很好的主意，因为热情和乐观情绪与促进相关的渴望相匹配。但是，如果希望下属强调可靠性和防御性悲观主义〔例如，像英特尔的早期首席执行官安迪·格罗夫（Andy Groves）那样相信"只有偏执狂才能生存"〕[8]，或者如果希望他们拥有强大的分析思维而非创造性思维[9]，那么收益框架的奖金激励就不是一个好主意，而非损失框架的激励则是一个好主意。

从整体考虑动机协同运作的需求

逆向工作的方法并不假定激励措施本身的好坏。相反，它假定其有效性或无效性取决于其与想要的动机之间的激励关系。更普遍地说，这种方法假设，重要的是从整体考虑动机的协同运作。这意味着要考虑诱发目标定向的条件和与该定向匹配的策略。这意味着要超越激励机制背后的"快乐与痛苦""胡萝卜加大棒"思维——获得快乐和避免痛苦是一种激励。而激励他人，正是我们使其走向我们想要的目的地所需做的。如前所述，这种思维可能会导致管理者使用适得其反的激励措施。

的确，与我的"从你想要的东西逆向工作"的方法相比，"具有（被引导的）能量的正向工作"的方法显然具有简单明了的优势。毕竟，能量被认为是对所有事物都有效的"通用"能源。相反，动机状态作为一个组织协同作用，并且对某些目的有效而对其他目的没有效果的概念更加复杂。为了利用这个概念，管理者必须首先准确地知道他们想要什么，并通过逆向工作来找到适合该特定期望结果的特定动机组织。这需要规划和动机方面的专业知识，知道哪些条件会导致哪些定向，哪些策略动机适合哪些定向，以及哪些手段对哪些策略的支持能维持所需的行为，以达到想要的最终状态。

373

是的，这听起来绝对比给劲量玩具兔充电复杂。但是，成为一名熟练的高尔夫球手不仅需要学会用力挥杆。精通高尔夫球的人知道，当异常情况出现时，例如在大风条件下，可能还需要更改挥杆姿势。有效管理也是如此。假设你是一家金融投资公司的首席执行官。最近情况有些失控，你的下属冒着巨大的风险，有可能会给公司带来灾难。你希望你的下属更加谨慎，在决策时更加保守。这听起来很直白。逆向工作，你知道策略上的警惕通常可以导致做出保守的决定。因此，逆向工作时，你需要做的就是设置条件，诱发与警惕相匹配的预防定向。

但是，如果当前情况不同寻常怎么办？如果你知道你的下属觉得他们和公司目前有麻烦怎么办？他们当前的状态为负或"−1"，而不是"0"或"+1"。在这种情况下，诱导预防定向将是一个错误。正如我在第八章中讨论的那样，当前状态为"−1"时，与预防相关的警惕会产生非常危险的决策而不是保守的决策，因为处于"−1"状态下，专注于预防的人员会为了恢复到满意状态（"0"）而不惜一切代价。

这个例子说明，像一名熟练的高尔夫球手一样，有效的管理者需要考虑当前的情况。他们需要查看整体情况，然后考虑动机是如何协同运作的。前面提到的希望司机改善他们的安全记录的首席执行官，在奖金计划失败后，开始对发生事故的司机进行罚款，设置了引发预防和警惕的条件，从而有效地提高了驾驶安全性。但是，罚款的方案也可能被认为是不公平的，而这有可能带来意想不到的负面后果。最好设置一些条件，使其既能引发预防和提高警惕，又不至于带来潜在不利。

通常可以设置一些替代条件来诱导管理者所需的定向系统。在逆向工作的最后一步，除了设置条件诱导偏好的定向系统，还应考虑每个条件选项的附带效果。例如，公平与做正确或对的事情有关，因此与真相（以及价值）有关。正如我在第十章中讨论的那样，动机组织作为一个整体有其自身的动机意义。在这最后一步，应该考虑设置每个条件选项的整体意义。

诚然，通过"从需求逆向工作"来管理动机，可能比使用激励机制创造可被导向任意用途的"通用"能量更为复杂。但是，正如我们所见，实际上从最初的激励开始，就不存在中立的"通用"能量。取而代之的是，不同的激励会产生不同的动机方向，每个动机方向都有自己特定的策略偏好和方向力量。简单地忽略这种复杂性并不能解决问题。激励机制表面的简单性和其有待引导的"通用"能量只是一种错觉。 *374*

动机共同作用是逆向工作方法的主要优势。与使用奖励措施相比，它还有一个尚未被强调的好处。当管理者使用激励措施时，他们在试图激励下属以某种方式行动，因为这样做可以使他们获得未来的奖励或避免未来的惩罚。实际上，这可能要比看起来复杂得多，因为被管理者必须随着时间的推移一直保持对激励的欲望，相信他们可以在一段时间内持续做到获得激励所需的事情，并相信激励提供者可以并且将继续遵守这种激励的承诺。事件链上任何一环的中断都会使激励措施的有效性大打折扣。与之相对比的另一种情况是，被管理者希望通过自己的努力，准确完成所需要完成的事情，从而达到他们管理者预期的目标。就像魔术一样，他们将准确地执行最终达到目标所需的那些行为。他们并不需要以某种特定方式执行的外部激励。

这就是逆向工作方法的魔力，因为它利用了调节匹配原则，这会导致特定的目标定向，而这种目标定向会自然地偏向特定的处事策略。一旦管理者开展了逆向工作，找到了诱导产生所需策略偏好的合适条件，那么他们所要做的就是为下属设置这些条件，并让激励系统发挥作用。在合适的条件下，下属将产生一种定向的策略（即匹配的策略），选择那些能够支持达到管理者想要的目标的行为。

❖ 运用调节匹配来有效地管理动机

在本节中，我将回顾一些证据，表明通过设置调节匹配条件可以有效地管理动机，提高公司员工或学生的任务表现和满意度。接下来，我将讨论如何使用调节匹配来增强对变化的开放性并改善变化的后果。我关注变化，是因为如何应对变化已成为多个生活领域中的主要问题。

375 **调节匹配与学生的任务表现和满意度**

不幸的是，一些社会科学家和外行人士倾向于认为对大学生进行的实验室研究几乎不具备外部效度，因为它们在某种程度上不能推广到日常生活中。但是，许多涉及任务表现的实验室研究并非如此。毕竟，参加此类研究的大学生仍然是学生，被调查的任务表现也和他们作为学生经常执行的任务一起是在大学内进行的。他们的研究表现不会计入课程成绩，但他们会认真对待任务并希望表现出色——就像他们在课程中表现时一样。在这些情况下，管理者虽然是设置条件的实验者，但这一角色也可以是大学老师。因此，此类研究的结果与可以提高大学生任务表现的条件直接相关。[10]

我在前几章中讨论过的一些研究涉及学生，所以这里有必要再次回顾，因为它们提供了利用调节匹配能有效管理学生动机的有力证据。一项研究（在第八章中）以四种不同的方式对执行字谜任务进行了框架说明：促进成功（"如果发现90％或更多的可能的单词，你将获得额外的一美元"）、促进失败（"如果找不到90％或更多的可能的单词，你将不会获得额外的一美元"）、预防成功（"如果你没有错过10％或更多的可能的单词，你将不会失去一美元"）或预防失败（"如果你错过所有可能的单词的10％或更多，你将失去一美元"）[11]。请注意，这四个不同的条件不仅区分了奖赏激励（是否获得一美元）和惩罚激励（是否损失一美元），还区分了促进匹配或预防匹配。促进成功（增加渴望的收益）和预防失败（增加警惕的损失）是一种匹配，而促进失败（减少渴望的非收益）和预防成功（减少警惕的非损失）则是一种不匹配。

研究发现，获得一美元的奖赏激励与损失一美元的惩罚激励并不是影响表现的区别。重要的是匹配与不匹配之间的区别。与两种不匹配的条件相比，当有可能获得成功（匹配）时，促进框架条件下的学生在解字谜上的表现更好；而当有可能失败（匹配）时，预防框架条件下的学生在解字谜上的表现更好。其他研究还发现，将促进与成功的可能结合在一起，而将预防与失败的可能结合在一起，都可以提高绩效。当表现良好的方法是渴望促进的方法（例如，通过加分获得好的成绩）和警惕预防的方法（例如，通过防止减分来获得好的成绩）时，这一点尤其正确。[12]

此类研究使用不同的激励框架来建立调节匹配。激励本身并不重要，重要的是激励的建构方式，以创造匹配（或不匹配）。但是，根本不需要为了建立调节匹配而使用激励措施。调节匹配可以通过以不同方式对任务本身框定来创造，这些方式与促进匹配或者与预防匹配。回想一下，举例来说，一项数学测试要么被设定为能检测出数学强项而无法检测出弱项（收益的可能），要么被设定为能检测出数学弱项而无法检测出强项（损失的可能）。参与者在性格上是历时促进定向还是历时预防定向有所不同。数学测试的表现在匹配的条件（促进/收益的可能，预防/损失的可能）下要比在不匹配的条件（促进/损失的可能，预防/收益的可能）下更好。[13]

我在第六章中描述了如何将策略实施构造为何时、何地以及如何执行的渴望或警惕方式。同样，这种框架与激励无关。它利用了实施策略所代表的控制元素，并且将其框定为与促进和预防价值定向相匹配（和不匹配）。研究发现，与处于不匹配条件（促进/警惕的步骤，预防/渴望的步骤）下的大学生相比，匹配条件（促进/渴望的步骤，预防/警惕的步骤）下的大学生更有可能提交论文以获得额外的学分。[14]

在第八章中，我还描述了如何通过将参与者对任务的"有趣"或"重要"定向与关于"享受"或"严肃"的参与形式指示（即如何对待它）相结合来创造调节匹配，从而提高大学生的任务表现。例如，在"纪录片"研究[15]之前，一些学生被赋予了观看纪录片的"有趣"定向，另一些则是"重要"定向。当他们到达研究室时，一半的学生被告知，之前的观看者认为观看这部电影很愉快；另一半的学生则被告知，之前的观看者认为观看这部电影是一件很严肃的事情。与不匹配的条件（有趣定向/严肃引导，重要定向/享受引导）相比，匹配条件（有趣定向/享受引导，重要定向/严肃引导）下的学生更能记住影片的核心内容。

这些不同的研究表明，创造调节匹配的条件如何可以提高学生的任务表现。也有证据表明它可以提高学生的任务满意度。我之前描述的"四面体"研究就是一个例子。[16]它表明，被引发促进定向的学生在被指示要渴望地而不是警惕地在一张纸上的数十个多面体中寻找四面体时，他们将更愉快地完成任务。同样，被引发预防定向的学生在被指示以警惕而不是渴望的方式去执行这项任务时，他们也会感到更愉快。

最近的一项研究通过采用调节模式取向而不是调节定向取向，为意大利的高中生创造了调节匹配。[17]这项研究根据老师对他们的自主支持性与控制程度，研究了学生对课堂的满意度。学生在上课时感受到的老师对他们的自主性的支持程度是通过问卷调查项目来测量的，例如"我的老师在提出一种新的做事方法之前会试图了解我对事情的看法"。学生在上课时感受到的老师对他们的控制程度则被通过这样的项目来测量，例如"我们的老师经常检查我们的预习和我们对于课程材料的了解"。研究发现，总的来说，当老师的课堂风格更偏向支持自主性而不是控制时，学生对课堂的满意度更高。这种管理环境的一般效果与以前在工作组织中的发现一致，即组织中的员工的工作满意度与管理者的自主支持型风格成正比[18]，并表明这一结论也可能普遍适用于学校教室的环境。

然而，该课堂研究还研究了自主支持型和控制型课堂气氛与学生模式定向之间的匹配。具有强烈的行动（力）导向的学生希望保持行动顺利，减少目标追求中的干扰和障碍，参加具有更强流动性的课堂活动就将很适合他们。相反，具有强烈评估（力）取向的学生希望获得进行批判性评价的机会。为了提供关键反馈，老师需要打断任务进程，这会因为干扰活动进程而不适合行动者，但对评价者来说却是适合的，因为这提供了进行关键自我评价的机会。与这个预测一致，在行动（力）取向〔即行动（力）高于评估（力）〕的学生中，对支持自主性课堂的满意度普遍高于对控制课堂的满意度。而在评估（力）取向〔即行动（力）高于评估（力）〕者中，则发现了相反的模式。相比自主支持型课堂，他们对控制型课堂的满意度更高。

调节匹配与员工的任务绩效和满意度

业务管理者的领导风格也会产生匹配与不匹配，影响其下属的任务绩效和满意度。在第八章中，我简要讨论了关于调节模式和变革型领导之间的这种匹配效应的研究。[19]变革型领导作为一种风格，其特点是坚持不懈、有强烈的目标感和令人信服的远见，并有能力激励下属坚持和维持他们的目标追求。[20]在不同行业工作的全职员工对他们老板的变革型领导进行了评价。[21]他们还报告了他们认为老板在多大程度上激励他们付出超出常人的努力。

一般而言，当老板具有强烈的变革型领导风格时，下属会更加积极。但是，当老板以变革型领导风格为下属创造出一种调节匹配时，这种效果会更强。具体来说，当下属是高（相对于低）行动者时，变革型领导者对他们的激励影响会更大，因为此类领导者雄心勃勃的远见和强烈的目标感会促使他们采取行动，而他们的毅力则是维持稳定进步的动力——简而言之，这种领导风格可以维持（即匹配）下属的强行动（力）定向。变革型领导能加强行动（力）强下属的动机的这种匹配作用是很重要的，因为其他研究发现，上进心强的行动者会更多地参与工作，在工作上投入更多的精力，表现也更好。[22]

调节匹配和对变化的开放性

变化是我们使之发生或碰巧发生在我们身上的事情。前者的一个例子是，我们承诺通过加强锻炼、注意饮食健康、戒烟等改变生活方式。后者的一个例子是换工作，这一现象在商业环境中越来越普遍。对变化持开放态度，愿意改变，是管理的一个重要动机。哪些动机取向可能更倾向于变化？

有证据表明，在许多文化中，开放性作为一种普遍的人格特质，会随着某些取向的增加而增加。[23]具体来说，开放性随着促进、行动（力）和评估（力）取向的增加而增加。这是因为，开放性作为一种生活的策略方式，出于各种原因而有助于（即匹配）这些取向。开放意味着充满想象力和好奇心，并拥有广泛的兴趣。拥有广泛的兴趣和高度的好奇心将激发人们参与各种各样的活动，并为提升和行动提供新的机会，它既为促进定向又为行动（力）取向服务。想象力和好奇心也为进行多重比较和评价提供了机会，这也有助于评估（力）取向。

379 这些关系表明，通过设置适当加强这些特定取向的条件，有可能坚定人们对变化的开放态度。在一组针对此问题的早期研究中[24]，在测试他们对变化的开放性之前，大学生的促进强度以两种方式得到了提升。一项研究让参与者描述了他们的希望和抱负（即启动理想），然后测试了他们是否愿意用新物品交换先前收到的旧物品。另一项研究让参与者有机会在一项任务中因表现良好而获得积分，再测试他们是否愿意用一项新任务取代这项任务。相较于加强了预防定向的情况（即启动应然或因表现欠佳而失分），加强了促进定向的学生对变化更开放。

吉尔·佩因（Jill Paine）在其博士论文中调查了调节匹配对于员工对业务组织变革的反应的影响。[25]研究的参与者是跨国能源公司、在线营销公司、医疗保健组织以及一家律师事务所的员工——所有这些公司都经历了或在最近经历了大规模变革。员工对其主管关于组织变革的信息的看法，是根据信息的"愿景"强度来衡量的，例如他们能清楚表达变革的显著优势的程度，或强调对变革的潜在积极成果的乐观看法。[26]

　　该研究发现，主管发出具有更强愿景的信息，为具有强（相对于弱）促进定向的下属创造了一种调节匹配。对于这些下属而言，更强的愿景信息与他们更坚定地投入或参与工作有关（例如，"我沉浸于自己的工作中"，"我投入工作时超然忘我"[27]），也与他们更加欢迎变革有关（例如，"由于这种改变，这个小组/团队中的人们发现他们的工作更有趣"，"由于这种改变，人们的工作质量得到了改善"[28]）。而对于具有强（相对于弱）预防定向的下属而言，强愿景信息并没有这种效果。

　　还有研究关注了员工的行动（力）取向强度与他们应对工作中的组织变革的能力之间的关系。[29]在分别对医院护士和邮政工作人员进行的研究中，应对组织变革的测试既反映了应对变革的能力（例如，"该组织的变化使我感到压力"，得分为负），也反映了适应变化的能力（例如，"当该组织发生重大变化时，我感到我能很轻松地应对"）。[30]两项研究均发现具有较强行动（力）的员工能够更好地应对工作中发生的变化。鉴于变化意味着行动，而从一种状态到另一种状态的变动是高行动（力）者想要的，因此，他们特别有能力应对变化也就不足为奇了——他们理所当然地偏好变化。

380

　　另一项针对邮政人员的研究不仅考察了员工的行动（力）取向强度与他们应对工作变化的能力之间的关系，还考察了更善于应对变化的结果。[31]该研究采用了纵向设计，在测试员工应对工作变化的能力前一个月，测试了他们的行动（力）强度的差异，以及他们的应对对工作满意度和组织承诺的影响（例如，"我很高兴在组织中度过余下的职业生涯"）。与先前的发现一致，这一研究同样发现，具有较强行动（力）取向的员工可以更好地应对组织变革。而且，重要的是，他们更强的应对能力预示着之后更高的工作满意度和更强的组织承诺感。因此，高行动（力）者能够更好地应对变化，不但因为变化与他们的取向相匹配，而且因为这种更好的应对方法对他们及他们的雇主有好处。

　　到目前为止，我引用了一些研究，这些研究表明，具有更强的促进定向或更强的行动（力）取向的人更开放或愿意改变，也能更好地应对变化。这些结果表明，设置条件来引发促进或行动（力）取向将使正在面临变化或被要求改变的个体受益。然而，这些研究并非旨在实验性地创造调节匹配的条件。是否可以创造出这样的条件来增强改变的意愿和改变的决心？最近的研究表明，的确可以做到这一点，并且通过这样做，具有强烈的行动（力）取向的个人可以变得更愿意并致力于改变。

作为其博士论文研究的一部分[32]，阿比盖尔·舒勒（Abigail Scholer）研究了在计划未来行动的考虑阶段加强个体的行动取向是否会导致对改变的承诺增加。每个大学生都在其生活中选择了一个要进行改变的领域，例如戒烟或多做运动，但对目前是否要改变却犹豫不决。他们都被要求考虑从当前状态改变到一种新状态或不改变的利弊。他们还收到了两种信息中的一种，这两种信息不同程度地框定了这一考虑过程的内容。在"运动"框架条件下，考虑是关于发起行动并取得进步，关于采取"只管去做"的态度以摆脱对变化的犹豫不决。在"批判性比较"框架条件下，考虑是关于周全地进行比较和权衡选择，关于采取"做正确的事"的态度来消除其犹豫不决的状态。

381 在经历考虑过程的三周后，研究测试了学生对所选改变领域目标的持续承诺。[33]研究发现了调节匹配的效应。对于那些使用"运动"框架进行审议的学生，那些具有更强行动（力）取向的学生对改变更加投入（一种匹配效果）。相比之下，如果那些具有更强行动（力）取向倾向的学生通过"批判性比较"框架进行了审议（一种不匹配效果），他们就不太会致力于改变。实际上，处于"运动"框架条件下的高行动（力）者对目标的投入要比"批判性比较"框架条件下的高行动（力）者多——多出 50%。

重要的是，这一研究还研究了另外两个可能增加对变化的承诺的潜在因素：新状态的主观价值和自我效能。对于新状态的主观价值，在经过第一阶段的考虑之后，参与者被问到，做出特定更改对他们而言有多么积极，做出特定更改对他们而言又有多么消极。对于自我效能，他们报告了自己认为进行改变会有多困难，并且他们有多确定自己能够做出改变。该研究发现，调节匹配对目标投入的积极作用，与新状态的主观价值和对进行改变的能力的自我效能均无关。因此，调节匹配可以在价值和期望的经典因素之外产生实质性的激励作用。

舒勒的其他研究也受到了这一见解的启发：也许改变并不应该被视为达到目的的一种手段，相反，改变本身就应该被视为一种目的——改变本身就是某人的需求。舒勒推断，改变本身就是目标的这种情况可能会自然而然地发生在强行动（力）取向的个体身上。她首先通过制定一项评估一般变化价值的措施来检验这种可能性。受访者被要求在不同的范围中表明他们会如何补完这一句子："改变一般来说是……"（例如，坏的/好的，有害的/有益的，令人担忧的/令人放心的，令人不快的/令人愉悦的，惩罚的/奖赏的，愚蠢的/明智的）。[34] 如预测的那样，舒勒发现，随着行动（力）强度的提升，改变的价值一般也会增加。

舒勒还开发了一种实验室测量方法，用以测量人们在矛盾的条件下做出改变的决定，这种措施会尽可能地模仿人们在现实生活中面对的改变决定的某些特质。参加者在开始时进行了一系列既有积极方面也有消极方面的活动。然后，他们可以选择继续进行最初那一组活动，也可以选择换一组新的活动，但这组新活动同样既有积极方面也有消极方面。这模仿了现实生活中的许多决策，在这些决策中，当前状态既有积极方面 *382* 也有消极方面——例如，当前不运动的状态允许早晨有更多的睡眠，但是缺乏运动会导致身体不适，而运动的新状态同样既有积极方面也有消极方面——可以看起来既健康又匀称，但与朋友放松的时间会较少。研究发现，高行动（力）者更有可能选择从旧一组活动转换为新一组活动。而且，较强的行动（力）与较高的变化价值之间的正向关系一般也可以说明这种影响。

提高创造调节匹配条件的标准

在我目前为止已经讨论过的研究中，通过强调个人执行任务的不同策略，或通过让管理者对学生或下属采取不同的领导风格，可以创造出调节匹配。这些方法在个体和主客二元关系的分析水平上发挥作用。然而，在其他情况下，将分析水平从个人和主客二元关系层次提升到社会网络和群体甚至整个制度和文化层次，也可能是有用的。坎尼·邹（Canny Zou）近期在其论文中进行的一项研究很好地说明了调节匹配和不匹配是如何在更高的水平上发挥作用的。[35]

邹的出发点是法国伟大的社会学家埃米尔·涂尔干的开创性工作，即有证据表明社会关系对情感幸福起着重要作用。[36]人们普遍认为，社会网络可以影响社会生活中的许多方面，包括谈话伙伴、友谊发展和社会融合等，这些方面对幸福至关重要。[37]但目前尚不清楚哪种社会网络最有益于健康。

社会资本是通过广泛参与社会生活和建立社会关系创造出来的。[38]但是，社会资本既可以通过建立各种社会纽带（即高网络范围）产生，也可以通过在现有联系人之间建立联系（即高网络密度）产生。一些研究人员认为，具有大量强关系和高网络密度的"闭合式"网络是有益的，因为它们增强了信任和社会支持，有助于提高幸福感。[39]然而，其他研究人员则认为，具有较低网络密度的"中介式"网络是有益的，因为它们丰富了社会角色，从而增强了幸福感。[40]这一局面令人困惑。[41]

为了消除这种困惑，邹提出，不同的社会网络分别为具有不同动机取向的个人创造了调节匹配。例如，一个其中大部分属于强关系并具有*383*较高网络密度的闭合网络，可以提供个人归属感，在网络内建立一套连贯的规范性期望，并根据结构性的嵌入来建立信任。[42]这种网络尤其适合具有强烈预防定向的个体，因为它允许他们在组内建立一套连贯的规范性期望（即建立对他人的义务和责任），并帮助保持稳定和凝聚力，同时还支持信息检查和质量控制。[43]相反，中介网络或开放式网络中的个体与其他人有很多联系，而这些人之间却没有联系，这就使这些个体具有竞争优势，因为他们拥有排他性的交换伙伴，并能从他人那里获取排他性信息。[44]这种网络尤其适合具有强烈促进定向的人，因为它允许他们利用自己在结构中的独特地位创造价值并获取信息。

在邹的一项研究中，参与者是哥伦比亚大学的行政 MBA 课程的学生，他们大多在大型公司或知名咨询公司中担任管理职务。他们完成了一项网络调查，其中每名参与者最多可以列出 24 个他们认为在其专业网络中非常重要的联系人。然后，他们指出在他们的网络中谁认识谁。研究采取了一般的生活满意度衡量标准。[45]衡量人际距离的方法是询问参与者感觉与每个联系人有多近。通过此度量，可以计算出强关系的数量（每名参与者感到与之关系密切或非常密切的联系人数量）和弱关系的数量（关系总量减去强关系的数量）。研究还测量了网络密度（联系人之间的联系程度）。[46]弱关系代表了一种经纪关系或开放的网络，对促进定向更强的管理人员的总体生活满意度有积极影响，但对预防定向更强的管理人员却产生了负面影响。较高的网络密度则与封闭网络有关，其对预防定向较强的管理人员的总体生活满意度有积极影响，但对促进定向更强的管理人员却有负面影响。这说明了社会网络分析层面的调节匹配是如何影响个人的总体生活满意度的。

邹的研究表明，在逆向工作以有效管理动机时，考虑不同层次的分析非常重要。她的发现表明，对员工或学生的社交网络进行干预会影响调节匹配，从而影响其主观幸福感。本章涉及的其他研究表明，调节匹配干预措施也可用于提高绩效。例如，当小学课堂的学生主要是预防定向时（如果他们具有东亚背景的话，很可能是这种情况），那么设置条件使他们可以在教室内建立强相互联系，可以提高他们的表现和主观幸福感。

在本章中，我讨论了通过从所需的最终状态逆向工作来管理其他人员的好处。逆向工作方法假设存在支持达到不同期望最终状态的不同策略动机，这些不同的策略动机与不同的目标取向或相匹配或不匹配，并且不同的条件会导致不同的目标取向。因此，一旦设定了正确的条件，自然就会有从条件到目标取向，再到策略动机，最后到获得理想最终状态所需的行为的自然流动。逆向工作方法可以与激励措施一起使用，但激励措施对于使用此方法并不是必需的。本章的重点在于有效管理他人的动机以提高任务绩效和工作满意度。仅在邹的研究中，我才考虑了动机取向和调节匹配与主观幸福感的关系。但是，幸福感的动机决定因素本身就是一个重要问题。在本书中，我已经简要谈到了幸福感的问题，现在是时候更详细地考虑它们了。

第十三章
美妙生命：基于有效性的福祉

多个世纪以来，人们一直希望回答："什么是良善生活或美妙生命？"创造了"美妙生命"一词的学者也为西方世界提供了这一问题最具影响力的答案。对亚里士多德而言，拥有"美妙生命"的秘诀是避免各种极端——"凡事适度"。亚里士多德的思想确实见地非凡，因为他在讲述"美妙生命"时超越了快乐和痛苦，他认真地思量了目标追求过程的重要性，而不仅仅是目标追求的结果。他认为，快乐本身并不是美妙生命；相反，有价值的活动通常有其独特的乐趣。事实上，对于亚里士多德而言，涉及真相有效性的沉思和其他智力活动才是真正"快乐"的最高形式。像亚里士多德一样，我认为幸福或福祉不仅涉及有效地获得期望的结果（价值），其方式超越了增进快乐和避免痛苦，还涉及有效地把控何事发生（控制）和建立真实（真相）。控制和真相对"美妙生命"和福祉至关重要。

但这并不是全部。美妙生命和福祉不仅仅是将单独的动机要素结合起来，例如将亚里士多德的沉思和道德行为的美德结合起来。相反，它们关乎动机之间的关系，例如调节匹配中的关系。更普遍地，它们关联动机，如促进、预防、评价和行动的有效协作。本章的要点是美妙生命和福祉是关于动机的有效协同运作。

❖ 价值、真相和控制在福祉中的角色：不同视角

亚里士多德视角的现代版本出现在 20 世纪 90 年代——其思想在马

丁·塞利格曼（Martin Seligman）创立的积极心理学运动中得到了共鸣。[1]这一运动的基本宗旨是，心理学领域历来强调精神疾病和"不良生活或残缺生命"，而不是精神健康和"良善生活或美妙生命"。塞利格曼与克里斯托弗·彼得森（Christopher Peterson）一起，确定了六类"核心美德"，这些美德由 24 种品格力量组成[2]，这些美德在跨东西方的历史和文化中都受到人们的高度评价。这些美德和力量共同增进了"幸福"或福祉。让我们从动机有效协同运作的视角深究这些美德及其力量。

彼得森和塞利格曼确定的六类"核心美德"分别是：智慧和知识（涉及获取和使用知识的能力，例如思想开放和热爱学习）；勇气（能够在面对挑战时实现目标的能力，例如毅力和正直）；人性（与他人交往和相处的能力，例如爱情和社会智慧）；正义（建立健康共同体的能力，例如公平和团队合作）；节制（防止过度的能力，例如谨慎和自我控制）；超越性（与宽广宇宙缔结联系并提供意义的能力，例如对美和灵性的欣赏）。

源自真相与控制有效性的福祉

我发现这些核心美德和品格力量的惊人之处在于，它们与真相有效性和控制有效性有着密切的关系。实际上，可以将它们概念化为一种与建立真实（真相）和把控何事发生（控制）相匹配的存在方式。建立真实（真相）与作为核心美德的智慧和知识及其具有的各种品格力量之间的关系是非常直接的。但是，与其他核心美德相关的品格力量也与真相有效性有关。例如，正义是指行为、情感和信念之间的一致性，并涉及 387 诚实和真诚，而公平是指没有偏见或谎言并做正确的事。坚持、团队合作和自我控制等其他品格力量显然涉及有效地掌控何情发生（控制），而社会智慧涉及社会情况的知识以及明智和有效地处理社会关系，显然涉及真相和控制有效性。

我应该指出，在亚里士多德的"美妙生命"以及彼得森和塞利格曼的"幸福"中，都存在对真相和控制有效性的强调。例如，沉思以下古代德尔斐的规则或戒律：

> 小时候，要学会良好的礼仪。
>
> 青年时，要学会控制自己的激情。
>
> 中年时，要公正。
>
> 老年时，要能给人好的建议。
>
> 然后，死而无憾。

也就是说，能在真相（"公正""给人好的建议"）和控制（"学会良好的礼仪""控制自己的激情"）上有效，并且是以一种与生活的各个阶段相匹配的方式拥有"美妙生命"，一个人就可以死而无憾。

强调真相和控制有效性的另一个原因也值得注意。我在第十一章讨论了人格如何与"观察世界的方式"有关，这与有效地建立真实（真相有效性）有关；"应对方式"则与有效地掌控何事发生（控制有效性）有关。因此，亚里士多德的"美妙生命"以及彼得森和塞利格曼的"幸福"对真相和控制有效性的强调也与人格的福祉有关。事实上，这与他们对品格力量的强调是一致的，品格力量其实就可以被视为人格。这种观点再次强调了将真相和控制有效性与价值有效性区分开来的重要性，即超越愉悦和痛苦的需求去理解人格和福祉。

何为源自价值有效性的福祉？

有理由认为，拥有想要的结果（即价值有效性）的同时也会拥有诸如人性和正义等核心美德相关的品格力量，因为这些品格力量将有助于获得爱和归属感的预期结果。但是，如果取得想要的结果对"美妙生命"或福祉有单独的贡献，为什么将品格力量仅限于那些支撑了爱和归属感的品格力量？马基雅维利主义或野心又怎样？为什么它们不被认为是能帮助获得其他想要的结果的品格力量？

让我们思考一下马基雅维利主义。它指的是成为尼古拉·马基雅维利的《君主论》（*The Prince*）中的一位能干的君主所需的性格特征。其中包括建立以及打破联盟、承诺和规则所需的人际交往技巧——这些都

388

是可以促成政治成功的做法。[3] 理查德·克里斯蒂（Richard Christie）和弗洛伦斯·盖斯（Florence Geis）开发了一种马基雅维利主义的人格测评方法，以评估个体为了个人利益而欺骗和操纵他人的程度。他们发现，那些得分高的人在为了获得最大的最终利益而建立和打破联盟与承诺方面特别有效。[4]

在他们的一项研究中，三位参与者被给予了 10 张一美元的钞票，任何两位参与者只要能就如何在他们三人之间进行分配达成协议——"获胜联盟"——就可以根据协议进行分配，而第三位参与者甚至最后可能一无所有。每一组中都有一位马基雅维利主义得分高者（高马基雅维利者）、一位程度中等者（中马基雅维利者）、一位程度较低者（低马基雅维利者）。如果谈判随机，我们可以预测在不同的三人谈判中，高马基雅维利者平均可以得到 3.33 美元（10 美元的 1/3）。实际上，高马基雅维利者平均获得了 5.57 美元，低马基雅维利者平均只获得了 1.28 美元。高马基雅维利者利用他们的技巧，总是成为获胜的一方，并通常通过谈判要求更大的份额。因此，高马基雅维利者可以有效地获得想要的结果（价值）。

现在来深究野心问题。有抱负的个体原型是那些高成就需求者，他们不但有成功的动机，而且通常比低成就需求者更成功。因此，有抱负的个体同样可以有效地获得期望的结果（价值）。如果品格力量的选择取决于价值有效性而不是真相和控制有效性，那么也可以包括马基雅维利主义或野心等特征。但为什么不把它们纳入在内呢？

彼得森和塞利格曼的选择标准中有一项规定，即一个特征不能与其他特征相冲突（即相互竞争）。与人性和正义相关的品格特征包含合作的元素，而这可能与包含竞争元素的马基雅维利主义或野心相冲突。根据这个规则，彼得森和塞利格曼的品格力量列表中没有马基雅维利主义或野心是有道理的。

但是，除了这条规则，我相信他们对诸如马基雅维利主义或野心之类的性格特征的排斥，反映了关于存在方式如何有效促进福祉的一个未阐明（但很重要）的假设。对他们来说，"幸福"或福祉并不仅仅意味着获得期望的结果和/或获得成功。取而代之的是，福祉涉及拥有真相和控制有效性的存在方式。与这种观点相一致的事实是，福祉意味着美好生活（being well），而"美好"是指"以好的或适当的方式（公正地、正确地）""以友好或友善的方式""具有技巧或能力""小心翼翼或密切关注""没有困扰或疑问（清楚）""以符合情况的方式（适当地、正确地）"[5]。这些"美好"的含义关涉拥有真相和控制有效性的存在方式。

　　格言中也强调了对真相和控制过程的重视，而不仅仅是对结果的重视："仅仅做好是不够的，必须以正确的方式做到这一点""输赢不重要，重要的是过程""不能通过目的证明手段是正当的"，以及"恶无善报"。这种强调就把马基雅维利主义排除在品格之外。而且，正如我在第四章中提到的那样，这种强调真相和控制过程而不仅仅是结果的方法，并不仅仅有关道德或伦理上的行为。正如"美好"的含义所反映的，它同样重视什么是合适的与适当的，而不只是正义的或道德的。重要的不是道德或伦理本身，而是更普遍的、在过程方面的良好。这种对"美妙生命"或福祉过程的强调至关重要。

　　彼得森和塞利格曼关于"良善生活"的观点与亚里士多德的观点是一致的。他们也更多地强调建立真实（真相）与掌控何事发生（控制），而不只是获得预期结果（价值）。对于亚里士多德来说，掌控何事发生的一个重要部分是保持"凡事适度"。有趣的是，马基雅维利也主张，（至少对于君主而言）道德举止在于节制与中庸，例如既不过度暴力也不过分文明，以及在适当情况下采取适当行动：既能够在必要时像狮子一样强大，也能够在必要时像狐狸一样狡猾。[6]但是，对于马基雅维利来说，结果确实很重要。真相本身以及社会关系都应得到相应的管理，以达到预期的结果。政治操纵的技巧并不是为了操纵技巧本身，而只是达到预期结果的一种手段。目的确实可以证明手段的合理性。"良善生活"就是君主能取得他想要的结果，而真相和控制只是达到目的的手段。

　　对亚里士多德、彼得森和塞利格曼来说，真相和控制是内在动机，但对马基雅维利来说则是外在动机。同样，对于弗洛伊德来说，诸如防御机制之类的控制因素，以及本我、自我和超我之间的冲突的解决，并不是出于它们自身的目的，而是为了获得愉悦和避免痛苦。[7]这与彼得森和塞利格曼或亚里士多德的美德不同，后者是为它们自己服务的——它们具有内在价值。的确，对于彼得森和塞利格曼来说，"具有内在价值"是成为品格力量的明确标准之一。这突出了马基雅维利（和弗洛伊德）与亚里士多德（以及彼得森和塞利格曼）在关于"良善生活"的观点上存在重大分歧。[8]

390

根据马基雅维利，"良善生活"关乎获得预期的结果，即价值有效性。这似乎也是如今主流媒体的流行观点，它们描绘了"富人和名人"的"良善生活"，观众或读者则试图尽可能地模仿——看上去美丽且健康，享受世界所能提供的最好生活。这种观点不顾一切地强调期望的结果的重要性。但是，遵从亚里士多德，"良善生活"主要关乎真相和控制有效性方面的品格力量——聪明、博学、勇敢、人道与温和。那么，到底什么是"良善生活"？

三种带来福祉的有效性方式

我相信这两种视角都涉及福祉故事的某些重要部分，因此，每个观点都仅仅是故事的一部分。我相信"良善生活"或福祉就是在三种方式上都有效——建立真实，掌控何事发生，以及获得欲求结果。我已经提及，"美好"的不同含义与真相和控制有效性都有关。值得注意的是，"美好"的其他含义还包括价值有效性："具有良好的效果""如愿以偿""实现实质性的成功""以繁荣或富裕的方式"[9]。因此，字典中"美好"的含义包括所有这三种有效性方式。[10]

我还需指出，这三种有效性方式可以以更简单和更普通的形式发挥作用，而不是"美好生活"经常被描述的那样——无论是大众媒体还是学者。达到预期效果就像喝一杯热茶，更需要诸如创造力、勇敢或领导力这几种具有挑战性的品格力量，它们属于彼得森和塞利格曼美德名单上的另外三个真相与控制特征。掌控何事发生，就好比将茶水煮沸（控制）；而建立真实，就好比知道你最喜欢的茶是乌龙茶（真相）。当促进定向的个体以热情的方式泡茶，而预防定向的个体以谨慎的方式泡茶时，调节匹配就会出现。这听起来微不足道？想想我们如何度过一天中的大部分时光——不是寻找"大真理"或处理"大控制"问题或获取"大价值"。我们一天中的大部分时间都花在日常生活的普通细节上，其中三种有效性方式都协同运作，只是我们并没有领会到。

佛陀的人生故事说明了实现"良善生活"或福祉甚至"美妙生命"的所有三种有效性方式的重要性。悉达多王子（Siddhartha）在公元前 560 年左右出生，后来被称为释迦牟尼佛。他的父王试图保护他免受任何不良影响。他在舒适的奢华宫殿中长大。由于他的父亲下令要保护他远离不愉快的思想或景象，悉达多王子在成长的过程中不知道生活中的痛苦和不幸。他的生活充满乐趣和喜悦。甚至到 20 多岁，他仍然被保护着生活在辉煌之中。但是，他逐渐对自己的生活感到不适。有一天，在宫殿外旅行时，他第一次看到了衰老、痛苦和死亡。从此，他在宫殿里受保护的快乐生活远远不够使他满意了。随后另一次与宗教修行者的会面，促使他放弃了在宫殿中受到保护的快乐生活。他放弃了自己的家庭和王室生活方式，身着乞丐服，开启了苦修者的生活，放弃了享乐、喜悦和王室庇护，以寻求最高的真理。

如果故事到此结束——就像某些讲故事的人那样选择在此结束——那么这就是亚里士多德的"良善生活"。充满智慧和追求真理的生活胜过享乐的生活，胜过促进价值（欢乐）和预防价值（保护）的生活。作为追求真理的禁欲主义者，佛陀拥有具有控制和真相有效性的生活，他愿意放弃价值有效性。他的故事让人联想起亚当和夏娃选择吃掉"善恶知识树"的果实后离开伊甸园的故事。

但重要的是，佛陀的人生故事并没有就此结束。成为苦修者之后，悉达多开始进行身体训练，包括忍受痛苦、禁食至几乎饿死。但他仍然不满意。然后，他有了一个重要的觉悟：他意识到，在放弃所有快乐时，他只是选择过着与快乐相反的生活——痛苦的生活。他现在意识到，生

391

活不应该是这种极端化，不应该是仅仅充斥快乐或仅仅充斥痛苦。需要有一条中间道路。真相与控制是重要的，但价值同样重要。

佛陀的人生故事阐释了本章的第一个道理：福祉和"良善生活"甚至美妙生命，涉及所有三个方面（价值、真相和控制）的有效性。但这并不是本章的唯一启示。福祉和"良善生活"甚至美妙生命，也与这三种有效性方式之间的关系有关。它们将促进和预防视为价值，将行动视为控制，将评价作为真相，*所有这些要素有效地共同运作*。

那么，下一个问题是，价值、真相和控制如何有效地共同运作？要回答这个问题，必须认识到动机之间存在权衡取舍。高度的促进、预防、行动和评价，都分别以重要的方式为"良善生活"甚至"美妙生命"做出贡献，但对于我们的福祉也都有潜在代价。接下来的两部分要讨论这些权衡取舍——与任何一个优势定向相关的成本和收益，以及这些权衡取舍对定义福祉和"良善生活"甚至"美妙生命"的影响。然后，我将铺陈不同的解决方案，这些解决方案在今天是公认的智慧——亚里士多德的"凡事适度"和"完美平衡"概念。接着，我要深究这些解决方案是否真的是福祉和"良善生活"甚至"美妙生命"所必需的。最后，我为这些权衡问题提出替代解决方案，即强动机如何共同运作以减少权衡的弊端。

392

❖ 促进和预防的福祉收益和成本

促进价值和预防价值如何有效地协同运作？答案似乎很明显。首先，确定与促进相关的积极倾向（例如，快乐、快速）和与预防相关的积极倾向（例如，平静、准确）。接下来，找到与促进相关的负面倾向（例如，悲伤、不准确）和与预防相关的负面倾向（例如，焦虑、缓慢）。现在就可以设置条件，以确保出现积极的情绪和动机，而不会出现消极的情绪和动机。有些心理学家主张这种解决方案。他们认为，造成积极福祉的心理因素与造成负面痛苦的心理因素不同。他们还认为，研究者和从业人员应该更多地关注积极动机因素，而不必关注长期以来主导心理学领域的消极动机因素。

　　但是，解决方案并非如此容易。正如我在本书的其他地方提及的那样，同一组心理因素会依据个体、情境和文化等差异而发挥不同的作用。这些因素既可能造成积极的幸福，也可能导致消极的痛苦。换句话说，好的生活体验和坏的生活体验都来自相同的基本因素。此外，所有心理因素都存在权衡取舍，都既有好处也有代价。不存在一套效益因素和另一套代价因素。[11]例如，不可能在不冒悲伤风险的情况下加强促进以收获欢乐。而且，如果你尝试通过削弱促进来减少悲伤，例如给某人服用某种药物来削弱促进，你就会减少快乐的潜在益处。

　　如果相信有一组效益因素和另一组代价因素，那就好了，因为这样我们就可以想办法加强这些有利因素，并削弱或消除这些代价高昂的因素。但我们无力做到这一点。例如，如果我们像过去那样通过一些外科手术程序或电击疗法摆脱焦虑，那么这同时也会损害对我们有益的心理因素。这不是福祉的解决方案。相反，我们需要充分理解每个因素的权衡，然后考虑动机之间的关系如何影响这些权衡。我将首先讨论与促进和预防定向相关的权衡。

区分动机水平的绝对与相对强度

　　与动机因素相关的权衡不仅仅与它的强度相关。关键不在于动机因素的绝对水平，而是其相对于其他竞争因素的相对水平。重要的是强度的差异。例如，如果某人执行一项信号检测任务（用于评价中性刺激），其判断可能受保守偏差或冒险（宽容）偏差的影响；而是否会出现明显偏差，则取决于他的促进强度与预防强度之间的差异。对于促进定向明显强于预防定向的个体，会出现风险偏差；而对于预防定向明显强于促进定向的个体，则会出现保守偏差。但同时具有强促进定向和强预防定向的个体则不会表现出明显偏差。

　　这意味着，强促进定向与弱预防定向的结合，将显示出强促进定向

393

的权衡取舍，其中包括冒险收益和不够保守的代价。而当强预防定向与
弱促进定向结合，则将显示出强预防定向的权衡取舍，其中包括保守收
益和不够冒险的代价。只有当特定的价值取向——促进或预防——占主
导地位时，才会出现偏差权衡。这不仅与强度有关，还与优势定向有关。
因此，当一种定向足够强大，且相比另一种定向又占据优势地位时，就
会出现动机因素的权衡。

因此，重要的是促进或预防之间的关系——不在于它们本身的强度，
而在于它们的相对强度。因此，将动机视为彼此独立的，然后将它们简
单地加总结合起来是一个错误。它们之间的关系至关重要。另外，有时
两种强大的动机协同作用可以产生最有益的结果。在上述示例中，强促
进和强预防定向共同作用可以减少信号检测中的风险偏差和保守偏差，
从而增强检测性能的整体准确性。拥有两种同样强的动机才可以产生最
好的结果。所以，与亚里士多德的箴言相反，"凡事适度"并不总是最好
394 的。相反，在某些时候，相互竞争的强烈动机可能是最好的。而在其他
时候，一种强动机主导可能是最好的。请注意，这两种情况均不属于
"凡事适度"。

优势定向的情感权衡

两种动机定向之间的强度差异可以表现在历时的人格状况上，如某
个体的促进性的理想我比预防性的应然我更具历时性的可及性；也可以
表现在情境诱导方面，如启动促进性的理想我，以使它比预防性的应然
我暂时地更可及。关于促进和预防定向的研究表明，不同的优势定向有
不同的情感权衡。

检验自我偏离论的研究，是第一项旨在探索促进——理想我和预防——
应然我系统中的自我调节对福祉影响的研究。[12]它探究了个体发生自我偏
离时在情感和动机方面遭受的痛苦。自我偏离，是指个体认为自己实际
是谁（即他的现实我）与他希望或渴望成为的人［即他的理想我（或自
我指导）］之间的差异，或者他的现实我和他认为自己有责任或义务成为

的人［即他的应然我（或自我指导）］之间的差异。

正如本书前面所讨论的，当出现现实我—理想我差异时，人们会经历抑郁相关状态，例如，对轻度的差异感到难过，而对严重的差异感到沮丧。相反，当出现现实我—应然我差异时，人们会出现躁动相关的状态，例如，对轻度的差异感到紧张，而对严重的差异感到普遍焦虑。与这些不同的差异相关的动机弱点也很明显。现实我—理想我的差异会产生挫折感（或过度渴望），而现实我—应然我的差异会产生戒备感（或过度警惕）。在严重的情况下，前者会导致"对一切失去兴趣"和极端的行动迟缓，后者则会导致"对一切都感到恐惧"和极端的躁动。

自我偏离论中有一种权衡得到了特别的强调。它假设，儿童将根据看护者与其之间的不同互动发展出更强或更弱的自我指导，而自我指导的强弱将导致不同权衡。[13]权衡源自以下事实：自我指导既是要实现的目标，又是自我评价的标准。可以预见，强自我指导将极大地激励目标实现，使个体现实我与理想我和应然我之间的偏离更少。这是有利的面向。但是，由于强自我指导也将作为强有力的自我评价标准，他也将因此更加无法忍受剩下的任何差异。这就是代价。

395

与这些预测的权衡相一致的已发现证据是，女性的自我指导通常要比男性强，而头生子女（包括独生子女家庭）的自我指导通常要比晚生子女强。[14]成年女性的行为和药物滥用障碍比男性少（良好的行为控制），但她们更容易抑郁和焦虑（强烈的负面自我评价）。与后出生者相比，头生子女的自我偏离较小，但他们所遇到的任何差异都会使他们在情感上遭受更大的痛苦。[15]

调节定向论比自我偏离论更多地强调拥有强理想我或强应然我的积极方面。[16]两种调节定向的命名——促进和预防都体现了更为积极的观点。毕竟，促进和预防是两种有效性的方式。此外，它们还催生了促进有效性带来的"感到高兴和快乐"的积极情感状态，以及预防有效性带来的"感到平静而放松"的积极情感状态。[17]除了强调积极方面之外，调节定向论还深究了来自强促进或预防的自我调节的其他权衡，而不仅仅是自我偏离论强调的情感权衡。[18]

促进和预防的动机权衡

回到动机的意义上，促进定向的个体选择的偏好源于强调"0"和"＋1"之间的差异，即希望使用渴望的手段前进和进步。相反，预防定向的个体选择的偏好源于强调"0"和"－1"之间的差异，即希望使用警惕的手段来维持令人满意的状态，并停止或消除任何令人不满意的状态。这种差异产生了对两种价值取向的选择权衡。例如，当前状态令人满意时，可以在相对冒险和接受真实或正确的事物之间进行选择，例如"是，该陈述正确"或"是，该股票值得购买"；或者可以在相对保守和拒绝某件事是真实或正确的之间进行选择，例如"不，该陈述不正确"或"不，该股票不值得购买"。此时，促进取向的个体将产生冒险偏差，而预防取向的个体将产生保守偏差。

396 请注意，促进偏好和预防偏好均会产生有偏差的决断。"接受"促进的好处是最终得到可能被错过的真实或正确的东西，代价却是可能得到虚假或错误的东西。"拒绝"预防的好处是拒绝虚假或错误的事物从而避免犯错，代价却是可能拒绝真实或正确的事物。哪种偏差更好，冒险还是保守？要想拥有"良善生活"甚至"美妙生命"，是促进定向更好还是预防定向更好？在解决这些问题之前，让我们考虑一下促进定向和预防定向权衡的两个例子：速度与准确性之间的权衡，以及创造性与分析性思维之间的权衡。

通常，当人们执行任务时，执行速度的加快会增加犯错误的可能性，即通常的"速度/准确性"权衡（或"数量/质量"冲突）。一个多世纪以来，心理学家研究了相关的性格和情境因素，这些因素影响人们何时快速、何时准确，以及速度和准确性之间的关系。[19]尚未考虑的是速度和准确性可能会支持不同的策略偏好——也就是说，根据不同的价值取向以不同的方式掌控事情发生。通过快速工作，进步更快，收获更快。这有助于从"0"到"＋1"的促进定向。相反，通过努力确保准确性，避免了错误，这有助于阻止沦落为"－1"的预防定向。

在一组研究中[20]，参与者被要求完成四幅一组的"点状连接"图片，其中每幅正确完成的图片都描绘了一只卡通动物，例如一只河马。每幅图片的目标完成速度的测量标准，依据的是参与者在分配的时间范围内为每幅图片连接的点数；目标完成准确性的测量标准，依据的是参与者连接时错过的点数（以他们为每幅图片连接的最高点数为上限）。研究发现，促进定向的参与者更为快速（即在指定的时间内完成了更大比例测量的图片），预防定向的参与者则更为准确（即完成测量的图片中错误更少）。

因为有一组图片，所以这些研究还可以探究参与者在越来越接近完成任务（即从第一幅图片到第四幅图片）的过程中发生的情况。根据经典的"目标扩展"效应，随着人们越来越接近完成目标，动机也会随之增加。[21]如果这种增加的动机也适用于策略动机，那么随着参与者越来越接近完成任务，促进定向的参与者的速度应该比预防定向的参与者更快，而预防定向的参与者的准确性应该比促进定向的参与者更高。研究确证了这种效应。因此，随着参与者的积极性越来越高，促进定向的参与者与预防定向的参与者在速度和准确性表现上的差异也越来越大。

促进定向和预防定向之间的权衡，也发生在创造性思维与逻辑分析推理之间。为了创造或创新，个体需要摆脱现状或规范的限制或约束。他们需要超越给定的范围。但是，要善于逻辑分析推理，情况则恰恰相反。为了正确地关联系统内不同的组件以确定其真正的内部关系，个体必须有条不紊地遵守规则并坚守给定的条件。促进定向的个人希望超越现状，超越"0"。他们想完成"新"的东西，获得新知识。这些偏好有利于创造性思维，但是，如果有的话，它们会削弱需要坚守给定的内容并有条理地遵循逻辑规则的分析性推理。相反，预防定向的个体则希望保持现状并认真遵循规定的逻辑规则。这有利于分析推理，但会损害创造性思维。

实际上，有证据表明，促进定向的个体比预防定向的个体更具创造力，例如，他们能思考使用砖头的更多不同方式，或尝试以不同的方法解决问题。同时也有证据表明，预防定向的个体比促进定向的个体更擅长分析推理，例如在研究生入学考试（GRE）分析写作测试中得分更高，这些考题涉及根据一组给定的基本事实评价命题的真值。[22]

总而言之，促进定向会产生更多的风险决策、更快的表现和更好的创造性思维，同时也会拥有更少的保守决策、更差的准确表现和较差的分析推理。预防定向则会产生相反的权衡模式。这些权衡强调的是，不存在一个最佳的自我调节系统。我们不能普遍推测说冒险比保守好、速度比准确性好，或者创造性思维比分析思维好。反之亦然。相反，应该得出的结论是，促进定向和预防定向都有各自的权衡取舍，都会在某些情况下获取收益，而在其他情况下产生成本。我们不仅不能断言促进定
398 向或预防定向是否比另一种更好，甚至连单个的促进定向或预防定向的好坏也无法断言。每个定向都有其成本和收益。本结论的主要含义之一是，寻求福祉或"良善生活"甚至"美妙生命"必须找到其解决方案，而不仅仅是选择这些价值取向中的某种，并将其指定为"良好"的动机就足够了。而这正是过往心理学研究所做的。

指定"幸福"和促进福祉的问题

有人可能会争辩说，有效的促进与有效的预防之间有一个明显的区别，可以证明促进定向比预防定向更可取：促进成功后的"幸福感"要高于预防成功后的"幸福感"。然而，这种差异只是突出了将"幸福感"视为福祉的一个基本问题。

正如我在书中前面所讨论的，感到高兴是成功促进的反馈信号，就像感到镇定（或释然）是成功预防的反馈信号一样。这些感觉上的差异反映出的是成功的目标追求中的价值取向——促进或预防之间的差异。它们并不反映哪一个目标被成功地完全追求的差异。确实，成功的目标可能完全相同，例如在课程中获得"A"或在驾车途中准时到达目的地。在这两种情况下，一个人都能有效地实现预期的结果并有效地掌控事情

的发生。不同的是，获得"A"或准时到达的目标，是代表了要达成的成就，还是代表了要履行的责任。若论断目标的不同表征反映了不同的福祉，那是不合理的。同理，根据感受到的"幸福"程度来衡量福祉同样是不合理的。

此外，"幸福"可以被认为是期望的最终状态（价值），或对我们在目标追求中的表现的反馈信号（控制）。作为反馈信号，感到快乐就像其他任何反馈信号一样，可以帮助我们管控接下来发生的事情——在这方面它并没有特殊的地位。例如，感到"悲伤"也是反馈信号。作为反馈信号，它也有助于控制有效性，从而有助于福祉。[23]考虑到这一点，为什么不使用更强烈的"悲伤感"作为更高福祉的指标？为什么单独指定"幸福感"作为反馈信号？

有关福祉的文献未能认识到，"幸福"只是某个恰好与特定的自我调节系统（促进系统）的成功相关的反馈信号，而预防成功也有其自身的积极反馈信号，这实际上属于更大的问题。与福祉相关的文献，通常无法区分有效的促进自我调节与预防自我调节之间的区别。似乎感到"欢乐"比感到"安宁"具有更高地位，而无视几种宗教都将天堂描绘为死者既感到"安宁"又感到"欢乐"的状态的事实。人们普遍认为，与有效的促进自我调节有关的事物比与有效的预防自我调节有关的事物具有更高的福祉。

问题始于福祉的测量。这类测量通常会问人们感到幸福的频率与程度（更大的幸福感将被评分为更高的福祉），以及他们感到紧张或不安的频率与程度（较强的紧张感将被评分为较低的福祉）[24]测量甚至定义基本的积极情绪为促进成功的情绪，例如感到"快乐"、"愉悦"或"开朗"，并排除诸如感觉"平静"、"放松"或"自在"等预防成功的情绪。同时，在定义基本的负面情绪时，通常使用预防失败的情绪，如"害怕""紧张""战战兢兢"等，而不是诸如"悲伤"等促进失败的情绪。[25]在控制了生活中的实际有效性（即成功和失败的频率）后，这些衡量标准的偏向将使促进定向者比预防定向者在福祉方面的得分更高，因为促进成功（相对于预防成功）将得正分，而预防失败（相对于促进失败）将得负分。

支持促进的测量偏向也包括预期感受。有效的促进定向的个体会预期自己的成功，以支持维持或适应其取向的渴望，并且通过预见自己的成功，他们不仅会感到例如"快乐"、"愉快"或"开朗"的基本积极情绪，还会感到"自信"和"大胆"。而这些也属于"基本的积极情绪"，并提高了福祉分数。相反，有效的预防相关的个体则会预测失败的可能性——防御性悲观主义，以支持维持或适应其定向的警惕性。预期失败的可能性会使他们感到紧张和不安，这将被当作"普遍的负面影响"并降低其福祉分数。因此，当促进性的和预防性的个体都是有效的，并且因为符合调节匹配而感到正确时，前者的福祉得分较高，而后者的得分较低。

由于福祉的测量标准本身就是有问题的，因此不足为奇的是，有关哪些动机因素或性格类型有助于福祉的结论也是存疑的。例如，在一篇与有关福祉的人格特质相关的有影响力的论文中，华纳·威尔逊（Warner Wilson）得出结论：快乐的人"外向、乐观、无忧"，并且具有很高的自尊。[26]这里所描述的是有效的促进定向的个体。促进有效性与更强的外向性、更明显的乐观态度（因此更少的未来担忧）和更高的自尊正相关。之所以会出现这种正相关，是因为更强的外向性、更明显的乐观态度和更高自尊都支持与促进相匹配的渴望。它们不支持与预防相匹配的警惕。但这并不意味着促进有效性要好于预防有效性。两者只是不同而已。尽管如此，相关文献的结论是，与促进定向相匹配的个体被认为是高福祉的，而与预防定向相匹配的个体则不是。

❖ 行动和评价的福祉收益和成本

促进和预防都是动机状态，它们可以作为一种人格变量在不同个体之间存在历时性差异，也可以受情境性诱导。行动和评价也是如此。在行动定向的状态下，个体希望开始行动，然后使其随时间推移平稳进行。启动并保持平稳的移动，有助于掌控何事发生——控制有效性。在评价定向的状态下，个体希望通过全面比较来严格评价替代方案。进行严格的评价和彻底的比较，有助于建立真实———真相有效性。

基于个人史视角，行动和评价在自我调节中的功能可被视为获得所需最终状态的手段。例如，我在第九章讨论过的标准控制系统模型中，评价和行动是有价值的，因为它们有助于达到所需的状态。但是，行动或评价带来的福祉与享乐主义结果或取得预期结果无关。行动和评价独立于价值有效性。评价和行动的价值与它们能否有效地获得预期结果无关。这是调节模式状态的主要特征，但尚未获得足够的重视。通过对替代方案进行全面比较而进行严格评价的过程，作为建立真实（真相有效性）的一种有效途径，本身就具有内在价值。启动和保持平稳运行的过程作为掌控何事发生（控制有效性）的一种有效途径，本身也具有内在价值。

我并不是说最终获得理想的结果对福祉并不重要。正如我之前说的，"美好"还意味着有效地获得有价值的结果。但是，有效的行动和评价分别独立地作用于"良善生活"和福祉甚至"美妙生命"。例如，著名的美国商人告诉其他人，生活中"成功"的秘诀在于采取行动、做出改变、保持前进（即行动），就像以下引文所说的那样：

> 成功似乎与行动有关。成功人士不断前进。他们会犯错误，但不会放弃。——康拉德·希尔顿（Conrad Hilton）
>
> 开局方式就是停止谈话并动手去做。——沃尔特·迪士尼
>
> 您必须假装自己有100％的把握。您必须采取行动，您不能犹豫或两面下注。缺少任何一点决心都将导致失败。——安德鲁·格鲁夫（Andrew Grove）
>
> 愿意改变是一种力量，即使这意味着付出公司的一部分陷入混乱的代价。——杰克·韦尔奇（Jack Welch）

惩罚诚实的错误会扼杀创造力。我希望人们去行动并且干得惊天动地，尽管他们会犯错。——罗斯·派洛特（Ross Perot）

当然，这些商人也希望最终能获得理想的结果，并且至少在某种程度上，强力的行动是达到目的的一种手段。尽管如此，他们认为强力的行动本身就是值得的，而我相信他们会认为有着强力行动的生活本身就是"良善生活"，并有助于提升福祉。在以下两段引文中，行动的价值与期望的结果的价值之间的独立性更加明显：

人不应该纠结于结果。一个人旅行不是为了到达目的地，而仅仅是旅行。——约翰·沃尔夫冈·冯·歌德（Johann Wolfgang von Goethe）

行动起来。前进也好，后退也罢，无论如何，行动起来就对了！——无名氏

与此同时，西方文学也更普遍地强调了真相对福祉的重要性，包括人类为真相而放弃享乐的意愿。从亚当和夏娃冒着被逐出天堂的风险吃下"善恶知识树"的果实，到《黑客帝国》中的尼奥放弃了提供享乐生活的蓝色药丸而选择仅仅提供了真相的红色药丸，这都启示我们"良善生活"不仅仅是获得享乐的结果。除了有效地掌控何事发生之外，还涉及有效地建立真实的事物。确实，为了真相和控制有效性，必须放弃快乐并承受痛苦。

总而言之，行动—控制和评价—真相对于福祉的影响独立于价值有效性的影响。明确认识到这一点很重要。但这并不是说它们是福祉的救星，它们也有自己的权衡。

402   行动定向和评价定向的弊端

行动定向的个体希望采取行动。只要能够行动起来，他们愿意做任何事。而且，正如无名氏的谚语所言，这意味着前进或后退没有区别——他们只要能行动就行。但这可能导致他们移动到一种比他们开始

时更糟糕的状态。是的，他们会从移动中获得行动（控制有效性），但是他们会浪费资源，最终落入一种不太理想的状态。如果他们能更多地谋划（即有更多的评价），他们就可以从移动中获得控制有效性，并通过有效地使用资源，最终达到一种更理想的状态——这就是一个通过真相和控制共同作用创造价值并带来福祉的例子。

想要保持平稳且连续的运动的强行动，也存在潜在弊端。这也可能导致在不再有产出的情况下依旧保持行动（例如，此时最好停下来做点其他事情）。从这个意义上讲，强力的行动，就像没有驾驶员的火车一样，它顺畅而盲目地沿着轨道平稳行驶，且不在任何车站停靠。而一位判断火车何时移动、何时停止以及该停止多长时间的火车驾驶员，则是火车实现其目标所必需的。同样，通过保持平稳的移动来掌控何事发生，可以产生控制有效性。但当需要停下来以获得期望的结果时，资源可能被继续用来保持前进。通过评价何时应停止、何时应中断以及何时应保持这种运行，真相可以助力有效的资源利用来获得期望的结果。因此，当强行动与评价共同作用时，成就业绩会有所提高。

不仅优势的行动定向有其潜在弊端，优势的评价定向同样如此，它可以造成个体"迷失在思考中"而无所作为。无论是选择目标、策略还是手段，他们的目标追求过程都有许多考虑选择。在严格评价和比较不同选项的属性时，也有许多不同的标准或参考点可以使用。详尽而彻底的评价过程可能会持续很长时间，并且直到过程结束也无法得出任何占优选项。在详尽而透彻的评价过程中，使用的参考点越多，产生的选择冲突也会越多，而这会降低对任何一种选择的承诺。这也是非常低效的，因为大量的资源被消耗于此，但仅仅导致了选择瘫痪（choice paralysis）。最后的结果是什么都没有发生。高评价者宁愿什么都不做，也不愿做错事，这可能听起来很合理。但是，强大的评价会使每个选择都看起来不像正确的决定，即使任何一个选择实际上都比什么都不做要强。

优势的评价定向还有其他弊端。在评价时使用不同的标准或参考点，可能会导致评价的变化。例如，当个体将自己与做得不好的人进行比较 *403*

时，个体会感觉良好（向下比较）；而当他们将自己与做得更好的人进行比较时，他们会感觉不爽（向上比较）。[27]这种评价变化的不利之处是使强评价个体在情感上变得更加不稳定和神经质。[28]另一个不利方面是，强评价个体会比大多数人更加公正（为了进行所有可能的比较），并且会在整体评价中更加看重负面评价。与其他人相比，这种倾向会使高评价者做出更多的整体"失败"评价，使评价定向者更加焦虑且沮丧。[29]

显然，优势行动定向和优势评价定向要想获得期望的结果，各有其需要付出的代价。当它们单独发挥作用而没有对方的配合时，目标追求是低效的，这不仅会减少期望的结果，甚至会产生不想要的结果。但是，价值成本远不止这些。此外，每种调节模式在没有对方模式的约束或反作用力的情况下运行时，有效的控制和有效的真相实际上是减少的。如果没有评价抵消行动定向个体不计成本行动的天性，他们将无法在必要时停止运动或停止足够长的时间，这将使他们无法管控何事发生，并削弱控制有效性这一标志。因此，仅有优势行动定向本身会削弱控制有效性。

当优势评价者不能理解在许多情况下并不存在一个先验的正确标准或参考点[30]，或者当他们不断变化比较点以求详尽和透彻，或在一定程度上挑剔到变得沮丧或焦虑时，他们是无法有效地找到真相的。情绪上不稳定、沮丧或焦虑的人都有自己的偏见以及对现实的曲解。选择会产生衰弱的自我观的比较点是不现实的。的确，患有抑郁症或焦虑症的人对自己、他人以及周围世界都怀有不合理且不切实际的看法。[31]此外，他们会反复思考并沉迷于这些观点，从而进一步降低了他们建立真实的能力。[32]有所帮助的，只能是通过行动结束评价并开始前进。没有这样的行动，就可能无法建立真实。因此，具有讽刺意味的是，仅有优势评价定向本身会损害真相有效性。

❖ 解决权衡问题

那么，无论优势动机是什么，优势的促进、预防、行动还是评价，其弊端和代价问题的解决方案是什么？鉴于优势定向意味着一种动机处于较高或较强的水平，而其他竞争动机（一种或多种）处于较低或较弱的水平，解决方案似乎显而易见。亚里士多德已经给出了解决办法："凡事适度。"因此，他的解决方案是通过将强势动机降低到一种中等水平、将弱势动机提高到一种中等水平来消除优势定向动机的成本。现在，我们就有我们想要的了！我们通过使动机变得同样温和而消除了优势定向。而且通过消除优势定向，我们还消除了其代价。因此，如何实现福祉的答案似乎是"凡事适度"。果真如此？

为什么"凡事适度"不是解决方案

作为优势动机之代价的解决办法，"凡事适度"有三重功效。首先，它可以减少动机至适度强度。其次，它消除了某一动机的优势地位。最后，它创造了适度动机的"完美平衡"。但我坚信，这些功效中的每一个对于福祉和"良善生活"甚至"美妙生命"来说，都是有问题的，因此"凡事适度"并不是最好的解决方案。事实上，它是一个坏主意。让我细究它的每种功效，以阐明为什么如此，以及哪种解决方案会更好。

减少动机至适度强度的问题

确实，优势的促进或预防、优势的行动和评价定向，对价值、真相和控制有效性具有潜在代价。那么，为什么不通过将它们的强度降低到适度水平来解决这些问题呢？出于情感和动机上的原因，这不是一个好主意。

对于情感而言，将促进或预防降低到适度水平，就意味着放弃体验强促进成功或强预防成功的收益，即从促进成功中体验到更少的喜悦，从预防成功中体验到更少的平静。将他们的强度降低到适度水平会弱化这些积极的情感体验。

对于动机而言，将促进和预防降低到适度水平，也将降低实现促进和预防目标的动机强度，这反过来又会降低成功的可能性。出于某种不同的原因，将行动和评价降低到适度水平也会损害其性能。正如我在第九章中所评论的那样，研究一致表明，与强行动和强评价的结合相比，适度行动和适度评价的结合产生明显更差的表现。一般而言，适度水平对于绩效的效果并不好。

当行动或评价与促进或预防因占据优势地位而产生成本时，更好的解决方案是确保这两种动机都很强，而不是将它们都降低到适度水平。当行动和评价都很强时，它们会相互制约或限制，如刚刚讨论的那样，这会降低一方占主导时产生的潜在成本。当促进和预防都很强时，它们可以协同作用以改善绩效。强促进能避免不作为的错误，强预防则能避免有作为的错误。通过协同作用可同时避免这两种错误，将决策偏差降到最低。

因此，优势动机权衡的解决方案不是降低优势动机强度以使两种动机均处于适度水平。相反，解决方案是提高较弱动机的强度，以便它作为当下的非优势动机有能力为对方设置约束和限制。"良善生活"和福祉甚至"美妙生命"不是通过结合独立的、适度的动机来创造的。相反，它们是通过足够强大的动机协同运作，以最大限度地提高收益并最小化各自的成本来实现的。

在我贡献的强动机协同运作的解决方案背后，有一种隐含机制需要阐明。解决福祉问题的"凡事适度"方略，以及将核心美德和品格力量相结合的更普遍的福祉概念，都是将这些动机视为可以加总以产生高水平福祉的独立动机。而我的解决方案没有暗示这种加法模型。相反，它涉及动态的关系系统。它论证，将强大的动机结合起来是可行的，因为强大的动机会相互制约和限制。但这样的制约和限制不应理解为冲突，如弗洛伊德的自我、本我和超我之间的冲突。而应该将它们理解为动态合作。动机是相互关联的，它们以提高整体效率的方式进行合作—协同运作。当两者都很强时，它们通常合作得最好。

我确信，亚里士多德和其他人忽视了动态合作的动机对"良善生活"和福祉甚至"美妙生命"的影响，他们也没有区分观察到的动机的行为表达和背后支撑这些行为表达的实际动机。就像个人感知文献中经典对应偏差一样，它假定"X"（攻击性；友善）的行为源自"X"（攻击性；友善）的特征或性格。[33] 由此，比极端行为更可取的适度行为被假定来自潜在的适度动机。但是，适度的行为可能来自潜在的强动机的协同作用，它们相互制约并相互限制。事实上，这可能是产生我们所偏好的"适度"行为的唯一方式。

消除动机优势的问题

"凡事适度"和"完美平衡"的解决方案还涉及消除优势动机的优势地位。通过将优势动机的强度降低到一个适度水平，并将弱势动机提高到一个适度水平，优势性就被消除了。同样，我也确信将优势动机的强度降低到适度水平是错误的，并且我提议应该想办法将弱势动机的强度提高。但这不是意味着以前的优势动机将不再具有优势地位吗？这两个动机现在都很强，这难道不会消除优势性吗？这对福祉来说是一件好事吗？

我已经论证过，如果两种协同作用的动机都很强，这就可能是有益的。我的意思并不是说动机必须同样强。例如，可能的确需要同等强度的促进和预防以最大限度地减少决策偏差，但如果评价能力已经很强了，那么可能在运动能力更强的情况下，成就会更大。动机科学需要研究何时同等强度的动机更起作用、何时一种动机比另一种更好。但是，在这里，我只想强调，强强联合的动机对福祉的好处并不意味着它们应该总是同样强。

创造适度动机的"完美平衡"问题

更为普遍的问题是，认为极端成本的最佳解决方案是建立适度动机的完美平衡。这种方案忽略了权衡原则。适度动机的完美平衡将消除优势动机的成本，但也始终存在同时消除其好处的风险。例如，如果预防优势损害了创造性思维，那么消除其优势地位将降低这一成本。但同样地，通过消除其优势地位，特别是按照"凡事适度"的解决方案中提到的那样将其强度降低到适度水平，预防优势对分析思维的好处也将丧失。有时候，我们需要进行分析性思考，此时我们会希望个体采取强有力的预防定向。而在其他情况下，当我们需要创造性思维时，我们会希望个体具有强有力的促进定向。强行动取向和强评价取向也是如此。在这些 *407*

时刻，优势动机必须很强并且比其他动机都更强，而如果它们同样适度则不会有效。

如果通过建立适度动机的"完美平衡"来消除优势，还存在另一个问题：这可能导致僵局，即不作选择，不采取任何行动。在生活中，我们常常在一系列积极选择之间进行决断，例如在不同的菜单选项或假期旅行之间进行决断。有选择总比没有选择好。如果我们有喜欢不同选择的适度动机，并且如果适度动机的强度达到了完美的平衡，就如亚里士多德著名的身体体液的完美平衡，那么我们最终可能没有明确的偏好（没有"优势选择"）。这可能导致没有选择。而事实上，任何选择都比没有选择要好。如此显然不利于福祉。在这种情况下，解决方案是让其中一个替代方案非常强并且比其他竞争方案都更强：既不要适度，也不要达到完美平衡。

亚里士多德的美妙生命理念存在的问题

不仅亚里士多德"凡事适度"和"完美平衡"可以实现"美妙生命"的认识存在问题，"美妙生命"这一想法本身也存在一个问题。我在第十章中探究了促进或预防、行动或评价如何受到不同程度的强调，而这些被不同强调的定向配对结合时，会产生各自具有独特动机意义的不同结构模式。我坚信，要充分理解福祉以及拥有"良善生活"甚至"美妙生命"的意义，必须考虑动机如何协同运作，并且觉知存在能有效发挥作用的不同结构模式的事实。与其说存在特定的"良善生活"甚至"美妙生命"，不如说"良善生活"甚至"美妙生命"的样态精彩纷呈。

正如我已明确否证福祉加总模型——它认为存在一组独立的品格力量，并且最好尽可能多地拥有它们。我已经论证，必须考察个体"品格力量"之间的关系，因为整体不等于部分之和。例如，将与预防定向相关的强烈责任感（正义的品格力量）、与渴望相关的希望和乐观（超越的品格力量）加在一起，会造成调节不匹配。事实上，这种组合由于是不合适的，反而会降低投入强度或活力。而当投入强度或活力降低时，勇气的品格力量也会降低。因此，将正义与超越结合起来不会产生简单的加总产物；它们在一起会产生调节不匹配，而这可能会对勇气产生负面影响。在预测福祉时，需要考虑品格力量之间的匹配和不匹配关系。动机如何动态地相互作用至关重要！

　　一项关于应对日常烦恼和挑战的情感影响的实地研究，考察了匹配与不匹配对福祉的重要性。[34] 作为每日日记研究的一部分，参与者在当天结束时都会报告他们那天发生的"最令人不安或最麻烦的事件"以及他们当前的情绪困扰水平。他们还完成了一项应对测试，这一测试评价了他们使用渴望和警惕策略来应对令人沮丧的事件的能力。值得注意的是，参与者在应对时，可以同时使用几种渴望和警惕策略，或者只使用渴望策略但很少（或不）使用警惕策略，也可能只使用警惕策略但很少（或不）使用渴望策略，或者两者都不使用。而且，参与者有可能在促进和预防两方面都很强，或在促进而不是预防上很强，或在预防而不是促进上很强，或者两者都不强。

　　这项研究同时发现了调节匹配效应和调节不匹配效应。首先，如果强促进的参与者更多地使用渴望策略来应对事件（例如，"我会通过寻找其他手段来达到目标"），而强预防的参与者更多地使用警惕策略来应对事件（例如，"我非常谨慎——我不希望发生任何其他坏事"），那么在一天结束时，令人沮丧的事件所带来的困扰就更少。也就是说，价值—控制的匹配关系带来了福祉收益。其次，如果强促进的参与者更多地使用警惕策略来应对事件，而强预防的参与者更多地使用渴望策略来应对事件，那么在一天结束时，令人沮丧的事件所带来的困扰就更多。因此，价值—控制的不匹配关系也带来了福祉代价。对于福祉而言，重要的是，个体是否使用了与其价值取向匹配或不匹配的应对控制策略，以及价值动机和控制动机是否有效地协同工作。

　　正如我在本书中所详细阐明的，调节匹配是有效的自我调节的主要激励机制。例如，通过从我们想要的东西逆向工作来管理动机至关重要

（第十二章）。它通过保持一种动机比另一种动机更强，在两种强烈动机
与相反偏好之间取得平衡。在应对生活中的日常麻烦和挑战时，它可以

409 增加或减少痛苦。现在是时候更全面地考虑调节匹配对福祉的影响了，
因为它提供了一个特别清晰的案例：在考虑如何获得福祉以及如何引导
"良善生活"甚至"美妙生命"时，需要超越单独的价值结果之关切，以
超越苦乐原则。

❖ 调节匹配与福祉

在考虑调节匹配如何有助于福祉时，我首先从强促进与强预防有效
协作的潜在贡献开始。应该在一开始就提醒大家，强促进与强预防如何
协同运作以增进福祉的问题，是指它们在同一目标追求或任务活动中的
协同作用问题，例如"计划一个有趣的假期"或"做一顿美味的晚餐"。
这是关于协调的挑战。

在不同时间进行单独的目标追求或任务活动是另一种情况。就时间
上分开的活动而言，可以同时拥有强促进与强预防作为定向选择的潜在
优势更加明显。例如，在为即将来临的风暴做准备时，拥有强预防定向
是优势；而在为即将举行的生日聚会装饰家园时，拥有强促进定向才是
优势。在任务过程中的某个时刻处于促进定向，而在其他时刻处于预防
定向，也可能是一种优势。例如，在需要原创想法的项目初始计划阶段
拥有强促进（例如，提升创造力），而在必须执行决策的后计划阶段拥有
强预防（例如，防止执行错误）。[35]这些案例并不涉及协调的挑战。在一
项任务或一项活动的某个阶段拥有强预防，而在另一项活动中或另一个
阶段拥有强促进，并不涉及促进与预防的协同作用。在这些情况下，不
需要整合或协调促进与预防。当促进和预防定向在独立的活动中或时间
阶段发挥作用时，它们之间也没有潜在的冲突。

我考虑的是这样的情况，即当促进和预防在同一任务活动中共同作
用时，该如何有效地协调它们以增进福祉。这种情况既适用于人际协调，

也适用于自我协调。首先，我将考虑个人之间的人际协调，因为在这种情况下，有效协调的基本条件最为清晰明确。然后，我将考虑如何将这种情况下确定的条件，应用于个人内部促进与预防的有效协调，以增进个人的福祉。

配偶间促进与预防的人际协调

拥有令人满意的亲密关系可以增进个人福祉。[36]因此，有关福祉的问题是，亲密关系中具有相反调节定向的伴侣——一人是强促进而另一人是强预防——能否有效地协调以构建宜人的关系。如果可以的话，这将证明亲密关系中的互补能带来益处。这个问题更广泛地涉及社会吸引和亲密关系领域的一个经典问题：要想构建一段牢固而宜人的关系，伴侣间的相似性还是互补性，哪个更重要？这两种选择各自获得了民间智慧的支持。既有强调相似性的格言（"物以类聚，人以群分"），又有强调互补性的格言（"异性相吸"）。那到底怎样更好地建立宜人关系以增进福祉——相似性还是互补性？

对于由一个强促进的伴侣与一个强预防的伴侣建立的亲密关系（即相反的价值取向），很容易理解为什么互补性会损害关系而不是帮助提升关系满意度，而相似性可能会更好。这是因为，如前所述，当伴侣的价值取向相反时，存在目标冲突的潜在可能。例如，在计划休假期间的活动时，促进伴侣会想要一个充满新活动的令人兴奋假期，这些活动可以提供完成新事物的机会；预防伴侣则希望一个充满熟悉活动的平静假期，这些活动可以使其重温过去的欢乐。这种差异可能会导致不同的休假偏好，依次在关系中产生冲突和不满。

伴侣间就共同的目标达成共识，对他们想做的事情有共享现实，对于关系满意度至关重要。当他们没有这种共享现实时，相反的价值取向就会成为问题。在这种情况下，目标冲突的可能性会使配偶间的异质性变成缺点，因为冲突会降低关系满意度。的确，从总体上讲，心理学研究发现，对于友谊以及浪漫关系，伴侣间的相似性比差异性预示了更牢固、更宜人的亲密关系。[37]

但是，如果伴侣间已经建立了共同目标，对想做的事拥有共享现实，情况又会如何呢？那么，伴侣间需要进行一种不同的协调。伴侣必须协调实现共同目标的手段。哪个伴侣负责目标追求过程的哪个不同方面，才能最后实现目标？例如，考虑一对浪漫情侣，他们的共同目标是一起做一顿美味晚餐。要实现此目标，需要做很多不同的事情：从准备特殊的调味料，到确保每种食材在正确的时间内煮熟。创造性有助于准备特殊的调味料，而谨慎有助于在正确的时间内烹饪每种食材。

果真如此，伴侣间拥有相反的价值取向就将是一个优势，因为促进伴侣可以渴望地研究特殊的调味料，预防伴侣则可以保持警惕地注意每种食材的烹饪时间（和烹饪温度）。此时，不但晚餐准备的各个方面都会由合适的人来负责——这可以提高预期效果，而且每个伴侣都将以适合其价值取向的策略方式行事。由于双方都能经历调节匹配，因此他们将更加坚定地参与其中，并对他们正在做的事情"感到正确"。此外，这些匹配效果可能会增强伴侣间对晚餐与彼此的吸引力。而这正是浪漫的秘诀！它揭示了当伴侣共享共同目标时，具有相反的价值取向可以提高关系满意度。如果是这样，那么对于强促进和强预防者而言，这就是一种协同运作增进福祉的秘方。

瓦内萨·伯恩（Vanessa Bohns）在其博士论文中推断并探究了这种策略兼容性（strategic compatibility）可能给亲密关系带来的益处。[38]她还与亲密关系领域的专家合作进行了额外的研究。[39]测试本命题的必要初始条件是伴侣需要具有共同目标。已婚者拥有共同目标的可能性比未婚者更大；在已婚者中，婚龄更长者拥有共同目标的可能性也更大。因此，在其中一项研究中，婚龄长短被用作拥有共同目标的代理指标。当已婚伴侣更多地将自己视为"我们"中的一员而不是单独的"我"时，拥有共同目标的可能性也更大。在另一项研究中，对能反映这种"我们"感的亲密程度的测量，也被用来作为拥有共同目标的代理指标。[40]

在亲密关系文献中，关系福祉的量度是常用的四种不同测量的组合：

满意度、承诺、信任和关系调整或磨合。其中，磨合可评价一对夫妇的福祉质量，例如情感与亲密关系。研究发现，配偶间越可能建立共同目标（即婚龄更长，更多地自称"我们"而不是单独的"我"[41]），伴侣间互补（而不是相似）的价值取向对关系福祉的益处也越多。这些研究证实协调的强促进和强预防具有潜在优势。[42]对于一对配偶来说，优势来自双方在一项合作活动中各自执行与其主导调节定向相匹配的部分任务。在这种合作中，促进伴侣负责能从渴望中受益的部分，预防伴侣则负责能从警惕中受益的那些部分。每个人都积极参与其中，并因为行动方式与自己的主导价值取向相匹配而"感到正确"。由此，对共同活动和相互评价的积极反应得以增强。

412

　　但也应该指出，为了使互补带来福祉好处，必须确保活动可被分为渴望和警惕两部分。正如伯恩在其论文中所强调的，在预测互补性带来的好处时，重要的是要区分具有可分割角色（可分任务）和不可分割角色（单一任务）的任务活动。[43]她在另一项研究中发现，当参与者可以选择与一个他们认为具有促进定向或预防定向的人一起工作时，若共同任务具有可分割角色，例如"一起做饭"，他们会选择价值取向与他们相反的人作为伙伴；如果共同任务没有可分割角色，例如"一起看电影"，他们更可能选择价值取向与自己相似的人作为自己的伙伴。[44]

促进和预防个体的个体内协调

　　刚刚评论的研究计划确定了在一项共同活动中进行人际协调的条件，即强促进和强预防协同运作可以增进福祉。这些条件是否可以以某种方式推广到个体内协调，使个体拥有的强促进和强预防在同一任务活动中协同运作，以增强个人福祉？我相信这是可以的，"做饭"就是一个很好的例子。

　　做饭是一项涉及多个方面的活动，它允许将不同的角色分配给不同的个体。但是，它也可以由一个人来完成。一个人可以同时完成渴望部分和警惕部分。确实，同时具有强促进和强预防定向的个体对此有优势，因为不同的方面在任务中可能是相互交织和重叠的。例如，一旦调味酱准备好，并与其他配菜一起下锅烹饪，在这短短的烹饪时间内，就会同时发生品尝、添加各种食材、再次品尝并试图调低或升高温度的行为。

413 温度被警惕地降低，同时一些新的香料被急切地加入。一位具有强促进和强预防定向并能使它们协同运作的厨师正是我们所急需的。这样的厨师经验丰富，并能从强促进和急切地增加配菜与强预防和仔细地调低温度中获得调节匹配。他对所做工作的投入强度很高，"感觉正确"的体验非常强烈，并且对烹饪活动和制成品的兴趣也很高。

与团队合作伙伴或配偶间的人际协调一样，当活动被分割成与各种价值定向相匹配的不同面向时，拥有相反价值定向的个体的个体内协调将提高福祉。这样，相反的价值定向便可以和谐高效地协同作用，并且与每种价值定向的匹配将创造出异常高的投入强度、"感觉正确"的体验，以及积极的价值体验。在这些条件下，强促进和强预防可以共同作用并显著地增加福祉。因此，没有必要"凡事适度"。对于人际协调与个体内协调，强促进与强预防的结合都有助于增加福祉。秘诀是要了解它们能有效协助的条件，并认识到调节匹配对改善福祉的重要性。

还应该提醒，这些条件并不总是能被满足。当活动无法被分割为与各种价值定向相匹配的不同面向时，个体可能会体验到自身强促进和强预防之间的冲突，这就涉及要在任务活动中使用的策略——是渴望策略还是警惕策略更好。此外，退一步讲，强促进和强预防定向可能最初就会在目标或任务活动中创造冲突：它是满足成就的目标还是满足安全的目标？因此，要想从强促进和强预防的协作中受益，个体需要选择既满足促进定向又满足预防定向的目标或任务活动，并且确保其可以分别被分割为渴望面向和警惕面向，如"做一顿美味又有营养的饭菜"。幸运的是，以多种方式框定或表征事件的能力使之成为可能。

还余存一个警告！即使活动是可分割的，并且在两个价值定向上都确立了调节匹配，活动中也可能出现问题。如烹饪的温度太高，或因为接电话等其他事而离开炉灶太久。当发生这种情况时，两种价值定向的调节匹配所产生的异常高的投入强度，会加剧对"灾难"的负面反应。在此想要强调的是，在提高福祉方面不存在什么万无一失的计划。谁都知道生命不易！

源于调节匹配的投入强度：对福祉的含义 *414*

正如成瘾例证所清晰表明的那样，全情投入有时对于福祉来说并非最佳。为了"活着"，我们必须从事生命活动。但对于我们所有人来说，知道何时应退出某些活动也非常重要。有了这个附加条件，格言"投身于生命！"通常是改善福祉的好建议。

在所有临床疾病中，抑郁症关涉最弱的生命活动投入强度。抑郁与促进系统的失败有关；促进失败会降低渴望，导致调节不匹配，进而削弱投入强度。如果这种状况长期持续，就像抑郁症的状况一样，那么持续的弱投入强度通常会减弱或减少积极事物的吸引力（即减少潜在的人生收益），而这些事物通常能刺激促进系统。其结果就是"淡漠"，这是抑郁症的一个核心症状。我确信，与那些患有其他精神健康问题的人相比，抑郁者的自杀倾向（和自杀行为）相对更强烈绝非偶然。当一个人一开始就没有"活着"的感觉时，他就更有可能选择结束生命。

但应该强调的是，积极投入强生命活动并不一定意味着获得更多愉悦的结果。更强的投入强度对福祉的贡献背后不一定是基于更大的愉悦。毕竟，正如我在第四章中所论及的，更强的参与能加剧对事物的负面和正面反应。强参与尤其有助于控制有效性，有助于掌控事情。正如以下格言所言，重要的是参与："如果不玩，就永远不可能赢。"而且，以高强度参与游戏的方式不止一种。可以以渴望方式参与，也可以以警惕方式参与，只要方式与定向匹配即可。总体上，这不一定有助于取得理想的情感效果，因为这会加剧对成功的积极感受与对失败的消极感受。但在参与时，掌控事情（即控制有效性）的感受将更加强烈。这种感受会改善福祉，而无关最后的输赢："输赢不重要，重要的是过程"[45]。

还必须深究调节匹配和投入强度对福祉的更广泛影响。促进系统失灵导致的投入强度降低有其代价：与抑郁症状有关的对事物失去兴趣。但是，在某些情况下，过于强烈的参与也会有其代价。这种潜在成本有

415 两种形式：一种在促进系统中，另一种则在预防系统中。在促进系统中，个人可能会变得过于渴望（即过度渴望），这将与促进产生更强的匹配，并进一步提升投入强度。如果过度渴望是稳定的，那么持续的超高投入强度将使积极的事物具有超强的吸引力，例如使潜在的成就和进步变得极度诱人。这种情况的一种极端形式便是与狂躁状态相关的疯狂的热情。确实，过度参与活动是躁狂症的一种核心症状。

预防系统也可能导致过度参与。当人们在预防系统中失败时，他们会变得更加警惕，这与预防体系相匹配并提升了投入强度。如果失败或预期的失败持续且严重，则持续的超强警惕性和超高投入强度通常会加剧对生活中负面事物的预期（即必须防止所有"−1"事物）。这种情况的一种极端形式，就是与广泛性焦虑障碍有关的极端或疯狂的防守或过度警惕。

幸运的是，在促进和预防系统中，由于持续不断的超高投入强度而引起的过度渴望和过度警惕的情况很少见。因此，它们并不与福祉普遍得益于强烈而不是适度动机的观点相矛盾。但矛盾的情况也可能发生。当人们持续过度渴望或保持警惕时，福祉和"良善生活"甚至"美妙生命"会被败坏。这并不意味着亚里士多德"凡事适度"就是正确的，因为这里的问题在于拥有极端强烈的动机，而不是强烈甚至是很强的动机。而且事实上，此时的渴望或警惕不仅是"过度的"（即极端），还是持续的，并且对环境不敏感。在某些情况下，例如订婚，高热情和高投入强度是合适的；而在其他情况下，例如让家人离开燃烧的建筑物，高警惕和高投入强度就是合适的。在这些情况下，保持"适度"无助于"良善生活"或福祉尤其是"美妙生命"。相反，必要的是在不同场景中实施灵活的、合宜的必要反应。

非人类动物中的调节匹配和福祉

显然，调节匹配是人类动机的重要因素。非人类动物的动机也会受

调节匹配的影响吗？果真如此，那将明证调节匹配作为动机变量具有广泛适用性。此外，它还意味着非人类动物的看护者也应考虑调节匹配。

事实上，近期有证据表明非人类动物也会受到调节匹配的影响。贝　*416*
卡·弗兰克斯（Becca Franks）的硕士论文研究，为猴子的调节匹配功能提供了一个令人信服的例证。[46]研究灵感来自科学家对稳定的动物人格日益增长的兴趣[47]，如众多"大胆"与"害羞"物种之间差异的发现。标准动物人格视角可以预测跨情境行为的一致性。例如，"大胆"动物通常能比"害羞"动物更快地探索或检查环境中的新物体。但是，从调节匹配的视角来看，用探索或检查行为速度来衡量的投入强度，将取决于这种行为方式是否符合动物的调节匹配。

弗兰克斯研究了棉顶狨猴。猴子们被放在笼中反复观察，以区分会在公开场合吃得更多（即为获取食物甘冒风险）的促进定向的猴子，以及把食物藏得更多的预防定向的猴子。然后，研究者将熟悉和不熟悉的物品放入笼子中，以考察这两组猴子的行为。在进行实验测试之前，猴子们已经知道一种颜色的物品内部隐藏着食物，另一种颜色的物品内部则没有。此外，有些物品是猴子所不熟悉的（之前的接触不超过 3 次），其他物品则是猴子熟悉的（接触过 3 次以上）。

对于陌生物品，"促进"的猴子朝它们移动并探索它们的速度，要比"预防"的猴子更快，后者则会谨慎地检查它们。这一发现与"促进"猴子在接近目标时会更加渴望，而"预防"猴子会更加警惕或谨慎的结论相一致。但是，如果"促进"猴子实际上是"大胆"猴子，而"预防"猴子实际上是"害羞"猴子，则同样可以预测出这种差异。那对于熟悉的物品呢？当熟悉的物品是"食物"颜色的物体时，"促进"猴子接近的速度同样要比"预防"猴子快。但是，当熟悉的物品是"非食物"颜色的物品时，突然，"预防"猴子看上去比"促进"猴子更"大胆"，而"促进"猴子在接近熟悉的"非食物"颜色的物品时反应缓慢。毕竟，在这种情况下无法获得食物。但是，"预防"猴子仍然选择接近这些物品并检查其安全性。这意味着它们比"促进"猴子更快地接近熟悉的"非食物"颜色物品。这恰恰是可以预测符合调节匹配的"促进"与"预防"的动物行为,但不能预测"大胆"与"害羞"的动物行为的典例。

417   这些发现支持以下结论:非人类动物也受到调节匹配与不匹配的影响。这些发现还证明,在一个物种中,可能有一些个体更倾向于促进定向,一些个体更倾向于预防定向。也有可能某些物种通常具有较高比例的促进定向个体,而其他物种通常具有较高比例的预防定向个体。如果是这样的话,这将影响动物园动物和私人宠物的保育方式。[48]

一般而言,动物园管理员会为他们所照顾的动物创造促进相关的条件:在这种环境中,动物可以可靠地获得诸如食物之类的积极成果,而没有惩罚和危险的担忧。与野外的自然环境相比,这种环境的促进作用更加强烈。动物园管理员希望他们的动物获得快乐并摆脱痛苦,而创造促进的环境似乎有助于实现这一目标。但是,对于那些预防定向的动物来说,促进环境可能不是最好的。为了拥有能够加强其参与能力的调节匹配,预防定向的动物需要保持警惕,并通过预期未来的负面结果来提高警惕。

对于预防定向的动物,如果将它们视为防御性悲观主义者而不是乐观主义者,它们的福祉会更好。典型的动物园环境提供了能可靠获取的积极成果,例如获得食物与较少负面结果,这创造了支持乐观而不是防御性悲观主义的条件。对于预防定向的动物,最好创建防御性悲观主义的条件(即"如果我不做 X,那么将发生负面事情 Y"的情况)。否则,预防性动物无法产生调节匹配,也不会积极参与活动。甚至可能有人会说,这些动物需要防御性悲观的条件来体会"活着"的感觉。对于预防定向的家庭宠物也是如此。更一般而言,预防定向的动物的看护者需要创造一种动物们需要保持警惕才能成功的环境。就监督或照顾人类或非人类动物而言,"一刀切"不是好规划;或者说,没有"放之四海而皆准"的规划。

❖ 生命倚靠阶段的福祉:儿童早期和幸龄期

在本章中,我探讨了强动机协同运作并互相约束,从而在保持各自的独特优势的同时，也减少其潜在成本，以增进福祉。我已经阐述了调节匹配如何提升投入强度，从而使人们"充满活力"并对自己的工作"感觉正确"。显然，"良善生活"甚至"美妙生命"，不仅仅关涉获得想要的结果，或"凡事适度"，或独立动机的简单加总。儿童早期和老年期或幸龄期的福祉性质，强调了拥有协同运作的强烈动机对福祉的重要性，它们超越了苦乐原则。本节将讨论在生命倚靠阶段的民间智慧与我的假设体系的一致性。但这些民间智慧内蕴的启示通常是隐晦的，它们需要被更明确地诠释。

418

养育的民间智慧：致力于儿童福祉

父母自然希望为自己的孩子供给最好。他们尽其所能来让孩子们感到快乐和舒适。这意味着父母希望最大程度地满足孩子渴求的结果。果真如此，那么价值有效性将是父母希望为孩子提供的全部，并且他们也将致力于实现这一目标。他们将努力确保自己的孩子总是能获得促进成功和预防成功。但这真的是大多数父母实际上所做的吗？体现了这种养育方式弊端的民间智慧包括以下贬义标签："溺爱"和"过度保护"。这些标签是什么意思？为什么这样的教育方式不利于孩子的福祉？

几年前，我写了一篇论文，它聚焦父母或更广泛的看护者与孩子互动的不同方式，而这些互动方式会影响这些孩子是否能够以及如何发展出有效的自我调节。多年来，随着自我偏离论和调节匹配论的发展，我继续阐述了这种自我调节的社会化模型，但其基本要旨始终不变。[49]我区分了支持儿童发展出促进定向或预防定向的儿童看护互动模式。因为单个看护者可以在不同时间以任何一种方式与孩子互动，孩子也可以与使用不同模式的不同看护者互动，所以一个孩子其实可以同时发展出强烈的促进定向和强烈的预防定向。但是，通常只有一种模式占主导，要么强调促进，要么强调预防（正如我在第十一章中讨论的文化和人格中的情况那样）。

重要的是，看护者与孩子的互动模式不但在强调促进还是预防方面有所不同，而且在帮孩子了解自我调节的偶然性方面也有所不同，即学习诸如"当我做A时，X会发生；但是，当我做B时，Y会发生"的事件规则。当看护者使用管理模式时，孩子们更有可能了解自我调节的偶然性。促进定向的管理模式是支持模式，例如父母会鼓励孩子克服困难并继续朝着目标前进。预防定向的管理模式则是审慎模式，例如父母会训练孩子如何安全地做某事。这些管理模式涉及对儿童的环境进行工程设计和计划，以使孩子们学习如何克服困难、应对挑战，并在面临潜在危险时保持令人满意的状态。简而言之，管理模式为强力学习自我调节的偶然性设置了条件。

与管理模式相反，溺爱（我最初称其为"窒息"）模式，没有为自我调节的强力学习偶然性设置条件。根据我的模型，无条件宠爱是一种促进定向的溺爱模式，例如父母不管孩子做什么都称赞和奖励孩子。过度保护是一种预防定向的溺爱模式，例如父母建造安全房并限制孩子的活动以确保其不会受到伤害。这些溺爱模式不允许出现孩子学习自我调节的偶然性，因为结果完全由其父母控制，而与孩子所做的事情无关。也就是说，结果是非偶然的。

然而，重要的是要强调，在溺爱的看护模式下，儿童有时确实也会取得预期的结果。的确，总体而言，当孩子处在溺爱模式下而不是管理模式下时，他们会得到更多想要的结果。这是因为，管理模式下的孩子可能会犯错误并且可能会失败，而溺爱模式仅允许出现成功的预期结果。那么，溺爱模式的问题又在哪？为什么有关养育的民间智慧会贬义地使用"溺爱"和"过度保护"以及"过度放任"这些表述？我相信这是因为人们至少默契地理解了：这些溺爱方式破坏了儿童了解那些现实的自我调节偶然性的机会，而这种偶然性将有利于他们现在和将来的幸福。

这些自我调节的偶然性究竟能为儿童带来什么福祉？首先，这些偶然性会根据儿童的作为与不作为因而会发生或不发生什么而建立现实。也就是说，这些偶然情况涉及真相有效性。其次，儿童在计划和管理自己的生活甚至生命时会利用这些偶然性。也就是说，这些偶然性涉及控制有效性。这就意味着"溺爱"和"过度保护"的溺爱模式可能有利于孩子拥有想要的结果（价值有效性），但对于孩子了解世界的真实运转（真相有效性）和掌控事情（控制有效性）却有很大伤害。与本书的整体主题一致，民间智慧所表达的是，只有价值有效性是不够的。福祉还需要真相有效性和控制有效性。这就是"溺爱"和"过度保护"的养育方式对孩子不利的原因。这种被溺爱的孩子的原型就是"可怜的小富仔"[50]。 *420*

　　之前，我讨论了调节匹配在照顾动物园动物和私人宠物方面的功效。我讨论了动物园管理员和宠物主人如何希望他们的动物快乐并且避免痛苦。鉴于以上讨论，有人甚至可能会争辩说，当为某些动物园的动物和宠物创造"溺爱"或"过度保护"的环境时，这些动物就相当于"可怜的小富仔"。我还讨论了对动物园动物和宠物看护者的要求，他们需要学会创造与动物的动机相匹配的环境。这种照料同样适用于儿童。例如，对于偏向预防定向的儿童来说，促进的环境可能并不最有利于福祉。对于偏向预防定向的儿童，如果他们被视为警惕的防御性悲观主义者，而不是渴望的乐观主义者，可能更有利于其福祉。更一般而言，看护者需要创造与儿童的促进或预防、行动或评价定向相匹配的环境。在父母的照看下，孩子的适应可能会出现得更自然，因为孩子的定向本身会受到父母所创造的环境的影响。但是，大多数孩子并不只是单亲作为唯一的看护者，而是有多位看护者，如母亲、父亲、祖父母、年长的兄弟姐妹、老师和教练等。因此，孩子定向与特定看护者所创造的环境之间可能会出现不匹配。孩子们也需要有"活着感"的匹配，而未来的研究需要研究如何定制与孩子的动机取向相匹配的看护互动行为，从而更好地改善儿童福祉。

幸龄期与福祉

　　对于许多人来说，当生命历程发展研究者报告说，老年人或幸龄者的福祉有所提升而不是假想中的下降时，这是令人惊讶的。[51]为什么大多数人会假想下降？我坚信这是因为包括我在内的大多数人，都会考虑到与幸龄者相关的身体不适,例如"疼痛和痛苦"。如果福祉是指拥有愉快的而不是不愉快的经历,那么幸龄期作为一个充满"疼痛和痛苦"的生命历程阶段,其福祉应该是下降的。

但如果福祉关涉有效性呢?先考虑价值有效性——获得想要的结果。幸龄期的不利方面会产生"痛苦"这些不想要的结果。然而,获得期望的结果不仅仅是拥有积极的享乐体验,还可以回顾已实现的理想结果,例如拥有配偶和家庭,照顾孩子们成长,拥有自己的工作,等等。正是由于幸龄者的寿命长,因此他们可以拥有很长的成功历史,他们可以记住过去的理想结果,他们可以追忆"充实的生活"。年轻人则无法做到这点,因为他们仍在努力并且尚未感到满足。考虑到价值有效性,这是幸龄期的一个优势,它可以弥补当前享乐乐趣的下降。

但是,幸龄期的秘密可能与刚刚描述的价值有效性无关。相反,它可能关涉控制和真相有效性。有关衰老的文献描述了幸龄者如何以年轻人做不到的方式有效地进行管理。幸龄者在选择社交互动的时间和对象方面更具选择性。他们在选择要追求的目标方面也更具选择性,并且能将资源更多地集中在选定的优先事项上,而不是探索杂乱的生活途径。[52]

因此,幸龄期的一个秘密是在有效地管理所发生的事情方面有所增加,例如能有效地选择去做什么以及和谁见面(即控制有效性)。这种有效的管理可以增进福祉——一种我们大多数人尚未觉知的益处。但是,当人们惊讶地听到幸龄者的福祉会增加时,也许真相有效性才是最容易被忽视的那个奥秘。这种有效性方式在事关幸福和"良善生活"甚至"美妙生命"中的贡献,依据朴素实在论尚未引起足够重视。我相信科学家在探究幸龄者的福祉时也未足够重视它。如果人们能记得亚里士多德对沉思和思想活动的重视,它可能会受到更多的关注。

无论是对于亚里士多德的"良善生活"甚至"美妙生命"观,还是对于彼得森和塞利格曼有关"良善生活"的积极心理学,"智慧和知识"作为一种核心美德,都是福祉要素。而且,值得注意的是,幸龄期不仅与"疼痛和痛苦"有关,也与"人瑞且明智"有关。因此,也许更大的智慧——更强的真相有效性——是幸龄期福祉的秘诀之一。根据爱利克·埃里克森，真正的智慧是在人生的第八个也是最后一个阶段才凸现的。[53]

因此，幸龄期的"成功故事"再次强调了真相和控制有效性，而不仅仅是享乐对于福祉的重要性。而且当真相和控制动机有效地协同作用时，它们对幸福的贡献尤为巨大——这是一种朝着正确方向前进的生活和生命。更普遍地说，调节匹配和动机的有效协同运作可能是幸龄期"成功故事"的重要组成部分，尽管据我所知这还没有被研究过。例如，在真相和控制上取得成功的一个重要结果，可能是觉悟哪种策略方式适合哪种情况或环境。这种睿智会随着年龄的增长而增加，并且也可能是"人瑞且明智"的要义之一。福祉在于了解真相——关于何时应该保持促进—渴望，何时应该保持预防—警惕，以及何时需要两者兼备；关于何时应该行动，何时应该评价，以及何时需要二者同时进行；关于何时需要全情投入，何时需要超然脱离。然后，根据这些睿智的认知采取行动并设法实现目标。有效性，是指在正确的情况下找到正确的动机（或动机伙伴关系），而这可以随着经验的增长和成熟度的提高而体悟。

422

正是因为要在促进或预防、行动或评价以及投入强度之间进行权衡，所以学习探索在变化的环境中改变动机状态，对于"良善生活"和福祉甚至"美妙生命"非常重要。福祉并不是什么"凡事适度"，而是关于有效地调整动机以与情况相匹配。匹配为王！而要想实现匹配，不能只有价值有效性：它必须与真相和控制协同运作。福祉超越了苦乐。它关涉价值、真相和控制的有效协同运作。

❖ 总结性思考

尽管大众媒体都强调享乐，但显而易见的是，"良善生活"和福祉甚至"美妙生命"，并不只是愉悦最大化和痛苦最小化。深究非享乐主义因素，我强调了建立真实（真相有效性）和掌控事情（控制有效性），而不只是获得欲求结果（价值有效性）对拥有"良善生活"和福祉甚至"美妙生命"的重要性。我还强调了调节匹配在整体图景中的功用。调节匹配凸显了动机有效协同运作之于福祉的重要性。我确信它至关重要，并且值得更多的研究和关注。

请考虑团队成员的动机协调。如果你是团队经理，你是希望每个成员的优势动机强度都适度，还是希望每个成员的优势动机都强劲？亚伯拉罕·林肯总统期许他团队的每个成员都有自身强悍的个人观点——一个"竞争对手团队"[54]。贝拉克·奥巴马（Barack Obama）总统也说，这也是他想要的内阁。人们也期望起诉律师和辩护律师都强烈主张他们各自不同的立场，并由此催生正义的法庭审判。这样的组织构成如此有效，是因为成员之间互相挑战并彼此约束，因此产生的结果不同且优于部分的总和。为了使这种动力有效运作，不同动机都需要足够强，但不必同样强；而且最重要的是，它们需要协同运作，而不仅仅是被当成独立动机的加总。

423   无论是协调团队成员的不同动机还是协调我们自己的个人动机，未来的研究都需要更充分地探究促进或预防、行动或评价如何共同创造福祉甚至美妙生命。最佳组合并不总是需要所有的动机都很强烈。但是，我确信亚里士多德的"凡事适度"和"完美平衡"是错误的。我已经例证：强促进与强预防协同作用具有优势，强行动与强评价同样如此。我也信心满满：我们将发现动机作为整合结构的动态功能化意义，不同于并且有时甚至优于独立动机之和。如此，深究"良善生活"和福祉甚至"美妙生命"源头的理智旅程才刚刚启程。对于调节匹配以及评价与行动等动机协同运作的研究，是动机运作论作为新传奇的开端。

注　释 425

第一章

[1] 参见 Comer & Laird（1975）。

[2] 参见 Lewis（1965）。

[3] 参见 Bianco，Higgins & Klem（2003）。

[4] "sniglet" 指一个新颖胡诌的词语，它被定义为一个应该被词典收录但还没有的词语，其目的在于好玩。这个词是喜剧演员里奇·霍尔（Rich Hall）20 世纪 80 年代在 HBO 喜剧电视剧《不一定是新闻》里创造的。举一个 sniglet 的例子：Elbonics 是一个名词，含义为电影院里两个人操控同一个扶手的动作。

[5] 参见 Higgins，Idson，Freitas，Spiegel & Molden（2003）。

[6] 熟悉 Kahneman & Tversky（1979）前景理论的读者可能会很惊讶，渴望框架的"收益"与警惕框架的"损失"对价值没有影响。但两种框架的前提在于，无论是获得还是没有失去，咖啡杯和钢笔都具有正向价值。它不是让部分参与者处于获得状态，而其他参与者处于损失状态。本研究在第四章中有更详细的描述。

[7] 我注意到，尽管有的目标有不愉快的成分，但人们决定追求该目标时必定是能推导出价值意义的。例如，人们可以推断，如果他们愿意为实现目标而承受痛苦，那么他们就必须非常重视它。这种评价性推论会在第四章中进行讨论。但请注意，老鼠研究不太能做出这种推论。对于熟悉认知失调论的读者而言，我也将讨论失调感会如何解释这种现象。同时，我也怀疑这种现象背后是类似于失调感的调节机制。

[8] 在第七章中，我将更详细地讨论可能性在这两种理论中的作用，并描述可能性作为单独动机发挥作用的不同方式，包括可能性自身是价值的来源，而不仅仅是价值的调节机制。

[9] 参见《韦氏新大学词典》（第 9 版，1989）。

426

<h1 style="text-align:center">第二章</h1>

[1] 关于弗洛伊德的本能能量概念，参见 Freud (1957/1915)。

[2] 关于赫尔的一般驱力概念，参见 Hull (1943，1952)。行为表现是由与习惯强度相互作用的一般驱力决定的。当一种行为先前被频繁奖励时，习惯强度会增加。

[3] 参见 Kimble (1961)，第 396 页。

[4] 参见 Kimble (1961)，第 434 页。

[5] 参见 Hebb (1955)，第 249 页。

[6] 关于勒温场域理论，参见 Lewin (1951)。

[7] 勒温"被引导的能量"观版本与前述的更为常见的能量观版本有所不同。之前的版本是，首先在一个人（或汽车、玩具）身上创造能量，然后引导他迈向目标。在勒温的模型中，为一个人设定目标，他自己就会创造追求目标的能量。在这个意义上，勒温"被引导的能量"观微逊于其他版本的"全目的性"，因为每个定向目标本身都会创造行动能量以求达到目标。但在某种程度上，它又有"全目的性"意义，缘由在于勒温并没有区分针对不同类型的定向力的不同类型的紧张系统。如此说来，跨越不同定向目标的紧张系统和力场具有"全目的性"。

[8] 这种"心流"或"心流状态"现象是迷人的［参见 Csikszentmihalyi (1975，1990)］，我将在本书后面重新讨论这个现象。这里，我只想简单地说明这是一种有效性体验，体验成为某个特定领域的专家（例如，长跑、爬山、解决数学问题）。当人们专注于任务时，可以事半功倍。

[9] 这辆车是在法国租赁的，没有迹象表明它有一个柴油发动机。但最重要的是，通常与这类汽车一起配备的燃油喷嘴节流器不见了。有一次，这辆车在一个小镇抛锚了，我抱着一线希望开始试着用法语和当地人交流、解决问题。

[10] 参见 Higgins (2009)。

[11] 参见 Bianco，Higgins & Klam (2003)。

[12] 动物学习或生物模型参见：Gray (1982)；Honors (1967)；Lang (195)；Miller (1944)；Mowrer (1960)。

[13] 关于控制论模型，参见：Carver & Scheier (1990)；Miller，Pribram & Galanter

(1960)；Powers（1973）。

[14] 关于动态模型，参见：Atkinson（1964）；McClelland, Atkinson, Clark & Low-ell（1953）。

[15] 关于 Wiener 动态模型的反馈路径，参见 Wiener（1948）。

[16] 关于 Miller, Galanter & Pribram 的"测试—操作—测试—退出"模型的反馈路径，参见 Miller et al（1960）。

[17] 关于调节预期和调节参考差异更全面的讨论，参见 Higgins（1997）。

[18] 关于 Carver 和 Scheier 的控制论，参见 Carver & Scheier（1981，1990，1998）。

[19] 关于 Powers 的控制论，参见 Powers（1973）。

[20] 因为实际行动中并不会发生，所以这种不对称性被夸大了。"靠近"或"远离"参照值的行动并不需要真正发生，也不需要如此命名。例如，许多人类问题的解决包含无须行动的脑力过程。这也是勒温所讲的非实际层面的行动（Lewin, 1951）。

427

[21] 参见 Carver & Scheier（1981，1990）。

[22] 关于 Bandura 的社会认知论，参见 Baudura（1986）。关于我的自我偏离论，参见 Higgins（1987）。

[23] 关于结果状态的匹配和非匹配更完整的讨论，参见 Higgins（1997），它们是移动隐喻的替代概念。

[24] 关于"决策效用"的讨论，参见 Kahneman（1999）。

[25] 关于区分分配正义和程序正义的研究和讨论，参见 Tyler & Smith（1998）。

[26] 关于在调节定向论中区分促进定向和预防定向的更完备讨论，参见：Higgins（1997，1998b）；Scholer & Higgins（出版中，d）。

[27] 关于促进和预防的策略性偏好的讨论，参见：Higgins（2000a）；Higgins & Spiegel（2004）。

[28] 参见 Scholer & Higgins（出版中，a）。

[29] 参见 Scholer & Higgins（2008）。

[30] 关于达尔文进化论，参见 Darwin（1859）。

[31] 认为"生存"必须是答案，这是一个非常普遍的推理错误的例子，可以称其为"近似原则"。这是指一旦某事是可能的，那么无论想解释任何事情都必须从这件事出发。例如，虽然"适者生存"是正确的，但并非所有的动机都是"生存"。对于这种推理错误更全面的讨论，参见 Higgins（1998）。

[32] 对于这种观点的经典描述，参见 Woodworth（1918）。

[33] 参见 Woodworth & Schlosberg (1954)。

[34] 关于恐惧管理理论更全面的讨论，参见：Becker (1973)；Pyszczynski, Greenberg & Solomon (1997)。

[35] 关于动机决策中情绪体验的重要性的讨论，参见 Damasio (1994)。

[36] 参见《韦氏新大学词典》（第 9 版，1989），第 561 页。

[37] 参见 Jeremy Bentham (1781/1988)。

[38] 参见 Jeremy Bentham (1781/1988)，第 239 页。

[39] 关于弗洛伊德的超越享乐原则，参见 Freud (1920/1950)。

[40] 参见 Lewin (1935)。

[41] 参见 Mowrer (1960)。

[42] 参见 Atkinson (1964)。

[43] 参见 Kahneman & Tversky (1979)。

[44] 参见 Kahneman, Diener & Schwarz (1999)。

[45] 关于该证据的评论，参见 Eisenberger (1972)。

[46] 关于这些早期研究的评论，参见 Woodsworth & Schlosberg (1954)。

[47] 参见 Olds & Milner (1954)。

[48] 参见 Berridge & Robinson (2003)。

[49] 关于该观点的更详细讨论，参见 Higgins (1997)。

428 [50] 参见 McMahon (2002)。

[51] 参见 Dodes (2002)，第 206 页。

[52] 关于"喜欢"和"想要"之间的区别以及它们与成瘾的关联的更详细讨论，参见：Berridge & Robinson (2003)；Robinson & Berridge (2003)。

[53] 这里所引以及对极限运动更详细的描述，参见维基百科"极限运动"。

[54] 参见 Brymer (2005)。

[55] 参见 Keynes (1936/1951)，第 12 章第 7 部分，第 161 - 162 页。

[56] 关于动力心理学运动的更详细讨论，参见 Heidbreder (1933)（很荣幸，他是我在哥伦比亚大学心理学系的卓越前辈）。在六种主要的思想运动之外，这也是早期心理学作为一门学科发展中的第七种思想运动。

[57] 参见 Woodworth (1940)，第 374 页。

[58] 参见 Thorndike (1911)。

[59] 参见 Hebb (1955)。新加的文献。

[60] 参见 Hebb (1930)。

［61］ 参见 Hebb（1955）。

［62］ 参见 Hebb（1955）。

［63］ 参见 Bexton, Heron & Scott（1954）。

［64］ 早期研究表明，刺激强度与学习率之间有类似的钟形曲线，参见 Yerkes & Dodson（1908）。

［65］ 参见 White（1959）。

［66］ 参见 White（1959），第 297 页。

［67］ 请注意，就像动力理论家弗洛伊德和赫尔一样，怀特确实接受了这样一种观点，即动机意味着"被引导的能量"。这个特点反映在怀特不断使用"能量"一词。

［68］ 参见 Groos（1901）。Groos 认为儿童们的游戏是为满足未来的生活需求做准备或练习。

［69］ 参见 Piaget（1952）。

［70］ 参见 Piaget（1951），第 90 页。值得注意的是，Woodworth（1958）认为，游戏的功用在于影响环境，而不是满足机体需求，例如社交游戏。他认为，玩伴置身于环境中做有趣的事情，而不是满足机体的需求或情绪。

［71］ 参见 Piaget（1952）。对于儿童有效性动机的另一个讨论参见 Hunt（1961）。

［72］ 参见 White（1959），第 317 页。

［73］ 参见 White（1959），第 317 页。

［74］ 参见 White（1959），第 322 页。

［75］ 参见 Bandura（1982），第 122 页。

［76］ 参见 Neufeld & Thomas（1977）。也可参见 Goldberg, Weisenberg, Drobkin, Blittner, Gunnar Gotestam（1997）。

［77］ 参见 Bandura（1986）。

［78］ 参见：Deci（1975；1980）；Deci & Ryan（1985；2000）。

［79］ 参见 Deci & Ryan（2000），第 229 页。

［80］ 参见 Webster（1989）。关于人类动机中意志之角色的更详细的讨论，参见deCharms（1968）。

［81］ 关于影响决策的多种动机的区分，参见 Kelman（1958）。

［82］ 参见《牛津英语词典》（1971）。

［83］ 参见：Higgins（2000a）；Higgins & Spiegel（2004）；Molden & Higgins（2008）。

［84］ 参见 Higgins（1996a, 1996c）。

［85］ 参见 Higgins（2001）。

[86] 参见：Higgins（2000a）；Higgins（2010）。

[87] 参见：Higgins（2006）；Higgins（2008）。

[88] 参见 Higgins（1996a，1996c）。

[89] 参见：Frijda（1986）；Mandler（1984）；Simon（1967）。距今更近的讨论有 Schwarz（1990），它关注积极或消极情绪如何提供有关当前状态是否存在问题的信息判断。

[90] 这一论点与 Gordon Allport（1937a）几十年前在一篇名为《动机的机能自主》的重要论文中的立场一致。

[91] 参见：Brehm & Self（1989）；Wright（2008）。

第三章

[1] 关于自尊如何关联体验他人接受或拒绝之深思熟虑的讨论，参见：Leary & Baumeister（2000）；Leary，Tambor，Terdal & Downs（1995）。

[2] 参见：Tuving（2005）；Higgins & Pittman（2008）。

[3] 关于克服障碍和反对干扰力如何提高投入强度的讨论，参见 Higgins（2006）。

[4] 关于这种差异的讨论，参见：Dweck（1999）；Nicholls（1984）。

[5] 参见《牛津英语词典》（1971）。

[6] 有趣的是，《牛津英语词典》（1971）的定义中，像机器这样的非生命体"失灵"的次数远比"成功"要多。你可以用自己的话语体系来测试这一点。至少对我来说，我可以说机器失灵了，我脚下的地面凹陷了（例如，在海滩上行走时），风在航行中逆向吹拂，等等。但我不会谈论机器的成功、土地的顺脚，或风在航行时的顺水。这很有趣，暗示了人类不愿意对非生物的成功给予人类般的嘉奖、信任与感谢，而是想要责备它们不如意。

[7] 关于目标追求动机的讨论，参见：Elliot & Fryer（2008）；Elliott & Dweck（1988）；Kruglanski et al.（2002）；Mcdougall（1914）；Pervin（1989）。

[8] 文献回顾参见 Elliot & Fryer（2008）。

[9] 参见 Woodworth（1921），第 70 页。

[10] 关于目标追求和力场中的效价，参见：Lewin（1935）；Lewin（1951）。第四章中，我将回到重要的问题探讨："价值从何而来？"并将从价值有效性、真相有效性和控制有效性方面重新探讨吸引力和排斥力，并探讨这些力量的经验研究。

[11] 参见《牛津英语词典》（1971）和《韦氏新大学词典》（第 9 版，1989）。

[12] 参见《牛津英语词典》（1971）和《韦氏新大学词典》（第 9 版，1989）。

[13] 参见 James（1984/1980），第 462 页。

[14] 参见《牛津英语词典》（1971）和《韦氏新大学词典》（第 9 版，1989）。我需要指出，控制还有另一层意义，它与检查或验证某物的准确性有关，比如一个陈述、故事或结论。虽然这样的检查或验证通常涉及程序、能力和资源，因此会涉及控制有效性，但是确认什么是准确的、有效的或真实的，关乎真相有效性。

[15] 参见 Carder & Berkowitz（1970）。

[16] 参见 Ross & Sicoly（1979）。我需要指出，Ross & Sicoly（1979）对这一现象的解释，在于我们自己的行为和他人的行为的认知可及性偏见。他们认为，像自我增强这样的动机性偏见不能解释所发生的事情，因为可信度很低。但这一论点适用于价值有效性而不是控制有效性。我相信，控制有效性动机也是人们愿意承担合作项目中各自责任的普遍因素，甚至当他们事实上无法驾驭事情时。我也认为人们主要会归功于取得好结果。

[17] 参见 Nozick（1974）。

[18] 参见 Osgood，Suci & Tannenbaum（1957）。

[19] 有趣的是，价值有效性和真相有效性都是评价维度的一部分。这是因为，当人们评估是否采取某一特定行动或从事某一行动时，他们需要同时考虑与该行动或活动相关的价值有效性和真相有效性。正如我稍后所要讨论的，正是基于这种价值—真相关系，人们会对某一特定行动或活动作出承诺。

[20] 关于这项研究的完整报告，参见 Iyengar & Lepper（1999）。

[21] 关于回顾儿童动机认知的功能以及其他重要决策活动，参见 Costanzo & Dix（1983）。

[22] 关于决断/选择的文化差异的类似讨论，参见 Hernandez & Iyengar（2001）。

[23] 参见 Iyengar & Lepper（1999）。

[24] 参见 Bandura（1982），第 142 页。

[25] 关于这项研究的完整报告，参见 Lepper，Greene & Nisbett（1973）。其他一些经典的研究也证明了同样的基本现象，参见：Deci（1971）；Kruglanshi，Friedman & Zeevi（1971）；Ross（1975）。

[26] 在第四章中，我将更详细地讨论为何努力投入有违背心意因素的活动（即克服个人阻力），可以提升参与一项活动的强度，从而增加活动价值（参见 Higgins，2006）。我也将在第八章中证明，如果工具性奖励匹配该活动的定向属性，会增

强参与活动的兴趣。

431 [27] 参见 Horner（1968）。

[28] 参见 Shaver（1976）。

[29] 参见 Feather（1989）。

[30] 参见 Tesser（1988）。

[31] 参见 Swann（1987）。

[32] 关于促进和预防定向区别以及相关联情绪体验的讨论，参见 Higgins（1997，2001）。第四章将更详细地讨论这些情绪体验和背后的机制。

[33] 参见 Ortony，Clore & Collins（1988）。

[34] 例如，可参见 Gellner（1988）以及 Spruyt（1994）。

[35] 参见《牛津英语词典》（1971）和《韦氏新大学词典》（第 9 版，1989）。

[36] 参见 Eagly & Chaiken（1993）。

[37] 我想指出，《独立宣言》选择作为控制有效性的"自由"，以及作为价值有效性的"幸福追求"，并不是唯一的可能选择。正如我们将在第四章、第六章讨论的，还要符合特定动机定向的选择——行动（力）和促进。我们将会在第十一章讨论，行动（力）和促进仍然是美国文化的主流定向。但它们并不在所有国家都占主导地位，也不是在所有美国人中都占主导地位。然而对于《独立宣言》来说，这个选择很棒，因为它们适合大多数听众。正如第八章将讨论的，这将增强受众们的信息感知，让他们对内容"感觉很对"。

[38] 参见：Epstein（1992）；Deci & Ryan（2000）；Maslow（1943）；Murray（1938）；Pittman & Zeigler（2007）。

[39] 参见：Baumeister & Leary（1995）；Bowlby（1969）；Fiske（2004）；Hazan & Shaver（1987）。

[40] 值得注意的是，我所列举的人们有效如愿的案例并不都是获得享乐主义欢愉。这一点值得进一步讨论。人们有获得愉快感官体验的动机。一般来说，人们没有动机去经历痛苦的感官体验。人们在别无选择、只能体验痛苦时，一般是在受伤后接受疼痛的冷疗或热疗。在这种情况下，人们是在避免受伤的感官体验，而这涉及控制有效性。成功地回避痛苦，意味着避免痛苦发生。因此，快乐和痛苦是相对存在的。享乐体验作为一种动机的作用，不仅仅是快乐优于痛苦。

第四章

[1] 参见 Thorndike（1911）。

[2] 参见：Deci（1971）；Lepper，Greene & Nisbett（1973）。

[3] 关于这项研究的完整报告，参见 Lepper，Greene & Nisbett（1973）。其他证明相同基本现象的经典研究，参见：Deci（1971）；Kruglanski，Friedman & Zeevi（1971）；Ross（1975）。 *432*

[4] 参见 Allport（1961），第 543 页。

[5] 参见 Eagly & Chaiken（1993）。

[6] 参见《牛津英语词典》（1971）和《韦氏新大学词典》（第 9 版，1989）。

[7] 关于"有用性"概念的讨论，参见 Gibson（1979）。

[8] 参见 Smith（1776/1994）。

[9] 参见 Weiner（1972）。

[10] 参见 Woodworth（1918）。

[11] 参见 Eagly & Chaiken（1993）。

[12] 参见 Eagly & Chaiken（1993）。

[13] 参见：Fang，Singh & AhluWalia（2007）；Freitas，Azizian，Travers & Berry（2005）；Titchener（1910）；Zajonc（1968）。

[14] 参见：Hovland，Janis & Kelley（1953）；Rogers（1975）。

[15] 参见：Clary，Snyder，Ridge，Miene & Haugen（1994）；Katz（1960）；Smith，Bruner & White（1956）。

[16] 参见：Deci（1975，1980），Deci & Ryan（1985，2000）。

[17] 参见 Rokeach（1980），第 262 页。另参见 Williams（1979）。

[18] 参见 Merton（1957），第 133 页。另参见 Rokeach（1979）和 Schwartz（1992）。

[19] 参见：Thibaut & Walker（1975）；Tyler & Lind（1992）。

[20] 参见：Rokeach（1973）；Schwartz & Bilsky（1987）；Seligman，Olson & Zanna（1996）。

[21] 参见 Lewin（1952）。

[22] 参见：Carver & Scheier（1981，1990）；Miller，Galanter & Pribram（1960）；Powers（1973）；Wiener（1948）。

[23] 关于自我偏离理论的讨论，参见：Higgins（1987，1991，1998b）；Moretti & Higgins（1999）。对于相关的想法，参见：James（1890/1948）；Rogers（1961）。

[24] 参见：Bandura（1986）；Boldero & Francis（2002）；Carver & Scheier（1990）；Duval & Wicklund（1972）；Higgins（1987，1996d）。

[25] 参见 Higgins（1987，1989a）。

［26］参见 Tesser（1988）。

［27］参见：Hyman（1942）；Merton & Kitt（1952）。

［28］参见 Wicklund & Gollwitzer（1982）。

［29］参见：Cialdini, Borden, Thorne, Walker, Freeman & Sloan（1976）；Tesser（1988）。

［30］参见 Tajfel & Turner（1979）。

［31］参见 Bem（1965，1967）。

［32］参见：Heider（1958）；Jones & Davis（1965）；Schachter & Singer（1962）。

［33］参见 Skinner（1953，1957）。

［34］参见：Kruglanski（1975）；Lepper, Greene & Nisbett（1973）；Salancik & Conway（1975）。

［35］参见：Andersen（1984）；Schwarz & Clore（1988）。

433 ［36］参见 Schwarz & Clore（1983）。

［37］参见：Gilovich（1981）；Holyoak & Thagard（1997）；Tversky & Kahneman（1974）。

［38］例子包括贝叶斯逻辑（如 Trope, 1986a）或 Higgins 和 Trope 的活动投入论中提出的信息增益逻辑（如 Higgins, Trope & Kwon, 1999）。

［39］参见：Kohlberg（1969，1976）；Piaget（1932/1965）。

［40］关于这一观点的批评性讨论，参见 Haidt（2001）。

［41］参见 Tyler & Smith（1998）。

［42］参见：Helson（1964）；Higgins & Stangor（1988）；Higgins, Strauman & Klein（1986）；Sherif & Hovland（1961）。

［43］参见 Thaler（1999）。

［44］参见：Kahneman & Miller（1986）；Kahneman & Tversky（1982）；Roese（1997）。

［45］参见：Haidt（2001）；Williams（1985）。

［46］参见 Freud（1923/1961）。

［47］参见 Haidt（2001）。

［48］参见：Bentham（1781/1988）；Hume（1777/1975）；Smith（1759/1997）。

［49］参见：Eisenberger（1972）；Woodsworth & Schlosberg（1954）。

［50］参见 Jeremy Bentham（1781/1988，第 1 页）。

［51］参见：Kahneman, Diener & Schwarz（1999）；Kahneman & Tversky（1979）。

［52］参见 Kahneman（2000a）。

［53］参见 Redelmeier，Kahneman（1996）。

［54］参见：Miller（1963）；Mowrer（1960）；Spence（1958）。

［55］参见 Spinoza（1677/1986）。

［56］参见：Frijda（1986a）；Mandler（1984）；Simon（1967）。

［57］参见：Diener & Emmons（1984）；Frijda，Kuipers & Schure（1989）；Feldman-Barrett & Russell（1998）；Green，Goldman & Salovey（1993）；Larsen & Diener（1985）；Ortony，Clore & Collins（1988）；Roseman（1984）；Russell（1980）；Scherer（1988）；Schlosberg（1952）；Smith & Ellsworth（1985）；Watson & Tellegen（1985）；Wundt（1896/1999）。

［58］参见 Eagly & Chaiken（1993）。

［59］参见：Kahneman & Tversky（1979）；Lopes（1987）。

［60］参见 Higgins（1987）。

［61］参见：Ortony et al.（1988）；Roseman（1984）；Russell（1980）。

［62］参见 Rozin（2000），第 9 页。

［63］关于调节投入论的更全面的讨论，参见：Higgins（2006）；Higgins & Scholer（2009a）。

［64］参见 Lewin（1951）。

［65］参见 Higgins（2006）。

［66］参见：Berlyne（1960）；Berlyne（1973）；Mandler（1984）。

［67］参见：Higgins（2006）；Higgins & Scholer（2009a）。

［68］参见：Förster，Grant，Idson & Higgins（2001）；Förster，Higgins & Idson（1998）。

［69］参见 Cacioppo，Priester & Berntson（1993）。

［70］参见 Higgins，Idson，Freitas，Spiegel & Molden（2003）。

［71］关于投入强度如何影响吸引和排斥的价值体验的更全面的讨论，参见 Higgins（2006）。还应该注意的是，调节匹配带来的强烈的参与感，可能与一个人对其所作所为"感到正确"有关；而调节性不匹配导致的较弱的参与感，可能与一个人对其所作所为"感到错误"有关。同样，这些调节匹配或不匹配带来的"感到正确"和"感到错误"的体验与享乐和道德体验不同。关于这一点的更全面的讨论，参见 Higgins（2007）。

［72］参见 Cesario，Grant & Higgins（2004）。

［73］参见 Tyler & Blader（2000，2003）。

［74］参见 Higgins，Camacho，Idson，Spiegel & Scholer（2008）。

[75] 在这个研究项目中，有一些额外的证据支持这样的观点：相比"最佳选择"条件下的参与者，"正确的方式"条件下的参与者对于决策活动的参与更投入，并且"正确的方式"条件下的参与者感受到的杯子对他们的更强烈的吸引力也与他们对未来享乐结果的感知无关。

[76] 参见 March（1994）。

[77] 参见 Woodworth（1940），第 396 页。

[78] 参见 Lewin（1935）。

[79] 参见：Brehm（1966）；Brehm & Brehm（1981）；Wicklund（1974）。

[80] 参见 Brehm，Stires，Sensenig & Shaban（1966）。

[81] 参见 Lewin（1935）。

[82] 参见 Bushman & Stack（1996）。

[83] 参见 Fitzsimons & Lehmans（2004）。

[84] 应该指出，在应对感知到的对自由的威胁方面，个体之间存在很大的差异。参见：Bushman & Stack（1996）；Fitzsimons & Lehmans（2004）；Friestad & Wright（1994）。

[85] 参见 Lewis（1965）。

[86] 参见：Lewin（1935）；Zeigarnik（1938）。

[87] 参见 Cartwright（1942）。

[88] 参见 Mischel & Masters（1966）。

[89] 参见 Mischel & Patterson（1978）。

[90] 参见 Freitas，Liberman & Higgins（2002）。

[91] 参见 Higgins，Marguc & Scholer（2010）。

[92] 参见 Higgins，Marguc & Scholer（2010）。

[93] 参见 Lewin（1935，1951）。

[94] 参见 Higgins & Scholer（2009a）。

[95] 参见：Brehm & Self（1989）；Wright（1996，2008）。

[96] 参见 Brehm & Self（1989）。

[97] 参见 Brickman（1987）。

[98] 参见：Brehm & Cohen（1962）；Festinger（1957）；Wicklund & Brehm（1976）。我还将在第五章讨论认知失调论，因为它与真相有效性有关。

[99] 想让世界变得有意义，解决不一致的认知问题，都是想要对世界有真实理解的动机的一部分。因此，认知失调论将在第五章涉及真相动机时被再次提起。这

里所强调的是，同一种现象，如认知失调研究中所考察的现象，可能涉及不止一种有效性动机，比如，本例中既涉及价值动机（想拥有想要的东西），也涉及真相动机（想建立真实）。

[100] 参见 Aronson & Mills (1959)。

[101] 参见：Brickman (1987)；Deci (1980)。

[102] 参见 Lawrence & Festinger (1962)。

[103] 说实话，我并不喜欢这种解释，因为坦率地说，我不但对老鼠进行的这种调整持怀疑态度，而且也不清楚为什么在这种情况下会出现不协调现象。根据 Festinger (1957) 的观点，如果一个选择可以被解释或合理化，就不会有不协调。如果抵达食物的唯一途径是走上倾斜的跑道，不管它是 50 度还是 25 度，那么，除了走上倾斜的跑道，我们别无选择。没有选择这一事实是对选择的充分解释或合理化。因此，一开始就不存在不协调。

[104] 尽管这些老鼠研究受到了认知失调论的启发，但它们似乎不容易用真相动机（即老鼠在认知上合理化其努力的代价）来解释。在这种情况下，价值解释似乎明显更有优势，价值解释认为更强的参与能带来更强的吸引力。然而，正如我们在第五章中所看到的，还有其他一些认知失调论启发的研究，用真相动机来解释它们也十分适合。

[105] 参见 Cairns (1967)。

[106] 参见 Hess (1959)。

[107] 参见 Lawrence & Festinger (1962)。

第五章

[1] 这是 Philip Brickman (1978) 几十年前在"归因研究的新方向"系列书籍中的一个专业章节中提出的问题。

[2] 参见 Johnson, Foley & Leach (1988)。

[3] 参见 Loftus & Palmer (1974)。

[4] 参见 Higgins & Rholes (1978)。

[5] 参见 Perky (1910)。关于这一现象的其他研究，参见 Segal (1970)。

[6] 参见：Johnson & Sherman (1990)；Johnson & Raye (1981)。关于区分什么是真实和什么是想象的精神分析观点，参见 Lacan (1991)。

[7] 参见：Johnson & Sherman (1990)；Johnson & Raye (1981)。

[8] 参见 Segal (1970)，第 111 页。

[9] 参见 James（1948/1890）。

[10] 参见 James（1948/1890）。

[11] 参见：Case（1985）；Piaget（1965/1932）；Werner（1957）。

[12] 参见 Gopnik（1996）。

[13] 参见 Asch（1952），第 131 页。

436 [14] 参见：Griffin & Ross（1991）；Ross & Ward（1995）。

[15] 事实上，这是一种描述个人感知中典型的"行为者—观察者"差异的方式（参见：Jones & Nisbett，1972；Storms，1973）。

[16] 诚然，区分动机和认知机制并不总是容易的。关于认知机制的讨论，参见：Johnson（2006）；Johnson & Sherman（1990）；Johnson & Raye（1981）；Schooler，Gerhard & Loftus（1986）。

[17] 参见 Hardin & Higgins（1996）。

[18] 参见 Johnson & Raye（1981）。

[19] 参见 Brickman（1978）。

[20] 参见 Higgins & Pittman（2008）。

[21] 参见 Brickman（1978）。

[22] 参见 Hilton，Fein & Miller（1993）。

[23] 参见：Heider（1958）；Jones & Davis（1965）；Malle（2004）。Malle（2004）提出了一个重要的观点：人们为他们认为是无意产生的行为寻找借口（如无意识的冲动），为他们认为是有意产生的行为寻找理由，理由是指行动者的内在状态，如他们的信念、欲望或态度。

[24] 关于这方面的一个著名例子，参见 Jones & Davis（1965）。

[25] 参见：Brewer（1988）；Gilbert（1990）；Higgins，Strauman & Klein（1986）；Ross & Olson（1981）；Trope（1986a）。

[26] 参见 Trope（1986a）。还应该注意的是，正如 Higgins，Strauman & Klein（1986）所提到的，情境背景也会影响第一步的表征，例如嘴角上扬是否被表示为微笑或面无表情。

[27] 参见 Higgins（1996b）。

[28] 参见 Higgins（1998a）。

[29] 例子参见 Higgins，Rholes & Jones（1977）。

[30] 参见 Brown（1958b）。

[31] 所选择的抽象程度本身会产生重要的后续影响，因为抽象程度与心理距离有关，

而心理距离已被证明对动机有重大影响（参见 Liberman, Trope & Stephan, 2007）。

[32] 参见 Macrae & Bodenhausen (2000)。

[33] 参见 Bandura & Walters (1963)。

[34] 参见 Tolman (1948)。

[35] 参见 Tolman & Honzik (1930)。另参见 Blodgett (1929)。

[36] 参见 Hull (1952)。

[37] 关于这一大量文献的最新评论，参见：Hilton（2008）；Kruglanski & Sleeth-Keppler（2007）；Malle（2004）；Uleman, Saribay & Gonzalez（2008）。

[38] 参见：Heider（1958）；Jones & Davis（1965）；Trope & Higgins（1993）；Weiner, Frieze, Kukla, Reed, Rest & Rosenbaum（1971）。

[39] 参见 Tulving（2005）。

[40] 参见 Jones & Davis（1965）和 Kelley（1973）关于特质归因和折现原则的讨论，即当情境促使大多数人以某种方式行事时，观察者不太可能将某一特质归因于当时的行为者。 *437*

[41] 参见 Higgins & Winter（1993）。

[42] 参见 Higgins & Winter（1993）。

[43] 参见：Chen（2003）；Idson & Mischel（2001）；Uleman, Saribay & Gonzalez（2008）。关于人格"如果—那么"特征的一般讨论，参见 Mischel & Shoda（1995）。

[44] 参见：Anderson, Krull & Weiner（1996）；Uleman, Saribay & Gonzalez（2008）。

[45] 参见：Fiske, Kitayama, Markus & Nisbett（1998）；Miller（1984）；Uleman, Saribay & Gonzalez（2008）。

[46] 参见 Comer & Laird（1975）。

[47] 参见 Newcomb（1968），第 xv 页。

[48] 关于认知一致性理论的概述和评论，参见：Abelson（1983）；Abelson, Aronson, McGuire, Newcomb, Rosenberg & Tannenbaum（Eds.）（1968）；Kruglanski（1989）；Zajonc（1968b）。

[49] 参见 Heider（1958）。

[50] 参见 Abelson（1983），第 40 页。

[51] 请允许我提醒一下，阿贝尔森（1983）有一个不同的动机论述，它更多的是关于要解决的现实世界问题的信号（价值），而不是关于真相本身。他的例子是海德试图解决他的两个朋友同时在他家做客，而他也知道这两个客人彼此憎恨对

方的问题。认知的不平衡是未来潜在灾难的功能性信号。他能做什么来防止他们发生冲突？这里，海德并没有试图对模式中不同的部分建立一种新的理解——一种新的现实。在阿贝尔森看来，此时模式被接受为现实；它必须作为一个人际的现实来处理。我的看法则完全不同。我认为，认知的不平衡可能导致海德重新思考模式中的各个部分，以建立一个新的现实。"也许因为我喜欢他们两个，而且他们两个都会和我一起做有趣的事情，他们也许会学会喜欢对方并成为朋友。现在，这就说得通了：他们将在来我这里做客时成为朋友。"

[52] 参见 Heider（1958），第 180 页。

[53] 参见 Spiro（1977）。

[54] 参见 Festinger（1957），第 260 页。

[55] 参见 Festinger（1957），第 3 页。

[56] 参见 Festinger，Riecken & Schachter（1956）。

[57] 参见 Festinger（1957），第 5 页。另参见 Festinger（1964）。

[58] 参见 Lewin（1951）。

[59] 请允许我提醒一下，Festinger（1957，第 2 页）将这种解决失调的过程与常见的合理化过程区分开来。比如，一个人找借口说他唯一一买得起的车就是外国车，那么就不存在任何不一致的地方，失调过程也就不会发生。

[60] 关于认知的可得性和可及性之间的区别的讨论，参见 Higgins（1996b）。

[61] 参见 Aronson & Carlsmith（1963）。

438   [62] 参见 Zanna，Lepper & Abelson（1973）。另参见 McGregor，Newby-Clark & Zanna（1999）。

[63] 在经典范式中，被禁止的玩具和温和的威胁都是不可获得的，因此，被禁止的玩具的吸引力降低的结果，可能不是因为要为真相而重新建立现实。正如第四章所讨论的那样，这种结果有可能是由价值引起的。具体来说，当只有轻微的威胁时，孩子们很难抵抗被禁止的玩具的诱惑。为了应对这种困境，孩子们可以选择把注意力从玩具上移开。这种投入强度的下降会降低被禁止的玩具的吸引力强度，这就是标准效应。

[64] 参见：Jost，Banaji & Nosek（2004）；Jost & Hunyady（2005）；Jost，Pietrzak，Liviatan，Mandisodza & Napier（2008）。

[65] 参见 Jost，Pelham，Sheldon & Sullivan（2003）。

[66] 参见 Zajonc（1968b）。

[67] 参见：Kruglanski（1980）；Kruglanski（1989）；Kruglanski（1990）。

[68] 参见：Kruglanski（1989）；Kruglanski & Webster（1996）。

[69] 参见 Kruglanski & Webster（1996）。另参见 Snyder & Wicklund（1981）。我应该注意到，有避免非特定闭合需求的个体不一定倾向于模糊。他们可能希望尽量准确，希望有一个可以向他人充分证明的求真过程，而这些动机可能产生一种最终造成模糊性的假设—测试策略。

[70] 参见 Asch（1946）。

[71] 参见 Kruglanski & Webster（1996）。

[72] 参见 Higgins，Rholes & Jones（1977）。

[73] 参见：Ford & Kruglanski（1995）；Thompson，Roman，Moskowitz，Chaiken & Bargh（1994）。

[74] 由于希望获得的不同最终状态与不同的认识论动机相关联（Kruglanski，1989），所以在动机上发生的事情最好被描述为一种价值—真相关系。事实上，不同的认识论动机与不同的承诺有关，而承诺是价值—真相关系的一个产物。鉴于此，我将在第七章再次讨论克鲁格兰斯基的认识论动机理论。

[75] 参见：Sorrentino & Short（1986）；Sorrentino & Roney（2000）。

[76] 参见 Sorrentino & Roney（2000），第 157 页。

[77] 参见 Driscoll，Hamilton & Sorrentino（1991）。

[78] 参见 Mayseless & Kruglanski（1987）。

[79] 参见 Liberman，Molden，Idson & Higgins（2001）。另参见 Crowe & Higgins（1997）。

[80] 参见：Higgins，Kruglanski & Pierro（2003）；Kruglanski，Thompson，Higgins，Atash，Pierro，Shah & Spiegel（2000）。

[81] 参见 Avnet & Higgins（2003）。

[82] 我将在第八章讨论调节匹配基本上涉及的价值—控制关系，这种价值—控制关系有关目标追求的价值取向和目标追求的方式策略。在这项研究中，首选策略涉及如何确定什么是正确的选择，因此真相也涉及与控制的合作关系（见第九章）。总的来说，这一研究提供了一个很好的例子来说明在追求目标的过程中，所有三种有效性动机——价值、控制和真相——是如何共同发挥作用的。

439

[83] 要了解此类模型的更多种类，参见 Chaiken & Trope（1999）。另参见：Epstein（1991）；Smith & DeCoster（2000）；Strack（1992）；Strack & Deutsch（2004）。

[84] 然而，这种二元的区分可能太简单了。知觉（或意识）的存在与否、意向性的存在与否、可控性的存在与否、努力的存在与否等属性，可以相互独立并以不

同的组合出现。此外，这些属性中的每一个本身都不是二元的；相反，它们是多层次或连续的。关于这些问题的更全面的一般性讨论，参见：Bargh（1989）；Kruglanski, Erbs, Pierro, Mannetti & Chun（2006）；Kruglanski & Thompson（1999）。

[85] 例子参见：Gawronski & Bodenhausen（2006）；Strack & Deutsch（2004）。

[86] 参见：Dijksterhuis & Nordgren（2006）；Wilson, Lisle, Schooler, Hodges, Klaaren & LaFleur（1993）；Wilson & Schooler（1991）。

[87] 参见 Wilson, Lisle, Schooler, Hodges, Klaaren & LaFleur（1993）。

[88] 参见：Gawronski & Strack（2004）；Strack（1992）；Strack & Deutsch（2004）。

[89] 参见 Strack（1992）。

[90] 参见 Gawronski & Strack（2004）。

[91] 参见：Higgins & Bargh（1987）；Kruglanski（1989）；Swann（1984）；Trope（1986b）；Wood（1989）。

[92] 参见 Trope（1986a）。关于这个问题和有偏见的假设检验的其他讨论，参见：Higgins & Bargh（1987）；Kruglanski（1989）；Kunda（1990）；Miller & Ross（1975）；Nisbett & Ross（1980）；Tetlock & Levi（1982）。

[93] 参见 Higgins & Bargh（1987）。

[94] 你可能会想，既然人们可以从一个消极的假设或问题开始，比如"我是一个不友好的人吗"，并得出"不友好"的结论，那么，为什么会存在一种整体的积极成见？这在逻辑上确实是可能的，因为人们对假设或问题的积极形式本身就带有偏见。对于许多形容词来说，维度的名称作为一个整体（即形容词的"未标记"形式）与维度的积极端名称相同，如"友好""聪明""善良""诚实"等（参见 Huttenlocher & Higgins，1971）。语言的这一特点使假设或问题的形式偏向于维度的积极一端。因此，这个问题似乎是中性的，它使用了没有标记的副词形式。但是，实际上，它激发了与维度的积极端相匹配的存储信息，而且可能抑制了与维度的负端相匹配的存储信息。

[95] 参见 Trope（1980）。

[96] 参见 Swann（1984，1987，1990）。关于自我一致性动机的其他研究和讨论，参见：Aronson（1969）；Lecky（1945）。

[97] 最新的评论参见 Kwang & Swann（2010）。

[98] 参见 Swann, Hixon, Stein-Seroussi & Gilbert（1990）。

[99] 参见 Hardin & Higgins（1996）。有证据表明，当自我观点与重要他人分享时，

自我验证更强。

[100] 参见 Swann（1984）。

[101] 参见 Festinger（1950，1954）。

[102] 参见 Asch（1952）。

[103] 参见 Asch（1952），第 456 – 457 页。

[104] 参见 Asch（1952），第 459 页。

[105] 参见 Levine（1999）。

[106] 在 Asch 的研究中，参与者的动机可能是想确定什么是真实的，或想与群体保持一致，或两者都有。应该指出的是，如果想要达成一致是唯一的动机，那么在错误的实验中，小组的判断有多不正确就不重要了。但这确实很重要：在辨别难度较大的错误实验中，天真的参与者更有可能赞同小组的错误判断。在辨别难度较小的实验中，天真的参与者很少会同意小组的错误判断，这种模式也更符合想要确定什么是真实，而不是简单地想要与小组达成一致。

[107] 参见 Sherif（1935；1936）。

[108] 参见 Jacobs & Campbell（1961）。

[109] 参见：Durkheim（1951/1897）；Weber（1971）。

[110] 参见：Deutsch & Gerard（1955）；Homans（1950）；Kelley（1952）；Merton（1957）；Parsons（1964）。

[111] 参见 Cialdini（2003）。

[112] 参见 Fu，Morris，Lee，Chao，Chiu & Hong（2007）。

[113] 参见：Cialdini（1993）；Cialdini & Goldstein（2004）。

[114] 参见 Cialdini（2003）。

[115] 参见 Cialdini，Reno & Kallgren（1990）。

[116] 参见 Thomas & Thomas（1928）。关于符号互动主义的全面而深刻的讨论，参见 Stryker & Statham（1985）。

[117] 参见 Kruglanski（1989）。

[118] 参见：Cialdini（1993）；Hovland，Janis & Kelley（1953）；Kruglanski，Raviv，Bar-Tal，Raviv，Sharvit，Ellis，Bar，Pierro & Mannetti（2005）。

[119] 参见 Milgram（1974）。我详细讨论了 Milgram 的研究，因为它是如此著名，而且确实是认识论权威的一个有力例子。更重要的是，它被广泛地误解和错误地描述，我想尽我所能来纠正这一点。

[120] 参见 Milgram（1974），第 123 页。

［121］参见 Cialdini（1993）。

［122］参见 Milgram（1974），第 18 页。

［123］参见 Milgram（1974），第 176 页。

［124］参见 Arendt（1963）。

［125］每当我教授社会心理学课程时，我都会用一节课的时间来讨论我认为在米尔格
拉姆的研究中实际发生了什么，以及米尔格拉姆进行这项研究计划的道德意
义。让我在这里对后一个问题做一个简短的评论。米尔格拉姆很可能事先并不
知道参与研究的教师在这项研究中会受到多大的伤害。然而，一旦他知道了，
他就应该立刻结束这项研究。事实上，他后来引入的一些情境，使参与教师更
加痛苦（例如，让教师在越来越近的物理距离内电击学习者）。在随后的研究
中，只有一个人对学习者实际遭受的痛苦负有全部责任，他就是米尔格拉姆，
而且他是在知情的情况下这样做的。他对这一切的借口是，这对科学有好处。
现在仍有一些人以这个理由为他的所作所为辩护，就好像他们在说，如同米尔
格拉姆所宣称的那样，"科学真理"要求他继续进行研究，他别无选择。有些
人可能会说，相比将米尔格拉姆研究中的教师和纳粹党卫军看守做比较，不如
将米尔格拉姆的借口和纽伦堡审判中给自己辩护的辩言做比较。但这样的类比
也走得太远了。我们都需要超越简单的类比，看到在特定情况下产生的心理
条件。

［126］参见 Higgins（1996d）。

［127］参见 Bowlby（1988）。

［128］参见：Collins & Read（1990）；Mikulincer（1998）；Mikulincer & Shaver（2003）。

［129］关于这种"语音符号学"的讨论，参见 Brown（1958a）。

［130］参见：Higgins（1981，1992）；Echterhoff，Higgins & Groll（2005）；Echter-
hoff，Higgins，Kopietz & Groll（2008）。

［131］参见 Higgins & Rholes（1978）。关于传播中受众调整的更早证明，参见 Zim-
merman & Bauer（1956）。

［132］关于评论，参见：Higgins（1992）；Echterhoff，Higgins，Kopietz & Groll（2008）；
Echterhoff，Higgins & Levine（2008）。

［133］参见 Echterhoff，Higgins，Kopietz & Groll（2008）。

［134］参见：Festinger（1950）；Kruglanski，Pierro，Mannetti & DeGrada（2006）；
Suls，Martin & Wheeler（2002）。

［135］参见：Echterhoff，Higgins & Groll（2005）；Echterhoff，Higgins，Kopietz &

Groll（2008）；Echterhoff，Higgins & Levine（2008）。

［136］参见：Echterhoff，Higgins & Levine（2008）；Hausmann，Levine & Higgins（2008）；Jost，Ledgerwood & Hardin（2008）；Lau，Chiu & Lee（2001）。

［137］参见：Hausmann，Levine & Higgins（2008）；Lyons & Kashima（2003）。

［138］参见 Hardin & Higgins（1996）。

［139］参见《牛津英语词典》（1971）。

［140］参见 Ross，Greene & House（1977）。

［141］参见：Fields & Schuman（1976）；Marks & Miller（1987）；Ross，Greene & House（1977）。

［142］参见 Asch（1952）。另参见 Allen（1975）。

［143］关于这些独特的人类动机的更全面的讨论，参见 Higgins & Pittman（2008）。

［144］参见 Call（2005）。

［145］参见：Nelson（2005）；Terrace（2005）。

［146］参见 Kruglanski & Mayseless（1987）。

［147］参见：Dunn，Brown，Slomkowski，Tesla & Youngblade（1991）；Gopnik（1996）；Perner，Ruffman & Leekam（1994）。

［148］参见 Doise & Mugny（1984）。

［149］参见 Perner，Ruffman & Leekam（1994）。

［150］我还应该注意到，在从证据中推导出真相的"如果—那么"逻辑方面，这些通向真理的不同途径之间存在重要的相似性。关于这种相似性的全面且清晰的讨论，参见：Kruglanski（1989）；Kruglanski，Dechesne，Orehek & Pierro（出版中）。

442

第六章

［1］参见 Freud（1961b）。

［2］参见：Freud（1961a）；Freud（1961b）。

［3］参见：Mischel（1974）；Mischel & Ebbesen（1970）。

［4］正如这项测试在媒体上的戏称。例子参见戈尔曼（1995）。

［5］参见：Mischel（1999）；Mischel，Shoda & Rodriguez（1989）；Shoda，Mischel & Peake（1990）。

［6］参见：Mischel & Ebbesen（1970）；Mischel，Shoda & Rodriguez（1989）。

［7］参见：Metcalfe & Mischel（1999）；Mischel（1999）。在第九章，我讨论了这种策

略之所以有效的另一种可能性——利用真相为控制服务。

[8] 参见：Mischel & Moore（1973）；Mischel（1974）。

[9] 参见 Mischel & Ebbesen（1970）。

[10] 参见 Mischel（1999）。Mischel & Patterson（1978）以类似的方式描述了自我控制有效性，他们向儿童提供一项详细的计划，说明如何抵制诱人的玩具小丑导致的分心，并回归重点任务。关于具体指示（包括自我指示）拥有的自我控制优势的其他证据，参见：Hartig & Kanfer（1973）；Miller，Weinstein & Karniol（1978）。

[11] 参见 Hoffman（1970）。

[12] 参见：Fishbach，Friedman & Kruglanski（2003）；Fishbach & Shah（2006）；Shah，Friedman & Kruglanski（2002）。

[13] 参见：Freitas，Liberman & Higgins（2002）；Shah，Friedman & Krulganski（2002）；Shah & Higgins（1997）。

[14] 参见 Freitas，Liberman & Higgins（2002）。

[15] 参见：Fishbach，Friedman & Kruglanski（2003）；Fishbach & Shah（2006）；Shah，Friedman & Kruglanski（2002）。

[16] 参见 Fishbach，Friedman & Kruglanski（2003）。

[17] 参见 Fishbach，Friedman & Kruglanski（2003）。

[18] 参见 Trope & Fishbach（2000）。

[19] 关于自我调节有效性的一种更常见方式的讨论，参见 Kuhl（1985），即通过公开自己的意图来创造社会承诺。

[20] 参见 Trope & Fishbach（2000）。

[21] 参见：Fujita（2008）；Fujita，Trope，Liberman & Levin-Sagi（2006）。

[22] 参见 Trope & Liberman（2003）。

[23] 参见 Fujita，Trope，Liberman & Levin-Sagi（2006）。

[24] 参见：Baumeister，Bratslavsky，Muraven & Tice（1998）；Baumeister & Heatherton（1996）；Baumeister，Heatherton & Tice（1994）；Baumeister，Schmeichel & Vohs（2007）。也参见 Mischel（1996）。

[25] 参见 Vohs，Baumeister，Schmeichel，Twenge，Nelson & Tice（2008）。

[26] 另参见 Baumeister，Bratslavsky，Muraven & Tice（1998）。

443 [27] 参见 Masicampo & Baumeister（2008）。

[28] 参见：Freud（1961a）；Freud（1965）。

[29] 参见 Freud（1961a，第 24 页）。

[30] 参见 Larsen & Prizmic（2004）。

[31] 参见：Pennebaker，Colder & Sharp（1990）；Weinberger，Schwartz & Davidson（1979）。

[32] 参见 Tangney，Baumeister & Boone（2004）。在这方面值得注意的是，Tangney 等人（2004）也报告说，羞耻感与有效的自我控制呈负相关。那么，压抑羞耻感可能是一种有效的策略，尽管羞耻感可能也是一种说明人际关系存在问题的信号。

[33] 参见：Kross，Ayduk & Mischel（2005）；Pennebaker，Mayne & Francis（1997）。

[34] 参见 Pennebaker & Francis（1996）。

[35] 参见 Pennebaker，Mayne & Francis（1997）。

[36] 值得注意的是，上述优点也会通过"什么""为什么"和认知一致性机制来促进真相有效性。

[37] 参见：Nolen-Hoeksema（2000）；Teasdale（1988）。

[38] 参见 Pennebaker，Mayne & Francis（1997）。

[39] 参见 Kross，Ayduk & Mischel（2005）。

[40] 参见 Kross，Ayduk & Mischel（2005）。

[41] 这些例子表明，自我控制技术与建立真实（真相）结合时会特别有效。我将在第九章讨论控制动机和真相动机如何共同作用时再讨论这个问题。我还应该指出，言语化和自我疏远的策略加上"为什么"的提问，可以揭示其他的真相可能，而不是加强某种真相。George Kelly（1955，1969）是临床治疗中认知疗法的先驱，他描述了建设性的替代主义如何成为一种增强控制有效性的策略。他的中心思想是，事件总是可以有不同的解释，因此人们可以以更适合他们的方式解释过去事件或改变他们对自己的看法。

[42] 关于这些机制的评论，参见：Gross（1999）；Larsen & Prizmic（2004）；Morris & Reilly（1987）。

[43] 参见 Koole & Kuhl（2007）。

[44] 关于决定人们心理状态偏好的因素，也参见 Wegner（1996）的讨论。

[45] 参见 Erber，Wegner & Therriault（1996）。

[46] 参见：Lazurus（1966）；Lazurus & Folkman（1984）。

[47] 参见 Penley，Tomaka & Wiebe（2002）。

[48] 参见 Tice，Bratslavsky & Baumeister（2001）。

[49] 参见：Cheng（2003）；Compas，Malcarne & Fondacro（1988）。同样，Miller（1979）发现：当压力可控时，人们更有可能使用监测策略（关注和审视威胁性线索）；而当压力不可控时，人们更有可能使用钝化策略（例如，自我转移）。

[50] 参见：Cheng（2003）；Chiu，Hong，Mischel & Shoda（1995）。

[51] 参见 Larsen & Prizmic（2004）。

[52] 参见：Larsen & Prizmic（2004）；Parkinson & Totterdell（1999）；Parkinson，Totterdell，Briner & Reynolds（1996）。

444 [53] 参见 Gross（2001）。

[54] 参见：Gross（1998），Ochsner & Gross（2004），Richards & Gross（2000）。参见 Wegner（1989）和 Wegner（1994）的讨论，压制思想也会适得其反，使各类思想更易传播而不是相反。

[55] 参见：Bandura（1973）；Geen & Quanty（1977）。

[56] 参见 Larsen & Prizmic（2004）。

[57] 参见 Higgins（2006）。

[58] 参见 Diener & Seligman（2002）。

[59] 参见 Cutrona & Russell（1990）。

[60] 参见 Bolger & Amarel（2007）。

[61] 另参见 Coyne，Wortman & Lehman（1988）。

[62] 对于感兴趣的读者来说，Moskowitz & Grant（2009）和 Vohs & Baumeister（2011）对目标追求功能有一些精彩的最新评论。

[63] 参见：Gollwitzer（1990）；Heckhausen & Gollwitzer（1987）。

[64] 参见 Lewin，Dembo，Festinger & Sears（1944）。

[65] 参见：McClelland（1980）；Murray（1938）。

[66] 参见 Carver & Scheier（1981）。

[67] 参见 Higgins（1997）。

[68] 参见：Elliot & McGregor（2001）；Elliot & Sheldon（1997）；Elliot & Sheldon（1998）；Elliot，Sheldon & Church（1997）。

[69] 参见：Higgins（1997）；Scholer & Higgins（出版中）。关于病人区分他们在目标追求中选择的参考点和方向的临床意义，参见：Strauman，Vieth，Merrill，Kolden，Woods，Klein，Papadakis，Schneider & Kwapil（2006）。

[70] 参见 Shah & Kruglanski（2002）。

[71] 参见 Förster，Higgins & Bianco（2003）。

[72] 关于这些层次以及层次内和层次间可能发生的冲突的回顾，参见 Scholer & Higgins（出版中）。

[73] 参见 Gollwitzer（1990）。

[74] 关于不同层次的自我调节间的合作与冲突的回顾，参见 Scholer & Higgins（出版中）。

[75] 参见：Gollwitzer（1996）；Gollwitzer & Brandstatter（1997）；Gollwitzer, Fujita & Oettingen（2004）。

[76] 参见 Spiegel, Grant-Pillow & Higgins（2004）。

[77] 参见：Cantor（1994）；Norem & Cantor（1986a）；Showers（1992）。

[78] 参见 Cantor, Norem, Niedenthal, Langston & Brower（1987）。

[79] 参见：Norem & Cantor（1986a；1986b）；Showers（1992）。

[80] 参见：Norem & Illingworth（1993）；Showers（1992）。

[81] 参见 Norem & Cantor（1986a，1986b）。

[82] 参见 Cantor（1994）。

[83] 关于这个问题的更全面的讨论，参见 Higgins（2005b）。

[84] 参见：Anderson（1983）；Bargh（1990）；Kruglanski, Shah, Fishbach, Friedman, Chun & Sleeth-Keppler（2002）。

[85] 参见：Bargh（1990）；Bargh（1996）；Bargh（2005）。

[86] 参见 Bargh, Gollwitzer, Lee-Chai, Barndollar & Trotschel（2001）。

[87] 参见 Hassin, Bargh & Zimerman（2009）。

[88] 参见 Scholer & Higgins（出版中）。

[89] 参见：Bandura（1982）；Bandura（1986）。

[90] 参见：Atkinson（1957）；Atkinson（1964）；Kruglanski, Shah, Fishbach, Friedman, Chun & Sleeth-Keppler（2002）。

[91] 参见 Shah & Higgins（1997）。

[92] 参见 Brendl & Higgins（1996）。

[93] 研究 1 参见 Shah & Higgins（1997）。

[94] 研究 2 参见 Shah & Higgins（1997）。

[95] 参见：Higgins, Kruglanski & Pierro（2003）；Kruglanski, Thompson, Higgins, Atash, Pierro, Shah & Spiegel（2000）。

[96] 关于具有较强的行动（力）倾向的个人有动机为了改变本身而改变的证据，参见 Scholer & Higgins（2009）。

[97] 参见 Kruglanski，Thompson，Higgins，Atash，Pierro，Shah & Spiegel（2000）。

[98] 关于这些现象的早期讨论，参见 Lewin（1935）和 Lewin（1951）。关于"目标增大效应"的讨论，也参见 Miller（1944）和 Miller（1959）。关于"恢复被打断的任务"的讨论，参见 Henle（1944）。

[99] 参见 Förster，Grant，Idson & Higgins（2001）。

[100] 参见 Förster，Higgins & Idson（1998）。

[101] 参见：Förster，Grant，Idson & Higgins（2001）；Förster，Higgins & Idson（1998）。

[102] 参见 Liberman，Idson，Camacho & Higgins（1999）。

[103] 参见 Liberman，Idson，Camacho & Higgins（1999）。

[104] 参见 Kruglanski，Thompson，Higgins，Atash，Pierro，Shah & Spiegel（2000）。

[105] 参见 Shah，Friedman & Kruglanski（2002）。

[106] 参见 Kuhl（1986）。

[107] 参见 Shah，Friedman & Kruglanski（2002）。

[108] 参见：Locke & Kristof（1996）；Locke & Latham（1990）；Locke & Latham（2002）。

[109] 参见 Kuhl（1978）。

[110] 参见 Kruglanski，Thompson，Higgins，Atash，Pierro，Shah & Spiegel（2000）。

[111] 参见 Kruglanski，Thompson，Higgins，Atash，Pierro，Shah & Spiegel（2000）。

[112] 参见 Sansone，Weir，Harpster & Morgan（1992）。

[113] 参见 Arkes & Blumer（1985）。

[114] 参见 Mischel，Cantor & Feldman（1996）。

[115] 一个例外，参见 Gollwitzer，Parks-Stamm，Jaudas & Sheeran（2008）。

[116] 参见：Carver（2004）；Carver & Scheier（1998）；Carver & Scheier（2008）。

[117] 另参见：Miller，Galanter & Pribram（1960）；Powers（1973）；Wiener（1948）。

[118] 我还注意到，当一个困难的目标被设定时，关于实现该目标的进展的反馈已经被发现有利于表现（参见：Locke & Kristof，1996；Locke & Latham，1990；Locke & Latham，2002）。这可能是因为反馈清楚地表明了一个困难的目标还未达成，因此需要额外的努力。

[119] 参见：Higgins（1996c）；Higgins（2001）。

[120] 然而，请允许我提醒一下这里存在一个重要的区别，即情感的概念化在 Carver 和 Scheier 的模型中与自我偏离论中是不同的。在 Carver 和 Scheier 的模型中，情感是在追求目标的过程中产生的，是进度高于或低于某些标准的函数。而在

自我偏离论中，情感是在目标追求完成时产生的，是目标追求成功或失败的函数。这就是能否有效掌控发生的事情（控制有效性感受）所带来的好坏感受，与能否获得期望的东西（价值有效性感受）所带来的特定感受之间的区别。未来应该研究这种后续动机差异的功能意义。

[121] 参见：Brodscholl（2005）；Koo & Fishbach（出版中）。

[122] 参见：Carver（2004）；Carver & Scheier（2008）。

[123] 关于自我偏离论和自我评价过程的动机结果的讨论，参见 Higgins（1987，1989b，1991）。关于自我评价过程如何影响动机的其他讨论，参见：Bandura（1986）；Bandura（1989）。

[124] 参见：A. Freud（1937）；S. Freud（1961a）；Horney（1939）；Kohut（1971）；Sandler（1960）；Schafer（1968）；Sullivan（1953）。

[125] 参见：Higgins（1987）；Moretti & Higgins（1999a）；Moretti & Higgins（1999b）。

[126] 参见：Moretti & Higgins（1999a）；Moretti & Higgins（1999b）。

[127] 参见：Andersen & Chen（2002）；Higgins（1987）；Higgins（1991）；Shah（2003）。关于重要他人对自我评价的影响的其他证据，也参见：Baldwin，Carrell & Lopez（1990）；Baldwin & Holmes（1987）。

[128] 参见 Shah（2003）。

[129] 参见 Leary（2007）。

[130] 参见：Leary（2004）；Leary & Baumeister（2000）；Leary，Tambor，Terdal & Downs（1995）。也参见 Higgins（1996d）关于自我评价被嵌入社会关系及其成功/失败反馈的相关观点。

[131] 参见 Schwarz（1990）。关于情感如何提供影响判断和行动的信息反馈的其他讨论，参见：Carver（2004）；Schwarz & Clore（1988）；Simon（1967）。

[132] 参见 Gollwitzer（1990）。

[133] 参见：Gilbert，Lieberman，Morewedge & Wilson（2004）；Mellers & McGraw（2001）；Schkade & Kahneman（1998）；Wilson & Gilbert（2003）；Wilson，Wheatley，Meyers，Gilbert & Axsom（2000）。

[134] 参见 Buehler，Griffin & Ross（1994）。

[135] 参见 Langer（1975）。另参见 Langer & Roth（1975）。

[136] 参见 Wegner，Sparrow & Winerman（2004）。

[137] 参见 Miller & Ross（1975）。

[138] 参见：Ross & Sicoly（1979）；Lerner（1970）。

[139] 参见 Lerner（1970）。

[140] 在关于体验控制感的动机的这一节中，我描述了人们如何强烈地希望掌控所发生的事情，以至于他们认为自己能控制实际上并不受自己控制的事情，并认为自己能够控制那些承担起来明显需要付出代价的事情。希望有效控制的权力的其他证据，可以从研究人们面对自认无法掌控的情况时的反应中得到。例如，关于习得性无助的文献（如：Abramson, Seligman & Teasdale，1978；Seligman，1975）、关于控制权剥夺（如：Pittman & D'Agostino，1989；Pittman & Pittman，1980）和感知性缺乏控制（如 Weary, Elbin & Hill，1987）的文献，它们提供了大量证据证明控制失败对情绪和认知处理存在动机影响。

第七章

[1] 参见《牛津英语词典》（1971）和《韦氏新大学词典》（第9版，1989）。

[2] 这一章并不讨论承诺如何运作。我在第六章的控制有效性中讨论了承诺运作方式。承诺是目标追求的三个核心功能之一，需要经过管理才能有效地实现。正如我在那一章所述，控制或管理承诺关涉一种全面的价值—真相—控制关系，因为牵扯到同时管理价值和真相。

[3] 例子参见 Bernoulli（1738/1954）。

[4] 例子参见：Atkinson（1957）；Edwards（1955）；Freud（1920/1950）；Lewin（1935）；Mowrer（1960）；Rotter（1954）；Tolman（1932）。

[5] 参见：Ajzen, Fishbein（1970）；Rotter（1954）。

[6] 参见 Bandura & Cervone（1983）。

[7] 参见：Atkinson（1957，1964）；Feather（1961）。

[8] 参见 Weiner et al.（1971）。

[9] 参见：Kahneman & Miller（1986）；Kahneman & Tversky（1982）。

[10] 一个重要的例外，参见 Ajzen（1996）。

[11] 主观期望效用模型的心理学案例，可参见：Atkinson（1957）；Edwards（1955）；Coombs（1958）；Lewin, Dembo, Festinger & Sears（1944）；Luce（1959）；Thurstone（1927）。

[12] 参见 Atkinson（1957）。

[13] 期望价值模型的心理学案例，可参见：Fishbein（1963）；Fishbein & Ajzen（1975）；Rosenberg（1956）；Rotter（1954）；Tolman（1955）。

[14] 参见 Tolman（1955）。

［15］参见：Brickman（1987）；Higgins（2006）。

［16］参见 Aizen（1996）。

［17］例子参见：Atkinson（1957）；Edwards（1955）；Lewin, Dembo, Festinger & Sears（1944）；Vroom（1964）。

［18］例子参见：Tolman（1955）；Rotter（1954）。这些问题的讨论可参见 Feather（1959）。

［19］参见 Mcclelland, Atkinson, Clark & Lowell（1953）。

［20］EV 模型和 SEU 模型在价值驱动承诺方面的差异，不应与内在和外在动机相混淆。两者的差异就像是为了成功而成功，还是为了达到一个结果而采取的手段。在这两种情况下，努力学习可以是外在活动，也可以仅是达到目的的手段。对于 EV 模型的成就而言，努力学习是为一种很难的课程取得好成绩而感到自豪的手段。对于 SEU 模型而言，努力学习是一种获得专业认可的手段。两种情况下，努力学习都不是为了学习而学习的活动。

［21］参见：A. Freud（1937）；S. Freud（1923/1961a；1930/1961b；1933/1965）。

［22］参见：Bruner（1957a）；Bruner & Goodman（1947）；Bruner & Postman（1948）；　*448*
Erdyli（1974）。

［23］参见：Dunning（1999）；Gollwitzer & Bargh（1996）；Kruglanski（1989，1996）；Kunda（1990）；Sorrentino & Higgins（1986）。

［24］参见：Biner, Angle, Park, Mellinger & Barber（1995）；Irwin（1953）；Marks（1951）。

［25］参见 Biner, Angle, Park, Mellinger & Barber（1995）。

［26］参见：Feather（1990）；Kuhl（1986）；Shah & Higgins（1997）。Kuhl（1986）明确指出，测试乘法模型不能仅仅在个体之间聚合，而是需要观察每个人在不同的价值参数下的预期。几乎没有证据表明存在价值×期望值的乘法函数。有些人使用价值而忽略期望，有些人则使用期望而忽略价值。

［27］参见 James（1890/2007）。

［28］参见 James（1890/2007），第 283 页。

［29］参见 James（1890/2007），第 283 页。

［30］参见 James（1890/2007），第 522 页。

［31］我将在第九章回到真相—控制关系问题的讨论。我将讨论，有研究表明，所采取的行动不但取决于存储的想法或信念（即真相），而且取决于真相与控制关联的情境因素。

[32] 参见 Bargh, Chen & Burrows (1996)。

[33] 参见 Cesario, Plaks & Higgins (2006)。Lashley (1951) 也许是第一位使用"启动"一词来描述思考前置功能的心理学家。他把启动作为行为的序列组织的组成部分。

[34] 也可在第九章中见对附加情境或生态因素的讨论。

[35] 参见 Tolman (1932, 1948)。

[36] 参见 Guthrie (1935, 1952)。

[37] 参见 Guthrie (1952)。

[38] 参见 Tolman (1955)。

[39] 参见：Oettingen (1996)；Oettingen & Mayer (20002)；Oettingen, Pak & Schnetter (2001)。

[40] 参见 Kahneman & Tversky (1979)。

[41] Bandura (1977) 在讨论为什么感知自我效能是一种不同于结果预期的机制时，提出了这种区分方式。以前的承诺模式强调人们对结果的预期。控制问题关乎人们相信达到预期结果是受他们个人控制还是受别人控制的（即控制点，例子可见 Rotter, 1966）。相比之下，自我效能的感知关乎能否做出特定行动信念，与行动是否会达到预期效果无关。

[42] 参见 Higgins, Pierro & Kruglanski (2008)。

[43] 参见 Kruglanski, Thompson, Higgins, Atash, Pierro, Shah & Spiegel (2000)。

[44] 例子参见：Atkinson (1957)；Lewin, Dembo, Festinger & Sears (1944)。

[45] 做某件事的成功或失败也可以说明任务或活动的难度不同（参见：Heider, 1958；Weiner et al., 1971）。但在我讨论的模型中，任务或活动的难度是先于行动而设定的（即一个给定的条件）。

[46] 参见 Weiner et al. (1971)。

[47] 参见：Trope (1986b)；Trope & Liberman (1996)。

[48] 例子参见：Tolman (1955)；Hull (1943)。

[49] 参见：Brickman (1987)；Higgins (2006)。

[50] 参见 Cialdini (1993)。

[51] 有时人们谈论到稀缺，好像它总是增强事物的吸引力，增加了积极作用。但稀缺如果作为一种障碍，应该会加强事物的负面效应。障碍有时会增强积极投入的作用。事实上，最近有证据证明这个过程（Sehnert, Franks & Higgins, 2009）。

［52］参见：Sorrentino & Roney（2000）；Sorrentino，Short & Raynor（1984）。

［53］参见 Brendl & Higgins（1996）。也可参见 Kahneman & Miller（1986）。

［54］参见 Cialdini（1993，2001，2003）。

［55］这些效应可能会引发相反的作用。例如，因为每个人都会做，所以相信某种行动很容易，可以提升采取行动的承诺度。我会认为采取这一行动的成本很低。如果我的很多同事都要求老板加薪，我可以推断这么做的风险很小。另外，相信某种行为很容易，会削弱我对它的价值判断或意义赋予，进而减少采取这一行动的承诺。既然同事要求老板加薪的行为很普遍，我就不会认为它代表很有勇气，也不会认为我的妻子会因此为我感到骄傲。

［56］参见：Ajzen（1985）；Ajzen & Fishbein（1980）；Fishbein & Ajen（1975）。

［57］参见 Higgins（2006）。也可参见 Brehm 关于心理抗拒的讨论（如 Brehm，1966）。

［58］这种效应在 Fishbein 和 Ajzen 的模型中没有被讨论。在他们的模型中，禁令性规范是一个单独的组成部分，会与其他预期结果的行为相结合，产生一种整体的行为意图。在总体结果中，选择某种行为而不是违反禁令并没有被赋予特殊的地位。个人反对或克服禁令性规范的额外影响，没有在他们的模型中体现。

［59］参见：Liberman & Forster（2008）；Liberman，Molden，Idson & Higgins（2001）；Shah & Higgins（1997）．

［60］参见 Zhang，Higgins & Chen（2011）。

［61］参见：Liberman & Trope（2008）；Liberman，Tropre & Stephan（2007）；Trope & Liberman（2003）。

［62］参见 Todorov，Goren & Tropre（2007）。

［63］参见：Todorov，Goren & Tropre（2007）；Wakslk，Trope，Liberman & Alony（2006）。

［64］参见：Liberman，Trope & Stephan（2007）；Trope & Liberman（2003）。

［65］参见 Higgins，Franks & Pavarini（2008）。

第八章

［1］参见 Allport（1937a）。

［2］参见 Woodworth（1918），第 145 页。

［3］参见 Woodworth（1918），第 201 页。

［4］参见 Tolman（1935），第 370 页。

［5］参见 Kruglanski et al.（2002）。

［6］参见 Kruglanski et al.（2002）。关于结构独特性关联的相关结论，参见 Andersons（1974，1983）。

［7］参见：Carver & Scheier（1981）；Shah & Kruglanski（2000）。关于目标支持性的大体回顾，参见 Brendl & Higgins（1996）。

［8］参见 Sheldon & Elliot（1999）。

［9］参见：Harackiewicz & Sansone（1991）；Sansone & Harackiewicz（1996）；Tauer & Harackiewicz（1999）。

［10］参见：Millar & Tesser（1986）；Pettyh & Wegener（1998）。

［11］参见：Clary, Snyder, Ridge, Miene & Haugen（1994）；Evans & Petty（2003）。

［12］参见 DeSteno, Petty, Rucker, Wegener & Braverman（2004）。

［13］关于分离、单独的调节匹配和享乐主义快感的例子，参见：Cesario, Grant & Higgins（2004）；Higgins, Idson, Freitas, Spiegel & Molden（2003）。

［14］参见《韦氏新大学词典》（第 9 版，1989）。

［15］参见 Higgins（2000a；2005c）。

［16］参见 Higgins（2000a）。

［17］参见《韦氏新大学词典》（第 9 版，1989）。

［18］参见 Higgins（1997，1998）。

［19］参见 Brendl & Higgins（1996）。

［20］参见 Freitas & Higgins（2002）。

［21］参见 Higgins, Idson, Freitas, Spiegel & Molden（2003）。

［22］参见：Barry 和 Friedman（1998）；Neale & Bazerman（1992）；VanPoucke & Buelens（2002）。

［23］参见：Monga & Zhu（2005）；Neale, Huber & Northcraft（1987）。

［24］参见 Appelt, Zou, Arora & Higgins（2009）。

［25］参见 Galinsky & Mussweiler（2001）。

［26］参见 Bianco, Higgins & Klem（2003）。

［27］参见 Bianco, Higgins & Kiem（2003）。

［28］参见：Cesario, Higgins & Scholer（2008）；Lee & Higgins（2009）。

［29］参见 Higgins, Idson, Freitas, Spiegel & Molden（2003）。

［30］参见 Higgins, Idson, Freitas, Spiegel & Molden（2003）。

［31］参见：Cesario，Higgins & Scholer（2008）；Lee & Higgins（2009）。

［32］参见 Spiegel，Grant-pillow & Higgins（2004）。

［33］参见 Latimer，Williams-piehota，Katulak，Cox，Mowad，Higgins & Salovey（2008）。

［34］参见 Latimer，Rivers，Rench，Katulak，Hicks，Hodorowski，Higgins & Salovey（2008）。

［35］参见 Cesario & Higgins（2008）。

［36］关于调节定向问卷的信度和效度信息，参见：Grant & Higgins（2003）；Higgins，Friedman，Harlow，Idson & Ayduk Taylor（2001）。

［37］参见：Levine（1989）；Levine & Kerr（2007）。

［38］参见 Alexander，Levine & Higgins（2010）。

［39］参见：Byrne（1971）；Griffitt & Veitch（1974）。

［40］参见 Brodscholl，Kober & Higgins（2007）。

［41］参见 Zhou & Pham（2004）。

［42］参见 Zhou & Pham（2004）。

［43］参见 Pham & Avnet（2004）。

［44］参见 Avnet & Higgins（2006）。

［45］参见 Lee & Aaker（2004）。

［46］参见 Cesario & Higgins（2008）。

［47］参见 Csikszentmihalyi（1975，1990）。

［48］参见 Novemsky，Dhar，Schwarz & Simonson（出版中）。

［49］参见 Cacioppo，Priester & Berntson（1993）。

［50］参见 Avnet & Higgins（2003）。

［51］参见 Lee，Keller & Sternthal（2010）。

［52］参见 Lee，Keller & Sternthal（2010）。

［53］参见：Camacho & Higgins（2003）；Cesario，Grant & Higgins（2004）；Lee & Aaker（2004）。

［54］参见 Cesario，Grant & Higgins（2004）。

［55］参见 Freitas & Hsins（2002）。

［56］参见 Camacho，Higgins & Luger（2003）。

［57］关于这类纠正过程的讨论，参见：Martin & Achee（1992）；Schwarz & Clore（1983）；Wegener & Petty（1995）。

［58］参见：Cesario，Grant & Higgins（2004）；Higgins，Idson，Freitas，Spiegel &

451

Molden（2003）。

[59] 参见 Cesario & Higgins（2008）。

[60] 参见 Higgins（1997）。

[61] 参见 Labroo & Lee（2006）。

[62] 参见 Winkielman & Cacioppo（2001）。

[63] 参见 Higgins，Idson，Freitas，Spiegel & Molden（2003）。

[64] 参见 Camacho，Higgins & Luger（2003）。

[65] 参见 Idson，Liberman & Higgins（2004）。这些研究使用了塞勒场景研究的修改版本。

[66] 这项研究计划中的发现最终引出了我在第四章中描述的价值模型，其中价值强度不仅来自享乐（和其他价值方向来源），也来自具有单独效应的投入强度（Higgins，2006）。

[67] 参见 Kruglanski et al.（2002）。

[68] 参见 Forster，Higgins & Idson（1998）。对于手臂压力和强度的调节效应的重复测试，参见 Forster，Grant，Idson & Higgins（2001）。

[69] 参见 Forster，Higgins & Idson（1998）。

[70] 参见 Shah，Higgins & Friedman（1998）。

[71] 参见 Keller & Bless（2006）。

[72] 参见 Plessner，Unkelbach，Memmert，Baltes & Kolb（2009）。

[73] 参见 Bianco，Higgins & Klem（2003）。

[74] 参见 Spiegel，Grant-pillow & Higgins（2004）。

[75] 参见 Hong & Lee（2008）。

[76] 参见 Kruglanski，Pierro & Higgins（2007）。

452 [77] 参见 Benjamin & Flynn（2006）

[78] 参见 Freitas，Liberman & Higgins（2002）。

[79] 参见 VanDijk & Kluger（2010）。

[80] 但可参见 Cantor & Kihlstrom（1987）。

[81] 参见：Cantor & Kihlstrom（1987）；Scholer & Higgins（b，出版中）。

[82] 参见 Scholer，Zou，Fujita，Stroessner & Higgins（2010）。

[83] 参见：Crowe & Higgins（1997）；Friedman & Orster（2001）。

第九章

[1] 参见《牛津英语词典》精装版，第 I 和 II 卷（1971）。

［2］ 参见 Wiener（1948）。

［3］ 参见 Miller，Galanter & Pribram（1960）。

［4］ 参见 Carver & Scheier（1981，1990，1998）。也可参见 Powers（1973）。

［5］ 参见：Higgins，Kruglanski，Pierro（2003）；Kruglanski，Thompson，Higgins，Atash，Pierro，Shah & Spiegel（2000）。

［6］ 参见：Deutsch（1968）；Lewin（1951）。

［7］ 参见《韦氏新大学词典》（第9版，1989）。

［8］ 参见 Higgins，Kruglanski & Pierro（2003）。

［9］ 参见 Taylor & Higgins（2002）。

［10］ 参见 Taylor & Higgins（2002）。

［11］ 参见：Nolen-Hoeksema（2000）；Roese（1997）；Roese & Olson（1993）；Sanna（1996）。

［12］ 参见 Pierro，Leder，Mannetti，Higgins，Kruglanski & Aiello（2008）。

［13］ 参见 Pierro，Leder，Mannetti，Higgins，Kruglanski & Aiello（2008）。

［14］ 参见 Lewin（1951）。

［15］ 参见：John（1990）；John & Srivastava（1999）。

［16］ 参见：Higgins（2008）；Higgins，Pierro & Kruglanski（2008）。

［17］ 参见：Goldberg（1990）；John（1990）；John & Srivastava（1999）；McCrae & Costa（1987）。第五个特质维度是神经质。它与其他四个特质维度的区别在于，它更多的是一种结果（情绪不稳定），而不是一种应对世界的方式。正因为此，它将不在这里讨论。

［18］ 参见：Higgins（2008）；Higgins，Pierro & Kruglanski（2008）。

［19］ 这项未公开的研究成果涉及美国、加拿大、意大利、以色列、印度和日本，从大五人格特质和自尊的角度分析了行动、评价、促进和预防的关系，包括独特的、独立的关系。

［20］ 参见 Higgins & Scholer（2009b）。

［21］ 参见 John（1990）。

［22］ 参见 Higgins，Pierro & Kruglanski（2008）。

［23］ 参见 Higgins & Scholer（2009b）。

［24］ 参见 John（1990）。

［25］ 参见 Higgins，Pierro & Kruglanski（2008）。

［26］ 参见 Higgins & Scholer（2009b）。

[27] 参见 Higgins，Pierro & Kruglanski（2008）。

[28] 关于个人性格如何在不同情况下发挥不同的作用，从而产生不同的个人情境特征的补充观点，请参见：Mischel & Shoda（1995）；Shoda，Mischel & Wright（1994）。

453 [29] 该策略是等权策略的一种变体（Bettman，Luce & Payne，1998）。等权策略中会选择最高价值的选项。通过对该选项的所有属性值求和，获得每个选项的价值，从而选择具有最高价值的选项。

[30] 参见 Scholer & Higgins（2009）。

[31] 参见 Kruglanski，Pierro，Higgins & Capozza（2007）。

[32] 参见 Kruglanski，Thompson，Higgins，Atash，Pierro，Shah & Spiegel（2000）。

[33] 参见 Kruglanski，Thompson，Higgins，Atash，Pierro，Shah & Spiegel（2000）。

[34] 参见 Kruglanski，Thompson，Higgins，Atash，Pierro，Shah & Spiegel（2000）。

[35] 参见 Kruglanski，Thompson，Higgins，Atash，Pierro，Shah & Spiegel（2000）。

[36] 关于对未来采取不切实际的积极态度的好处，以及对未来采取现实主义消极态度的好处，请参见：Alloy & Abramson（1979）；Taylor（1991）；Taylor & Brown（1988）。

[37] 参见 Erikson（1950/1963）。

[38] 参见 Higgins（2008）。

[39] 参见 Kruglanski，Thompson，Higgins，Atash，Pierro，Shah & Spiegel（2000）。

[40] 参见 Appelt，Zou & Higgins（2009）。

[41] 这项情境研究是从广泛使用的谈判案例"联邦科学基金"调整而来的（参见 Mannix，1997）。

[42] 参见 Appelt，Zou & Higgins（2010）。

[43] 参见 Kruglanski，Thompson，Higgins，Atash，Pierro，Shah & Spiegel（2000）。

[44] 参见 Kruglanski，Thompson，Higgins，Atash，Pierro，Shah & Spiegel（2000）。

[45] 参见 Klem，Higgins & Kruglanski（1996）。关于这项研究的讨论参见 Higgins，Kruglanski & Pierro（2003）。

[46] 参见 Klem，Higgins & Kruglanski（1996）。关于这项研究的讨论参见 Higgins，Kruglanski & Pierro（2003）。

[47] 参见 Kruglanski，Thompson，Higgins，Atash，Pierro，Shah & Spiegel（2000）。

[48] 参见 Mauro，Pierro，Mannetti，Higgins & Kruglanski（出版中）。

[49] 归纳采用了 Avnet & Higgins（2003）设计的程序。参与者要么回忆三个高行动

取向的行为案例，要么回忆三个高评价取向的行为案例，并且简要地以书面形式描绘这些案例。

[50] 这些任务是由 Stasser & Stewart（1992）设计的。

[51] 这些任务已经在媒体上被命名，如 Goleman（1995）。

[52] 参见：Mischel & Ebbesen（1970）；Mischel, Shoda & Rodriguez（1989）。

[53] 参见：Metcalfe & Mischel（1999）；Mischel（1999）。

[54] 参见：Mischel & Moore（1973）；Mischel（1974）。

[55] 参见 Mischel & Ebbesen（1970）。

[56] 参见 Mischel（1999）。以类似的方式，Mischel & Patterson（1978）描述了一种有效自控的方法。他们为孩子提供了关于如何抵抗小丑玩具诱惑、聚焦任务完成的详细计划。对于特定指示的自控优势还有其他的证明，可参见：Hartig & Kanfer（1973）；Miller, Weinstein & Karniol（1978）。

[57] 参见 Trope & Fishbach（2000）。

[58] 参见 Freud（1961a）。Jack Block 和他的合作者进一步发展了冲动行为自我控制　*454* 的重要性（例如，Block, 2002；Block, 1980），自我控制是人格功能的核心部分。他从一端的"自我控制不足"到另一端的"自我控制过度"，在这个维度上区分了人与人之间的差异，其中，控制不足的人倾向于冲动、即时满足，而控制过度的人倾向于压抑并延迟满足。

[59] 参见 James（1890/2007），第 283 页。

[60] 参见 Cesario, Plaks & Higgins（2006）。

[61] 参见 Bargh, Chen & xBurrows（1996）。

[62] 关于价值、真相和控制的动机相关性如何构成对评价和行动的启动效应，参阅 Eitam & Higgins（2010）获知更全面的讨论。

[63] 参见：Karau & Williams（1993）；Latane, Williams & Harkins（1979）。

[64] 参见：Williams & Karau（1991）；Williams, Karau & Bourgeois（1993）。

[65] 参见 Plaks & Higgins（2000）。

[66] 参见 Cesario, Plaks, Hagiwara, Navarrete & Higgins（2010）。

[67] 为了更充分地讨论动机准备的理论，参见：Cesario, Plaks & Higgins（2006）；Cesario, Plaks, Hagiwara, Navarrete & Higgins（2010）。

[68] 参见：Fazio, Jackson, Dunton & Williams（1995）；Fazio & Oson（2003）；Fazio, Sanbonmatsu, Powell & Kardes（1986）；Greenwald, Banaji, Rudman, Farnham & Nosek（2002）；Greenwald, Mcghee & Schwartz（1998）；Olson &

Fazio（2004）。

[69] 参见 Schwarz & Bohner（2001）。但是，需要讨论被测试的是先前存储的关联结构，还是当前建构的关系。

[70] 关于无意识偏见如何产生种族歧视的讨论，参见：Gladwell（2005）；Kristof（2008）。

[71] 还可参见 Brendl，Markman & Messner（2001）和 Karpinski & Hilton（2001），以了解质疑偏见的隐性测试是否真正衡量了偏见的其他原因。

[72] 参见 Devine（1989）。

[73] 参见 Richeson & Ambady（2003）。

[74] 参见 Lowery，Hardin & Sinclair（2001）。

[75] 参见 Moskowitz，Gollwitzer，Wasel & Schaal（1999）。

[76] 参见：Ferguson（2008）；Sherman，Presson，Chassin，Rose & Koch（2003）。

[77] 参见：Fishbach，Friedman & Kruglanski（2003）；Fishbach & Shah（2006）；Shah，Friedman & Kruglanski（2002）。

[78] 参见 Fishbach，Friedman & Kruglanski（2003）。

[79] 参见 Monteith，Ashburn-nardo，Voils & Czopp（2002）。

[80] 参见 Trawalter & Richeson（2006）。

[81] 参见：Brewer（2007）；Erikson（1950/1963）；Simpson（2007）。

[82] 参见 Erikson（1950/1963），第 247 页。

[83] 参见：Abramson，Metalsky & Alloy（1989）；Abramson，Seligman & Teasdale（1978）；Beck，Rush，Shaw & Emery（1979）；Seligman（1975）。

[84] 参见：Holmes & Rempel（1989）；Miller & Rempel（2004）。

[85] 参见《韦氏新大学词典》（第 9 版，1989）。

[86] 价值观也以另一种方式影响信任。我们如果相信人们会利用他们的控制和真相有效性来造福我们（为我们好），就会认为他们值得信任（即可信赖的）。反之，我们如果相信他们会利用控制和真相有效性来伤害我们（反对我们），就会认为他们不值得我们信任（即不可信赖的）。因此，信任的概念将真相和控制协作关系与价值相结合，构成完整的动机组织。

455

第十章

[1] 参见 Hebb（1949）。

[2] 参见 Lewin（1951）。

［3］参见：Norem & Cantor（1986a，1986b）；Showers（1992）。

［4］参见 Cantor et al.（1987）。

［5］参见 Cantor（1994）。

［6］参见 Norem & Cantor（1986b）。

［7］参见 Showers（1992）。

［8］参见 Lewin，Dembo，Festinger & Sears（1944）。

［9］参见：Rescorla & Solomon（1967）；Rescorla & Wagner（1972）。

［10］参见 Forster，Grant，Idson & Higgins（2001）。

［11］参见：Aronson & Carlsmith（1963）；Lepper Zanna & Abelson（1970）；Pepitor，Mccauley & Hammond（1967）。

［12］参见 Wells & Higgins（1989）。

［13］参见：Higgins，Kruglanski & Pierro（2003）；Kruglanski，Thompson，Higgins，Atash，Pierro，Shah & Spiegel（2000）。

［14］参见：Higgins，Kruglanski & Pierro（2003）；Kruglanski，Thompson，Higgins，Atash，Pierro，Shah & Spiegel（2000）。

［15］参见 Pierro，Kruglanski & Higgins（2011）。

［16］对于熟悉混沌理论的读者来说，可以认为一些形式就像是混沌理论中的吸引子，其他不稳定的形式在一个动态的不稳定时期后最终形成。

［17］参见 Mcclelland（1961）。

［18］参见 Mcclelland（1961）。

［19］参见 Higgins，Kruglanski & Pierro（2003）。

［20］参见：Eagly & Chaiken（1993）；Krech，Crutchfield & Ballachey（1962）；Ostrom（1969）；Rosenberg & Hovland（1960）；Smith（1947）；Zanna & Rempel（1988）。

［21］参见：Eagly & Chaiken（1993）；Ostrom（1969）。

［22］参见 Tykocinski（1992）。

［23］对于短暂或虚假性的不一致问题讨论，参见：Festinger（1957）；Heider（1958）；Mcguire（1966）；Osgood & Tannenbaum（1955）；Rosenberg & Abelson（1960）。

［24］特别是在成瘾领域，但更普遍的是区分想要的和喜欢的是很重要的。对于这个区分更缜密的讨论，参见：Berridge & Robinson（2003）；Robinson & Berridges（2003）。

［25］关于这一结构特性的讨论，参见：Collins & Loftus（1975）；Higgins（1989）。

［26］参见：Higgins，Tykocinski & Vookles（1990）；Higgins，Vookles & Tykocinski

(1992)。

[27] 值得注意的是，这两种模型所共有的一个动机因素是真相有效性。这表明真相对动机有重要贡献。但具有讽刺意味的是，偏好前一种模型的科学家强调动机的价值贡献，而偏好后一种模型的科学家强调控制对动机的贡献。真相对动机的关键作用被忽视了。事实上，真相对动机作用的重要性是我在写这本书时学到的最重要的经验之一。回顾以往的研究，这对我们所有人来说都应该是显而易见的经验。如果没有真相，动机又是什么呢？

[28] "被监控的自我"是三种自我调节形式中的一种，共同形成自我内化。其他两种是"工具性自我"和"期待性自我"。自我内化是认识自己的过程，总结关于我们自己作为世界上独特存在的信息，尤其是与重要他人维系关系的特殊行事准则（参见：Higgins，1996d；Higgins，2010；Higgins & May，2001）。

[29] 参见：Nelson（2005）；Shantz（1983）；Wellman（1990）。

[30] 参见：Bandura（1977，1986）；Bandura & Walters（1963）。

[31] 参见 Turner（1956）。

[32] 参见 Povinelli（2000）；Tomasello（1999）。

[33] 参见 Higgins（1989c，1991）。

[34] 参见 Higgins（1987，1989b）。

[35] 参见 Higgins（1989），第 97 页。

[36] 参见 Strauman & Higgins（1987）。

[37] 参见 Strauman（1989），了解在临床人群中的重复研究。

[38] 参见 Higgins（1987，1989b），更全面地了解不同自我偏离类型的心理状况。

[39] 参见 Warren（1972）。

[40] 参见 Highins，VanHook & Dorfman（1988）。

[41] 基本上与 Markus（1977）用于识别自我图式和非自我图式的程序相同。

[42] 参见 Wyer & Gordon（1984）。

[43] 参见：Hebb（1949）；Wyer & Gordon（1984）。

[44] 参见：Fishbach，Friedman & Kruglanski（2003）；Fishbach & Shah（2006）；ShahFriedman & Kruglanski（2002）。

[45] 参见 Schachter & Singer（1962）。

[46] 参见 Zillmann，Johnson & Day（1974）。

[47] 尽管之前的研究普遍未发现调节匹配能优化感知效率或感知有效性，但目标追求会更容易实现，比如在哥伦比亚咖啡杯和廉价钢笔之间进行选择。但更重要

的是，这些感知效率和感知有效性的衡量指标是对目标追求过程本身的效率或
有效性的判断。它们与结果价值或结果可能性无关，也与目标达成后的结果无
关。调节匹配带来更强的控制力不会影响目标达成的感知，但会影响对于结果
价值和可能性的感知。这种影响途径在之前没有被研究过。 *457*

[48] 参见 Camacho，Higgins & Luger（2003）。

[49] 参见 James（1890/2007），第 486 页。

第十一章

[1] 参见：Higgins（2000b）；Higgins（2008）。

[2] 当然，如果与其他特征结合在一起，可能会构成人格差异。比如，"字迹小而整
洁"与重复性动作和不断检查结合在一起时，可以被视为"强迫型"人格的
证据。

[3] 参见：Higgins & Scholer（2008）；Scholer & Higgins（2010）。

[4] 参见 Weinstein，Capitanio & Gosling（2008）。

[5] 参见 Freud（1914/1955）。

[6] 参见：Bandura（1986）；Cantor & Kihlstrom（1987）；Dweck & Leggett（1988）；
Grant & Dweck（1999）；Higgins（1997）；Mischel & Shoda（1995）。

[7] 参见 Allport（1937b），第 295 页。

[8] 参见 Higgins & Brendl（1995）。

[9] 参见：Caspi & Moffit（1993）；Wright & Mischel（1987）。

[10] 参见 Mischel & Ebbesen（1970）。

[11] 参见：Rorschach（1921/1951）；Murray（1938）。

[12] 参见 Mischel & Shoda（1995，1999）。关于跨情境的人格稳定性的类似观点，参
见：Cantor & Kihlstrom（1987）；Murray（1938）；McClelland（1951）；Pervin
（2001）。

[13] 参见：Adorno，Frenkel-Brunswick，Levinson & Sanford（1950）；Dustin & Da-
vis（1967）；Wells，Weinert & Rubel（1956）。

[14] 参见：McClelland（1951）；Murray（1938）。

[15] 参见 Higgins（1997）。

[16] 参见 Higgins，Friedman，Harlow，Idson，Ayduk & Taylor（2001）。

[17] 参见：Atkinson（1964）；McClelland（1951，1961）；McClelland，Atkinson，
Clark & Lowell（1953）。

[18] 有些人同时具有强促进自豪感和强预防自豪感。

[19] 参见：Ainsworth（1967）；Ainsworth, Blehar, Waters & Wall（1978）；Bartholomew & Horowitz（1991）；Bowlby（1969, 1973）；Hazan & Shaver（1987）；Main, Kaplan & Cassidy（1985）；Mikulincer & Shaver（2003）。

[20] 参见：Ainsworth（1967）；Ainsworth, Blehar, Waters & Wall（1978）；Main, Kaplan & Cassidy（1985）。

[21] 参见：Ayduk, May, Downey & Higgins（2003）；Downey & Feldman（1996）；Downey, Freitas, Michaelis & Khouri（1998）。

[22] 参见 Förster, Higgins & Bianco（2003）。

[23] 参见：Bartlett（1932）；Bruner（1957a, b）；Hebb（1949）；Kelly（1955）；Wertheimer（1923）。

[24] 参见 Kelly（1955），第 145 页。另参见：Higgins, King & Mavin（1982）；Robinson（2004）。

[25] 参见：McClelland & Atkinson（1948）；McClelland, Atkinson, Clark & Lowell（1953）；Murray（1938）。

458 [26] 关于 TAT，参见 Murray（1938）。关于 Rorschach，参见 Rorschach（1921/1951）和 Exner（1993）。关于这些方法如何测量个体的长期可及性构造（即"观察的方式"）差异的进一步讨论，参见 Sorrentino & Higgins（1986）。

[27] 参见：Atkinson, Heyns & Veroff（1954）；McClelland, Atkinson, Clark & Lowell（1953）。

[28] 参见：Bargh, Bond, Lombardi & Tota（1986）；Higgins & Brendl（1995）。

[29] 例子参见：Andersen & Chen（2002）；Cervone（2004）；Higgins（1990）；Higgins, King & Mavin（1982）；Kruglanski（1989）；Mischel & Shoda（1995）。

[30] 关于评论，参见：Cantor & Kihlstrom（1987）；Kagan & Kogan（1970）。

[31] 参见 Witkin, Dyk, Faterson, Goodenough & Karp（1962）。

[32] 参见 Witkin & Goodenough（1977）。

[33] 参见 Witkin & Goodenough（1977）。

[34] 参见 Mischel（1973），第 276 页。

[35] 关于这个问题的进一步讨论，参见：Dunning, Meyerowitz & Holtzberg（1989）；Kunda（1990）；Kruglanski（1996b）。

[36] 关于知识激活的一般原则的更全面讨论，参见 Higgins（1996）。

[37] 参见 Higgins（1996）。

［38］参见 Higgins（1990，1999，2000b）。

［39］参见：Bargh, Bond, Lombardi & Tota（1986）；Bargh, Lombardi & Higgins（1988）；Higgins, Bargh & Lombardi（1985）；Higgins & Brendl（1995）。全面的概述参见 Higgins（1996）。

［40］关于"近似"问题的更全面讨论，参见 Higgins（1998a）。

［41］关于这些区别的更全面的讨论，参见 Higgins（1996）。

［42］参见 Higgins & Brendl（1995）。

［43］参见 Robinson, Vargas, Tamir & Solberg（2004）。

［44］参见：Lombardi, Higgins & Bargh（1987）；Martin（1986）。关于判断可用性和相反结果的更全面的讨论，参见 Higgins（1996）。

［45］关于这些结果的更全面的讨论，参见：Higgins & Scholer（2008）；Scholer & Higgins（2010）。

［46］参见：Baumeister & Leary（1995）；Fiske（2003）。

［47］参见 Higgins, King & Mavin（1982）。

［48］参见：Andersen & Baum（1994）；Andersen & Chen（2002）；Andersen, Reznick & Chen（1997）；Andersen, Reznik & Glassman（2005）；Andersen & Saribay（2005）；Berk & Andersen（2000）；Chen & Andersen（1999）；Hinkley & Andersen（1996）。相关的发现，参见：Baldwin & Holmes（1987）；Shah（2003）。

［49］参见：Andersen, Glassman, Chen & Cole（1995）；Andersen & Cole（1990）；Glassman & Andersen（1999）。

［50］参见 Bowlby（1969，1973）。也可参见：Bretherton（1991）；Main, Caplan & Cassidy（1985）。

［51］参见：Bretherton（1991）；Mikulincer & Shaver（2003）。另可参见 Sullivan（1953）。

［52］参见 Bowlby（1979），第 141—142 页。

［53］参见 Bartholomew & Horowitz（1991）。

［54］参见 Bartholomew & Horowitz（1991）。也可参见 Mikulincer & Shaver（2003）。

［55］参见：Kruglanski（1996b）；Kunda（1990）。

［56］参见 Kruglanski & Webster（1996）。

［57］参见：Dijksterhuis, vanKnippenberg, Kruglanski & Schaper（1996）；Fiske & Neuberg（1990）；Kruglanski & Freund（1983）；Moskowitz（1993）；Neuberg & Fiske（1987）。

[58] 参见：Ford & Kruglanski (1995)；Thompson, Roman, Moskowitz, Chaiken & Bargh (1994)。

[59] 参见：Tetlock (1985)；Webster (1993)。

[60] 参见 Liberman, Molden, Idson & Higgins (2001)。

[61] 参见：Crowe & Higgins (1997)；Friedman & Förster (2001)。

[62] 参见 Grant & Higgins (2003)。

[63] 参见 Roese, Pennington, Coleman, Janicki & Kenrick (2006)。

[64] 参见 Roese & Olson (1993)。

[65] 参见：Pennington & Roese (2003)；Roese, Hur & Pennington (1999)。

[66] 参见 Roese, Pennington, Coleman, Janicki & Kenrick (2006)。

[67] 参见：Buss & Schmitt (1993)；Kenrick, Trost & Sundie (2004)；Li, Bailey, Kenrick & Linsenmeier (2002)。

[68] 参见 Trivers (1972)。

[69] 参见：Cox & Ferguson (1991)；Wright & Mischel (1987)。

[70] 参见：Folkman & Moskowitz (2004)；Zeidner & Endler (1996)。

[71] 参见 Breuer & Freud (1956/1893)。

[72] 参见 Freud (1914/1955)。

[73] 参见 A. Freud (1937)。

[74] 相关回顾，参见：Baumeister, Schmeichel & Vohs (2007)。

[75] 参见：Mischel & Mischel (1983)；Salovey, Hsee & Mayer (1993)；Martijn, Tenbult, Merckelbach, Dreezens & deVries (2002)。

[76] 参见 Mischel, Ebbesen & Zeiss (1973)。

[77] 参见 Strube, Turner, Cerro, Stephens & Hinchey (1984)。

[78] 关于人们如何应对高要求世界的更全面的回顾，参见：Higgins & Scholer (2008)；Scholer & Higgins（出版中）。

[79] 参见：Dweck (1999)；Dweck, Chiu & Hong (1995)；Molden & Dweck (2006)。

[80] 参见：Dweck & Sorich (1999)；Henderson & Dweck (1990)；Molden & Dweck (2006)。

[81] 参见：Bandura (1977, 1997, 1999)；Cervone (2000)；Cervone & Scott (1995)。

[82] 参见：Bandura (1977)；Cervone (1997)；Cervone, Shadel & Jencius (2001)。

[83] 参见 Artistico, Cervone & Pezzuti (2003)。

[84] 参见：Bandura (1977)；Bandura & Cervone (1983)；Cervone & Peake (1986)；

Schunk（1981）。

[85] 参见：Sanderson，Rapee & Barlow（1989）；Williams（1992）。

[86] 参见 Caprara，Barbaranelli，Pastorelli & Cervone（2004）。

[87] 参见：Baumeister & Leary（1995）；Fiske（2003）。

[88] 参见：Adler（1954）；Sullivan（1953）。

[89] 参见：Downey & Feldman（1996）；Downey，Freitas，Michaelis & Khouri（1998）。

[90] 参见 Ayduk，Downey，Testa，Yen & Shoda（1999）。

[91] 参见：Ayduk，Downey，Testa，Yen & Shoda（1999）；Downey，Frietas，Michaelis & Khouri（1998）。

[92] 参见 Downey，Mougios，Ayduk，London & Shoda（2004）。

[93] 参见 Lang，Bradley & Cuthbert（1990）。

[94] 参见 Romero-Canyas & Downey（2005）。 *460*

[95] 参见 Ayduk，May，Downey & Higgins（2003）。

[96] 参见：Mischel（1974）；Mischel & Ebbesen（1970）。

[97] 参见：Mischel（1999）；Mischel，Shoda & Rodriguez（1989）；Shoda，Mischel & Peake（1990）。

[98] 参见 Peake，Hebl & Michel（2002）。

[99] 参见 Freitas，Liberman & Higgins（2002）。

[100] 参见：Inkeles & Levinson（1969）；Katz & Braly（1933）；McCrae & Terracciano（2006）；Peabody（1985）；Terracciano et al.（2005）。

[101] 参见 Galton（1865）。

[102] 回顾参见：Church & Ortiz（2005）；LeVine（2001）。

[103] 参见：Benet-Martinez & Oishi（2008）；Chiu，Kim & Wan（2008）。

[104] 关于这些问题的更全面的讨论，参见：Higgins（2008）；Higgins，Pierro & Kruglanski（2008）。

[105] 参见：Markus & Kitayama（1998）；Shweder（1991）。

[106] 有关回顾，参见 Chiu，Kim & Wan（2008）。

[107] 参见 McCrae（2004），第 5 页。

[108] 参见：Chiu & Hong（2006）；Chiu，Kim & Wan（2008）；Shweder & Sullivan（1993）；Triandis（1996）。

[109] 参见：Cervone（2004）；Higgins（1990）；Hong，Morris，Chiu & Benet-Martinez（2000）；Hong，Wan，No & Chiu（2007）；Mendoza-Denton & Hansen（2007）；Mischel & Shoda（1995）；Morris，Menon & Ames（2001）。

[110] 关于这个问题的更全面的讨论，参见 Higgins & Pittman（2008）。

[111] 参见 Darwin（1859）。

[112] 后续讨论最早由 Higgins（2008）展开。

[113] 参见：Endler（1982）；Lewin（1935）；Marlowe & Gergen（1969）；Mischel（1968）；Murray（1938）；Rotter（1954）。

[114] 参见 Higgins（1990，1999，2000b）。

[115] 参见 Higgins & Pittman（2008）。

[116] 参见《韦氏新大学词典》（第 9 版，1989）。

[117] 我并不是说，这些是唯一可以列入的动机因素。如果一项动机原则被认为只是人格变量，或只是社会心理变量，或只是文化变量，那它不会被包括在内，一项没有体现人类意义的动机也不会被包括在内。但是，还有其他的动机因素可以符合我的纳入标准。符合我的标准的动机原则的一个明显的例子是闭合需求，我在本书前面已经讨论过（参见：Fu，Morris，Lee，Chao，Chiu & Hong，2007；Kruglanski & Webster，1996）。

[118] 参见：Carver & Scheier（1990）；Heckhausen & Gollwitzer（1987）；Kuhl（1984）；Miller，Galanter & Pribram（1960）；Wiener（1948）。

[119] 参见 Erikson（1950/1963）。

[120] 参见 Higgins（1991，1996d）。

[121] 后续讨论最早由 Higgins（2008）展开。

[122] 参见 Nisbett（2003）。另可参见 Triandis & Suh（2002）。

[123] 关于秩序如何从动态流动中产生的更全面的讨论，参见 Vallacher & Nowak（2007）。

[124] 关于描述性规范和禁令或规范性规范之间区别的讨论，参见 Cialdini（2003）。

[125] 参见：Hogg（2007）；Hogg & vanKnippenberg（2003）。

[126] 参见 Camacho，Higgins & Luger（2003）。

[127] 参见 Faddegon，Scheepers & Ellemers（2007）。

[128] 参见 Higgins，Pierro & Kruglanski（出版中）。

[129] 参见 Rosenberg（1979）。

[130] 参见：John（1990）；John & Srivastava（1999）。

[131] 目前还不清楚如何将大五人格特质中的第五个神经质概念化，因为它既可以被概念化为目标追求的方式，也可以被概念化为不良目标追求的情绪结果。鉴于这种模糊性，我不会在此描述这个维度的结果。它们将在 Higgins，Pierro & Kruglanski（2008）中描述。

[132] 参见 Higgins，Friedman，Harlow，Idson，Ayduk & Taylor（2001）。

[133] 参见 Kruglanski，Thompson，Higgins，Atash，Pierro，Shah & Spiegel（2000）。

[134] 在每个国家，如果英语不是参与者的第一语言，所有的措施都被翻译并回译以保证准确性。

[135] 通过使每个国家的样本都是大学生，我们为我们的假设创造了一个保守的测试，因为这将使我们不太可能从四个动机取向中发现跨文化的差异。

[136] 我们计算了促进（从概率上控制了预防）和每个人格特征（自尊和"大五"）之间的部分相关性，以及预防（从概率上控制了促进）和每个人格特征之间的部分相关性。我们也计算了行动（从概率上控制了评估）和每个人格特征（自尊和"大五"）之间的部分相关性，以及评估（从概率上控制行动）和每个人格特征之间的部分相关性。

[137] 除却测试以色列的开放性。

[138] 除却测试澳大利亚的促进性。

[139] 除却测试以色列的宜人性。

[140] 除以色列什么都没被测试外，意大利也没有被测试评估（力）。

[141] 关于调节匹配如何成为所获结论的基础，更全面的讨论参见 Higgins，Pierro & Kruglanski（2008）。关于强行动性和高自觉性之间的正向调节匹配，见第九章。

[142] 参见：Heine & Hamamura（2007）；Heine，Kitayama，Lehman，Takata，Ide，Leung & Matsumoto（2001）。

[143] 例子参见 Markus & Kitayama（1991）。

[144] 参见 Kitayama & Park（2007）。

[145] 参见 Fulmer，Gelfand，Kruglanski，Kim-Prieto，Diener，Pierro & Higgins（2010）。

第十二章

[1] 我很感谢 Paul Ingram 提供的这个案例。

[2] 参见 Kerr（1975）。

[3] 参见 Kerr（1975），第 773 页。

462 [4] 我并不是说，促进系统和预防系统一起运行一定会导致冲突。正如我在第十三章中所讨论的，这两个系统一起工作可以带来好处，比如关注不作为错误的促进系统和关注作为错误的预防系统一起工作可以提高决策的准确性。然而，有时它们也会发生冲突，我们不能假设一个系统的动机能可以简单地加到另一个系统的动机能中，从而产生更高的动机能总和。

[5] 我必须承认，我曾是哥伦比亚大学一个委员会的成员，该委员会负责评选杰出教学总统奖——正是科尔所描述的那种罕见的、财政上的小奖。根据我在这个委员会的经验，我相信这就是哥伦比亚大学的"社会"想要的教学。

[6] 例子参见 Deci，Connell & Ryan（1989）。

[7] 参见：Crowe & Higgins（1997）；Liberman，Molden，Idson & Higgins（2001）。

[8] 参见 Grove（1996）。

[9] 参见：Förster & Werth（2009）；Seibt & Förster（2004）。

[10] 我观察到大学教师的这种态度，并且后知后觉地发现自己也曾不假思索地赞同这种态度。当我成为神经科学、认知和学生学习学院（哥伦比亚大学）的顾问委员会成员时，我收到了一个提问，让我意识到忽视这种研究的愚蠢。董事会的另一位成员（Lois Putnam 教授）问我，我是如何将我关于动机的研究结果应用于我的课堂教学的。我开始意识到我还没有这样做。之后经过反思，我认识到这是因为我没有意识到它的直接相关性。从那时起，我开始尝试将研究结果应用于改善学生的学习和表现。

[11] 参见 Förster，Higgins & Idson（1998）。

[12] 参见 Shah，Higgins & Friedman（1998）。

[13] 参见 Keller & Bless（2006）。

[14] 参见 Spiegel，Grant-Pillow & Higgins（2004）。

[15] 参见 Bianco，Higgins & Klem（2003）。

[16] 参见 Freitas & Higgins（2002）。

[17] 参见 Pierro，Presaghi，Higgins & Kruglanski（2009）。

[18] 参见 Deci，Connell & Ryan（1989）。

[19] 参见 Benjamin & Flynn（2006）。

[20] 参见 Bass（1998，1999）。

[21] 关于这项研究的更多细节，参见 Benjamin & Flynn（2006）。

[22] 参见 Pierro，Kruglanski & Higgins（2006）。

[23] 参见：Higgins（2008）；Higgins，Pierro & Kruglanski（2008）。

[24] 参见 Liberman，Idson，Camacho & Higgins（1999）。

[25] 参见 Paine（2009）。

[26] 为了确保衡量的主管信息的"愿景"的客观性，我们使用了每个团队中员工的总分（平均分）（参见 Ostroff，2007）。

[27] 关于工作投入强度测量的更多细节，参见 Schaufeli，Bakker & Salanova（2006）。

[28] 关于对改变的偏好的更多细节，参见 Fedor，Caldwell & Herold（2006）。

[29] 参见 Kruglanski，Pierro，Higgins & Capozza（2007）。

[30] 参见 Judge，Thoresen，Pucik & Welbourne（1999）。

[31] 参见 Kruglanski，Pierro，Higgins & Capozza（2007）。

[32] 参见 Scholer（2009）。

[33] 改变目标的承诺是用 Klein，Wesson，Hollenbeck，Wright & DeShon（2001）制定的目标承诺量表评估的。

[34] 这个量表是基于 Sheeran，Conner & Norman（2001）以前的研究。

[35] 参见 Zou（2009）。

[36] 参见 Durkheim（1897/1951）。

[37] 例子参见：Berkman，Glass，Brissette & Seeman（2001）；Campbell，Converse & Rodgers（1976）；Cohen（2004）；Fowler & Christakis（2008）；House，Umberson & Landis（1988）；Marsden（1987）；McPherson，Smith-Lovin & Brashears（2006）；Seeman（1996）。

[38] 参见 Putnam（2000）。

[39] 例子参见：Stokes（1985）；Wellman，Carrington & Hall（1988）。

[40] 例子参见：Berkman（1995）；Berkman & Syme（1979）；Cohen，Doyle，Skoner，Rabin & Gwaltney（1997）。

[41] 关于这个问题的更全面的讨论，参见 Zou（2009）。

[42] 参见：Coleman（1990）；Granovetter（1985）。

[43] 参见：Baker（1984）；Baker & Iyer（1992）。

463

[44] 参见：Burt（1992）；Cook & Emerson（1978）；Freeman（1977）；Granovetter（1973）。

[45] 参见 Diener，Emmons，Larsen & Griffin（1985）。

[46] 网络密度的计算方法是用联系人之间已确认的关系总数除以可能的联系总数。

第十三章

[1] 参见 Seligman（1990，2002）。

[2] 参见 Peterson & Seligman（2004）。

[3] 参见 Machiavelli（1513/2004）。

[4] 参见 Christie & Geis（1970）。

[5] 参见《韦氏新大学词典》（第 9 版，1989）。

[6] 感谢 Kayla Higgins 对马基雅维利和亚里士多德的美德观点之间的关系提出的见解（参见 K. A. Higgins，2008）。

[7] 参见 Freud（1920/1950）。

[8] 我还应该指出，由于 Kayla Higgins 论文中的其他见解（参见 K. A. Higgins，2008），亚里士多德和马基雅维利观点的不同不仅在于真理和控制是否被视为具有内在价值（亚里士多德）或只是作为获得预期结果的外在手段（马基雅维利），还在于他们对拥有"良善生活"这一目标的总体取向方面。对于亚里士多德来说，人类的目标是实现人类的最高潜力——一种促进的价值取向。对于马基雅维利来说，人类（或至少是一个国君般的人）的目标是维持他的国家，使其稳定和持久——一种防御的价值取向。如果亚里士多德是一位促进性乐观主义者，那么马基雅维利就是一位防御性悲观主义者。而弗洛伊德的观点甚至比马基雅维利的观点更黑暗。弗洛伊德是一位真正的悲观主义者，他描述了本我和超我之间的持续冲突。像马基雅维利一样，弗洛伊德有一种预防取向。但对弗洛伊德来说，这是一个减少预防失败的故事，减少焦虑是一种常态。而对马基雅维利来说，这是一个预防成功的故事，只要人们做了必要的事情。我相信，正是弗洛伊德的悲观主义最终刺激了积极心理学运动的发展。存在一种积极的叙事，而积极心理学运动希望讲述它。而首选积极故事甚至比马基雅维利的预防成功更积极。首选积极故事是有关希望和乐观主义的促进成功——它更类似亚里士多德的观点。

［9］参见《韦氏新大学词典》（第 9 版，1989）。

［10］对于财富或物质的成功，有证据表明，幸福感或"快乐"会因拥有达到某种基本水平的物质资源而得到提升，但超过这种水平，拥有更多的物质资源并不能提高幸福感或增加"快乐"（参见：Diener & Diener，1995；Ryan & Deci，2001）。此外，有证据表明，如果把财富或物质成功作为最终的目标取向，或许与幸福负相关（例如，Kasser & Ryan，1993）。

［11］关于基本心理学原理的权衡的进一步讨论，参见 Higgins（1991，2000c）。

［12］例如，参见：Higgins（1987，1989b，1998b）；Higgins, Bond, Klein & Strauman（1986）；Strauman（1989）；Strauman & Higgins（1987，1988）。

［13］参见 Higgins（1989c，1991）。

［14］参见 Higgins（1991）。

［15］参见 Newman, Higgins & Vookles（1992）。

［16］参见 Higgins（1997，1998b）。

［17］参见 Higgins（2001）。

［18］关于促进和预防系统的更全面的讨论和描述，参见 Scholer & Higgins（2011）。

［19］参见：Dickman & Meyer（1988）；Meyer, Smith & Wright（1982）；Woodworth（1899）。

［20］参见 Förster, Higgins & Bianco（2003）。

［21］参见：Lewin（1935）；Miller（1944，1959）。

［22］参见：Crowe & Higgins（1997）；Förster & Werth（2009）；Friedman & Förster（2001）。

［23］参见 Lucas & Diener（2008）。

［24］参见：Lucas & Diener（2008）；Roysamb, Harris, Magnus, Vitterso & Tambs（2002）。

［25］参见：Watson, Clark & Tellegen（1988）；Watson & Tellegen（1985）。

［26］参见 Wilson（1967），第 294 页。

［27］参见：Suls, Martin & Wheeler（2002）；Tesser（1988）；Wood（1989）。

［28］参见 Kruglanski, Thompson, Higgins, Atash, Pierro, Shah & Spiegel（2000）。

［29］参见 Kruglanski, Thompson, Higgins, Atash, Pierro, Shah & Spiegel（2000）。

［30］关于所有不同的可能的（合法的）自我评价标准的讨论，参见 Higgins, Strauman & Klein（1986）。

［31］参见：Beck（1967）；Ellis（1973）。

［32］参见 Nolen-Hoeksema（2000）。

［33］参见：Jones（1979）；Ross（1977）。

［34］参见 Scholer，Grant，Baer，Bolger & Higgins（2009）。

［35］关于不同任务或同一任务的不同时间阶段的强促进与强预防的优势讨论，参见：Brockner，Higgins & Low（2004）；Lam & Chiu（2002）。

［36］参见 Berscheid & Reis（1998）。

［37］参见：Berscheid（1985）；Byrne（1971）；Byrne & Blaylock（1963）；Byrne，Clore & Smeaton（1986）；Carli，Ganley & Pierce-Otay（1991）；Coombs（1966）；Deutsch，Sullivan，Sage & Basile（1991）；Newcomb（1961）。

［38］参见 Bohns Lake（2008）。

［39］这些专家是：Michael K. Coolsen，Eli J. Finkel，Madoka Kumashiro，Gale Lucas，Daniel C. Molden，Caryl E. Rusbult。

［40］关于"将他人纳入自我"量表的描述，参见 Aron，Aron & Smollan（1992）。

［41］在这项研究中，除了承诺这一变量外，关系幸福感综合测量与第一项研究中的变量相同。

［42］在商业组织中，让高层管理者同时包括一名强有力的促进者和一名强有力的预防者，也有潜在的优势（Brockner，Higgins & Low，2004）。这种商业关系需要在未来的研究中被直接考察。

［43］关于可分割任务和单一任务之间区别的更广泛讨论，参见 Steiner（1972）。

［44］参见 Bohns & Higgins（出版中）。

［45］这句来自美国体育作家格兰特兰·瑞斯的完整名言，也存在与真理有效性相关的道德"正确性"——"当一个伟大的球员来了，/写下的你的名字，/标记的不是你赢了或输了，/而是你曾如何游戏。"

［46］参见 Franks（2009）。

［47］参见 Weinstein，Capitanio & Gosling（2008）。

［48］以下关于动物福祉的讨论是基于未发表的论文（如 Franks & Higgins，2005），以及与贝卡·弗兰克斯的多次交谈，她是该领域的专家。而我们的谈话并不局限于动物的福祉，而是涉及一般的福祉。我非常感谢贝卡对福祉本质的见解和智慧。

［49］参见：Higgins（1989c，1991）；Higgins & Silberman（1998）。

［50］这个论点可以从儿童的看护者延伸到老人或婴儿的看护者以及非人类动物的看护者。关于非人类动物，毫无疑问，动物园管理员和宠物主人不仅照顾他们的动物，还关心它们。就像慈爱的父母一样，他们希望为他们的动物提供最好的

服务。事实上，他们努力确保动物们有一种理想的生活——有食物、水、住所等。那么，动物们就获得了想要的结果（价值有效性）。而我担心的是，至少在某些情况下，动物园的动物或宠物可能被"溺爱"和"过度保护"。可能有太多的"宠爱"而没有足够的"管理"。动物需要被允许犯错和经历失败，以便学习有利于其福祉的自我调节应变。只有这样，它们才能拥有获得福祉所需的真相 *466* 有效性和控制有效性。

[51] 参见：Neugarten, Havighurst & Tobin (1961)；Ryff (2008)。

[52] 参见：Brandtstadter, Wentura & Rothermund (1999)；Carstensen (1995)；Freund & Baltes (2002)。

[53] 参见 Erikson (1950/1963)。

[54] 参见 Goodwin (2005)。

参考文献

Aaker, J. L., & Lee, A. Y. (2001). I seek pleasures and we avoid pains: The role of self regulatory goals in information processing and persuasion. *Journal of Consumer Research, 28*, 33–49.

Abelson, R. P. (1983). Whatever became of consistency theory? *Personality and Social Psychology Bulletin, 9*, 37–54.

Abelson, R. P., Aronson, E., McGuire, W. J., Newcomb, T. M., Rosenberg, M. J., & Tannenbaum, P. H. (Eds.) (1968). *Theories of cognitive consistency: A sourcebook.* Chicago: Rand McNally.

Abramson, L. Y., Metalsky, F. I., & Allo'y, L. B. (1989). Hopelessness depression: A theory based subtype of depression. *Psychological Review, 96*(2), 358–372.

Abramson, L. Y., Seligman, M. E. P., & Teasdale, J. D. (1978). Learned helplessness in humans: Critique and reformulation. *Journal of Abnormal Psychology, 87*, 49–74.

Adler, A. (1954). *Understanding human nature.* New York: Fawcett.

Adorno, T. W., Frenkel-Brunswick, E., Levinson, D. J., & Sanford, R. N. (1950). *The authoritarian personality.* New York: Harper.

Ainsworth, M. D. S. (1967). *Infancy in Uganda: Infant care and the growth of love.* Baltimore: Johns Hopkins University Press.

Ainsworth, M. D. S., Blehar, M. C., Waters, E., & Wall, S. (1978). *Patterns of attachment.* Hillsdale, NJ: Erlbaum.

Ajzen, I. (1985). From intentions to actions: A theory of planned behavior. In J. Kuhl & J. Beckmann (Eds.), *Action-control: From cognition to behavior* (pp. 11–39). Heidelberg: Springer.

Ajzen, I. (1996). The social psychology of decision making. In E. T. Higgins & A. W. Kruglanski (Eds.), *Social psychology: Handbook of basic principles* (pp. 297–325). New York: Guilford.

Ajzen, I., & Fishbein, M. (1970). The prediction of behavior from attitudinal and normative variables. *Journal of Experimental Social Psychology, 6*, 466–487.

Ajzen, I., & Fishbein, M. (1980). *Understanding attitudes and predicting social behavior.* Englewood Cliffs, NJ: Prentice-Hall.

Alexander, K. M., Levine, J. M., & Higgins, E. T. (2010). *Regulatory fit and reaction to deviance in small groups.* Unpublished manuscript, University of Pittsburgh.

Allen, V. L. (1975). Social support for nonconformity. In L. Berkowitz (Ed.), *Advances in experimental social psychology* (Vol. 8, pp. 1–43). New York: Academic Press.

Alloy, L. B., & Abramson, L. Y. (1979). Judgment of contingency in depressed and non-depressed students: Sadder but wiser? *Journal of Experimental Psychology: General, 108*, 441–485.

Allport, G. W. (1937a). The functional autonomy of motives. *American Journal of Psychology, 50*, 141–156.

Allport, G. W. (1937b). *Personality: A psychological interpretation.* New York: Holt.

Allport, G. W. (1961). *Pattern and growth in personality.* New York: Holt, Rinehart & Winston.

Alvarez, J. M., Ruble, D. N., & Bolger, N. (2001). Trait understanding or evaluative reasoning? An analysis of children's behavioral predictions. *Child Development, 72*, 1409–1425.

Andersen, S. M. (1984). Self-knowledge and social inference: II. The diagnosticity of cognitive/affective and behavioral data. *Journal of Personality and Social Psychology, 46*, 294–307.

Andersen, S. M., & Baum, A. (1994). Transference in interpersonal relations: Inferences and affect based on significant-other representations. *Journal of Personality.* (Special Issue: Psychodynamics and social cognition: Perspectives on the representation and processing of emotionally significant information), *62*, 459–497.

Andersen, S. M., & Chen, S. (2002). The relational self: An interpersonal social-cognitive theory. *Psychological Review, 109*, 619–645.

Andersen, S. M., & Cole, S. W. (1990). "Do I know you?": The role of significant others in general social perception. *Journal of Personality and Social Psychology, 59*, 384–399.

Andersen, S. M., Glassman, N. S., Chen, S., & Cole, S. W. (1995). Transference in social perception: The role of chronic accessibility in significant-other representations. *Journal of Personality and Social Psychology, 69*, 41–57.

Andersen, S. M., Reznik, I., & Chen, S. (1997). The self in relation to others: Motivational and cognitive underpinnings. In J. G. Snodgrass & R. L. Thompson (Eds.), *The self across psychology: Self-recognition, self-awareness, and the self concept.* Annals of the New York Academy of Sciences (Vol. 818, pp. 233–275). New York: New York Academy of Sciences.

Andersen, S. M., Reznik, I., & Glassman, N. S. (2005). The unconscious relational self. In R. R. Hassin, J. S. Uleman, & J. A. Bargh (Eds.), *The new unconscious.* Oxford Series in Social Cognition and Social Neuroscience (pp. 421–481). New York: Oxford University Press.

Andersen, S. M., & Saribay, S. A. (2005). The relational self and transference: Evoking motives, self-regulation, and emotions through activation of mental representations of significant others. In M. W. Baldwin (Ed.), *Interpersonal cognition* (pp. 1–32). New York: Guilford Press.

Anderson, C. A., Krull, D. S., & Weiner, B. (1996). Explanations: Processes and consequences. In E. T. Higgins & A. W. Kruglanski (Eds.), *Social psychology: Handbook of basic principles* (pp. 271–296). New York: Guilford.

Anderson, J. R. (1974). Retrieval of propositional information from long-term memory. *Cognitive Psychology, 6*, 451–474.

468

469   Anderson, J. R. (1983). *The architecture of cognition*. Cambridge, MA: Harvard University Press.

Appelt, K. C., Zou, X., Arora, P., & Higgins, E. T. (2009). Regulatory fit in negotiation: Effects of "prevention-buyer" and "promotion-seller" fit. *Social Cognition, 27*, 365–384.

Appelt, K. C., Zou, X., & Higgins, E. T. (2009). *Choosing truth over value: How strong assessment changes negotiation decisions*. Unpublished manuscript, Columbia University.

Appelt, K. C., Zou, X., & Higgins, E. T. (2010). Feeling right or being right: When strong assessment yields strong correction. *Motivation and Emotion, 34*, 316–324.

Arendt, H. (1963). *Eichmann in Jerusalem: A report on the banality of evil*. London: Faber & Faber.

Arkes, H. R., & Blumer, C. (1985). The psychology of sunk cost. *Organizational Behavior and Human Decision Processes, 35*, 124–140.

Armitage, C. J. (2005) Can the theory of planned behavior predict the maintenance of physical activity? *Health Psychology, 24*, 235–245.

Aron, A., Aron E. N., & Smollan, D. (1992). Inclusion of other in the self scale and the structure of interpersonal closeness. *Journal of Personality and Social Psychology, 63*, 596–612.

Aronson, E. (1969). The theory of cognitive dissonance: A current perspective. In L. Berkowitz (Ed.), *Advances in Experimental Social Psychology* (Vol. 4, pp. 1–34). New York: Academic Press.

Aronson, E., & Carlsmith, J. M. (1963). The effect of the severity of threat on the devaluation of forbidden behavior. *Journal of Abnormal and Social Psychology, 66*, 584–588.

Aronson, E., & Mills, J. (1959). The effect of severity of initiation on liking for a group. *Journal of Abnormal and Social Psychology, 59*, 177–181.

Artistico, D., Cervone, D., & Pezzuti, L. (2003). Perceived self-efficacy and everyday problem solving among young and older adults. *Psychology and Aging, 18*, 68–79.

Asch, S. E. (1946). Forming impressions of personality. *Journal of Abnormal and Social Psychology, 41*, 258–290.

Asch, S. E. (1952). *Social psychology*. Englewood Cliffs, NJ: Prentice-Hall.

Atkinson, J. W. (1957). Motivational determinants of risk-taking behavior. *Psychological Review, 64*, 359–372.

Atkinson, J. W. (1964). *An introduction to motivation*. Princeton, NJ: D. Van Nostrand.

Atkinson, J. W., Heyns, R. W., & Veroff, J. (1954). The effect of experimental arousal of the affiliation motive on thematic apperception. *Journal of Abnormal & Social Psychology, 49*, 405–410.

Aviles, A. I. (2009). *The effects of regulatory focus on learning and value of information*. Unpublished honors thesis, Columbia University.

Avnet, T., & Higgins, E. T. (2003). Locomotion, assessment, and regulatory fit: Value transfer from "how" to "what." *Journal of Experimental Social Psychology, 39*, 525–530.

Avnet, T., & Higgins, E. T. (2006). How regulatory fit impacts value in consumer choices and opinions. *Journal of Marketing Research, 43*, 1–10.

Ayduk, O., Downey, G., Testa, A., Yen, Y., & Shoda, Y. (1999). Does rejection elicit hostility in rejection sensitive women? *Social Cognition. Special Issue: Social Cognition and Relationships, 17*, 245–271.

Ayduk, O., May, D., Downey, G., & Higgins, E. T. (2003). Tactical differences in coping with rejection sensitivity: The role of prevention pride. *Personality and Social Psychology Bulletin, 29*, 435–448.

Baker, W. E. (1984). The social structure of a national securities market. *American Journal of Sociology, 89*, 775–811.

Baker, W. E., & Iyer, A. V. (1992). Information networks and market behavior. *Journal of Mathematical Sociology, 16*, 305–332.

Baldwin, M. W., Carrell, S. E., & Lopez, D. F. (1990). Priming relationship schemas: My advisor and the Pope are watching me from the back of my mind. *Journal of Personality and Social Psychology, 26*, 435–454.

Baldwin, M. W., & Holmes, J. G. (1987). Salient private audiences and awareness of the self. *Journal of Personality and Social Psychology, 52*, 1087–1098.

Banaji, M. R., & Greenwald, A. G. (1994). Implicit stereotyping and prejudice. In M. P. Zanna & J. M. Olson (Eds.), *The psychology of prejudice: The Ontario symposium* (Vol. 7, pp. 55–76). Hillsdale, NJ: Erlbaum.

Banaji, M. R., Hardin, C., & Rothman, A. J. (1993). Implicit stereotyping in person judgment. *Journal of Personality and Social Psychology, 65*, 272–281.

Bandura, A. (1973). *Aggression: A social learning theory analysis*. Englewood Cliffs, NJ: Prentice-Hall.

Bandura, A. (1977). Self-efficacy: Toward a unifying theory of behavioral change. *Psychological Review, 84*, 191–215.

Bandura, A. (1982). Self-efficacy mechanism in human agency. *American Psychologist, 37*, 122–147.

Bandura, A. (1986). *Social foundations of thought and action: A social cognitive theory*. Englewood Cliffs, NJ: Prentice-Hall.

Bandura, A. (1989). Self-regulation of motivation and action through internal standards and goal systems. In L. A. Pervin (Ed.), *Goal concepts in personality and social psychology* (pp. 19–85). Hillsdale, NJ: Erlbaum.

Bandura, A. (1997). *Self-efficacy: The exercise of control*. New York: Freeman.

Bandura, A. (1999). Social cognitive theory of personality. In D. Cervone & Y. Shoda (Eds.), *The coherence of personality: Social-cognitive bases of consistency, variability, and organization* (pp. 185–241). New York: Guilford Press.

Bandura, A., & Cervone, D. (1983). Self-evaluative and self-efficacy mechanisms governing the motivational effects of goal systems. *Journal of Personality and Social Psychology, 45*, 1017–1028.

Bandura, A. L., & Walters, R. H. (1963). *Social learning and personality development*. New York: Holt, Rinehart and Winston.

Bargh, J. A. (1989). Conditional automaticity: Varieties of automatic influence in social perception and cognition. In J. S. Uleman & J. A. Bargh (Eds.), *Unintended thought* (pp. 3–51). New York: Guilford.

Bargh, J. A. (1990). Auto-motives: Preconscious determinants of social interaction. In E. T. Higgins & R. M. Sorrentino (Eds.), *Handbook of motivation and cognition: Foundations of social behavior,* (Vol. 2, pp. 93–130). New York: Guilford.

Bargh, J. A. (1996). Automaticity in social psychology. In E. T. Higgins & A. W. Kruglanski (Eds.), *Social psychology: Handbook of basic principles* (pp. 169–183). New York: Guilford.

470

471 Bargh, J. A. (2005). Bypassing the will: Toward demystifying the nonconscious control of social behavior. In R. R. Hassin, J. S. Uleman, & J. A. Bargh (Eds.), *The new unconscious* (pp. 37–58). New York: Oxford University Press.

Bargh, J. A., Bond, R. N., Lombardi, W. J., & Tota, M. E. (1986). The additive nature of chronic and temporary sources of construct accessibility. *Journal of Personality and Social Psychology, 50,* 869–878.

Bargh, J. A., Chen, M., & Burrows, L. (1996). Automaticity of social behavior: Direct effects of trait construct and stereotype activation on action. *Journal of Personality and Social Psychology, 71,* 230–244.

Bargh, J.A., Gollwitzer, P.M., Lee-Chai, A., Barndollar, K., & Trotschel, R. (2001). The automated will: Nonconscious activation and pursuit of behavioral goals. *Journal of Personality and Social Psychology, 81,* 1014–1027.

Bargh, J. A., Lombardi, W. J., & Higgins, E. T. (1988). Automaticity of chronically accessible constructs in person × situation effects on person perception: It's just a matter of time. *Journal of Personality and Social Psychology, 55,* 599–605.

Baron, R. A., & Lawton, S. F. (1972). Environmental influences on aggression: The facilitation of modeling effects by high ambient temperatures. *Psychonomic Science, 26,* 80–82.

Barry, B., & Friedman, R.A. (1998). Bargainer characteristics in distributive and integrative negotiation. *Journal of Personality and Social Psychology, 74,* 345–359.

Bartholomew, K., & Horowitz, L. M. (1991). Attachment styles among young adults: A test of a four-category model. *Journal of Personality and Social Psychology, 61,* 226–244.

Bartlett, F. C. (1932). *Remembering.* Oxford, England: Oxford University Press.

Bass, B. M. (1998). *Transformational leadership: Industry, military, and educational impact.* Mahwah, NJ: Erlbaum.

Bass, B. M. (1999). Two decades of research and development in transformational leadership. *European Journal of Work and Organizational Psychology, 8,* 9–32.

Batson, C. D. (1975). Rational processing or rationalization? The effect of disconfirming information on a stated religious belief. *Journal of Personality and Social Psychology, 32,* 176–184.

Baumeister, R. F., Bratslavsky, E., Muraven, M., & Tice, D. M. (1998). Ego depletion: Is the active self a limited resource? *Journal of Personality and Social Psychology, 74,* 1252–1265.

Baumeister, R. F., & Heatherton, T. F. (1996). Self-regulation failure: An overview. *Psychological Inquiry, 7,* 1–15.

Baumeister, R. F., Heatherton, T. F., & Tice, D. M. (1994). *Losing control: How and why people fail at self-regulation.* San Diego, CA: Academic Press, Inc.

Baumeister, R. F., & Leary, M. R. (1995). The need to belong: Desire for interpersonal attachments as a fundamental human motivation. *Psychological Bulletin, 117,* 497–529.

Baumeister, R. F., Schmeichel, B. J., & Vohs, K. D. (2007). Self-regulation and the executive function: The self as controlling agent. In A. W. Kruglanski & E.T. Higgins (Eds.), *Social psychology: Handbook of basic principles* (pp. 516–539). New York: Guilford.

Beck, A. T. (1967). *Depression: Causes and treatment.* Philadelphia: University of Pennsylvania Press.

Beck, A. T., Rush, A. J., Shaw, B. F., & Emery, G. (1979). *Cognitive therapy of depression.* New York: Guilford Press.

Becker, E. (1973). *The denial of death.* New York: Free Press.

Bem, D. J. (1965). An experimental analysis of self-persuasion. *Journal of Experimental Social Psychology, 1,* 199–218.

Bem, D. J. (1967). Self-perception: An alternative interpretation of cognitive dissonance phenomena. *Psychological Review, 74,* 183–200.

Bem, S. L. (1974). The measurement of psychological androgyny. *Journal of Consulting and Clinical Psychology, 42,* 155–162.

Benet-Martinez, V., & Oishi, S. (2008). Culture and personality. In O. P. John, R. W. Robins, & L. A. Pervin (Eds.), *Handbook of personality: Theory and research* (3rd ed., pp. 542–567). New York: Guilford Press.

Benjamin, L., & Flynn, F. J. (2006). Leadership style and regulatory mode: Value from fit? *Organizational Behavior and Human Decision Processes, 100,* 216–230.

Bentham, J. (1988). *The principles of morals and legislation.* Amherst, NY: Prometheus Books. (Originally published 1781)

Berk, M. S., & Andersen, S. M. (2000). The impact of past relationships on interpersonal behavior: Behavioral confirmation in the social-cognitive process of transference. *Journal of Personality and Social Psychology, 79,* 546–562.

Berkman, L. F. (1995). Role of social-relations in health promotion. *Psychosomatic Medicine, 57,* 245–254.

Berkman, L. F., Glass, T., Brissette, I., & Seeman, T. E. (2001) From social integration to health: Durkheim in the new millennium. *Social Science & Medicine, 51,* 843–857.

Berkman, L. F., & Syme, S. L. (1979). Social networks, host resistance, and mortality: A 9-year follow-up study of Alameda County residents. *American Journal of Epidemiology, 109,* 186–204.

Berlyne, D. E. (1960). *Conflict, arousal and curiosity.* New York: McGraw-Hill.

Berlyne, D. E. (1973). The vicissitudes of aplopathematic and thelematoscopic pneumatology (or The hydrography of hedonism.) In D. E. Berlyne & K. B. Madsen (Eds.), *Pleasure, reward, preference.* New York: Academic Press.

Berne, E. (1964). *Games people play.* New York: Ballantine Books.

Bernoulli, D. (1954). Specimen theoriae novae de mensura sortis. St. Petersburg, 1738. Translated in *Econometrica, 22,* 23–36.

Berridge, K. C., & Robinson, T. E. (2003). Parsing reward. *Trends in Neurosciences, 26,* 507–513.

Berscheid, E. (1983). Emotion. In H. H. Kelley, E. Berscheid, A. Christensen, J. Harvey, T. Huston, G. Levinger, E. McClintock, A. Peplau, & D. R. Peterson (Eds.), *Close relationships.* San Francisco: Freeman.

Berscheid, E. (1985). Interpersonal attraction. In G. Lindzey & E. Aronson (Eds.), *Handbook of social psychology* (3rd ed., pp. 413–484). New York: Random House.

Berscheid, E., & Reis, H. T. (1998). Attraction and close relationships. In D. T. Gilbert, S. T. Fiske, & G. Lindzey (Eds.), *The handbook of social psychology* (4th ed., pp. 193–281). New York: McGraw Hill.

Bettman, J. R., Luce, M. F., & Payne, J. W. (1998). Constructive consumer choice processes. *Journal of Consumer Research, 25,* 187–217.

473   Bexton, W. H., Heron, W., & Scott, T. H. (1954). Effects of decreased variation in the sensory environment. *Canadian Journal of Psychology, 8*, 70–76.

Bianco, A. T., Higgins, E. T., & Klem, A. (2003). How "fun/importance" fit impacts performance: Relating implicit theories to instructions. *Personality and Social Psychology Bulletin, 29*, 1091–1103.

Biner, P. M., Angle, S. T., Park, J. H., Mellinger, A. E., & Barber, B. C. (1995). Need and the illusion of control. *Personality and Social Psychology Bulletin, 21*, 899-907.

Biner, P. M., Huffman, M. L., Curran, M. A., & Long, K. R. (1998). Illusory control as a function of motivation for a specific outcome in a chance-based situation. *Motivation and Emotion, 22*, 277–291.

Blanchard, D. C., Hynd, A. L., Minke, K. A., Minemoto, T., & Blanchard, R. J. (2001). Human defensive behaviors to threat scenarios show parallels to fear- and anxiety-related defense patterns of non-human animals. *Neuroscience and Biobehavioral Reviews, 25*, 761–770.

Block, J. H. (2002). *Personality as an affect-processing system: Toward an integrative theory*. Mahwah, NJ: Erlbaum.

Block, J. H., & Block, J. (1980). The role of ego-control and ego-resiliency in the organization of behavior. In W. A. Collins (Ed.), *Minnesota symposium on child psychology* (Vol. 13, pp. 39–101). Hillsdale, NJ: Erlbaum.

Blodgett, H. C. (1929). The effect of the introduction of reward upon the maze performance of rats. *University of California Publications in Psychology, 4*, 113–134.

Boldero, J., & Francis, J. (2002). Goals, standards, and the self: Reference values serving different functions. *Personality and Social Psychology Review, 6*, 232–241.

Bolger, N., & Amarel, D. (2007). Effects of social support visibility on adjustment to stress: Experimental evidence. *Journal of Personality and Social Psychology, 92*, 458–475.

Bohns Lake, V. K. (2008). *Strategic compatibility in social relationships: The case of regulatory focus complementarity*. Unpublished doctoral dissertation, Columbia University.

Bohns, V. K., & Higgins, E. T. (in press). Liking the same things, but doing things differently: Outcome versus strategic compatibility in partner preferences for joint tasks. *Social Cognition*.

Bowlby, J. (1969). *Attachment* (Attachment and Loss, Vol. 1). New York: Basic Books.

Bowlby, J. (1973). *Separation: Anxiety and anger* (Attachment and Loss, Vol. 2). New York: Basic Books.

Bowlby, J. (1979). *The making and breaking of affectional bonds*. London: Tavistock.

Bowlby, J. (1988). *A secure base: Clinical applications of attachment theory*. London: Routledge.

Brandtstadter, J., Wentura, D., & Rothermund, K. (1999). Intentional self-development through adulthood and later life: Tenacious pursuit and flexible adjustment of goals. In J. Brandtstadter & R. M. Lerner (Eds.), *Action and self-development: Theory and research through the life span* (pp. 373–400). Thousand Oaks, CA: Sage.

Brehm, J. W. (1956). Post-decision changes in desirability of alternatives. *Journal of Abnormal and Social Psychology, 52*, 384–389.

Brehm, J. W. (1959). Increasing cognitive dissonance by fait accompli. *Journal of Abnormal and Social Psychology, 58*, 379–382.

Brehm, J. W. (1966). *A theory of psychological reactance.* New York: Academic Press.

474

Brehm, J. W., & Cohen, A. R. (1962). *Explorations in cognitive dissonance.* New York: Wiley.

Brehm, J. W., & Self, E. A. (1989). The intensity of motivation. *Annual Review of Psychology, 40,* 109–131. Palo Alto, CA: Annual Reviews Inc.

Brehm, J. W., Stires, L. K., Sensenig, J., & Shaban, J. (1966). The attractiveness of an eliminated choice alternative. *Journal of Experimental Social Psychology, 2,* 301–313.

Brehm, S. S., & Brehm, J. W. (1981). *Psychological reactance: A theory of freedom and control.* New York: Academic Press.

Brendl, C. M., & Higgins, E. T. (1996). Principles of judging valence: What makes events positive or negative? In M. P. Zanna (Ed.), *Advances in experimental social psychology* (Vol. 28, pp. 95–160). New York: Academic Press.

Brendl, C. M., Markman, A. B., & Messner, C. (2001). How do indirect measures of evaluation work? Evaluating the inference of prejudice in the Implicit Association Test. *Journal of Personality and Social Psychology, 81,* 760–773.

Bretherton, I. (1991). Pouring new wine into old bottles: The social self as internal working model. In M. R. Gunnar & L. A. Sroufe (Eds.), *Self processes and development: The Minnesota symposia on child psychology* (Vol. 23, pp. 1–41). Hillsdale, NJ: Erlbaum.

Breuer, J., & Freud, S. (1956). On the psychical mechanism of hysterical phenomena (1893). *International Journal of Psycho-Analysis, 37,* 8–13.

Brewer, M. B. (1988). A dual-process model of impression formation. In T. K. Srull & R. S. Wyer, Jr. (Eds.), *Advances in social cognition* (Vol. 1, pp. 1–36). Hillsdale, NJ: Erlbaum.

Brewer, M. B. (2007). The social psychology of intergroup relations: Social categorization, ingroup bias, and outgroup prejudice. In A. W. Kruglanski & E. T. Higgins (Eds.), *Social psychology: Handbook of basic principles* (2nd ed., pp. 695–715). New York: Guilford.

Brickman, P. (1978). Is it real? In J. H. Harvey, W. Ickes, & R. F. Kidd (Eds.), *New directions in attribution research* (Vol. 2, pp. 5–34). Hillsdale, NJ: Lawrence Erlbaum Associates.

Brickman, P. (1987). *Commitment, conflict, and caring.* Englewood Cliffs, NJ: Prentice-Hall.

Brockner, J., Higgins, E. T., & Low, M.B. (2004). Regulatory focus theory and the entrepreneurial process. *Journal of Business Venturing, 19,* 203–220.

Brodscholl, J. C. (2005). *Regulatory focus and utility in goal pursuit.* Unpublished doctoral dissertation, Columbia University.

Brodscholl, J. C., Kober, H., & Higgins, E. T. (2007). Strategies of self-regulation in goal attainment versus goal maintenance. *European Journal of Social Psychology, 37,* 628–648.

Brody, N. (1983). *Human motivation: Commentary on goal-directed action.* New York: Academic Press.

Broverman, I., Broverman, D. M., Clarkson, F. E., Rosenkrantz, P. S., & Vogel, S. R. (1970). Sex-role stereotypes and clinical judgments of mental health. *Journal of Consulting and Clinical Psychology, 34,* 1–7.

Brown, R. W. (1958a). *Words and things.* New York: Free Press.

Brown, R. W. (1958b). How shall a thing be called? *Psychological Review, 65,* 14–21.

475 Brook, A. T., Garcia, J., & Fleming, M. (2008). The effects of multiple identities on psychological well-being. *Personality and Social Psychology Bulletin, 34,* 1601–1612.

Bruner, J. S. (1957a). On perceptual readiness. *Psychological Review, 64,* 123–152.

Bruner, J. S. (1957b). Going beyond the information given. In H. Gruber et al. (Eds.), *Contemporary approaches to cognition.* Cambridge, MA: Harvard University Press.

Bruner, J. S., & Goodman, C. C. (1947). Value and need as organizing factors in perception. *Journal of Abnormal and Social Psychology, 42,* 33–44.

Bruner, J. S., & Postman, L. (1948). Symbolic value as an organizing factor in perception. *Journal of Social Psychology, 27,* 203–208.

Brymer, E. (2005). *Extreme dude: A phenomenological perspective on the extreme sports experience.* University of Wollongong, Australia.

Buehler, R., Griffin, D., & Ross, M. (1994). Exploring the "planning fallacy": Why people underestimate their task completion times. *Journal of Personality and Social Psychology, 67,* 366–381.

Burt, R. S. (1992). *Structural holes.* Cambridge, MA: Harvard University Press.

Bushman, B. J., & Stack, A. D. (1996). Forbidden fruit versus tainted fruit: Effects of warning labels on attraction to television violence. *Journal of Experimental Psychology: Applied, 2,* 207–226.

Buss, D. M., & Schmitt, D. P. (1993). Sexual Strategies Theory: A contextual evolutionary analysis of human mating. *Psychological Review, 100,* 204–232.

Byrne, D. (1971). *The attraction paradigm.* New York: Academic Press.

Byrne, D., & Blaylock, B. (1963). Similarity and assumed similarity of attitudes between husbands and wives. *Journal of Abnormal and Social Psychology, 67,* 636–640.

Byrne, D., Clore, G., & Smeaton, G. (1986). The attraction hypothesis: Do similar attitudes affect anything? *Journal of Personality and Social Psychology, 51,* 1167–1170.

Cacioppo, J. T., Priester, J. R., & Berntson, G. G. (1993). Rudimentary determinants of attitudes II: Arm flexion and extension have differential effects on attitudes. *Journal of Personality and Social Psychology, 65,* 5–17.

Cairns, R. B. (1967). The attachment behavior of animals. *Psychological Review, 73,* 409–426.

Call, J. (2005). The self and other: A missing link in comparative social cognition. In H. S. Terrace & J. Metcalfe (Eds.), *The missing link in cognition: Origins of self-reflective consciousness* (pp. 321–341). Oxford: Oxford University Press.

Camacho, C. J., Higgins, E. T., & Luger, L. (2003). Moral value transfer from regulatory fit: "What feels right *is* right" and "what feels wrong *is* wrong." *Journal of Personality and Social Psychology, 84,* 498–510.

Campbell, A., Converse, P. E., & Rodgers, W. L. (1976). *The quality of American life.* New York: Russell Sage Foundation.

Cantor, N. (1994). Life task problem-solving: Situational affordances and personal needs. *Personality and Social Psychology Bulletin, 20,* 235–243.

Cantor, N., & Kihlstrom, J. F. (1987). *Personality and social intelligence.* Englewood Cliffs, NJ: Prentice Hall.

Cantor, N., Norem, J. K., Niedenthal, P. M., Langston, C. A., & Brower, A. M. (1987). Life tasks, self-concept ideals, and cognitive strategies in a life transition. *Journal of Personality and Social Psychology, 53,* 1178–1191.

Caprara, G. V., Barbaranelli, C., Pastorelli, C., & Cervone, D. (2004). The contribution of self-efficacy beliefs to psychosocial outcomes in adolescence: predicting beyond global dispositional tendencies. *Personality and Individual Differences, 37,* 751–763.

Carder, B., & Berkowitz, K. (1970). Rats' preference for earned in comparison with free food. *Science, 167,* 1273–1274.

Carli, L., Ganley, R., & Pierce-Otay, A. (1991). Similarity and satisfaction in roommate relationships. *Personality and Social Psychology Bulletin, 17,* 419–426.

Carstensen, L. L. (1995). Evidence for a life-span theory socioemotional selectivity. *Current Directions in Psychological Science, 4,* 151–156.

Cartwright, D. (1942). The effect of interruption, completion and failure upon the attractiveness of activity. *Journal of Experimental Psychology, 31,* 1–16.

Carver, C. S. (2004). Self-regulation of action and affect. In R. F. Baumeister & K. D. Vohs (Eds.), *Handbook of self-regulation: Research, theory, and applications* (pp. 13–39). New York: Guilford Press.

Carver, C. S., & Scheier, M. F. (1981). *Attention and self-regulation: A control-theory approach to human behavior.* New York: Springer-Verlag.

Carver, C. S., & Scheier, M. F. (1990). Origins and functions of positive and negative affect: A control-process view. *Psychological Review, 97,* 19–35.

Carver, C. S., & Scheier, M. F. (1998). *On the self-regulation of behavior.* New York: Cambridge University Press.

Carver, C. S., & Scheier, M. F. (2008). Feedback processes in the simultaneous regulation of action and affect. In J. Y. Shah & W. L. Gardner (Eds.). *Handbook of motivation science* (pp. 308–324). New York: Guilford Press.

Case, R. (1985). *Intellectual development: Birth to adulthood.* New York: Academic Press.

Caspi, A., & Moffitt, T. E. (1993). When do individual differences matter? A paradoxical theory of personality coherence. *Psychological Inquiry, 4,* 247–271.

Cervone, D. (1997). Social-cognitive mechanisms and personality coherence: Self-knowledge, situational beliefs, and cross-situational coherence in perceived self-efficacy. *Psychological Science, 8,* 43–50.

Cervone, D. (2000). Thinking about self-efficacy. *Behavior Modification, 24,* 30–56

Cervone, D. (2004) The architecture of personality. *Psychological Review, 111,* 183–204.

Cervone, D., & Peake, P. K. (1986). Anchoring, efficacy, and action: The influence of judgmental heuristics on self-efficacy judgments and behavior. *Journal of Personality and Social Psychology, 50,* 492–501.

Cervone, D., & Scott, W. D. (1995). Self-efficacy theory of behavioral change: Foundations, conceptual issues, and therapeutic implications. In W. T. O'Donohue & L. Krasner (Eds.), *Theories of behavior therapy: Exploring behavior change.* (pp. 349–383). Washington, D. C.: American Psychological Association.

Cervone, D., Shadel, W. G., & Jencius, S. (2001). Social-cognitive theory of personality assessment. *Personality and Social Psychology Review, 5,* 33–51.

Cesario, J., Grant, H., & Higgins, E. T. (2004). Regulatory fit and persuasion: Transfer from "feeling right." *Journal of Personality and Social Psychology, 86,* 388–404.

Cesario, J., & Higgins, E. T. (2008). Making message recipients "feel right": How nonverbal cues can increase persuasion. *Psychological Science, 19,* 415–420.

476

477 Cesario, J., Higgins, E. T., & Scholer, A. A. (2008). Regulatory fit and persuasion: Basic principles and remaining questions. *Social and Personality Psychology Compass, 2*, 444–463.

Cesario, J., Plaks, J. E., Hagiwara, N., Navarrete, C. D., & Higgins, E. T. (2010). The ecology of automaticity: How situational contingencies shape action semantics and social behavior. *Psychological Science, 21*, 1311-1317.

Cesario, J., Plaks, J. E., & Higgins, E. T. (2006). Automatic social behavior as motivated preparation to interact. *Journal of Personality and Social Psychology, 90*, 893–910.

Chaiken, S., & Trope, Y. (1999). *Dual-process theories in social psychology.* New York: Guilford Press.

Chen, S. (2003). Psychological-state theories about significant others: Implications for the content and structure of significant-other representations. *Personality and Social Psychology Bulletin, 29*, 1285–1302.

Chen, S., & Andersen, S. M. (1999). Relationships from the past in the present: Significant-other representations and transference in interpersonal life. In M. P. Zanna (Ed.), *Advances in experimental social psychology* (Vol. 31, pp. 123–190). New York: Academic Press.

Cheng, C. (2003). Cognitive and motivational processes underlying coping flexibility: A dual process model. *Journal of Personality and Social Psychology, 84,* 425–238.

Chiu, C-Y., & Hong, Y-Y. (2006). *Social psychology of culture.* New York: Psychology Press.

Chui, C-Y., Hong, Y-Y., Mischel, W., & Shoda, Y. (1995). Discriminative facility in social competence: Conditional versus dispositional encoding and monitoring-blunting of information. *Social Cognition, 13,* 49–70.

Chiu, C-Y., Kim, Y-H., & Wan, W. (2008). Personality: Cross-cultural perspectives. In G. J. Boyle, G. Matthews, & D. H. Salofske (Eds.), *Sage handbook of personality theory and testing. Vol. 1: Personality theory and testing.* London: Sage.

Christie, R., & Geis, F. L. (1970). *Studies in Machiavellianism.* New York: Academic Press.

Church, A. T. & Ortiz, F. A. (2005). Culture and personality. In V. J. Derlaga, B. A. Winstead, & W. H. Jones (Eds.), *Personality: Contemporary theory and research* (3rd ed., pp. 420–456). Belmont, CA: Wadsworth.

Cialdini, R. B. (1993). *Influence: The psychology of persuasion* (rev. ed.). New York: Quill.

Cialdini, R. B. (2001). *Influence: Science and practice* (4th ed.). Boston, MA: Allyn & Bacon.

Cialdini, R. B. (2003). Crafting normative messages to protect the environment. *Current Directions in Psychological Science, 12*, 105–109.

Cialdini, R. B., Borden, R. J., Thorne, A., Walker, M. R., Freeman, S., & Sloan, L. R. (1976). Basking in reflected glory: Three (football) field studies. *Journal of Personality and Social Psychology, 34*, 366–375.

Cialdini, R. B., & Goldstein, N. J. (2004). Social influence: Compliance and conformity. *Annual Review of Psychology, 55*, 591–621.

Cialdini, R. B, Reno, R. R., & Kallgren, C. A. (1990). A focus theory of normative conduct: Recycling the concept of norms to reduce littering in public places. *Journal of Personality and Social Psychology, 58*, 1015–1026.

Clary, E. G., Snyder, M., Ridge, R. D., Miene, P. K., & Haugen, J. A. (1994). Matching messages to motives in persuasion: A functional approach to promoting volunteerism. *Journal of Applied Social Psychology, 24,* 1129–1149.

Cohen, S. (2004). Social relationships and health. *American Psychologist, 89,* 676–684.

Cohen, S., Doyle, W. J., Skoner, D. P., Rabin, B. S., & Gwaltney, J. M., Jr. (1997). Social ties and susceptibility to the common cold. *Journal of the American Medical Association, 277,* 1940–1944.

Coleman, J. S. (1990). *Foundations of social theory.* New York: Free Press.

Collins, A. M., & Loftus, E. F. (1975). A spreading-activation theory of semantic processing. *Psychological Review, 82,* 407–428.

Collins, N. L., & Read, S. J. (1990). Adult attachment, working models, and relationship quality in dating couples. *Journal of Personality and Social Psychology, 58,* 644–663.

Comer, R., & Laird, J. D. (1975). Choosing to suffer as a consequence of expecting to suffer: Why do people do it? *Journal of Personality and Social Psychology, 32,* 92–101.

Compas, B. E., Malcarne, V. L., & Fondacaro, K. M. (1988). Coping with stressful events in older children and young adolescents. *Journal of Consulting and Clinical Psychology, 56,* 405–411.

Cook, K. S., & Emerson, R. M. (1978). Power, equity and commitment in exchange networks. *American Sociological Review, 43,* 721–739.

Cooley, C. H. (1964). *Human nature and the social order.* New York: Schocken Books. (Original work published 1902)

Coombs, C. H. (1958). On the use of inconsistency of preferences in psychological measurement. *Journal of Experimental Psychology, 55,* 1–7.

Coombs, R. H. (1966). Value consensus and partner satisfaction among dating couples. *Journal of Marriage and the Family, 28,* 165–173.

Costanzo, P. R., & Dix, T. H. (1983). Beyond the information processed: Socialization in the development of attributional processes. In E. T. Higgins, D. N. Ruble, & W. W. Hartup (Eds.), *Social cognition and social development: A sociocultual perspective* (pp. 63–81). New York: Cambridge University Press.

Cox, T., & Ferguson, E. (1991). Individual differences, stress and coping. In C. L. Cooper & R. Payne (Eds.), *Personality and stress: Individual differences in the stress process* (pp. 7–30). *Wiley Series on Studies in Occupational Stress.* Oxford: John Wiley & Sons.

Coyne, J. C., Wortman, C. B., & Lehman, D. R. (1988). The other side of support: Emotional overinvolvement and miscarried helping. In B. H. Gottlieb (Ed.), *Marshaling social support: Formats, processes, and effects* (pp. 305–330). Newbury Park, CA: Sage.

Crowe, E., & Higgins, E. T. (1997). Regulatory focus and strategic inclinations: Promotion and prevention in decision-making. *Organizational Behavior and Human Decision Processes, 69,* 117–132.

Csikszentmihalyi, M. (1975). *Beyond boredom and anxiety.* San Francisco: Jossey-Bass.

Csikszentmihalyi, M. (1990). *Flow: The psychology of optimal experience.* New York: Harper & Row.

Cutrona, C. E., & Russell, D. W. (1990). Type of support and specific stress: Toward a theory of optimal matching. In B. R. Saronson, I. G. Sarason, & G. R. Pierce (Eds.), *Social support: An interactional view* (pp. 319–366). New York: Wiley.

478

479   Damasio, A. R. (1994). *Descartes' error: Emotion, reason, and the human brain.* New York: G. P. Putnam's Sons.

Darwin, C. (1859). *Origin of species.* London: John Murray.

deCharms, R. (1968). *Personal causation: The internal affective determinants of behavior.* New York: Academic Press.

Deci, E. L. (1971). Effects of externally mediated rewards on intrinsic motivation. *Journal of Personality and Social Psychology, 18,* 105–115.

Deci, E. L. (1975). *Intrinsic motivation.* New York: Plenum Press.

Deci, E. L. (1980). *The psychology of self-determination.* Lexington, MA: D. C. Heath.

Deci, E. L., Connell, J. P., & Ryan, R. M. (1989). Self-determination in a work organization. *Journal of Applied Psychology, 74,* 580–590.

Deci, E. L., & Ryan, R. M. (1985). *Intrinsic motivation and self-determination in human behavior.* New York: Plenum Press.

Deci, E. L., & Ryan, R. M. (2000). The "what" and the "why" of goal pursuits: Human needs and the self-determination of behavior. *Psychological Inquiry, 11,* 227–268.

DeSteno, D., Petty, R. E., Rucker, D., Wegener, D. T., & Braverman, J. (2004). Discrete emotions and persuasion: The role of emotion-induced expectancies. *Journal of Personality and Social Psychology, 86,* 43–56.

Deutsch, F., Sullivan, L., Sage, C., & Basile, N. (1991). The relations among talking, liking, and similarity between friends. *Personality and Social Psychology Bulletin, 17,* 406–411.

Deutsch, M. (1968). Field theory in social psychology. In G. Lindzey & E. Aronson (Eds.), *The handbook of social psychology* (Vol. 1, pp. 412–487). Reading, MA: Addison-Wesley.

Deutsch, M., & Gerard, H. B. (1955). A study of normative and informational social influences upon individual judgment. *Journal of Abnormal and Social Psychology, 51,* 629–636.

Devine, P. G. (1989). Stereotypes and prejudice: Their automatic and controlled components. *Journal of Personality and Social Psychology, 56,* 5–18.

Dickman, S. J., & Meyer, D. E. (1988). Impulsivity and speed-accuracy tradeoffs in information processing. *Journal of Personality and Social Psychology, 54,* 274–290.

Diener, E., & Diener, M. (1995). Cross-cultural correlates of life satisfaction and self-esteem. *Journal of Personality and Social Psychology, 68,* 653–63.

Diener, E., & Emmons, R. A. (1984). The independence of positive and negative affect. *Journal of Personality and Social Psychology, 47,* 1105–1117.

Diener, E., Emmons, R. A., Larsen, R. J., & Griffin, S. (1985). The Satisfaction with Life Scale. *Journal of Personality Assessment, 49,* 71–75.

Diener, E., Sandvik, E., Pavot, W., & Fujita, F. (1992). Extraversion and subjective well-being in a U.S. national probability sample. *Journal of Research in Personality, 26,* 205–215.

Diener, E., & Seligman, M. E. P. (2002). Very happy people. *Psychological Science, 13,* 81–84.

Dijksterhuis, A., & Nordgren, L. F. (2006). A theory of unconscious thought. *Perspectives on Psychological Science, 1,* 95–109.

Dijksterhuis, A., van Knippenberg, A., Kruglanski, A. W., & Schaper, C. (1996). Motivated social cognition: Need for closure effects on memory and judgment. *Journal of Experimental Social Psychology, 32,* 254–270.

Dodes, L. M. (2002). *The heart of addiction*. New York: HarperCollins.

Doise, W., & Mugny, G. (1984). *The social development of the intellect*. Oxford: Pergamon Press.

Downey, G., & Feldman, S. I. (1996). Implications of rejection sensitivity for intimate relationships. *Journal of Personality and Social Psychology, 70*, 1327–1343.

Downey, G., Freitas, A. L., Michaelis, B., & Khouri, H. (1998). The self-fulfilling prophecy in close relationships: Rejection sensitivity and rejection by romantic partners. *Journal of Personality and Social Psychology, 75*, 545–560.

Downey, G., Mougios, V., Ayduk, O., London, B. E., & Shoda, Y. (2004). Rejection sensitivity and the defensive motivational system: Insights from the startle response to rejection cues. *Psychological Science, 15*, 668–673.

Driscoll, D. M., Hamilton, D. L., & Sorrentino, R. M. (1991). Uncertainty orientation and recall of person-descriptive information. *Personality and Social Psychology Bulletin, 17*, 494–500.

Dunn, J., Brown, J., Slomkowski, C., Tesla, C., & Youngblade, L. (1991). Young children's understanding of other people's feelings and beliefs: Individual differences and their antecedents. *Child Development, 62*, 1352–1366.

Dunning, D. (1999). A newer look: Motivated social cognition and the schematic representation of social concepts. *Psychological Inquiry, 10*, 1–11.

Dunning, D., Leuenberger, A., & Sherman, D. A. (1995). A new look at motivated inference: Are self-serving theories of success a product of motivational forces? *Journal of Personality and Social Psychology, 69*, 58–68.

Dunning, D., Meyerowitz, J. A., & Holzberg, A. D. (1989). Ambiguity and self-evaluation: The role of idiosyncratic trait definitions in self-serving assessments of ability. *Journal of Personality and Social Psychology, 57*, 1082–1090.

Durkheim, E. (1951). *Suicide: A study in sociology*. New York: The Free Press. (Original work published 1897)

Dustin, D. S., & Davis, H. P. (1967). Authoritarianism and sanctioning behavior. *Journal of Personality and Social Psychology, 6*, 222–224.

Duval, S., & Wicklund, R. A. (1972). *A theory of objective self-awareness*. New York: Academic Press.

Dweck, C. S. (1975). The role of expectations and attributions in the alleviation of learned helplessness. *Journal of Personality and Social Psychology, 31*, 674–685.

Dweck, C. S. (1999). *Self-theories: Their role in motivation, personality, and development*. Philadelphia: Psychology Press.

Dweck, C. S., Chiu, C., & Hong, Y. (1995). Implicit theories and their role in judgments and reactions: A world from two perspectives. *Psychological Inquiry, 6*, 267–285.

Dweck, C. S., & Leggett, E. L. (1988). A social-cognitive approach to motivation and personality. *Psychological Review, 95*, 256–273.

Dweck, C. S., & Sorich, L. (1999). Mastery-oriented thinking. In C. R. Snyder (Ed.), *Coping* (pp. 232–251). New York: Oxford University Press.

Eagly, A. H., & Chaiken, S. (1993). *The psychology of attitudes*. New York: Harcourt Brace Jovanovich.

Echterhoff, G., Higgins, E. T., & Groll, S. (2005). Audience-tuning effects on memory: The role of shared reality. *Journal of Personality and Social Psychology, 89*, 257–276.

481   Echterhoff, G., Higgins, E. T., Kopietz, R., & Groll, S. (2008). How communication goals determine when audience tuning biases memory. *Journal of Experimental Psychology: General, 137*, 3–21.

Echterhoff, G., Higgins, E. T., & Levine, J. M. (in press). Shared reality: Experiencing commonality with others' inner states about the world. *Perspectives on Psychological Science.*

Edwards, W. (1955). The prediction of decisions among bets. *Journal of Experimental Psychology, 51*, 201–214.

Eisenberger, R. (1972). Explanation of rewards that do not reduce tissue needs. *Psychological Bulletin, 77*, 319–339.

Eitam, B., & Higgins, E. T. (2010). Motivation in mental accessibility: Relevance Of A Representation (ROAR) as a new framework. *Social and Personality Psychology Compass, 4*, 951–967.

Elliot, A.J. (2006). The hierarchical model of approach-avoidance motivation. *Motivation and Emotion, 30*, 111–116.

Elliot, A. J., & Fryer, J. W. (2008). The goal construct in psychology. In J. Y. Shah & W. L. Gardner (Eds.). *Handbook of motivation science* (pp. 235–250). New York: Guilford Press.

Elliot, A.J., & McGregor, H. (2001). A 2×2 achievement goal framework. *Journal of Personality and Social Psychology, 80*, 501–519.

Elliot, A.J., & Sheldon, K.M. (1997). Avoidance achievement motivation: A personal goals analysis. *Journal of Personality and Social Psychology, 73*, 171–175.

Elliot, A. J., & Sheldon, K. M. (1998). Avoidance personal goals and the personality-illness relationship. *Journal of Personality and Social Psychology, 75*, 1282–1299.

Elliot, A. J., Sheldon, K. M., & Church, M. A. (1997). Avoidance personal goals and subjective well-being. *Personality and Social Psychology Bulletin, 23*, 915–927.

Elliott, E. S., & Dweck, C. S. (1988). Goals: An approach to motivation and achievement. *Journal of Personality and Social Psychology, 54*, 5–12.

Ellis, A. (1973). *Humanistic psychotherapy: The rational-emotive approach.* New York: McGraw-Hill.

Endler, N. S. (1982). Interactionism comes of age. In M. P. Zanna, E. T. Higgins, & C. P. Herman (Eds.), *Consistency in social behavior: The Ontario Symposium* (Vol. 2, pp. 209–249). Hillsdale, NJ: Erlbaum.

Epstein, S. (1973). The self-concept revisited: Or a theory of a theory. *American Psychologist, 28*, 404–416.

Epstein, S. (1991). Cognitive-experiential self theory: Implications for developmental psychology. In M. R. Gunnar & L. A. Sroufe (Eds.), *Self processes and development: The Minnesota symposia on child psychology* (Vol. 23, pp. 79–123). Hillsdale, NJ: Erlbaum.

Epstein, S. (1992). Coping ability, negative self-evaluation, and overgeneralization: Experiment and theory. *Journal of Personality and Social Psychology, 62*, 826–836.

Erber, R., Wegner, D. M., & Therriault, N. (1996). On being cool and collected: Mood regulation in anticipation of social interaction. *Journal of Personality and Social Psychology, 70*, 757–766.

Erdelyi, M. H. (1974). A new look at the new look: Perceptual defense and vigilance. *Psychological Review, 81*, 1–25.

Erikson, E. H. (1963). *Childhood and society* (rev. ed.; original edition, 1950). New York: W. W. Norton & Co.

Evans, L. M., & Petty, R. E. (2003). Self-guide framing and persuasion: Responsibly increasing message processing to ideal levels. *Personality and Social Psychology Bulletin, 29*, 313–324.

Exner, J. E., Jr. (1993). *The Rorschach: A comprehensive system, vol. 1: Basic foundations* (3rd ed.). Wiley Series in Personality Processes. Oxford, England: John Wiley & Sons.

Eysenck, H. J. (1971). *Readings in extraversion-introversion.* New York: Wiley.

Faddegon, K., Scheepers, D., & Ellemers, N. (2007). If *we* have the will, there will be a way. Regulatory focus as a group identity. *European Journal of Social Psychology, 37*, 1–16.

Fang, X., Singh, S., & AhluWalia, R. (2007). An examination of different explanations for the mere exposure effect. *Journal of Consumer Research, 34*, 97–103.

Fazio, R. H., Jackson, J. R., Dunton, B. C., & Williams, C. J. (1995). Variability in automatic activation as an unobtrusive measure of racial attitudes: A bona fide pipeline? *Journal of Personality and Social Psychology, 69*, 1013–1027.

Fazio, R. H., & Olson, M. A. (2003). Implicit measures in social cognition: Their meaning and use. *Annual Review of Psychology, 54*, 297–327.

Fazio, R. H., Sanbonmatsu, D. M., Powell, M. C., & Kardes, F. R. (1986). On the automatic activation of attitudes. *Journal of Personality and Social Psychology, 50*, 229–238.

Feather, N. T. (1959). Subjective probability and decision under uncertainty. *Psychological Review, 66*, 150–164.

Feather, N. T. (1961). The relationship of persistence at a task to expectation of success and achievement-related motives. *Journal of Abnormal and Social Psychology, 63*, 552–561.

Feather, N. T. (1989) Attitudes towards the high achiever: The fall of the tall poppy. *Australian Journal of Psychology, 41*, 239–267.

Feather, N. T. (1990). Bridging the gap between values and action: Recent applications of the expectancy-value model. In E. T. Higgins & R. M. Sorrentino (Eds.), *Handbook of motivation and cognition: Foundations of social behavior* (Vol. 2, pp. 151–192). New York: Guilford.

Fedor, D. B., Caldwell, S., & Herold, D. M. (2006). The effects of organizational changes on employee commitment: A multilevel investigation. *Personnel Psychology, 59*, 1–29.

Feldman Barrett, L., & Russell, J. A. (1998). Independence and bipolarity in the structure of current affect. *Journal of Personality and Social Psychology, 74*, 967–984.

Ferguson, M. J. (2008). On becoming ready to pursue a goal you don't know you have: Effects of nonconscious goals on evaluative readiness. *Journal of Personality and Social Psychology, 95*, 1268–1294.

Festinger, L. (1950). Informal social communication. *Psychological Review, 57*, 271–282.

Festinger, L. (1954) A theory of social comparison processes. *Human Relations, 1*, 117–140.

Festinger, L. (1957). *A theory of cognitive dissonance.* Evanston, IL: Row, Peterson.

Festinger, L. (1964). *Conflict, decision, and dissonance.* Stanford, CA: Stanford University Press.

482

483   Festinger, L., Riecken, H. W., & Schachter, S. (1956). *When prophecy fails: A social and psychological study of a modern group that predicted the destruction of the world.* New York: Harper & Row.

Fields, J. M., & Schuman, H. (1976). Public beliefs about the beliefs of the public. *Public Opinion Quarterly, 40*, 427–448.

Fischer, K. W. (1980). A theory of cognitive development: The control and construction of hierarchies of skills. *Psychological Review, 87*, 477–531.

Fishbach, A., Friedman, R. S., & Kruglanski, A. W. (2003). Leading us not unto temptation: Momentary allurements elicit overriding goal activation. *Journal of Personality and Social Psychology, 84*, 296–309.

Fishbach, A., & Shah, J. Y. (2006). Self-control in action: Implicit dispositions toward goals and away from temptations. *Journal of Personality and Social Psychology, 90*, 820–832.

Fishbach, A., & Trope, Y. (2005). The substitutability of external control and internal control in overcoming temptation. *Journal of Experimental Social Psychology, 41*, 256–270.

Fishbein, M. (1963). An investigation of the relationships between beliefs about an object and the attitude toward that object. *Human Relations, 16*, 233–240.

Fishbein, M., & Ajzen, I. (1975). *Belief, attitude, intention, and behavior: An introduction to theory and research.* Reading, MA: Addison-Wesley.

Fiske, A. P., Kitayama, S., Markus, H. R., & Nisbet, R. E. (1998). The cultural matrix of social psychology. In D. T. Gilbert, S. T. Fiske, & G. Lindzey (Eds.), *Handbook of social psychology* (4th ed., pp. 915–981). New York: McGraw-Hill.

Fiske, S. T. (2003). Five core social motives, plus or minus five. In S. J. Spencer, S. Fein, M. P. Zanna, & J. M. Olson (Eds.), *Motivated social perception. Ontario symposium on personality and social psychology* (Vol. 9, pp. 233–246). Mahwah, NJ: Lawrence Erlbaum Associates.

Fiske, S. T. (2004). *Social beings: A core motives approach to social psychology.* New York: Wiley.

Fiske, S. T., & Berdahl, J. (2007). Social power. In A. W. Kruglanski & E. T. Higgins (Eds.), *Social psychology: Handbook of basic principles* (2nd ed., pp. 678–692). New York: Guilford.

Fiske, S. T., & Neuberg, S. L. (1990). A continuum of impression formation, from category-based to individuating processes: Influences of information and motivation on attention and interpretation. In M. P. Zanna (Ed.), *Advances in experimental social psychology* (Vol. 23. pp. 1–74). New York: Academic Press.

Fitzsimons, G. M., & Bargh, J. A. (2003). Thinking of you: Nonconscious pursuit of interpersonal goals associated with relationship partners. *Journal of Personality and Social Psychology, 84*, 148–163.

Fitzsimons, G. J., & Lehman, D. R. (2004). Reactance to recommendations: When unsolicited advice yields contrary responses. *Marketing Science, 23*, 82–94.

Folkman, S., & Moskowitz, J. T. (2004). Coping: Pitfalls and promise. *Annual Review of Psychology, 55*, 745–774.

Ford, T. E., & Kruglanski, A. W. (1995). Effects of epistemic motivations on the use of accessible constructs in social judgment. *Personality and Social Psychology Bulletin, 21*, 950–962.

Förster, J., Grant, H., Idson, L. C., & Higgins, E. T. (2001). Success/failure feedback, 484
expectancies, and approach/avoidance motivation: How regulatory focus moderates
classic relations. *Journal of Experimental Social Psychology, 37*, 253–260.

Förster, J., Higgins, E. T., & Bianco, A. T. (2003). Speed/accuracy decisions in task per-
formance: Built-in trade-off or separate strategic concerns? *Organizational Behavior
and Human Decision Processes, 90*, 148–164.

Förster, J., Higgins, E. T., & Idson, L. C. (1998). Approach and avoidance strength
during goal attainment: Regulatory focus and the "goal looms larger" effect. *Journal
of Personality and Social Psychology, 75*, 1115–1131.

Förster, J., & Werth, L. (2009). Regulatory focus: Classic findings and new directions. In
G. B. Moskowitz & H. Grant (Eds.), *The psychology of goals* (pp. 392–420). New York:
Guilford Press.

Fowler, J. H., & Christakis, N. A. (2008). Dynamic spread of happiness in a large social
network: longitudinal analysis over 20 years in the Framingham Heart Study. *British
Medical Journal, 337*, a2338.

Franks, B. (2009). *Regulatory focus and fit in monkeys: Relating individual differences
in behavior to differences in motivational orientations.* Unpublished master's thesis,
Columbia University.

Franks, B., & Higgins, E. T. (2005). How motivational studies in humans could provide
new insights to animal enrichment science. In *Proceedings of the Seventh International
Conference on Environmental Enrichment*, July 31, 2005–August 5, 2005, 33–38.
New York: Wildlife Conservation Society.

Freedman, J. L. (1975). *Crowding and behavior.* San Francisco: W. H. Freeman &
Company.

Freeman, L. C. (1977). Set of measures of centrality based on betweenness. *Sociometry,
40*, 35–41.

Freitas, A. L., Azizian, A., Travers, S., & Berry, S. A. (2005). The evaluative connotation
of processing fluency: Inherently positive or moderated by motivational context?
Journal of Experimental Social Psychology, 41, 636–644.

Freitas, A. L., & Higgins, E. T. (2002). Enjoying goal-directed action: The role of regula-
tory fit. *Psychological Science, 13*, 1–6.

Freitas, A. L., Liberman, N., & Higgins, E. T. (2002). Regulatory fit and resisting tempta-
tion during goal pursuit. *Journal of Experimental Social Psychology, 38*, 291–298.

Freud, A. (1937). *The ego and the mechanisms of defense.* New York: International
Universities Press.

Freud, S. (1950). *Beyond the pleasure principle* (Original work published 1920).
New York: Liveright.

Freud, S. (1955). History of the psychoanalytic movement. In J. Strachey (Ed. & Trans.),
The standard edition of the complete psychological works of Sigmund Freud (Vol. 14).
London: Hogarth Press. (Original work published 1914)

Freud, S. (1957). Instincts and their vicissitudes. In J. Strachey (Ed. & Trans.), *The stan-
dard edition of the complete psychological works of Sigmund Freud* (Vol. 14). London:
Hogarth Press. (Original work published 1915)

Freud, S. (1961a). The ego and the id. In J. Strachey (Ed. & Trans.), *The standard edition
of the complete psychological works of Sigmund Freud* (Vol. 19, pp. 3–66). London:
Hogarth Press. (Original work published 1923)

485   Freud, S. (1961b). *Civilization and its discontents* (J. Strachey, Ed. & Trans). New York: W. W. Norton. (Original work published 1930)

Freud, S. (1965). *New introductory lectures on psychoanalysis* (J. Strachey, Ed. & Trans). New York: W. W. Norton. (Original work published 1933)

Freund, A. M., & Baltes, P. B. (2002). Life-management strategies of selection, optimization, and compensation: Measurement by self-report and construct validity. *Journal of Personality and Social Psychology, 82,* 642–662.

Friedland, N., Keinan, G., & Regev, Y. (1992). Controlling the uncontrollable: Effects of stress on Illusory perceptions of controllability. *Journal of Personality and Social Psychology, 63,* 923–931.

Friedman, R. S., & Förster, J. (2001). The effects of promotion and prevention cues on creativity. *Journal of Personality and Social Psychology,* 81, 1001–1013.

Friestad, M., & Wright, P. (1994). The persuasion knowledge model: How people cope with persuasion attempts. *Journal of Consumer Research, 21,* 1–31.

Frijda, N. H. (1986). *The emotions.* New York: Cambridge University Press.

Frijda, N. H., Kuipers, P., & ter Schure, E. (1989). Relations among emotion, appraisal, and emotional action readiness. *Journal of Personality and Social Psychology, 57,* 212–228.

Fu, J. H., Morris, M. W., Lee, S., Chao, A., Chiu, C., & Hong, Y. (2007). Epistemic motives and cultural conformity: Need for closure, culture, and context as determinants of conflict judgments. *Journal of Personality and Social Psychology, 92,* 191–207.

Fujita, K. (2008). Seeing the forest beyond the trees: A construal-level approach to self-control. *Social and Personality Psychology Compass, 2/3,* 1475–1496.

Fujita, K., Trope, Y., Liberman, N., & Levin-Sagi, M. (2006). Construal levels and self-control. *Journal of Personality and Social Psychology, 90,* 351–367.

Fulmer, C. A., Gelfand, M. J., Kruglanski, A. W., Kim-Prieto, C., Diener, E., Pierro, A., & Higgins, E. T. (2010). On "feeling right" in cultural contexts: How person-culture match affects self-esteem and subjective well-being. *Psychological Science, 21,* 1563-1569.

Galinsky, A. D., & Mussweiler, T. (2001). First offers as anchors: The role of perspective-taking and negotiator focus. *Journal of Personality and Social Psychology, 81,* 657–779.

Galton, F. (1865). Hereditary talent and character. *MacMillan's Magazine.*

Gawronski, B., & Bodenhausen, G. V. (2006). Associative and propositional processes in evaluation: An integrative review of implicit and explicit attitude change. *Psychological Bulletin, 132,* 692–731.

Gawronski, B., & Strack, F. (2004). On the propositional nature of cognitive consistency: Dissonance changes explicit, but not implicit attitudes. *Journal of Experimental Social Psychology, 40,* 535–542.

Geen, R. G., & O'Neal, E. (1969). Activation of cue elicited aggression by general arousal. *Journal of Personality and Social Psychology, 11,* 289–292.

Geen, R. G., & Quanty, M. B. (1977). The catharsis of aggression: An evaluation of an hypothesis. In L. Berkowitz (Ed.), *Advances in experimental social psychology* (Vol. 10, pp. 1–37). New York: Academic Press.

Gellner, E. (1988). *Plough, sword and book: The structure of human history.* Chicago: University of Chicago Press.

Gibson, J. J. (1979). *The ecological approach to visual perception*. Boston: Houghton-Mifflin. 486

Gilbert, D. T. (1990). How mental systems believe. *American Psychologist, 46*, 107–119.

Gilbert, D. T., Morewedge, C. K., Risen, J. L., & Wilson, T. D. (2004). Looking forward to looking backward: The misprediction of regret. *Psychological Science, 15*, 346–350

Gilovich, T. (1981). Seeing the past in the present: The effect of associations to familiar events on judgments and decisions. *Journal of Personality and Social Psychology, 40*, 797–808.

Gladwell, M. (2005). *Blink: The power of thinking without thinking*. New York: Little, Brown & Company.

Glassman, N. S., & Andersen, S. M. (1999). Activating transference without consciousness: Using significant-other representations to go beyond what is subliminally given. *Journal of Personality and Social Psychology, 77*, 1146–1162.

Goldberg, J., Weisenberg, M., Drobkin, S., Blittner, M., & Gunnar Gotestam, K. (1997). Effects of manipulated cognitive and attributional set on pain tolerance. *Cognitive Therapy and Research, 21*, 525–534.

Goldberg, L. R. (1990). An alternative "Description of personality": The Big-Five factor structure. *Journal of Personality and Social Psychology, 59*, 1216–1229.

Goleman, D. (1995). *Emotional intelligence*. New York: Bantam Books.

Gollwitzer, P. M. (1990). Action phases and mind-sets. In E. T. Higgins & R. M. Sorrentino (Eds.), *Handbook of motivation and cognition: Foundations of social behavior* (Vol. 2, pp. 53–92). New York: Guilford.

Gollwitzer, P. M. (1996). The volitional benefits of planning. In P. M. Gollwitzer & J. A. Bargh (Eds.), *The psychology of action: Linking cognition and motivation to behavior* (pp. 287–312). New York: Guilford.

Gollwitzer, P. M., & Bargh, J. A. (Eds.). (1996). *The psychology of action: Linking cognition and motivation to behavior*. New York: Guilford.

Gollwitzer, P. M., & Brandstatter, V. (1997). Implementation intentions and effective goal pursuit. *Journal of Personality and Social Psychology, 73*, 186–199.

Gollwitzer, P. M., Earle, W. B., & Stephan, W. G. (1982). Affect as a determinant of egotism: Residual excitation and performance attributions. *Journal of Personality and Social Psychology, 43*, 702–709.

Gollwitzer, P. M., Fujita, K., & Oettingen, G. (2004). Planning and the implementation of goals. In R. F. Baumeister & K. D. Vohs (Eds.), *Handbook of self-regulation: Research, theory, and applications* (pp. 211–228). New York: Guilford Press.

Gollwitzer, P. M., & Kinney, R. F. (1989). Effects of deliberative and implemental mind-sets on illusion of control. *Journal of Personality and Social Psychology, 56*, 531–542.

Gollwitzer, P. M., Parks-Stamm, E. J., Jaudas, A., & Sheeran, P. (2008). Flexible tenacity in goal pursuit. In J. Y. Shah & W. L. Gardner (Eds.). *Handbook of motivation science* (pp. 325–341). New York: Guilford Press.

Goodwin, D. K. (2005). *Team of rivals: The political genius of Abraham Lincoln*. New York: Simon & Schuster.

Gopnik, A. (1996). The scientist as child. *Philosophy of Science, 63*, 485–514.

Granovetter, M. (1973). The strength of weak ties. *American Journal of Sociology, 78*, 1360–1380.

487 Granovetter, M. (1985). Economic action and social structure: The problem of embed-dedness. *American Journal of Sociology, 91*, 481–510.

Grant, H., & Dweck, C. S. (1999). A goal analysis of personality and personality coher-ence. In D. Cervone & Y. Shoda (Eds.), *The coherence of personality: Social-cognitive bases of consistency, variability, and organization.* (pp. 345–371). New York: Guilford Press.

Grant, H., & Higgins, E. T. (2003). Optimism, promotion pride, and prevention pride as predictors of quality of life. *Personality and Social Psychology Bulletin, 29*, 1521–1532.

Gray, J. A. (1982). *The neuropsychology of anxiety: An enquiry into the functions of the septo-hippocampal system.* New York: Oxford University Press.

Green, D. P., Goldman, S. L., & Salovey, P. (1993). Measurement error masks bipolarity in affect ratings. *Journal of Personality and Social Psychology, 64*, 1029–1041.

Greenwald, A. G., Banaji, M. R., Rudman, L. A., Farnham, S. D., & Nosek, B. A. (2002). A unified theory of implicit attitudes, stereotypes, self-esteem, and self-concept. *Psychological Review, 109*, 3–25.

Greenwald, A. G., McGhee, D. E., & Schwartz, J. L. K. (1998). Measuring individual differences in implicit cognition: The Implicit Association Test. *Journal of Personality and Social Psychology, 74*, 1464–1480.

Griffin, D., & Ross, L. (1991). Subjective construal, social inference, and human misun-derstanding. In M. P. Zanna (Ed.), *Advances in experimental social psychology* (Vol. 24, pp. 319–359). San Diego, CA: Academic Press.

Griffitt, W., & Veitch, R. (1974). Preacquaintance attitude similarity and attraction revis-ited: Ten days in a fallout shelter. *Sociometry, 37*, 163–173.

Groos, K. (1940). *The play of man* (E. L. Baldwin, Trans.) Cambridge, MA: Harvard University Press. (Original published in 1901 in New York by Appleton.)

Gross, J. J. (1998). The emerging field of emotion regulation: An integrative review. *Review of General Psychology, 2*, 271–299.

Gross, J. J. (1999). Emotion regulation: Past, present, future. *Cognition and Emotion, 13*, 551–573.

Gross, J. J. (2001). Emotion regulation in adulthood: Timing is everything. *Current Directions in Psychological Science, 10*, 214–219.

Grove, A. S. (1996). *Only the paranoid survive.* New York: Doubleday Business.

Guthrie, E. R. (1935). *The psychology of learning.* New York: Harper.

Guthrie, E. R. (1952). *The psychology of learning* (rev. ed.). New York: Harper.

Haidt, J. (2001). The emotional dog and its rational tail: A social intuitionist approach to moral judgment. *Psychological Review, 108*, 814–834.

Harackiewicz, J. M., & Sansone, C. (1991). Goals and intrinsic motivation: You can get there from here. In M. L. Maehr & P. R. Pintrich (Eds.), *Advances in motivation and achievement* (Vol. 7, pp. 21–49). Greenwich, CT: JAI Press.

Hardin, C., & Higgins, E. T. (1996). "Shared reality": How social verification makes the subjective objective. In R. M. Sorrentino & E. T. Higgins (Eds.), *Handbook of motiva-tion and cognition: The interpersonal context* (pp. 28–84). New York: Guilford.

Harmon-Jones, C., Schmeichel, B. J., & Harmon-Jones, E. (2009). Symbolic self-completion in academia: Evidence from department web pages and email signature files. *European Journal of Social Psychology, 39*, 311–316.

Hartig, M., & Kanfer, F. H. (1973). The role of verbal self-instructions in children's resistance to temptation. *Journal of Personality and Social Psychology, 25,* 259–267.

Hassin, R. R., Bargh, J. A., & Zimerman, S. (2009). Automatic and flexible: The case of non-conscious goal pursuit. *Social Cognition, 27,* 20–36.

Hausmann, L. R. M., Levine, J. M., & Higgins, E. T. (2008). Communication and group perception: Extending the "saying is believing" effect. *Group Processes & Intergroup Relations, 11,* 539–554.

Hazan, C., & Shaver, P. R. (1987). Romantic love conceptualized as an attachment process. *Journal of Personality and Social Psychology, 52,* 511–524.

Hebb, D. O. (1930). Elementary school methods. *Teach Magazine* (Montreal), *12,* 23–26.

Hebb, D. O. (1949). *The organization of behavior.* New York: John Wiley & Sons.

Hebb, D. O. (1955). Drives and the C. N. S. (Conceptual Nervous System). *Psychological Review, 62,* 243–254.

Heckhausen, H., & Gollwitzer, P. M. (1987). Thought contents and cognitive functioning in motivational versus volitional states of mind. *Motivation and Emotion, 11,* 101–120.

Heidbreder, E. (1933). *Seven psychologies.* New York: Appleton-Century-Crofts.

Heider, F. (1958). *The psychology of interpersonal relations.* New York: Wiley.

Heine, S. J., & Hamamura, T. (2007). In search of East Asian self-enhancement. *Personality and Social Psychology Review, 11,* 4–27.

Heine, S. J., Kitayama, S., Lehman, D. R., Takata, T., Ide, E., Leung, C., & Matsumoto, S. (2001). Divergent consequences of success and failure in Japan and North America: An investigation of self-improving motivations and malleable selves. *Journal of Personality and Social Psychology, 81,* 599–615.

Helson, H. (1964). *Adaptation-level theory: An experimental and systematic approach to behavior.* New York: Harper & Row.

Henderson, V., & Dweck, C. S. (1990). Achievement and motivation in adolescence: A new model and data. In S. Feldman & G. Elliot (Eds.), *At the threshold: The developing adolescent* (pp. 308–329). Cambridge, MA: Harvard University Press.

Henle, M. (1944). The influence of valence on substitution. *Journal of Psychology, 17,* 11–19.

Hernandez, M., & Iyengar, S. S. (2001). What drives whom? A cultural perspective on human agency? *Social Cognition, 19,* 269–294.

Hess, E. H. (1959). Imprinting. *Science, 130,* 130–141.

Higgins, E. T. (1981). The "communication game": Implications for social cognition and persuasion. In E. T. Higgins, C. P. Herman, & M. P. Zanna (Eds.), *Social cognition: The Ontario Symposium* (pp. 343–392). Hillsdale, NJ: Erlbaum.

Higgins, E. T. (1987). Self-discrepancy: A theory relating self and affect. *Psychological Review, 94,* 319–340.

Higgins, E. T. (1989a). Knowledge accessibility and activation: Subjectivity and suffering from unconscious sources. In J. S. Uleman & J. A. Bargh (Eds.), *Unintended thought: The limits of awareness, intention and control* (pp. 75–123). New York: Guilford Press.

Higgins, E. T. (1989b). Self-discrepancy theory: What patterns of self-beliefs cause people to suffer? In L. Berkowitz (Ed.), *Advances in experimental social psychology* (Vol. 22, pp. 93–136). New York: Academic Press.

488

489   Higgins, E. T. (1989c). Continuities and discontinuities in self-regulatory and self-evaluative processes: A developmental theory relating self and affect. *Journal of Personality, 57*, 407–444.

Higgins, E. T. (1990). Personality, social psychology, and person-situation relations: Standards and knowledge activation as a common language. In L. A. Pervin (Ed.), *Handbook of personality: Theory and research* (pp. 301–338). New York: Guilford Press.

Higgins, E. T. (1991). Development of self-regulatory and self-evaluative processes: Costs, benefits, and tradeoffs. In M. R. Gunnar & L. A. Sroufe (Eds.), *Self processes and development: The Minnesota symposia on child psychology* (Vol. 23, pp. 125–165). Hillsdale, NJ: Erlbaum.

Higgins, E. T. (1992). Achieving "shared reality" in the communication game: A social action that creates meaning. *Journal of Language and Social Psychology, 11*, 107–131.

Higgins, E. T. (1996a). Shared reality in the self-system: The social nature of self-regulation. *European Review of Social Psychology* (Vol. 7, pp. 1–29). New York: John Wiley & Sons.

Higgins, E. T. (1996b). Knowledge activation: Accessibility, applicability, and salience. In E. T. Higgins & A. W. Kruglanski (Eds.), *Social psychology: Handbook of basic principles* (pp. 133–168). New York: Guilford.

Higgins, E. T. (1996c). Emotional experiences: The pains and pleasures of distinct regulatory systems. In R. D. Kavanaugh, B. Zimmerberg, & S. Fein (Eds.), *Emotion: Interdisciplinary perspectives* (pp. 203–241). Mahwah, NJ: Erlbaum.

Higgins, E. T. (1996d). The "self digest": Self-knowledge serving self-regulatory functions. *Journal of Personality and Social Psychology, 71*, 1062–1083.

Higgins, E. T. (1997). Beyond pleasure and pain. *American Psychologist, 52*, 1280–1300.

Higgins, E. T. (1998a). The aboutness principle: A pervasive influence on human inference. *Social Cognition, 16*, 173–198.

Higgins, E. T. (1998b). Promotion and prevention: Regulatory focus as a motivational principle. In M. P. Zanna (Ed.), *Advances in experimental social psychology* (Vol. 30, pp. 1–46). New York: Academic Press.

Higgins, E. T. (1999). Persons or situations: Unique explanatory principles or variability in general principles? In D. Cervone & Y. Shoda (Eds.), *The coherence of personality: Social-cognitive bases of consistency, variability, and organization* (pp. 61–93). New York: Guilford Press.

Higgins, E. T. (2000a). Making a good decision: Value from fit. *American Psychologist, 55*, 1217–1230.

Higgins, E. T. (2000b). Does personality provide unique explanations for behavior? Personality as cross-person variability in general principles. *European Journal of Personality, 14*, 391–406.

Higgins, E. T. (2000c). Social cognition: Learning about what matters in the social world. *European Journal of Social Psychology, 30*, 3–39.

Higgins, E. T. (2001). Promotion and prevention experiences: Relating emotions to nonemotional motivational states. In J. P. Forgas (Ed.), *Handbook of affect and social cognition* (pp. 186–211). Mahwah, NJ: Lawrence Erlbaum Associates.

Higgins, E. T. (2005a). Humans as applied motivation scientists: Self-consciousness from "shared reality" and "becoming." In H. S. Terrace & J. Metcalfe (Eds.), *The missing link in cognition: Origins of self-reflective consciousness* (pp. 157–173). Oxford: Oxford University Press.

Higgins, E. T. (2005b). Motivational sources of unintended thought: Irrational intrusions or side effects of rational strategies? In R. R. Hassin, J. S. Uleman, & J. A. Bargh (Eds.), *The new unconscious* (pp.516–536). New York: Oxford University Press.

Higgins, E. T. (2005c). Value from regulatory fit. *Current Directions in Psychological Science, 14*, 208–213.

Higgins, E. T. (2006). Value from hedonic experience *and* engagement. *Psychological Review, 113*, 439–460.

Higgins, E. T. (2007). Value. In A. W. Kruglanski & E. T. Higgins (Eds.), *Social psychology: Handbook of basic principles* (2nd ed., pp. 454–472). New York: Guilford.

Higgins, E. T. (2008). Culture and personality: Variability across universal motives as the missing link. *Social and Personality Psychology Compass, 2*, 608–634.

Higgins, E. T. (2009). Regulatory fit in the goal-pursuit process. In G. B. Moskowitz & H. Grant (Eds.), *The psychology of goals* (pp. 505–533). New York: Guilford Press.

Higgins, E. T. (2010). Sharing inner states: A defining feature of *human* motivation. In G. R. Semin & G. Echterhoff (Eds.), *Grounding sociality: Neurons, minds, and culture* (pp. 149–174). New York: Psychology Press.

Higgins, E. T., & Bargh, J. A. (1987). Social cognition and social perception. *Annual Review of Psychology, 38*, 369–425.

Higgins, E. T., Bargh, J. A., & Lombardi, W. J. (1985). Nature of priming effects on categorization. *Journal of Experimental Psychology: Learning, Memory, and Cognition, 11*, 59–69.

Higgins, E. T., Bond, R. N., Klein, R., & Strauman, T. (1986). Self-discrepancies and emotional vulnerability: How magnitude, accessibility, and type of discrepancy influence affect. *Journal of Personality and Social Psychology, 51*, 5–15.

Higgins, E. T., & Brendl, M. (1995). Accessibility and applicability: Some "activation rules" influencing judgment. *Journal of Experimental Social Psychology, 31*, 218–243.

Higgins, E. T., & Bryant, S. (1982). Consensus information and the "fundamental attribution error": The role of development and in-group versus out-group knowledge. *Journal of Personality and Social Psychology, 43*, 889–900.

Higgins, E. T., Camacho, C. J., Idson, L. C., Spiegel, S., & Scholer, A. A. (2008). How making the same decision in a "proper way" creates value. *Social Cognition, 26*, 496–514.

Higgins, E. T., Cesario, J., Hagiwara, N., Spiegel, S., & Pittman, T. (in press). Increasing or decreasing interest in activities: The role of regulatory fit. *Journal of Personality and Social Psychology.*

Higgins, E. T., & Eccles-Parsons, J. (1983). Social cognition and the social life of the child: Stages as subcultures. In E. T. Higgins, D. N. Ruble, & W. W. Hartup (Eds.), *Social cognition and social development: A socio-cultural perspective* (pp. 15–62). New York: Cambridge University Press.

Higgins, E. T., Franks, K. R., & Pavarini, D. (2008). *Value intensity from likelihood as a source of engagement strength.* Unpublished manuscript, Columbia University.

491   Higgins, E. T., Friedman, R. S., Harlow, R. E., Idson, L. C., Ayduk, O. N., & Taylor, A. (2001). Achievement orientations from subjective histories of success: Promotion pride versus prevention pride. *European Journal of Social Psychology, 31*, 3–23.

Higgins, E. T., Idson, L. C., Freitas, A. L., Spiegel, S., & Molden, D. C. (2003). Transfer of value from fit. *Journal of Personality and Social Psychology, 84*, 1140–1153.

Higgins, E. T., King, G. A., & Mavin, G. H. (1982). Individual construct accessibility and subjective impressions and recall. *Journal of Personality and Social Psychology, 43*, 35–47.

Higgins, E. T., Kruglanski, A. W., & Pierro, A. (2003). Regulatory mode: Locomotion and assessment as distinct orientations. In M. P. Zanna (Ed.), *Advances in experimental social psychology* (Vol. 35, pp. 293–344). New York: Academic Press.

Higgins, E. T., Lee, J., Kwon, J., & Trope, Y. (1995). When combining intrinsic motivations undermines interest: A test of activity engagement theory. *Journal of Personality and Social Psychology, 68*, 749–767.

Higgins, E. T., Loeb, I., & Ruble, D. N. (1995). The four A's of life transition effects: Attention, accessibility, adaptation, and adjustment. *Social Cognition, 13*, 215–242.

Higgins, E. T., Marguc, J., & Scholer, A. A. (2008). *Working under adversity: How opposing versus coping affects value.* Unpublished manuscript, Columbia University.

Higgins, E. T., & May, D. (2001). Individual self-regulatory functions: It's not "we" regulation, but it's still social. In C. Sedikides & M. B. Brewer (Eds.), *Individual self, relational self, collective self* (pp. 47–67). Philadelphia, PA: Psychology Press.

Higgins, E. T., Pierro, A., & Kruglanski, A. W. (2008). Re-thinking culture and personality: How self-regulatory universals create cross-cultural differences. In R. M. Sorrentino & S. Yamaguchi (Eds.), *Handbook of motivation and cognition across cultures* (pp. 161-190). New York: Academic Press.

Higgins, E. T., & Pittman, T. (2008). Motives of the *human* animal: Comprehending, managing, and sharing inner states. *Annual Review of Psychology, 59*, 361–385.

Higgins, E. T., & Rholes, W. S. (1978). "Saying is believing": Effects of message modification on memory and liking for the person described. *Journal of Experimental Social Psychology, 14*, 363–378.

Higgins, E. T., Rholes, W. S. & Jones, C. R. (1977). Category accessibility and impression formation. *Journal of Experimental Social Psychology, 13*, 141–154.

Higgins, E. T., & Scholer, A. A. (2008). When is personality revealed? A motivated cognition approach. In O. P. John, R. W. Robins, & L. A. Pervin (Eds.), *Handbook of personality: Theory and research* (3rd ed., pp. 182–207). New York: Guilford Press.

Higgins, E. T., & Scholer, A. A. (2009a). Engaging the consumer: The science and art of the value creation process. *Journal of Consumer Psychology, 19*, 100–114.

Higgins, E. T., & Scholer, A. A. (2009b). *How the same personality trait can serve different motivational concerns in distinct ways.* Unpublished manuscript, Columbia University.

Higgins, E. T., Shah, J., & Friedman, R. (1997). Emotional responses to goal attainment: Strength of regulatory focus as moderator. *Journal of Personality and Social Psychology, 72*, 515–525.

Higgins, E. T., & Silberman, I. (1998) Development of regulatory focus: Promotion and prevention as ways of living. In J. Heckhausen & C. S. Dweck (Eds.), *Motivation and self-regulation across the life span* (pp. 78–113). New York: Cambridge University Press.

Higgins, E. T., & Spiegel, S. (2004). Promotion and prevention strategies for self-regulation: A motivated cognition perspective. In R. F. Baumeister & K. D. Vohs (Eds.), *Handbook of self-regulation: Research, theory, and applications* (pp. 171–187). New York: Guilford Press.

Higgins, E. T., & Stangor, C. (1988). A "change-of-standard" perspective on the relations among context, judgment, and memory. *Journal of Personality and Social Psychology, 54*, 181–192.

Higgins, E. T., Strauman, T., & Klein, R. (1986). Standards and the process of self-evaluation: Multiple affects from multiple stages. In R. M. Sorrentino & E. T. Higgins (Eds.), *Handbook of motivation and cognition: Foundations of social behavior* (pp. 23–63). New York: Guilford Press.

Higgins, E. T., & Trope, Y. (1990). Activity engagement theory: Implications of multiple identifications for intrinsic motivation. In E. T. Higgins & R. M. Sorrentino (Eds.), *Handbook of motivation and cognition: Foundations of social behavior* (Vol. 2, pp. 229–264). New York: Guilford.

Higgins, E. T., Trope, Y., & Kwon, J. (1999). Augmentation and undermining from combining activities: The role of choice in activity engagement theory. *Journal of Experimental Social Psychology, 35*, 285–307.

Higgins, E. T., Tykocinski, O., & Vookles, J. (1990). Patterns of self-beliefs: The psychological significance of relations among the actual, ideal, ought, can, and future selves. In J. M. Olson & M. P. Zanna (Eds.), *Self-inference processes: The Ontario Symposium* (Vol. 6, pp. 153–190). Hillsdale, NJ: Erlbaum.

Higgins, E. T., Van Hook, E., & Dorfman, D. (1988). Do self attributes form a cognitive structure? *Social Cognition, 6*, 177–207.

Higgins, E. T., Vookles, J., & Tykocinski, O. (1992). Self and health: How "patterns" of self-beliefs predict types of emotional and physical problems. *Social Cognition, 10*, 125–150.

Higgins, E. T., & Winter, L. (1993). The "acquisition principle": How beliefs about a behavior's prolonged circumstances influence correspondent inference. *Personality and Social Psychology Bulletin, 19*, 605–619.

Higgins, K. A. (2008). *Aristotle and Machiavelli: A clash not on virtue, but on human nature.* Unpublished paper for "Classics of social and political thought," University of Chicago.

Hilton, D. (2007). Causal explanation: From social perception to knowledge-based attribution. In A. W. Kruglanski & E. T. Higgins (Eds.), *Social psychology: Handbook of basic principles* (2nd ed., pp. 232–253). New York: Guilford.

Hilton, J. L., Fein, S., & Miller, D. T. (1993). Suspicion and dispositional inference. *Personality and Social Psychology Bulletin, 19*, 501–512.

Hinkley, K., & Andersen, S. M. (1996). The working self-concept in transference: Significant-other activation and self change. *Journal of Personality and Social Psychology, 71*, 1279–1295.

Hoffman, M. L. (1970). Moral development. In P. H. Mussen (Ed.), *Carmichael's manual of child psychology* (Vol. 2, pp. 261–359). New York: Wiley.

492

493   Hogg, M. A. (2007). Social psychology of leadership. In A. W. Kruglanski & E. T. Higgins (Eds.), *Social psychology: Handbook of basic principles* (2nd ed., pp. 716–733). New York: Guilford.

Hogg, M. A., & van Knippenberg, D. (2003). Social identity and leadership processes in groups. In M. P. Zanna (Ed.), *Advances in experimental social psychology* (Vol. 35, pp. 1–52). San Diego, CA: Academic Press.

Holmes, J. G., & Rempel, J. K. (1989). Trust in close relationships. In C. Hendrick (Ed.), *Close relationships: Review of personality and social psychology* (Vol. 10, pp. 187–220). London: Sage.

Holyoak, K. J., & Thagard, P. (1997). The analogical mind. *American Psychologist, 52,* 35–44.

Homans, G. C. (1950). *The human group.* New York: Harcourt, Brace & World.

Hong, J., & Lee, A. Y. (2008). Be fit and be strong: Mastering self-regulation through regulatory fit. *Journal of Consumer Research, 34,* 682–695.

Hong, Y-Y., Morris, M., Chiu, C., & Benet-Martinez, V. (2000). Multicultural minds: A dynamic constructivistic approach. *American Psychologist, 55,* 709–721.

Hong, Y-Y., Wan, C., No, S., & Chiu, C-Y. (2007). Multicultural identities. In S. Kitayama & D. Cohen (Eds.), *Handbook of cultural psychology* (pp. 323–345). New York: Guilford Press.

Horner, M. S. (1968). *Sex differences in achievement motivation and performance in competitive and non-competitive situations.* Unpublished doctoral dissertation, University of Michigan.

Horney, K. (1939). *New ways in psychoanalysis.* New York: Norton.

House, J. S., Umberson, D., & Landis, K. R. (1988). Structures and processes of social support. *Annual Review of Sociology, 14,* 293–318.

Hovland, C. I., Janis, I. L., & Kelley, H. H. (1953). *Communication and persuasion: Psychological studies of opinion change.* New Haven, CT: Yale University Press.

Hull, C. L. (1943). *Principles of behavior.* New York: Appleton-Century-Crofts.

Hull, C. L. (1952). *A behavior system: An introduction to behavior theory concerning the individual organism.* New Haven, CT: Yale University Press.

Hume, D. (1975). *An equiry concerning the principles of morals* (J. B. Schneewind, Ed.). Cambridge, England: Hackett. (Originally published 1777)

Hunt, J. M. (1961). *Intelligence and experience.* New York: The Ronald Press.

Huttenlocher, J., & Higgins, E. T. (1971). Adjectives, comparatives, and syllogisms. *Psychological Review, 78,* 487–504.

Hyman, H. H. (1942). The psychology of status. *Archives of Psychology, 269.*

Idson, L. C., Liberman, N., & Higgins, E. T. (2004). Imagining how you'd feel: The role of motivational experiences from regulatory fit. *Personality and Social Psychology Bulletin, 30,* 926–937.

Idson, L. C., & Mischel, W. (2001). The personality of familiar and significant people: The lay perceiver as a social-cognitive theorist. *Journal of Personality and Social Psychology, 80,* 585–596.

Inkeles, A., & Levinson, D. J. (1969). National character: The study of modal personality and sociocultural systems. In G. Lindzey & E. Aronson (Eds.), *The handbook of social psychology* (pp. 418–506). Reading, MA: Addison-Wesley.

Irwin, F. W. (1953). Stated expectations as functions of probability and desirability of outcomes. *Journal of Personality, 21*, 329–335.

Iyengar, S. S., & Lepper, M. R. (1999). Rethinking the value of choice: A cultural perspective on intrinsic motivation. *Journal of Personality and Social Psychology, 76*, 349–366.

Jacobs, R. C., & Campbell, D. T. (1961). The perpetuation of an arbitrary tradition through several generations of a laboratory microculture. *Journal of Abnormal and Social Psychology, 62*, 649–658.

James, W. (1948). *Psychology*. New York: The World Publishing Company. (Original publication, 1890)

James, W. (2007). *The principles of psychology* (Vol. 2). New York: Cosimo. (Original publication, 1890)

Jensen, G. D. (1963). Preference for bar pressing over "freeloading" as a function of number of rewarded presses. *Journal of Experimental Psychology, 65*, 451–454.

John, O. P. (1990). The "big five" factor taxonomy: Dimensions of personality in the natural language and in questionnaires. In L. A. Pervin (Ed.), *Handbook of personality: Theory and research* (pp. 66–100). New York: Guilford Press.

John, O. P., & Srivastava, S. (1999). The big-five taxonomy: History, measurement, and theoretical perspectives. In L. A. Pervin & O. P. John (Eds.), *Handbook of personality: Theory and research* (2nd ed., pp. 102–138). New York: Guilford Press.

Johnson, M. K. (2006). Memory and reality. *American Psychologist, 61*, 760–771.

Johnson, M. K., Foley, M. A., & Leach, K. (1988). The consequences for memory of imagining in another person's voice. *Memory and Cognition, 16*, 337–342.

Johnson, M. K., & Raye, C. L. (1981). Reality monitoring. *Psychological Review, 88*, 67–85.

Johnson, M. K., & Sherman, S. J. (1990). Constructing and reconstructing the past and the future in the present. In E. T. Higgins & R. M. Sorrentino (Eds.), *Handbook of motivation and cognition* (Vol. 2, pp. 482–526). New York: Guilford.

Jones, E. E. (1979). The rocky road from acts to dispositions. *American Psychologist, 34*, 107–117.

Jones, E. E., & Davis, K. E. (1965). From acts to dispositions: The attribution process in person perception. In L. Berkowitz (Ed.), *Advances in experimental social psychology* (Vol. 2, pp. 219–266). New York: Academic Press.

Jones, E. E., & Nisbett, R. E. (1972). The actor and the observer: Divergent perceptions of the causes of behavior. In E. E. Jones, D. Kanouse, H. H. Kelley, R. E. Nisbett, S. Valins, & B. Weiner (Eds.), *Attribution: Perceiving the causes of behavior* (pp. 79–94). New York: General Learning Press.

Jost, J. T., Banaji, M. R., & Nosek, B. A. (2004). A decade of system justification theory: Accumulated evidence of conscious and unconscious bolstering of the status quo. *Political Psychology, 25*, 881–919.

Jost, J. T., & Hunyady, O. (2005). Antecedents and consequences of system-justifying ideologies. *Current Directions in Psychological Science, 14*, 260–265.

Jost, J. T., Ledgerwood, A., & Hardin, C. D. (2008). Shared reality, system justification, and the relational basis of ideological beliefs. *Social and Personality Psychology Compass, 2*, 171–186.

494

495   Jost, J. T., Pelham, B. W., Sheldon, O., & Sullivan, B. N. (2003). Social inequality and the reduction of ideological dissonance on behalf of the system: Evidence of enhanced system justification among the disadvantaged. *European Journal of Social Psychology, 33*, 13–36.

Jost, J. T., Pietrzak, J., Liviatan, I., Mandisodza, A. N., & Napier, J. L. (2008). System justification as conscious and nonconscious goal pursuit. In J. Y. Shah & W. L. Gardner (Eds.). *Handbook of motivation science* (pp. 591–605). New York: Guilford Press.

Judge, T. A., Thoresen, C. J., Pucik, V., & Welbourne, T. M. (1999). Managerial coping with organizational change: A dispositional perspective. *Journal of Applied Psychology, 84*, 107–122.

Jung, C. G. (1971). *Psychological types.* Princeton, NJ: Princeton University. (Original publication, 1921)

Kagan, J., & Kogan, N. (1970). Individual variation in cognitive processes. In P. Mussen (Ed.), *Carmichael's manual of child psychology* (Vol. 1, pp. 1273–1365). New York: Wiley.

Kahneman, D. (1999). Objective happiness. In D. Kahnemen, E. Diener, & N. Schwarz (Eds.), *Well-being: The foundations of hedonic psychology* (pp. 3–25). New York: Russell Sage Foundation.

Kahneman, D. (2000a). Experienced utility and objective happiness: A moment-based approach. In D. Kahneman & A. Tversky (Eds.), *Choices, values, and frames* (pp. 673–692). New York: Cambridge University Press.

Kahneman, D. (2000b) New challenges to the rationality assumption. In D. Kahneman & A. Tversky (Eds.), *Choices, values, and frames* (pp. 758–774). New York: Cambridge University Press.

Kahneman, D., Diener, E., & Schwarz, N. (1999). *Well-being: The foundations of hedonic psychology.* New York: Russell Sage.

Kahneman, D., & Miller, D. T. (1986). Norm theory: Comparing reality to its alternatives. *Psychological Review, 93*, 136–153.

Kahneman, D., & Tversky, A. (1979). Prospect theory: An analysis of decision under risk. *Econometrica, 47*, 263–291.

Kahneman, D., & Tversky, A. (1982). The simulation heuristic. In D. Kahneman, P. Slovic, & A. Tversky (Eds.), *Judgment under uncertainty: Heuristics and biases* (pp. 201–208). New York: Cambridge University Press.

Karau, S. J., & Williams, K. D. (1993). Social loafing: A meta-analytic review and theoretical integration. *Journal of Personality and Social Psychology, 65*, 681–706.

Karpinski, A., & Hilton, J. L. (2001). Attitudes and the implicit association test. *Journal of Personality and Social Psychology, 81*, 774–788.

Kasser, T., & Ryan, R. M. (1993). A dark side of the American dream: correlates of financial success as a central life aspiration. *Journal of Personality and Social Psychology, 65*, 410–422.

Katz, D. (1960). The functional approach to the study of attitudes. *Public Opinion Quarterly, 24*, 163–204.

Katz, D., & Braly, K. W. (1933). Racial stereotypes of 100 college students. *Journal of Abnormal and Social Psychology, 28*, 280–290.

Keller, J., & Bless, H. (2006). Regulatory fit and cognitive performance: The interactive effect of chronic and situationally induced self-regulatory mechanisms on test performance. *European Journal of Social Psychology, 36*, 393–405.

Kelley, H. H. (1952). Two functions of reference groups. In G. E. Swanson, T. M. Newcomb, & E. L. Hartley (Eds.), *Readings in social psychology* (2nd ed., pp. 410–420). New York: Holt, Rinehart & Winston.

Kelley, H. H. (1973). The process of causal attribution. *American Psychologist, 28,* 107–128.

Kelly, G. A. (1955). *The psychology of personal constructs.* New York: W. W. Norton.

Kelly, G. A. (1969). *Clinical psychology and personality. The selected papers of George Kelly* (B. Maher, Ed.). New York: Wiley.

Kelman, H. C. (1958). Compliance, identification, and internalization: Three processes of attitude change. *Journal of Conflict Resolution, 2,* 51–60.

Kenrick, D. T., Trost, M. R., & Sundie, J. M. (2004). Sex-roles as adaptations: An evolutionary perspective on gender differences and similarities. In A. H. Eagly, A. Beall, & R. Sternberg (Eds.), *Psychology of gender* (pp. 65–91). New York: Guilford.

Kerr, S. (1975). On the folly of rewarding A, while hoping for B. *Academy of Management Journal, 18,* 769–783.

Keynes, J. M. (1951). *The general theory of employment, interest, and money.* London: MacMillan & Co. (Original publication, 1936)

Kimble, G. A. (1961). *Hilgard and Marquis' conditioning and learning.* New York: Appleton-Century-Crofts.

Kitayama, S., & Park, H. (2007). Cultural shaping of self, emotion, and well-being: How does it work? *Social and Personality Psychology Compass, 1,* 202–222.

Klein, H. J., Wesson, M. J., Hollenbeck, J. R., Wright, P. M., & DeShon, R. P. (2001). The assessment of goal commitment: A measurement model meta-analysis. *Organizational Behavior and Human Decision Processes, 85,* 32–55.

Klem, A., Higgins, E. T., & Kruglanski, A. W. (1996). *Getting started on something versus waiting to do the "right" thing: Locomotion and assessment as distinct regulatory modes.* Unpublished manuscript, Columbia University.

Kohlberg, L. (1969). Stage and sequence: The cognitive-developmental approach to socialization. In D.A. Goslin (Ed.), *Handbook of socialization theory and research.* Chicago: Rand McNally.

Kohlberg, L. (1976). Moral stages and moralization. In T. Lickona (Ed.), *Moral development and behavior.* New York: Holt, Rinehart, & Winston.

Kohut, H. (1971). *The analysis of the self: A systematic approach to the treatment of narcissistic personality disorders.* Madison, CT: International Universities Press.

Konorski, J. (1967). *Integrative activity of the brain: An interdisciplinary approach.* Chicago: University of Chicago Press.

Koo, M., & Fishbach, A. (in press). Dynamics of self-regulation: How (un)accomplished goal actions affect motivation. *Journal of Personality and Social Psychology.*

Koole, S. L., & Kuhl, J. (2007). Dealing with unwanted feelings: The role of affect regulation in volitional action control. In J. Y. Shah & W. L. Gardner (Eds.). *Handbook of motivation science* (pp. 295–307). New York: Guilford Press.

Krantz, D. H., & Kunreuther, H. C. (2007). Goals and plans in decision making. *Judgment and Decision Making, 2,* 137–168.

Krech, D., Crutchfield, R. S., & Ballachey, E. L. (1962). *Individual in society: A textbook of social psychology.* New York: McGraw-Hill.

Kristof, N. D. (2008, Oct. 4). Racism without racists. Opinion column, *New York Times.*

497   Kross, E., Ayduk, O., & Mischel, W. (2005). When asking "why" does not hurt: Distinguishing rumination from reflective processing of negative emotions. *Psychological Science, 16*, 709–715.

Kruglanski, A. W. (1975). The endogenous-exogeneous partition in attribution theory. *Psychological Review, 82*, 387–406.

Kruglanski, A.W. (1980). Lay epistemo-logic—process and contents: Another look at attribution theory. *Psychological Review, 87*, 70–87.

Kruglanski, A. W. (1989). *Lay epistemics and human knowledge: Cognitive and motivational bases*. New York: Plenum.

Kruglanski, A. W. (1990). Motivations for judging and knowing: Implications for causal attribution. In E. T. Higgins & R. M. Sorrentino (Eds.), *Handbook of motivation and cognition: Foundations of social behavior* (Vol. 2, pp. 333-368). New York: Guilford.

Kruglanski, A. W. (1996a). Goals as knowledge structure. In P. M. Gollwitzer & J. A. Bargh (Eds.), *The psychology of action: Linking cognition and motivation to behavior* (pp. 599–618). New York: Guilford Press.

Kruglanski, A. W. (1996b). Motivated social cognition: Principles of the interface. In E. T. Higgins & A. W. Kruglanski (Eds.), *Social psychology: Handbook of basic principles* (pp. 493–520). New York: Guilford Press.

Kruglanski, A. W. (2006). The nature of fit and the origins of "feeling right": A goal-systemic perspective. *Journal of Marketing Research, 43*, 11–14.

Kruglanski, A. W., Dechesne, M., Orehek, E., & Pierro, A. (in press). Three decades of lay epistemics: The why, how and who of knowledge formation. *European Review of Social Psychology.*

Kruglanski, A. W., Erbs, H-P., Pierro, A., Mannetti, L., & Chun, W. Y. (2006). On parametric continuities in the world of binary either ors. *Psychological Inquiry, 17*, 153–165.

Kruglanski, A. W., & Freund, T. (1983). The freezing and unfreezing of lay-inferences: Effects on impressional primacy, ethnic stereotyping, and numerical anchoring. *Journal of Experimental Social Psychology, 19*, 448–468.

Kruglanski, A. W., Friedman, I., & Zeevi, G. (1971). The effects of extrinsic incentive on some qualitative aspects of task performance. *Journal of Personality, 39*, 606–617.

Kruglanski, A. W., & Mayseless, O. (1987). Motivational effects in the social comparison of opinions. *Journal of Personality and Social Psychology, 53*, 834–853.

Kruglansk, A. W., Pierro, A., & Higgins, E. T. (2007). Regulatory mode and preferred leadership styles: How fit increases job satisfaction. *Basic and Applied Social Psychology, 29*, 137–149.

Kruglanski, A. W., Pierro, A., Higgins, E. T., & Capozza, D (2007). "On the move," or "staying put": Locomotion, need for closure and reactions to organizational change. *Journal of Applied Social Psychology, 37*, 1305–1340.

Kruglanski, A. W., Pierro, A., Mannetti, L., & De Grada, E. (2006). Groups as epistemic providers: Need for closure and the unfolding of group-centrism. *Psychological Review, 113*, 84–100.

Kruglanski, A. W., Raviv, A., Bar-Tal, D., Raviv, A., Sharvit, K., Ellis, S., Bar, R., Pierro, A., & Mannetti, L. (2005). Says who? Epistemic authority effects in social judgment. In M. P. Zanna (Ed.), *Advances in experimental social psychology* (Vol. 37, pp. 345–392). New York: Academic Press.

Kruglanski, A. W., Shah, J. Y., Fishbach, A., Friedman, R., Chun, W. Y., & Sleeth-Keppler, D. (2002). A theory of goal systems. In M. P. Zanna (Ed.), *Advances in experimental social psychology* (Vol. 34, pp. 331–378). San Diego, CA: Academic Press.

Kruglanski, A. W., & Sleeth-Keppler, D. (2007). The principle of social judgment. In A. W. Kruglanski & E. T. Higgins (Eds.), *Social psychology: Handbook of basic principles* (2nd ed., pp. 116–137). New York: Guilford.

Kruglanski, A. W., & Thompson, E. P. (1999). Persuasion by a single route: A view from the unimodel. *Psychological Inquiry, 10*, 83–109.

Kruglanski, A. W., Thompson, E. P., Higgins, E. T., Atash, M. N., Pierro, A., Shah, J. Y., & Spiegel, S. (2000). To "do the right thing" or to "just do it": Locomotion and assessment as distinct self-regulatory imperatives. *Journal of Personality & Social Psychology, 79*, 793–815.

Kruglanski, A. W., & Webster, D. M. (1996). Motivated closing of the mind: "Seizing" and "freezing." *Psychological Review, 103*, 263–283.

Kuhl, J. (1978). Standard setting and risk preference: An elaboration of the theory of achievement motivation and an empirical test. *Psychological Review, 85*, 239–248.

Kuhl, J. (1984). Volitional aspects of achievement motivation and learned helplessness: Toward a comprehensive theory of action control. In B. A. Maher (Ed.), *Progress in experimental personality research* (Vol. 12, pp. 99–170). New York: Academic Press.

Kuhl, J. (1985). Volitional mediation of cognition-behavior consistency: Self-regulatory processes and action versus state orientation. In J. Kuhl & J. Beckman (Eds.), *Action control: From cognition to behavior* (pp. 101–128). Berlin, Germany: Springer-Verlag.

Kuhl, J. (1986). Motivation and information processing: A new look at decision making, dynamic change, and action control. In R. M. Sorrentino & E. T. Higgins (Eds.), *Handbook of motivation and cognition: Foundations of social behavior* (pp. 404–434). New York: Guilford.

Kunda, Z. (1990). The case for motivated reasoning. *Psychological Bulletin, 108*, 480–498.

Kwang, T., & Swann, Jr., W. B. (2010). Do people embrace praise even when they feel unworthy? A review of critical tests of self-enhancement versus self-verification. *Personality and Social Psychology Review, 14*, 263–280.

Labroo, A., & Lee, A. Y. (2006). Between two brands: A goal fluency account of brand evaluation. *Journal of Marketing Research, 43*, 374–385.

Lacan, J. (1991). *The seminar of Jacques Lacan: Book II: The ego in Freud's theory and in the technique of psychoanalysis 1954–1955*. New York: W. W. Norton.

Lam, T. W., & Chiu, C-Y (2002). The motivational function of regulatory focus in creativity. *Journal of Creative Behavior, 36*, 138–150.

Lang, P. J. (1995). The emotion probe: Studies of motivation and attention. *American Psychologist, 50*, 372–385.

Lang, P. J., Bradley, M. M., & Cuthbert, B. N. (1990). Emotion, attention, and the startle reflex. *Psychological Review, 97*, 377–395.

Langer, E. J. (1975). The illusion of control. *Journal of Personality and Social Psychology, 32*, 311–328.

Langer, E. J., & Roth, J. (1975). Heads I win, tails it's chance: The illusion of control as a function of the sequence of outcomes in a purely chance task. *Journal of Personality and Social Psychology, 32*, 951–955.

499   Larsen, R. J. (2000). Toward a science of mood regulation. *Psychological Inquiry, 11,* 218–225.

Larsen, R. J., & Diener, E. (1985). A multitrait, multimethod examination of affect structure: Hedonic level and emotional intensity. *Personality and Individual Differences, 6,* 631–636.

Larsen, R. J., & Prizmic, Z. (2004). Affect regulation. In R. F. Baumeister & K. D. Vohs (Eds.), *Handbook of self-regulation: Research, theory, and applications* (pp. 40–61). New York: Guilford Press.

Lashley, K. S. (1951). The problem of serial order in behavior. In L. A. Jeffress (Ed.), *Cerebral mechanisms in behavior: The Hixon symposium* (pp. 112–136). New York: Wiley.

Latane, B., Williams, K., & Harkins, S. (1979). Many hands make light the work: The causes and consequences of social loafing. *Journal of Personality and Social Psychology, 37,* 822–832.

Latimer, A. E., Rivers, S. E., Rench, T. A., Katulak, N. A., Hicks, A., Hodorowski, J. K., Higgins, E. T., & Salovey, P. (2008). A field experiment testing the utility of regulatory fit messages for promoting physical activity. *Journal of Experimental Social Psychology, 44,* 826–832.

Latimer, A. E., Williams-Piehota, P., Katulak, N. A., Cox, A., Mowad, L. Z., Higgins, E. T., & Salovey, P. (2008). Promoting fruit and vegetable intake through messages tailored to individual differences in regulatory focus. *Annals of Behavioral Medicine, 35,* 363–369.

Lau, I. Y-M., Chiu, C-Y., & Lee, S-L. (2001). Communication and shared reality: Implications for the psychological foundations of culture. *Social Cognition, 19,* 350–371.

Lawrence, D. H., & Festinger, L. (1962). *Deterrents and reinforcement.* Stanford, CA: Stanford University Press.

Lazarus, R. S. (1966). *Psychological stress and the coping process.* New York: McGraw-Hill.

Lazarus, R. S., & Folkman, S. (1984). *Stress, appraisal, and coping.* New York: Springer.

Leary, M. R. (2004). The sociometer, self-esteem, and the regulation of interpersonal behavior. In R. F. Baumeister & K. D. Vohs (Eds.), *Handbook of self-regulation: Research, theory, and applications* (pp. 373–391). New York: Guilford Press.

Leary, M. R. (2007). Motivational and emotional aspects of the self. *Annual Review of Psychology, 58,* 317–344.

Leary, M. R., & Baumeister, R. F. (2000). The nature and function of self-esteem: Sociometer theory. In M. Zanna (Ed.), *Advances in experimental social psychology* (Vol. 32, pp. 1–62). San Diego, CA: Academic Press.

Leary, M. R., Tambor, E. S., Terdal, S. K., & Downs, D. L. (1995). Self-esteem as an interpersonal monitor: The sociometer hypothesis. *Journal of Personality and Social Psychology, 68,* 518–530.

Lecky, P. (1945). *Self-consistency: A theory of personality.* New York: Island Press.

Lee, A. Y., & Aaker, J. L. (2004). Bringing the frame into focus: The influence of regulatory fit on processing fluency and persuasion. *Journal of Personality and Social Psychology, 86,* 205–218.

Lee, A. Y., Aaker, J. L., & Gardner, W. L. (2000). The pleasures and pains of distinct self-construals: The role of interdependence in regulatory focus. *Journal of Personality and Social Psychology*, *78*, 1122–1134.

Lee, A. Y., & Higgins, E. T. (2009). The persuasive power of regulatory fit. In M. Wänke (Ed.), *The social psychology of consumer behavior* (pp. 319-333). New York: Psychology Press.

Lee, A. Y., Keller, P. A., & Sternthal, B. (2010). Value from regulatory construal fit: The persuasive impact of fit between consumer goals and message concreteness. *Journal of Consumer Research*, *36*, 735–747.

Lefcourt, H. M. (1976). *Locus of control: Current trends in theory and research*. Hillsdale, NJ: Erlbaum.

Lepper, M. R., Greene, D., & Nisbett, R. E. (1973). Undermining children's intrinsic interest with extrinsic reward: a test of the overjustification hypothesis. *Journal of Personality and Social Psychology*, *28*, 129–137.

Lepper, M. R., Zanna, M. P., & Abelson, R. P. (1970). Cognitive irreversibility in a dissonance-reduction situation. *Journal of Personality and Social Psychology*, *16*, 191–198.

Lerner, M. J. (1970). The desire for justice and reactions to victims. In J. Macaulay & L. Berkowitz (Eds.), *Altruism and helping behavior*. New York: Academic Press.

Levine, J. M. (1989). Reaction to opinion deviance in small groups. In P. B. Paulus (Ed.), *Psychology of group influence* (2nd ed., pp. 187–231). Hillsdale, NJ: Erlbaum.

Levine, J. M. (1999). Solomon Asch's legacy for group research. *Personality and Social Psychology Review*, *3*, 358–364.

Levine, J. M., & Thompson, L. (1996). Conflict in groups. In E. T. Higgins & A. W. Kruglanski (Eds.), *Social psychology: Handbook of basic principles* (pp. 745–776). New York: Guilford Press.

LeVine, R. A. (2001). Culture and personality studies, 1918–1960: Myth and history. *Journal of Personality*, *69*, 803–818.

Lewin, K. (1935). *A dynamic theory of personality*. New York: McGraw-Hill.

Lewin, K. (1951). *Field theory in social science*. New York: Harper.

Lewin, K. (1952). Constructs in field theory [1944]. In D. Cartwright (Ed.), *Field theory in social science: Selected theoretical papers by Kurt Lewin* (pp. 30–42). London: Tavistock.

Lewin, K., Dembo, T., Festinger, L., & Sears, P. S. (1944). Level of aspiration. In J. McHunt (Ed.), *Personality and the behavior disorders* (Vol. 1, pp. 333–378). New York: Ronald Press.

Lewis, M. (1965). Psychological effect of effort. *Psychological Bulletin*, *64*, 183–190.

Li, N. P., Bailey, J. M., Kenrick, D. T., & Linsenmeier, J. A. W. (2002). The necessities and luxuries of mate preferences: Testing the tradeoffs. *Journal of Personality and Social Psychology*, *82*, 947–955.

Liberman, N., & Forster, J. (2008). Expectancy, value and psychological distance: A new look at goal gradients. *Social Cognition*, *26*, 629–647.

Liberman, N., Idson, L. C., Camacho, C. J., & Higgins, E. T. (1999). Promotion and prevention choices between stability and change. *Journal of Personality and Social Psychology*, *77*, 1135–1145.

Liberman, N., Molden, D. C., Idson, L. C., & Higgins, E. T. (2001). Promotion and prevention focus on alternative hypotheses: Implications for attributional functions. *Journal of Personality and Social Psychology*, *80*, 5–18.

500

501   Liberman, N., & Trope, Y. (2008). The psychology of transcending the here and now. *Science, 322,* 1201–1205.

Liberman, N., Trope, Y., & Stephan, E. (2007). Psychological distance. In A. W. Kruglanski & E. T. Higgins (Eds.), *Social psychology: Handbook of basic principles* (2nd ed., pp. 353–381). New York: Guilford.

Lindskold, S. (1978). Trust development, the GRIT proposal, and the effects of conciliatory acts on conflict and cooperation. *Psychological Bulletin, 85,* 772–793.

Locke, E. A., & Kristof, A. L. (1996). Volitional choices in the goal achievement process. In P. M. Gollwitzer & J. A. Bargh (Eds.), *The psychology of action: Linking cognition and motivation to behavior* (pp. 365–384). New York: Guilford Press.

Locke, E. A., & Latham, G. P. (1990). *A theory of goal setting and task performance.* Englewood Cliffs, NJ: Prentice-Hall.

Locke, E. A., & Latham, G. P. (2002). Building a practically useful theory of goal setting and task motivation: A 35-year odyssey. *American Psychologist, 57,* 705–717.

Loftus, E. F., & Palmer, J. C. (1974). Reconstruction of automobile destruction: An example of the interaction between language and memory. *Journal of Verbal Learning and Verbal Behavior, 13,* 585–589.

Lombardi, W. J., Higgins, E. T., & Bargh, J. A. (1987). The role of consciousness in priming effects on categorization. *Personality and Social Psychology Bulletin, 13,* 411–429.

Lopes, L. L. (1987). Between hope and fear: The psychology of risk. In L. Berkowitz (Ed.), *Advances in experimental social psychology* (Vol. 20, p. 255–295). New York: Academic Press.

Lount Jr., R. B., Zhong, C-B., Sivanathan, N., & Murnighan, J. K. (2008). Getting off on the wrong foot: The timing of a breach and the restoration of trust. *Personality and Social Psychology Bulletin, 34,* 1601–1612.

Lowery, B. S., Hardin, C. D., & Sinclair, S. (2001). Social influence effects on automatic racial prejudice. *Journal of Personality and Social Psychology, 81,* 842–855.

Lucas, R. E., & Diener, E. (2008). Personality and subjective well-being. In O. P. John, R. W. Robins, & L. A. Pervin (Eds.), *Handbook of personality: Theory and research* (3rd ed., pp. 795–814). New York: Guilford Press.

Luce, R. D. (1959). *Individual choice behavior.* New York: Wiley.

Lyons, A., & Kashima, Y. (2003). How are stereotypes maintained through communication? The influence of stereotype sharedness. *Journal of Personality and Social Psychology, 85,* 989–1005.

Machiavelli, N. (2004). *The Prince.* London: Penguin Classics. (Originally published in 1513)

Macrae, C. N., & Bodenhausen, G. V. (2000). Social cognition: Thinking categorically about others. *Annual Review of Psychology, 51,* 93–120.

Main, M., Kaplan, N., & Cassidy, J. (1985). Security in infancy, childhood, and adulthood: A move to the level of representation. *Monographs for the Society for Research in Child Development, 50,* 66–104.

Malle, B. F. (2004). *How the mind explains behavior: Folk explanations, meaning, and social interaction.* Cambridge, MA: MIT Press.

Mandler, G. (1984). *Mind and body: The psychology of emotion and stress.* New York: Norton.

Mannetti, L., Pierro, A., Higgins, E. T., & Kruglanski, A. W. (2009). *Maintaining physical activity: How locomotion mode moderates the full attitude-intention-behavior relation.* Unpublished manuscript, University La Sapienza.

Mannix, E. (1997). *Federated Science Fund.* Dispute Resolution. Research Center, Kellogg School of Management.

March, J. G. (1994). *A primer on decision making: How decisions happen.* New York: Free Press.

Marks, G., & Miller, N. (1987). Ten years of research on the false consensus effect: an empirical and theoretical review. *Psychological Bulletin, 102,* 72–90.

Marks, R. W. (1951). The effect of probability, desirability, and "privilege" on the stated expectations of children. *Journal of Personality, 19,* 332–351.

Markus, H. (1977). Self-schemata and processing information about the self. *Journal of Personality and Social Psychology, 35,* 63–78.

Markus, H. (1980). The self in thought in memory. In D. M. Wegner & R. R. Vallacher (Eds.), *The self in social psychology* (pp. 102–130). New York: Oxford University Press.

Markus, H., & Kitayama, S. (1991). Culture and the self: Implications for cognition, emotion, and motivation. *Psychological Review, 98,* 224–253.

Markus, H. R., & Kitayama, S. (1998). The cultural psychology of personality. *Journal of Cross-Cultural Psychology, 29,* 63–87.

Marlowe, D., & Gergen, K. J. (1969). Personality and social interaction. In G. Lindzey & E. Aronson (Eds.), *The handbook of social psychology* (3rd ed., pp. 590–665). Reading, MA: Addison-Wesley.

Marsden, P. V. (1987). Core discussion networks of Americans. *American Sociological Review, 52,* 122–131.

Martijn, C., Tenbult, P., Merckelbach, H., Dreezens, E., & de Vries, N. K. (2002). Getting a grip on ourselves: Challenging expectancies about loss of energy after self-control. *Social Cognition, 20,* 441–460.

Martin, L. L. (1986). Set/reset: Use and disuse of concepts in impression formation. *Journal of Personality and Social Psychology, 51,* 493–504.

Martin, L. L., & Achee, J. W. (1992). Beyond accessibility: The role of processing objectives in judgment. In L. L. Martin & A. Tesser (Eds.), *The construction of social judgments* (pp. 195–216). Hillsdale, NJ: Erlbaum.

Masicampo, E. J., & Baumeister, R. F. (2008). Toward a physiology of dual-process reasoning and judgment: Lemonade, willpower, and effortful rule-based analysis. *Psychological Science, 19,* 255–260.

Maslow, A. H. (1943). A theory of human motivation. *Psychological Review, 50,* 370–396.

Mauro, R., Pierro, A., Mannetti, L., Higgins, E. T., & Kruglanski, A. W. (in press). The perfect mix: Regulatory complementarity and the speed-accuracy balance in group performance. *Psychological Science.*

Mayseless, O., & Kruglanski, A. W. (1987). What makes you so sure?: Effects of epistemic motivations on judgmental confidence. *Organizational Behavior and human decision processes, 39,* 162-183.

McClelland, D.C. (1951). *Personality.* New York: Sloane.

McClelland, D. C. (1961). *The achieving society.* Princeton, NJ: Van Nostrand.

502

503   McClelland, D. C. (1980). Motive dispositions. In L. Wheeler (Ed.), *Review of personality and social psychology* (Vol. 1, pp. 10–41). Beverly Hills, CA: Sage.

McClelland, D. C., & Atkinson, J. W. (1948). The projective expression of needs: I. The effect of different intensities of the hunger drive on perception. *Journal of Psychology, 25,* 205-232.

McClelland, D. C., Atkinson, J. W., Clark, R. A., & Lowell, E. L. (1953). *The achievement motive.* New York: Appleton-Century-Crofts.

McCrae, R. R. (2004). Human nature and culture: A trait perspective. *Journal of Research in Personality, 38,* 3–14.

McCrae, R. R., & Costa, P. T. (1987). Validation of the five-factor model of personality across instruments and observers. *Journal of Personality and Social Psychology, 52,* 81–90.

McCrae, R. R., & Terracciano, A. (2006). National character and personality. *Current Directions in Psychological Science, 15,* 156–161.

McDougall, W. (1914). *An introduction to social psychology* (8th ed.). Boston: Luce.

McGregor, I., Newby-Clark, I. R., & Zanna, M. P. (1999). "Remembering" dissonance: Simultaneous accessibility of inconsistent cognitive elements moderates epistemic discomfort. In E. Harmon-Jones & J. Mills (Ed.), *Cognitive dissonance: Progress on a pivotal theory in social psychology* (pp. 325–353). Washington, D. C.: American Psychological Association.

McGuire, W. J. (1966). Attitudes and opinions. *Annual Review of Psychology, 17,* 475–514.

McGuire, W. J., & Padawer-Singer, A. (1976). Trait salience in the spontaneous self-concept. *Journal of Personality and Social Psychology, 33* 743–754.

McMahon, K. (2002). *The fall of the god of money: Opium smoking in nineteenth-century China.* Maryland: Rowman & Littlefield.

McPherson, M., Smith-Lovin, L., & Brashears, M. E. (2006). Social isolation in America: Changes in core discussion networks over two decades. *American Sociological Review, 71,* 353–375.

Mead, G. H. (1934). *Mind, self, and society.* Chicago: University of Chicago Press.

Mellers, B. A., & McGraw, A. P. (2001). Anticipated emotions as guides to choice. *Current Directions in Psychological Science, 10,* 210–214.

Mendoza-Denton, R., & Hansen, N. (2007). Networks of meaning: Intergroup relations, cultural worldviews, and knowledge activation principles. *Social and Personality Psychology Compass, 1,* 68–83.

Merton, R. K. (1957). *Social theory and social structure.* Glencoe, IL: The Free Press.

Merton, R. K., & Kitt, A. S. (1952). Contributions to the theory of reference-group behavior. In G. E. Swanson, T. M. Newcomb, & E. L. Hartley (Eds.), *Readings in social psychology* (2nd ed., pp. 430–444). New York: Holt, Rinehart & Winston.

Metcalfe, J., & Mischel, W. (1999). A hot/cool-system analysis of delay of gratification: Dynamics of willpower. *Psychological Review, 106,* 3–19.

Meyer, D. E., Smith, J. E., & Wright, C. E. (1982). Models for the speed and accuracy of aimed movements. *Psychological Review, 89,* 449–482.

Meyer, J. P., Allen, N. J., & Smith, C. A. (1993). Commitment to organizations and occupations: Extension and test of a three-component conceptualization. *Journal of Applied Psychology, 78,* 538–551.

Mikulincer, M. (1998). Attachment working models and the senses of trust: An explo- ration of interaction goals and affect regulation. *Journal of Personality and Social Psychology*, *74*, 1209–1224.

Mikulincer, M., & Shaver, P.R. (2003). The attachment behavioral system in adulthood: Activation, psychodynamics, and interpersonal processes. In M. P. Zanna (Ed.), *Advances in experimental social psychology* (Vol. 35, pp. 53–152). San Diego, CA: Academic Press.

Milgram, S. (1974). *Obedience to authority*. New York: Harper & Row.

Millar, M. G., Tesser, A. (1986). Effects of affective and cognitive focus on the attitude-behavior relation. *Journal of Personality and Social Psychology*, *51*, 270–276.

Miller, D. T., & Ross, M. (1975). Self-serving biases in the attribution of causality: Fact or fiction? *Psychological Bulletin*, *82*, 213–225.

Miller, D. T., Weinstein, S. M., & Karniol, R. (1978). Effects of age and self-verbalization on children's ability to delay gratification. *Developmental Psychology*, *14*, 569–570.

Miller, G. A., Galanter, E., & Pribram, K. H. (1960). *Plans and the structure of behavior*. New York: Holt, Rinehart, & Winston.

Miller, J. G. (1984). Culture and the development of everyday social explanation. *Journal of Personality and Social Psychology*, *46*, 961–978.

Miller, N. E. (1944). Experimental studies of conflict. In J. McV. Hunt (Ed.), *Personality and the behavior disorders* (Vol. 1, pp. 431–465). New York: Ronald Press.

Miller, N. E. (1959). Liberalization of basic S-R concepts: Extensions to conflict behav- ior, motivation, and social learning. In S. Koch (Ed.), *Psychology: A study of a science. Vol. 2: General systematic formulations, learning, and special processes* (pp.196–292). New York: McGraw-Hill.

Miller, N. E. (1963). Some reflections on the law of effect produce a new alternative to drive reduction. In M. R. Jones (Ed.), *Nebraska symposium on motivation, Vol. 11 (pp. 65-112)*. Lincoln, Nebraska: Nebraska University Press.

Miller, P. J. E., & Rempel, J. K. (2004). Trust and partner-enhancing attributions in close relationships. *Personality and Social Psychology Bulletin*, *30*, 695–705.

Miller, S. M. (1979). Coping with impending stress: Physiological and cognitive correlates of choice. *Psychophysiology*, *16*, 572–581.

Mischel, H. N., & Mischel, W. (1983). The development of children's knowledge of self-control strategies. *Child Development*, *54*, 603–619.

Mischel, W. (1973). Toward a cognitive social learning reconceptualization of personal- ity. *Psychological Review, 80,* 252–283.

Mischel, W. (1968). *Personality and assessment*. New York: Wiley.

Mischel, W. (1974). Processes in delay of gratification. In L. Berkowitz (Ed.), *Advances in experimental social psychology* (Vol. 7, pp. 249–292). New York: Academic Press.

Mischel, W. (1996). From good intentions to willpower. In P. M. Gollwitzer & J. A. Bargh (Eds.), *The psychology of action: Linking cognition and motivation to behav- ior* (pp. 197–218). New York: Guilford.

Mischel, W. (1999). *Introduction to personality* (6th ed.). New York: Holt, Rinehart & Winston.

Mischel, W., Cantor, N., & Feldman, S. (1996). Principles of self-regulation: The nature of willpower and self-control. In E. T. Higgins & A. W. Kruglanski (Eds.), *Social psychology: Handbook of basic principles* (pp. 329–360). New York: Guilford.

505 Mischel, W., & Ebbesen, E. B. (1970). Attention in delay of gratification. *Journal of Personality and Social Psychology, 16,* 329–337.

Mischel, W., Ebbesen, E. B., & Zeiss, A. R. (1973). Selective attention to the self: Situational and dispositional determinants. *Journal of Personality and Social Psychology, 27,* 129–142.

Mischel, W., & Masters, J. C. (1966). Effects of probability of reward attainment on responses to frustration. *Journal of Personality and Social Psychology, 3,* 390–396.

Mischel, W., & Patterson, C. J. (1978). Effective plans for self-control in children. In W. A. Collins (Ed.), *Minnesota symposia on child psychology* (Vol. 11, pp. 199–230). Hillsdale, NJ: Erlbaum.

Mischel, W., & Shoda, Y. (1995). A cognitive-affective system theory of personality: Reconceptualizing situations, dispositions, dynamics, and invariance in personality structure. *Psychological Review, 102,* 246–268.

Mischel, W., & Shoda, Y. (1999). Integrating dispositions and processing dynamics within a unified theory of personality: The Cognitive Affective Personality System (CAPS). In L. A. Pervin & O. John (Eds.), *Handbook of personality: Theory and research* (pp. 197–218). New York: Guilford.

Mischel, W., Shoda, Y., & Rodriguez, M. L. (1989). Delay of gratification in children. *Science, 244,* 933–938.

Molden, D. C., & Dweck, C. S. (2006). Finding "meaning" In psychology: A lay theories approach to self-regulation, social perception, and social development. *American Psychologist, 61,* 192–203.

Molden, D. C., & Higgins, E. T. (2008). How preferences for eager versus vigilant judgment strategies affect self-serving conclusions. *Journal of Experimental Social Psychology, 44,* 1219–1228.

Monga, A., & Zhu, R. (2005). Buyers versus sellers: How they differ in their responses to framed outcomes. *Journal of Consumer Psychology, 15,* 325–333.

Monteith, M. J. (1993). Self-regulation of prejudiced responses: Implications for progress in prejudice reduction efforts. *Journal of Personality and Social Psychology, 65,* 469–485.

Monteith, M. J., Ashburn-Nardo, L., Voils, C. I., & Czopp, A. M. (2002). Putting the breaks on prejudice: On the development and operation of cues for control. *Journal of Personality and Social Psychology, 83,* 1029–1050.

Moretti, M. M., & Higgins, E. T. (1999a). Internal representations of others in self-regulation: A new look at a classic issue. *Social Cognition, 17,* 186–208.

Moretti, M. M., & Higgins, E. T. (1999b). Own versus other standpoints in self-regulation: Developmental antecedents and functional consequences. *Review of General Psychology, 3,* 188–223.

Morris, M. W., Menon, T., & Ames, D. R. (2001). Culturally conferred conceptions of agency: A key to social perception of persons, groups, and other actors. *Personality and Social Psychology Review, 5,* 169–182.

Morris, W., & Reilly, N. (1987). Toward the self-regulation of mood: Theory and research. *Motivation and Emotion, 11,* 215–249.

Moskowitz, G. B. (1993). Individual differences in social categorization: The influence of personal need for structure on spontaneous trait inferences. *Journal of Personality and Social Psychology, 65,* 132–142.

Moskowitz, G. B., Gollwitzer, P. M., Wasel, W., & Schaal, B. (1999). Preconscious control of stereotype activation through chronic egalitarian goals. *Journal of Personality and Social Psychology, 77*, 167–184.

Moskowitz, G. B., & Grant, H. (2009). *The psychology of goals.* New York: Guilford Press.

Mowrer, O. H. (1960). *Learning theory and behavior.* New York: John Wiley.

Murray, H. A. (1938). *Exploration in personality.* New York: Oxford University Press.

Neale, M. A., & Bazerman, M. H. (1992). Negotiator cognition and rationality: A behavioral decision theory perspective. *Organizational Behavior and Human Decision Processes, 51,* 157–175.

Neale, M. A., Huber, V. L., & Northcraft, G. B. (1987). The framing of negotiations: Contextual versus task frames. *Organizational Behavior and Human Decision Processes, 39,* 228–241.

Nelson, K. (2005). Emerging levels of consciousness in early human development. In H. S. Terrace & J. Metcalfe (Eds.), *The missing link in cognition: Origins of self-reflective consciousness* (pp. 116–141). Oxford: Oxford University Press.

Neuberg, S. L., & Fiske, S. T. (1987). Motivational influences on impression formation: Outcome dependency, accuracy-driven attention, and individuating processes. *Journal of Personality and Social Psychology, 53*, 431–444.

Neufeld, R. W. J., & Thomas, P. (1977). Effects of perceived efficacy of a prophylactic controlling mechanism on self-control under pain stimulation. *Canadian Journal of Behavioral Science*, 9, 224–232.

Neugarten, B. L., Havighurst, R. J., & Tobin, S. S. (1961). The measurement of life satisfaction. *Journal of Gerontology, 16*, 134–143.

Newcomb, T. M. (1961). *The acquaintance process.* New York: Holt, Rinehart, & Winston.

Newcomb, T. M. (1968). Introduction. In R. P. Abelson, E. Aronson, W. J. McGuire, T. M. Newcomb, M. J. Rosenberg, & P. H. Tannenbaum (Eds.), *Theories of cognitive consistency: A sourcebook* (pp. xv–xvii). Chicago: Rand McNally.

Nicholls, J. G. (1984). Achievement motivation: Conceptions of ability, subjective experience, task choice, and performance. *Psychological Review, 91*, 328–346.

Nisbett, R. E. (2003). *The geography of thought: How Asians and Westerners think differently . . . and why.* New York: Free Press.

Nisbett, R. E., & Ross, L. D. (1980). *Human inference: Strategies and shortcomings of informal judgment.* Century Series in Psychology. Englewood Cliffs, NJ: Prentice-Hall.

Nolen-Hoeksema, S. (2000). The role of rumination in depressive disorders and mixed anxiety/depressive symptoms. *Journal of Abnormal Psychology, 109*, 504–511.

Norem, J. K., & Cantor, N. (1986a). Anticipatory and post hoc cushioning strategies: Optimism and defensive pessimism in "risky" situations. *Cognitive Therapy and Research, 10*, 347–362.

Norem, J. K., & Cantor, N. (1986b). Defensive pessimism: Harnessing anxiety as motivation. *Journal of Personality and Social Psychology, 51*, 1208–1217.

Norem, J. K., & Illingworth, K. S. S. (1993). Strategy-dependent effects of reflecting on self and tasks: Some implications of optimism and defensive pessimism. *Journal of Personality and Social Psychology, 65*, 822–835.

506

507   Novemsky, N., Dhar, R., Schwarz, N., & Simonson, I. (in press). Preference fluency in consumer choice. *Journal of Marketing Research*.

Nozick, R. (1974). *Anarchy, state, and utopia*. New York: Basic Books.

Ochsner, K. N., & Gross, J. J. (2004). Thinking makes it so: A social cognitive neuroscience approach to emotion regulation. In R. F. Baumeister & K. D. Vohs (Eds.), *Handbook of self-regulation: Research, theory, and applications* (pp. 229–255). New York: Guilford Press.

Oettingen, G. (1996). Positive fantasy and motivation. In P. M. Gollwitzer & J. A. Bargh (Eds.), *The psychology of action: Linking cognition and motivation to behavior* (pp. 236–259). New York: Guilford.

Oettingen, G., & Mayer, D. (2002). The motivating function of thinking about the future: Expectations versus fantasies. *Journal of Personality and Social Psychology, 83*, 1198–1212.

Oettingen, G., Pak, H., & Schnetter, K. (2001). Self-regulation of goal setting: Turning free fantasies about the future into binding goals. *Journal of Personality and Social Psychology, 80*, 736–753.

Olds, J., & Milner, P. (1954). Positive reinforcement produced by electrical stimulation of septal area and other regions of rat brain. *Journal of Comparative and Physiological Psychology. 47*, 419–27.

Olson, M. A., & Fazio, R. H. (2004). Reducing the influence of extra-personal associations on the Implicit Association Test: Personalizing the IAT. *Journal of Personality and Social Psychology, 86*, 653–667.

Ortony, A., Clore, G. L., & Collins, A. (1988). *The cognitive structure of emotions*. New York: Cambridge University Press.

Orwell, G. (1949). *1984*. New York: Harcourt Brace Jovanovich.

Osgood, C. E., Suci, G. J., & Tannenbaum, P. H. (1957). *The measurement of meaning*. Urbana, IL: University of Illinois Press.

Osgood, C. E., & Tannenbaum, P. H. (1955). The principle of congruity in the prediction of attitude change. *Psychological Review, 62*, 42–55.

Ostroff, C. (2007). General methodological and design issues. In C. Ostroff & T. A. Judge (Eds.), *Perspectives on organizational fit* (pp. 352–356). Hillsdale, NJ: Erlbaum.

Ostrom, T. M. (1969). The relationship between the affective, behavioral and cognitive components of attitudes. *Journal of Experimental Social Psychology, 5*, 12–30.

Oxford English Dictionary, The Compact Edition, Volumes I & II (1971). Oxford: Oxford University Press.

Paine, J. W. (2009). *Follower engagement, commitment, and favor toward change: Examining the role of regulatory fit*. Unpublished doctoral dissertation, Columbia University.

Parkinson, B., & Totterdell, P. (1999). Classifying affect-regulation strategies. *Cognition and Emotion, 13*, 277–303.

Parkinson, B., Totterdell, P., Briner, R. B., & Reynolds, S. (1996). *Changing moods: The psychology of mood and mood regulation*. London: Longman.

Parsons, T. (1964). *Social structure and personality*. London: Free Press.

Pavot, W., Diener, E., & Fujita, F. (1990). Extraversion and happiness. *Personality and Individual Differences, 11*, 1299–1306.

Peabody, D. (1985). *National characteristics*. New York: Cambridge University Press.

Peake, P. K., Hebl, M., & Mischel, W. (2002). Strategic attention deployment for delay of gratification in working and waiting situations. *Developmental Psychology, 38,* 313–326.

Penley, J. A., Tomaka, J., & Wiebe, J. S. (2002). The association of coping to physical and psychological health outcomes: A meta-analytic review. *Journal of Behavioral Medicine, 25,* 551–603.

Pennebaker, J. W., Colder, M., & Sharp, L. K. (1990). Accelerating the coping process. *Journal of Personality and Social Psychology, 58,* 528–537.

Pennebaker, J. W., & Francis, M. E. (1996). Cognitive, emotional, and language processes in disclosure: Physical health and adjustment. *Cognition and Emotion, 10,* 601–626.

Pennebaker, J. W., Mayne, T. J., & Francis, M. E. (1997). Linguistic predictors of adaptive bereavement. *Journal of Personality and Social Psychology, 72,* 863–871.

Pennington, G. I., & Roese, N. J. (2003). Regulatory focus and temporal distance. *Journal of Experimental Social Psychology, 39,* 563–576.

Pepitone, A., McCauley, C., & Hammond, P. (1967). Change in attractiveness of forbidden toys as a function of severity of threat. *Journal of Experimental Social Psychology, 3,* 221–229.

Perky, C. W. (1910). An experimental study of imagination. *American Journal of Psychology, 21,* 422–452.

Perner, J., Ruffman, T., & Leekam, S. R. (1994). Theory of mind is contagious: You catch it from your sibs. *Child Development, 65,* 1228–1238.

Pervin, L. A. (Ed.) (1989). *Goal concepts in personality and social psychology.* Hillsdale, NJ: Erlbaum.

Pervin, L. A. (2001). A dynamic systems approach to personality. *European Psychologist, 6,* 172–176.

Peterson, C., & Seligman, M. E. P. (2004). *Character Strengths and Virtues.* Oxford: Oxford University Press.

Petty, R. E., & Wegener, D. T. (1998). Attitude change: Multiple roles for persuasion variables. In D. T. Gilbert, S. T. Fiske, & G. Lindzey (Eds.), *The handbook of social psychology* (4th ed., pp. 323–390). New York: McGraw Hill.

Pham, M., & Avnet, T. (2004). Ideals and oughts and the reliance on affect versus substance in persuasion. *Journal of Consumer Research, 30,* 503–518.

Piaget, J. (1951). *Play, dreams and imitation in childhood.* New York: Norton.

Piaget, J. (1952). *The origins of intelligence in children.* New York: International University Press.

Piaget, J. (1965). *The moral judgment of the child.* New York: Free Press (Original translation published 1932)

Piaget, J. (1970). Piaget's theory. In P. H. Mussen (Ed.), *Carmichael's manual of child psychology* (Vol. 1, 3rd ed., pp. 703–732). New York: Wiley.

Pierro, A., Cicero. L., & Higgins, E. T. (in press). Followers' satisfaction from working with group-prototypic leaders: Promotion focus as moderator. *Journal of Experimental Social Psychology.*

Pierro, A., Kruglanski, A. W., & Higgins, E. T. (2006). Progress takes work: Effects of the locomotion dimension on job involvement, effort investment, and task performance in organizations. *Journal of Applied Social Psychology, 36,* 1723–1743.

508

509   Pierro, A., Kruglanski, A. W., & Higgins, E. T. (2011). *How complementary regulatory modes in teams can enhance individual performance.* Unpublished manuscript, University of Rome 'La Sapienza'.

Pierro, A., Leder, S., Mannetti, L., Higgins, E. T., Kruglanski, A. W., & Aiello, A. (2008). Regulatory mode effects on counterfactual thinking and regret. *Journal of Experimental Social Psychology, 44*, 321–329.

Pierro, A., Presaghi, F., Higgins, E. T., & Kruglanski, A. W. (2009). Regulatory mode preferences for autonomy-supporting versus controlling instructional styles. *British Journal of Educational Psychology, 79*, 599-615.

Pittman, T. S., & D'Agostino, P. R. (1989). Motivation and cognition: Control deprivation and the nature of subsequent information processing. *Journal of Experimental Social Psychology, 25*, 465-480.

Pittman, T. S., & Pittman, N. L. (1980). Deprivation of control and the attribution process. *Journal of Personality and Social Psychology, 39*, 377-389.

Pittman, T. S., & Zeigler, K. R. (2007). Basic human needs. In A. W. Kruglanski & E. T. Higgins (Eds.), *Social psychology: Handbook of basic principles* (2nd ed., pp. 473–489). New York: Guilford.

Povinelli, D. J. (2000). *Folk physics for apes: The chimpanzee's theory of how the world works.* Oxford: Oxford University Press.

Powers, W. T. (1973) *Behavior: The control of perception.* Chicago: Aldine.

Plaks, J. E., & Higgins, E. T. (2000). The pragmatic use of stereotypes in teamwork: Motivational tuning to inferred partner/situation fit. *Journal of Personality and Social Psychology, 79*, 962–974.

Plessner, H., Unkelbach, C., Memmert, D., Baltes, A., & Kolb, A. (2009). Regulatory fit as a determinant of sport performance: How to succeed in a soccer penalty-shooting. *Psychology of Sport and Exercise, 10*, 108–115.

Powers, W. T. (1973). *Behavior: The control of perception.* Chicago: Aldine.

Putnam, R. D. (2000). *Bowling alone: The collapse and revival of American community.* New York: Simon and Schuster.

Pyszczynski, T., & Greenberg, J. (1987). Toward an integration of cognitive and motivational perspectives on social inference: A biased hypothesis testing model. In L. Berokowitz (Ed.) *Advances in experimental social psychology* (Vol. 20, pp. 297–340). New York: Academic Press.

Pyszczynski, T. A., Greenberg, J., & Solomon, S. (1997). Why do we need what we need?: A terror management perspective on the roots of human social motivation. *Psychological Inquiry, 8*, 1–20.

Redelmeier, D., & Kahneman, D. (1996). Patients' memories of painful medical treatments: Real-time and retrospective evaluations of two minimally invasive procedures. *Pain, 116*, 3–8.

Rescorla, R. A., & Solomon, R. L. (1967). Two-process learning theory: Relationships between Pavlovian conditioning and instrumental learning. *Psychological Review, 74*, 151–182.

Rescorla, R. A., & Wagner, A. R. (1972). A theory of Pavlovian conditioning: Variations in the effectiveness of reinforcement and nonreinforcement. In A. H. Black & W. F. Prokasy (Eds.), *Classical conditioning II: Current research and theory* (pp. 64–99). New York: Appleton-Century-Crofts.

Richards, J. M., & Gross, J. J. (2000). Emotion regulation and memory: The cognitive costs of keeping one's cool. *Journal of Personality and Social Psychology, 79*, 410–424.

Richeson, J. A., & Ambady, N. (2003). Effects of situational power on automatic racial prejudice. *Journal of Experimental Social Psychology, 39*, 177–183.

Robinson, M. D. (2004). Personality as performance: Categorization tendencies and their correlates. *Current Directions in Psychological Science, 13*, 127–129.

Robinson, M. D., Vargas, P. T., Tamir, M., & Solberg, E. C. (2004). Using and being used by categories: The case of negative evaluations and daily well-being. *Psychological Science, 15*, 521–526.

Robinson, T. E., & Berridge, K. C. (2003). Addiction. *Annual Review of Psychology, 54*, 25–53.

Roese, N. J. (1997). Counterfactual thinking. *Psychological Bulletin, 121*, 133–148.

Roese, N. J., Hur, T., & Pennington, G. L. (1999). Counterfactual thinking and regulatory focus: Implications for action versus inaction and sufficiency versus necessity. *Journal of Personality and Social Psychology, 77*, 1109–1120.

Roese, N. J., & Olson, J. M. (1993). The structure of counterfactual thought. *Personality and Social Psychology Bulletin, 19*, 312–319.

Roese, N. J., Pennington, G. L., Coleman, J., Janicki, M., & Kenrick, D. T. (2006). Sex differences in regret: All for love or some for lust? *Personality and Social Psychology Bulletin, 32*, 770–780.

Rogers, C. R. (1951). *Client-centered therapy: Its current practice, implications, and theory.* Boston: Houghton Mifflin.

Rogers, C. R. (1961). *On becoming a person.* Boston: Houghton Mifflin Company.

Rogers, R. W. (1975). A protection motivation theory of fear appeals and attitude change. *Journal of Psychology, 91*, 93–114.

Rokeach, M. (1973). *The nature of human values.* New York: Free Press.

Rokeach, M. (1979). Change and stability in American value systems, 1968–1971. In M. Rokeach (Ed.), *Understanding human values: Individual and societal.* New York: The Free Press.

Rokeach, M. (1980). Some unresolved issues in theories of beliefs, attitudes, and values. In H. E. Howe, Jr. & M. M. Page (Eds.), *1979 Nebraska symposium on motivation.* Lincoln: University of Nebraska Press.

Romero-Canyas, R., & Downey, G. (2005). Rejection sensitivity as a predictor of affective and behavioral responses to interpersonal stress: A defensive motivational system. In K. D. Williams, J. P. Forgas, & W. von Hippel (Eds.), *The social outcast: Ostracism, social exclusion, rejection, and bullying.* (pp. 131–154). New York: Psychology Press.

Rorschach, H. (1951). *Psychodiagnostics: a diagnostic test based on perception* (5th ed. rev.). Oxford, England: Grune and Stratton. (Original printing 1921)

Roseman, I. J. (1984). Cognitive determinants of emotion: A structural theory. *Review of Personality and Social Psychology, 5*, 11–36.

Roseman, I. J., Wiest, C., & Swartz, T. S. (1994). Phenomenology, behaviors, and goals differentiate discrete emotions. *Journal of Personality and Social Psychology, 67*, 206–221.

Rosenberg, M. (1979). *Conceiving the self.* Malabar, FL: Robert E. Krieger.

510

511   Rosenberg, M. J. (1956). Cognitive structure and attitudinal affect. *Journal of Abnormal and Social Psychology, 53,* 367–372.

Rosenberg, M. J., & Abelson, R. P. (1960). An analysis of cognitive balancing. In M. J. Rosenberg, C. I. Hovland, W. J. McGuire, R. P. Abelson, & J. W. Brehm (Eds.), *Attitude organization and change: An analysis of consistency among attitude components* (pp. 1–14). New Haven, CT: Yale University Press.

Rosenberg, M. J., & Hovland, C. I. (1960). Cognitive, affective, and behavioral components of attitudes. In M. J. Rosenberg, C. I. Hovland, W. J. McGuire, R. P. Abeison, & J. W. Brehm, *Attitude organization and change: An analysis of consistency among attitude components* (pp. 1–14). New Haven, CT: Yale University Press.

Ross, L. (1977). The intuitive psychologist and his shortcomings: Distortions in the attribution process. In L. Berkowitz (Ed.), *Advances in Experimental Social Psychology* (Vol. 10, pp. 173–220). New York: Academic Press.

Ross, L., Greene, D. & House, P. (1977). The "false consensus effect": An egocentric bias in social perception and attribution processes. *Journal of Experimental Social Psychology, 13,* 279–301.

Ross, L., & Ward, A. (1995). Psychological barriers to dispute resolution. In M. P. Zanna (Ed.), *Advances in experimental social psychology* (Vol. 27, pp. 255–304). San Diego, CA: Academic Press.

Ross, M. (1975). Salience of reward and intrinsic motivation. *Journal of Personality and Social Psychology, 32,* 245–254.

Ross, M., & Olson, J. M. (1981). An expectancy-attribution model of the effects of placebos. *Psychological Review, 88,* 408–437.

Ross, M., & Sicoly, F. (1979). Egocentric biases in availability and attribution. *Journal of Personality and Social Psychology, 37,* 322–336.

Rothbaum, F., Weisz, J. R., & Snyder, S. S. (1982). Changing the world and changing the self: A two-process model of perceived control. *Journal of Personality and Social Psychology, 42,* 5–37.

Rotter, J. B. (1954). *Social learning and clinical psychology.* Englewood Cliffs, NJ: Prentice-Hall.

Rotter, J. B. (1966). Generalized expectancies for internal versus external control of reinforcement. *Psychological Monographs, 80* (1, Whole No. 609).

Roysamb, E., Harris, J. R., Magnus, P., Vitterso, J., & Tambs, K. (2002). Subjective well-being: Sex-specific effects of genetic and environmental factors. *Personality and Individual Differences, 32,* 211–223.

Rozin, P. (2000). *Human food intake and choice: Biological, psychological and cultural perspectives.* Paper presented at the International Symposium: Food selection from genes to culture. Danone Institute. Paris, France.

Ruble, D. N. (1983). The development of social comparison processes and their role in achievement-related self-socialization. In E. T. Higgins, D. N. Ruble, & W. W. Hartup (Eds.), *Social cognition and social development: A socio-cultural perspective* (pp. 134–157). New York: Cambridge University Press.

Russell, J. A. (1980). A circumplex model of affect. *Journal of Personality and Social Psychology, 39,* 1161–1178.

Ryan, R. M., & Deci, E. L. (2001). On happiness and human potentials: A review of research on hedonic and eudaimonic well-being. *Annual Review of Psychology, 52,* 141–166.

Ryff, C. D. (2008). Challenges and opportunities at the interface of aging, personality, and well-being. In O. P. John, R. W. Robins, & L. A. Pervin (Eds.), *Handbook of personality: Theory and research* (3rd ed., pp. 399–418). New York: Guilford Press.

Salancik, G. R., & Conway, M. (1975). Attitude inferences from salient and relevant cognitive content about behavior. *Journal of Personality and Social Psychology, 32,* 829–840.

Salovey, P., Hsee, C. K., & Mayer, J. D. (1993). Emotional intelligence and the self-regulation of affect. In D. M. Wegner & J. W. Pennebaker (Eds.), *Handbook of mental control.* Century psychology series (pp. 258–277). Upper Saddle River, NJ: Prentice-Hall.

Sanderson, W. C., Rapee, R. M., & Barlow, D. H. (1989). The influence of an illusion of control on panic attacks induced via inhalation of 5.5% carbon-dioxide-enriched air. *Archives of General Psychiatry, 46,* 157–162.

Sandler, J. (1960). On the concept of the superego. *Psychoanalytic Study of the Child, 18,* 139–158.

Sanna, L. J. (1996). Defensive pessimism, optimism, and simulating alternatives: Some ups and downs of prefactual and counterfactual thinking. *Journal of Personality and Social Psychology, 71,* 1020–1036.

Sansone, C., & Harackiewicz, J. (1996). "I don't feel like it": The function of interest in self-regulation. In L. L. Martin & A. Tesser (Eds.), *Striving and feeling: Interactions among goals, affect, and self-regulation* (pp. 203–228). Mahwah, NJ: Erlbaum.

Sansone, C., & Thoman, D. B. (2005). Interest as the missing motivator in self-regulation. *European Psychologist, 10,* 175–186.

Sansone, C., Weir, C., Harpster, L., & Morgan, C. (1992). Once a boring task always a boring task? Interest as a self-regulatory mechanism. *Journal of Personality and Social Psychology, 63,* 379–390.

Sarbin, T. R. (1952). A preface to a psychological analysis of the self. *Psychological Review, 59,* 11–22.

Schachter, S., & Singer, J. E. (1962). Cognitive, social and physiological determinants of emotional state. *Psychological Review, 69,* 379–399.

Schafer, R. (1968). *Aspects of internalization.* New York: International Universities Press.

Schaufeli, W. B., Bakker, A. B., & Salanova, M. (2006). The measurement of work engagement with a short questionnaire: A cross-national study. *Educational and Psychological Measurement, 66,* 701–716.

Scherer, K. R. (1988). Criteria for emotion-antecedent appraisal: A review. In V. Hamilton, G. H. Bower, & N. H. Frijda (Eds.), *Cognitive perspectives on emotion and motivation* (pp. 89–126). Norwell, MA: Kluwer Academic.

Scherer, K. R., Walbott, H. G., & Summerfield, A. B. (1986). *Experiencing emotions: A cross-cultural study.* Cambridge: Cambridge University Press.

Schkade, D. A., & Kahneman, D. (1998). Does living in California make people happy? A focusing illusion in judgments of life satisfaction. *Psychological Science, 9,* 340–346.

513   Schlosberg, H. (1952). The description of facial expressions in terms of two dimensions. *Journal of Experimental Psychology, 44,* 229–237.

Scholer, A. A. (2009). *Motivated to change: Regulatory mode dynamics in goal commitment.* Unpublished doctoral dissertation, Columbia University.

Scholer, A. A., Grant, H., Baer, A., Bolger, N., & Higgins, E. T. (2009). *Coping style and regulatory fit: Emotional ups and downs in daily life.* Unpublished manuscript, Columbia University.

Scholer, A. A., & Higgins, E. T. (2008). Distinguishing levels of approach and avoidance: An analysis using regulatory focus theory. In A.J. Elliot (Ed.), *Handbook of approach and avoidance motivation* (pp. 489-503). Hillsdale, NJ: Lawrence Erlbaum.

Scholer, A. A., & Higgins, E. T. (2009). *Motivated to change: Regulatory mode dynamics in goal-setting.* Unpublished manuscript.

Scholer, A. A., & Higgins, E. T. (2010). Regulatory focus in a demanding world. In R. Hoyle (Ed.), *Handbook of personality and self-regulation* (pp. 291-314). Boston: Wiley-Blackwell.

Scholer, A. A., & Higgins, E. T. (2011). Promotion and prevention systems: Regulatory focus dynamics within self-regulatory hierarchies. In K. D. Vohs & R. F. Baumeister (Eds.), *Handbook of self-regulation: Research, theory, and applications* (2nd edition, pp. 143-161). New York: Guilford Press.

Scholer, A. A., & Higgins, E. T. (in press). Conflict and control at different levels of self-regulation. In R. Hassin & Y. Trope (Eds.), *Handbook of self-control.* New York: Guilford.

Scholer, A. A., Stroessner, S. J., & Higgins, E. T. (2008). Responding to negativity: How a risky tactic can serve a vigilant strategy. *Journal of Experimental Social Psychology, 44,* 767–774.

Scholer, A. A., Zou, X., Fujita, K., Stroessner, S. J., & Higgins, E. T. (in press). When risk-seeking becomes a motivational necessity. *Journal of Personality and Social Psychology, 99,* 215–231.

Schooler, J. W., Gerhard, D., & Loftus, E. F. (1986). Qualities of the unreal. *Journal of Experimental Psychology: Learning, Memory, and Cognition, 12,* 171–181.

Schunk, D. H. (1981). Modeling and attributional effects on children's achievement: A self-efficacy analysis. *Journal of Educational Psychology, 73,* 93–105.

Schwartz, S. H. (1992). Universals in the content and structure of values: Theoretical advances and empirical tests in 20 countries. In M. P. Zanna (Ed.), *Advances in experimental social psychology* (Vol. 25, pp. 1–65). New York: Academic Press.

Schwartz, S. H., & Bilsky, W. (1987). Toward a universal structure of human values. *Journal of Personality and Social Psychology, 53,* 550–562.

Schwarz, N. (1990). Feelings as information: Informational and motivational functions of affective states. In E. T. Higgins & R. M. Sorrentino (Eds.), *Handbook of motivation and cognition: Foundations of social behavior* (Vol. 2, pp. 527–561). New York: Guilford.

Schwarz, N., & Bohner, G. (2001). The construction of attitudes. In A. Tesser & N. Schwarz (Ed.), *Blackwell handbook of social psychology: Intraindividual processes* (pp. 436–457). Malden, MA: Blackwell.

Schwarz, N., & Clore, G. L. (1983). Mood, misattribution, and judgments of well-being: Informative and directive functions of affective states. *Journal of Personality and Social Psychology, 45,* 513–523.

Schwarz, N., & Clore, G. L. (1988). How do I feel about it? The informative function of affective states. In K. Fiedler & J. Forgas (Eds.), *Affect, cognition and social behavior* (pp. 44–62). Toronto: C. J. Hogrefe.

Seeman, T. E. (1996). Social ties and health: The benefits of social integration. *Annals of Epidemiology, 6*, 442–451.

Segal, S. J. (1970). Imagery and reality: Can they be distinguished? In W. Keup (Ed.), *Origin and mechanisms of hallucinations*. New York: Plenum Press.

Sehnert, S., Franks, B., & Higgins, E. T. (2009). *How scarcity situations can intensify negative reactions: The role of engagement*. Unpublished manuscript, Columbia University.

Seibt, B., & Förster, J. (2004). Stereotype threat and performance: How self-stereotypes influence processing by inducing regulatory foci. *Journal of Personality and Social Psychology, 87*, 38–56.

Seligman, C., Olson, J. M., & Zanna, M. P. (1996). *The psychology of values: The Ontario Symposium* (Vol. 8). Mahwah, NJ: Lawrence Erlbaum Associates.

Seligman, M. E. P. (1975). *Helplessness: On depression, development, and death*. San Francisco: Freeman.

Seligman, M. E. P. (1990). *Learned optimism*. New York: Knopf.

Seligman, M. E. P. (2002). *Authentic happiness: Using the new positive psychology to realize your potential for lasting fulfillment*. New York: Free Press.

Shah, J. (2003). The motivational looking glass: How significant others implicitly affect goal appraisals. *Journal of Personality and Social Psychology, 85*, 424–439.

Shah, J., & Higgins, E. T. (1997). Expectancy × value effects: Regulatory focus as a determinant of magnitude *and* direction. *Journal of Personality and Social Psychology, 73*, 447–458.

Shah, J., Higgins, E. T., & Friedman, R. (1998). Performance incentives and means: How regulatory focus influences goal attainment. *Journal of Personality and Social Psychology, 74*, 285–293.

Shah, J. Y., Friedman, R., & Kruglanski, A. W. (2002). Forgetting all else: On the antecedents and consequences of goal shielding. *Journal of Personality and Social Psychology, 83*, 1261–1280.

Shah, J. Y., & Kruglanski, A.W. (2000). Aspects of goal networks: Implications for self-regulation. In M. Boekaerts & P.R. Pintrich (Eds.), *Handbook of self-regulation* (pp. 85–110). San Diego: Academic Press.

Shah, J. Y., & Kruglanski, A.W. (2002). Priming against your will: How accessible alternatives affect goal pursuit. *Journal of Experimental Social Psychology, 83*, 368–383.

Shantz, C. U. (1983). Social cognition. In J. H. Flavell & E. M. Markman (Eds.), *Cognitive development*. Volume 3 in P. H. Mussen (Ed.), *Carmichael's manual of child psychology* (4th ed., pp. 495–555). New York: Wiley.

Shaver, P. (1976). Questions concerning fear of success and its conceptual relatives. *Sex Roles, 2*, 305–319.

Sheeran, P., Conner, M., & Norman, P. (2001). Can the theory of planned behavior explain patterns of health behavior change? *Health Psychology, 20*, 12–19.

Sheldon, K. M., & Elliot, A. J. (1999). Goal striving, need satisfaction, and longitudinal well-being: The self-concordance model. *Journal of Personality and Social Psychology, 76*, 482–497.

515   Sherif, M. (1935). A study of some social factors in perception. *Archives of Psychology*, No. 187.

Sherif, M. (1936). *The psychology of social norms*. New York: Harper & Brothers.

Sherif, M., & Hovland, C. I. (1961). *Social judgment: Assimilation and contrast effects in communication*. New Haven, CT: Yale University Press.

Sherman, S. J., Presson, C. C., Chassin, L., Rose J. S., & Koch, K. (2003). Implicit and explicit attitudes toward cigarette smoking: The effects of context and motivation. *Journal of Social and Clinical Psychology, 22*, 13–39.

Shoda, Y., Mischel, W., & Peake (1990). Predicting adolescent cognitive and self-regulatory competencies from preschool delay of gratification: Identifying diagnostic conditions. *Developmental Psychology, 26*, 978–986.

Shoda, Y., Mischel, W., & Wright, J. C. (1994). Intra-individual stability in the organization and patterning of behavior: Incorporating psychological situations into the idiographic analysis of personality. *Journal of Personality and Social Psychology, 67*, 674–687.

Showers, C. (1992). The motivational and emotional consequences of considering positive or negative possibilities for an upcoming event. *Journal of Personality and Social Psychology, 63*, 474–484.

Shweder, R. A. (1991). Rethinking culture and personality theory. In R. A. Shweder (Ed.), *Thinking through cultures: Expeditions in cultural psychology*. Cambridge, MA: Harvard University Press.

Shweder, R. A., & Bourne, L. (1984). Does the concept of the person vary cross-culturally? In R. A. Shweder & R. A. LeVine (Eds.), *Culture theory: Essays on mind, self, and emotion* (pp. 158–199). Cambridge, England: Cambridge University Press.

Shweder, R. A., & Sullivan, M. A. (1993). Cultural psychology: Who needs it? *Annual Review of Psychology, 44*, 497–523.

Simon, H. A. (1967). Motivational and emotional controls of cognition. *Psychological Review, 74*, 29–39.

Simpson, J. A. (2007). Foundations of interpersonal trust. In A. W. Kruglanski & E. T. Higgins (Eds.), *Social psychology: Handbook of basic principles* (2nd ed., pp. 587–607). New York: Guilford.

Skinner, B. F. (1953). *Science and human behavior*. New York: Macmillan.

Skinner, B. F. (1957). *Verbal behavior*. New York: Appleton.

Smith, A. (1994). *The wealth of nations*. New York: Random House. (Original work published in 1776)

Smith, A. (1997). *The theory of moral sentiments*. Washington, D. C.: Regnery Publishing. (Original work published in 1759)

Smith, C. A., & Ellsworth, P. C. (1985). Patterns of cognitive appraisal in emotion. *Journal of Personality and Social Psychology, 48*, 813–838.

Smith, E. R., & DeCoster, J. (2000). Dual-process models in social and cognitive psychology: Conceptual integration and links to underlying memory systems. *Personality and Social Psychology Review, 4*, 108–131.

Smith, M. B. (1947). The personal setting of public opinions: A study of attitudes toward Russia. *Public Opinion Quarterly, 11*, 507–523.

Smith, M. B., Bruner, J. S., & White, R. W. (1956). *Opinions and personality*. New York: Wiley.

Snyder, M. L., & Wicklund, R. A. (1981). Attribute ambiguity. In J. H. Harvey, W. Ickes, & R. F. Kidd (Eds.), *New directions in attribution research* (Vol. 3, pp. 199–225). Hillsdale, NJ: Lawrence Erlbaum Associates.

Snygg, D., & Combs, A. W. (1949). *Individual behavior*. New York: Harper & Row.

Sorrentino, R. M., & Higgins, E. T. (1986). Motivation and cognition: Warming up to synergism. In R. M. Sorrentino & E. T. Higgins (Eds.), *Handbook of motivation and cognition: Foundations of social behavior* (pp. 3–19). New York: Guilford.

Sorrentino, R. M., & Roney, C. J. R. (2000). *The uncertain mind: Individual differences in facing the unknown*. Philadelphia, PA: Psychology Press.

Sorrentino, R. M., & Short, J. C. (1986). Uncertainty orientation, motivation, and cognition. In R. M. Sorrentino & E. T. Higgins (Eds.), *Handbook of motivation and cognition: Foundations of social behavior* (Vol. 1, pp. 379–403). New York: Guilford Press.

Sorrentino, R. M., Short, J. C., & Raynor, J. O. (1984). Uncertainty orientation: Implications for affective and cognitive views of achievement behavior. *Journal of Personality and Social Psychology, 46*, 189–206.

Spence, K. W. (1958). A theory of emotionality based drive (D) and its relation to performance in simple learning situations. *American Psychologist, 13*, 131–141.

Spiegel, S., Grant-Pillow, H., & Higgins, E. T. (2004). How regulatory fit enhances motivational strength during goal pursuit. *European Journal of Social Psychology, 34*, 39–54.

Spinoza, B. de (1986). *Ethics and on the correction of the understanding* (A. Boyle, trans.). London: Dent. (Original publication, 1677).

Spiro, R. J. (1977). Remembering information from text: The state of the "schema" approach. In R. C. Anderson, R. J. Spiro, & W. E. Montague (Eds.), *Schooling and the acquisition of knowledge*. Hillsdale, NJ: Erlbaum.

Spruyt, H. (1994). *The sovereign state and its competitors*. Princeton, NJ: Princeton University Press.

Stasser, G., & Stewart, D. (1992). Discovery of hidden profiles by decision making groups: Solving a problem versus making a judgment. *Journal of Personality & Social Psychology, 63*, 426–434.

Steiner, I. D. (1972). *Group processes and productivity*. New York: Academic Press.

Stokes, J. P. (1985). The relation of social network and individual difference variables to loneliness. *Journal of Personality and Social Psychology, 48*, 981–990.

Storms, M. (1973). Videotape and the attribution process: Reversing actors and observers' points of view. *Journal of Personality and Social Psychology, 27*, 165–175.

Strack, F. (1992). The different routes to social judgments: Experiential versus informational strategies. In L. L. Martin & A. Tesser (Eds.), *The construction of social judgments* (pp. 249–275). Hillsdale, NJ: Erlbaum.

Strack, F., & Deutsch, R. (2004). Reflective and impulsive determinants of social behavior. *Personality and Social Psychology Review, 8*, 220–247.

Strauman, T. J. (1989). Self-discrepancies in clinical depression and social phobia: Cognitive structures that underlie emotional disorders? *Journal of Abnormal Psychology, 98*, 14–22.

Strauman, T. J., & Higgins, E. T. (1987). Automatic activation of self-discrepancies and emotional syndromes: When cognitive structures influence affect. *Journal of Personality and Social Psychology, 53*, 1004–1014.

516

517   Strauman, T. J., & Higgins, E. T. (1988). Self-discrepancies as predictors of vulnerability to distinct syndromes of chronic emotional distress. *Journal of Personality, 56,* 685–707.

Strauman, T. J., Vieth, A. Z., Merrill, K. A., Kolden, G. G., Woods, T. E., Klein, M. H., Papadakis, A. A., Schneider, K. L., & Kwapil, L. (2006). Self-system therapy as an intervention for self-regulatory dysfunction in depression: A randomized comparison with cognitive therapy. *Journal of Consulting and Clinical Psychology, 74,* 367–376.

Strube, M.J., Turner, C.W., Cerro, D., Stephens, J., & Hinchey, F. (1984). Interpersonal aggression and the Type A coronary-prone behavior pattern: A theoretical distinction and practical implications. *Journal of Personality and Social Psychology, 47,* 839–847.

Stryker, S., & Statham, A. (1985). Symbolic interaction and role theory. In G. Lindzey & E. Aronson (Eds.), *Handbook of social psychology* (Vol. I, pp. 311–378). New York: Random House.

Sullivan, H. S. (1953). *The interpersonal theory of psychiatry.* New York: Norton.

Suls, J., Martin, R., & Wheeler, L. (2002). Social comparison: Why, with whom, and with what effect. *Current Directions in Psychological Science, 11,* 159–163.

Swann, W. B., Jr. (1984). Quest for accuracy in person perception: A matter of pragmatics. *Psychological Review, 91,* 457–477.

Swann, W. B., Jr. (1987). Identity negotiation: Where two roads meet. *Journal of Personality and Social Psychology, 53,* 1038–1051.

Swann, W. B., Jr. (1990). To be adored or to be known? The interplay of self-enhancement and self-verification. In E. T. Higgins & R. M. Sorrentino (Eds.), *Handbook of motivation and cognition: Foundations of social behavior* (Vol. 2, pp. 408–448). New York: Guilford.

Swann, W. B., Hixon, J. G., Stein-Seroussi, A., & Gilbert, D. T. (1990). The fleeting gleam of praise: Cognitive processes underlying behavioral reactions to self-relevant feedback. *Journal of Personality and Social Psychology, 59,* 17–26.

Tajfel, H., & Turner, J. C. (1979). An integrative theory of intergroup conflict. In W. G. Austin & S. Worchel (Eds.), *The social psychology of intergroup relations* (pp. 33–47). Monterey, CA: Brooks/Cole.

Tangney, J. P., Baumeister, R. F., & Boone, A. L. (2004). High self-control predicts good adjustment, less pathology, better grades, and interpersonal success. *Journal of Personality, 72,* 271–322.

Tauer, J., & Harackiewicz, J. (1999). Winning isn't everything: Competition, achievement orientation, and intrinsic motivation. *Journal of Experimental Social Psychology, 35,* 209–238.

Taylor, A., & Higgins, E. T. (2002). *Regulatory mode and activity orientations.* Unpublished manuscript, Columbia University.

Taylor, S. E. (1991). *Positive illusions: Creative self-deception and the healthy mind.* New York: Basic Books.

Taylor, S. E., & Brown, J. D. (1988). Illusion and well-being: A social psychological perspective on mental health. *Psychological Bulletin, 103,* 193–210.

Teasdale, J. D. (1988). Cognitive vulnerability to persistent depression. *Cognition and Emotion, 2,* 247–274.

Terracciano, A., et al. (2005). National character does not reflect mean personality trait levels in 49 cultures. *Science, 310,* 96–100.

Terrace, H. S. (2005). Metacognition and the evolution of language. In H. S. Terrace & J. Metcalfe (Eds.), *The missing link in cognition: Origins of self-reflective consciousness* (pp. 84–115). Oxford: Oxford University Press.

Tesser, A. (1988). Toward a self-evaluation maintenance model of social behavior. In L. Berkowitz (Ed.), *Advances in experimental social psychology* (Vol. 21, pp. 181–227). San Diego, CA: Academic Press.

Tesser, A. (2000). On the confluence of self-esteem maintenance mechanisms. *Personality and Social Psychology Review, 4*, 290–299.

Tetlock, P. E. (1985). Accountability: A social check on the fundamental attribution error. *Social Psychology Quarterly, 48*, 227–236.

Tetlock, P. E., & Levi, A. (1982). Attribution bias: On the inconclusiveness of the cognition-motivation debate. *Journal of Experimental Social Psychology, 18*, 68–88.

Thaler, R. H. (1980). Toward a positive theory of consumer choice. *Journal of Economic Behavior and Organization, 1*, 39–60.

Thaler, R. H. (1985). Mental accounting and consumer choice. *Marketing Science, 4*, 199–214.

Thaler, R. H. (1999). Mental accounting matters. *Journal of Behavioral Decision Making, 12*, 183–206.

Thibaut, J. W., & Walker, L. (1975). *Procedural justice: A psychological analysis*. Hillsdale, NJ: Erlbaum.

Thomas, W. I., & Thomas, D. S. (1928). *The child in America*. New York: Knopf.

Thompson, E. P., Roman, R. J., Moskowitz, G. B., Chaiken, S., & Bargh, J. A. (1994). Accuracy motivation attenuates covert priming effects: The systematic reprocessing of social information. *Journal of Personality and Social Psychology, 66*, 474–489.

Thorndike, E. L. (1911). *Animal intelligence*. New York: Macmillan.

Thurstone, L. L. (1927). A law of comparative judgment. *Psychological Review, 34*, 273–286.

Tice, D. M., Bratlavsky, E., & Baumeister, R. F. (2001). Emotional distress regulation takes precedence over impulse control: If you feel bad, do it! *Journal of Personality and Social Psychology, 80*, 53–67.

Titchener, E. B. (1908). Attention as sensory clearness. In Lectures on the elementary psychology of feeling and attention (pp. 171–206). New York: Macmillan. (Reprinted in P. Bakan (Ed.) (1966). *Attention: An enduring problem in psychology*. Princeton, NJ: Van Nostrand.)

Titchener, E. B. (1910). *A text-book of psychology* (rev. ed.). New York: Macmillan.

Todorov, A., Goren, A., Trope, Y. (2007). Probability as a psychological distance: Construal and preferences. *Journal of Experimental Social Psychology, 43*, 473–482.

Tolman, E. C. (1932). *Purposive behavior in animals and men*. New York: Appleton-Century-Crofts.

Tolman, E. C. (1935). Psychology versus immediate experience, *Philosophical Science, 2*, 356–80.

Tolman, E. C. (1948). Cognitive maps in rats and men. *Psychological Review, 55*, 189–208.

Tolman, E. C. (1955). Principles of performance. *Psychological Review, 62*, 315–326.

Tolman, E. C., & Honzik, C. H. (1930). "Insight" in rats. University of California, *Publications in Psychology, 4*, 215–232.

518

519   Tomasello, M. (1999). *The cultural origins of human cognition.* Cambridge, MA: Harvard University Press.

Trawalter, S., & Richeson, J. A. (2006). Regulatory focus and executive function after interracial interactions. *Journal of Experimental Social Psychology, 42,* 406–412.

Triandis, H. C. (1989). The self and social behavior in differing cultural contexts. *Psychological Review, 93,* 506–520.

Triandis, H. C. (1996). The psychological measurement of cultural syndromes. *American Psychologist, 51,* 407–415.

Triandis, H. C., & Suh, E. M. (2002). Cultural influences on personality. *Annual Review of Psychology, 53,* 133–160.

Trivers, R. L. (1972). Parental investment and sexual selection. In B. Campbell (Ed.), *Sexual selection and the descent of man:1871–1971* (pp. 136–179). Chicago: Aldine.

Trope, Y. (1980). Self-assessment, self-enhancement and task preference. *Journal of Experimental Social Psychology, 16,* 116–129.

Trope, Y. (1986a). Identification and inferential processes in dispositional attribution. *Psychological Review, 93,* 239–257.

Trope, Y. (1986b). Self-enhancement and self-assessment in achievement behavior. In R.M. Sorrentino & E.T. Higgins (Eds.), *Handbook of motivation and cognition: Foundations of social behavior* (pp. 350–378). New York: Guilford Press.

Trope, Y., & Fishbach, A. (2000). Counteractive self-control in overcoming temptation. *Journal of Personality & Social Psychology, 79,* 493–506.

Trope, Y., & Higgins, E. T. (1993). The what, when, and how of dispositional inference: New answers and new questions. *Personality and Social Psychology Bulletin, 19,* 493–500.

Trope, Y., & Liberman, A. (1996). Social hypothesis testing: Cognitive and motivational mechanisms. In E. T. Higgins & A. W. Kruglanski (Eds.), *Social psychology: Handbook of basic principles* (pp. 239–270). New York: Guilford.

Trope, Y., & Liberman, N. (2003). Temporal construal. *Psychological Review, 110,* 403–421.

Tulving, E. (2005). Episodic memory and autonoesis. Uniquely human? In H. S. Terrace & J. Metcalfe (Eds.), *The missing link in cognition: Origins of self-reflective consciousness* (pp. 3–56). Oxford: Oxford University Press.

Turner, R. H. (1956). Role-taking, role standpoint, and reference-group behavior. *American Journal of Sociology, 61,* 316–328.

Tversky, A. (1972). Elimination by aspects: A theory of choice. *Psychological Review, 79,* 281–299.

Tversky, A., & Kahneman, D. (1974). Judgment under uncertainty: Heuristics and biases. *Science, 85,* 1124–1131.

Tykocinski, O. (1992). *A "pattern" approach to the tripartite model of attitudes.* Unpublished doctoral dissertation, New York University.

Tyler, T. R., & Blader, S. L. (2000). *Cooperation in groups: Procedural justice, social identity, and behavioral engagement.* Philadelphia: Taylor & Francis.

Tyler, T. R., & Blader, S. L. (2003). The group engagement model: Procedural justice, social identity, and cooperative behavior. *Personality and Social Psychology Review, 7,* 349–361.

Tyler, T. R., & Lind, E. A. (1992). A relational model of authority in groups. In M. P. Zanna (Ed.), *Advances in experimental social psychology* (Vol. 25, pp. 115–192). New York: Academic Press.

Tyler, T. R., & Smith, H. J. (1998). Social justice and social movements. In D. T. Gilbert, S. T. Fiske, S. T., & G. Lindzey (Eds.). *The handbook of social psychology* (4th ed., Vol. 2, pp. 595–629). New York: McGraw-Hill.

Uleman, J. S., Saribay, S. A., & Gonzalez, C. M. (2008). Spontaneous inferences, implicit impressions, and implicit theories. *Annual Review of Psychology, 59*, 329–360.

Vallacher, R. R., & Nowak, A. (2007). Dynamical social psychology: Finding order in the flow of human experience. In A. W. Kruglanski & E. T. Higgins (Eds.), *Social psychology: Handbook of basic principles* (2nd ed., pp. 734–758). New York: Guilford.

Van Dijk, D., & Kluger, A. N. (Sept 6, 2010). Task type as a moderator of positive/negative feedback effects on motivation and performance: A regulatory focus perspective. *Journal of Organizational Behavior.* [E-pub before print]

Van Poucke, D., & Buelens, M. (2002). Predicting the outcome of a two-party price negotiation: Contribution of reservation price, aspiration price and opening offer. *Journal of Economic Psychology, 23*, 67–76.

Vohs, K. D., & Baumeister, R. F. (2011). *Handbook of self-regulation: Research, theory, and applications.* New York: Guilford.

Vohs, K. D., Baumeister, R. F., Schmeichel, B. J., Twenge, J. M., Nelson, N. M., & Tice, D. M. (2008). Making choices impairs subsequent self-control: A limited resource account of decision making, self-regulation, and active initiative. *Journal of Personality and Social Psychology, 94*, 883–898.

Vroom, V. H. (1964). *Work and motivation.* New York: Wiley.

Wakslak, C. J., Trope, Y., Liberman, N., & Alony, R. (2006). Seeing the forest when entry is unlikely: Probability and the mental representation of events. *Journal of Experimental Psychology: General, 135*, 641–653.

Warren, R. E. (1972). Stimulus encoding and memory. *Journal of Experimental Psychology, 94*, 90–100.

Watson, D., Clark, L. A., & Tellegen, A. (1988). Development and validation of brief measures of positive and negative affect: The PANAS scales. *Journal of Personality and Social Psychology, 54*, 1063–1070.

Watson, D., & Tellegen, A. (1985). Toward a consensual structure of mood. *Psychological Bulletin, 98*, 219–235.

Weary, G., Elbin, S. D., & Hill, M. G. (1987). Attribution and social comparison processes in depression. *Journal of Personality and Social Psychology, 52*, 605–610.

Weber, M. (1971). *Max Weber: The interpretation of social reality* (J. E. T. Eldridge, Ed.). New York: Scribner's.

Webster, D. M. (1993). Motivated augmentation and reduction of the overattribution bias. *Journal of Personality and Social Psychology, 65*, 261–271.

Webster's Ninth New Collegiate Dictionary (1989). Springfield, MA: Merriam-Webster.

Wegener, D. T., & Petty, R. E. (1995). Flexible correction processes in social judgment: The role of naive theories in corrections for perceived bias. *Journal of Personality and Social Psychology, 68*, 36–51.

Wegner, D. M. (1989). *White bears and other unwanted thoughts.* New York: Viking/Penguin.

520

521   Wegner, D. M. (1994). Ironic processes of mental control. *Psychological Review, 101,* 34–52.

Wegner, D. M., Sparrow, B., & Winerman, L. (2004). Vicarious agency: Experiencing control over the movements of others. *Journal of Personality and Social Psychology, 86,* 838–848.

Wegner, D. M., & Wenzlaff, R. M. (1996). Mental control. In E. T. Higgins & A. W. Kruglanski (Eds.), *Social psychology: Handbook of basic principles* (pp. 466–492). New York: Guilford.

Weinberger, D. A., Schwartz, G. E., & Davidson, R. J. (1979). Low-anxious, high-anxious, and repressive coping styles: Psychometric patterns and behavioral and physiological responses to stress. *Journal of Abnormal Psychology, 88,* 369–380.

Weiner, B. (1972). *Theories of motivation: From mechanism to cognition.* Chicago: Rand McNally.

Weiner, B. (1985). An attributional theory of achievement motivation and emotion. *Psychological Review, 92,* 548–573.

Weiner, B., Frieze, I., Kukla, A., Reed, L., Rest, S., & Rosenbaum, R. M. (1971). Perceiving the causes of success and failure. In E. E. Jones, D. E. Kanouse, H. H. Kelley, R. E. Nisbett, S. Valins, & B. Weiner (Eds.), *Attribution: Perceiving the causes of behavior* (pp. 95–120). Morristown, NJ: General Learning Press.

Weinstein, T. A. R., Capitanio, J. P., & Gosling, S. D. (2008). Personality in animals. In O. P. John, R. W. Robins, & L. A. Pervin (Eds.), *Handbook of personality: Theory and research* (3rd ed., pp. 328–348). New York: Guilford Press.

Wellman, B., Carrington, P., & Hall, A. (1988). Networks as personal communities. In B. Wellman & D. Berkowitz (Eds.), *Social structure: A network approach.* New York: Cambridge University Press.

Wellman, H. M. (1990). *The child's theory of mind.* Cambridge, MA: MIT Press.

Wells, R. S., & Higgins, E. T. (1989). Inferring emotions from multiple cues: Revealing age-related differences in "how" without differences in "can." *Journal of Personality, 57,* 747–771.

Wells, W. D., Weinert, G., & Rubel, M. (1956). Conformity pressure and authoritarian personality. *Journal of Psychology: Interdisciplinary and Applied, 42,* 133–136.

Werner, H. (1957). *Comparative psychology of mental development.* New York: International Universities Press.

Wertheimer, M. (1923). Untersuchunger zur Lehre van der Gestalt: II. *Psychologische Forschung, 4,* 301–350.

White, R. W. (1959). Motivation reconsidered: The concept of competence. *Psychological Review, 66,* 297–333.

Wicklund, R. A. (1974). *Freedom and reactance.* New York: John Wiley & Sons.

Wicklund, R. A., & Brehm, J. W. (1976). *Perspectives on cognitive dissonance.* Hillsdale, NJ: Erlbaum.

Wicklund, R. A., & Gollwitzer, P. M. (1982). *Symbolic self-completion.* Hillsdale, NJ: Erlbaum.

Wiener, N. (1948). *Cybernetics: Control and communication in the animal and the machine.* Cambridge, MA: M.I.T. Press.

Williams, B. (1985). *Ethics and the limits of philosophy.* Cambridge, MA: Harvard University Press.

Williams, K., & Karau, S. (1991). Social loafing and social compensation: The effects of expectations of coworker performance. *Journal of Personality and Social Psychology, 61,* 570–581.

Williams, K., Karau, S., & Bourgeois, M. (1993). Working on collective tasks: Social loafing and social compensation. In M. A. Hogg & D. Abrams (Eds.), *Group motivation: Social psychological perspectives* (pp. 130–148). London: Harvester Wheatsheaf.

Williams, Jr., R. M. (1979). Change and stability in values and value systems: A sociological perspective. In M. Rokeach (Ed.), *Understanding human values: Individual and societal.* New York: The Free Press.

Williams, S. L. (1992). Perceived self-efficacy and phobic disability. In R. Schwarzer (Ed.), *Self-efficacy: Thought control of action* (pp. 149–176). Washington, D. C.: Hemisphere.

Wilson, T. D., & Gilbert, D. T. (2003). Affective forecasting. In M. P. Zanna (Ed.), *Advances in experimental social psychology* (Vol. 35, pp. 345–411). New York: Elsevier.

Wilson, T. D., Lisle, D., Schooler, J. W., Hodges, S. D., Klaaren, K. J., & LaFleur, S. J. (1993). Introspecting about reasons can reduce post-choice satisfaction. *Personality and Social Psychology Bulletin, 19,* 331–339.

Wilson, T. D., & Schooler, J. W. (1991). Thinking too much: Introspection can reduce the quality of preferences and decisions. *Journal of Personality and Social Psychology, 60,* 181–192.

Wilson, T. D., Wheatley, T. P., Meyers, J. M., Gilbert, D. T., & Axsom, D. (2000). Focalism: A source of durability bias in affective forecasting. *Journal of Personality and Social Psychology, 78,* 821–836.

Wilson, W. (1967). Correlates of avowed happiness. *Psychological Bulletin, 67,* 294–306.

Winkielman, P., & Cacioppo, J. T. (2001). Mind at ease puts a smile on the face: Psychophysiological evidence that processing facilitation elicits positive affect. *Journal of Personality and Social Psychology, 81,* 989–1000.

Witkin, H. A., Dyk, R. B., Faterson, H. F., Goodenough, D. R., & Karp, S. A. (1962). *Psychological Differentiation.* Potomac, MD: Erlbaum.

Witkin, H. A., & Goodenough, D. R. (1977). Field dependence and interpersonal behavior. *Psychological Bulletin, 84,* 661–689.

Witkin, H. A., Oltman, P. K., Raskin, E., & Karp, S. A. (1971). *A manual for the embedded figures test.* Palo Alto, CA: Consulting Psychologists Press.

Wood, J. V. (1989). Theory and research concerning social comparisons of personal attributes. *Psychological Bulletin, 106,* 231–248.

Woodworth, R. S. (1899). Accuracy of voluntary movements. *Psychological Review, 3,* 1–101.

Woodworth, R. S. (1918). *Dynamic psychology.* New York: Columbia University Press.

Woodworth, R. S. (1921). *Psychology: A study of mental life.* New York: Holt.

Woodworth, R. S. (1940). *Psychology* (4th ed.) New York: Henry Holt & Company.

Woodworth, R. S. (1958). *Dynamics of behavior.* New York: Holt.

Woodworth, R. S., & Schlosberg, H. (1954). *Experimental pscyhology* (rev. ed.). New York: Holt, Rinehart, & Winston.

Wright, H. F. (1937). *The influence of barriers upon strength of motivation.* Durham, NC: Duke University Press.

523   Wright, J. C., & Mischel, W. (1987). A conditional approach to dispositional constructs: The local predictability of social behavior. *Journal of Personality and Social Psychology* (Special Issue: Integrating personality and social psychology), *53*, 1159–1177.

Wright, R. A. (1996). Brehm's theory of motivation as a model of effort and cardiovascular response. In P. M. Gollwitzer & J. A. Bargh (Eds.), *The psychology of action: Linking cognition and motivation to behavior* (pp. 424–453). New York: Guilford.

Wright, R. A. (2008). Refining the prediction of effort: Brehm's distinction between potential motivation and motivation intensity. *Social and Personality Psychology Compass, 2*, 682–701.

Wundt, W. (1999). *Outlines of psychology.* In R. H. Wozniak (Ed.), *Classics in Psychology, 1896: Vol 35, Outlines of Psychology.* Bristol, UK: Thoemmes Press (Original publication, 1896)

Wyer, R. S., Jr., & Gordon, S. E. (1984). The cognitive representation of social information. In R. S. Wyer, Jr. & T. K. Srull (Eds.), *Handbook of social cognition* (Vol. 2, pp. 73–150). Hillsdale, NJ: Erlbaum.

Yerkes, R. M., & Dodson, J. D. (1908). The relation of strength of stimulus to rapidity of habit-formation. *Journal of Comparative Neurology and Psychology, 18*, 459–482.

Zajonc, R. B. (1968a). Attitudinal effects of mere exposure. *Journal of Personality and Social Psychology, 9*, 1–27.

Zajonc, R. B. (1968b). Cognitive theories in social psychology. In G. Lindzey & E. Aronson (Eds.), *The handbook of social psychology* (Vol. 1, pp. 320–411). Reading, MA: Addison-Wesley.

Zanna, M. P., Lepper, M. R., & Abelson, R. P. (1973). Attentional mechanisms in children's devaluation of a forbidden activity in a forced-compliance situation. *Journal of Personality and Social Psychology, 28*, 355–359.

Zanna, M. P., & Rempel, J. K. (1988). Attitudes: A new look at an old concept. In D. Bar-Tal & A. W. Kruglanski (Eds.), *The social psychology of knowledge* (pp. 315–334). Cambridge, England: Cambridge University Press.

Zeidner, M., & Endler, N. S. (1996). *Handbook of coping: Theory, research, applications.* Oxford, England: John Wiley & Sons.

Zeigarnik, B. (1938). On finished and unfinished tasks. In W. D. Ellis (Ed.), *A source book of Gestalt psychology* (pp. 300–314). New York: Harcourt, Brace, & World.

Zhang, S., Higgins, E. T., & Chen, G. Q. (2011). Managing others like you were managed: How prevention focus motivates copying interpersonal norms. *Journal of Personality and Social Psychology, 100*, 647–663.

Zhou, R., & Pham, M. (2004). Promotion and prevention across mental accounts: When financial products dictate consumers' investment goals. *Journal of Consumer Research, 31*, 125–135.

Zillmann, D., Johnson, R. C., & Day, K. D. (1974). Attribution of apparent arousal and proficiency of recovery from sympathetic activation affecting excitation transfer to aggressive behavior. *Journal of Experimental Social Psychology, 10*, 503–515.

Zimmerman, C., & Bauer, R. A. (1956). The effect of an audience on what is remembered. *Public Opinion Quarterly, 20*, 238–248.

Zou, X. (2009). *Social networks and subjective well-being: Regulatory fit between self-regulation and network structure.* Unpublished doctoral dissertation, Columbia University.

effectance motivation，38，41 有效性动机

effectiveness 有效性

control with，47－66，154 控制有效性

as desired want，14－15 有效性作为欲求

life pursuits, wants and，33－41 生命追寻、可欲和有效性

with management of motives，364－384 动机管理的有效性

with motivation and directing choices，41－46 引导决断的动机有效性

motivation sometimes undermined by，59－60 有时被有效性破坏的动机

power of wanting control with，191－193 伴随有效性的控制力

in relation to other motivation，65－66 与其他动机相关的有效性

temptation-resisting strategies with，158－163 抵抗诱惑的有效策略

three vexing questions about，56－61 关于有效性的三个费解问题

truth，51－52，62，430n19，434n98，456n27 真相

value，49－51，430n19 价值

value, truth and control with，47－66 价值、真相和控制

with well-being，385－423 福祉

well-being from truth and control，386－387 源自真相和控制的福祉

well-being from value，387－390 源自价值的福祉

well-being with good life and，385－423 伴随美好生活和真相的福祉

effort justification studies，304 "努力合理化"研究

Ego，29，156，290，389，405，454n58. *See also* Freud, Sigmund 自我，另见西格蒙德·弗洛伊德

Eichmann, Adolf，146 阿道夫·艾希曼

elderly, idea of，209 "老年"概念

electric shocks，6，8－9 电击

Elliot, A. J.，429n7 A. J. 艾利奥特

emotional trade-offs，394－395 情感权衡

emotion-focused coping，168 情绪聚焦的应对

emotion-focused strategies，167－168 情绪聚焦策略

emotions，431n32. *See also* specific emotions 情绪/情感，另见特定情绪

hedonic experience in，82－83 享乐体验

intensity with moods and managing，166－167 心境和情绪管控强度

residing in bodies and Plato's myth，80－81 身体内的情感和柏拉图迷思

trauma and negative，165－166，169－170 创伤和消极情感

employees, regulatory fit and task performance of，377－378 员工、调节匹配和任务绩效

Energizer Bunny，18，21，26，373 劲量玩具兔

energy 能量/精力

538

543

546

当代西方社会心理学名著译丛

《欲望的演化：人类的择偶策略》（最新修订版）

【美】戴维·巴斯 著

王叶 谭黎 译

ISBN：978-7-300-28329-6

出版时间：2020 年 8 月

定价：79.80 元

《归因动机论》

伯纳德·韦纳 著

周玉婷 译

ISBN：978-7-300-28542-9

出版时间：2020 年 9 月

定价：59.80 元

《偏见》（第 2 版）

【英】鲁珀特·布朗 著

张彦彦 译

ISBN：978-7-300-28793-5

出版时间：2021 年 1 月

定价：98.00 元

《努力的意义：积极的自我理论》

【美】卡罗尔·德韦克 著

王芳 左世江 等 译

ISBN：978-7-300-28458-3

出版时间：2021 年 3 月

定价：59.90 元

《偏见与沟通》

【美】托马斯·佩蒂格鲁，琳达·特罗普 著

林含章 译

ISBN：978-7-300-30022-1

出版时间：2022 年 1 月

定价：79.80 元

《情境中的知识：表征、社群与文化》

【英】桑德拉·约夫切洛维奇 著

赵蜜 译

ISBN：978-7-300-30024-5

出版时间：2022 年 1 月

定价：68.00 元

《道德之锚：道德与社会行为的调节》

【英】娜奥米·埃勒默斯 著

马梁英 译

ISBN：978-7-300-31154-8

出版时间：2023 年 1 月

定价：88.00 元

Beyond Pleasure and Pain: How Motivation Works by E. Tory Higgins

9780199356706

Copyright © E. Tory Higgins 2012

Simplified Chinese Translation copyright © 2024 by China Renmin University Press Co., Ltd.

"Beyond Pleasure and Pain: How Motivation Works" was originally published in English in 2012. This translation is published by arrangement with Oxford University Press. China Renmin University Press is solely responsible for this translation from the original work and Oxford University Press shall have no liability for any errors, omissions or inaccuracies or ambiguities in such translation or for any losses caused by reliance thereon.

Copyright licensed by Oxford University Press arranged with Andrew Nurnberg Associates International Limited.

《超越苦乐原则》英文版 2012 年出版，简体中文版由牛津大学出版社授权出版。

All Rights Reserved.

图书在版编目（CIP）数据

超越苦乐原则：动机如何协同运作/（美）E. 托里
·希金斯著；方文等译. -- 北京：中国人民大学出版
社，2024.1
　（当代西方社会心理学名著译丛 / 方文主编）
　ISBN 978-7-300-32190-5

　Ⅰ.①超… Ⅱ.①E… ②方… Ⅲ.①动机-通俗读物
Ⅳ.①B842.6 - 49

中国国家版本馆 CIP 数据核字（2023）第 168203 号

当代西方社会心理学名著译丛

方文　主编

超越苦乐原则

动机如何协同运作

[美] E. 托里·希金斯　著

方　文　康　昕　张　钰　马梁英　译

Chaoyue Kule Yuanze

出版发行	中国人民大学出版社			
社　址	北京中关村大街 31 号		**邮政编码**	100080
电　话	010 - 62511242（总编室）		010 - 62511770（质管部）	
	010 - 82501766（邮购部）		010 - 62514148（门市部）	
	010 - 62515195（发行公司）		010 - 62515275（盗版举报）	
网　址	http://www.crup.com.cn			
经　销	新华书店			
印　刷	北京瑞禾彩色印刷有限公司			
开　本	720 mm×1000 mm　1/16		**版　次**	2024 年 1 月第 1 版
印　张	40.25 插页 3		**印　次**	2024 年 1 月第 1 次印刷
字　数	516 000		**定　价**	198.00 元

版权所有　侵权必究　　印装差错　负责调换